新工科暨卓越工程师教育培养计划电气类专业系列教材

XIANDAI DIANLI XITONG ZONGHE SHIYAN

现代电力系统综合实验

■ 主　编 / 张凤鸽　杨德先　杨　晨

华中科技大学出版社
http://www.hustp.com
中国 · 武汉

内容简介

本书系高等学校电气工程及其自动化专业以及相关专业的专业实验课教材，内容涵盖"电气工程基础""电力系统自动化""电力系统微机保护""电力系统分析""新能源发电与控制技术""柔性输电技术""智能配电网""同步发电机运行"等课程的主要实验项目、实验原理和实验方法，同时还介绍了电力系统物理模型和数字仿真的建模方法。

全书共10章。第1章介绍电力系统动态模拟的相似理论，列举了特高压交、直流实际工程的建模计算实例；第2章讲述几种重要的数字仿真软件原理和相应建模仿真实验；第3章介绍发电机、变压器、输电线路的特性实验；第4章阐述电力系统自动化的主要内容及相关实验；第5章讲述高压线路、电力变压器和发电机的微机保护配置和保护装置的测试实验；第6章讲述同步发电机运行实验和电力系统静态、暂态实验；第7章介绍由风力发电系统、太阳能发电系统、储能系统构成的新能源与微电网实验系统；第8章论述不同形式的FACTS装置特点以及柔性交流输电实验；第9章讲述柔性直流输电基本原理和不同换流器的拓扑结构与实验；第10章介绍配电自动化产品和智能变电站母线保护装置实验。

本书对实验原理的阐述简明扼要，实验指导可操作性强，可供高等学校电气工程类专业师生作教材使用，也可供电力系统工程技术人员作业务参考书使用。

图书在版编目(CIP)数据

现代电力系统综合实验/张凤鸽，杨德先，杨晨主编. —武汉：华中科技大学出版社，2020.8
ISBN 978-7-5680-6534-4

Ⅰ.①现… Ⅱ.①张… ②杨… ③杨… Ⅲ.①电力系统-实验-高等学校-教材 Ⅳ.①TM7-33

中国版本图书馆CIP数据核字(2020)第160024号

现代电力系统综合实验
Xiandai Dianli Xitong Zonghe Shiyan

张凤鸽　杨德先　杨　晨　主编

策划编辑：徐晓琦　袁　冲
责任编辑：徐晓琦　刘艳花
封面设计：廖亚萍
责任校对：李　琴
责任监印：徐　露
出版发行：华中科技大学出版社(中国·武汉)　电话：(027)81321913
武汉市东湖新技术开发区华工科技园　邮编：430223
录　　排：武汉正风天下文化发展有限公司
印　　刷：武汉科源印刷设计有限公司
开　　本：787mm×1092mm　1/16
印　　张：30.75
字　　数：743千字
版　　次：2020年8月第1版第1次印刷
定　　价：68.00元

前言

实践教学是高等教育结构中的重要组成部分，它承担着科学研究、知识创新、教学改革和教书育人等学校的主体工作，它对学生综合素质的培养具有不可替代的作用，尤其是对学生创新能力的培养，具有其独特的地位和作用。

科技的进步推动着新能源、新技术、新装备的不断涌现，电力系统综合实验教学也要跟上电力行业发展的步伐，不断更新实验教学设备，将新知识、新思想传授给学生，进一步培养学生的创新能力，满足行业对人才的要求。

本书紧跟电力系统现代化的发展，增加了电力系统新技术的实验方法，在总结电力系统综合实验教学的基础上，大幅度增加了电力系统微机保护、风力发电、光伏、储能、新能源与微电网、柔性交流输电、柔性直流输电、智能配电网等实验内容，并结合教学实际情况，对教学内容进行了优化和凝练，从而满足现代电力系统综合实验教学的需求。

本书由华中科技大学张凤鸽老师、杨德先老师，以及武汉电力职业技术学院杨晨老师担任主编。第 2 章、第 5 章、第 8 章、第 9 章、第 10 章由张凤鸽编写，第 1 章、第 3 章由杨晨编写，第 6 章和附录由张凤鸽、杨德先共同编写，第 4 章由张凤鸽、易长松、叶俊杰共同编写，第 7 章由张凤鸽、吴彤、陆继明共同编写，全书由张凤鸽、杨德先统稿。

本书承蒙“顾毓琇电机工程奖”获得者陈德树教授审阅。德高望重的陈德树先生目前仍在动模实验室辛勤工作。特别感谢陈先生，他非常认真、仔细地审阅书稿，提出了许多宝贵的修改意见，陈先生严谨的治学态度和高尚的人格魅力始终激励着我们前行。

本书的立项与顺利出版，得到华中科技大学出版社和华中科技大学电气与电子工程学院的大力支持和帮助。武汉大学钱珞江教授、武汉华大电力自动技术有限责任公司吴希再教授、国网电力科学研究院实验验证中心韩士杰高工为本书提供了不少宝贵的意见和建议。在此一并表示衷心的感谢！

由于编者水平和实践经验有限，书中难免有疏漏和不妥之处，恳切希望读者和同行不吝指正。联系方式：张凤鸽 zfg@hust.edu.cn。

编　者

2019 年 12 月于青年园

目录

1

电力系统物理模拟

电力系统动态模拟是电力系统物理模拟。它是根据相似理论建立起来的具有与原型相同物理性质的物理模型，是实际电力系统按一定比例关系缩小了的而又保留其物理特性的电力系统复制品。电力系统动态模拟主要由模拟发电机、模拟变压器、模拟输电线路、模拟负荷，以及有关调节、控制、测量、保护等模拟装置组成。电力系统动态模拟具有下列一些特点。

（1）可以在模型上直接观察到所研究的课题在电力系统中产生的全部物理过程，获得明确的物理概念，并能很方便地对电力系统特性和过程进行定性的研究。

（2）对目前还不能或不完全能用数学方程很好描述的问题，可以方便地利用动态模拟探求问题的物理本质，也可以校验现有理论和数学模拟的合理性、正确性，使理论和数学模型更加完善。

（3）对一些新型的继电保护和自动装置，可以直接接入动态模拟系统进行研究。例如，新型的继电保护可以接在动态模拟系统中，进行各种短路故障实验，考核保护装置的各种性能。为校验继电保护的性能，在原型系统中制造各种短路事故是不可能的。

动态模拟（简称动模）的缺点是模拟设备加工比较困难，建设周期长，投入经费大，参数的调整受到一定的限制，对比较复杂的原型系统一般需要进行一些简化，才能在动模系统上进行实验研究。

1.1　电力系统物理模拟理论

1.1.1　模拟理论的基本概念

模拟理论也称为相似理论，它是研究各种自然现象相似所必须满足的条件的一门科学，在各个科学领域中有着广泛的应用。模拟的方法是进行科学研究的一种重要方法之一。

最简单的相似是几何相似。如果两个空间的几何轨迹的坐标按同一比例缩小或放大，可以实现两者恒等，则这两者之间就具有几何相似，其数学表达式为

$$f(x,y,z)=\varphi\{m(x,y,z)\} \tag{1-1}$$

式中，m 为无量纲的比例系数。

如果不同的坐标轴有不同的比例尺，则称为异轴相似，其数学表达式为

$$f(x,y,z)=\varphi\{m_x x, m_y y, m_z y\} \tag{1-2}$$

现象的相似与几何相似一样,即如果两个系统中所发生的过程,其相应的参数在整个过程中只差一个固定不变的比例系数,则存在现象的相似。

如果现象的参数之间存在着一定的比例关系,而且具有同样的物理性质,则称为物理相似。如果现象的参数之间存在着一定的比例关系,但却有不同的物理性质,则称为数学相似或类似。

能用一种物理现象模拟另一种物理现象,是由于自然界中有许多现象的运动规律可以用同样的微分方程式加以描述。因此,当进行系统模拟时,往往可以从分析微分方程式入手,找出相似系统所应满足的相似判据。

从分析微分方程式中找到相似判据,这种方法看起来与数学分析和数学模拟没有本质上的区别,然而实际上并非如此。也就是说,对于数学分析和数学模拟来说,只有在所研究的所有现象都能够用微分方程式描述时,才有可能对它进行数值计算和数学模拟。而在方程式中没有考虑到的或被忽略了的因素在数学分析和数学模拟过程中是不会自动出现的,而在物理模拟中,用微分方程式来确定相似判据,也只是一种工作程序,因为模型系统中所包含的信息(现象)比起用微分方程式所表示的规律来说,要丰富得多。

因此,在进行实验时,只要主要的相似判据能够满足,在模型上所复制现象的本质消除了原始方程式的数学抽象,它重新给予研究者以深入过程本质的可能性。

例如,当研究一台励磁调节器并建立微分方程式时忽略了一些因素(如微分环节的时间常数以及某些非线性因素),这在数学分析和模拟时,将得不到任何概念。但在物理模拟中,只要模型如实地按物理相似构成,这种时滞和非线性因素的影响,就会在实验过程中出现。因此,通过实验还可以反过来检验原始方程式所设的假定是否合理。

如果在实验时,接上真正的调节器或继电器,那么就全部取消了建立和求解或分析这些装置的复杂微分方程的问题。

与几何相似一样,物理相似也有同轴和异轴之分。例如,对电压、电流和功率,采用缩小了的比例尺,而对时间和与时间有关的频率和角度,采用 1∶1的比例,这就是异轴相似的情况。

在原型与模型之间,现象的一切过程在时间和空间上都是相似的,这称为绝对相似。绝对相似是很难实现的,实际上也是不必要的。根据研究的目的,对被研究现象的某些方面加以模拟,而其他过程可能不相似,只要它不影响到现象中被研究方面的过程即可,这称为局部模拟。例如,模拟发电机中只考虑特性和参数的相似而不考虑电磁场的相似,这是局部模拟的例子。

若在进行模拟时,相似条件是建立在某些假设的条件下进行一些简化而忽略某些次要因素的基础上的,则称为近似模拟。

1.1.2 相似定理

1. 相似第一定理

相似第一定理是牛顿在 1686 年首先发现的,但直到 1848 年,才被别尔特兰证明。该定理说明:相似现象之间所具有的相似判据在数值上是相等的。

相似第一定理说明了相似现象的以下性质。

性质1:两个系统的变量和参数,在整个过程中应保持一个不变的比例。

性质2:相似现象之间所具有的相似判据在数值上是相等的。

相似第一定理和表明相似判据的形式可以用下面力学的简单例子来说明。

假定要使质量为M_1和M_2的两个系统受力后产生相似的运动,根据牛顿第二定律,对于第一个系统,有方程式

$$F_1=M_1\frac{d^2l_1}{dt_1^2} \tag{1-3}$$

对于第二个系统,有方程式

$$F_2=M_2\frac{d^2l_2}{dt_2^2} \tag{1-4}$$

根据相似的要求:两个系统的变量和参数,在整个过程中应保持一个不变的比例。因此

$$\frac{F_1}{F_2}=m_F,\quad \frac{M_1}{M_2}=m_M,\quad \frac{l_1}{l_2}=m_l,\quad \frac{t_1}{t_2}=m_t \tag{1-5}$$

将式(1-5)代入式(1-3)可以得到

$$F_2=\frac{m_M m_l}{m_F m_t^2}\frac{d^2l_2}{dt_2^2}M_2 \tag{1-6}$$

为了使两个系统相似,在质量、力、位移和时间的比例尺之间,应存在着以下关系:

$$\frac{m_M m_l}{m_F m_t^2}=1 \tag{1-7}$$

显然,系统本身的变量和参数之间也存在着以下的关系:

$$\frac{M_1l_1}{F_1t_1^2}=\frac{M_2l_2}{F_2t_2^2}=\cdots=\frac{M_nl_n}{F_nt_n^2} \tag{1-8}$$

这个无量纲的比例就是力学系统的相似判据,它对所有相似系统是相同的,把下标去掉,就可把它写成更一般的形式:

$$\Pi=\frac{Ml}{Ft^2}=\text{idem} \tag{1-9}$$

式中idem的意义表示所有相似系统的这个比例在数值上是相等的。

由此可见,相似判据是由系统本身的变量和参数所组成的一个无量纲的比值,这个比值对所有相似系统应具有同样的数值。

2. 相似第二定理

相似第二定理又称为π定理,是由A.费捷尔曼和E.波根汉推导出来的。

π定理指出如何利用量纲分析找到描述一个物理现象的相似判据的个数,并确定这些相似判据的表达式。

该定理的主要内容是:假设任一物理系统是由n个量纲不同的物理量所组成的,这些物理量中有k个是互相独立的,另外$n-k$个则是不独立的,则表示这一物理现象的方程式也可能用$n-k$个无量纲的量(通常写作$\Pi_1,\Pi_2,\cdots,\Pi_{n-k}$)完全地表达出来。

在$n-k$个相似判据中,由于它们结合在一个方程式中,因此,只有$n-(k+1)$个是独立变量。这$n-(k+1)$个变量确定之后,第$n-k$个变量也就确定了。

因此,有n个物理量参与的过程的相似条件是$n-(k+1)$个无量纲的比例数π(即相似判据)对模型和原型彼此相等。

必须指出的是，当应用 π 定理以确定相似判据时，可以不必列出描述过程的方程式，这是它的优点之一。

由此可见，根据相似第二定理完全可以确定相似判据的表达式和数目，但是比较麻烦。因此，只是在描述系统方程式为未知的情况下才用它，如果能够列出描述过程的微分方程式，则采用后面将要介绍的分析方程式的方法较为简便。

相似第一定理和第二定理规定了现象相似的一些性质，但并不是说，满足这两条定理的现象就一定相似了，还必须用相似第三定理进行补充，相似第三定理说明了现象相似的必要和充分条件。

3. 相似第三定理

相似第三定理的主要内容是：如果现象的单值条件是相似的，并且由这些单值条件所组成的判据在数值上是相同的，则这些现象是相似的。

属于单值条件的因素为系统的几何性质、介质的物理性质、起始条件和边界条件等，除上述基本定理外，B. A. 维尼科夫又补充了以下一些适用于解决实际模拟问题的附加条件。

(1)由若干个系统组成的复合系统，只要单个系统各自相似，即其中对应的各元件是相似的，各系统的边界条件也是相似的，那么整个系统就是相似的。

(2)适用于线性系统的相似条件可推广应用到非线性系统中，只要其非线性参数的相对特性是重合的，那么该可变参数对某一变量的函数关系是相似的。

(3)适用于各向同性的系统以及在某种意义上适合于均质系统的相似条件，也可以推广到各向异性和非均质的系统中去，只要在所比较的系统中，对应的各向异性和非均质是相同的。

(4)几何上不相似的系统中的物理过程也可以是相似的，而且在这个系统空间中每一点都可在另一个系统空间中找到完全对应的点。

这几个附加条件，对实现电力系统的动态模拟有很重要的意义，因为电力系统虽然很复杂，但它还是由简单的元件所组成的，所以只要每一个元件都能准确地模拟，并满足边界条件和初始条件，则复杂的电力系统过程也就模拟准确了。

1.1.3 确立相似判据的方法

确立相似判据的方法有两种，一种是量纲分析，另一种是分析关系方程式。量纲分析已在前面结合 π 定理的应用中介绍过了，它的主要特点是不列出过程的微分方程式也能找出相似判据，但推导方法比较麻烦，而且根据推导中所采用的基本量不同，给出的结果的形式也不太固定，需要进一步加以变换，才能得到比较常见的表达式。

因此，如果系统的微分方程式能够列出，则采用分析关系方程式的方法比较简便。

通过分析微分方程式以确立相似判据有三种不同的途径：比例系数分析法、积分类似法、标幺值方程式等效法。

(1) 比例系数分析法。

比例系数分析法是根据相似的基本定义，使一个系统的变量和参数乘上一个固定不变的比例尺 m，让其等于另一个系统相应的变量和参数，然后代入方程式中，经过适当的组合，得到用比例系数组成的相似判据。这个方法前面已论述过，它的优点是比较直观，物理意义比较清楚。

（2）积分类似法。

积分类似法是用方程中的任一项除以整个方程而使方程成为无因次的形式，同时把方程式中的积分和微分符号全部去掉，则这个被变换了的方程式中的每一项都是相似判据。

（3）标幺值方程式等效法。

在电力系统的分析和研究中往往把系统的方程式写成标幺值的形式，这种形式的方程不仅便于分析、计算，而且对模拟也带来很大的方便，只要模型系统的变量和参数的标幺值与原型系统相应的变量和参数的标幺值相等，那么两者就实现了相似。换句话说，如果两个系统的标幺值方程式完全相等，则系统的变量和参数在整个过渡过程中将始终保持一个不变的比例系数，在模型与原型具有相同的物理性质的情况下，这个比例系数是无量纲的，也就是说标幺值方程式对原型和模型是等效的。

1.1.4 各种基本电路的相似判据

1. 集中参数 RL 电路的相似判据

现采用比例系数分析法推导 RL 电路的相似判据，为此先列出描述电路过渡过程的微分方程式：

$$\text{对原型}\quad U_s = i_s R_s + L_s \frac{\mathrm{d}i_s}{\mathrm{d}t_s} \tag{1-10}$$

$$\text{对模型}\quad U_m = i_m R_m + L_m \frac{\mathrm{d}i_m}{\mathrm{d}t_m} \tag{1-11}$$

式中，各量的下标 s (source)表示原型系统的物理量；m(model)表示模型系统的物理量。

为了使模型中参量的变化在整个模拟过程中与原型的相似，必须使模型的变量和参数与原型的相差一个不变的比例系数，即

$$\left.\begin{array}{ll} U_m = \dfrac{U_s}{m_U}, & i_m = \dfrac{i_s}{m_i} \\ R_m = \dfrac{R_s}{m_R}, & L_m = \dfrac{L_s}{m_L} \\ t_m = \dfrac{t_s}{m_t} & \end{array}\right\} \tag{1-12}$$

将以上各关系式代入式(1-11)得

$$\frac{m_i m_R}{m_U} U_s = i_s R_s + \frac{m_R m_t}{m_L} L_s \frac{\mathrm{d}i_s}{\mathrm{d}t_s} \tag{1-13}$$

对比式(1-10)和式(1-13)，得$\dfrac{m_i m_R}{m_U}=1$，即

$$m_i = \frac{m_U}{m_R} \tag{1-14}$$

$\dfrac{m_R m_t}{m_L}=1$，即

$$m_t = \frac{m_L}{m_R} \tag{1-15}$$

式(1-14)和式(1-15)是模型与原型相似所必须满足的条件，即相似判据。下面说明以上两个相似判据的物理意义，并由此得出基本结论。

判据式(1-14)说明对这个电路的模拟有三个比例系数 m_U、m_i、m_R 可供选择，但其中只有两个是独立的(可以任意选择)，第三个就必须按照式(1-14)的关系计算出来，否则就不能保持模型与原型的比例关系，这是由描述电路物理过程的基本定律所决定的。

相似判据式(1-14)可以用另一种形式表示，把式(1-12)的关系代入式(1-14)得

$$\frac{m_i m_R}{m_U}=\frac{U_m i_s R_s}{U_s i_m R_m}=1$$

或

$$\frac{U_m}{i_m R_m}=\frac{U_s}{i_s R_s} \tag{1-16}$$

写成一般形式为

$$\Pi=\frac{U}{iR}=\text{idem} \tag{1-17}$$

符号 idem 表示各系统对应相同。必须指出的是，满足了上述条件还只能保证在稳态情况下相似，在过渡过程中还不一定相似。例如，可能有这样的情况，模型中的电流在稳态时虽然按比例缩小了若干倍，但在暂态过程中却不成比例变化，电流 i_m 在暂态过程中的增长速度比 i_s 来得快，因此，除了满足条件式(1-14)，还必须满足条件式(1-15)。

第二个相似判据为

$$m_t=\frac{m_L}{m_R}=\frac{L_s \cdot R_m}{L_m \cdot R_s}=\frac{t_s}{t_m} \tag{1-18}$$

若 $m_i=1$，则 $t_s=t_m$。

第二个相似判据的物理意义是当时间比例尺 $m_t=1$ 时，要求模型的时间常数与原型的时间常数相等，这样才能保证过渡过程相似。

由此可以得出结论：为了保证全过程相似，必须同时满足式(1-14)、式(1-15)两个判据。第一个判据是电路在任何状态所必须满足的基本要求，它说明电路的电压、电流和阻抗必须满足一定的比例关系，其中有两个比例系数，可以任意选定，但第三个必须根据式(1-14)计算出来。第二个判据是当时间比例尺为 1 时，即要求两个电路的时间常数相等，这是过渡过程相似的附加要求。

必须指出的是，当时间比例尺 m_t 可以任意选定时，则情况有所不同，在这种情况下，不管模型电路参数(R 和 L)取什么值都能满足相似的要求。换句话说，模型电路的时间常数与原型的不同，可以是相似的，只要把时间比例尺改变一下使 $m_t=\frac{t_s}{t_m}$ 即可。

由此可见，在这种条件下($m_t\neq1$)对 RL 电路来说，模型参数的选择已经没有任何限制，不管 RL 为何值都能满足相似的要求，模拟的要求就只剩下根据电路的参数确定比例尺 $m_i=\frac{m_U}{m_R}$ 和 $m_t=\frac{t_s}{t_m}$，这就是一般的自动模拟现象。

顺便指出，时间比例尺的选择在动态模拟的规划和设计阶段是很重要的。如上所述，当 $m_t>1$ 时，为了满足相似的条件，t_m 可以小于 t_s，这样电感元件就可以做得比较小，整个实验室的模拟电机、变压器和线路的尺寸都可以缩小，这是很大的优点，但 $m_t\neq1$ 的最大问题是不能把实物直接接入动态模拟系统做实验，同时信号的测量和转换也带来一定的困难和问题，因此在我国普遍根据实时 ($m_t=1$) 的原则建立动态模型。

2. 集中参数 RLC 电路的相似判据

集中参数 RLC 组成的电路的过渡过程，可用下式表示：

$$u = iR + L\frac{\mathrm{d}i}{\mathrm{d}t} + \frac{1}{C}\int i\mathrm{d}t \tag{1-19}$$

应用积分类似法求相似判据，以 iR 除全式并去掉全部微积分符号得

$$\frac{u}{iR} = 1 + \frac{L}{Rt} + \frac{t}{RC} \tag{1-20}$$

由此得到三个相似判据：

$$\Pi_1 = \frac{u}{iR} = \frac{u_s}{i_s R_s} = \frac{u_m}{i_m R_m} = \text{idem} \tag{1-21}$$

$$\Pi_2 = \frac{L}{Rt} = \frac{L_s}{R_s t_s} = \frac{L_m}{R_m t_m} = \text{idem} \tag{1-22}$$

$$\Pi_3 = \frac{t}{RC} = \frac{t_s}{R_s C_s} = \frac{t_m}{R_m C_m} = \text{idem} \tag{1-23}$$

为了得到相似判据，必须适当地选择电路参数和时间比例尺，使得在模型与原型中以上三个相似判据 Π_1、Π_2、Π_3 在数值上相等，当 $m_t = 1$ 时，可归结为除了 $m_i = \frac{m_U}{m_R}$ 的关系以外，要求模型的两个时间常数 T_L 和 T_C 与原型的时间常数相等。

必须指出，当 $m_t \neq 1$ 时，关于参数的选择不受任何限制的结论，在这里已不再适用，因为在这里时间比例尺同时与 T_L 和 T_C 有关，其关系式为

$$m_t = \frac{T_{Ls}}{T_{Lm}} = \frac{R_m L_s}{R_s L_m} \quad 或 \quad m_t = \frac{T_{Cs}}{T_{Cm}} = \frac{R_s C_s}{R_m C_m}$$

如果 m_t 已由第一式计算出来，第二式的 m_t 就被确定了。

由此可见，当原型参数已经给定以后，模型参数就只有两个可以任意选定，第三个就必须根据上述关系式计算出来，才能保证过程的相似，这说明在这里模拟的要求要比 RL 电路苛刻一些。

3. 有互感电路的相似判据

对于最简单的互感电路可以列出下列微分方程式：

$$u = i_1 R_1 + L_1\frac{\mathrm{d}i_1}{\mathrm{d}t} + M_{12}\frac{\mathrm{d}i_2}{\mathrm{d}t} \tag{1-24}$$

$$0 = -M_{12}\frac{\mathrm{d}i_1}{\mathrm{d}t} + i_2 R_2 + L_2\frac{\mathrm{d}i_2}{\mathrm{d}t} \tag{1-25}$$

以 $i_1 R_1$ 除式(1-24) 和 $i_2 R_2$ 除式(1-25) 并去掉全部微积分符号得

$$\frac{u}{i_1 R_1} = 1 + \frac{L_1}{R_1 t} + \frac{M_{12} i_2}{R_1 t i_1} \tag{1-26}$$

$$0 = -\frac{M_{12} i_1}{R_2 t i_2} + 1 + \frac{L_2}{R_2 t} \tag{1-27}$$

若 i_1、i_2 取同一比例尺，则可以得到以下四个相似判据：

$$\Pi_1 = \frac{L_1}{R_1 t} = \text{idem}, \quad \Pi_2 = \frac{L_2}{R_2 t} = \text{idem}$$

$$\Pi_3 = \frac{M_{12}^2}{R_1 t} = \text{idem}, \quad \Pi_4 = \frac{M_{12}^2}{R_2 t} = \text{idem}$$

若原副方电流取不同比例尺，则 Π_3、Π_4 可以合并为一个 $\Pi_{34} = \frac{M_{12}^2}{R_1 R_2 t^2}$，为了使 Π_{34}

的物理意义更明确一些，经过简单变换可以把Π_{34}改写成$\Pi_{34}=\frac{M_{12}^2}{L_1L_2}=\text{idem}$，这意味着要求模型与原型的漏磁系数$\sigma=1-\frac{M_{12}^2}{L_1L_2}$以及与它对应的漏抗百分比相等，这是变压器相似的主要判据之一。

在具有分支的复杂网络中，上述判据仍然适用，但回路的连接应具有同样的结构形式。

4. 具有分布参数电路的相似判据

长线的过渡过程是时间和空间的函数，它可以用以下偏微分方程式描述：

$$CL\frac{\partial^2 u}{\partial t^2}+(CR+LG)\frac{\partial u}{\partial t}+RGu=\frac{\partial^2 u}{\partial t^2} \tag{1-28}$$

式中，C、L、R、G分别为输电线路单位长度上的电容、电感、电阻和电导；u为输电线上某点的电压。

为了找到相似判据，同样可以应用积分类似法，以RGu除全式并去掉偏微分符号得

$$\frac{CL}{RGt^2}+\frac{C}{Gt}+\frac{L}{Rt}+1=\frac{1}{RGl^2} \tag{1-29}$$

式中，l为长度。

由此得到以下四个相似判据：

$$\Pi_1=\frac{CL}{GRt^2}=\text{idem},\quad \Pi_2=\frac{C}{Gt}=\text{idem}$$

$$\Pi_3=\frac{L}{Rt}=\text{idem},\quad \Pi_4=RGl^2=\text{idem}$$

由于以上四个相似判据中存在着$\Pi_1=\Pi_2\Pi_3$的关系，所以Π_1不是独立的，因此独立的相似判据只有三个，即

$$\Pi_2=\frac{C}{Gt}=\text{idem},\quad \Pi_3=\frac{L}{Rt}=\text{idem},\quad \Pi_4=RGl^2=\text{idem}$$

得出的结果与前面用量纲分析所得的结果完全一致。

5. 转子运动的相似判据

根据旋转物体的运动定律，同步发电机转子运动的规律，可以用以下方程式来描述：

$$J\alpha=\sum M=M_{\rm T}-M_{\rm e}-\Delta M \tag{1-30}$$

式中，$J=\frac{GD^2}{4}$为发电机组旋转部分的转动惯量；α为转子几何角的加速度；$M_{\rm T}$为原动机力矩；$M_{\rm e}$为发电机电磁转矩；ΔM为各种(机械、电气)损耗。

考虑到$\Omega=\frac{\omega}{mp}$和$\alpha=\frac{\mathrm{d}\Omega}{\mathrm{d}t}$的关系，式(1-30)可写成

$$\frac{J}{mp}\frac{\mathrm{d}\omega}{\mathrm{d}t}=\sum M=M_{\rm T}-M_{\rm e}-\Delta M \tag{1-31}$$

式中，mp为极对数；ω为电气角速度。

应用积分类似法，可以得到以下三个相似判据：

$$\frac{M_{\rm T}}{M_{\rm e}}=\text{idem},\quad \frac{\Delta M}{M_{\rm e}}=\text{idem},\quad \frac{J\omega}{mpM_{\rm e}t}=\text{idem}$$

$\frac{M_T}{M_e}=\text{idem}$和$\frac{\Delta M}{M_e}=\text{idem}$两个判据要求模型的原动力矩与损耗力矩的标幺值与原型的相等。

现分析$\frac{J\omega}{mpM_e t}=\text{idem}$的判据：$\omega=mp\Omega$；$M_e=\frac{S_e}{\Omega}$，故$\frac{J\omega}{mpM_e t}=\text{idem}$的判据可以写成$\frac{J\Omega}{S_e t}$，这一关系在各种运行情况下应当得到满足，在额定情况下，$\frac{J\Omega_0^2}{S_e t}=\frac{T_j}{t}=\text{idem}$。

可见当时间比例尺为1时，要求模型的机械时间常数的标幺值（秒数）与原型的相等，考虑到$J=\frac{GD^2}{4}$，$\Omega_0=\frac{2\pi n_e}{60}$，则

$$T_j=\frac{J\Omega_0^2}{S_e}=\frac{GD^2}{4}\frac{1}{S_e}\left(\frac{2\pi}{60}\right)^2 n_e^2=2.74\frac{GD^2}{S_e}n_e^2\cdot 10^{-3} \tag{1-32}$$

故若已知机组的GD^2，就可以根据上式计算出T_j。

6. 非线性电路的相似判据

对非线性电路的模拟原则上没有什么大的困难，为了取得非线性电路的相似，必须同样满足对线性电路所提出的相似判据，同时在模型和原型中要具有相同的非线性参数的相对特性。

对变化很慢的过程只要满足相对静态特性相等的要求就可以，而对变化很快的过程，则还必须满足相对动态特性相等的要求。

在电力系统中的非线性特性是很多的，如发电机和变压器的饱和特性、负荷频率特性和电压特性，以及励磁系统和调速系统中的非线性环节（不灵敏区、限幅等），这些都可以单独地加以模拟。

7. 电力系统物理模拟的相关问题

电力系统物理模拟在近几十年取得了很大的发展，无论在相似理论、系统及元件的模拟与设计方法方面，还是在动态模型的实际应用方面，都获得了很多成果。随着现代电力系统的发展，在新技术、新元件的研究中对电力系统的物理模拟提出了很多新的要求，物理模拟今后还应该在现有的水平上进行进一步的研究和发展。

由于电力系统容量不断增长，结构日益复杂，新技术不断涌现，今后动态模拟的重要任务之一就是更全面和更深入地研究电力系统在各种工况下所发生的现象，并对动模实验室进行现代化改造，使其充分体现现代电力系统的自动化、信息化、数字化的特点，建设方便、灵活的动态模拟实验系统。

电力系统的物理模拟还应该密切结合计算机技术、通信技术、数字仿真技术的发展。这里不仅需要物理模拟及数字仿真方法相互配合进行系统研究，而且必须重视发展现代控制技术，将更先进的控制工具和方法与物理模拟相互配合，进行系统最佳运行方式和控制方式的研究。

根据目前的情况，有必要对电力系统物理模拟中某些环节和元件的模拟方法进行进一步的研究，提高模拟的精确度，使模型系统能够全面、正确地反映原型系统在各种工况下的机电暂态特性和电磁暂态特性，扩大物理模拟在电力系统研究领域的适用范围，从而进一步提高物理模拟在电力系统研究上的作用。

1）电机的频率特性模拟问题

同步电机在电力系统中是一个极为重要的元件，在动态模型上对它的模拟精确与否

直接影响到研究结果的质量,因此必须给予足够的重视。同步电机在异步运行过程中,随着转子电流频率或转差率的变化,电机的电阻、电抗也产生变化,成为转差率的函数。对带有实心结构的电机,如实心转子的汽轮发电机,带有实心凸极的水轮发电机和带有实心凸极的同步调相机等的模拟和计算方法还需进一步地研究,因为电机在以不同频率振荡时很难保证模型电机的参数变化规律与原型的相似。另外,对实心转子汽轮发电机阻尼效应的模拟目前还只能采取一些粗略的方法,不能精确模拟;对电机频率特性模拟方面的研究还很不够。应当指出,为了解决电机频率特性的模拟,首先必须研究电机在原型系统中运行的频率特性,掌握它的作用和参数的变化规律,确定准确的原始参数,以便在此基础上考虑新的模拟方法和设计方法,实现各参数在各种过程下的精确模拟,这对研究电力系统异步运行以及电机与系统频率特性等方面的问题尤为重要。

2)电机附加损耗的模拟

电机的短路附加损耗的精确模拟对模型电机在过渡过程中各种现象的相似具有十分重要的意义。虽然在模型电机中如何正确地反映原型电机损耗的研究取得了一定的发展,但还需进一步完善,并需要与原型电机进行比较、论证。尤其是研究随着电机频率和电流的变化,模型电机损耗的变化也能满足相似。

目前无论对原型或对模型,短路附加损耗还缺乏精确的计算方法和测量方法。对原型虽然已有一些计算公式,但误差较大,而对模型电机则由于其结构上的某些特点,不能照用大型电机中的计算公式。因此,今后应当找出精确的测量方法,积累大量的实验数据,尤其是原型的数据,以便在此基础上确定正确的计算方法及研究合适的模拟方法。与此同时,还应当对同步电机的参数进行深入的研究,了解它在各种工况下的变化规律。

短路附加损耗的模拟(包括其他一些影响因素)还与其他许多问题有密切的联系,如汽轮发电机实心转子及阻尼绕组的模拟,同步电机振荡特性的模拟等。

3)模型电机机组的选择问题

从模型电机的容量和体积来看,模型电机机组目前存在三种类型:大型、中型和小型。大型是指容量在 30～45 kV·A 之间的模型电机,这种模型电机体积较大,造价较高,但能比较精确地模拟原型电机的参数。特别是在某些特殊情况下,如研究电机的内部过程,参数的变化规律需要精确反映电机各种特性时,大型模拟电机具有重要意义。因此,今后仍要继续发展大型模型电机,用来作为对重要及重点研究的电厂和机组的模拟。中型是指容量为 7.5～15 kV·A 之间的模型电机,它比大型模型电机的体积和造价都小很多,而且参数也基本上能满足模拟要求,运行、使用方便,具有很多优点。在研究复杂系统中电厂及机组间的各种过程时,需要机组数量较多,适合采用这样的模型电机。当然,其中最重要的电厂或发电机,仍采用大型模拟机组来模拟。小型是指 5 kV·A 以下的模型电机,这种模型电机参数模拟很困难,而且测量及自动调节装置吸收的功率对模拟一次系统的影响很大,所以它的应用受到了很大的限制,只能进行某些特定问题的研究。

总之,今后要重视大、中型模拟电机机组的发展,中型作一般机组,大型作特殊机组,两者结合起来相互配合使用,充分发挥各自的优点。

在电力系统动态模拟实验室中,为了进行复杂的电力系统的研究,必须具有足够多的机组和测量控制设备,但是动态模型造价较高,假如机组过多,将增加运行操作的复杂性和难度,大大提高了实验成本。因此,动态模型的机组数量很难与原型复杂电力系统中的机组都一一对应,需要对原型复杂电力系统进行简化,只能对原型系统中的重要环节或重点部分进行模拟。为了合理地简化原型电力系统,必须研究电力系统的等值简化理论和模拟原则,以期用较少的机组能重点反映出原型电力系统的各种主要特性。

4) 电机内部过程的模拟

对电力系统过渡过程的研究,基本上是研究机械振荡或电磁现象对于时间的变化过程,所以要对在整个过程中起主要作用并具有决定性意义的一些参数进行精确模拟。这样,在模型上便能反映出与原型系统相似的过程。但是,如果要研究某些元件内部过程,如电机内部的电磁场或热力场的变化过程,则必须要保证元件内部过程的相似,即空间场的相似。这一点对电机内部过程(电磁场、热力场等)的研究颇为重要。要进一步研究模拟电机主磁场和漏磁场的磁化特性、所有主要电路的频率特性等问题,研究完全的模拟方法,不仅要在时间上而且还要在空间上(电磁的、热力场及力场)也满足相似。

5) 负荷的模拟问题

在电力系统运行和过渡过程的研究方面,负荷的影响不容忽视。众所周知,系统内负荷的种类很多,各种负荷所占的比重及其分布情况又在很大的范围内变化,它们具有不同的性质和不同的变化规律(如确定的周期变化或随机变化),负荷模拟任务之一就是要考虑被模拟系统,根据统计和计及随机变化等因素的负荷实测的综合特性,选出静态和动态的必要参数进行模拟。在对旋转负荷模拟中,对于其阻力转矩、惯性常数、正常与瞬变电抗间的关系以及频率特性等都要考虑,同时对重要、特殊的负荷必须重点模拟。在对负荷模拟问题进行研究时,应首先分析原型电力系统中负荷的性质,静态与动态的变化规律和它的频率特性,选择必需模拟的参数。其次根据模拟对象的不同,研究范围的不同,选择所需要的各种负荷的综合特性和等价的模拟方法。

6) 原动机及其调速系统的模拟

利用动态模型研究电力系统稳定问题时(频率变化不超过1%),一般对原动机的非线性和调速器调速性能的影响常常忽略不计,但是在研究频率变化较大、持续时间较长的过渡过程,如系统振荡过程和综合稳定时,对原动机的非线性和调速器调速性能的影响在动态模型上必须充分模拟。同时,为了研究在复杂过程中各种因素的影响,不仅要考虑调速器本身的调速性能,还要考虑对水锤效应或惯性的影响,尤其是研究频率及功率联合调整时,火电厂锅炉和水电厂水源系统也要模拟。

长期以来,直流电动机由于调速性能优越而掩盖了结构复杂等缺点,被广泛地应用于工程中。直流电动机在额定转速以下运行时,保持励磁电流恒定,可用改变电枢电压的方法实现恒定转矩调速;在额定转速以上运行时,保持电枢电压恒定,可用改变励磁的方法实现恒定功率调速。采用转速、电流双闭环直流调速系统可获得优良的静态、动态调速特性。

科学技术的迅速发展为交流调速技术的发展创造了极为有利的技术条件和物质基础。交流电动机的调速系统不仅性能与直流电动机的调速系统一样,而且成本和维护费用比直流电动机的更低,可靠性更高。因此,采用高效率经济型的交流电动机调速系统来取代原有的直流电动机调速系统,是电机调速发展的新动向。

在原动机及其调速系统的模拟问题上,需要进一步有效地利用物理模拟和数字仿真相结合的方法，进一步发展现代控制技术在原动机及调速系统上的应用。目前微机调速系统以其功能强、性能好、可靠性高的优点得到迅猛发展，成为调速器领域发展的主流和方向。

总之，随着技术的发展，要进一步加强智能化控制方法对调速系统的影响、交流调速系统效率改善方法、系统可靠性等方面的研究。同时，为了更好地模拟原动机及调速系统，还要重视新形式的调速系统在电力系统动态模拟中的应用。

7）进一步提高动态模型的精确度

电力系统物理模拟毕竟是一种实验室性质的研究工具，虽然现在动态模型的模拟水平在现象的本质和数量关系方面可以给出比较满意的结果，但它本身还不是原型系统。当然，有些在实际系统中难以进行或不允许大量重复进行的实验，在动态模型上完全可以做到，但是原型系统实验的重大意义并不因此而有所降低，它可以给出最真实和最全面的结果。今后需要深入掌握原型系统和原型系统中各元件的特性，改进电力系统的实验技术，积累原型系统实验数据和获得原型系统在各种运行工况下的参数，并与模型实验数据进行对比，进一步改进模型元件的模拟方法，改进并完善实验方法，以期进一步提高动态模型的模拟质量和精确度。

如上所述，电力系统物理模拟是进行电力系统研究的有效的、重要的方法，但它并不是唯一的方法。随着研究问题的性质不同，各种研究和计算工具都有一定的特点和最适合的应用范围。数字仿真和物理模拟不是相互对立的，而是相互补充的。应当看到，计算机技术及数字信号处理技术的快速发展给复杂的电力系统分析提供了十分有利的条件。在研究某些复杂问题时，可以用动态模拟建立各部分之间的边界条件，并确定和检验其数学表达式，然后利用计算机快速而准确地解这些方程式，并进行各种方案的比较。一个十分复杂的问题就可以得到解决。

因而，只有将各种计算工具或研究方法相互结合，让它们发挥各自的特点，并从问题的各方面或不同角度来进行研究，才能给出物理本质和计算数据两方面高质量的结果，电力系统的一些重大问题才能得到解决和不断发展。

1.2 同步电机模拟及参数调整方法

1.2.1 同步电机物理模拟的条件

同步电机包括同步发电机、同步电动机和调相机，它在电力系统中是极其重要的元件之一，它是一种能量转换装置，一般是将机械能转换为电能（如同步发电机），也可以将电能转换为机械能（如同步电动机）或作为系统的无功补偿装置（如同步调相机）。对用于研究电力系统过渡过程的动态模拟来说，重要的是研究同步电机的电磁过程和机电过程。电机内部的电磁场过程、发热温升过程等是不着重研究和不要求相似的。

对于同步电机的相似判据，精确的模拟要求以标幺值表示的模型电机的一切参数与原型电机的相等。就目前能较精确地描述同步电机电磁暂态过程的派克（Park）方程来说，要求派克方程中各参数以及模型电机和原型电机的标幺值相等；电机的非线性特性（如空载特性曲线、电机的频率特性）相似，时间常数相等。

在电力系统动态模型中，同步电机是根据物理相似原理来模拟的，它有着与原型电机相同的物理性质，并产生相似的变化过程。为了做到这一点，必须满足同步电机的机电过渡过程相似的条件，它的标幺值参数和时间常数在模型电机和原型电机中都应该相等。因此，同步电机的模拟条件可归结为下列参数的标幺值相等：

（1）电枢反应电抗 x_{ad}、x_{aq}；

（2）定子绕组漏抗 x_s（$x_s=x_d-x_{ad}$）；

（3）励磁绕组电抗 x_f；

（4）阻尼绕组漏抗 x_{cd}、x_{cq}；

（5）定子绕组电阻 r_s；

（6）励磁绕组电阻 r_f；

（7）阻尼绕组电阻 r_{cd}、r_{cq}；

（8）惯性时间常数 T_J。

上述这些参数也可以转换成电机运行理论中常用的一般参数：同步电抗 x_d、x_q；暂态电抗 x'_d；次暂态电抗 x''_d、x''_q；负序电抗 x_2；零序电抗 x_0；时间常数 T_{d0}、T'_d、T''_d、T_a 和惯性时间常数 T_J 等。这些参数便于测定，在进行模拟时，只要保证模型与原型的参数标幺值相等即可。

同步电机的机电过渡方程式是在一系列假定条件下建立起来的，而电机的实际特性远比这些方程所描述的更为复杂，因为电机参数受许多因素的影响，它一般是非线性的，如所有电感都随磁路饱和情况的变化而变化，电路的电阻随温度、频率、电流的变化而变化等。此外，电机的磁滞和涡流对电机的剩磁和损耗也有很大的影响，这些现象都有着非常复杂的非线性特性，要全面地模拟这些特性是非常困难的。因此，可以不考虑有些影响不大的因素，只考虑一些对过渡过程影响较大的非线性因素，如电机的空载特性、相应的附加损耗、电机的频率特性，以及电压的波形等。这些都需要在设计中采取措施加以保证。在实验时，除了空载特性受电压比（即基准电压选择的影响）以外，其他因素只能在选择机型时加以考虑。

1.2.2　模拟同步电机设计方面的主要特点

由电机设计原理可知，把大型同步电机的几何尺寸按比例缩小，并不能保证模型电机的参数与原型电机的相似。例如，普通小型同步电机的特性和参数与大型同步电机的差别较大，不能很好地反映原型电机的暂态过程，以标幺值表示的小型电机的电阻和短路损耗比大型电机的大许多倍，当带负荷的发电机端部发生突然短路时，大型电机的转子立即加速，而普通小型电机则先制动，然后加速，如果用小型电机模拟，就严重地歪曲了大型电机的过渡过程。

模拟同步电机需要专门设计：加大导线截面、降低电流密度、采用深槽定子等方法降低定子绕组电阻；采用减小电机气隙、降低磁感应强度等方法，提高电枢反应电抗；阻尼绕组采用粗铜条降低其电阻。

由于惯性常数的调节是靠安装在电机轴端的飞轮来实现的，它一般只能增大而不能减小，同时还要考虑与模拟同步电机同轴的原动机和其他辅机所增加的惯性，因此，必须使模型机组的惯性常数设计得比原型机组的惯性常数小才能满足要求。由于 $T_J \propto GD^2$，转子尺寸就受到限制，这与降低励磁绕组电阻和加大励磁绕组时间常数的要求是矛盾的。

制造好的模拟同步电机，其参数的有名值是确定的。一般来说，一个模拟同步电机的定子可以配不同的转子，以便取得不同的一组参数和特性。

为了能模拟惯性时间常数较小的原型机组，模拟同步电机的转子直径比较小，因此模拟同步电机转子的电阻一般都比较大，为了能获得必需的励磁绕组时间常数，必须借助负电阻机（负电阻器）加以补偿。传统方式是采用串励直流发电机作为负电阻机来补偿转子时间常数的，目前广泛使用的是采用电力电子的方式制造的负电阻器，该补偿设备的工作原理将在第 2 章介绍。

另外，转子电阻也并不是越小越好，对这个问题应进行全面的分析：一方面，转子电阻太大会给补偿带来一定的困难，但无须提高负阻机（负电阻器）的电压，这个电压还要满足强励的要求；另一方面，如果转子电阻太小，则补偿后的等效电阻将更小，这样电刷的接触电阻以及温度对电阻的影响相对来说就很大，这就使得补偿不够，甚至会产生自激现象。

1.2.3 模拟发电机的额定容量含义

普通发电机的容量是不能随便改变的，不能超过额定负荷长时间运行，其最小负荷也受到一定条件的限制。但模拟发电机却不同，它的容量可以在很大的范围内变化，这是因为模拟发电机的参数和特性是根据与大型发电机相似的要求进行设计的，电磁负荷比较低。因此，模拟发电机铭牌上的额定容量与普通发电机不同，它不取决于容许发热的条件，实际上它只是表明该机组的参数所取的基准值而已。所以，从容许发热的角度考虑，模拟发电机的容量可以在很大的范围内变化，例如 5 kV·A 的模拟发电机的工作容量可以提高到 10 kV·A 左右。

当改变模型电机的额定功率时，全部发电机参数的标幺值将发生变化，其基本规律是：随着模拟发电机容量的增加，所有电路阻抗标幺值都成比例地增大，而惯性常数则成比例地减小；当降低模型电机容量时，参数标幺值的变化与上述相反。

可以用改变模拟发电机的额定电压的方法来对发电机的空载特性进行模拟，但这样做必须考虑到它对阻抗标幺值的影响。

必须指出的是，要使空载特性完全一致是很困难的，即使在额定电压附近模型发电机与原型发电机的特性也有一定的差别。一般大型发电机的空载特性在开始时有一段接近于线性，但一经饱和，线性的斜率就变得很小，而模型发电机的空载特性在开始时就有点弯曲，而且在饱和阶段曲线仍有较大的斜率。因此，只能要求模型电机在运行范围内与原型电机基本一致。

1.2.4 模拟比与标幺值的关系

前面已经提到，在进行电力系统模拟计算时，有一个基本关系必须满足，就是 $m_U=m_i m_Z$，但是在电力系统中，一般习惯采用功率表示设备的容量，因此，原型与模型之间还有一个功率比 $m_P=\dfrac{P_s}{P_m}$，但这个比例不是独立的，它可以用其余三个模拟比中的两个计算出来，其关系式为

$$m_P=m_U m_i=\frac{m_U^2}{m_Z}=m_i^2 m_Z \tag{1-33}$$

由此可见，式(1-33)中四个系数，只有两个是可以任意选择的，另外两个必须根据方程式(1-33)计算出来，这样才能满足相似的条件。这一情况与在进行标幺值计算时先取基准值的情况完全一样，这不是偶然的，实际上模拟比和标幺值之间具有非常紧密的内在联系，下面来分析这个问题。

当原型参数与模型参数只差一个模拟比 m_Z时，存在着以下关系：

$$x_s = m_Z x_m,\quad m_Z = \frac{m_U^2}{m_P},\quad m_U = \frac{U_s}{U_m},\quad m_P = \frac{S_s}{S_m}$$

则

$$x_s = \frac{m_U^2}{m_P} x_m = \frac{U_s^2 S_m}{U_m^2 S_s} x_m \tag{1-34}$$

由此得

$$\frac{S_s}{U_s^2} x_s = \frac{S_m}{U_m^2} x_m$$

即

$$x_s^* = x_m^* \tag{1-35}$$

这就是说，若两台机的阻抗有名值之比是 m_Z，则其标幺值一定相等，反之若阻抗标幺值相等，则有名值之比为 m_Z，明确这点对进行参数计算具有重要意义。

1.2.5 模拟发电机组参数的调整方法

模拟发电机组虽然采用了特殊的设计和结构形式，其参数和特性与大型机组比较接近，但当进行模拟实验时，其参数和特性还需要进行调整，这是因为各种原型机组参数不尽相同，而且当进行系统性实验时，往往需要以一台模拟机组模拟一个等值电厂甚至一个局部的等值系统，这就要求对模拟机的参数进行调整以满足相似的要求。

参数调整的目的就是要使模拟机组的参数与原型等值机组的参数成一定的比例，或者使两者参数的标幺值相等，以满足相似的要求。

同步发电机的同步电抗在过渡过程中，是一个很复杂的时间函数，要对它进行全面、准确地模拟是极其困难的，一般是对 x_d、x_d'、x_d''三个特征值进行模拟，只要这三个参数模拟准了，一般来说就可以满足要求，但即使如此，要同时满足三个参数的相似也是很困难的，因此，一般根据不同实验的要求确定一两个参数准确模拟，而其余的参数则近似模拟。例如，在研究快速动作的继电保护时(如差动保护)，主要关心 x_d''和 x_d的模拟，而研究系统机电暂态过程，则主要关心 x_d'和 x_d的模拟。当参数不能满足要求时，可以采取以下措施。

1. 改变功率模拟比

根据标幺值计算公式可知，为了改变模拟机的电抗标幺值，使它等于或接近原型机的电抗标幺值，可以改变其基准容量 S_j，也就是改变功率模拟比 m_P，这是最常用的措施。但必须指出的是，只有当功率比可以任意选择时才行。在进行复杂系统模拟时，如果 m_p已经确定，就不能随便改变 S_j，同时改变 S_j 还要考虑对 T_j 的影响。

2. 改变电压模拟比

改变电压模拟比 m_U，即改变模拟机的基准电压 U_j，模拟机的电抗标幺值也可以改变，但必须考虑空载特性的模拟问题。对于空载特性要使它与原型完全相似是不容易的，一般只要求在额定运行点附近与饱和系数接近便可，在改变机组的基准电压 U_j 时，还必须同时考虑升压变压器的抽头和电压互感器的变比能否满足要求。

3. 外串电抗或加大升压变压器的漏抗

只有当漏抗不足时，才能采用外串电抗或加大升压电压器的漏抗。由于串接电抗能够影响 x_d 与 x'_d(或 x''_d)的比例关系，因此当要求准确模拟时，还必须考虑 x_d 与 x'_d(或 x''_d)的比值在外串电抗 Δx 后是否能保持与原型的相等，也就是说必须校验 $\frac{x'_{dm}+\Delta x}{x_{dm}+\Delta x}=\frac{x'_{ds}}{x_{ds}}$ 的关系能否得到满足。

4. 调换转子

当以上措施均不能解决问题时，可以考虑调换适当的转子，增大或减小转子的气隙，可以得到不同的参数。由于不同转子的励磁绕组有不同的参数，故调换转子以后，要相应改变负电阻器的补偿度才能满足 T_{d0} 的模拟要求。

5. 调整励磁绕组时间常数的方法

T_{d0} 主要靠改变负电阻器的补偿度加以调整，具体方法详见 1.3.1 节的励磁系统的模拟部分。

6. 机械时间常数的调整

T_j 是用时间常数表示的机组的转动惯量，它对各种机电暂态过程(也就是机组的角度和转速变化)有直接影响，即

$$T_j=2.74\frac{GD^2}{S_j}n_e^2\cdot 10^{-3}$$

式中包括发电机和原动机的转动惯量，当它太小时，可以外加飞轮片加以提高，同时改变基准容量 S_j 能够调整 T_j 的大小，但应考虑对其他参数的影响。

1.3 主要电气设备的模拟

根据相似理论，模型系统和原型系统的物理现象相似，意味着在模型和原型中，用以描述现象过程的相应参数和变量在整个研究过程中，保持一个不变的、无量纲的比例系数。满足这个相似判据的模拟系统，其参数和变量以标幺值表示的数值在整个过程中与原型的相等。在动态模拟中，还希望模型系统和原型系统的物理现象有相同的时间标尺(即模型和原型各元件的时间常数，如发电机励磁回路的时间常数 T_{d0}，机组惯性时间常数 T_j 等，以秒(s)为单位表示)应该相等。下面讨论除同步发电机以外的各主要元件的模拟。

1.3.1 励磁系统的模拟

大型同步发电机的励磁系统，对电力系统正常运行以及过渡过程，都产生了很大的影响。在现代大型发电厂中，同步发电机励磁系统的作用，不仅在于保证供应同步发电机正常运行所需的励磁电流，而且随着自动励磁调节研究的发展，已成为提高电力系统传输容量、改进系统运行质量非常重要的一个环节。这就说明了电力系统动态模型中，励磁系统的模拟对研究电力系统的正常运行和过渡过程具有极为重要的意义。在动态模型中，由于同步发电机和它的励磁系统是按照物理模拟的相似原则来建立的，因此，它可以全面地反映出发电机和励磁系统在各种运行状态时的过渡过程。但是在实验室中，想采用物理模拟的方法，来模拟多种多样的原型励磁系统是很困难的。因为即使能

采用相同的励磁方式进行模拟，但对励磁系统中的各个环节（如励磁机的励磁绕组，各励磁绕组间的互感和漏磁现象，励磁调节装置的调节规律，发电机磁场绕组等各个原型环节）进行严格的物理模拟很难办到。这一方面是由于模拟对象有一些参数很难准确测量出来，另一方面是由于设备条件有限。因此只能在可能条件下，达到某种程度的相似，或者根据任务要求侧重所研究的问题，在不对原型产生歪曲的前提下作简化模拟励磁系统的方案。

1. 励磁系统模拟条件

当要求励磁系统的模拟能够正确而全面地反映大型发电机励磁系统的物理过程时，需要满足下列条件。

(1) 原型系统和模型系统的发电机转子励磁回路具有相同的标幺值参数，即励磁绕组 r_f、电抗 x_f、漏抗 x_{sf} 以及定子和阻尼绕组开路时的励磁绕组时间常数 T_{d0} 等参数的标幺值应该相等。

(2) 模型的励磁系统各元件和原型励磁系统中相应的元件，具有相似的静态和动态特性。例如，发电机励磁系统中的励磁机和副励磁机的特性，通常要求励磁机的励磁绕组的时间常数与原型的相等，励磁机的空载和负载特性与原型的相似等。

(3) 模型中的励磁调节装置和原型的励磁调节装置具有相同的特性，通常要求调节器的类型相同，调差率相同，调节时间常数相同，强行励磁倍数相同等。

除了上面这些基本要求之外，还要求模型发电机的励磁系统参数能在广泛范围内进行调整，并能够方便地改变模型励磁系统接线，使之适合于不同模拟对象，有时在动态模型上所接入的励磁调节器，可直接采用大型发电机所有的原型调节器，这样可以真实无误地反映原型励磁调节过程，不过此时应注意避免调节器对模拟发电机吸收过多的功率，影响系统的工作情况。

2. 励磁绕组时间常数模拟

模拟发电机转子励磁回路时间常数——定子绕组开路的转子励磁回路时间常数 T_{d0} 与原型的相等。

发电机的励磁绕组可以看作是电感 L 与电阻 R 的串联，其时间常数 $T=L/R$。由于实验室的模拟同步发电机受转子惯性时间常数等技术条件的限制，其模拟发电机转子励磁回路的时间常数 T_{d0} 一般都比电力系统中原型发电机的励磁绕组时间常数小。因此在实验室进行特性模拟时，为使发电机过渡过程与原型的相似，应较精确地模拟 T_{d0} 值。通常在励磁回路串加负电阻器，以减小励磁回路总电阻值，从而增加时间常数，使 T_{d0} 与原型的相等，达到真实模拟的目的。

动模实验室中的模拟发电机组配备负电阻器（以下简称负阻器），可以灵活调整模型机组励磁绕组时间常数。在现实世界中不存在负阻器这种东西，但可以通过一定的方法模拟负电阻特性，制造出等效负阻器来，图 1-1 是励磁回路时间常数补偿原理接线图。图中 NR 为华中科技大学电气与电子工程学院研制的负阻器，它正向串接在转子回路中。

在同步发电机的励磁回路中，串联一个与同步发电机的励磁电源电动势同方向而且正比于励磁电流的附加电动势，其必然助长励磁电流，这与正电阻阻止励磁电流的作用正好相反，其作用等同于负电阻。若将其视作励磁绕组的一部分，则可认为励磁绕组的直流等效电阻减小，即此附加电动势起负电阻的等效作用。

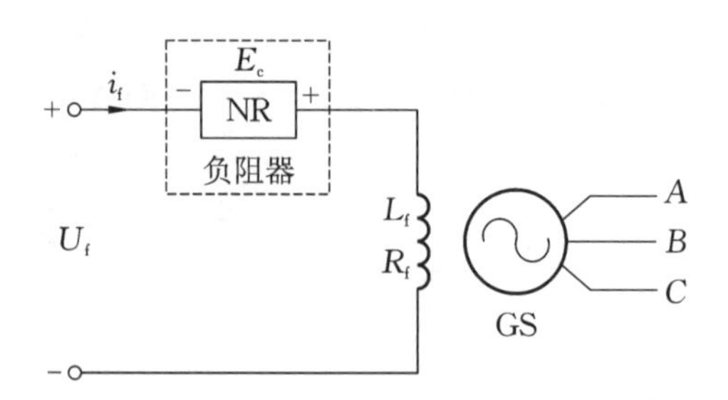

图 1-1 励磁回路时间常数补偿原理接线图

由上可知,负阻器实际上是一个电流控制的电压源。又根据可调直流稳压电源的工作特性,无论输入电压或输出电流怎么变化,其输出电压总是保持给定的输出电压不变。若将可调稳压电源的给定由人工调整改为由输出电流来控制,就可以使输出电压与输出电流成比例,即等效于恒定负电阻。改变输出电流的反馈量即可改变负电阻值。NR 负阻器就是根据上述原理设计制作的。

模拟同步发电机励磁回路的暂态方程为

$$U_f+E_c=L_f\frac{di_f}{dt}+i_fR_f \tag{1-36}$$

式中,E_c 为负阻器的补偿电压,它与励磁电动势 U_f 同相,正比于励磁电流,$E_c=i_fR_c$,R_c 为补偿的负电阻值。

由式(1-36)得

$$U_f=L_f\frac{di_f}{dt}+i_fR_f-i_fR_c=L_f\frac{di_f}{dt}+i_f(R_f-R_c)$$

由此可得到励磁回路的等效时间常数 T_{d0} 为

$$T_{d0}=\frac{L_f}{R_f-R_c} \tag{1-37}$$

由式(1-37)知,通过调整 R_c 的大小,可以使模拟同步发电机的转子时间常数与原型同步发电机的相同。

3. 励磁绕组时间常数与负阻器特性测定

1) 模拟同步机励磁绕组的直流电阻和时间常数测定

(1) 直流电阻测定。

直流电阻测定一般采用伏安法。

(2) 时间常数测定。

时间常数测定一般采用外接电源,由+、-端子输入,如图 1-2 所示。

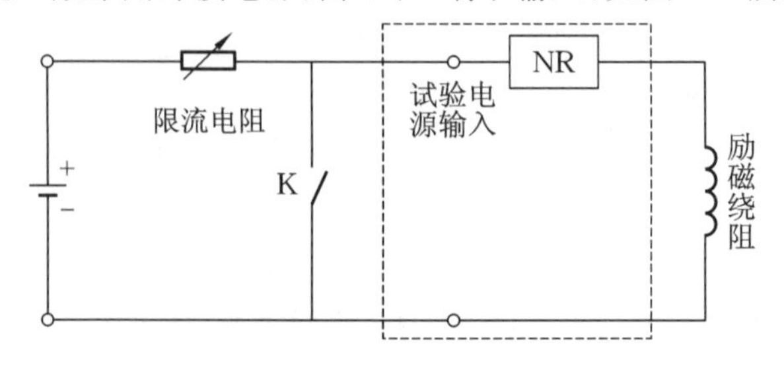

图 1-2 时间常数测定的接线图

注意，外接电源电压与限流电阻要匹配合适，以保证开关 K 合上时，电源和电阻均不过载。“正常/实验转换开关”置“实验”位置。

① 确定无负电阻时的时间常数。

此时，“负阻器工作状态转换开关”切换到“退出”位置，负阻器工作电源开关处于“OFF”位置，调节电源电压和/或限流电阻阻值，使工作电流等于额定励磁电流，闭合开关 K 后，电流衰减时间曲线的电流初始值为 100%，从 100%衰减到 63.2%的时间就等于时间常数 T_0。

② 确定负电阻补偿后的时间常数。

打开负阻器工作电源开关，“负阻器工作状态转换开关”切换到“补偿”位置（在此之前，必须完成负阻器的调零和负电阻值的整定工作），调节电源电压或限流电阻阻值，使工作电流等于额定励磁电流，闭合开关 K 后，电流衰减时间曲线的电流初始值为 100%，从 100%衰减到 63.2%的时间就等于时间常数 T_1。

2）工作电流、工作绕组温度对时间常数的影响

由于磁路饱和的影响，不同励磁电流所对应的电感值会有所不同，此外由于剩磁的影响，即使同一励磁电流也可能对应不同的电感值；工作绕组温度的变化，受励磁电流的大小、工作持续时间的长短、环境温度的变化等影响，进而影响到绕组直流电阻阻值的大小。所有这些，都最终影响到时间常数的大小，使时间常数发生漂移。基于上述理由，励磁绕组的时间常数实际是一个多变量的函数，而不是通常认为的一个恒定不变的常数，这对于原型和模型机组都有相似的情况。

3）负阻器静态特性与动态特性测试

测试负阻器的负阻特性就是测试静态时阻值是否恒定，动态时是否恒为电阻特性，即电压波形与电流波形相同。

负阻器静态特性测试：测试前先调零，然后整定某一负阻值，用改变外加电流的方法，测量流过负阻器的电流与负阻器两端电压的对应数据，描出曲线。理想的曲线应为过零点的一条直线，直线斜率由整定的负电阻阻值决定。

负阻器动态特性测试：用突变外加电流的方法，拍摄流过负阻器的电流与负阻器两端电压的时间曲线，理想情况下两曲线同步变化，波形相同，无时间滞后。如果调到振幅相同并重合，则两波形在变化时始终保持重合。

4. 励磁方式和调节规律模拟

模型励磁方式和调节规律应与原型的相同，对应元件应有相似的参数和特性。

同步发电机的励磁方式是多种多样的，其特性及对电机暂态过程的影响也是不一样的，模拟励磁系统应与原型励磁系统有相同的励磁方式，组成的各主要元件应具有相似的静态和动态特性。

由华中科技大学电气与电子工程学院研制的微机励磁调节器及负阻器（见图 1-3）是为了满足电力系统动态模拟实验室教学与科研的特殊需要而专门设计的微机型励磁调节器，其励磁方式可选择微机他励、微机自并励、励磁机自励、励磁机他励和外接励磁机五种。微机励磁调节器的控制方式可选择：恒 U_G、恒 I_f、恒 α（适用于他励）、外接 D_C（数字控制量）、外接 U_C（模拟电压控制量）和外接 PSS。设有定子过电压保护（过压跳磁场开关 FMK）和励磁电流反时限延时过励限制，以及最大励磁电流瞬时限制等安全保护措施。微机励磁调节器控制参数可在线修改、在线固化，灵活、方便，最大限度地满

图 1-3 微机励磁调节器及负阻器

足教学与科研灵活多变的需要。

微机励磁调节器采用增强型线性最优励磁控制规律,因此获得了良好的动态特性和静态特性;兼有很高的稳压精度和很强的稳频能力,能有效地抑制电力系统低频振荡,大幅提高发电机组的静态稳定极限和动态稳定极限,具有调节性能好、适应性强、控制参数整定方便等优点。微机励磁调节器配套的上位机监控软件具有励磁控制系统状态量监视、励磁调节器控制参数查询与修改、励磁调节器硬件辅助调试整定、励磁常规实验、励磁调节器主要控制参数的自动优化、事故记录数据的辅助分析等功能,对励磁调节器的调试、整定、实验、运行、维护提供全方位的服务。

1.3.2 原动机及其调速系统模拟

1. 原动机特性的模拟

在研究电力系统机电暂态过程时,原动机的模拟是一个重要的环节。如果过渡过程在很短时间内就能完成,则只要求模拟机组有足够的转动惯量即可。当研究有关动态稳定的课题时,转速变化一般不超过 1%,在这种情况下,原动机的特性也只要求在额定转速附近相似即可,但若是研究时间比较长,转速变化比较大的过渡过程(如非同期运行和系统的综合稳定性以及冲击负荷对系统频率的影响等),则必须在较大范围内考虑原动机特性的模拟问题。

电力系统的原动机系统包括汽轮机、水轮机和动力部分。原动机特性的模拟,可以采用物理模拟或数学模拟两种方法。由于原动机的物理模型的制造比较复杂,参数特性调整不够灵活,运行也不方便,因此在电力系统动态模拟中,原动机普遍采用由直流电动机拖动的方案,这实质上是一种数学模型,是根据数学相似的原理进行模拟的。

原动机特性的模拟主要是机组转矩-转速静态特性的模拟,一般来说汽轮发电机组和水轮发电机组的转矩-转速静态特性,在额定转速附近都近似为 45°直线,原动机转矩-转速特性图如图 1-4 所示,可以用下列方程式描述,即

$$dM_{T^*} = -d\omega^*$$

式中,M_{T^*} 为原动机转矩的标幺值;ω^* 为原动机角速度的标幺值。

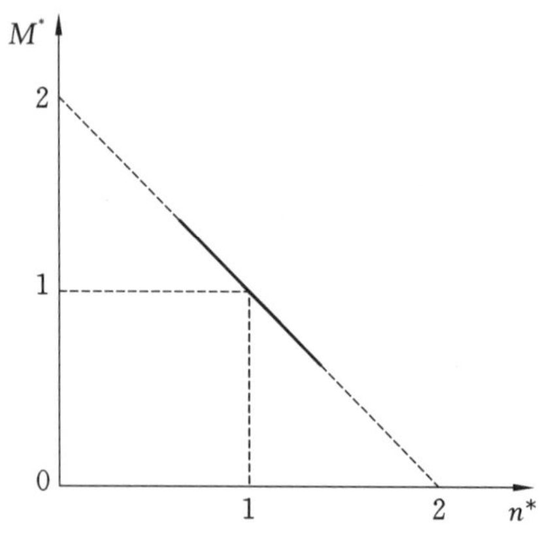

图 1-4 原动机转矩-转速特性图

实验室内拖动模拟发电机用的是一般的直流电动机,为了取得要求的转矩-转速特性,可以采用图 1-5 的拖动方式。模拟发电机 GS 由模拟原动机用的直流电动机 M 拖动,直流电动机 M 由三相桥式晶闸管整流电路供电。

为了获得转矩-转速的 45°特性,从测速发电机引来的转速负反馈信号与给定值进行比较,又从交流侧引来电流反馈信号与电流调节器的给定信号进行比较,经过移相触

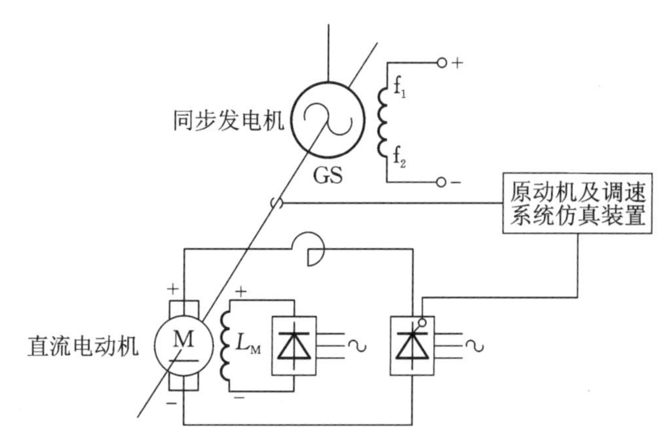

图 1-5　模拟原动机拖动系统原理接线图

发单元控制晶闸管导通角。当控制给定量增加时，整流输出电压上升；反之，则减小。原动机特性仿真系统框图如图 1-6 所示。

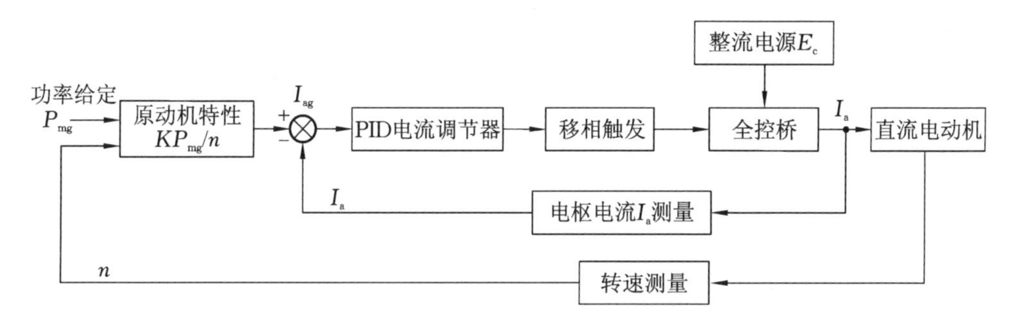

图 1-6　原动机特性仿真系统框图

2. 调速系统模拟

调速系统是原动机系统的一个重要组成部分，它的作用主要是自动维持机组的转速和自动分配机组之间的负荷，在电力系统中它与其他自动控制装置联合作用能够进行频率的自动调节。目前，由于新型调速器的应用，调速系统不仅灵敏度和反应速度提高了，而且还能够反映电力系统的其他运行参数（如电压、电流、频率、功角等）。因此，调速系统对提高电力系统的稳定性，改善再同期的条件，以及与励磁调节系统相结合，实现系统的最佳控制等，都发挥了重要的作用。

原动机调速器按原动机的类型可分为水轮机调速器和汽轮机调速器两类，而按调速器的结构又可分为离心飞摆式、机械液压式和电气液压式调速器等。它们的主要区别在于测量元件，而它们的构成原理和液压传动系统是基本相似的，因此它们的主要环节特性和参数是基本一致的。原动机调速器一般由测量、放大、执行、调差、反馈等环节组成，不论是汽轮机，还是水轮机，其调速器的执行环节都是利用液压放大原理来控制气门（或导叶）开度。

调速系统的模拟，可以采用物理或数学两种方法来实现。物理模型就是把原型调速器按一定的相似条件加以缩小，这种调速系统由于结构复杂，特性和参数调整不方便，所以很少采用。

调速系统也可以采用数学的方法模拟，在采用这种方法时，首先必须找出原型调速系统的运动方程组，一般是非线性微分方程组，根据相似原理，用另一种具有同样微分方程组的装置进行模拟，只要满足相似条件，模型就能够很好地复制原型的动态过程。

图 1-7 原动机及调速系统仿真器

动态模拟实验用的调速器和动力部分特性的模拟，一般都采用数学模拟，其框图及方程可参考电力系统和自动化有关书籍，这里不详述。这些部分的模拟以往大都采用运算放大器等电子装置或电子模拟计算机来实现，但其模拟方案简单，且参数调整困难，不能精确地模拟原型系统的特性。现在多采用数字计算机来仿真，如华中科技大学电气与电子工程学院研制的原动机及调速系统仿真器(见图 1-7)已经在全国 40 多个动模实验室广泛使用，它由微机调速控制器、原动机和调速器特性仿真软件共同构成，可以实现汽轮机特性或水轮机特性及其调速器特性的模拟，主要仿真环节有：汽轮机蒸汽容积惯性、原动机特性以及汽轮机机械液压或调速器等环节；水轮机的水锤效应、原动机特性及水轮机机械液压调速器等环节。其各种参数均可连续、可调，并可与上层监控系统相接。

1.3.3 变压器的模拟

1. 模拟变压器的要求

模拟变压器是用小型变压器来模拟原型电力变压器。当研究电力系统的电磁过程时，变压器模拟的任务主要是保证时间上的过渡过程相似，不要求变压器结构与原型的相似，因为并不需要研究变压器内部的各种现象，所以可以将变压器视作一个集中参数的元件来模拟。在以上前提下，变压器模型与原型相似的条件，可归纳为以下几条。

(1) 模拟变压器短路电抗 X_k 的标幺值与原型的相等。

(2) 模拟变压器铜耗 P_{Cu} 和短路损耗 P_k 的标幺值与原型的相等。

(3) 模拟变压器在额定电压时的空载电流 I_0 和空载损耗 P_0 的标幺值与原型的相等。

(4) 模型和原型的空载特性以标幺值表示应相等。

(5) 为了模拟变压器的不对称运行情况，要求其零序电抗 X_0 的标幺值与原型的相等，即要求模型变压器各绕组连接方式与原型的相同，磁路系统与原型的相同。

对于模型变压器的变比，也就是初次级的电压值，可以是任意的，它们分别由模型发电机和模型线路决定，此外要求模型变压器的参数和特性，能够在一定的范围内调节。

2. 变压器模拟的特点

用普通的小型变压器来作为模拟变压器，要满足短路电抗 X_k 的标幺值与原型的相等是不可能的，因为小型变压器与大型变压器的参数标幺值相差很大。通常是小型变压器的短路电抗标幺值 X_{K^*}（或短路电压标幺值 U_{K^*}）比大型变压器小，而其铜损的标幺值 P_{Cu^*}、空载损耗的标幺值 P_{0^*} 以及空载电流的标幺值 I_{0^*} 比大型变压器的数值大。因为大型变压器的各绕组之间漏磁较大，因而其标幺短路电抗值较大，如果小型变压器所采用的电流密度、磁通密度、绕组匝数、电源频率等均与大型变压器的相同，因其线性尺寸较大型变压器的大为缩小，故其相应的 P_{Cu^*}、P_{0^*}、I_{0^*} 均要增加。因此对于动模实验中的模型变压器，必须通过专门的设计，采取一系列特殊措施之后，才能满足与原型相似的要求。

因为变压器的短路损耗 P_k（主要是铜损）与绕组内的电流密度的平方成比例，故减少电流密度是降低短路损耗有效的措施。在模型变压器里电流密度一般取为 0.3 A/mm^2 以下，比普通变压器的电流密度小很多。但是，当选择小功率的变压器作为模型，仅降低其电流密度时，则其短路电压值大大减小，故在模型变压器中，为了达到与原型相同的短路电压值，可以采用以下三种办法。

(1) 用补偿的方法。即在变压器电路中串联电抗器，为了不增加额外附加的短路损耗，要求电抗器具有高品质因数。这个方法一般在经济上不太划算。

(2) 用减小漏磁通路径中磁阻的方法以便漏磁通增加。可在模型变压器高低压绕组之间插入矽钢片，以增加漏磁通，也就是增加变压器的短路电压。这种方法不仅适用于单相模型变压器，而且也适用于三相模型变压器，调节插入矽钢片的位置，可以改变短路电压的数值。磁分路法的结构如图 1-8(a)所示。

(3) 采用不平衡绕组法。在同一个铁芯上，人为造成高低压绕组的磁动势不平衡，由于磁势之差，会引起很大的附加漏磁，因而使短路电抗大为增加，在这种情形下，短路电抗值大致正比于高低压绕组匝数差的平方，即 $X_K \propto (\omega_1 - \omega_2)^2$。不平衡绕组法的结构如图 1-8(b)所示。

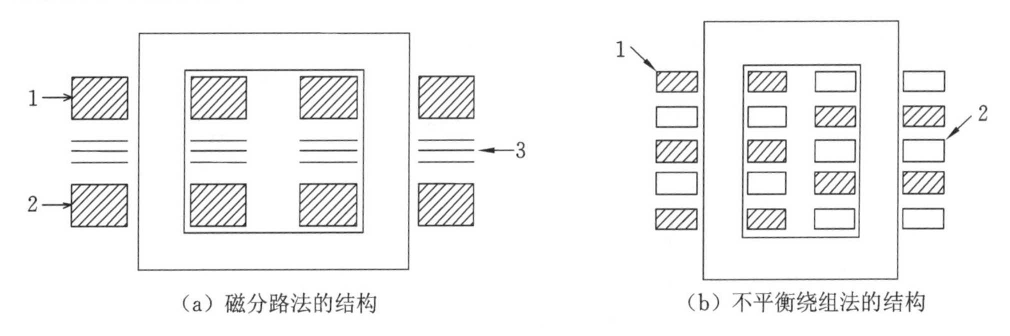

(a) 磁分路法的结构　　(b) 不平衡绕组法的结构

图 1-8　模拟变压器结构示意图

在采用不平衡绕组法之后，由于漏磁场的形状改变，短路电压的计算需根据磁通分布的具体情况进行适当假设，推导出相应的近似计算公式。如果不平衡绕组分布不当，可能产生很大的局部漏磁场，造成短路损耗增加，为了避免此种现象，必须将每个铁芯柱上的高低压绕组均匀分布。

为了减小空载损耗和空载电流值，可以采用损耗系数小的冷轧铜片作为变压器的铁芯材料，另外，在模型变压器中，磁通密度一般选择在 8000～10000 Gs 之间，比一般变压器磁通密度(15000～17500 Gs)降低约一半。一般在设计模型变压器时，很难同时满足变压器模型的短路损耗和空载特性与大型变压器的相同，因而可以根据不同的待研究问题，对有重要影响的特性进行准确模拟，而对不重要的特性只进行近似模拟。

例如，在研究与电力系统稳定有关的问题时，最重要的是短路损耗的模拟，空载电流可以比原型的稍大，而空载损耗甚至比原型的大 4～6 倍也不会引起显著的误差。当有地方负载和并联电抗器时，多余的励磁电流和有功功率损耗可以归入机端地方负载和并联电抗器中，误差就可减小。

当研究线路空载运行情况或带负载电压的变动时，便要求准确地模拟变压器的空载特性，但此时短路损耗的模拟可以比原型的大些。

关于模型变压器的具体设计，其基本原则与一般变压器的设计相同，但其电磁负荷的选择、基本尺寸的决定、短路电压 U_k 的计算等都与普通变压器有相当大的区别，由于其电磁负荷特低，一般可不进行热计算以及短路时的机械应力计算。

动模实验中模拟原型变压器一般有双线圈变压器、三线圈变压器和自耦变压器。

应当指出的是，三线圈变压器的等效漏电抗与双线圈变压器的漏电抗在概念上是有区别的，其根本区别在于双线圈变压器的漏电抗表征原副线圈各自的漏磁通存在的影响，而三线圈变压器各线圈的等效漏电抗不仅表征各线圈本身的漏磁通的存在，而且包括每个线圈之间的互漏磁通存在的影响，在数值上与线圈布置的相互位置有关。一般地，对于同心式线圈，布置在中间的那个线圈的等效漏电抗很小，通常接近于0。

利用等效网络可以计算变压器的运行性能，从有效电路可以明显看出，副线圈间的相互影响，是三线圈变压器与双线圈不同的特点。例如，当每三线圈的负载电流发生变化时，不仅 U_3 电压会改变，而且 U_2 也会随之变化，因为流过线圈 1 的等效漏阻抗中的电流和压降会因 I_k 的变化而变化，所以等效漏阻抗 Z 愈大，副方线圈的相互影响愈显著。这就说明了升压变压器总是把低压线圈布置在中压与高压线圈之间，使之具有很小的等效电抗，以减少两个副线圈之间的相互影响。

在现代超高压、特高压的大容量电力系统中，三相自耦变压器获得了广泛的应用，特别是变压比相近的网络的连接，如 220 kV 与 110 kV 网络的连接，或者更高电压网络的连接，如 1000 kV 与 500 kV 网络的连接，都采用自耦变压器，可显著地降低所需变压器的计算容量，从而带来巨大的经济效益，例如，220 kV/110 kV 的自耦变压器的制造容量，仅等于具有相同额定容量的普通变压器的 $\left(1-\frac{1}{2}\right)=0.5$，即 50%。自耦变压器的通过容量是由电源侧传递到负载侧的容量，它可分为电磁容量和传导容量两部分，前者由串联线圈与公共线圈的电磁感应传递，后者则通过电路直接传递到负载。

由于目前系统中大量采用三线圈及自耦变压器，在实验室也应做出相应模型，这些模型的建立，仍不外乎于以上的几种途径，模型一般做成单相，也可做成三相以代替三个单相的模型，但其结构更复杂些。例如，三绕组变压器的单相模型，可以采用磁分路式，即在高、中压或中、低压之间，采用两组磁分路分别调整的方式；也可以采用交叠绕组排列的方式。

总之，变压器的设计形式是可以多种多样的，但应注意与原型相似的重点要求，如果已有现成的模型，则在进行实验或建模时，必须对模型变压器的参数进行测试和调整。

1.3.4 输电线路的模拟

在动态模拟实验室中，输电线路模型，一般不要求空间电磁场的相似，也不要求波的过程沿线路传播速度的相似，而只要求线路上某些点的电压与电流随时间变化的过程相似，因而可以采用等值链型电路以分段集中参数来模拟分布参数，当在模型上研究电力系统的各种运行方式和机电过渡过程时，这样的输电线路模型是完全可以满足的。

由于交流输电线路一般是由三相导线组成，每相导线有它本身的电感，导线与导线之间有互感和电容，导线和大地之间以及和架空地线之间也有互感和电容，如果是双回路输电线路，则回路与回路之间也存在互感和电容，这样一个联系极为复杂的电路，在用集中参数来模拟时，必须考虑这些联系的相互作用。在研究过程中，如果不需要研究线路的非全相运行方式，最简便的模拟方法是采用普通链型回路模拟，这就是说，模拟不是按其几何参数相似，而是按其相序网络参数相似。这种模拟方法，既可以省去较困难的互感模拟，又可以通过变换计算，减少元件数目。

集中参数的等效链型电路一般采用 π 形电路。每个 π 形电路代表的线路公里数与研究问题的性质有关，与要求模拟的精确度有关。

设已知输电线路每相每公里正序网络参数为：X_1，正序电抗（Ω/km）；r_1，正序电阻（Ω/km）；b_1，正序电纳（S/km）。

输电线路每相每公里零序网络参数为：X_0，零序电抗（Ω/km）；r_0，零序电阻（Ω/km）；b_0，零序电纳（S/km）。

如果用一个 π 形单元模拟长度为 l km 的线路，则以上各参数均应乘以 l，模拟输电线路的三相网络接线图如图 1-9 所示。

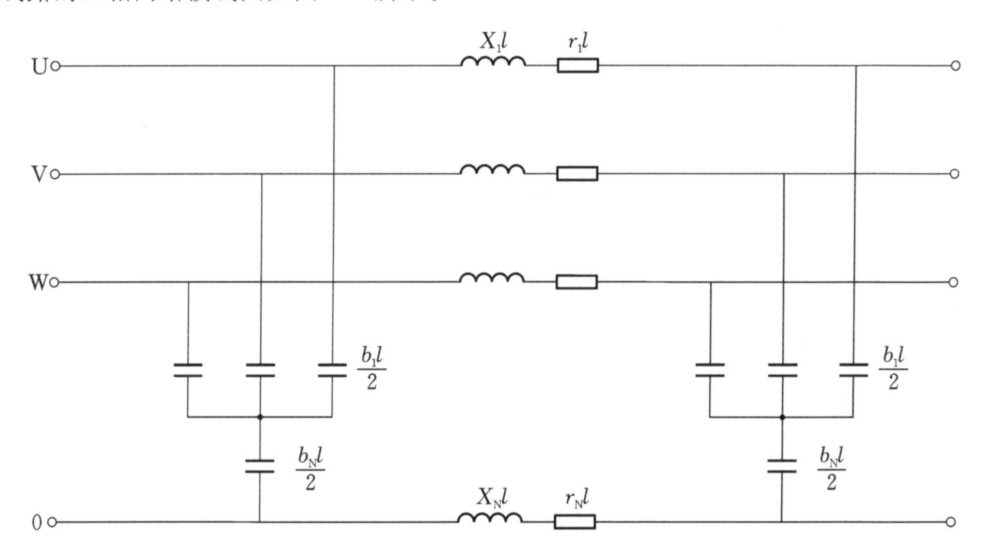

图 1-9 模拟输电线路的三相网络接线图

图中，中性线的电抗、电阻和电纳分别为

$$X_N=\frac{X_0-X_1}{3},\quad r_N=\frac{r_0-r_1}{3},\quad b_N=\frac{3b_0b_1}{b_1-b_0}$$

较长的输电线路，需要由若干个 π 形等效单元串联而成。实验时，应根据需要整定有关电抗、电阻和电容值。

1.3.5 电力系统的负荷模拟

1. 负荷模拟的基本条件

电力系统负荷是由各种不同成分组成的，有异步电动机、同步电动机、整流负荷、照明负荷及电热等。各种电动机所带的机械负荷也有不同特性。有的转矩与转速无关，有的则随转速的变化而变化。有变化比较缓慢的一般性负荷，也有在短时间内发生急剧变化的冲击性负荷，因此要进行准确的模拟是一项十分复杂、困难的课题。

必须指出的是，电力系统的负荷，无论其大小和成分都是经常处在变化之中的，这是一种随机过程，而且它一般不是集中在一处，而是分布在整个系统中，要确定它的大小和性质，也不是一个简单的问题。因此，在动模中进行负荷模拟时，一般都采用近似的方法只对某些典型的运行情况进行模拟，同时用相对集中和比较固定的负荷去等效分散经常变化的负荷。

在电力系统动态模型中，负荷模拟一般考虑以下几个主要条件。

(1) 模型与原型负荷功率成一定的比例，应按照统一的功率比确定模型的容量。

(2) 各类负荷的比例应与原型的相适应，以保证有相同的功率因数和负荷特性，表1-1列出了某系统负荷的组成。

表 1-1 某系统负荷的组成

异步电机负荷	55%～65%
同步电机负荷	5%～15%
整流负荷	5%～10%
照明和电热负荷	15%～20%
线路损耗及其他负荷	5%～10%

(3) 模拟负荷的静态特性与原型的相同。例如，下面的特性应与原型相同：

$$\frac{dP_*}{dU_*},\quad \frac{dQ_*}{dU_*},\quad \frac{dP_*}{df_*},\quad \frac{dQ_*}{df_*}$$

(4) 模拟负荷的动态特性与原型的相同。例如，电动机组的机械惯性常数与原型的相等，所拖动机械的转矩-转速特性与原型的相同。

(5) 模型与原型电动机轴上的阻力机械特性相等。

(6) 供电线路应有相同的接线方式和电气参数。

此外，还有其他条件，如电动机的形式、参数以及负荷的动态特性等，这在进行细致的模拟时，是需要加以考虑的。通常情况下，只要考虑到了上述条件，一般便可以满足要求。

2. 电力系统综合负荷特性模拟

负荷特性就是负荷所消耗的有功及无功功率，或者转矩及电流与电压或频率的关系。负荷特性有两种：静态特性和动态特性。

(1) 静态特性是当电压（或频率）变化非常缓慢时，相当于系统处于稳态运行情况下，负荷所消耗的功率、转矩、电流、电压或频率的关系。

(2) 动态特性是在运行情况变化很快时获取的特性。

照明负荷的特性：一般白炽灯照明负荷，只消耗有功功率，它大致上与电压的1.6次方成比例，而与频率无关；日光灯除了消耗有功功率外还消耗一定的无功功率，其有功功率与频率有关，当频率降低1%时，功率降低0.5%～0.8%。

异步机负荷是电力系统中最重要的负荷，它不仅比重大，而且由于它所拖动的阻力机械类型繁多，因此其特性十分复杂。在进行模拟时，首先应考虑异步机本身参数和特性的模拟，其次是阻力机械特性的模拟。对异步机本身的模拟，应先确定单机容量，由于在进行电力系统模拟时，功率比 m_p 一般是根据模型机组的容量与原型机组或电厂容量的比例,并考虑参数的模拟要求预先选定的,因此,应该按照同样的比例计算出模拟负荷机组的容量,然后选择容量比较接近的负荷机组进行模拟。由于机械时间常数只能增加不能减小,因此,模型负荷机组不能选得太大。虽然容量较大的机组可以降低容量使用,但这样可能使模型的惯性时间常数大于原型的时间常数,使参数调整困难。

华中科技大学电气与电子工程学院研制的交流旋转负荷模拟控制装置,由异步电动机、直流发电机、两个反向并联的三相全控桥、负荷模拟控制器等基本部分组成,采用"物理模拟+数学模拟"的混合模拟方法进行模拟,负荷消耗的功率回馈电网,主要用作旋转机械负荷(转矩)的模拟和电力系统有功功率综合负荷的模拟,利用该装置还可以测量各种旋转负荷的转矩-转速特性。

旋转机械负荷(转矩)的模拟方程为

$$T_G = K_{SA} \times (K_{SN} N^{-1} + K_{S0} N^0 + K_{S1} N^1 + K_{S2} N^2 + K_{S3} N^3) \tag{1-38}$$

式中,T_G 为转矩;N 为转速;$K_{Sx}(x=A,N,0,1,2,3)$为整定系数。

电力系统有功功率综合负荷的模拟方程为

$$P_G = K_{SA} \times (K_{SN} f^0 + K_{S0} f^1 + K_{S1} f^2 + K_{S2} f^3 + K_{S3} f^4) \tag{1-39}$$

式中,P_G 为有功功率;f 为电网频率;$K_{Sx}(x=A,N,0,1,2,3)$为整定系数。

通过整定系数 $K_{Sx}(x=A,N,0,1,2,3)$,可以方便地得到各种典型负荷的转矩特性和有功功率特性,或综合负荷的转矩特性和有功功率特性。

传统动模实验室的旋转负荷模拟,一般采用三相交流异步电动机带同轴直流发动机,直流发电机发出的电能消耗在电阻上,通过调整直流发电机励磁电流的大小,可以改变直流发电机发出的电压,从而改变三相交流异步电动机的功率。这种模拟方法不能改变异步电动机的负荷特性,只能改变负荷大小,并且白白消耗能量。

交流旋转负荷模拟控制装置采用的是能量回馈的方式,它主要由一台他励直流电机及其配套的励磁电流恒流控制单元、电枢电流双向恒流控制单元,以及负荷模拟控制器组成,如图 1-10 所示。

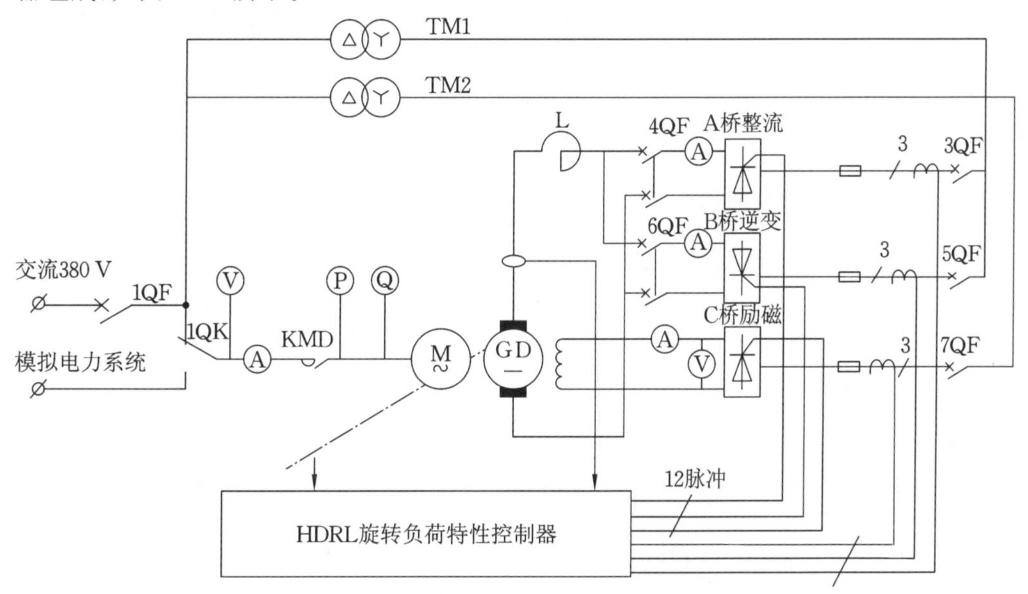

图 1-10　交流旋转负荷模拟控制装置

当用作旋转机械负荷的转矩模拟时，该直流电机作为负荷，工作在发电状态，通过联轴器与动力设备相连，依据他励直流电机的转矩与其电枢电流成正比的理论，控制器实测转速，按模拟方程计算转矩，控制直流电机的电枢电流，从而实现旋转负荷转矩的模拟。

当用作动态模拟实验室的电力系统综合负荷模拟时，该直流电机作为负荷，工作在发电状态，通过联轴器与配套异步电动机相连，异步电动机由电网供电驱动，控制器实测电网频率，按模拟方程计算有功功率，控制直流电机出力，实现电力系统（有功）功率-频率特性的模拟。

当用作测量某特定旋转机械的转矩-转速特性时，该直流电机工作在电动状态，作为驱动电机使用，通过联轴器与机械负荷相连，记录电枢电流与转速的关系数据，即可得到负荷的转矩-转速特性。

1.4 建模计算应用

在实验室的模型上对给定的原型电力系统进行模拟研究，首先应该针对研究内容确定需要模拟的简化的原型系统，然后在动态模拟实验室构造一个与原型系统结构相同、参数及变量标幺值相等、时间常数相等的模拟系统，进而在模型上进行实验研究。因为真实电力系统是复杂的，系统节点数、支路数、发电机台数是很多的，负荷是分散的，特性也是多种多样的，所以在动态模拟实验室里，要对复杂的电力系统进行完全的模拟是不可能的，也是不必要的。

在建立模拟方案时需要考虑以下问题。

(1) 对需要研究的课题，应该进行分析，明确任务、性质和范围。对需要着重研究的部分，应该精确模拟；对其他部分，可以简化模拟。

(2) 对原型系统应有深刻的了解，对原型参数、特性及原型资料进行分析。对研究课题影响不大或不重要的部分，进行合理简化或等效，尽量使需要模拟的原型系统规模不要太大、太复杂。

(3) 应考虑实验室现有的模拟设备及其参数、特性，使得最后确定的原型系统的动态模拟模型是实验室可以实现的。

1.4.1 同步发电机建模计算

为了使模型机组能够正确地模拟原型机组，必须根据原型机组的形式和参数，选择参数比较接近且形式相同的模型发电机组，然后根据相似原理和相应的判据，进行参数整定计算，如果不能满足要求，则应采取必要的措施。

由于研究的目的和要求及设备条件的不同，为了达到同样的目的可能有不同的方法和途径，因此，计算方法不可能是千篇一律的，而是根据具体条件确定合适的方法，但是原理应该是一致的。这就是前面所介绍的相似原理，这是普遍适用的，只要掌握了它的实质，就能够加以灵活运用。

由于同步发电机的参数很多，有 30 种以上，因此，不可能也没有必要满足所有参数和特性的要求。必须根据研究的目的和设备的条件，对影响较大的参数作准确模拟，而其他次要参数则可以只作近似模拟。

下面举例说明如何应用相似原理进行模拟同步发电机模型的计算。

例 拟用一台 5 kV·A 的模拟同步发电机模拟一台 200 MV·A 的同步汽轮发电机组，要求进行参数计算和调整，原型、模型发电机原始参数对照表如表 1-2 所示。

表 1-2 原型、模型发电机原始参数对照表

	S_N	U_N	I_N	X_d	X'_d	T_{d0}	T_j
原型	235.3 MV·A	15.75 kV	8620 A	1.95* (2.06 Ω)	0.242* (0.256 Ω)	6.2 s	6.3 s
模型	5 kV·A	230 V	12.55 A	1.205* (13.5 Ω)	0.131* (1.47 Ω)	1.2 s	6.1 s

从参数的标幺值看，模型机组的比原型机组的要小，一般可以采用改变模型机组的额定容量和电压的办法，也可以采用外串电抗的办法。

1. 外串电抗 ΔX

因为$\frac{X_{ds}}{X'_{ds}}<\frac{X_{dm}}{X'_{dm}}$，故可以外串电抗 ΔX，以增大定子漏抗。为了在外串电抗 ΔX 以后 X_{ds} 与 X'_{ds} 仍能保持比例关系，必须满足以下方程式：

$$\frac{X_{ds}}{X'_{ds}}=\frac{X_{dm}+\Delta X}{X'_{dm}+\Delta X}$$

将具体数字代入得

$$\frac{2.06}{0.256}=\frac{13.5+\Delta X}{1.47+\Delta X}$$

解得

$$\Delta X\approx 0.237\ \Omega$$

即需要在模型机组串联 0.237 Ω 的电抗才能保证模型的比值（X_{dm} 与 X'_{dm} 的比值）与原型的比值相等。

串联后模型的参数为

$$X_{dm}+\Delta X=(13.5+0.237)\ \Omega=13.737\ \Omega$$
$$X'_{dm}+\Delta X=(1.47+0.237)\ \Omega=1.707\ \Omega$$

2. 模拟比计算

模拟比计算的目的是确定 m_U、m_i、m_P、m_X 四个比例系数，各系数的基本关系如下：

$$m_P=\frac{S_S}{S_m},\quad m_i=\frac{i_S}{i_m}=\frac{m_P}{m_U}$$
$$m_U=\frac{U_S}{U_m},\quad m_X=\frac{X_S}{X_m}=\frac{m_U^2}{m_P}$$

以上四个比例只有两个是可以预先确定的，另外两个必须按照关系式计算出来，而外串电抗已经确定，即 m_X 已定，它的数值为

$$m_X=\frac{X_S}{X_m}=\frac{X_{ds}}{X_{dm}+\Delta X}=\frac{X'_{ds}}{X'_{dm}+\Delta X}=\frac{2.06}{13.737}\approx\frac{0.256}{1.707}\approx 0.15$$

因此剩下的三个比例就只能再任意选定一个，根据空载特性在运行点相似的要求，把模拟机的额定电压选为 180 V，则

$$m_U=\frac{15750}{180}=87.5$$

根据选定的 m_X 和 m_U 的数值可以计算出另外两个模拟比：

$$m_P=\frac{m_U^2}{m_X}=\frac{87.5^2}{0.15}\approx 51000;\quad m_i=\frac{m_P}{m_U}=\frac{51000}{87.5}\approx 583.3$$

根据已经得到的模拟比很容易计算出模拟机组的额定容量和电流：

$$S_m=\frac{S_S}{m_P}=\frac{235300}{51000}\ \text{kV}\cdot\text{A}\approx 4.61\ \text{kV}\cdot\text{A};\quad I_m=\frac{I_S}{m_i}=\frac{8620}{583.3}\ \text{A}\approx 14.8\ \text{A}$$

验算根据选定的容量及电压计算模型参数的标幺值：

$$X_{dm*}=X_{dm\Omega}\frac{S_N}{U_N^2}=13.737\times\frac{4610}{180^2}\approx 1.95$$

$$X'_{dm*}=X'_{dm\Omega}\frac{S_N}{U_N^2}=1.706\times\frac{4610}{180^2}\approx 0.243$$

3. T_{d0} 整定

为了使模拟发电机的过渡过程与原型的相似，应较精确地模拟 T_{d0} 的值，通常在励磁回路串联负阻器，以减小励磁回路的总电阻值，从而增加时间常数，使 T_{d0} 与原型的相等。由上一节可知，通过整定 NR 型负阻器补偿度，从而改变转子绕组时间常数，可以将 5 kV・A 模拟发电机固有的转子时间常数 1.2 s，提高到原型机组的转子时间常数 6.2 s。

已知模拟发电机转子绕组的直流电阻为 110 Ω，固有的转子时间常数为 1.2 s，可以计算出将转子时间常数提高到 6.2 s 时需要串联多大的负电阻。

模拟发电机的转子电感量为 $L_f=T_{d0}\times R_f=1.2\times 110\ \text{H}=132\ \text{H}$。

根据式(1-37)可知，负电阻为

$$R_c=R_f-\frac{L_f}{T_{d0}}=\left(110-\frac{132}{6.2}\right)\ \Omega\approx 88.7\ \Omega$$

4. T_j 的计算

因模拟发电机对应于原来额定容量 5 kV・A 的 $T_j=6.1$ s，现模拟容量改为 4.61 kV・A，则 $T_j=6.1\times\frac{5}{4.61}\ \text{s}=6.6$ s，比原型的略大，故不能再增加飞轮片。

最后将计算结果列入模型发电机模拟参数表，如表 1-3 所示。

表 1-3 模型发电机模拟参数表

	S_N	U_N	I_N	X_d	X'_d	T_{d0}	T_j
原型	235.3 MV・A	15.75 kV	8620 A	1.95* (2.06 Ω)	0.242* (0.256 Ω)	6.2 s	6.3 s
模型	4.62 kV・A	180 V	14.787 A	1.95* (13.737 Ω)	0.243* (1.707 Ω)	6.2 s	6.6 s

应当指出的是，模拟计算的内容还应包括 TA、TV 的变比和升压变压器分接头的选择。如果计算结果选不到合适的升压变压器分接头或 TA 和 TV 的变比，则应采取必要的措施或考虑改变某些参数进行重新计算。

还应当指出，以上的计算方法不是唯一的，实际上还可以有别的方法，如前面指出过的保证标幺值相等的原则进行计算。因为建模的主要目的是要使模型参数的标幺值与原型的相等,因此,可以直接根据标幺值的算式 $X^* = X_\Omega \dfrac{S}{U^2}$ 进行计算。

例如,在本例中,当增加外接电抗 $\Delta X=0.237\ \Omega$,使等效模型 X_{dm} 与 X'_{dm} 的比值与原型 X_{ds} 与 X'_{ds} 的比值相等以后,就可以令模拟发电机的同步电抗(或暂态电抗)的标幺值与原型的相等。根据空载曲线相似的要求选定模型机额定电压为 180 V,同样可以算出:

$$S_m = \frac{X^* U_m^2}{X_\Omega} = \frac{1.96 \times 180^2}{13.74}\ \text{V}\cdot\text{A} \approx 4.62\ \text{kV}\cdot\text{A}$$

$$I_m = \frac{S_m}{\sqrt{3} U_m} = \frac{4620}{\sqrt{3} \times 180}\ \text{A} \approx 14.8\ \text{A}$$

对于单机的参数计算,采用改变模型机组的额定容量和电压方法或采用外串电抗的方法,都可以应用,但对于复杂电力系统,由于整个系统必须保证有同样的功率比,因此一般采用前一种算法比较方便。

1.4.2　简单电力系统建模计算

建立模型系统是选用现有的模拟设备并进行调整,构造与原型系统相似的模拟系统,使模型系统与原型系统结构相同,并使模型设备(如发电机、变压器、输电线路等)模拟参数及变量的标幺值与原型的相等。

建模的目的不是为了解决如何根据相似理论去设计模拟发电机、变压器等问题。只有当现有模拟设备不满足研究要求时,才考虑重新设计、制造模拟设备。华中科技大学为了研究三峡巨型发电机组内部故障特性,研制了目前世界上唯一一台三峡多分支物理模拟机组系统,该模型机组不仅主要的电气参数的标幺值与原型机组的相似,而且机组定子结构及其绕组形式也与原型机组的基本相似,只有这样才能进行发电机内部各种短路故障的实验研究。全国现有的模拟发电机的定子绕组最多只有 3 分支,支路上只有 3 个抽头,而三峡模拟机组的定子绕组是 5 分支,共有 86 个引出头。抽头的设计考虑到各种可能出现的故障,能进行各种组合的绕组匝间短路故障,它是研究多分支发电机组内部故障特性的重要工具。

下面是一个单机对无穷大系统实例进行建模计算过程的说明。

1. 需要模拟的原型系统及其参数

原型系统接线图如图 1-11 所示,需要研究的原型系统是某水力发电厂的一台 143 MV·A同步水轮发电机经升压变压器通过 2 条 200 km 的 500 kV 输电线路与无穷大系统相连,研究输电线路上发生故障时系统的稳定性问题。原型系统的参数如下。

(1) 原型发电机参数。

$S_N=143$ MV·A;　$\cos\varphi=0.875$;　$P_N=125$ MW;　$U_N=13.8$ kV

$X_{d^*}=0.9037$;　$X'_{d^*}=0.3582$;　$X''_{d^*}=0.2482$;　$X_{q^*}=0.6397$

$T_{do}=5.53$ s;　$T_j=6.74$ s;　$n_N=62.5$ rpm;　$GD^2=9000$ T·m²

(2) 原型变压器参数。

$S_N=150$ MV·A;　$U_k\%=13\%$;　$K=500$ kV/13.8 kV;　Y_0/Δ-11

(3) 原型输电线路参数。

$L=200$ km;　$r_L=0.027\ \Omega$/km;　$x_L=0.309\ \Omega$/km;　$c_L=0.0015\ \mu$F/km

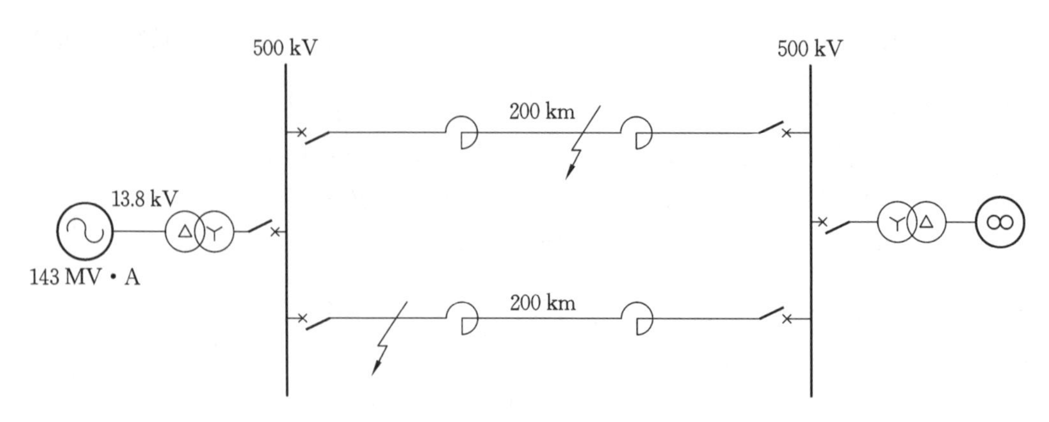

图 1-11 原型系统接线图

2. 模拟发电机的选择及参数调整

模拟发电机的选择首先是电机类型的选择，隐极机的特性和凸极机的特性差别较大，应选择与原型相同类型的机组。前面已经介绍过，一般模拟发电机同一个定子可以配备不同的转子，以得到多组发电机参数。根据原型相同的要求，可以选择不同的定子、转子组合，使模型参数尽量与原型的相近。

模拟发电机的定子、转子被选定后，其参数的有名值是确定的，但可以用不同的基准容量和电压调整参数的标幺值。

针对上述的原型系统，选用容量为 5 kV·A 的凸极式模拟发电机，其参数为

$S_N=5$ kV·A；　$\cos\varphi=0.8$；　$P_N=4$ kW；　$U_N=230$ V

$X_{d*}=0.676$；　$X'_{d*}=0.127$；　$X''_{d*}=0.073$；　$X_{q*}=0.479$

$T_{do}=1.6$ s；　$T_j=4.69$ s；　$n_N=1500$ rpm；　$GD^2=3.8$ kg·m²

同步发电机参数很多，要使一个制造好的模拟发电机的所有参数与原型机组的所有参数相似是不可能的，严格说来，即使是同一制造厂生产的同一类型的电机，其参数也不尽相同。因而模拟发电机参数的调整主要是使与课题研究有比较重要关系的参数与原型的相似，其他次要参数尽量相似。例如，电力系统稳定性研究，要求 X'_{d*} 和 X_{d*} 比较准确；快速继电保护的检验，要求 X''_{d*} 和 X'_{d*} 比较准确。

原型：
$$X_{dS\Omega}=X_{dS*}\frac{U_N^2}{S_N}=0.9037\times\frac{13.8^2}{143}\approx1.2035$$

$$X'_{dS\Omega}=X'_{dS*}\frac{U_N^2}{S_N}=0.3582\times\frac{13.8^2}{143}\approx0.4770$$

模型：
$$X_{dm\Omega}=X_{dm*}\frac{U_N^2}{S_N}=0.676\times\frac{230^2}{5000}\approx7.152$$

$$X'_{dm\Omega}=X'_{dm*}\frac{U_N^2}{S_N}=0.127\times\frac{230^2}{5000}\approx1.344$$

模拟稳定实验要求 X_d/X'_d 的比例关系与原型的一致，即采用外串电抗的办法：

$$\frac{X_{dS\Omega}}{X'_{dS\Omega}}=\frac{X_{dm\Omega}+\Delta X}{X'_{dm\Omega}+\Delta X}\quad 即\quad \frac{1.2035}{0.4770}=\frac{7.152+\Delta X}{1.344+\Delta X}$$

解得
$$\Delta X\approx2.469\ \Omega$$

低压侧阻抗模拟比：

$$m_Z=\frac{X_S}{X_m}=\frac{X_{dS\Omega}}{X_{dm\Omega}+\Delta X}=\frac{1.2035}{7.152+2.469}\approx 0.125$$

因为模拟相同稳定问题的实验研究要求发电机组的惯性时间常数应该准确的模拟，设定原型的 T_j 与模型的相等，可以计算出模型的容量为

$$S_m=2.74\times\frac{GD^2}{T_j}\times n_e^2\times 10^{-3}=2.74\times\frac{3.8}{6.74}\times 1500^2\times 10^{-3}\ \text{V}\cdot\text{A}\approx 3.476\ \text{kV}\cdot\text{A}$$

$$P_m=S_m\cos\varphi\approx 3.476\times 0.875\ \text{kW}\approx 3.042\ \text{kW}$$

功率模拟比：$m_S=\frac{S_S}{S_m}=\frac{143000}{3.476}\approx 41139$。

低压侧电压模拟比：$m_U=\sqrt{m_S\cdot m_Z}=\sqrt{41139\times 0.125}\approx 71.71$。

低压侧电流模拟比：$m_I=\frac{m_S}{m_U}=\frac{41139}{71.71}\approx 573.69$。

模拟发电机电压：$U_m=\frac{U_S}{U_m}=\frac{13800}{71.71}\ \text{V}\approx 192.44\ \text{V}$。

3. 模拟变压器的选择及参数调整

在原型系统中变压器的标幺漏电抗为 0.13，应该选择适当的模拟变压器，并调整其参数使其漏电抗在模拟容量、电压时的标幺值等于 0.13。选用下列模拟变压器：

$S_N=6\ \text{kV}\cdot\text{A}$；　$U_k\%=6\%\sim 24\%$；　$K=800\ \text{V}/400\ \text{V}$；　$Y_0/\Delta\text{-}11$

变压器的额定容量：$S_m=\frac{S_S}{m_S}=\frac{150000}{41139}\ \text{V}\cdot\text{A}\approx 3.646\ \text{kV}\cdot\text{A}$。

变压器的额定电压：高压侧 800 V，低压侧 192.4 V。

为了使模型变压器与原型变压器的漏电抗相似，以变压器额定容量 3.646 kV·A、额定电压 800 V 为基准的变压器电抗值(折算到模拟变压器高压侧)为

$$x_T=\frac{U_m^2}{S_m}\cdot u_k\%=\frac{800^2}{3646}\times 13\%\ \Omega\approx 22.82\ \Omega$$

应采用实验的方法适当调整模拟变压器的漏磁通，使其漏电抗满足上述要求。

4. 模拟输电线路的选择及参数调整

根据实验室模型系统的情况，已经选定变压器高压侧额定电压为 800 V，即模型采用 800 V 电压来模拟原型 500 kV 输电线路电压，则高压系统模拟比关系如下。

高压侧电压模拟比：$m_U=\frac{500\times 10^3}{800}=625$。

功率模拟比：$m_S=41139$（功率模拟比在个模型中只有一个）。

高压侧阻抗模拟比：$m_Z=\frac{m_U^2}{m_S}=\frac{625^2}{41139}\approx 9.495$。

高压侧电流模拟比：$m_I=\frac{m_S}{m_U}=\frac{41139}{625}\approx 65.82$。

根据原型 200 km 线路参数 $r_L=0.027\ \Omega/\text{km}$，$x_L=0.309\ \Omega/\text{km}$，$c_L=0.0015\ \mu\text{F/km}$，可以计算出模型输电线路的参数为

$$R_m=\frac{R_S}{m_Z}=\frac{0.027\times 200}{9.495}\ \Omega\approx 0.569\ \Omega$$

$$X_m=\frac{X_S}{m_Z}=\frac{0.309\times 200}{9.495}\ \Omega\approx 6.509\ \Omega$$

$$C_m = C_S \times m_Z = 0.0015 \times 200 \times 9.495\ \mu F \approx 2.85\ \mu F$$

以上参数为模型线路的集中参数，根据实验室具体情况及模型线路采用Π的个数，可以计算出其分布参数。

建模说明如下。

(1) 本例中模拟发电机定子绕组采用了串联电抗器(ΔX)，以增加定子的漏抗，使X_d与X'_d的比值与原型的一致，这是比较好的，但不是任何情况下都可以用串联接入电抗器(ΔX)的方法使其比值相等。

(2) 本例中基准电压选择都接近设备额定电压值，这对电机和变压器的空载特性模拟是有利的，对测量系统中电压互感器的选择也很方便。

(3) 在动模实验室中，一般用工业电力系统作为无穷大系统，经容量较大的变压器与输电线路连接。如果模拟无穷大系统的这台变压器的电抗不能忽略，应该把它作为输电线路电抗的一部分。

(4) 在研究不对称故障时，模型系统的零序阻抗要正确模拟，特别要注意在环形电流网络中的零序电流的分配问题。

1.4.3 1000 kV 特高压交流系统建模计算

我国于2006年8月批准建设1000 kV晋东南—南阳—荆门特高压交流实验示范工程，从而拉开了我国首条特高压输电线路的建设序幕。该特高压交流实验示范工程，跨越山西、河南和湖北三省，线路全长645 km，已于2008年12月28日正式投运，填补了我国电网建设的空白，也是目前全世界在运行的电网中唯一一条最高电压等级的线路。该特高压交流实验示范工程建成后，实现了华北电网和华中电网的水火调剂、优势互补，有效推动了晋东南大型煤电基地集约化开发，缓解了煤电紧张局面，并具有错峰、调峰和跨流域补偿等综合社会效益及经济效益。下面对图1-12所示的1000 kV特高压输电系统进行模拟计算。

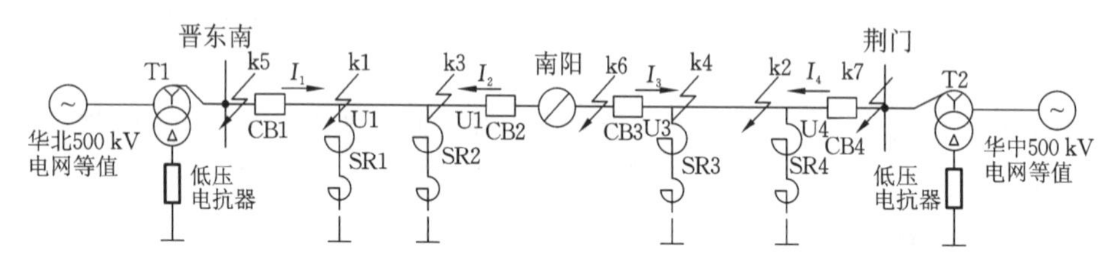

图1-12 1000 kV特高压输电系统

1. 模拟比计算

特高压交流实验示范线路原型设计额定电压等级为1000 kV，额定输送容量为3000 MV·A；模型线路额定电压拟选定为1000 V，额定功率拟选定为7.5 kV·A，模拟比计算如下。

电压模拟比：$m_U = \dfrac{U_S}{U_m} = \dfrac{1000\ \text{kV}}{1000\ \text{V}} = 1000$。

功率模拟比：$m_P = \dfrac{S_S}{S_m} = \dfrac{3000\ \text{MV·A}}{7.5\ \text{kV·A}} = 400000$。

电流模拟比：$m_i = \dfrac{m_P}{m_U} = \dfrac{400000}{1000} = 400$。

阻抗模拟比：$m_Z=\frac{m_U^2}{m_P}=\frac{1000^2}{400000}=2.5$。

2. 特高压交流输电线路模拟

1000 kV 特高压输电线路原型共分为两段：晋东南至南阳开关站、南阳开关站至荆门。晋东南至南阳开关站特高压线路长度为 360 km，南阳开关站至荆门特高压线路长度为 285 km。线路原型采用型号为 8×LGJ-500/35 分裂导线，其主要线路每 100 km 参数如表 1-4 所示。

表 1-4 特高压原型主要线路每 100 km 参数

晋东南—南阳线路			南阳—荆门线路		
X_1	$\angle\phi_1$	C_1	X_1	$\angle\phi_1$	C_1
26.3 Ω	88.35°	1.397 μF	26.3 Ω	88.25°	1.383 μF
X_0	$\angle\phi_0$	C_0	X_0	$\angle\phi_0$	C_0
83.06 Ω	79.5°	0.93 μF	78.21 Ω	78.7°	0.89 μF

模型线路采用等值链型电路以分段集中参数来模拟分布参数，综合考虑了经济性和暂态特性的模拟，本模型设计了 16 个 Π 单元电抗元件来模拟 645 km 原型线路，电抗元件之间的连接端头采用镀银处理，最大限度地减少接触电阻，以充分考虑系统总体接触电阻的影响。正序阻抗角的设计值大于或等于 88.35°，与实际参数相比保留一定的裕度，为了满足频率特性以及减少集肤效应和邻近效应的影响，电抗器元件采用 19 股高强度胶合漆包线制成空芯电感，每股导线直径为 1.45 mm。另外为了使模型具有通用性，采用了并、串联方式使每组 Π 单元可模拟原型系统 15 km 或者 60 km，即模拟线路总长可在 240～960 km 调整，亦即在模拟 15 km 线路电抗时，相当于 38 股导线并绕而成，因此正序电抗的用铜量高达 102 kg。

根据原型参数采用模拟 60 km 的 6 个大 Π 单元模拟晋东南—南阳特高压线路 360 km，采用 60 km 的 3 个大 Π 单元和 15 km 的 7 个小 Π 单元模拟南阳—荆门特高压线路 285 km，采用多个小 Π 单元的目的是为了让线路上的故障点距保护装置测量点至少有 5 个以上的 Π 单元，这样可以更好地模拟线路暂态过程。在整条线路上设有 10 个短路点，每条线路两侧均有模拟并联电抗器。

3. 特高压并联电抗器模拟

原型特高压交流线路产生的充电无功功率约为 500 kV 的 5 倍，为了抑制工频过电压，线路需装设并联电抗器。特高压并联电抗器原型参数如表 1-5 所示。

表 1-5 特高压并联电抗器原型参数

额 定 值	晋东南—南阳		南阳—荆门	
	晋东南	南阳	南阳	荆门
容量/MVar	960	720	720	600
主电抗/Ω	1260	1680	1680	2016
线电压/kV	1100	1100	1100	1100
中性点/Ω	280	370	370	440

按照同样的模拟比 $m_Z=2.5$，特高压并联电抗器模型中计算出 6 种规格的模拟电抗器，其参数如表 1-6 所示，阻抗角≥89.1°，在 1.3 倍额定电压下，阻抗线性度偏差≤5%，这样所得的特性才能与原型的一致。

表 1-6　特高压并联电抗器模型参数

额定值	晋东南—南阳		南阳—荆门	
	晋东南	南阳	南阳	荆门
容量/Var	2400	1800	1800	1500
主电抗/Ω	504	672	672	806
线电压/V	1100	1100	1100	1100
中性点/Ω	112	148	148	176

4. 特高压变压器模拟

1000 kV 特高压变压器的原型结构非常特殊，其原型结构图如图 1-13 所示。以晋东南开关站 1000 kV 特高压变压器为原型，采用中性点变磁通调压，分为主变压器（不带调压的自耦变压器）和调压变压器（含低压电压补偿功能）两部分，调压变压器与主变压器通过架空线进行连接，主体为单相四柱结构，两心柱套线圈，每柱 50%容量，高、中、低压线圈全部并联。主体油箱外设调压变压器，内有调压和补偿变压器双器身。

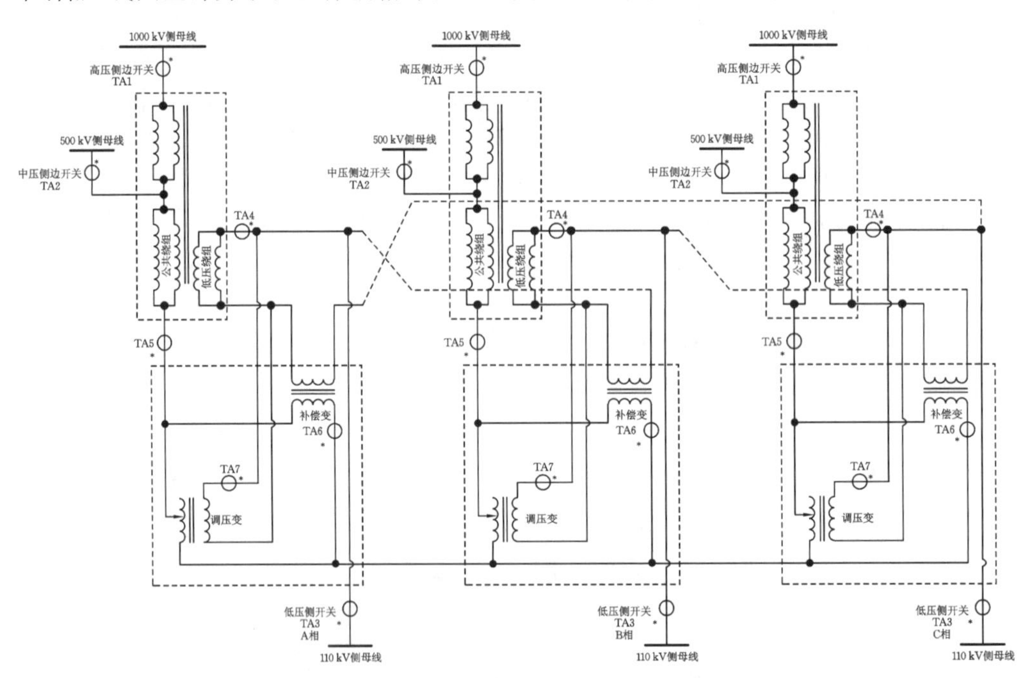

图 1-13　1000 kV **特高压变压器的原型结构图**

主变压器每相容量为 1000 MV·A；调压变压器每相容量为 59 MV·A；补偿变压器每相容量为 18 MV·A。

原型主变压器参数如下。

变压器容量：3000 MV·A。

各侧电压：1050 V/(525±5%)V/110 V。

高压-中压短路阻抗：18%。

高压-低压短路阻抗：62%。

中压-低压短路阻抗：40%。

空载电流：0.07%。

空载损耗：155 kW。

特高压模拟变压器的结构方式，采用与原型一一对应方式，即由模拟主变压器、模拟调压变压器、模拟补偿变压器组成，1000 kV 特高压单相变压器模型结构图如图 1-14 所示。

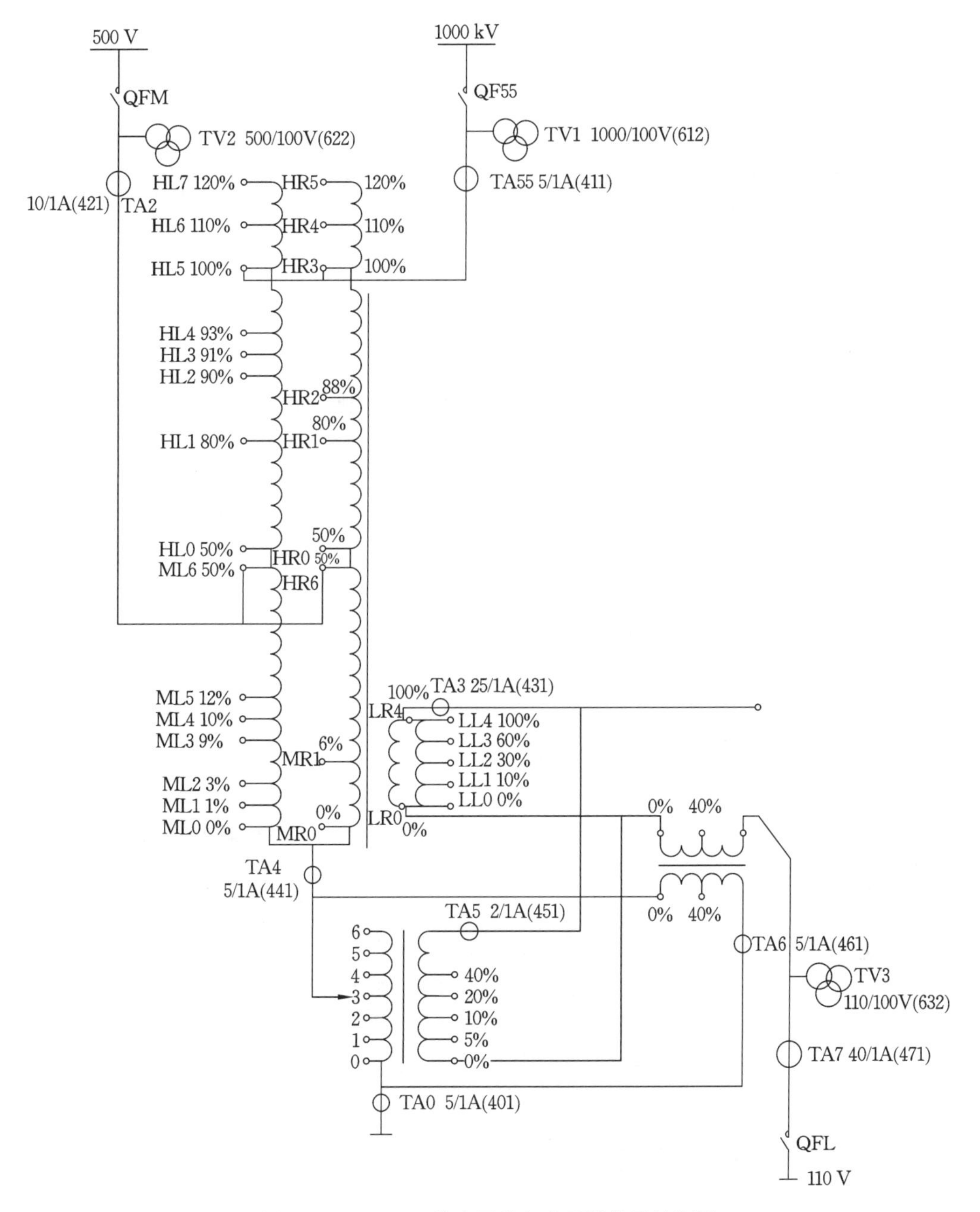

图 1-14 1000 kV 特高压单相变压器模型结构图

考虑到模型的通用性和灵活性，即在每台主变压器的双绕组的每一相上均设有 21 个抽头，调压变压器和补偿变压器也设有多个抽头，以方便改变变比和进行匝间短路实验，并且短路阻抗可大范围地调整，具体参数如下。

(1) 模拟主变压器。

容量：$S_1=2.5$ kV·A(对应 1000 V)。

变比：1000 V/500 V/110 V。

容量比：1∶1∶1/3。

损耗：$I_0<1.2\%$，$P_0<1\%$。

短路阻抗：$U_k=18\%\sim60\%$。

(2) 模拟调压变压器。

容量：$S_2=147.5$ V·A。

变比：3.81∶1。

(3) 模拟补偿变压器。

容量：$S_3=45$ V·A。

变比：5.35∶1。

1.4.4 ±800 kV 特高压直流系统建模计算

我国于 2018 年 5 月全面启动了“乌东德电站送电广东广西特高压多端直流示范工程”的建设，计划于 2021 年完成该工程。如果该工程顺利完成将实现多项电网技术的创新，创造 4 项世界第一。该工程简称为昆柳龙直流工程，它是我国重要的西电东送直流输电工程，也是重大的电力行业科技创新、绿色能源、协调发展工程，该工程建设将有利于我国在世界上占领直流特高压、多端混合、柔性直流输电技术的制高点，提升大容量、远距离、大电源状况下互联电网安全、稳定和经济运行，满足“十四五”及后续该区域和粤港澳大湾区经济协调发展的用电需求。

昆柳龙直流工程是将云南乌东德巨型水电站 8000 MW 清洁能源分送广西 3000 MW、广东 5000 MW 的负荷中心，该工程采用±800 kV 三端混合直流技术，送端——云南昆北换流站采用特高压常规直流，受端——广西柳北换流站、广东龙门换流站均采用特高压柔性直流技术，架空输电线路全长 1489 km。

1. 模拟比计算

模拟比选择要合适，模拟比选择过大，虽然总体造价降低了，但给制造带来了困难，短路电流的倍数容易达到，但实验的误差增大；模拟比选择过小，虽然系统更与原型系统接近，实验精度提高了，但整体造价会大大增加，所以模拟比选择要综合考虑。根据原型系统额定容量和电压，华中科技大学结合动态模拟实验室的条件和现有的柔性直流设备，选择云南昆北—广西柳北(以下简称昆北—柳北)的模型功率为 8 kW，模型电压为±400 V，据此计算的各电气量模拟比如下。

电压模拟比：$m_U=\dfrac{U_S}{U_m}=\dfrac{\pm800\ \text{kV}}{\pm400\ \text{V}}=2000$。

功率模拟比：$m_P=\dfrac{S_S}{S_m}=\dfrac{8000\ \text{MW}}{8\ \text{kW}}=1000000$。

电流模拟比：$m_i=\dfrac{m_P}{m_U}=\dfrac{1000000}{2000}=500$。

阻抗模拟比：$m_Z=\frac{m_U^2}{m_P}=\frac{2000^2}{1000000}=4$。

2. 特高压直流线路原型参数

昆柳龙直流工程项目由设计院提供设计参数，只有知道原型线路杆塔结构、导线形式等参数，通过这些结构参数来计算输电线路电气参数。昆柳龙直流输电线路的导线参数和避雷线参数分别如表 1-7、表 1-8 所示。

表 1-7　昆柳龙直流输电线路的导线参数

物 理 参 数	昆北—柳北	柳北—龙门
分裂数/个	8	6
分裂间距/mm	500	450
外径/mm	40.6	36.23
高度/m	51	50
弧垂/m	21	20
间距/m	21～22	22
长度/km	932	557
20 ℃直阻/(Ω/km)	0.0322	0.0391

表 1-8　昆柳龙直流输电线路的避雷线参数

物 理 参 数	昆北—柳北	柳北—龙门
外径/mm	15.75	15.75
高度/m	66	65
弧垂/m	19.5	20
间距/m	27～27.5	28
直阻/(Ω/km)	0.5807	0.5807

昆北—柳北的土壤电阻率约为 1000 Ω·m，柳北—龙门的土壤电阻率为 2000 Ω·m。

针对表 1-7、表 1-8 中的参数，通过数字仿真建立杆塔模型，经过仿真计算得到在长度 932 km 昆北—柳北线、557 km 柳北—龙门线的直流输电线路 50 Hz 频率下昆柳龙直流输电线路电气参数如表 1-9 所示。

表 1-9　昆柳龙直流输电线路电气参数

线　　路	R_1/Ω	L_1/mH	C_1/μF
昆北—柳北	0.005589	0.713184	0.015997
柳北—龙门	0.008448	0.804702	0.014207
线　　路	R_0/Ω	L_0/mH	C_0/μF
昆北—柳北	0.180099	1.753139	0.010502
柳北—龙门	0.193273	1.848637	0.009889

3. 特高压直流线路模型

输电线路物理模型不按照几何相似来模拟，也不要求空间磁场的相似和波的过程沿线路传播速度的相似，直流输电线路的分布特性可以用等值链型电路（π 形电路）来表示，为了模拟零序参数随频率变化的特性，设计了专门的回路来模拟，如图 1-15 所示。链型电路所代表的原型线路的长度越小，其模拟的精确度越高，但会增加投资，因此，长度必须选择适当。通过技术经济综合考虑，选择采用 13π 模拟昆北—柳北线路、7π 模拟柳北—龙门线路。

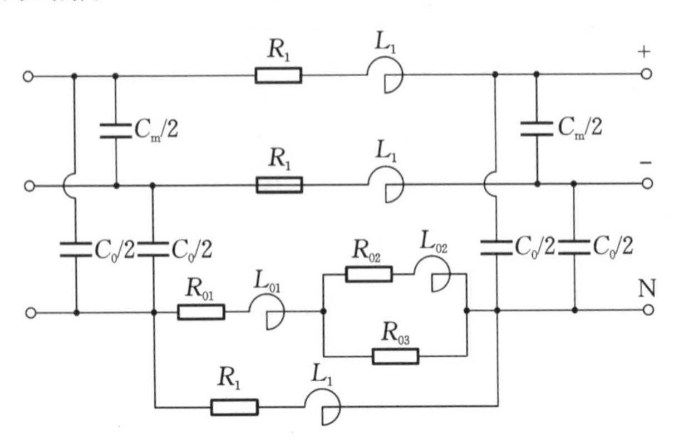

图 1-15 等效的直流线路 π 形电路

图 1-15 中 R_1 和 L_1 为模拟架空线路的正序参数；C_0 为对地电容，互电容 $C_m = C_1 - C_0$；由于零序电阻 R_0 和零序电感 L_0 都是频率的函数，因此在模拟零序回路中，R_{01} 和 L_{01} 串联了一组 $R_{02} + L_{02}$ 与 R_{03} 的并联电路，来模拟大地部分的零序电阻和电感频率特性，R_g 和 L_g 模拟纯直流通道。

根据 π 模型长度和阻抗模拟比计算出昆北—柳北线、柳北—龙门线 π 模型的电路参数，如表 1-10 所示。

表 1-10 直流线路 π 模型等效电路参数表

电气参数	昆北—柳北线 原型 1 km	昆北—柳北线模型 71.7 km(π)	柳北线—龙门线 原型 1 km	柳北—龙门线模型 79.6 km(π)
R_1/Ω	0.00559	0.1002	0.00845	0.1682
L_1/mH	0.71318	12.783	0.80470	16.013
$C_0/\mu\text{F}$	0.01050	3.0114	0.00989	3.1489
$C_m/\mu\text{F}$	0.00275	0.7887	0.00216	0.6877
R_{01}/Ω	0.13568	2.4321	0.14693	2.9239
L_{01}/mH	0.56828	10.186	0.54948	10.934
R_{02}/Ω	0.08615	1.5442	0.09422	1.8749
L_{02}/mH	1.02394	18.354	1.11986	22.285
R_{03}/Ω	0.13128	2.3532	0.11087	2.2063
R_g/Ω	0.03202	0.5740	0.02674	0.5321
L_g/mH	1.16493	20.881	1.21723	24.222

线路模型电抗器均采用多股导线并绕的空心电抗器，为了减少集肤效应，正序电抗器均采用38股导线绕制的空心电抗器。

4. 原型接地极结构参数

在直流输电系统中，每一个换流站都有接地极，它是换流站的一个非常重要的组成部分。当直流系统单极运行时，接地极形成返回电流通道；当直流系统双级运行时，接地极可钳制换流阀中性点电位，保护换流设备的安全运行。

接地极选址是由土壤参数和其他因素决定的，如云南昆北换流站的接地极距离本侧换流站有36 km，而广西柳北换流站的接地极则有81.2 km，广东龙门换流站的接地极是71.5 km，详细参数如表1-11、表1-12。

表1-11 昆柳龙换流站接地极导线参数

导　线	云南昆北	广西柳北	广东龙门
分裂数/个	2	1	2
分裂间距/mm	500	—	500
外径/mm	33.6	30	23.94
高度/m	29	32	20
弧垂/m	14	14.5	13
间距/m	6	6	10
长度/km	36	81.2	71.5
20 ℃直阻/(Ω/km)	0.0460	0.0601	0.0977

表1-12 昆柳龙换流站接地极避雷线参数

导　线	云南昆北	广西柳北	广东龙门
外径/mm	13.0	13.0	11.4
高度/m	34.5	44	30
弧垂/m	9	6.5	7.5
直阻/(Ω/km)	0.8524	0.8524	1.0788

5. 接地极的模型

针对表1-11、表1-12的参数，通过数字仿真建立杆塔模型，分别仿真计算出三端接地极单位长度的电气参数，再按照图1-16等效的接地极简化模型，分别计算出具有频率特性的R_g、L_g参数。

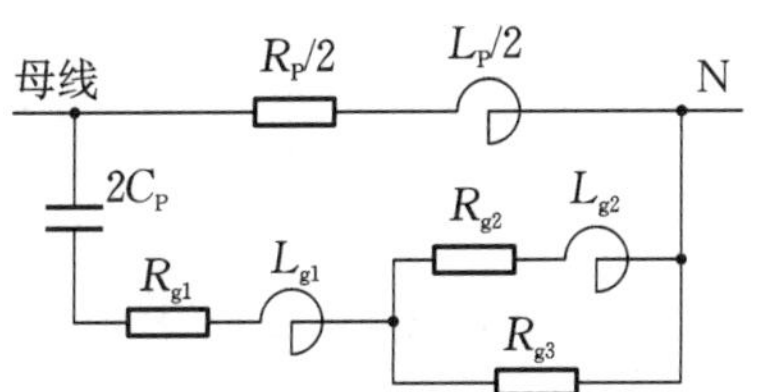

图1-16 等效的接地极简化模型

云南昆北站接地极采用一个 π 单元，广西柳北站和广东龙门站分别采用两个 π 单元来进行模拟，依据每一个换流站的接地极对应长度，按照阻抗模拟比 $m_Z=4$ 来计算各接地极 π 模型等效电路参数如表 1-13 所示。

表 1-13 各接地极 π 模型等效电路参数

电气参数	云南昆北站 36 km(π)	广西柳北站 40.6 km(π)	广东龙门站 35.75 km(π)
R_P/Ω	0.214	0.621	0.443
L_P/mH	7.737	12.651	8.967
$C_P/\mu\mathrm{F}$	1.088	0.934	1.252
R_{g1}/Ω	0.327	0.841	0.665
L_{g1}/mH	11.016	15.897	10.809
R_{g2}/Ω	1.601	1.406	1.636
L_{g2}/mH	58.259	51.162	59.519
R_{g3}/Ω	6.035	7.392	6.536

6. 三端直流输电线路模型及实验

昆柳龙直流输电线路模型如图 1-17 所示，送端——云南昆北站采用传统电流源型 LCC 换流阀，具有安全、可靠、运行损耗小、设备造价低等优点，但需要增加交/直流滤波器等设备；两个受端——广西柳北站和广东龙门站均采用具有直流侧故障自清除能力的多电平 MMC 型换流阀，这样可以避免受端系统因多直流接入引起的换相失败问题，也可为受端系统提供无功支撑来稳定电压保证电能质量。根据昆柳龙直流工程中直流输电系统原型参数，通过电流、电压、功率、阻抗模拟比计算的模型系统参数如下。

云南昆北站 LCC：±400 V、10 A、8 kW。

广西柳北站 MMC1：±400 V、3.75 A、3 kW。

广东龙门站 MMC2：±400 V、6.25 A、5 kW。

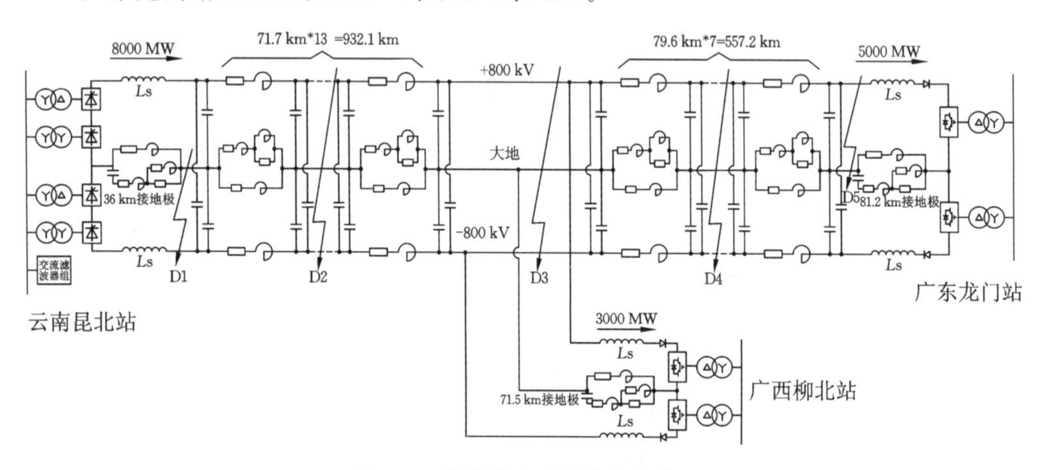

图 1-17 昆柳龙直流输电线路模型

模型系统可以开展一系列故障实验，如交流侧的电压不平衡、过压、欠压、母线各种类型短路等，直流母线故障、线路断线、阀体故障、元件失效、单极接地、双极短路等。在直流线路模型上预设了 5 个故障点位置，D1、D5 为全线路的首末两端；D2 是第 5 个 π 的位置，为全线路的 24.07%；D3 是第 13 个 π 的位置，为全线路的 62.58%；D4 是第 17 个 π 的位置，为全线路的 83.96%。每个故障点均可以开展各种短路实验，包含正对地、负对地、正负极之间的金属性短路或者经过渡电阻短路，短路时间可以整定，过渡电阻大小可以调整，故障点位置也可以按照 π 的长度重新设置。

2

电力系统数字仿真

2.1 电力系统数字仿真原理

数字仿真是建立在数学方程式基础上的一种对原型系统进行仿真研究的方法。这种方法对各种物理现象，在一定的假设条件下写出其变化过程的数学方程式，并借助专门的数学求解工具进行求解，以得出所需要的结果。

历史上曾经出现过的电力系统数字仿真研究方法平台有直流计算台、交流计算台、模拟式电子计算机等。直流计算台以电阻来模拟系统各元件，交流计算台以电阻、电感、电容、变压器、移相装置模拟系统各元件，它们以直流电压或中频交流电压为电源，用以计算系统中的功率分布、短路电流和系统的稳定性。模拟式电子计算机主要由运算放大器组成，受元件数量的限制，模拟式电子计算机所能仿真的系统规模非常有限。目前这三种方法平台已完全被数字式电子计算机所取代。

自 1956 年成功地运用数字式电子计算机计算潮流分布以来，几乎所有主要的电力系统计算都已使用这种计算机。目前，通用数字式电子计算机已广泛应用于电力系统的运行、设计和科学研究各个方面。复杂系统的潮流分布、故障分析、稳定性分析等常规计算或暂态过程仿真、谐波分析、继电保护整定等专业性更强的计算，都已有商业化软件包供选用。随着现代计算机软、硬件技术的发展，电力系统数字仿真技术日益成熟、强大，仿真步长越来越小，计算精度也越来越高。

数字仿真的共同点是必须先明确要研究的电力系统及其各元件的数学表达式，建立起相应的数学模型，然后才能进行计算分析。电力系统数字仿真主要采用数学模型，用数学语言描述系统行为特性。构成数字仿真的三个基本要素是系统、模型、计算机。联系它们的三项基本活动是数学模型建立、仿真模型建立(又称二次建模)、数字仿真实验。

数字仿真的三个基本要素和三项基本活动的相互关系如图 2-1 所示。

数字仿真存在的主要问题是物理概念不够直观，本质上是理论分析的延伸，它要求对被研究系统的全部环节都必须能建立数学模型、列出数学方程式。对理论上无法分析的东西，数字仿真无法进行，这对于一些新的领域和现象的研究，可能会有一定的困难。

随着现代电力系统的快速发展，电力系统数字仿真将发挥更加重要的作用，同时新技术的发展也对电力系统数字仿真提出了更高的要求。

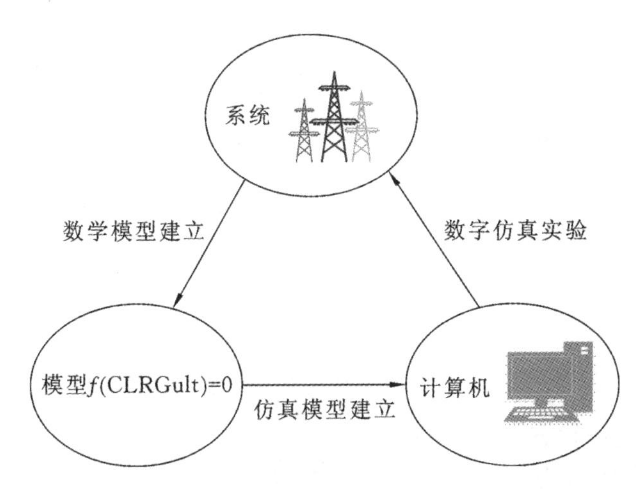

图 2-1 数字仿真的三个基本要素和三项基本活动的相互关系

2.1.1 电力系统电磁暂态仿真

电力系统发生故障或操作后，将产生复杂的暂态过程，电力系统暂态过程可分为电磁暂态过程和机电暂态过程，前者指的是暂态过程中各元件中电场和电磁场以及相应的电压和电流的变化过程，后者则主要指由于发电机和电动机电磁转矩的变化所引起的电动机转子机械运动的变化过程。电磁暂态过程和机电暂态过程同时发生并且相互影响，要对它们统一分析十分复杂。由于两个暂态过程变化速度相差很大，在电力系统分析中通常近似地对它们分别进行处理。例如，在电磁暂态过程分析中，经常不计发电机和电动机的转速变化，而在静态稳定分析等机电暂态过程分析中，往往近似考虑甚至忽略电磁暂态过程，只有在分析由发电机组轴系引起的次同步谐振现象，计算大干扰后轴系的暂态扭矩等问题中，才不得不同时考虑电磁暂态过程和机电暂态过程。

1. 电力系统电磁暂态过程

电力系统中存在大量的电感、电容元件，如高压并联电抗器、变压器、输电线路、系统元件等，因此系统内部正常运行操作或发生故障后，都会产生电磁暂态过程。

电力系统中有非线性特性的避雷器、铁磁电感（如高压并联电抗器、变压器等）以及具有分布参数特性的输电线路等电磁元件，有时还需要考虑输电线路参数随频率变化的特性和线路发生电晕条件下的电磁特性等，此外还有 TCSC、SVC、STATCOM 等 FACTS 装置。因此，电力系统中的电磁暂态过程非常复杂。

电力系统电磁暂态过程仿真分析的主要目的是：分析和计算故障或操作后系统中可能出现的暂态过电压和过电流，以便对电力设备进行合理设计，确保已有设备能安全运行，并研究相应的限制和保护措施。此外，分析和研究直流系统控制保护特性以及交直流系统之间的相互影响时，也常需要进行电力系统电磁暂态的仿真。

2. 电磁暂态仿真步长

电力系统中存在各种频率范围与仿真步长的物理过程，如图 2-2 所示，图中的处理时间为频率的倒数。在电力系统仿真中，选择合适的仿真步长是非常必要的，仿真步长太长有可能导致数值不稳定，而仿真步长太短会使仿真时间增加，降低了仿真效率。一般地，仿真步长一般取处理时间的十分之一。

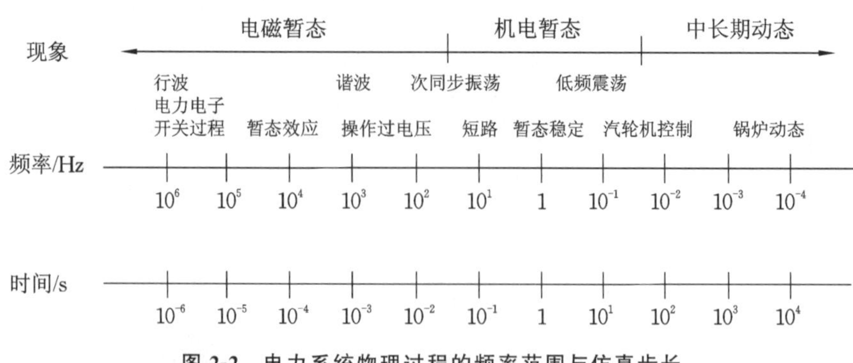

图 2-2 电力系统物理过程的频率范围与仿真步长

在电力系统电磁暂态仿真中，典型的仿真步长为 2～50 μs，但对电力系统行波过程等快速暂态过程的仿真分析，需要采用更小的仿真步长。

对于一些电磁暂态仿真程序，由于采用了改进的算法，仿真步长可取稍长的数值。如 RTDS 采用了改进点火脉冲算法后，仿真步长取 50～100 μs，仍能得到较准确的仿真结果。

3. 电磁暂态仿真算法

1）常用的电磁暂态仿真程序采用的算法

电磁暂态仿真程序一般采用 Dommel 算法，通过隐式梯形积分法将描述电力系统的微分方程、偏微分方程化为差分方程。

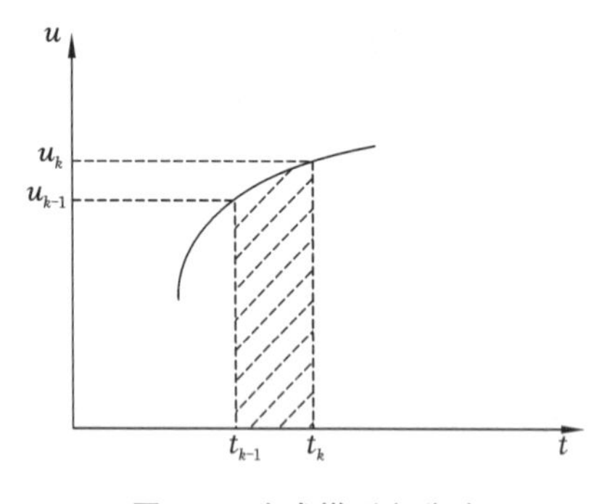

图 2-3 隐式梯形积分法

在电力系统电磁暂态仿真中，纯电阻参数元件可以用代数方程表示。对并联电抗器、并联或串联电容器、变压器等集中参数元件，则可以列出描述其暂态过程中电压和电流之间相互关系的常微分方程。然后通过隐式梯形积分法（见图 2-3 所示），可以将这些常微分方程在每个仿真步长 Δt 内转换成相应的差分方程。这些差分方程描述了 t 时刻的电压、电流与 $t-\Delta t$ 时刻的电压、电流之间的相互关系，而 $t-\Delta t$ 时刻的电压、电流是前一个步长的计算结果，对于本步长来说是已知量。进而，这些差分方程可以用一种由纯电阻和电流源构成的电路来代替，以反映 t 时刻未知电压和电流之间的关系，其中的电阻取决于元件参数和仿真步长，而电源则取决于 $t-\Delta t$ 时刻的电压和电流。这种电路称为暂态等值计算电路。

对于长输电线路等分布参数元件，其电压和电流之间的关系用偏微分方程描述。对于单根导线并不计损耗的线路，t 时刻线路两端电压、电流之间的关系可以由偏微分方程的解析转换为用纯电阻和电流源构成的暂态等值计算电路，其中的电阻取决于线路参数，电流源的取值则取决于 $t-T$（T 为线路上电磁波的传播时间）时刻的电压、电流。而对于有损线路，在进行适当近似处理后仍可沿用类似的暂态等值计算电路。

以上方法只适用于元件参数为常数的情况，对于饱和电抗器、避雷器等非线性元件，需先进行分段线性化或通过补偿法进行相应处理，然后确定其暂态等值计算电路。

这样，根据电力系统中各元件之间的实际接线，将它们的暂态等值计算电路进行相应的连接，便可组成一个带有已知电流源的纯电阻网络。通过对该网络进行各个仿真步长的递推计算法求解，可得到系统整个暂态过程的数值解。

2）PSCAD/EMTDC 程序中的插值算法

PSCAD(全称 power systems computer aided design)是世界上广泛使用的电磁暂态仿真软件，EMTDC(electromagnetic transients including DC)是其仿真计算核心，PSCAD 为 EMTDC 提供图形操作界面。最早版本的 EMTDC 由加拿大 Dennis Woodford 博士于 1976 年在曼尼托巴水电局开发完成。

在 PSCAD/EMTDC 程序中仿真步长在整个仿真过程中是保持固定的，但晶闸管通断等开关性操作是随机的。也就是说，当仿真中开关操作发生在两个整仿真步长时刻之间时，如果不采用插值(Interpolation)算法，则程序在下一个整仿真步长时刻才会对该开关操作进行处理。下面以二极管为例简单介绍插值算法处理开关操作的原理。

在图 2-4(a)中，PSCAD/EMTDC 程序没有采用插值算法。在第 1 个整仿真步长时刻(即时刻①)，由 PSCAD/EMTDC 程序计算的二极管电流为正，二极管导通。在第 2 个整仿真步长时刻(即时刻③)，由 PSCAD/EMTDC 程序计算的二极管电流为负，但这个信息直到下一个整仿真步长时刻(即时刻④)才被处理，才将二极管关断。而二极管电流实际上是在第 1 个仿真步长和第 2 个仿真步长之间的时刻②处过零并关断的。二极管在 PSCAD/EMTDC 程序中的关断时刻(即时刻④)与其实际的关断时刻(即时刻②)误差至少有 1 个整步长，如果仿真步长采用 50 s，1 个步长的误差相当于工频周期(50 Hz)中的 0.9°电角度，如此大的误差对直流系统仿真是难以接受的。

当 PSCAD/EMTDC 程序采用了插值算法时，它对开关性操作的处理如图 2-4(b)所示。图中，在第 2 个整仿真步长时刻(即时刻②)，由 PSCAD/EMTDC 程序计算的二极管电流为负，这时，程序将精确计算二极管的过零时刻，在计算得到二极管过零时刻③后，PSCAD/EMTDC 程序将以仿真步长 Δt 进行时刻④的仿真计算，然后再重新进行第 2 个整仿真步长时刻(即时刻⑤)，也就是时刻②的仿真计算，然后依次进行第 3 个仿真步长(即时刻⑥)及之后的仿真计算。

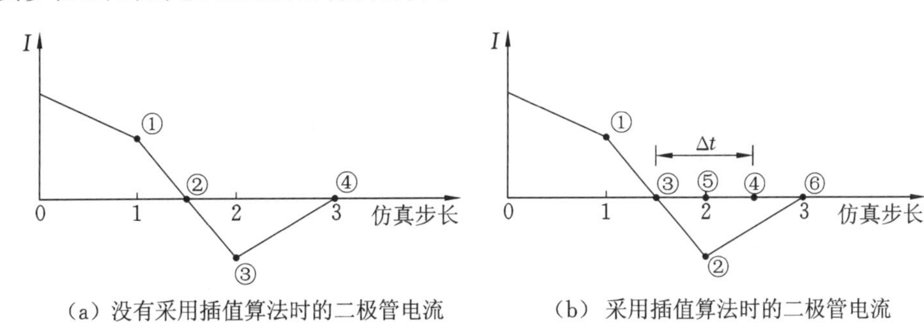

(a) 没有采用插值算法时的二极管电流　　(b) 采用插值算法时的二极管电流

图 2-4　PSCAD/EMTDC **程序中的插值算法原理**

由以上分析可知，由于 PSCAD/EMTDC 程序采用了插值算法，即使电压电流过零点，开关投切或晶闸管通断等物理过程发生在计算步长之内，PSCAD/EMTDC 程序能通过插值算法精确确定电压电流零点和开关投切及晶闸管通断的时刻。例如，当仿真计算步长采用 50 s 时，如果不采用插值算法，熄弧角的测量误差大约为 1°；如果采用插值算法，熄弧角的测量误差大约只有 0.001°。

PSCAD/EMTDC 程序计算步长采用几十微秒(甚至可以更小)，能比较精确地模拟交直流输电系统中的电磁暂态特性。另外，由于采用了插值算法，即使电压电流过零点、开关投切或晶闸管通断等物理过程发生在计算步长之内，PSCAD/EMTDC 程序也能利用插值算法精确确定电压电流过零点、开关投切或晶闸管通断的时刻，所以在进行直流输电系统仿真时，PSCAD/EMTDC 程序能精确地测量出直流系统的触发角和熄弧角，因为触发角和熄弧角是通过换相电压过零点和阀的通断信息计算而得出的。

在下列情况下，插值算法有着独特优势。

(1) 电路中含有大量的快速通断的开关元件。

(2) 电路中有浪涌避雷器和其他电力、电子器件连接时。

(3) HVDC 系统中含有容易发生次同步谐振的同步电机时。

(4) PWM 电路和 STATCOM 系统中。

(5) 使用 GTO 和反向二极管的强制整流器。

对于交直流电力系统中开关关闭、断路器通断或换流器晶闸管通断等开关性操作，PSCAD/EMTDC 程序中采用插值算法，可以精确确定这些开关性元件的通断时刻，并对暂态等值计算电路进行修正，从而实现开关元件暂态等值计算电路的求解与仿真分析。

4. 电磁暂态仿真软件 PSCAD/EMTDC

PSCAD 是一款功能强大且操作使用灵活的电磁暂态仿真软件，用户可以通过图形化的用户界面，根据自己的任务目标构建电力系统仿真模型，仿真元件的参数设置灵活且调整方便。其仿真运行结果可通过 PLOT 实时生成曲线，即各种波形图可直观地验证系统结构和仿真算法的准确性。PSCAD 提供了许多完整的已编程和经过测试的仿真模型，如输电线路、电缆、电动机及发动机。对于保护系统不仅提供了各种保护元件，还提供了继电器、仪表和测量元件等，极大地方便了相关模型的建立。

目前，PSCAD/EMTDC 不仅用于电力系统时域、频域的仿真与分析，电力系统谐波分析，FACTS 控制器的设计，以及电力电子领域的仿真，而且广泛应用于电力系统规划、运行、设计、实验、教学和研究中。

PSCAD/EMTDC 的功能主要有以下方面。

(1) 直流输电控制保护系统参数优化的研究功能。

(2) 故障暂态工况的离线分析功能，在负荷变化、电压或电流整定值改变等情况下的系统动态特性研究功能，直流输电系统不同控制方式或运行方式间的相互转换时的动态特性研究功能。

(3) 交直流联网系统的相互作用研究功能。

(4) 在非理想条件下直流输电系统的谐波特性研究功能。

(5) 利用 PSCAD/EMTDC 程序的 MATLAB 接口进行可视化数值计算功能。

(6) 工程数据库功能，直流输电系统数字仿真模型中包含了系统的结构和参数、一次主设备的结构和参数、HVDC 控制保护系统的结构和参数等。

(7) 可进行电力系统时域和频域计算仿真，反映电力系统遭受干扰或参数变化时，电参数随时间变化的规律。

(8) 可广泛应用于高压直流输电、FACTS 控制器的设计，以及电力系统谐波分析、电力电子领域的仿真计算。

PSCAD/EMTDC 主要有以下几个特点。

(1) 数字计算机不可能连续地模拟暂态现象，只能在离散的时间点（步长 Δt）处求解。Δt 可以根据需要进行选择。为了使仿真具有较高的精度并避免仿真时间过长，步长 Δt 一般为 25～50 μs。

(2) PSCAD/EMTDC 的元件模型库提供了很多常用的电力系统元件模型，但在实际的直流输电系统中，很多元件具有特殊的功能和特性。为了准确地在仿真模型中表达这些元件，用户需要自定义元件模型，在所建立的仿真系统中，用户可根据需要对交流系统中的发电机、线路、负荷、变压器等采用不同的模型。

(3) 可通过弹出菜单修改仿真系统中某个元件的参数，PSCAD/EMTDC 具有图形用户界面，所有元件的参数均可通过弹出菜单输入。

(4) 可在 PSCAD/EMTDC 软件的运行环境 Runtime 中显示曲线，在程序的运行过程中可以观察到曲线的变化情况；可以把滑块、按钮、刻度盘和仪表等加在 Runtime 中，以便交互地控制程序；可以通过曲线显示输出，也可以通过仪表进行模拟或数字显示。

(5) 可对包含复杂非线性元件（如直流输电设备）的大型电力系统进行全三相的精确模拟，其输入输出界面非常直观。

(6) 使用方便，操作简单，其许多模型的容忍力、复杂的代数式和方法对用户都是公开的，从而使用户集中精力对结果进行分析，而不是将重点放在数学建模上。

(7) EMTDC 模型分析由于没有统一的网络初始化程序，在仿真中，各物理量均从零开始计算，但发电机在这种条件下很难达到稳态，这就需要事先用其他程序计算出一个潮流结果作为初始条件。

(8) 图形用户界面使所有的仿真均在一个集成的环境下完成，仿真的许多特性（如电路组合、控制运行时间、结果分析和报告等）均能得到体现。

(9) PSCAD/EMTDC 在系统最大规模上有限制，电力系统元件的数据以菜单/表格形式输入，同时可以方便地得到电力系统元件模型举例和相关数据，因而可快速建立电力系统模型，这对工程的初始阶段大有用处。

(10) PSCAD/EMTDC 是在一定的时域内采用逐步法进行计算的，因此仿真过程较短，只适合于进行 1～2 s 以内的电磁暂态计算，往往不能描述一个完整的动态过程，但在实际计算分析中经常需要进行这样的描述。

2.1.2 电力系统机电暂态仿真

电力系统在遭受大的干扰后，系统中除了经历电磁暂态过程外，也将经历机电暂态过程。由于系统的结构或参数发生了较大的变化，系统的潮流及各发电机的电磁功率也随之发生变化，从而破坏了原动机与发电机之间的功率平衡，发电机转轴上产生不平衡转矩，导致转子加速或减速，从而使各个发电机的功率、转速之间的相对角度继续发生变化。

与此同时，发电机机端电压和定子电流的变化，将引起发电机励磁调节系统的调节过程；机组转速的变化，将引起机组调速系统的调节过程；电力网络中母线电压的变化将引起负荷功率的变化；网络潮流的变化也将引起一些其他控制装置（如 SVC、TCSC、直流系统中的换流器）的调节过程等。所有这些变化都将直接或间接地影响发电机上的功率平衡状况。以上各种变化过程相互影响，形成了一个以各发电机转子机械运动和电磁功率变化为主体的机电暂态过程。

1. 机电暂态仿真过程

电力系统机电暂态仿真主要是研究电力系统受到大干扰或小干扰后的暂态稳定性能。其中,暂态稳定分析主要研究电力系统受到诸如短路故障,切除线路、发电机、负荷,发电机失去励磁或者冲击性负荷等大干扰作用下,电力系统的动态行为和保持同步稳定运行的能力。

电力系统遭受大干扰后所发生的机电暂态过程可能有两种不同的结果。一种是电动机转子之间的相对角度随时间的变化呈摇摆(或振荡)状态,且横摆幅值逐渐衰减,各发电机之间的相对运动将逐渐消失,从而系统过渡到一个新的稳定运行状态,各发电机保持同步运行,这时称电力系统是暂态稳定的。另一种是在暂态过程中发电机转子之间始终存在着相对运动,使得各发电机转子间的相对角度随时间不断增大,最终导致这些发电机失去同步,这时称电力系统是暂态不稳定的。当一台发电机相对系统中的其他发电机失去同步时,其转子将偏离额定转速运行,定子磁场(相应于系统频率)与转子磁场之间的滑动将导致发电机输出功率、电流和电压发生大幅度摇摆,使得一些发电机和负荷被迫切除,严重情况下甚至导致系统瓦解。

电力系统正常运行的必要条件是所有发电机保持同步。因此,电力系统的大干扰稳定性分析就是分析遭受大干扰后系统中各发电机维持同步运行的能力,常称为系统的机电暂态稳定分析。对电力系统的机电暂态稳定分析通常仅涉及系统在短期(约 10 s)之内的动态行为。当系统不稳定时,还需要研究提高系统稳定的有效措施;当系统发生重大的破坏稳定的事故时,需要进行事故分析,找出系统的薄弱环节并提出相应的对策。

2. 机电暂态仿真算法

电力系统仿真中,系统由很多代数方程和微分方程描述。代数方程反映系统中各静态元件状态量之间的约束关系(如潮流方程),同时也反映系统中动态元件的相互作用及网络的拓扑约束。而微分方程则描述电力系统中各动态元件的状态,反映各动态元件的动力学行为。

电力系统机电暂态仿真需要在一定的初始条件下联立求解电力系统的代数方程组和微分方程组,以获得物理量的时域解,即对离散时间序列逐步求出相应的系统状态矢量值。

对仿真中代数方程和微分方程的求解,不同的机电暂态仿真程序常采用不同的算法。

代数方程的求解方法主要有进行迭代求解的牛顿拉夫逊法、基于导纳矩阵形式的高斯-塞德尔法和基于稀疏三角分解的直接解法。

微分方程的求解方法主要有显式积分法和隐式积分法。欧拉法、预报校正法(PC法)和龙格-库塔法(R-K 法)都属于显式积分法。采用显式积分法的突出优势是不需要迭代,这使得系统状态方程的复合求解容易实现。显式积分法的主要缺点在于它们不是数值稳定的,具有较弱的数值稳定性。对于刚性系统,除非使用小步长,否则难以保持数值稳定性。系统的刚性与系统模型的时间常数的范围相关,它由最大与最小时间常数之比来衡量。更精确地说,它由线性化系统的最大与最小特征值之比来衡量。刚性在暂态稳定仿真中随模型详细程度而变化,在电力系统模型中,并不是所有时间常数都显示出来,因而刚性可能隐藏起来。

电力网络用基于复阻抗的代数方程（$I=YU$）描述。在电力系统机电暂态仿真中，每个仿真步长内必须同时求解代数方程和微分方程，按照微分方程和代数方程的求解顺序可分为交替解法和联立解法。各物理量采用有效值方式进行计算，系统是一个纯基波模型。

3. 机电暂态仿真软件

目前，国内常用的机电暂态仿真程序是由中国电力科学研究院开发的电力系统综合程序（简称 PSASP）和中国版 BPA 电力系统分析程序。PSASP 是一套用于进行电力系统分析计算的软件包。PSASP 功能强大、使用方便、高度集成并开放，是具有我国自主知识产权的大型软件包。PSASP 自 1973 年开发应用以来经历了多次改进，于 1985 年荣获首届国家科技进步一等奖。

PSASP 立足于易于应用、可扩展、跨平台、兼容性好、数据库通用、设置灵活的设计理念和总体架构，以其高可靠性、强大的计算功能、友好的人机交互界面和开放的平台赢得了众多用户的青睐。目前，PSASP 已拥有 600 多家用户，遍及全国各地，包括电力规划设计单位、高等院校、科研机构、大工业企业、配电系统、铁路系统等。依托多年的电力系统计算、分析经验和技术优势，PSASP 在诸多原有功能的基础上，又开发了分布式离线计算、电网风险评估、负荷电流防冰和融冰辅助决策、暂态稳定极限自动求解、PSASP 在线应用等多个功能，为提高我国电力系统的仿真速度、分析能力和智能化水平提供了有力支撑。

PSASP 主要包括以下模块。

(1) PSASP 图模一体化平台。

(2) PSASP 潮流计算模块(LF)。

(3) PSASP 暂态稳定计算模块(ST)。

(4) PSASP 短路计算模块(SC)。

(5) PSASP 最优潮流和无功优化计算模块(OPF)。

(6) PSASP 静态安全分析模块(SA)。

(7) PSASP 网损分析模块(NL)。

(8) PSASP 静态和动态等值计算模块(EQ)。

(9) PSASP 用户自定义模型和程序接口模块(UD/UP)。

(10) PSASP 直接法稳定计算模块(DST)。

(11) PSASP 小干扰稳定分析模块(SST)。

(12) PSASP 电压稳定分析模块(VST)。

(13) PSASP 继电保护整定计算模块(RPS)。

(14) PSASP 线性/非线性参数优化模块(LPO/NPO)。

(15) PSASP 谐波分析模块(HMA)。

(16) PSASP 分布式离线计算平台。

(17) PSASP 电网风险评估系统。

(18) PSASP 暂态稳定极限自动求解程序。

(19) PSASP 负荷电流防冰和融冰辅助决策系统。

4. 电磁暂态仿真与机电暂态仿真的关系

电磁暂态过程数字仿真是用数值计算方法对电力系统中从几微秒至几秒之间的电磁暂态过程进行仿真模拟。电磁暂态过程仿真必须考虑输电线路分布参数特性和参数的频率特性、发电机的电磁和机电暂态过程以及一系列元件(避雷器、变压器、电抗器等)的非线性特性。因此,电磁暂态仿真的数学模型必须建立这些元件和系统的代数、微分或偏微分方程。采用的数值积分方法一般为隐式积分法。

由于电磁暂态仿真不仅要求对电力系统的动态元件采用详细的非线性模型,还要考虑网络的暂态过程,也需采用微分方程描述,使得电磁暂态仿真程序的仿真规模受到了限制。一般进行电磁暂态仿真时,都要对电力系统进行等值化简。

电磁暂态仿真程序目前普遍采用的是电磁暂态程序(electro magnetic transients program,EMTP)。1987年以来,EMTP的版本更新工作在多国合作的基础上继续发展,中国电力科学研究院(简称电科院)在EMTP的基础上开发了EMTPE。具有与EMTP相似功能的程序还有加拿大Manitoba直流研究中心开发的PSCAD/EMTDC、加拿大哥伦比亚大学开发的MicroTran、德国西门子开发的NETOMAC等。

机电暂态过程的仿真主要研究电力系统受到大干扰后的暂态稳定和受到小干扰后的静态稳定性能。其中暂态稳定分析是研究电力系统受到诸如短路故障,切除线路、发电机、负荷,发电机失去励磁或者冲击性负荷等大干扰作用下,电力系统的动态行为和保持同步稳定运行的能力。

电力系统机电暂态仿真的算法是联立求解电力系统微分方程组和代数方程组,以获得物理量的时域解。微分方程组的求解方法主要有隐式梯形积分法、改进尤拉法、龙格-库塔法等,其中隐式梯形积分法由于数值稳定性好而得到越来越多的应用。代数方程组的求解方法主要采用适于求解非线性代数方程组的牛顿法。按照微分方程和代数方程的求解顺序,电力系统机电暂态仿真的算法可分为交替解法和联立解法。

目前,国际上常用的机电暂态仿真程序有美国PTI公司的PSS/E,美国电力研究协会的ETMSP,以及国际电气产业公司开发的程序,如ABB开发的SIMPOW程序、德国西门子开发的NETOMAC程序。

2.1.3 电力系统中长期动态仿真

中长期动态过程仿真主要关注大规模系统干扰以及由此引发的有功和无功功率、发电量和用电量之间不平衡等持续时间较长、动作较缓慢的现象。这类现象的分析一般考虑热力机组的锅炉动态特性,水轮机机组压力水管及其阀门动作的动态特性,自动发电控制,发电和输电系统的保护和控制,变压器饱和特性,以及核反应系统的动态响应等。利用中长期动态过程仿真可以研究的内容包括以下方面。

(1) 电力系统复杂和严重事故的事后分析,研究紧急无功功率支援等反事故措施的有效性,训练调度运行人员紧急处理问题的能力。

(2) 电力系统中长期动态过程分析和控制,如中长期电压稳定性分析和控制、自动发电控制(AGC)等。

(3) 对规划设计的电力系统,考核系统承受极端严重故障的能力,研究相应对策。系统中长期动态过程在大型电力系统中所经历的时间较长,中期动态过程一般持续十几秒到几分钟,而长期动态过程则持续几分钟到几十分钟,甚至数小时。

中长期动态过程中电压和频率的变化范围较大，涉及的电力系统元件较多，特别是具有中长期过程特性的模型（如电站锅炉、核电站等模型）。中长期动态仿真通常采用适合刚性系统的变阶、变步长计算方法，如吉尔（Gear）法，计算步长通常取十毫秒至几秒。

目前，国际上主要的中长期动态仿真程序主要有法国电力公司 EDF 开发的 EUROSTAG，美国电力科学研究院开发的 LTSP，美国通用电气公司和日本东京电力公司共同开发的 EXTAB。另外，美国 PTI 开发的 PSS/E、捷克电力公司开发的 MODES 等程序也具有中长期动态过程的稳定计算功能。在国内，中国电力科学研究院开发的中长期过程计算软件“电力系统全过程动态仿真程序”已于 2001 年投入使用。

2.1.4 电力系统实时数字仿真

1. 电力系统实时仿真

电力系统实时仿真指的是仿真过程与实际系统的运行过程保持一致的一种仿真形式，一般用于电力系统自动控制和保护系统的设计，以及投产前的实验和检测，也可用于电力系统专业的教学和培训以及相关科研工作。按照仿真工具和发展阶段的不同，电力系统实时仿真一般分为物理实时仿真、数字物理混合实时仿真和全数字实时仿真三大类。

二十世纪五六十年代出现的物理实时仿真（又称为动态模拟）是基于牛顿相似理论，将按照一定的模拟比缩小的真实物理元件根据实际元件的连接关系连接组成模拟的电力系统。物理实时仿真的优点是界面直观明了、物理意义明确，缺点是设备昂贵、占地面积大，可扩展性和兼容性差等。

二十世纪七八十年代出现的数字物理混合实时仿真（又称数模混合式仿真），采用的是数字仿真元件、电力网络的数学物理模型和基于相似理论的物理模型。发展这种实时仿真技术的主要原因在于当时计算机技术水平还不能实现规模较大电力系统的实时数字仿真，特别是电力网络暂态过程的求解达不到实时的要求。因此，在这一类仿真中，通常采用的仿真方式是，输电网络采用数学模型的物理建模，即所谓数学-物理模型，其仿真过程完全与实际物理过程同步，而发电机及其控制系统等动态元件则采用基于微处理器或 DSP（数字信号处理器）芯片等数字仿真技术模拟。数字物理混合实时仿真装置与物理实时仿真相比，其使用的灵活性和对电力系统的研究范围都有了较大的提高和扩展。其主要优点是实时仿真范围可以覆盖电力系统的动态全过程，即可以仿真从电磁暂态过程到机电暂态过程，再到中长期动态过程的电力系统动态全过程；可用于控制系统和继电保护实验，以及经适当简化的电力系统分析研究中。由于这种数字物理混合实时仿真装置的部分主要电力网络仍采用数学物理模型，因而其也具有前述物理实时仿真装置的缺点，即设备昂贵、占地面积大，可模拟的电力系统规模受制于实验室设备和场地限制，难以模拟大规模电力系统，可扩展性和兼容性差。

20 世纪 90 年代以来出现的电力系统全数字实时仿真（又称实时数字仿真）装置，基于现代计算机技术和信息技术，试图克服大规模电力网络数字仿真实时性差的困难，采用全系统数学建模和数值计算方法来模拟整个电力系统，包括电力网络，各种动态元件的稳态、暂态和动态的过程。全数字实时仿真要求在一个时间步长里完成各种状态量的计算，以设备测试为目的仿真还要求在同一步长内完成数模/模数转换和功率放大等。由于实时仿真对于软件和计算机运算处理速度的要求很高，因此受计算机性能限制，在二十世纪九十年代后的很长一段时间内，电力系统实时仿真技术并没有得到很大的发展。

近年来，随着芯片制造技术的突破，计算机和通信技术得以高速发展，出现了由多个服务器组成的计算机集群系统，利用并行计算算法和高速通信手段，电力系统特别是大规模电力网络的实时计算成为可能。基于高性能、多节点集群计算机的电力系统全数字实时仿真装置具有使用灵活、易升级、扩展性好、性价比高等优点，正成为电力系统全数字实时仿真的主流。

2. 电力系统实时数字仿真系统

继电保护装置及其他控制装置的闭环实验，是当前电力系统实时数字仿真的主要应用领域。由于电力系统是高阶非线性复杂动态系统，对系统暂态过程的仿真计算需要求解高阶微分方程和网络方程，有时还包括耗时的迭代过程，计算时间随着网络规模的增大而呈几何倍数的增加。因此，基于普通单 CPU 计算机的常规仿真计算，无法满足实际同步电网或交直流混合电网实时仿真的需要。国际上现有的几种商品化的电力系统全数字仿真系统，采用多节点集群计算机、多 CPU 共享内存的工作站或专用芯片和板卡，通过并行处理技术予以实现。下面介绍国内外几种典型的实时数字仿真系统。

1）基于高速处理器的实时仿真装置——RTDS

实时数字仿真仪（real time digital simulator，RTDS）由加拿大曼尼托巴 RTDS 公司研发、制造，是一种专门设计用于研究电力系统中电磁暂态现象的装置。RTDS 是国际上研制和投入商业化应用最早的实时数字装置，也是目前国际上广泛应用的电力系统实时数字仿真装置。RTDS 装置中每个 CPU 模拟一个电力系统元器件，CPU 间的通信采用并行—串行—并行的方式。RTDS 使用电磁暂态方程建立电力系统的仿真模型。目前应用 RTDS 规模最大的是我国南方电网科学研究院的装置，它有 33 个机箱（RACK），可模拟百余台发电机、1000 个三相节点，数条直流输电线路。RTDS 的仿真规模受用户所购买设备（RACK 数量）的限制，对只有 2～4 个 RACK 的 RTDS 仿真系统，可模拟的电力系统规模只有几十个三相节点。由于 RTDS 的开发基于专用硬件，不利于系统的升级换代，模拟大规模电网有困难。目前 RTDS 主要用于继电保护、自动装置实验以及高压直流输电（HVDC）系统的实时仿真研究及控制器实验。

2）基于 HP 并行计算机或 HP 工作站的实时仿真装置——ARENE

法国电力公司开发的全数字仿真系统 ARENE 有实时仿真和非实时仿真版本。实时仿真版本有：①RTP 版本，硬件为 HP 公司基于 HP-CONVE 工作站的多 CPU 并行处理计算机，该并行处理计算机的最大 CPU 数量已达 32 个，可以用于较大规模系统的电磁暂态实时仿真；②URT 版本，HP-UNIX 工作站，用于中小规模系统的电磁暂态实时仿真；③PCRT 版本，PC-Linux 工作站，用于中小规模系统的电磁暂态实时仿真。ARENE 实时仿真器可以进行如下物理装置测试：继电保护、自动装置直流输电和灵活交流输电系统（FACTS）控制器，可以用 50 s 步长进行闭环电磁暂态实时仿真。ARENE 不进行电力系统机电暂态过程仿真。ARENE 采用基于 HP 工作站的并行处理计算机，是一种基于通用计算机的全数字实时仿真装置。

3）基于集群计算机的实时仿真装置——HYPERSIM

加拿大魁北克 TEQSIM 公司开发的电力系统数字实时仿真装置——HYPERSIM 可用于机电暂态实时仿真和电磁暂态实时仿真。HYPERSIM 有如下两种支撑硬件。

(1) 基于集群计算机(又称机群服务器)。操作系统采用 UNIX 和 Linux 平台,可以进行中小规模电力系统的电磁暂态仿真和较大规模电力系统的机电暂态仿真(未见到进行电磁暂态和机电暂态混合仿真的报道),可以对继 FACTS 控制器、自动重合设备及电力系统稳定器(PSS)等进行闭环测试。

(2) 基于多 CPU 超级并行处理计算机(如 SG12000 和 SG13000)。其仿真规模可以相当大,也可用于装置实验,但造价高昂。

4) 基于高速 PC 的实时仿真装置——DDRTS

DDRTS 是由北京殷图仿真技术有限公司开发的国内第一套具有自主知识产权的、基于微机的数字仿真实时闭环测试系统,也是国内第一套大型实时电力系统电磁暂态仿真软件系统,它填补了国内电力系统电磁暂态仿真和实时闭环测试领域的空白。

电力系统数字动态实时仿真系统 DDRTS 是基于高速 PC 的全数字化实时仿真系统,可以进行潮流计算和电磁暂态仿真,主要用于继电保护和控制设备测试。DDRTS 可以完整地模拟电机、网络以及控制系统的大型电力系统电磁暂态仿真程序。DDRTS 系统的软件具有全中文化、友好交互界面,能够运行在 Windows 平台上。DDRTS 系统的主界面如图 2-5 所示。

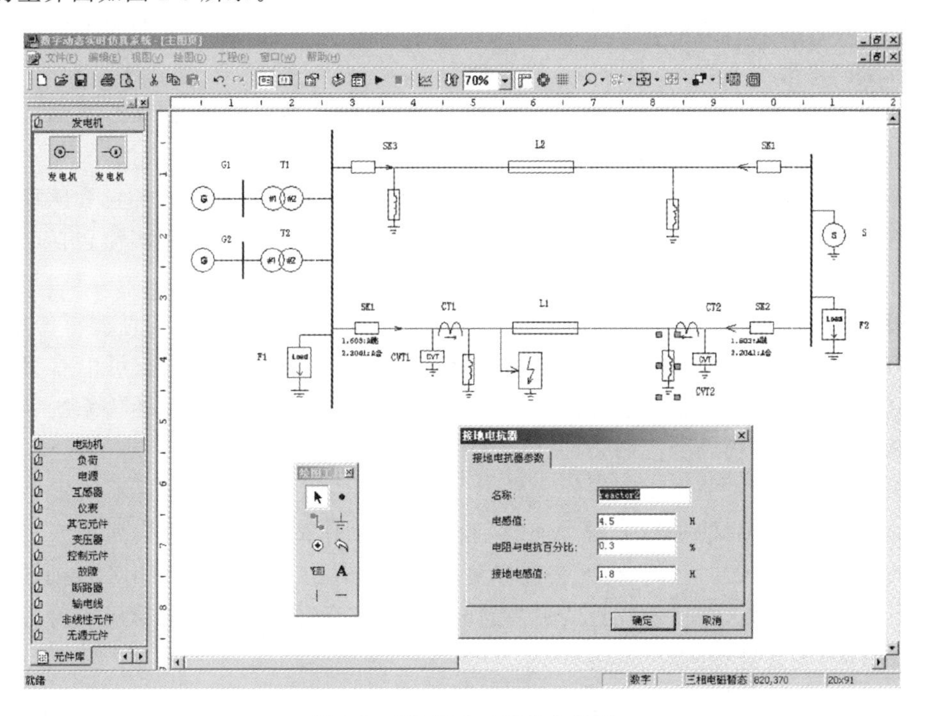

图 2-5　DDRTS **系统的主界面**

图形化建模系统可方便、迅速地建立数字仿真系统的拓扑连接关系和输入系统元件的参数,进行系统的仿真计算,分析系统的稳态、暂态及动态行为。DDRTS 提供了各种常用电力系统元件模型,包括发电机、变压器、输电线、电动机、电源、断路器、CT、PT、CVT 等,以及与发电机控制相关的 IEEE 标准的励磁调节器、调速器和电力系统稳定器(PSS)。DDRTS 还提供了电压源、电流源、变导纳元件等控制元件,用户可以灵活地自定义控制器以实现控制系统的仿真。

潮流计算是系统稳态分析的重要手段,利用 DDRTS 不仅可输出单线图的三相潮流，而且可通过电流相量的方式输出三相不对称时的分相潮流。

电磁暂态仿真采用瞬时值进行计算，电机用经典派克方程描述，网络用微分方程描述，可计算电力系统所有的机电和电磁暂态过程，包括不对称和非线性的情况；可模拟系统任意组合下的运行和干扰状况，包括各种短路故障和断线故障以及多重故障等。

为了准确模拟输电线的暂态过程，DDRTS 采用基于行波原理的完全分布特性的线路模型以提高暂态仿真的准确度。DDRTS 系统中的断路器元件可模拟断路器的三相和分相操作，并可灵活设定断路器的动作时间。断路器元件有两种控制方式：一种是按照预先设定的时间进行动作；另一种是外部控制，通过开关量输入输出卡接收外部被测装置发出的动作信号以控制断路器的开合。在 DDRTS 系统中，可方便地实现各种故障设置，可任意指定故障发生的时刻、类型和位置，极大地提高了系统仿真研究的效率。

利用 DDRTS 系统控制模块库中丰富的控制模块可创建各种开环和闭环控制器，进行控制系统的仿真研究。这些控制器包括发电机的励磁调节器、PSS 和调速器、电压源、电流源、变阻抗以及变负荷控制器等。所有取自电网和电机的变量都可作为控制器的输入。另外，其他控制器的信号量也可作为控制器的输入。同时这些控制器的输出以电压、电流、阻抗和功率的形式作用于系统。所有控制模块的输入信号量及输出信号量都可绘制出来。

DDRTS 系统具有一些辅助功能，主要包括静态继电器测试、自定义谐波测试和实时回放测试等。

静态继电器测试主要完成各类继电器及相关特性测试，提供幅值、相位和频率均可调的三相电压源、电流源，用于各类继电器的静态测试。测试的继电器类型包括电压继电器、电流继电器、阻抗继电器、频率继电器、差动继电器等。

用户可应用 DDRTS 系统中的信号发生与谐波测试模块自定义各种波形的电压、电流信号。自定义的信号波形可以是含有谐波的，还可以是不对称的，可以有直流分量，并可以设置直流分量和各次谐波分量的衰减时间常数。通过高速通信系统和信号转换及输入输出系统送至待测装置，可进行装置谐波分析及测试。

实时回放功能主要应用于两种情况：一是对现场录波器保存的实际系统的录波文件（COMTRADE 格式）进行分析和回放，验证装置动作的情况，并可根据录波文件进行事故分析和重演；二是计算机无法进行大系统的实时仿真时，可先利用 DDRTS 建立系统，进行离线仿真，并将装置测试所需的电压、电流等信号记录下来形成实时回放文件，送入待测装置进行回放测试。

5）电力系统全数字实时仿真装置——ADPSS

电力系统全数字仿真装置（advanced digital power system simulator，ADPSS）是由中国电力科学研究院研发的基于高性能集群计算机的全数字仿真系统。该仿真装置利用机群的多节点结构和高速本地通信网络，采用网络并行计算技术对计算任务进行分解，并对仿真进程进行实时和同步控制，实现了大规模复杂交直流电力系统机电暂态和电磁暂态的实时和超实时仿真以及外接物理装置实验。利用该仿真装置，可以进行 3000 台机、20000 个节点的大系统交直流电力系统机电暂态仿真以及机电-电磁暂态混合仿真研究；可以与调度自动化系统相连取得在线数据进行仿真；可接入继电保护、安全自动装置、FACTS 控制装置以及直流输电控制装置等实际物理装置进行闭环仿真实验；可接入 MATLAB 等商用软件进行局部和子任务计算；可接入用户自定义的模型以完成用户指定的功能和任务等。

电力系统全数字实时仿真装置外观图如图 2-6 所示。

图 2-6 电力系统全数字实时仿真装置外观图

电力系统全数字实时仿真装置采用通用的软、硬件技术平台，因而具有开放性、可扩展性，便于软、硬件随着技术的发展更新换代，并获得高性价比。ADPSS 主要有以下特点。

(1) 硬件，主要使用高性能集群计算机，造价低、扩展性好，用户如果需要扩展节点，只需增加节点和变更配置文件即可完成。

(2) 通信网络系统，采用通用局域网连接且管理网络和计算网络分离的双网结构，管理网络采用千兆以太网，计算网络采用高速 Myrinet 网络或 Infiniband 网络。管理网络和计算网络的分离大大提高了网络可用性，同时保障了数据的传输带宽。

(3) 系统软件，采用 Linux 操作系统，该系统附加费低、稳定可靠、兼容性好、性能优异。

(4) 应用软件，核心仿真软件基于成熟的商用软件电力系统分析综合程序(PSASP)，可信度高。

(5) 技术创新，拥有三项发明专利——电力系统数字仿真装置、电力系统数字仿真方法、电力系统潮流分网并行计算。技术创新体现在以下方面。

① 可实现自动或按指定方式对电网进行分割。

② 研究提出了一种新的大规模电力系统机电暂态分网并行计算的仿真方法，可实现 5000～20000 节点的大规模交直流混合电力系统机电暂态实时、超实时仿真。

③ 研究提出了以机电暂态为基础的综合接口平台，可在大规模电力系统机电暂态分网并行计算的基础上接入复杂故障、电磁暂态计算网络、Matlab 计算软件、物理模拟装置。

④ 电磁暂态仿真部分采用分网并行计算技术，实现了一定规模电网的实时和超实

时仿真。电磁暂态网络分割方式灵活,可以采用“点的分裂”方式,也可以采用“线的分割”方式,或者二者结合使用。

⑤ 电磁暂态仿真采用带阻尼的隐式梯形积分法,避免开关动作后发生数值振荡。

⑥ 电磁暂态仿真部分可接入物理装置进行闭环仿真实验。

⑦ 研究提出了一种机电暂态和电磁暂态仿真的接口方法,实现了大规模电力系统机电暂态和电磁暂态混合实时仿真,混合仿真模式下机电暂态和电磁暂态都可分网并行计算。

⑧ 研究提出了一种适合直流输电系统电磁暂态仿真的网络并行技术及交直流分割算法,可实现具有双极 12 脉冲换流器和交直流滤波装置的整流和逆变站、直流控制器、直流输电线路的直流输电系统的电磁暂态实时仿真。

⑨ 可接入用户自定义模型,从而可对用户自定义的设备和装置的数学模型进行仿真,既可用于装置的结构设计和参数优化,又可代替实际装置接入系统进行仿真模拟。

⑩ 可接入 Matlab 仿真程序所模拟的电力系统,从而可利用 Matlab 及其仿真 ADPSS 工具(Simulink)的资源,扩展对电力系统的仿真分析能力。

⑪ 与 PSASP7.0 数据兼容,并可自动转换 PSASPR5.*、PSASPR6.*、BPA 等格式的数据。

⑫ 图模一体化支持平台:基于该平台可实现同一系统有多套单线图,并嵌套多层子图;可在单线图上显示潮流结果;同一系统可有多套地理位置接线图,并可导入地图背景;可在地理图上显示潮流结果和电压着色;在仿真过程中可在单线图上随时设置故障;在仿真过程中可监视潮流断面结果,并可事后回放;仿真过程可监视指定曲线,并可事后回放;可进行长时间连续仿真;具有报表输出功能。

2.2 PSASP 数字仿真实验

2.2.1 PSASP 软件概述

电力系统分析综合程序(power system analysis synthesis program,PSASP)是一套功能强大、界面友好、使用方便的电力系统分析程序,是高度集成和开放的我国具有自主知识产权的大型软件包,已被广泛应用于电力行业中。

PSASP 是电力系统规划设计人员确定经济合理、技术可行的规划设计方案的重要工具;是运行调度人员确定系统运行方式、分析系统事故、寻求反事故措施的有效手段;是科研人员研究新设备、新元件投入系统等新问题的得力助手;是高等院校用于教学和科研的软件设施。

基于电网基础数据库、固定模型库以及用户自定义模型库的支持,PSASP 可进行电力系统(输电、供电和配电系统)的各种计算分析,包括稳态分析的潮流计算、网损分析、最优潮流和无功优化、静态安全分析、谐波分析、静态等值等;故障分析的短路计算、复杂故障计算及继电保护整定计算等;机电暂态分析的暂态稳定计算、直接法暂态稳定计算、电压稳定计算、小干扰稳定计算、动态等值、马达启动、控制系统参数优化与协调及电磁-机电暂态分析的次同步谐振计算等。PSASP 的计算功能还在不断发展、完善和扩充。

PSASP 有着友好、方便的人机交互界面，如基于图形的数据输入和图上操作，自定义模型图及图形、曲线、报表等各种形式输出。PSASP 与 Excel、AutoCAD、Matlab 等通用的软件分析工具有着方便的接口，可充分利用这些软件的资源。

PSASP 有 PSASP6.2 及 PSASP7.0 两个系列版本。PSASP7.0 在 PSASP6.2 的基础上，界面部分进行了较大改动，更加方便用户使用。两者启动界面分别如图 2-7、图 2-8 所示。

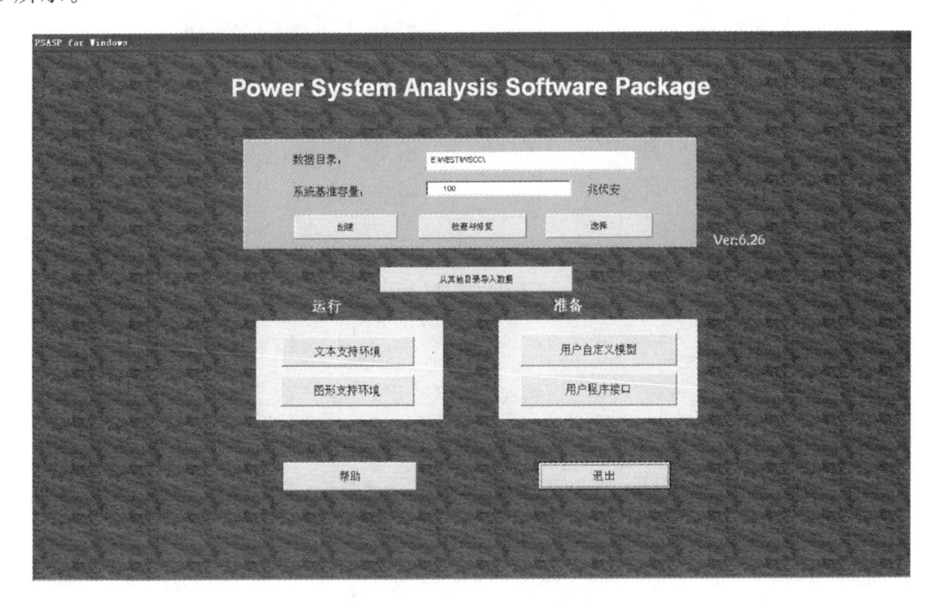

图 2-7　PSASP6.2 启动界面

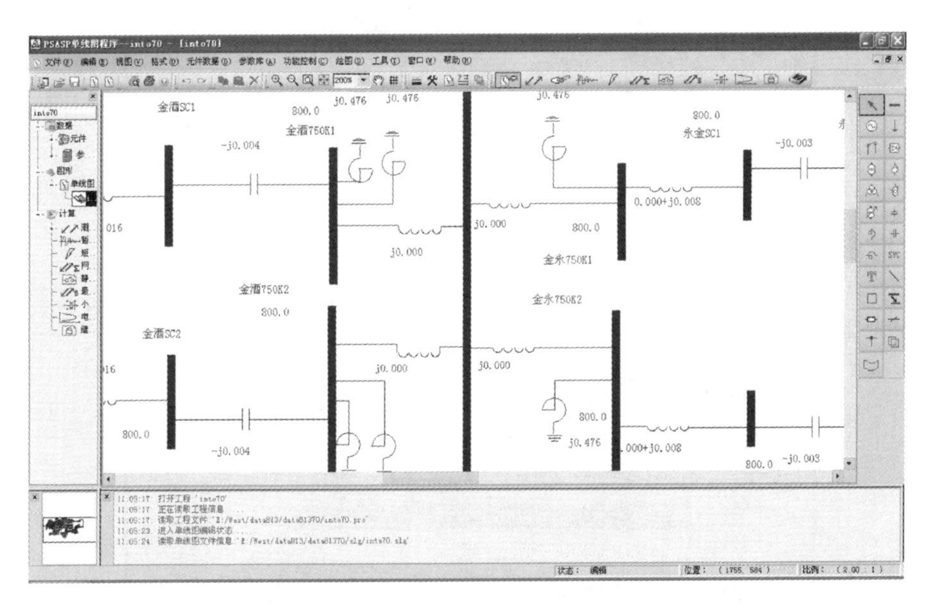

图 2-8　PSASP7.0 启动界面

华中科技大学电力系统数字仿真实验室先后购买了 6.2 版及 7.0 版的 PSASP 软件，其中 6.2 版软件包配置较全面，在实验过程中以 6.2 版为主。本章以搭建一个单机无穷大系统为例详细介绍该软件的基本操作方法和建模仿真过程。

2.2.2 电力系统 PSASP 建模仿真实验

1. 单机-无穷大系统建模

启动 PSASP 后，点击“创建”按钮，弹出如图 2-9 所示对话框。在对话框中输入存放工程的目录及工程名，完成仿真工程的创建。

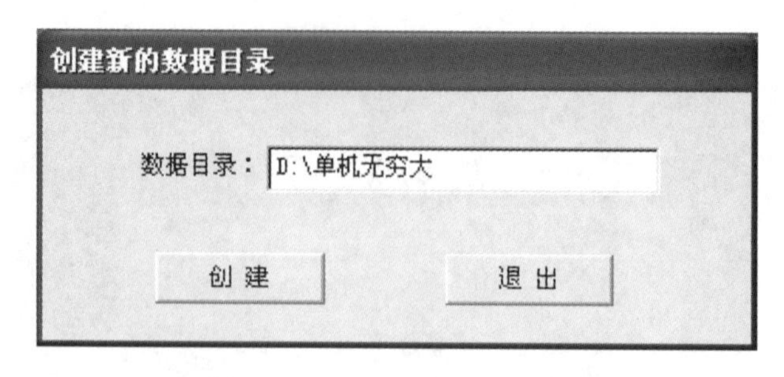

图 2-9 创建新的数据目录对话框

第 1 步，点击“文本支持环境”按钮，进入文本支持环境填写算例的参数。

第 2 步，选择“数据/基础数据库/母线”，在弹出的母线数据输入对话框中点击“+”按钮，新增发电机母线参数设置对话框，并按图 2-10 所示填写参数。

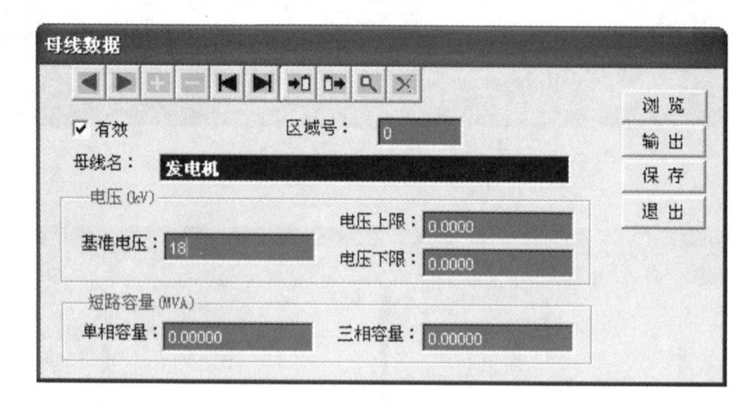

图 2-10 发电机母线参数设置对话框

第 3 步，发电机母线参数输入完成后，点击保存按钮，然后再点击“+”按钮，新增变压器及无穷大母线参数设置对话框，如图 2-11 和图 2-12 所示。

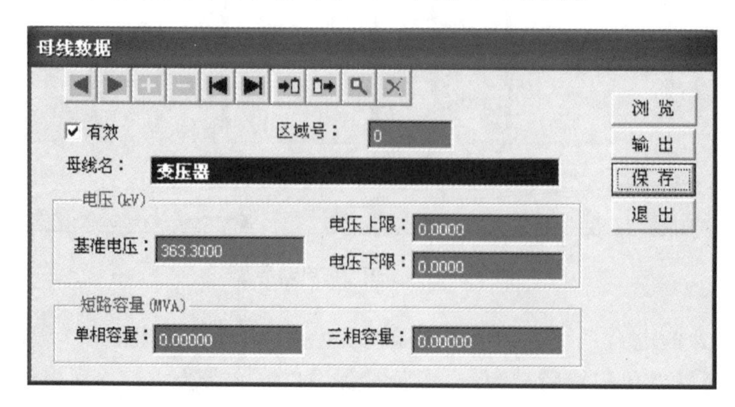

图 2-11 变压器母线参数设置对话框

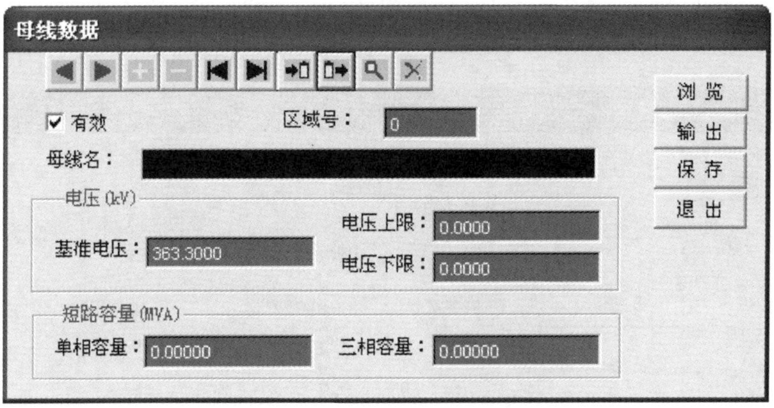

母线数据

☑ 有效　　区域号：0

母线名：

电压(kV)

基准电压：363.3000　　电压上限：0.0000　　电压下限：0.0000

短路容量(MVA)

单相容量：0.00000　　三相容量：0.00000

浏 览　输 出　保 存　退 出

图 2-12　无穷大母线参数设置对话框

如果无穷大母线与变压器母线参数一致，可点击对话框中“➡▯”按钮拷贝变压器母线数据，接着按“＋”新增一条记录，再按“▯➡”粘贴数据。修改母线名为“无穷大”，即可完成无穷大母线数据的填写。

第 4 步，点击“浏览”按钮，弹出如图 2-13 所示的浏览选择对话框。可以通过浏览选择对话框中的“＞”“≫”“＜”“≪”按钮增加或删除需要浏览的数据项。单击“浏览”按钮可浏览所有母线数据，如图 2-14 所示。

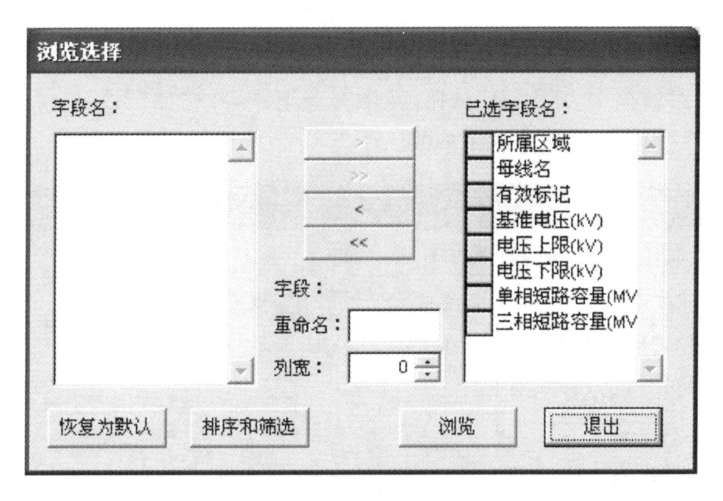

图 2-13　浏览选择对话框

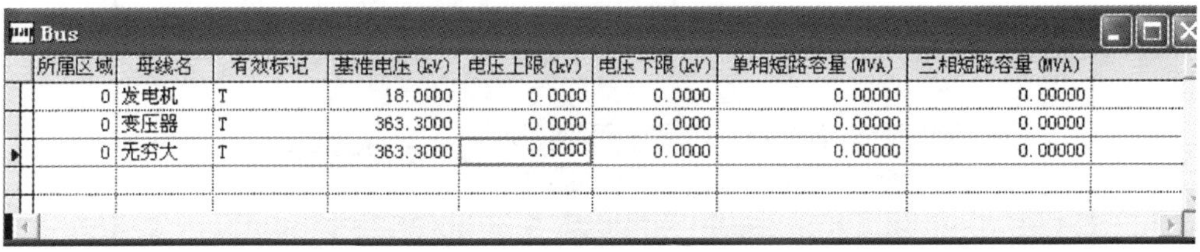

Bus

所属区域	母线名	有效标记	基准电压(kV)	电压上限(kV)	电压下限(kV)	单相短路容量(MVA)	三相短路容量(MVA)
0	发电机	T	18.0000	0.0000	0.0000	0.00000	0.00000
0	变压器	T	363.3000	0.0000	0.0000	0.00000	0.00000
0	无穷大	T	363.3000	0.0000	0.0000	0.00000	0.00000

图 2-14　母线数据显示界面

第 5 步，退出数据浏览对话框，点击母线数据录入对话框的“保存”按钮，保存输入的母线数据，再退出母线数据输入对话框。

第 6 步，选择“数据/基础数据库/两绕组变压器”，弹出两绕组变压器数据输入对话框，如图 2-15 所示。

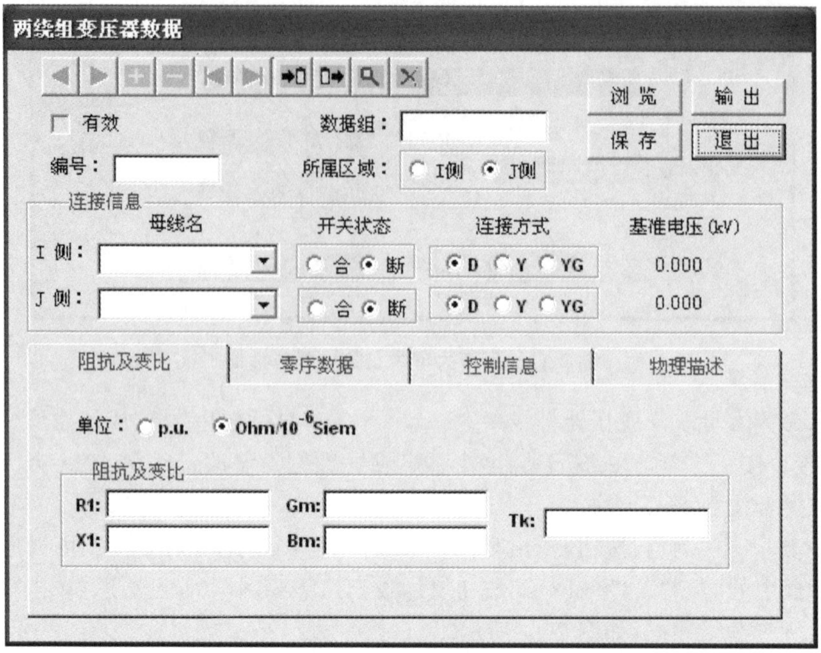

图 2-15　两绕组变压器数据输入对话框

第 7 步，在对话框中点击“＋”按钮，新增一条记录，并按如图 2-16 和图 2-17 所示的数据填写或选择变压器正序及零序参数。

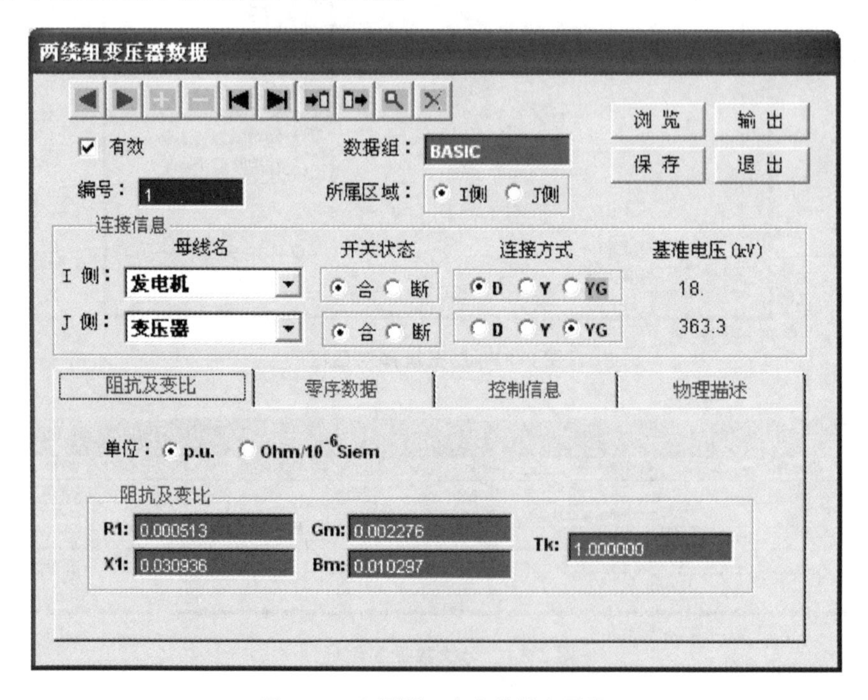

图 2-16　变压器正序参数输入界面

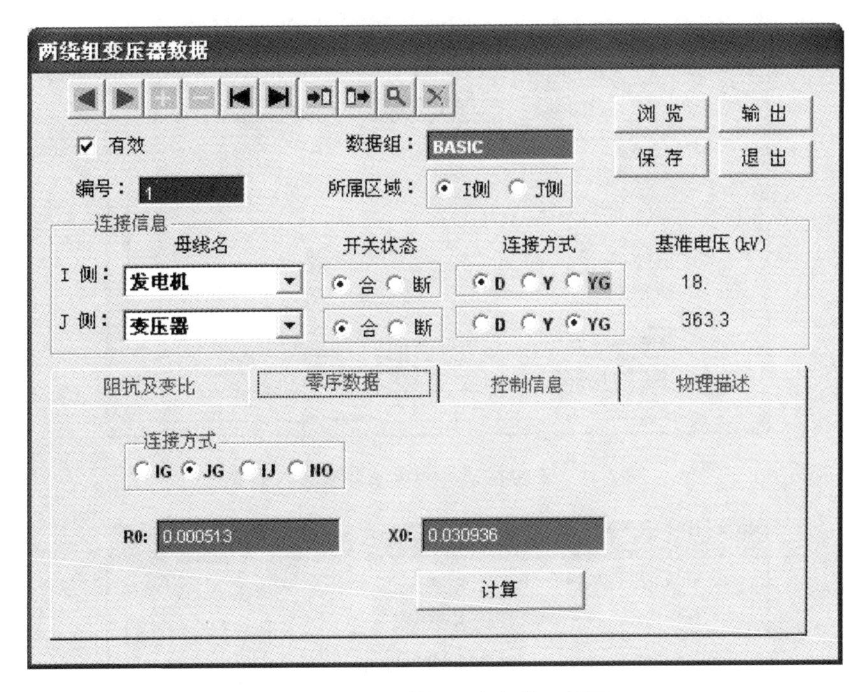

图 2-17 变压器零序参数输入界面

第 8 步，选择“数据/基础数据库/交流线”，交流线数据输入界面如图 2-18 所示。

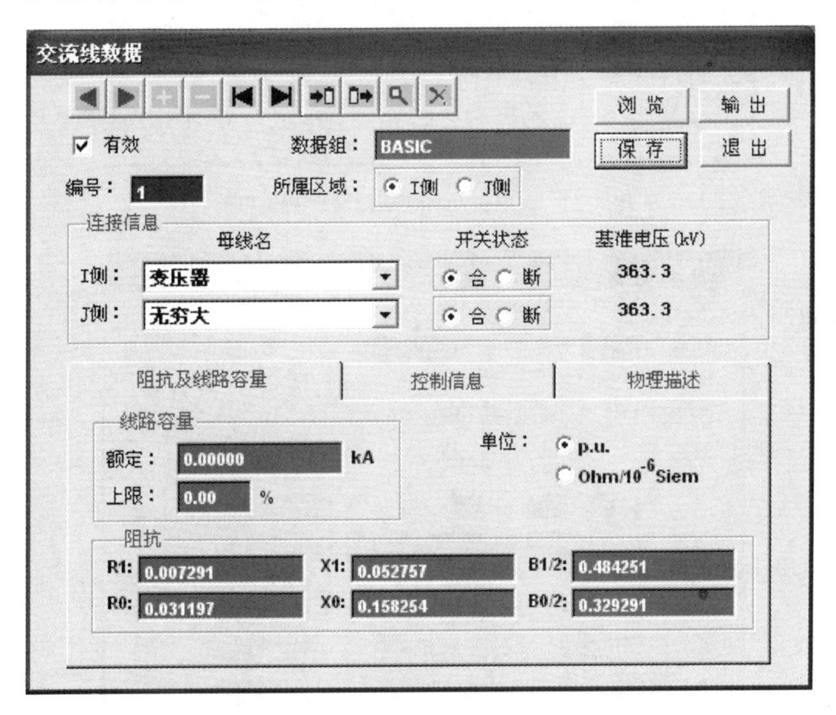

图 2-18 交流线数据输入界面

第 9 步，选择“数据/基础数据库/发电机及其调节器”，发电机各数据输入界面如图 2-19～图 2-23 所示。

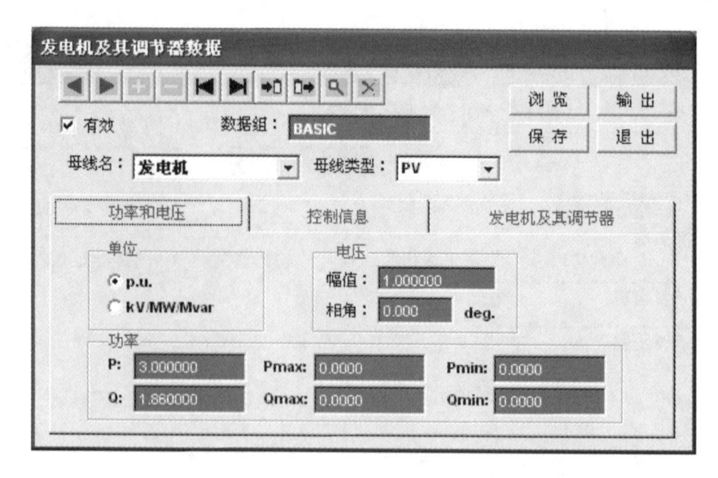

图 2-19 发电机功率和电压数据输入界面

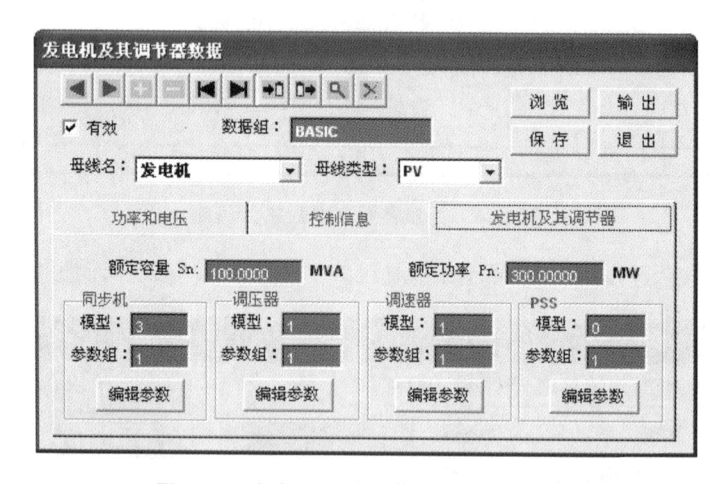

图 2-20 发电机及其调节器数据输入界面

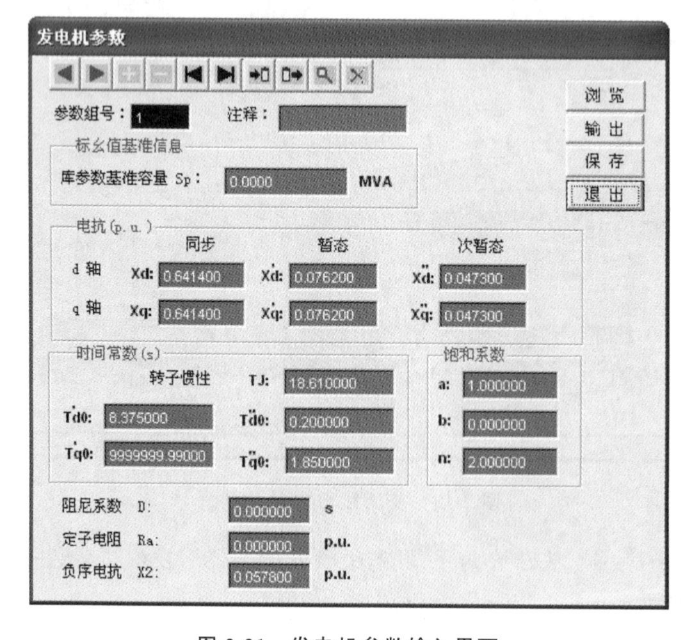

图 2-21 发电机参数输入界面

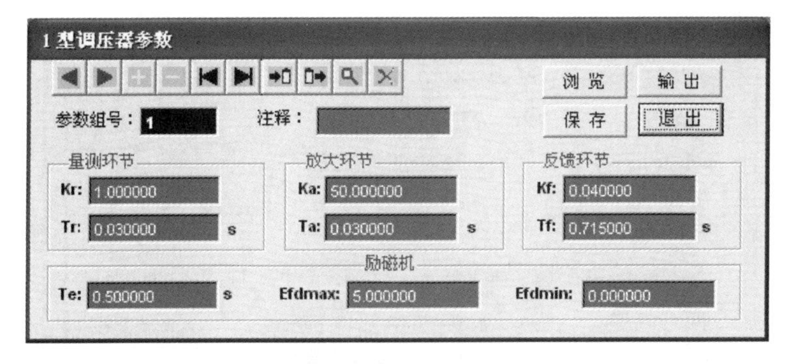

图 2-22 发电机 1 型调压器参数输入界面

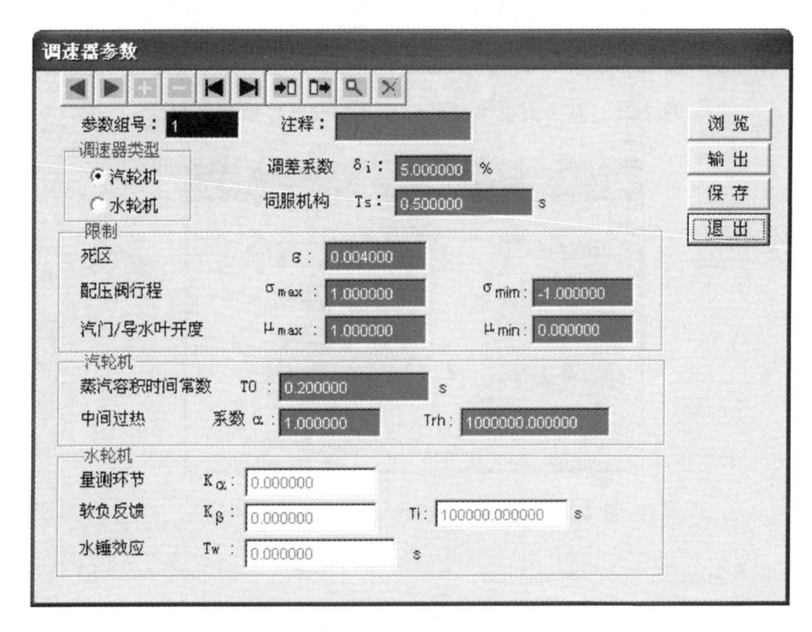

图 2-23 发电机调速器参数输入界面

第 10 步，点击"＋"按钮，新增无穷大机组（无穷大电源），各参数设置如图 2-24～图 2-26 所示。

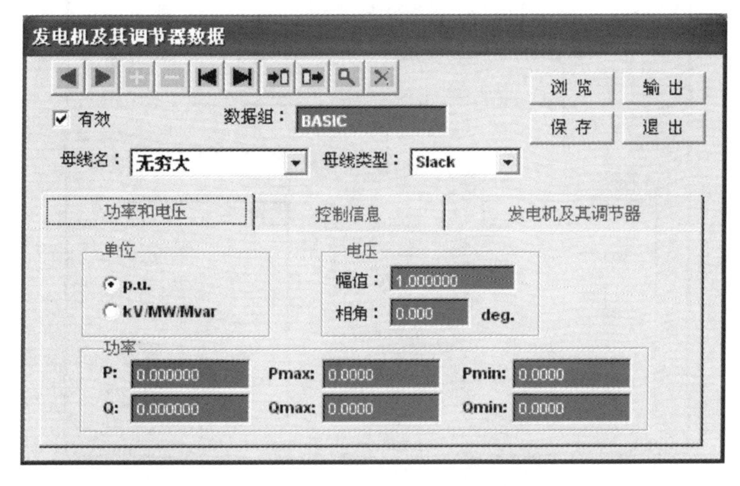

图 2-24 无穷大机组发电机功率和电压数据输入界面

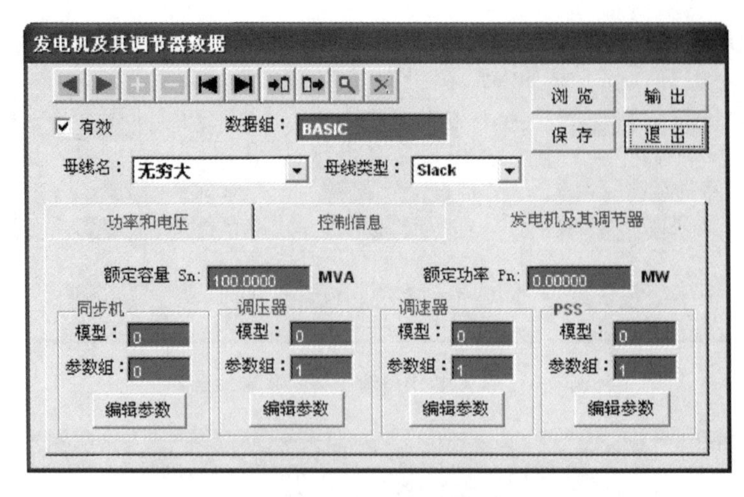

图 2-25　无穷大机组发电机及其调节器数据输入界面

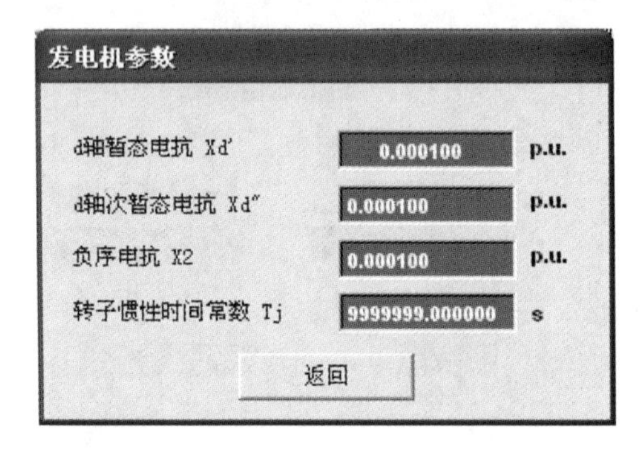

图 2-26　无穷大机组发电机参数输入界面

2. 单机-无穷大系统潮流分析

通过以上步骤即可完成单机-无穷大系统的基础数据录入工作，选择“计算/仿真方案定义”，定义系统的仿真计算方案。计算/仿真方案定义界面如图 2-27 所示。

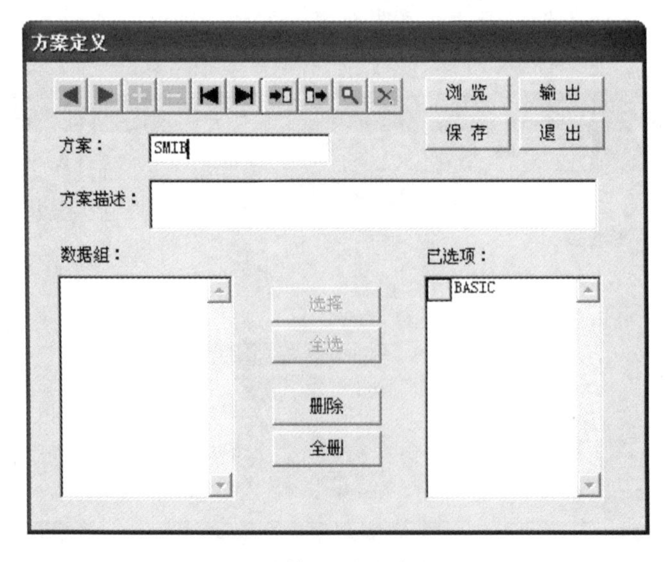

图 2-27　计算/仿真方案定义界面

第 1 步，选择“计算/潮流”，按照图 2-28 所示参数定义潮流计算作业。

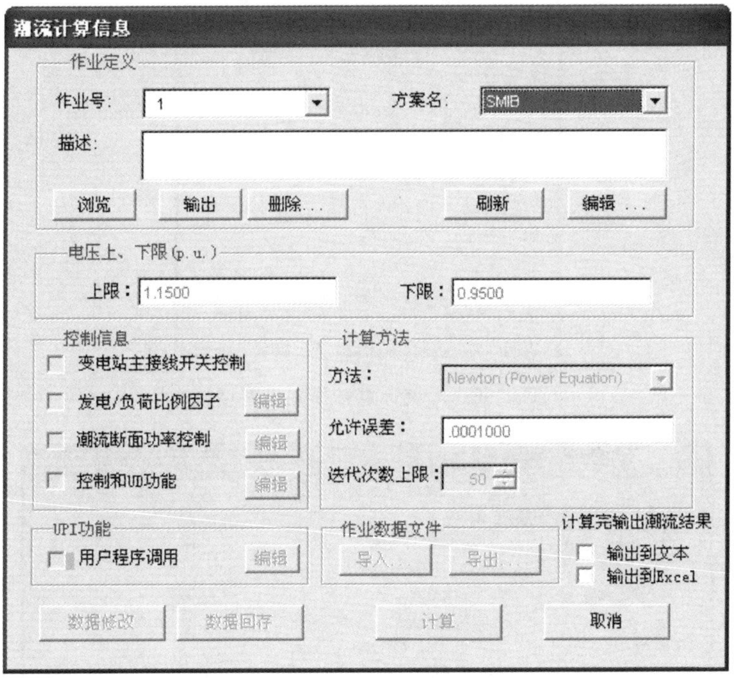

图 2-28 潮流计算信息输入界面

第 2 步，点击“刷新”按钮，刷新潮流数据，点击“编辑”按钮，进行潮流作业编辑，此处潮流作业信息取默认值，不进行任何改动。点击“计算”按钮，进行潮流计算，潮流计算过程提示界面如图 2-29 所示。

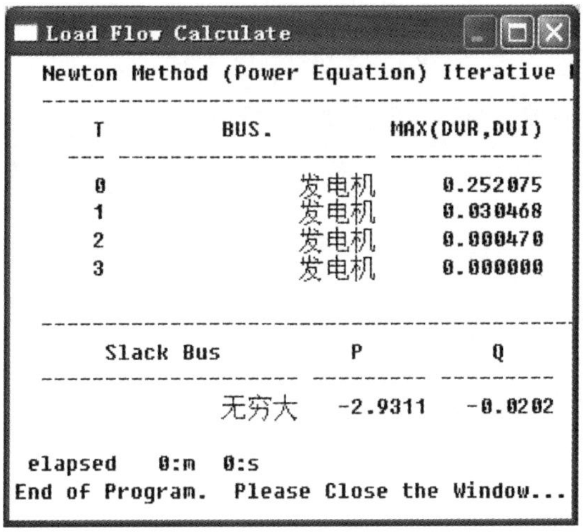

图 2-29 潮流计算过程提示界面

第 3 步，选择“结果/潮流”，弹出潮流计算结果输出对话框，如图 2-30 所示。

第 4 步，选择“报表输出”，弹出报表输出对话框，如图 2-31 所示，选择输出方式为“Excel 报表”。点击界面右下角的“输出”按钮，即可输出如图 2-32 所示的潮流计算结果 Excel 报表。

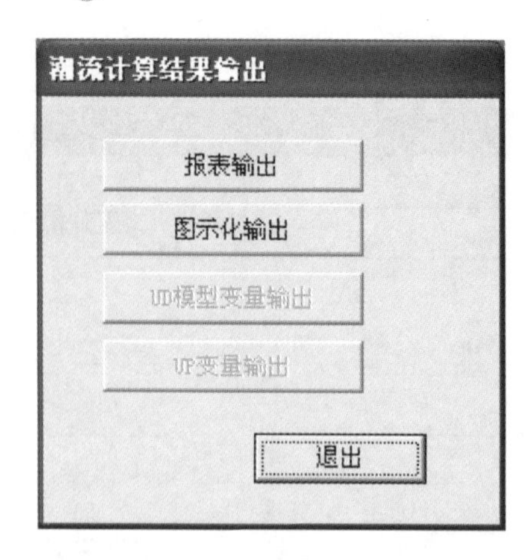

图 2-30　潮流计算结果输出对话框

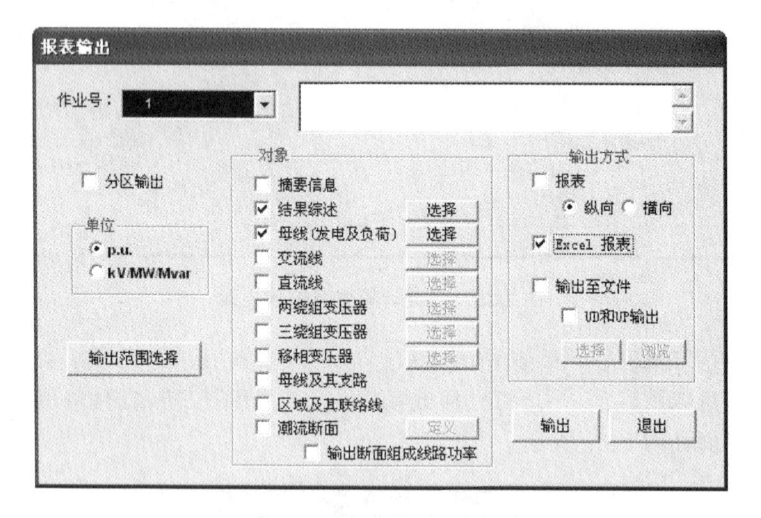

图 2-31　报表输出对话框

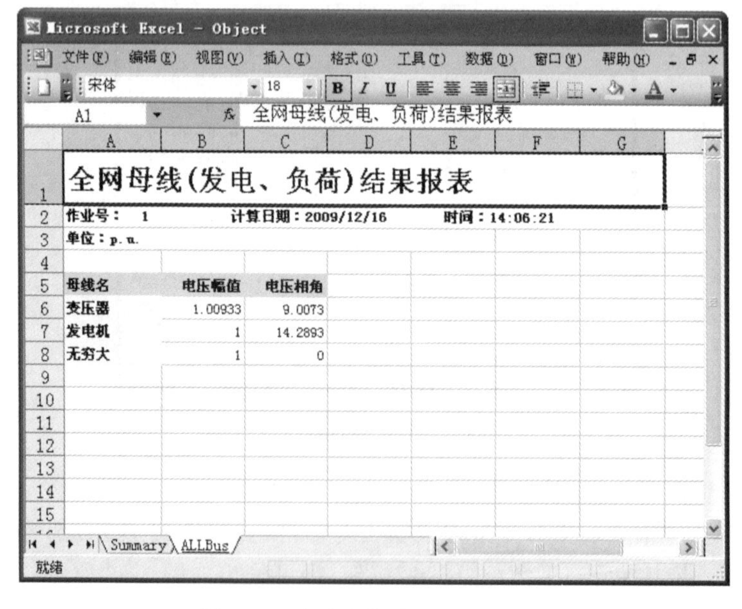

图 2-32　潮流计算结果 Excel 报表

注意，若输出结果为乱码，则应按"Ctrl＋空格键"，切换输入法到中文状态，而后再输出。

第 5 步，选择"计算/暂态稳定"，在弹出的如图 2-33 所示的对话框中依次填入作业号，选择潮流作业并点击"编辑"按钮进一步定义潮流作业。

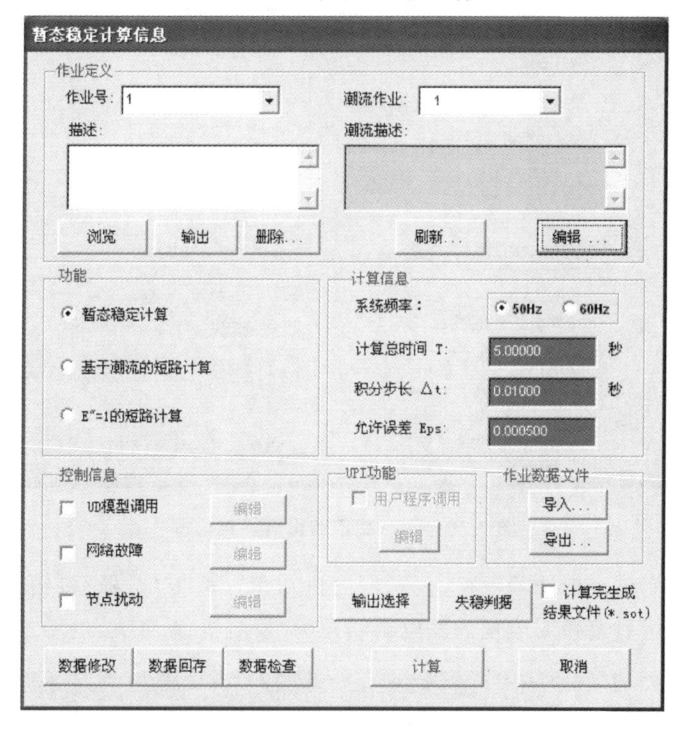

图 2-33 暂态稳定计算信息输入对话框

第 6 步，在暂态稳定计算信息输入对话框，先选中"网络故障"，再点击"编辑"按钮，弹出如图 2-34 所示的对话框，输入短路参数，定义线路中间位置发生瞬时性单相接地故障。

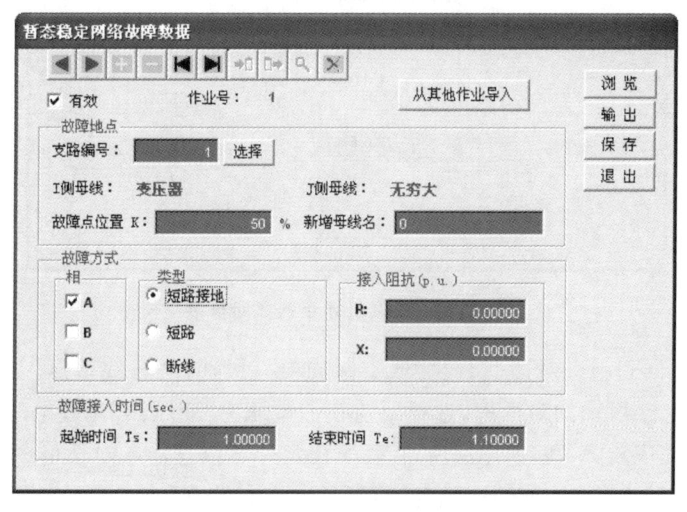

图 2-34 暂态稳定网络故障数据输入对话框

第 7 步，先点击"保存"，再点击"退出"，返回到上级对话框。点击"输出选择"，弹出暂态稳定输出选择对话框，如图 2-35 所示。

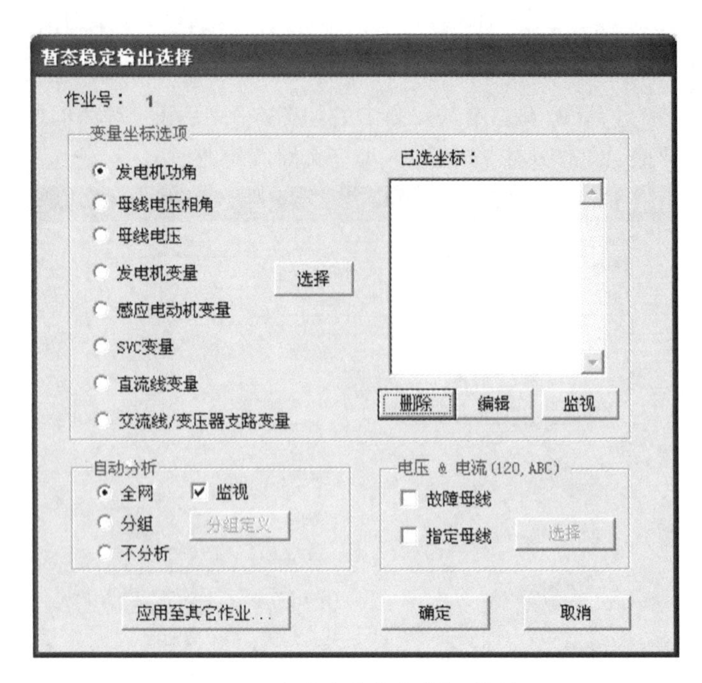

图 2-35　暂态稳定输出选择对话框

第 8 步，在变量坐标选项一栏选择“发电机功角”，再按“选择”按钮，弹出如图 2-36 所示的对话框，然后选择要监视的发电机功角为“发电机-无穷大”的功角。

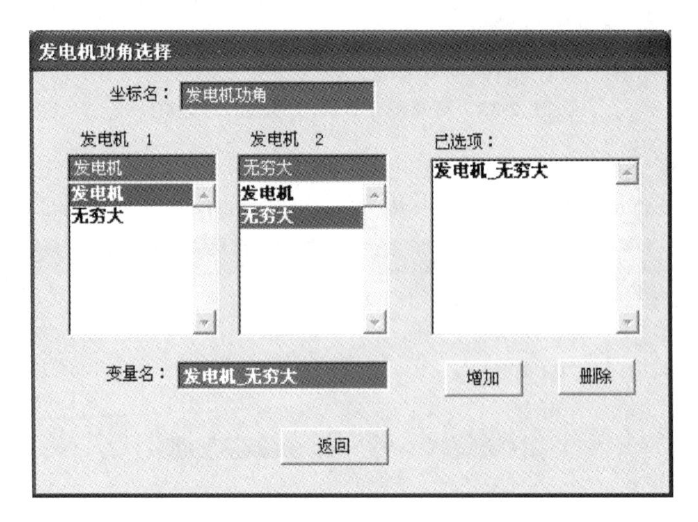

图 2-36　发电机功角选择对话框

第 9 步，返回到上级对话框，在变量坐标选项一栏选择“母线电压”，再按“选择”按钮，弹出如图 2-37 所示的对话框，选择要监视的电压为“变压器”母线电压。

第 10 步，完成故障及输出定义后，在暂态稳定计算信息输入对话框中点击“计算”按钮，开始暂态稳定计算。完成暂态稳定计算后，选择“结果/暂态稳定”，在弹出的如图 2-38 所示界面，选择输出方式后，即可查看暂态稳定计算结果。

第 11 步，在暂态稳定计算结果输出界面，选择“编辑方式输出”，弹出如图 2-39 所示界面。

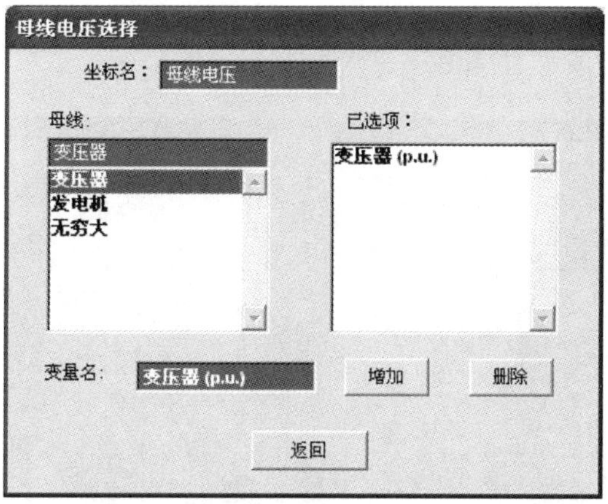

图 2-37 母线电压选择对话框

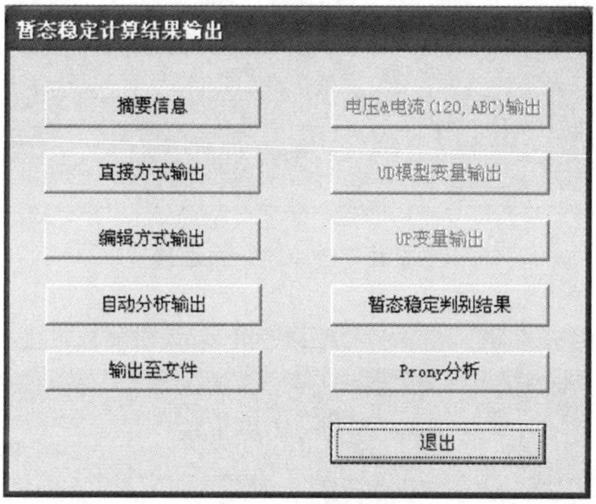

图 2-38 暂态稳定计算结果输出界面

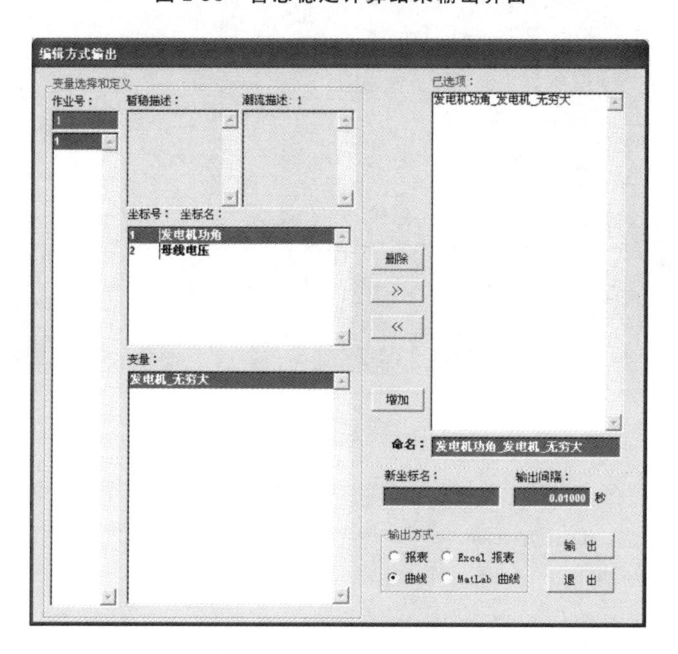

图 2-39 编辑方式输出界面

第 12 步，在编辑方式输出界面点击“输出”按钮，依次输出发电机功角曲线及母线电压波形曲线，分别如图 2-40 和图 2-41 所示。

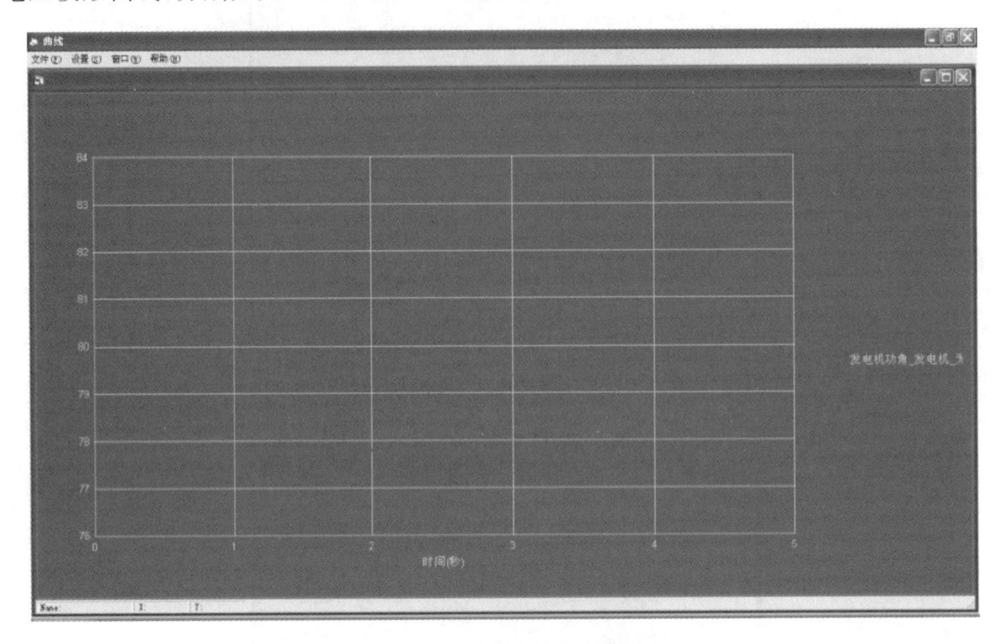

图 2-40 发电机功角曲线

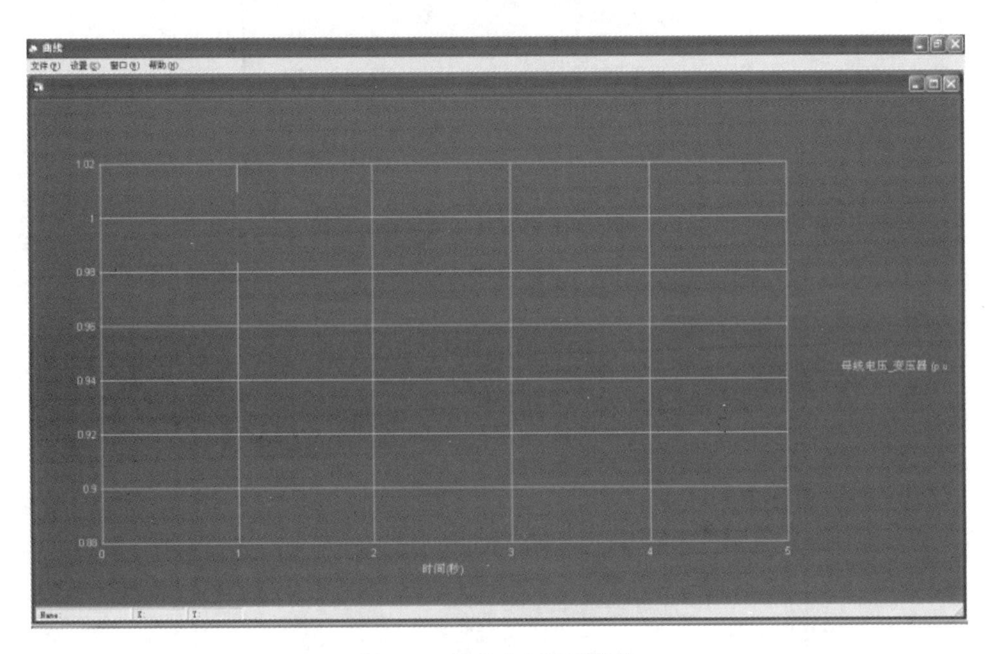

图 2-41 母线电压波形曲线

暂态稳定计算结果也可以以“Excel 报表”或“Matlab 曲线”方式进行输出，便于图形进一步分析处理。编辑方式输出选择界面如图 2-42 所示。发电机功角 Matlab 曲线格式输出如图 2-43 所示。

以上操作过程介绍较粗略，详细操作步骤及仿真方法请参见 PSASP 的帮助文档“基础数据库用户手册”“暂态稳定计算手册”等。

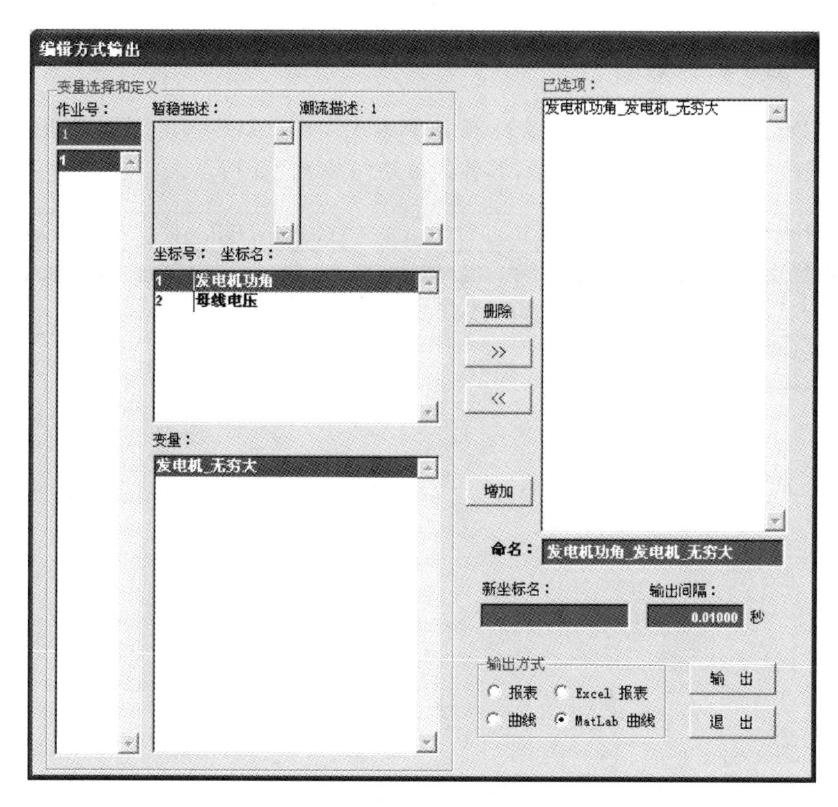

图 2-42 编辑方式输出选择界面

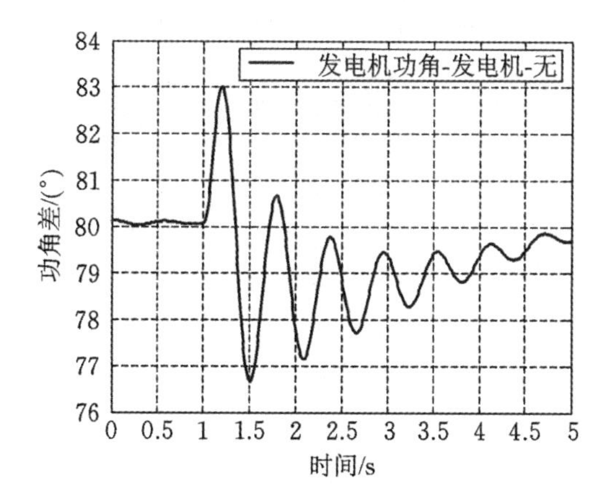

图 2-43 发电机功角 Matlab 曲线格式输出

2.3 PSCAD 数字仿真实验

本节将通过介绍一单机-无穷大系统建模仿真过程，详细说明 PSCAD/EMTDC 软件的基本操作和使用方法。学生将通过具体算例熟悉 PSCAD/EMTDC 软件的仿真环境，学习常用窗口的功能和使用方法，了解 PSCAD 元件库中常用的基本元件的功能，掌握元件参数的设置方法。学会使用 PSCAD/EMTDC 软件对电力系统进行建模并能进行仿真实验和数据分析。

2.3.1 PSCAD 软件概述

EMTDC 是享誉世界的电磁暂态计算程序，PSCAD 是其图形化用户界面。PSCAD 程序主界面如图 2-44 所示，其各区域功能如表 2-1 所示。

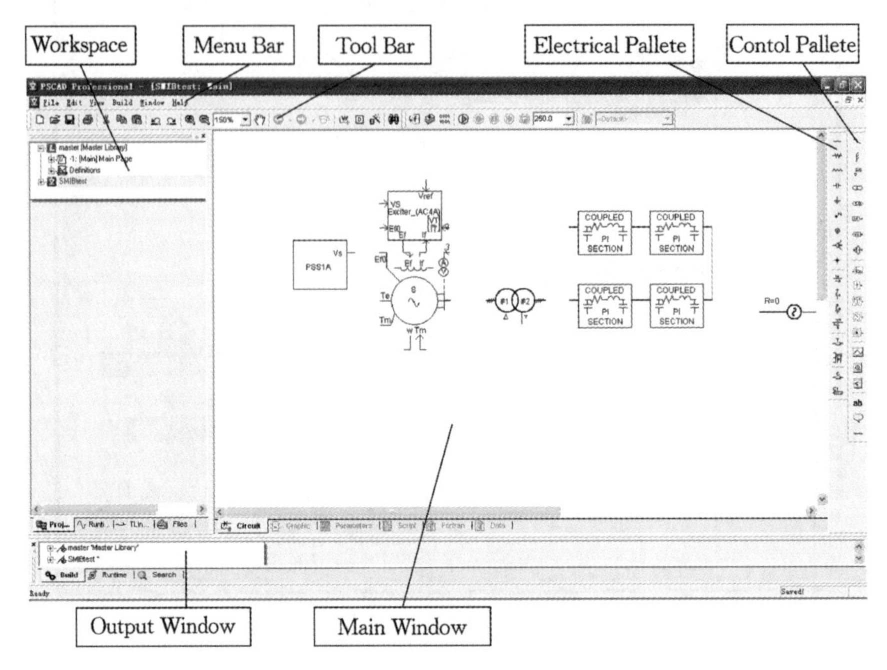

图 2-44 PSCAD 程序主界面

表 2-1 PSCAD 程序主界面各区域功能

区　　域	功　　能
Workspace	用于显示打开的工程，可以在 Definitions 选项中复制、粘贴子模块等
Output Window	输出窗口，可以用该窗口输出的错误提示调试算例，红色小旗为出错提示
Main Window	主工作窗口
Electrical Pallete	电气元件面板，其上放置了一些常用的电气元件，更多的元件需到 Master Library 中获取
Control Pallete	控制元件面板，其上放置了一些常用的控制元件，更多的元件需到 Master Library 中获取

2.3.2 电力系统 PSCAD 建模仿真实验

1. 单机-无穷大系统建模

实验中的单机-无穷大算例是以华中科技大学动模实验室发电机、变压器、输电线路等元件为原型，其中发电机为动模实验室的 2 号机组，控制系统包含励磁调节器及电力系统稳定器，没有考虑原动机及调速系统。输电线路为双回输电线，采用 PI 型集中参数元件模型。无穷大电源内阻抗为零，没有考虑无穷大电源的短路容量。算例工作时序和仿真算例模型主接线图分别如图 2-45 和图 2-46 所示。

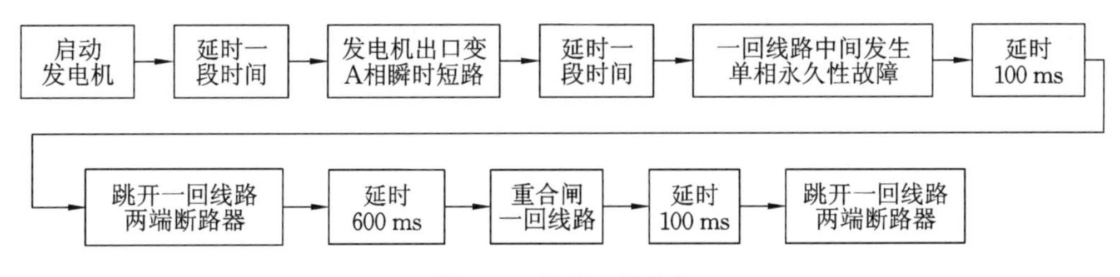

图 2-45 算例工作时序

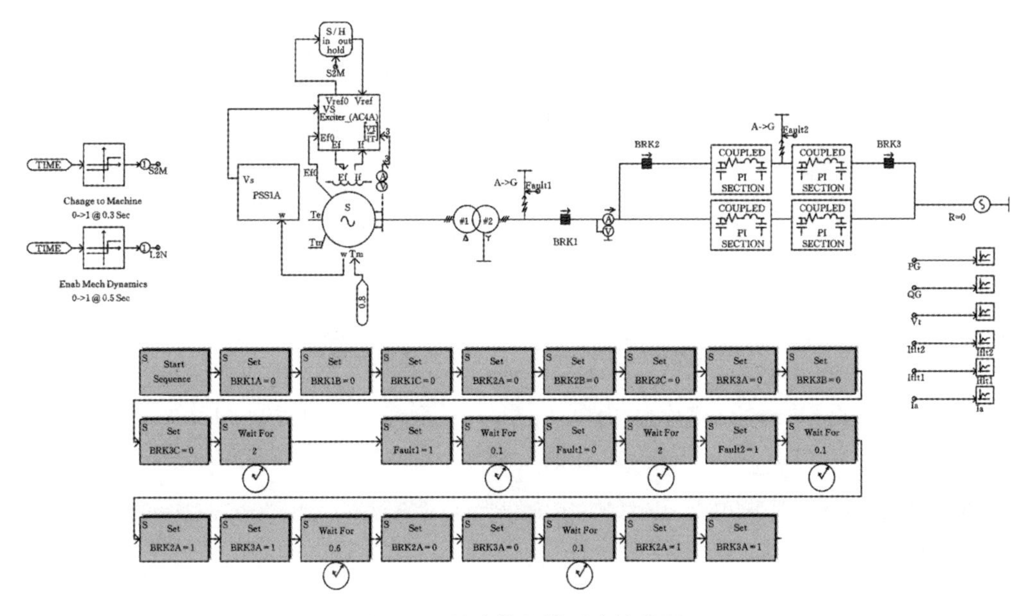

图 2-46 仿真算例模型主接线图

1) 发电机系统模型及参数设置

发电机系统包含发电机、励磁系统、调速系统三大部分。电力系统稳定器是通过励磁调节器实现的，可以归并为励磁系统。由于发电机调速系统响应时间较慢，而电磁暂态仿真所关注的系统动态特性较调速系统而言要快得多，故电磁暂态仿真中可以不考虑调速系统的作用。在 EMTDC 中发电机的启动分以下三阶段进行。

第一阶段，发电机以电压源模拟，电压源的幅值和相角与用户初始输入的发电机机端电压值和相角相同。此时 EMTDC 求解整个电气网络方程，使电气网络达到稳态。

第二阶段，经过迭代求解，待电气网络达到稳态后，发电机被建模为只含发电机电气量动态过程、不含机械动态过程的模型。

第三阶段，经过迭代求解，待发电机电气量达稳态后，发电机将被建模为考虑了电气动态过程及机械动态过程的完整模型。

发电机状态切换电路需要单独搭建，可以在发电机参数输入面板设置发电机状态切换时间。

(1) 发电机元件模型的建立。

按如下步骤建立包含励磁 Excter 及电力系统稳定器 PSS 的发电机系统模型。

第 1 步，点击工具栏的“🗋”按钮，新建一个工程，并命名为“SMIBtest”。

第 2 步，双击程序左上角的“master”库工程，打开模型库，界面如图 2-47 所示。

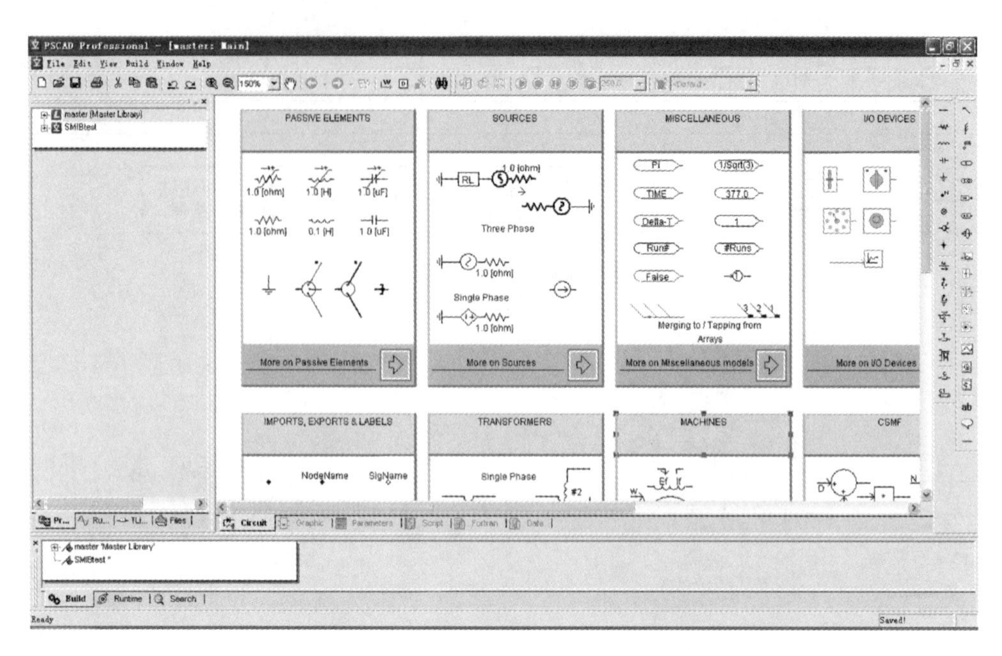

图 2-47 “Master Library”元件库界面

第 3 步，双击“master”库中的“Machines”子库界面上的“More on Rotating Machines”，进入“Machines”子库，如图 2-48 所示。

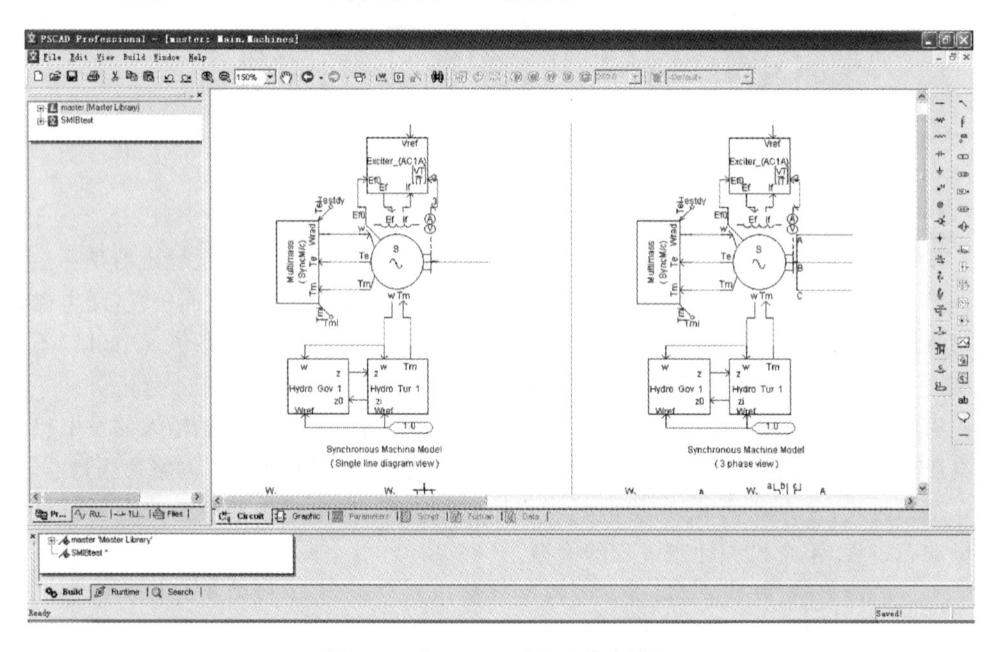

图 2-48 “Machines”子元件库界面

第 4 步，按“Ctrl”键依次点击选中励磁调节器、发电机、电力系统稳定器等元件，或者拖虚框选中这几个元件并按“Ctrl＋C”拷贝这些元件。

第 5 步，双击“SMIBtest”图标，在打开的“SMIBtest”主画布空白处按“Ctrl＋V”将元件粘贴到新工程中，完成以上各步后，“SMIBtest”界面如图 2-49 所示。单击右边元件工具栏中的导线，移动到编辑区域中，将各元件按照图 2-46 所示的主接线进行连接。

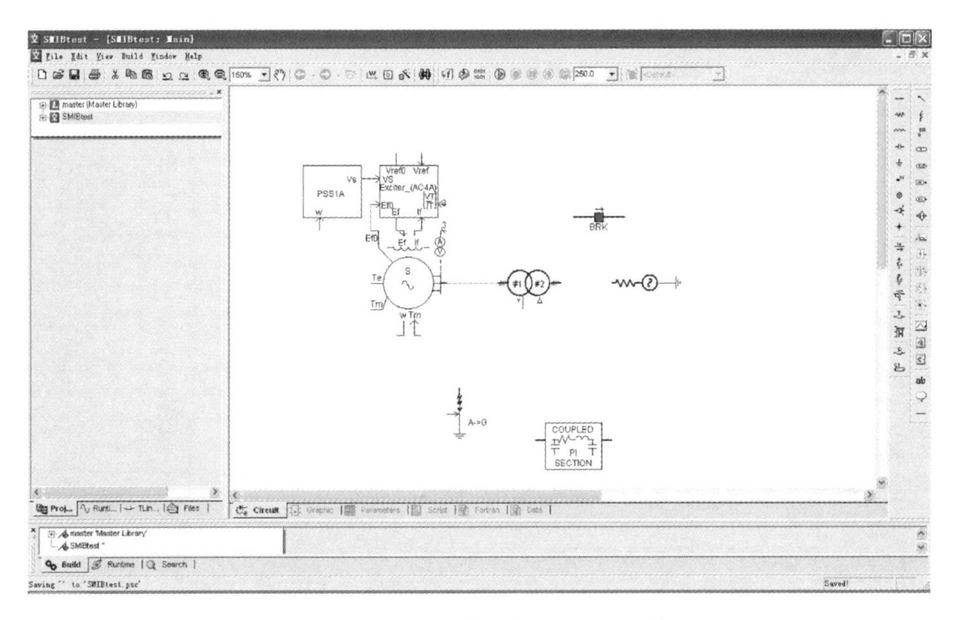

图 2-49 放置了元件后的“SMIBtest”界面

第 6 步，从“Master Library”的“MISCELLANEOUS”子库中选择“TIME”元件及数据类型转换元件，用于发电机模型切换控制逻辑电路的搭建，如图 2-50 所示。

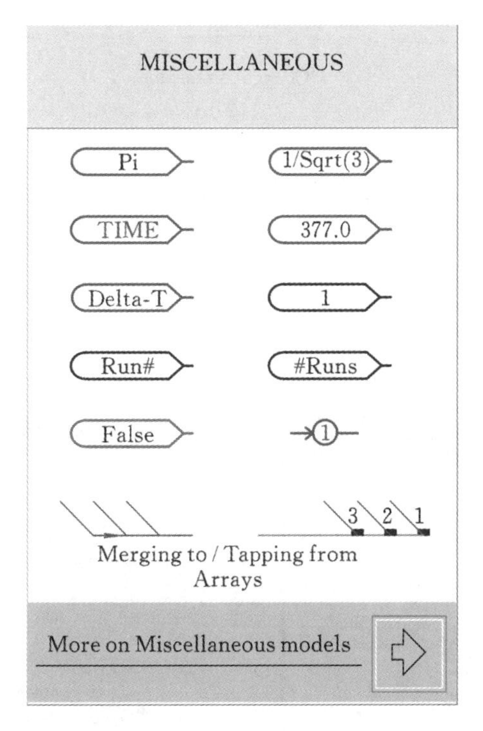

图 2-50 “TIME”元件及数据类型转换元件位置图

第 7 步，从“CSMF”子库中选择“Single Input Comparator”元件，该元件位置图如图 2-51 所示。将“Single Input Comparator”元件与“TIME”元件一起搭建如图 2-52 所示的发电机状态切换模块电路，再按照图 2-53 设置“Single Input Comparator”元件的参数，并将其输出接名称为“S2M”及“L2N”的 Data label，以控制发电机状态切换时间。

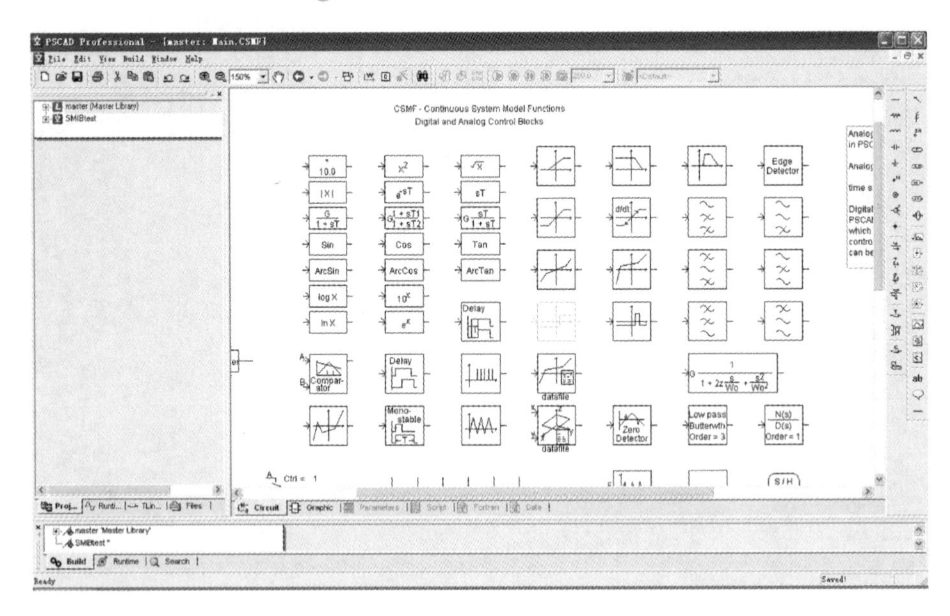

图 2-51 “Single Input Comparator”元件位置图

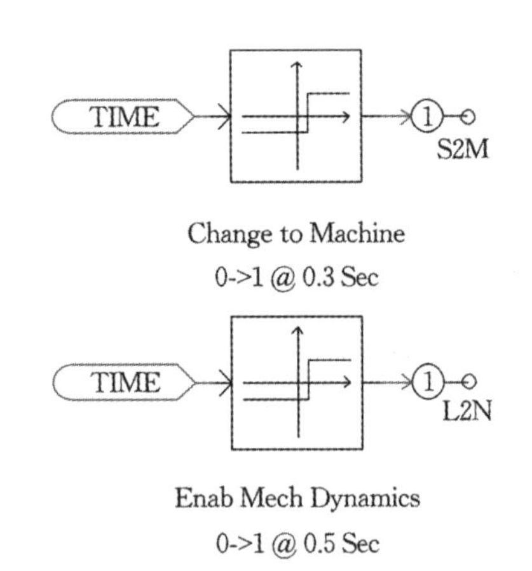

图 2-52 发电机状态切换控制模块电路

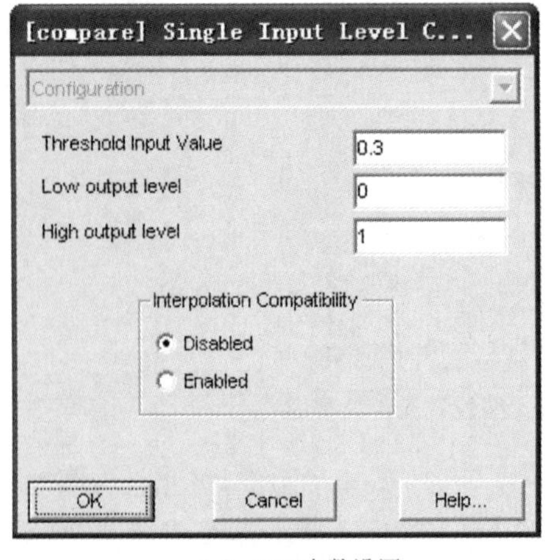

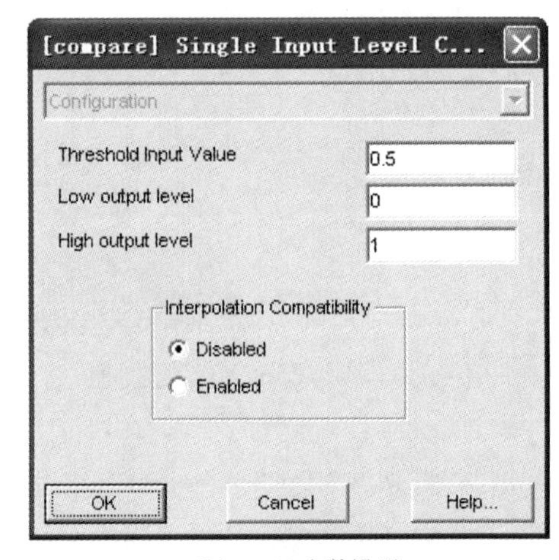

（a）S2M参数设置　　　　（b）L2N 参数设置

图 2-53 发电机状态切换控制参数设置

（2）发电机参数设置。

算例中的发电机是以动模实验室的 2 号机组为原型，发电机参数如表 2-2 所示，发电机参数设置如图 2-54 所示，图中未显示的参数取默认值。

表 2-2 发电机参数

参数名	数值	备注
U_{pN}	0.133 kV	额定相电压
I_N	0.03765 kA	额定电流
ω_N	314.15926 rad/s	额定角速度
T_j	3.51 s	惯性时间常数
T_a	0.125 s	定子绕组时间常数
X_p	0.113 p.u.	保梯电抗
X_d	0.56 p.u.	—
X'_d	0.132 p.u.	—
T'_{d0}	1.3323 s	—
X''_d	0.113 p.u.	—
T''_{d0}	0.045 s	—
X_q	0.4 p.u.	—
X''_q	0.135 p.u.	—
T''_{q0}	0.034 s	—
气隙常数	0.2982	—
V_{t0}	1.01 p.u.	电压初始幅值
ϕ_0	0.81389 rad	电压初始相角

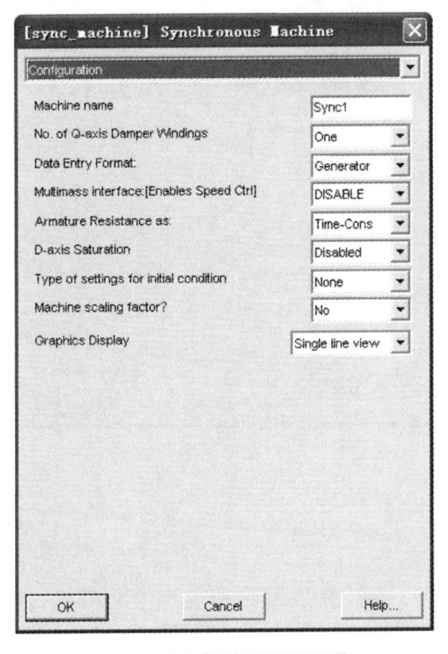

（a）发电机模型配置设置

（b）发电机状态切换设置

图 2-54 发电机参数设置

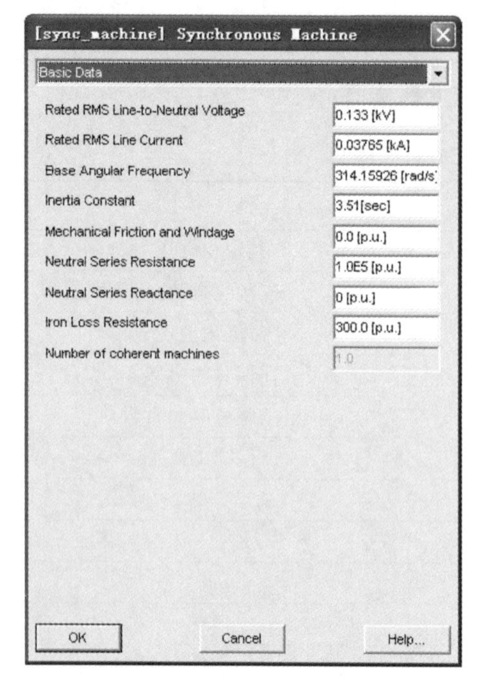

（c）发电机基本电气参数设置

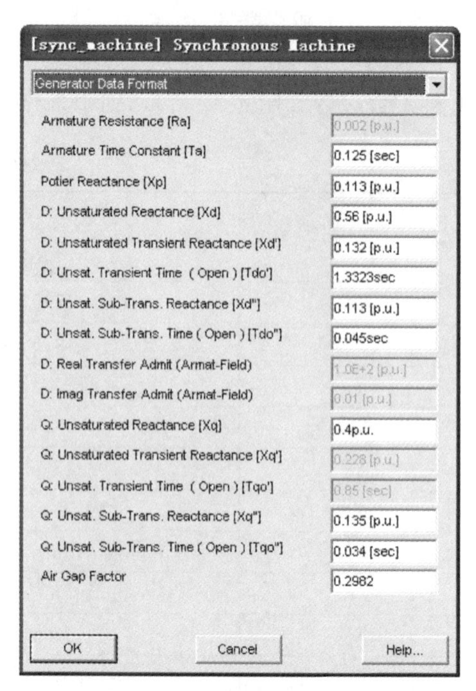

（d）发电机等值电路参数设置

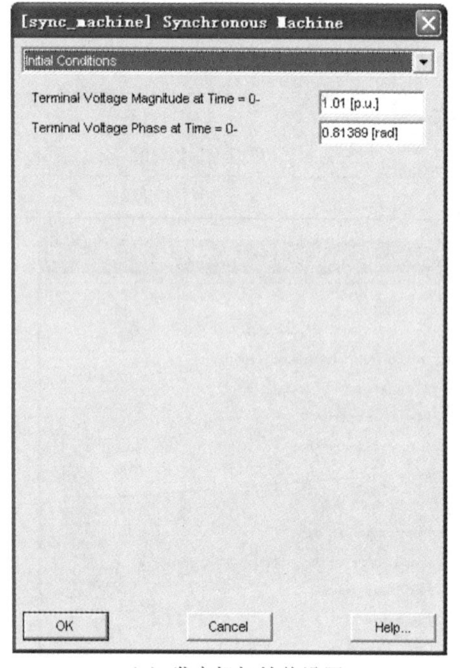

（e）发电机初始值设置

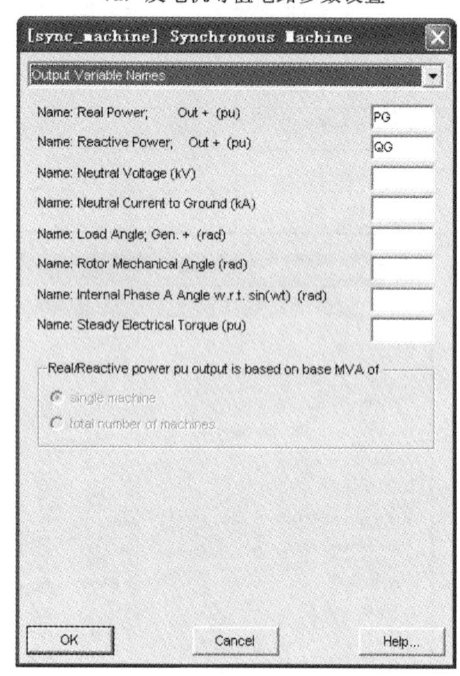

（f）发电机输出设置

续图 2-54

（3）励磁调节器参数设置。

算例中励磁调节器采用 AC4A 型励磁调节器，励磁调节器参数如表 2-3 所示，励磁调节器模型配置及参数设置如图 2-55 所示。

表 2-3　励磁调节器参数

参　数　名	数　　值
模型类型	AC4A
R_c	0
X_c	0
T_R	0
是否含 PSS	是
V_{IMAX}	10 p. u.
V_{IMIN}	−10 p. u.
KA	200
TC	1 s
TB	10 s
是否考虑低励限制	否
TA	0.015 s
V_{RMAX}	5.64 p. u.
V_{RMIN}	−4.53 p. u.
K_C	0

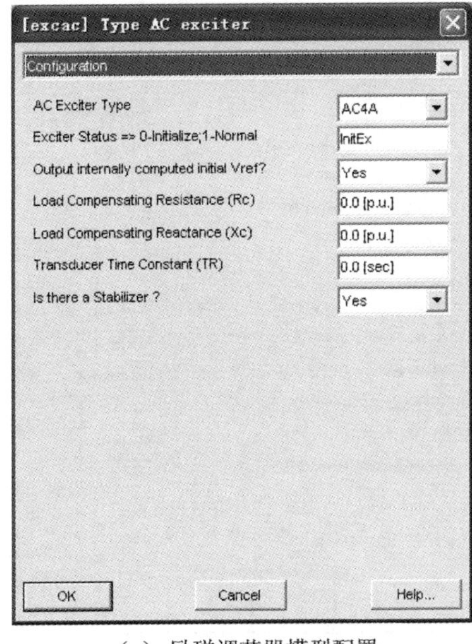

（a）励磁调节器模型配置

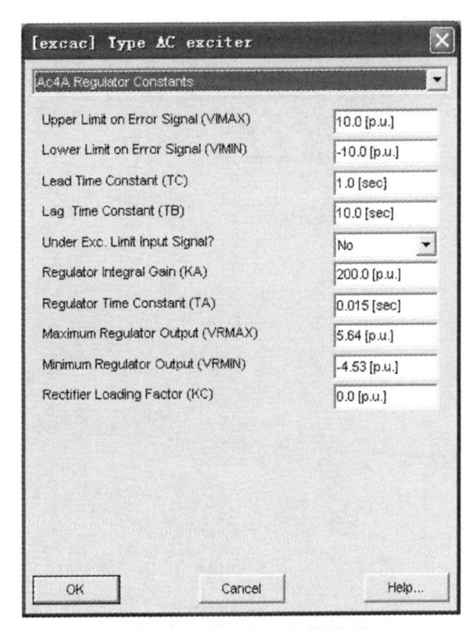

（b）励磁调节器参数设置

图 2-55　励磁调节器模型配置及参数设置

（4）PSS 参数设置。

算例中 PSS 采用 PSS1A 型励磁调节器，PSS 模型参数如表 2-4 所示，PSS 模型配置及参数设置如图 2-56 所示。

表 2-4 PSS 模型参数

参 数 名	数 值
模型类型	PSS1A
Input Signal	Speed
T_6	0
K_s	9.5 p.u.
T_5	1.41 s
A_1	0
A_2	0
T_1	0
T_2	0
T_3	0.154 s
T_4	0.033 s
V_{STMAX}	0.2 p.u.
V_{STMIN}	−0.2 p.u.

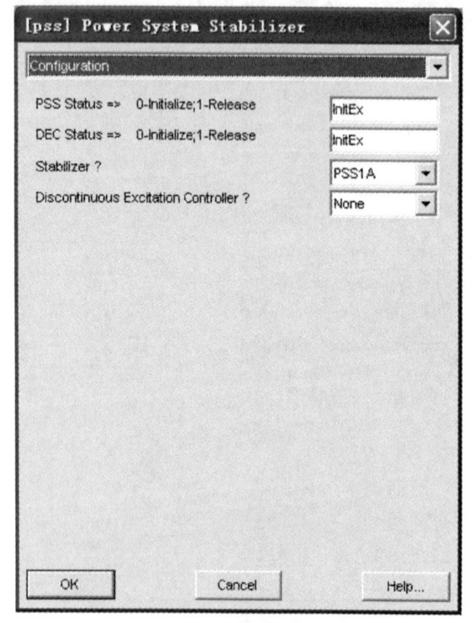

（a）模型配置

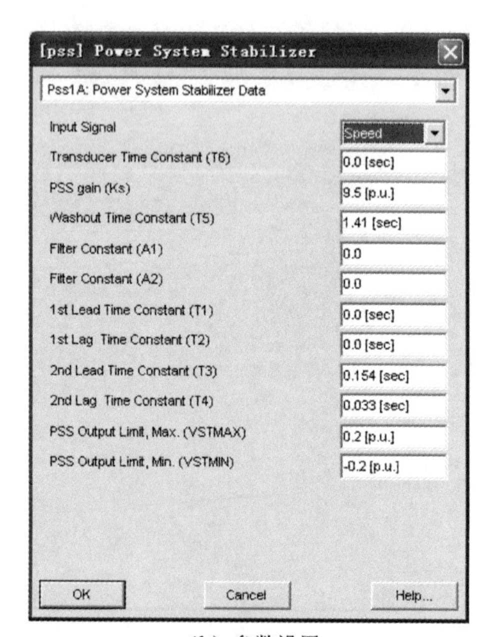

（b）参数设置

图 2-56 PSS 模型配置及参数设置

2）变压器模型及参数设置

变压器采用理想变压器模型，高压侧额定电压 0.21 kV，低压侧额定电压 0.8 kV，变压器模型参数如表 2-5 所示。变压器模型元件在 Master Library 中的位置如图 2-57 所示，变压器参数设置如图 2-58 所示。

表 2-5　变压器模型参数

参数名	数值	备注
变压器额定容量 S_N	0.015 MV·A	—
额定频率 f	50 Hz	—
低压侧绕组接线方式	三角形接线	三角形超前 Y 形接线 30°
高压侧绕组接线方式	Y 形接线	—
X_k	0.1171875 p.u.	—
空载损耗	0	理想变压器模型
铜耗	0	理想变压器模型
高压侧额定电压	0.21 kV	—
低压侧额定电压	0.8 kV	—

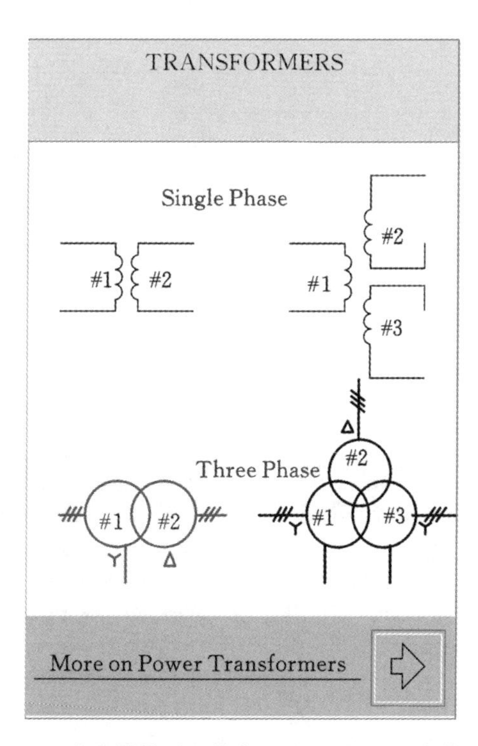

图 2-57　变压器模型元件在 Master Library 中的位置

3）输电线路模型及参数设置

输电线路采用简单的 PI 形等值电路。每 200 km 用一个 PI 型等值电路模拟。由于动模线路没有模拟线路充电电容，PSCAD 建模不考虑充电电容的影响。输电线路模型参数如表 2-6 所示，输电线路模型配置及参数设置如图 2-59 所示。

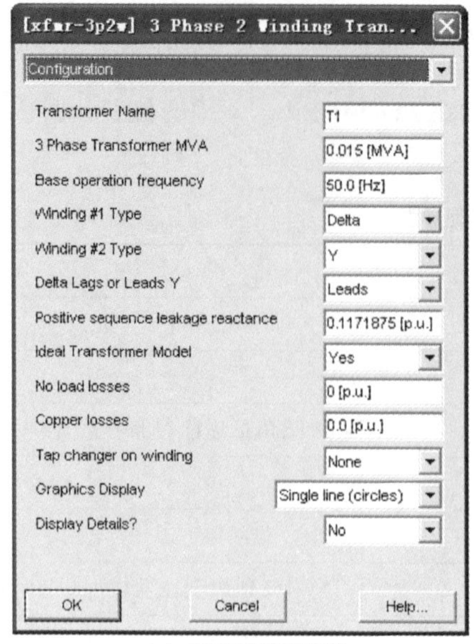

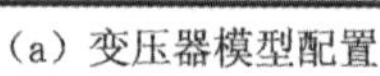
(a) 变压器模型配置

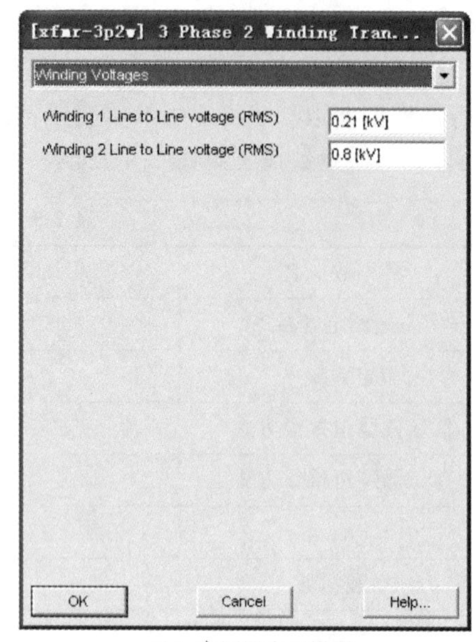

(b) 变压器电压设置

图 2-58　变压器参数设置

表 2-6　输电线路模型参数

参数名称	数　　值
长度	200 km
工作频率	50 Hz
长度	2E5 m
r_1	0.0042e-3 ohm/m
x_1	0.0569e-3 ohm/m
x_{c1}	9e20 Mohm* m
r_0	0.0473e-3 ohm/m
x_0	0.1650e-3 ohm/m
x_{c0}	9e20 Mohm* m

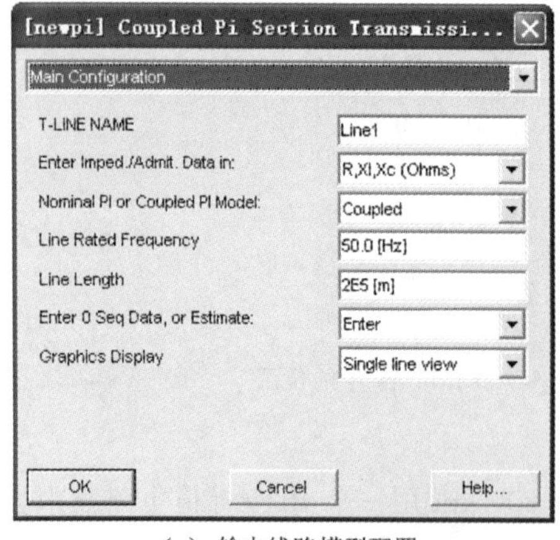

(a) 输电线路模型配置

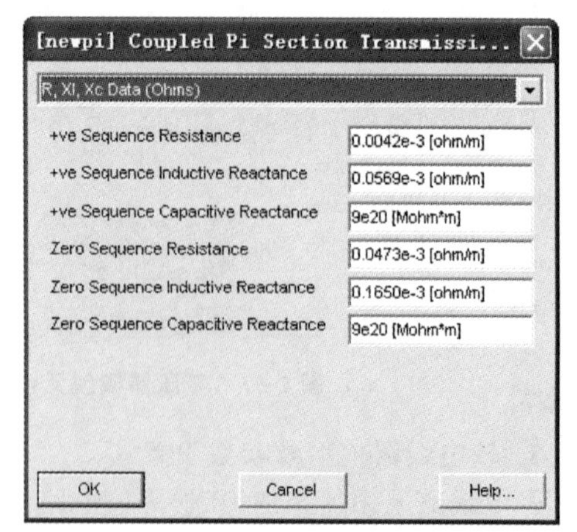

(b) 输电线路参数设置

图 2-59　输电线路模型配置及参数设置

4）无穷大电源模型及参数设置

该算例中无穷大电源采用了理想无穷大电源模型，其额定电压为 0.8 kV，工作频率为 50 Hz，初始相角为 0°。无穷大电源模型配置及参数设置如图 2-60 所示。

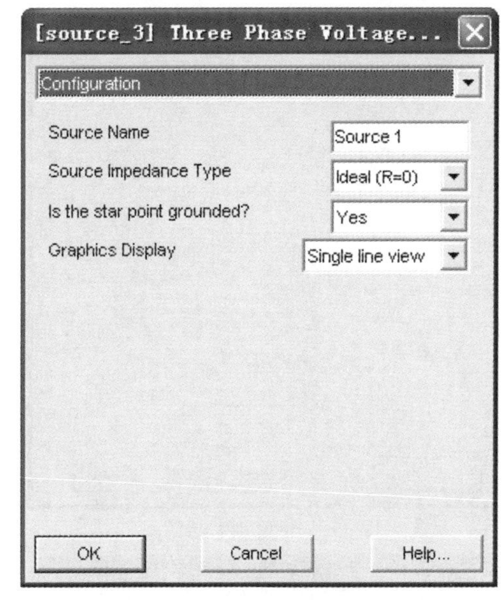

（a）无穷大电源模型配置

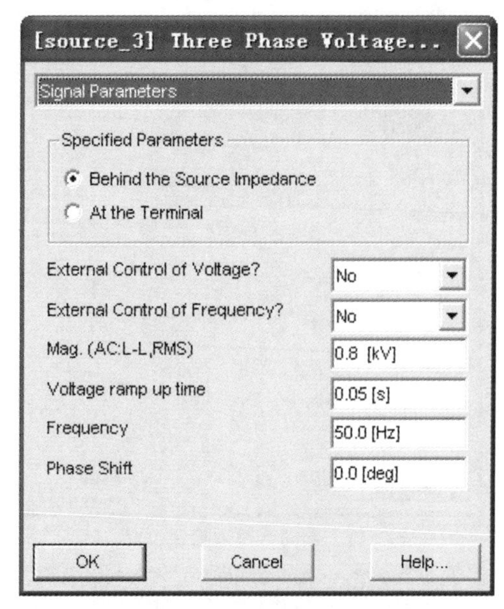

（b）无穷大电源参数设置

图 2-60　无穷大电源模型配置及参数设置

5）断路器模型及参数设置

算例中共设置了三组断路器，分别位于发电机出口、变高压侧及其中一回输电线的两端。断路器可整组操作或分相操作，如需进行分相跳/合闸，需提前设置分相断路器的每一相的名称，便于区别及分相控制。设置好断路器名称后，如将断路器名赋值为 0，则断路器初始状态为闭合状态；如将断路器名赋值为 1，则断路器初始状态为断开状态。实验时断路器分闸和合闸时序逻辑可参考图 2-45 和图 2-46。算例中断路器采用理想的断路器模型，可以断开任意大电流，导通电阻为零。断路器模型参数设置如图 2-61 所示。

6）短路故障模型及参数设置

算例中共设置了两个故障点，分别位于发电机出口变高压侧母线及其中一回输电线的中间。故障类型为单相短路接地，接地电阻取默认值 0.01 Ω。两个故障分别命名 Fault1 及 Fault2，将 Fault1、Fault2 赋值为 1，则施加故障；赋值为 0，则撤消故障。其时序可参考图 2-45 和图 2-46。实验中需要监视故障点的短路电流，断路器参数设置如图 2-62 所示。

7）测量元件模型及参数配置

单击“Electrical Pallete”面板中的“ ”图标，选中“Multimeter”元件并按图 2-46 所示位置将其串联到线路中。在“Multimeter”元件参数配置对话框中可以选择需要观测的变量，如电流瞬时值、电压瞬时值、有功功率、无功功率等。本算例中需要监视变压器高压侧电压有效值及 A 相线路电流的瞬时值。测量元件配置如图 2-63 所示。

特别要注意的是，如果使用单独电流表元件测量导线中的电流，千万不要将电流表符号中线段与导线重叠，而应该将这个线段两端与导线相串联。电压表和电流表使用的单位分别为 kV 和 kA，且数值不能直接显示，需要和其他元件配合。

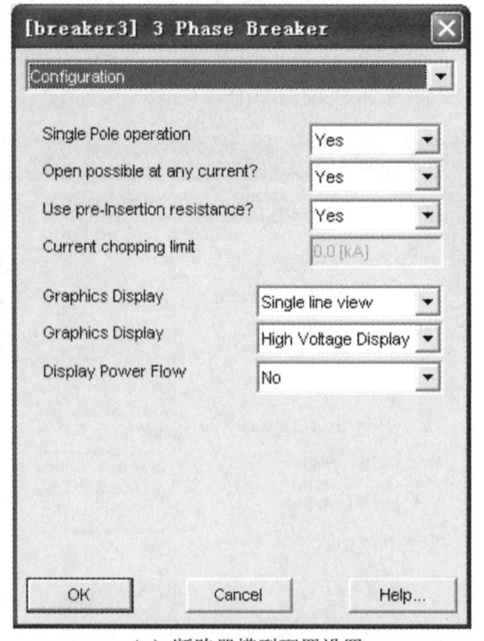

(a) 断路器模型配置设置

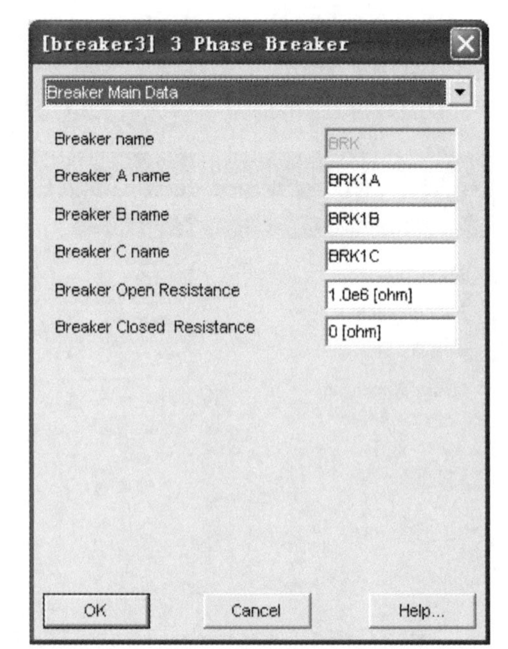

(b) BRK1参数设置

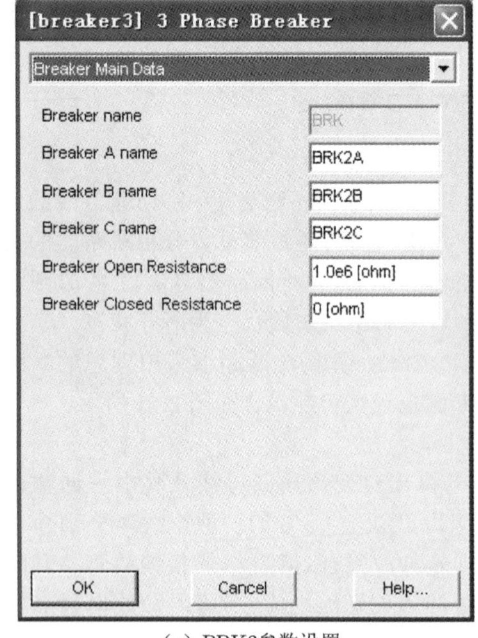

(c) BRK2参数设置

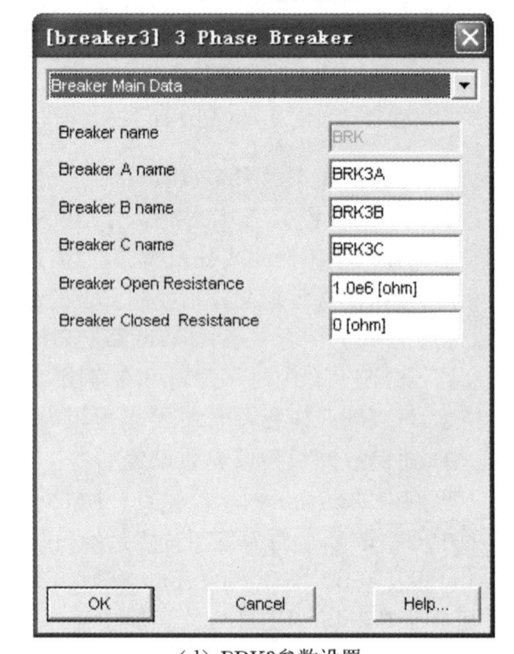

(d) BRK3参数设置

图 2-61 断路器模型参数设置

2. 单机-无穷大系统短路故障分析

单机-无穷大系统模型搭建完毕后，就可以设置工程仿真运行环境，进行系统仿真实验。实验内容有两部分：一是仿真发电机出口母线发生单相瞬时性故障时的系统暂态过程；二是仿真线路中间发生单相永久性故障，线路保护重合又加速跳的系统暂态过程。由于仿真元件模型参数是基于动模元件参数设置，仿真结果可以与实际动模实验结果进行比较分析。

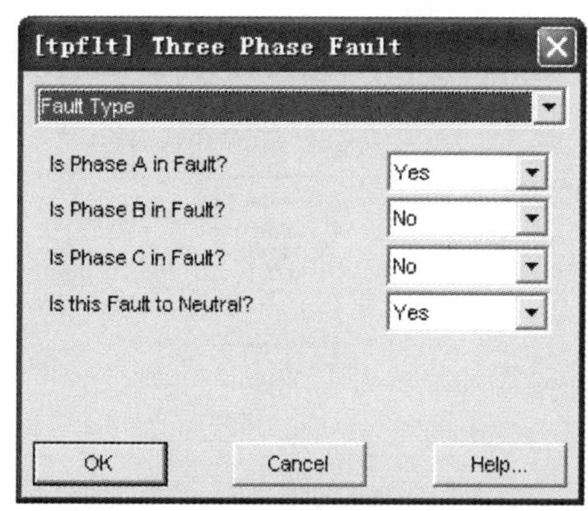

（a）Fault1参数设置

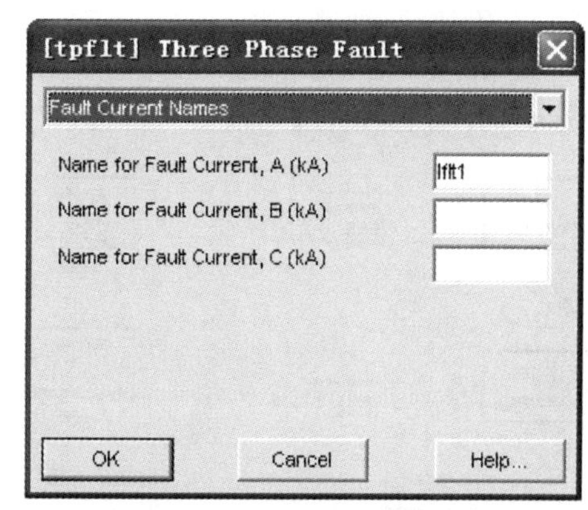

（b）Fault1输出设置

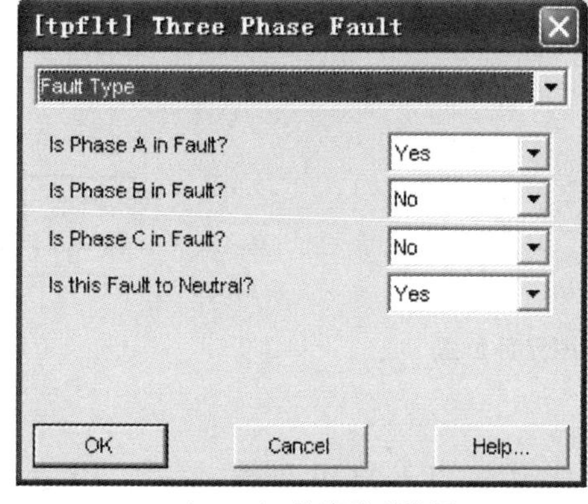

（c）Fault2故障类型设置

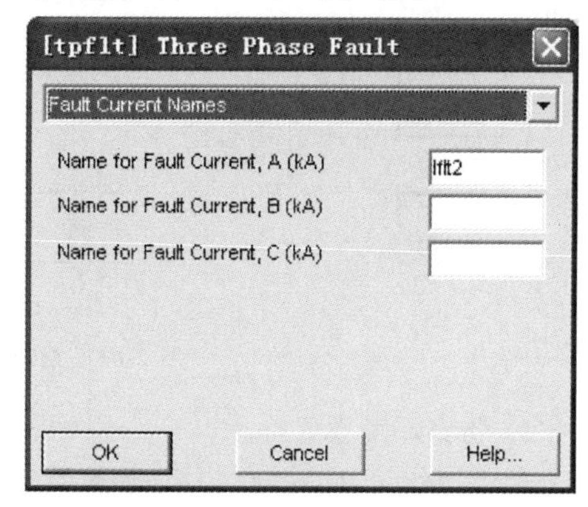

（d）Fault2输出设置

图 2-62 断路器参数设置

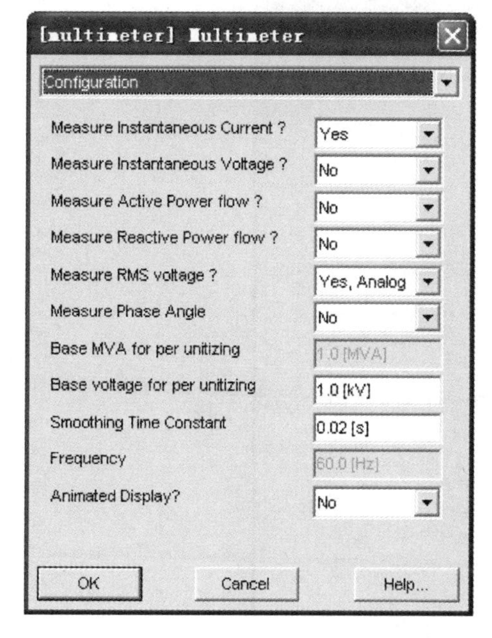

图 2-63 测量元件配置

1）仿真时序设置

从 Master Library 的 SEQUENCES 子库中选择时序元件，按图 2-64 所示设置系统运行时序元件位置。

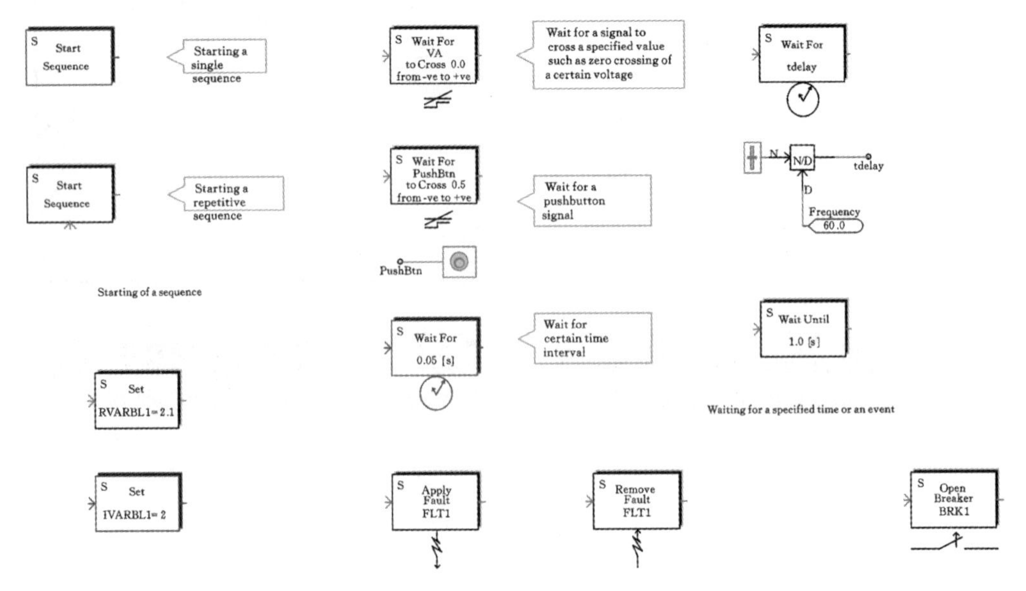

图 2-64 系统运行时序元件位置

2）仿真环境设置

上述操作完成后，在搭建好的算例画布任意空白处点击右键，选择“Project Setting”，弹出如图 2-65 所示仿真环境设置对话框。在“RunTime”选项页可以设置仿真时长 8 s，仿真步长 50 μs，仿真结果输出步长 200 μs，其余参数采用默认设置。

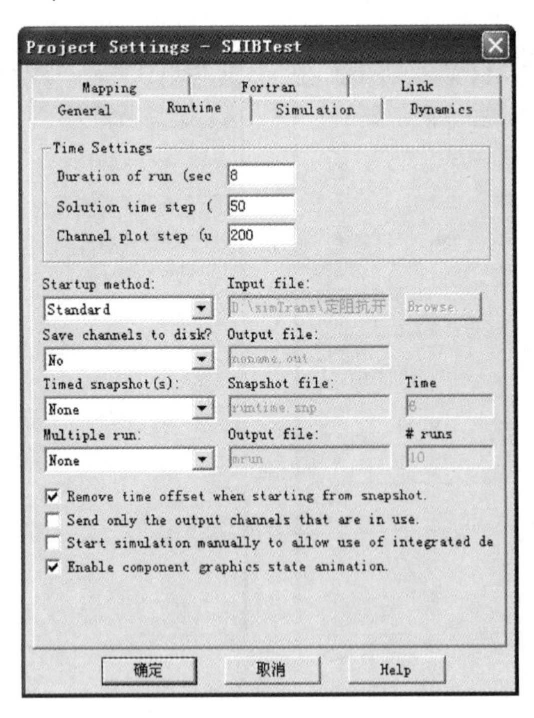

图 2-65 仿真环境设置对话框

3）仿真算例的启动和运行

在“Workspace”窗口将鼠标对准要运行的算例，右键选择“Set as Active”激活算例。点击工具栏中的“Run”按钮，运行算例，完成仿真。在 PSCAD 界面的左下角“Build Messages”一栏中，绿色旗帜表示通过，红色旗帜表示错误，黄色旗帜表示警告。若算例在运行过程中，出现红色旗帜，表明仿真中出现错误，仿真中断，此时需要根据提示的错误信息检查算例，更正错误后重新运行算例。仿真算例正常运行后，只会显示绿色旗帜或黄色旗帜。

4）仿真结果查看和输出

EMTDC 的一些元件（如发电机等）可以输出自身的变量，可以在元件属性中设置输出的变量名，在主画面中观测变量值或波形。以下以查看发电机有功功率为例说明其操作步骤。

第 1 步，双击发电机元件，在“Output Variable Names”选项对话框中设置有功功率输出变量名为“PG”，如图 2-66 所示。

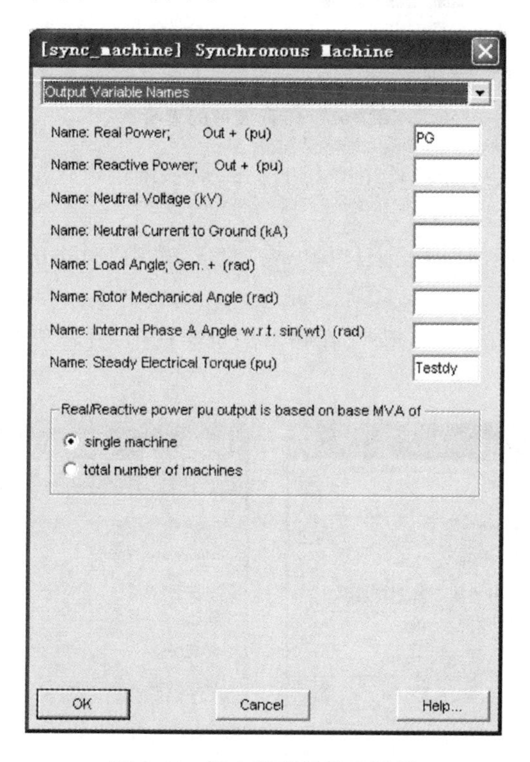

图 2-66　发电机变量输出设置

第 2 步，单击“Control Pallete”面板中的“”图标，选中“Data Label”元件将其拖到“主画布”中，重新命名为“PG”。

第 3 步，单击“Control Pallete”面板中的“”图标，选中“Output Channel”元件将其拖到“主画布”中，与“PG”连接。测量信号输出电路如图 2-67 所示。

图 2-67　测量信号输出电路

第 4 步，点击工具栏中的“Run”按钮，运行算例。

第 5 步，右键点击“Output Channel”元件，在菜单中点击“Input/Output Reference”，再点击“Add Overlay Graph with Signal”，即可查看波形，如图 2-68 所示。

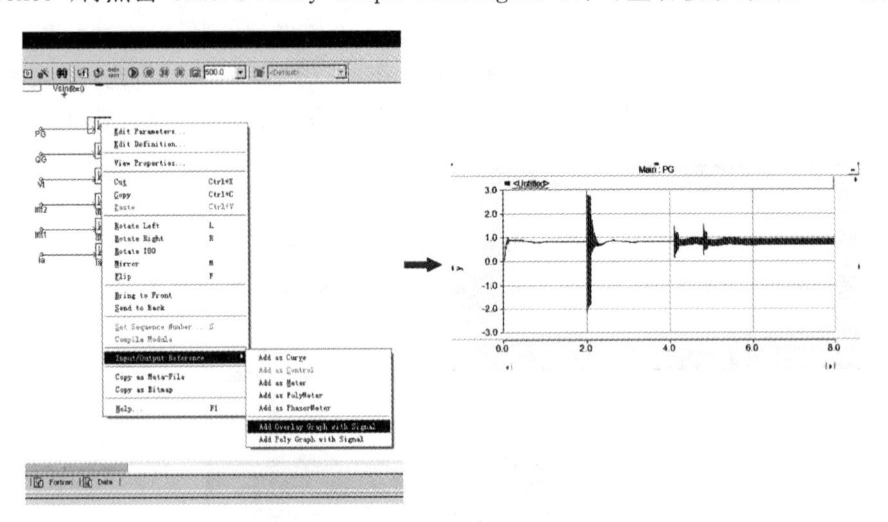

图 2-68　仿真波形的查看

同时 PSCAD 软件也提供“Multimeter”元件对系统中电气量进行测量，具体操作步骤如下。

第 1 步，单击“Electrical Pallete”的“ ”图标，选中“Multimeter”元件将其串联到线路中。

第 2 步，双击“Multimeter”元件，在弹出的对话框中，选择要观测的量并为之命名，如图 2-69 所示。

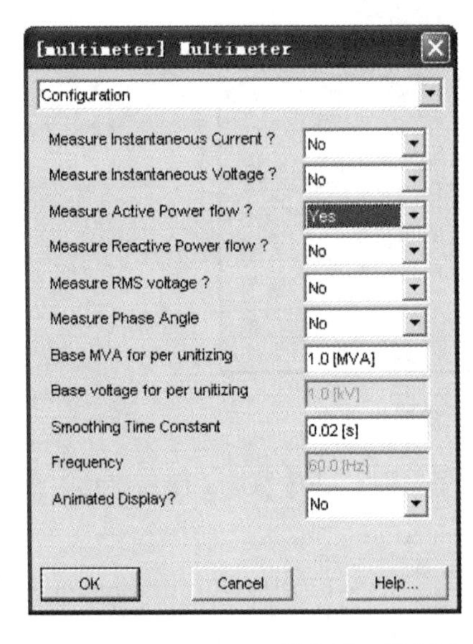

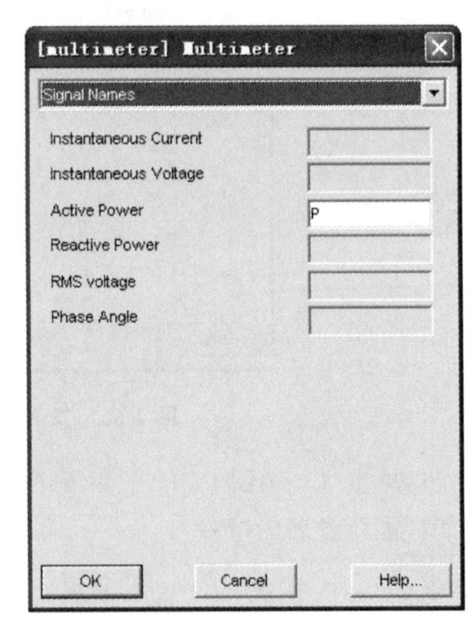

图 2-69　“Multimeter”元件参数设置

第 3 步，参照前述方法观测“P”的输出波形。

5）仿真波形的输出

方法一：如图 2-70 所示，在图形区拖动鼠标左键调整图形大小为合适值后，右键点击图的顶部,在弹出的菜单中选择“Copy Frame as Meta-File”可以将波形图以图元文件形式拷贝出来。

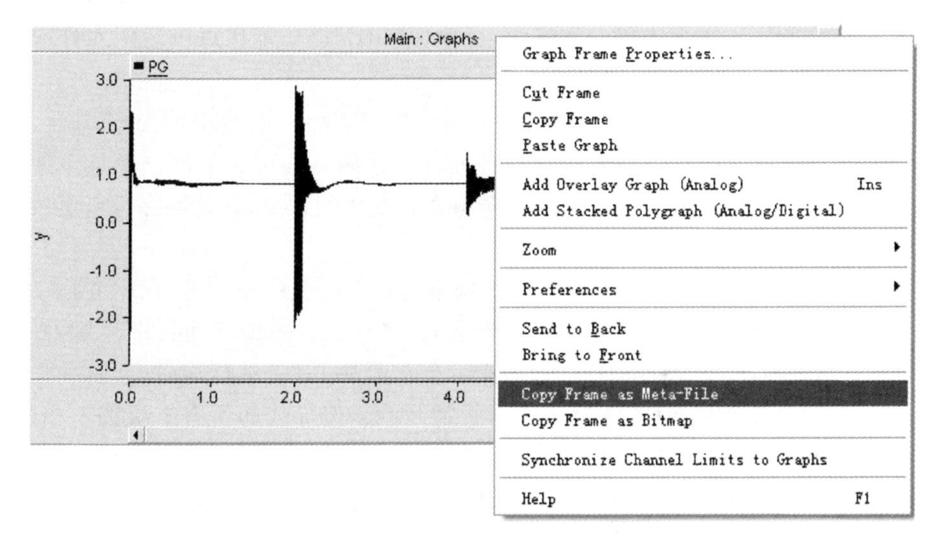

图 2-70 波形以图元文件格式输出

PSCAD 图形显示框中可以共用一个坐标系同时显示若干个输出通道的输出值,输出通道可以是电压或电流,不同的输出通道用不同颜色的曲线来区别。

方法二:如图 2-71 所示,在图形区拖动鼠标左键调整图框大小为合适值后,右键选择“Copy Data to Clipboard”,再选择“Visible Area”,将图以数据形式拷贝出来,而后将数据粘贴到文本文件或 Excel 数据表中,除去数据头部的说明,可用 Excel 或 Matlab 软件绘制图形。

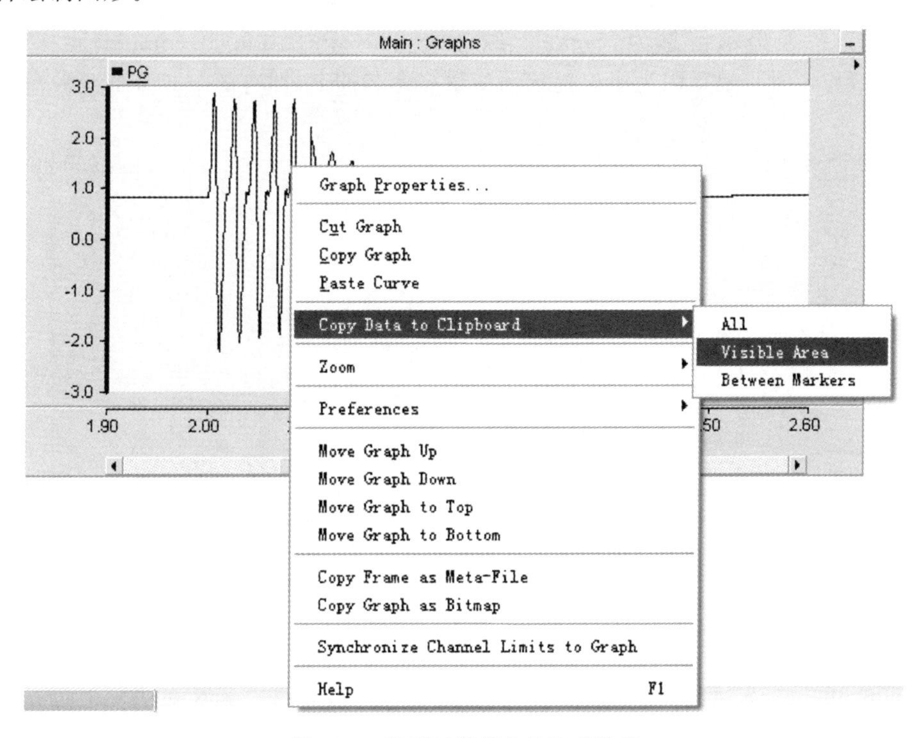

图 2-71 波形以数据文件格式输出

3. 实验注意事项

(1) 在进行元件的复制、粘贴时,可以用鼠标左键点击选中元件后,按"Ctrl+C","Ctrl+V"进行操作。需选中多个元件时,可按住"Ctrl"键后依次点击选中元件或拖虚框选中多个元件。

(2) 在进行元件的连接时可以点击"Electrical Pallete"面板中的"━"图标,选中"wire"连线元件,将其拖到主画布中连接各元件的连线端即可。单击选中某条连线端点,移动鼠标可以更改连线方向。单击选中某条连线中间位置,移动鼠标可以更改连线位置。

(3) 在主画布中单击选取导线时,导线两端将出现绿色的小方形,点击并拖动小方形,可以调整导线在该方向上的长度。如果选取了导线后,再按键盘上的R键,则导线会顺时针方向旋转90°,当两条导线(或者是元件的管脚)有一端相连时,会自动形成电气连接特性;如果两条导线(或者是元件的管脚)相交,但导线的所有末端都不相连,则两条导线是相互绝缘的,即实际电气回路是不相通的。如果要使两导线交点成为电气节点,则置放一个"Pin"在交点上即可,方便区别。其余电气元件也同样具有可移动、可旋转等特点。

(4) 如果不明白某一元件或参数所表示的实际意义,单击"Help"按钮进入帮助界面,帮助系统会给出该元件的帮助文件或参数所代表的含义。选中某个元件后,按"F1"键即可查看该文件的帮助文件。

(5) 输出波形的缩放,在输出波形上按鼠标左键后,移动鼠标即可缩放波形。在键盘上按"R"键可使波形复原,按"P"键可切换到前一个波形状态。

(6) 当错误提示信息为"Input connection 'VS' is floating. A signal source must be provided. _"时,一般是因为某连接线没连上或为给某个输出信号赋值引起的。

(7) 当错误提示信息为"Signal 'PG' source contention at component [xfmr-3p2w]'T1'. _"时一般是因为错误提示的变量名命名冲突,即有两个或多个变量命名重名引起的。

3

电气主设备特性实验

同步发电机、电力变压器和输电线路是电力系统的主要电气设备，它们在电力系统中的作用是非常重要的，它们的稳定运行对维持电网的稳定有着十分重要的作用，为了更好地利用和保护它们，必须清楚地了解它们的运行特性和主要参数。同步发电机、电力变压器和输电线路的各种参数不仅反映了设备本身的品质，而且还是各种自动化装置最优控制方案实施的基础，也是继电保护装置的保护判据所不可缺少的依据，所以掌握同步发电机、电力变压器和输电线路的有关实验方法是非常有用的。

3.1 同步发电机实验

同步发电机稳定运行性能的主要数据和参数有短路比、直轴和交轴同步电抗、保梯电抗、漏电抗。短路比是表征发电机静态稳定度的一个重要数据。短路比小，说明同步电抗大，电机造价便宜。当短路发生时，短路电流较小，但当负载变化时发电机的电压变化较大，且并联运行时发电机的稳定度较差。短路比大则电机性能较好，但电机造价较高，电机气隙较大，励磁电流和转子用铜量增大。通过空载和短路特性可确定直轴同步电抗 X_d不饱和值，进而可求出短路比。各个电抗参数是定量分析电机稳定运行状态的有用工具，由零功率因数特性和空载特性可确定定子漏抗和电枢反应磁动势等参数。空载特性、短路特性和零功率因数负载特性是测量发电机参数用的特性曲线，其实验测定具有重要的实用价值。

3.1.1 同步发电机空载、短路特性实验

在测定空载特性曲线时，转子剩磁情况不同，因此当改变励磁电流 I_f从零到某一最大值，再返过来由此最大值减小到零时，会得到上升和下降两条不同曲线。这种现象反映了铁磁材料中的磁滞现象。测定参数时通常使用其下降曲线，其曲线最高点取 $U_0 \approx 1.3U_N$，延长曲线的直线部分使之与横轴相交，交点的横坐标绝对值 Δi_{f0} 作为校正量。所有实验测得的励磁电流数据上加此校正量，即可得到一条通过原点的校正曲线，如图 3-1 所示。通常在发电机设计时，取其空载特性与常规空载特性相接近，若设计得太饱和会使励磁绕组用铜太多，且电压调节会较困难；若设计饱和度太低，负荷变化时电压变化较大，且磁感应强度偏低，硅钢片利用率较低，电机铁心消耗材料较多。

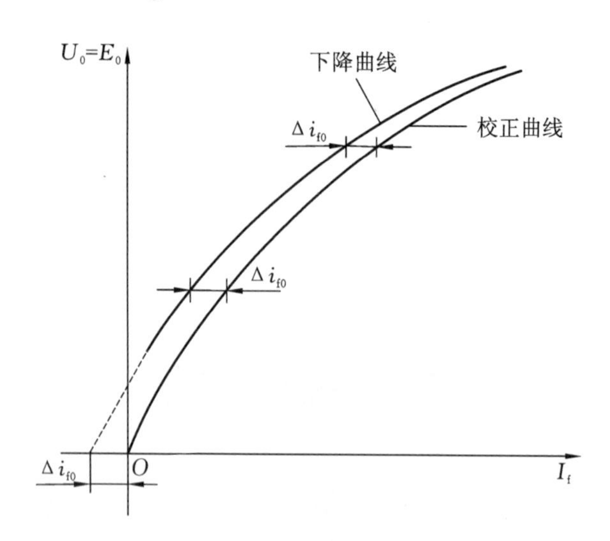

图 3-1 空载特性的校正曲线

同步发电机的短路特性是指发电机电枢绕组在三相稳定短路时，其短路电流 I_k 与励磁电流 I_f 间的关系。短路发生时，限制短路电流的仅是发电机的内部阻抗，由于同步发电机的电枢电阻会远小于其同步电抗，通常认为短路电流是纯感性的，电枢磁动势基本上是一个纯去磁作用的直轴磁动势，短路时合成电动势只等于漏抗压降，发电机的磁路处于不饱和状态，短路特性曲线是一条直线。

同步发电机空载、短路特性实验的目的是要掌握三相同步发电机对称运行特性的测量方法，学会如何利用测得的三相同步发电机对称运行特性求取有关的参数，如短路比、直轴同步电抗 X_d（不饱和值）。

1. 空载实验

空载实验原理接线图可参考图 3-4 所示接线，只是同步发电机的负载开关 Q_4 处于开路状态，且不需要接负载电阻（电抗）。

在测取空载特性曲线时，为了防止磁滞现象的影响，实验过程中只能单方向地调节励磁电流，中途不能来回调节励磁电流 I_f。实验步骤如下。

按图 3-4 接好线后，发电机负荷开关 Q_4 处于断开位置，先合上直流电动机励磁回路开关 Q_1，调节励磁回路电阻 R_{fm} 使励磁电流（由电流表 A_1 测量）接近直流电动机的额定励磁电流，将直流电动机电枢回路电阻 R_s 置于电阻最大位置，再合上开关 Q_2，启动电动机 M，调节 R_s 和 R_{fm} 的大小使同步发电机的转速为额定转速 n_N，并在实验过程中保持不变；随后合上开关 Q_3，给同步发电机加入励磁电流（由电流表 A_3 测量）I_f，调节可变电阻器 R_{fg}，逐渐增加发电机励磁电流 I_f 的大小，直到发电机的端电压（由电压表 V_4 测量）$U_0=1.3U_N$ 为止，读取此时发电机定子端电压及其励磁电流，取得空载特性曲线上的第一点；然后调节可变电阻器 R_{fg}，逐步减小励磁电流 I_f，并合适地记录发电机机端电压及励磁电流的大小，测取空载特性曲线的下降分支。本项实验通常测取 10～11 组读数，并在 $U_0=U_N$ 附近多测几组数据，且在 $I_f=0$ 时，记录剩磁电压的大小，将所有实验数据记在表 3-1 中。

表 3-1 同步发电机空载实验数据记录

测量参数	1	2	3	4	5	6	7	8	9	10	11
U_0/V											
I_f/A											

在电机教学实验台进行实验时，由于实验台上配置的电枢电源和电机励磁电源均为可调节直流稳压电源，因此实验接线时，电枢回路中电阻 R_s 和励磁回路电阻 R_{fm}、R_{fg} 均不需要接入，通过直接改变电源装置的直流输出电压大小就可控制电枢两端电压或励磁电流的大小。

2. 短路实验

短路实验的接线与空载实验的接线基本上一致，只是要求在同步发电机励磁电流等于零(即 Q_3 开关处于断开状态下)时，将同步发电机的电枢三相绕组短路，即在开关 Q_3 处于断开状态下，将发电机负荷开关 Q_4 接入负荷侧的三相，先进行三相短路连接，再合上开关 Q_4，使发电机电枢三相绕组短路。

在改接线完成后，将发电机转速调到额定值并保持不变，合上发电机励磁开关 Q_3，调节可变电阻器 R_{fg}，逐步增加发电机励磁电流(由电流表 A_3 测量)I_f(电机教学实验中通过改变发电机励磁电源输出电压来调节励磁电流大小)，使电枢回路短路电流(由电流表 A_4 测量)$I_k=1.25I_N$，记录此时的电枢电流及励磁电流的大小，取得短路特性曲线上的第一点；然后调节可变电阻器 R_{fg} 逐步减小励磁电流 I_f，并合适地记录发电机电枢回路电流及励磁电流的值，直到 $I_f=0$。短路实验常测取 5～6 组数据，且应测取 $I_k=I_N$ 时对应的励磁电流的大小，将实验数据记录在表 3-2 中。

表 3-2 同步发电机短路实验数据记录

测量参数	1	2	3	4	5	6
I_k/A						
I_f/A						

以上实验都可以在动模实验室进行，实验时可以将励磁调节器选择在恒控制角方式，单方向缓慢调节励磁的控制角，通过故障录波仪可以记录励磁电流 I_f、发电机机端电压 U_0 或者发电机短路电流 I_k 的所有实验数据。

3. 直轴电抗的计算

图 3-2 所示为空载特性曲线和短路特性曲线示意图。其中，曲线 2 是空载特性的下行曲线经平移得到的，曲线 3 为短路特性曲线。可近似由两条曲线来确定 X_d 的不饱和值。

由于当发生机端三相短路时，气隙合成磁动势很小，作用于空载特性曲线的气隙电动势也很小，此时主磁路处于不饱和状态，因此可按线性原则沿空载特性直线段的延长线产生相应的暂态电动势 E_0' 和短路特性曲线对应的短路电流 I_k'，并求出 d 轴电抗的不饱和值 X_d。由机端电动势方程

$$E_0'=-\mathrm{j}I_k'X_d \tag{3-1}$$

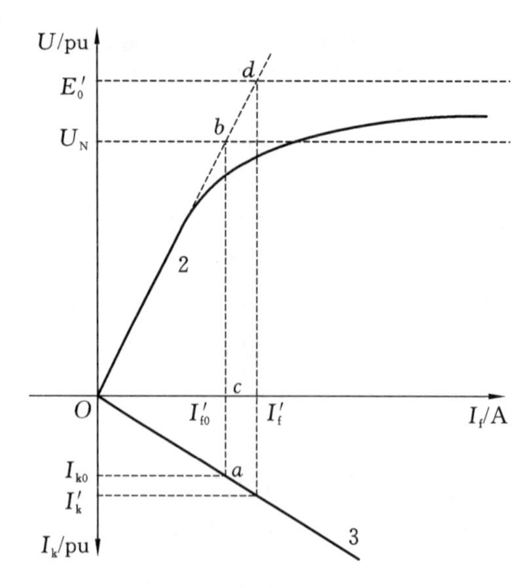

图 3-2 空载特性曲线和短路特性曲线示意图

可得到

$$X_d=\frac{E_0'}{I_k} \tag{3-2}$$

$$X_d^*=\frac{X_d}{Z_b}=\frac{E_0'}{I_k}\frac{I_N}{U_N/\sqrt{3}}=\frac{E_0'^*}{I_k^*} \tag{3-3}$$

根据图 3-2 所示,可得发电机直轴电抗标幺值

$$X_d^*=\frac{ab}{ac}$$

3.1.2 同步发电机零功率因数负荷特性实验

零功率因数负荷特性通常用三相纯电感性负荷实验测出。实验时,把同步发电机拖动到同步转速,电枢接至一可调的三相纯电感性负荷,使 $\cos\phi=0$,然后同时调节发电机的励磁电流和负荷电抗的大小,使负荷电流总保持为一常数(如 $I=I_N$),记录不同励磁下发电机机端电压,即可获得零功率因数负荷特性曲线。当发电机较大,无法用电抗器实验时,可以将发电机并联运行于 $U=U_N$的电网上,发电机的有功功率应为零,调节发电机的励磁电流,使它发出的无功电流达到 I_N,这样即可得到零功率因数负荷特性上 $U=U_N$的一点。再让发电机进行稳态短路实验,测出 $I_k=I_N$时所对应的励磁电流 I_{fk},则 $I_f=I_{fk}$,而 $U=0$ 即为零功率因数负荷特性上的另一点。实际上,有此两点往往就够用了。

通常,零功率因数负荷特性和空载特性之间相差一个特性三角形(见图 3-3 中打阴影线的水平位置的直角三角形),这个特性三角形的垂直边(线段 EA)为漏抗压降 IX_σ,水平边(线段 AF)为与电枢反应等效的励磁电流 I_{fa}。由于测取零功率因数负荷特性时,电流 I 保持不变,因此,IX_σ 和 I_{fa}不改变,特性三角形大小不变。将特性三角形的底边保持水平位置,且使其顶点 E 沿空载曲线上移动,测其右边顶点 F 的轨迹,即为零功率因数负荷特性曲线。当特性三角形移到其底边与横坐标轴重合时,可得 K 点,该点的端电压 $U=0$,即为短路点。所以,根据空载特性和零功率因数负荷特性上的关键点就可通过作图法绘出完整的零功率因数负荷特性曲线。对一般的电机来说,实验和作图求出的零功率因数负荷特性曲线的差别是很小的。

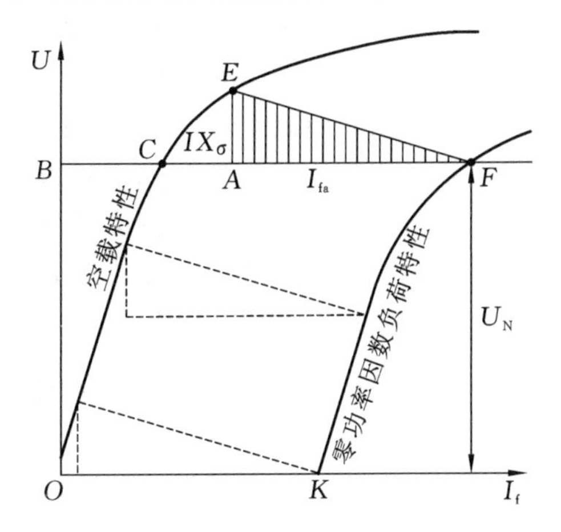

图 3-3 空载特性和零功率因数负荷特性及特性三角形的关系

零功率因数负荷特性通常采用同步发电机带三相纯电感性负荷实验测出。在实验室里,常使用三相对称的电感线圈或三相感应自耦变压器作为电感负荷,虽然这种负荷不是纯电感性的,但因 $\cos\phi<0.2$,故可近似地认为负荷是纯电感性负荷。

在没有纯电感性负荷或发电机较大无法使用纯电感性负荷的情况下,可以将发电机并联运行于 $U=U_N$ 的电网上来进行测试,零功率因数负荷特性要测量两个关键点。

1. 使用电感性负荷测取零功率因数负荷特性

零功率因数负荷特性实验接线图如图 3-4 所示。

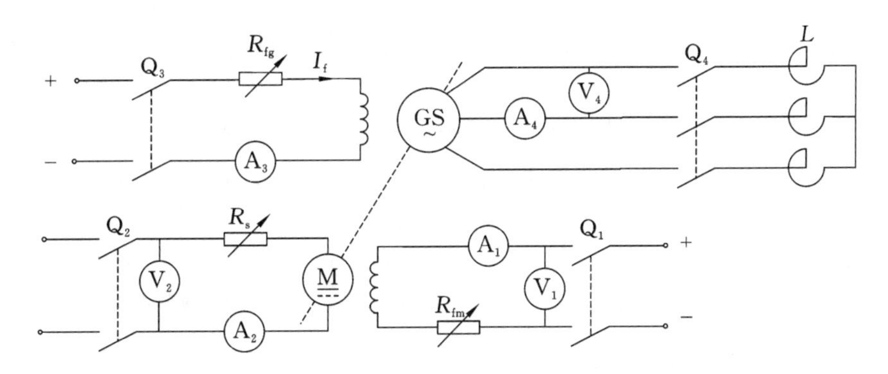

图 3-4 零功率因数负荷特性实验接线图

实验接线与同步发电机空载、短路特性实验接线基本相同,零功率因数负荷特性实验也通常安排在同步发电机空载、短路特性实验的同一单元进行。与发电机空载、短路特性实验相比,零功率因数负荷特性实验的接线只是将发电机负荷开关 Q_4 的另一端接在三相电感性负荷上。当使用三相感应自耦变压器作为电感负荷时,应将发电机负荷开关 Q_4 的另一端接在三相感应自耦变压器的负荷端上,而不应该接在自耦变压器的输入端。

按图接好线后,发电机负荷开关 Q_4 处于断开位置,先合上开关 Q_1,调节直流电动机励磁回路电阻 R_{fm} 使励磁电流(由电流表 A_1 测量)接近额定励磁电流,将直流电动机

电枢回路电阻 R_s 置于电阻最大位置，再合上开关 Q_2，启动电动机 M，调节 R_s 和 R_{fm} 的大小使同步发电机以额定转速运行，并保持不变；将同步发电机励磁回路电阻和负荷电抗置于阻值最大位置，合上开关 Q_3 和 Q_4，调节可变电阻 R_{fg} 和负荷电抗的大小使发电机机端电压 U（由电压表 V_4 测量）升至 $1.1U_N$，使电枢电流（由电流表 A_4 测量）达到额定电流 I_N，记录此时发电机的端电压值及励磁电流的大小，测取零功率因数负荷特性曲线上的第一点；然后在保持电枢电流 $I=I_N$ 的情况下，通过调节负荷电抗和可变电阻 R_{fg}，逐渐减小发电机励磁电流 I_f，使发电机机端电压逐渐降低于最低值，在下降过程中合适地记录发电机机端电压及励磁电流的大小。本项实验通常测取 6～7 组读数，并在额定电压 U_N 附近多测几组数据，将实验数据记录在表 3-3 中。

表 3-3　同步发电机零功率因数负荷特性实验数据记录

测量参数	1	2	3	4	5	6	7
U/V							
I_f/A							

2. 与电网并联运行测取零功率因数负荷特性关键点

利用同步发电机与电网并联运行测取零功率因数负荷特性关键点的实验，可以合并到同步发电机 V 形曲线测定实验中一起进行，实验接线图与同步发电机 V 形曲线测定实验一致，可参考图 3-9。

在按图接好实验线路后，首先按同步发电机与电网并联运行的有关要求和条件将同步发电机投入到 $U=U_N$ 的电网上进行并联运行（具体操作参阅同步发电机 V 形曲线测定实验）。调节原动机使发电机的有功功率为零，调节同步发电机励磁回路可变电阻 R_{fg}，使同步发电机发出的无功电流达到 I_N，记录此时发电机的端电压及励磁电流 I_f 的值，此组数据即为零功率因数负荷特性上 $U=U_N$ 的点。

为了求取零功率因数负荷特性的另一个关键点，可让发电机进行稳态短路实验，其具体操作及接线可参阅本节同步发电机空载、短路特性实验的有关内容。在稳态短路实验中，测取 $I_k=I_N$ 时所对应的励磁电流 I_{fk}，则 $I_f=I_{fk}$、$U=0$ 即为零功率因数负荷特性上的另一个关键点。通过这两个关键点和空载特性曲线，利用零功率因数特性和空载特性之间相差的特性三角形，即可用绘图的方法求取零功率因数特性曲线。

3.1.3　同步发电机参数测定实验

1. 用低转差法测定同步电抗 X_d 和 X_q

低转差法测定同步电抗实验接线图如图 3-5 所示（直流电动机部分实验接线可参考图 3-4）。

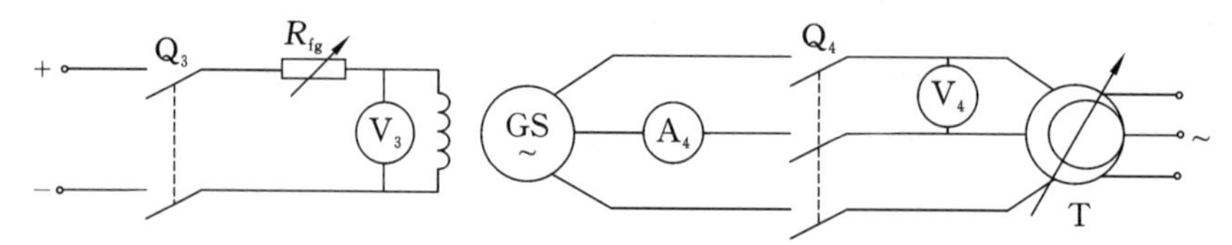

图 3-5　低转差法测定同步电抗实验接线图

图 3-5 中，接在发电机转子绕组回路中的电压表(即 V_3)是零点位于中间的直流电压表，实验过程中，转子绕组开路，即开关 Q_3 断开。

按图接好线后，发电机负荷开关 Q_4 处于断开位置，先合上开关 Q_1(见图 3-4)，按同步发电机空载实验中所述方法启动直流电动机 M，调节转速至接近同步转速，调节自耦变压器 T 使其输出一个很低的电压(由电压表 V_4 测量)，为$(5\%\sim15\%)U_N$，然后合上开关 Q_4。此时，若接在同步发电机转子回路中的直流电压表(即 V_3)指针做周期性缓慢摆动，则说明其定子外加电压的旋转磁场与转子转向是一致的；若同步发电机转子回路直流电压表指针只有轻微振动而无摆动现象，则表明其定子旋转磁场与转子转向不一致。这时应先断开开关 Q_4，将同步发电机电枢绕组引出端任意两相导线互相换接，然后再合上开关 Q_4，就可发现同步发电机转子回路直流电压表指针做周期性缓慢摆动。在有条件的情况下，也可单独测试同步发电机的定子旋转磁场和转子转向以检查其是否一致：直流电动机单独拖动同步发电机转子的旋转方向为转子的转向，待直流电动机退出运行停机后，在发电机转子回路串联一定阻值的电阻，在同步发电机的定子上加入三相低电压，让同步发电机做电动机运行，观察此时同步发电机转子的旋转方向即为定子旋转磁场的旋转方向。比较两次单独运行时转子的转向，通过改变某一次的转向就可使发电机定子旋转磁场和转子转向一致。

调节直流电动机 M(见图 3-4)使其转速接近于同步发电机的额定转速，在同步发电机电枢回路加入额定频率的三相低电压后，可观察到同步发电机电枢回路电压表、电流表指针做缓慢摆动，在同一瞬间读取电枢电流(由电流表 A_4 测量)周期性摆动的最小值与相应的电压最大值(由电压表 V_4 测量)，以及电流周期性摆动的最大值与相应的电压最小值。将实验数据记录在表 3-4 中。

表 3-4　同步电抗实验数据记录

I_{min}/A	U_{max}/V	X_d/Ω	X_d^*	I_{max}/A	U_{min}/V	X_q/Ω	X_q^*

注意，表中带“*”的参数为对应参数的标幺值。

实验过程中应注意外加在同步发电机电枢上的三相低电压应在给定的范围内：电压加得太高，会因磁阻转矩的作用使发电机牵入同步；电压加得太低，会因剩磁电压的影响产生较大误差。

实验完成后，使用以下公式可分别计算出直轴和交轴同步电抗的大小及标幺值：

$$X_d=\frac{U_{\phi\max}}{I_{\phi\min}},\quad X_d^*=\frac{X_d}{Z_N} \tag{3-4}$$

$$X_q=\frac{U_{\phi\min}}{I_{\phi\max}},\quad X_q^*=\frac{X_q}{Z_N} \tag{3-5}$$

式中，Z_N 为同步电机阻抗的基准值；U_ϕ 为测量的相电压值；I_ϕ 为测量的相电流值。

当同步发电机定子绕值为星形连接时，有

$$Z_N=\frac{U_N}{\sqrt{3}I_N} \tag{3-6}$$

式中，U_N 为额定线电压；I_N 为额定线电流。

2. 用反同步旋转法测量负序电抗 X_2

负序电抗测量实验接线图如图 3-6 所示(直流电动机部分的实验接线参考图 3-4)。

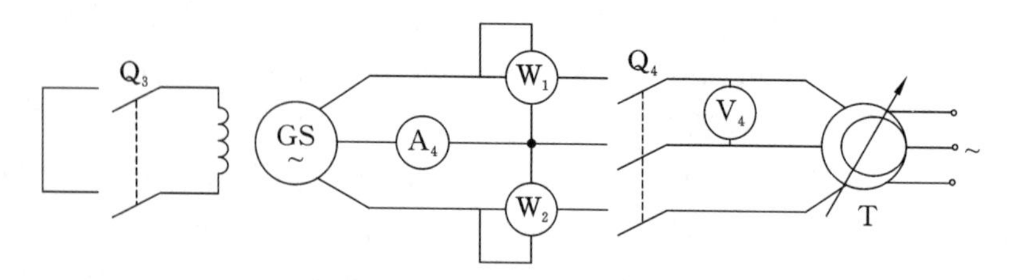

图 3-6 负序电抗测量实验接线图

按图 3-6 接好线后,先按在低转差法测定同步电抗 X_d 和 X_q 实验中介绍的方法分别测试直流电动机在单独运行时转子的转向及其单独在同步发电机定子侧外加三相低电压时发电机转子的转向,要求这两个转向不一致。

在确定好转向后,在电动机静止状态下将同步发电机转子绕组短路,即合上开关 Q_3。再按同步发电机空载实验中所述方法启动直流电动机 M(见图 3-4),并将其转速调至同步发电机的额定转速,将三相自耦变压器 T 的输出先调到最小位置,合上开关 Q_4,给同步发电机电枢绕组加入产生反向旋转磁场的三相低电压,调节三相自耦变压器,使同步发电机电枢端电压(由电压表 V_4 测量)从零(或较低值)缓慢上升,直到电枢电流(由电流表 A_4 测量)达到(30%~40%)I_N,读取此时电枢绕组的相电压、电流和两个功率表(即 W_1 和 W_2)的读数。将实验数据记录在表 3-5 中。

表 3-5 负序电抗测量实验数据记录

U_ϕ/V	I_ϕ/A	P_1/W	P_2/W	P/W	Z_2/Ω	r_2/Ω	X_2/Ω

表 3-5 中,P_1、P_2 分别为功率表 W_1 和 W_2 所测量的功率值,且有 $P=P_1+P_2$。

实验完成后,负序阻抗 Z_2、负序电阻 R_2 和负序电抗 X_2 及其标幺值的计算分别由下面公式完成:

$$Z_2=\frac{U_\phi}{I_\phi},\quad Z_2^*=\frac{Z_2}{Z_N} \tag{3-7}$$

$$R_2=\frac{P}{3I_\phi^2},\quad R_2^*=\frac{R_2}{Z_N} \tag{3-8}$$

$$X_2=\sqrt{Z_2^2-R_2^2},\quad X_2^*=\frac{X_2}{Z_N} \tag{3-9}$$

式中,Z_N 为同步电机阻抗的基准值;U_ϕ 为测量的相电压值;I_ϕ 为测量的相电流值。

3. 零序电抗 X_0 测量

实验接线基本上与前面介绍的负序电抗测量实验接线图一样,只是此时应将同步发电机定子三相绕组进行如图 3-7 所示的改接。

将同步发电机转子绕组短路,将其电枢三相绕组串联后经开关 Q_4 接至单相自耦变压器的输出端。接好线后,先启动直流电动机,并将其转速调到同步发电机的额定转速,将单相自耦变压器的输出调至零位置,合上开关 Q_4,调节单相自耦变压器,使同步

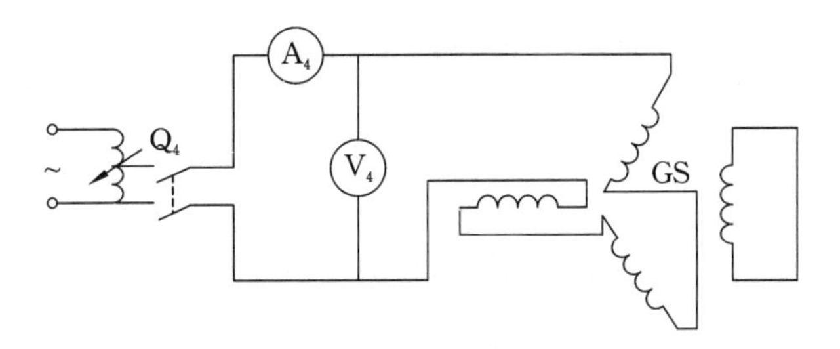

图 3-7　零序电抗 X_0 测量实验接线图

发电机电枢绕组中的电流(由电流表 A_4 测量)达到$(30\%\sim40\%)I_N$,测取此时同步发电机的电枢绕组的电压、电流值。将实验数据记录在表 3-6 中。

表 3-6　零序电抗测量实验数据记录

U_0/V	I_0/A	X_0/Ω	X_0^*

实验完成后,零序电抗值 X_0 及其标幺值 X_0^* 分别按下列公式计算:

$$X_0=\frac{U_0}{3I_0},\quad X_0^*=\frac{X_0}{Z_N} \tag{3-10}$$

式中,Z_N为同步发电机阻抗基准值。

4. 静止法测量超瞬变电抗 X''_d、X''_q或瞬变电抗 X'_d、X'_q

超瞬变电抗或瞬变电抗测量实验接线图如图 3-8 所示。

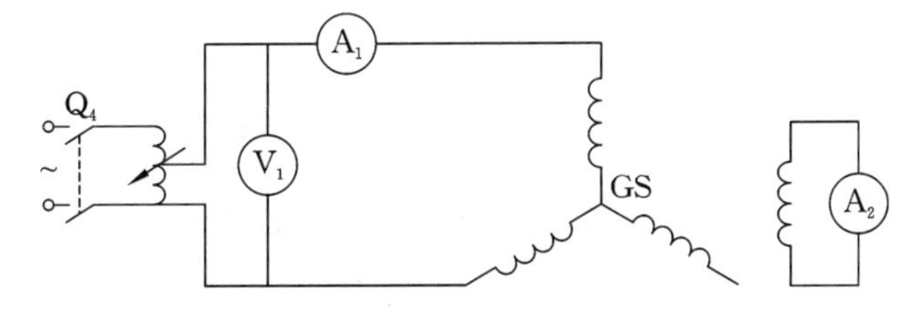

图 3-8　超瞬变电抗或瞬变电抗测量实验接线图

按图 3-8 接好线后,将单相自耦变压器 T 的输出调至最低位置,合上开关 Q_4,给同步发电机电枢绕组施加单相低电压,调节单相自耦变压器 T 的输出,使发电机电枢绕组电流(由电流表 A_1 测量)接近$(20\%\sim30\%)I_N$。用手慢慢地转动转子,观察电枢电流及励磁绕组感应电流的变化,在找到电枢电流和励磁绕组感应电流为最大值时的转子位置后,读取电枢电压 U_1(由电压表 V_1 测量)和电流 I_1(由电流表 A_1 测量)的大小,由此可求出直轴超瞬变电抗 X''_d,即 $X''_d=\frac{U_1}{2I_1}$,$X''^*_d=\frac{X''_q}{Z_N}$;将转子转动 90°电角度(4 极发电机为转过 45°机械角度),在这个位置附近仔细调整同步发电机转子位置,使电枢电流及励磁绕组感应电流为最小,读取此时同步发电机的电枢电压 U_2(由电压表 V_1 测量)及电流 I_2(由电流表 A_1 测量),由此可计算出交轴超瞬变电抗 X''_q,即 $X''_q=\frac{U_2}{2I_2}$,$X''^*_q=\frac{X''_q}{Z_N}$。将实验数据记录在表 3-7 中。

表 3-7 超瞬变电抗或瞬变电抗测量实验数据记录

U_1/V	I_1/A	X''_d/Ω	U_2/V	I_2/A	X''_q/Ω

若同步发电机无阻尼绕组，则测得的电抗为瞬变电抗 X'_d、X'_q。

3.1.4 同步发电机 V 形曲线测定实验

同步发电机 V 形曲线明确地把发电机励磁状态划分成正常、过励和欠励三种状态。通过实验可证实，在原动机功率不变时，改变励磁电流将引起发电机无功电流的改变，同时定子总电流也发生变化。通过 V 形曲线，不仅可知发电机是处于过励状态、正常励磁还是欠励状态，同时也可知发电机是向电网输出滞后无功功率还是从电网吸取滞后无功功率。

在实验室里，一般采用普通的电机实验机组，其同步发电机与电网并联的条件通常按旋转灯光法进行判断。要测量同步发电机 V 形曲线，必须先将同步发电机与电网并联运行。同步发电机与电网并联运行实验接线图如图 3-9 所示。

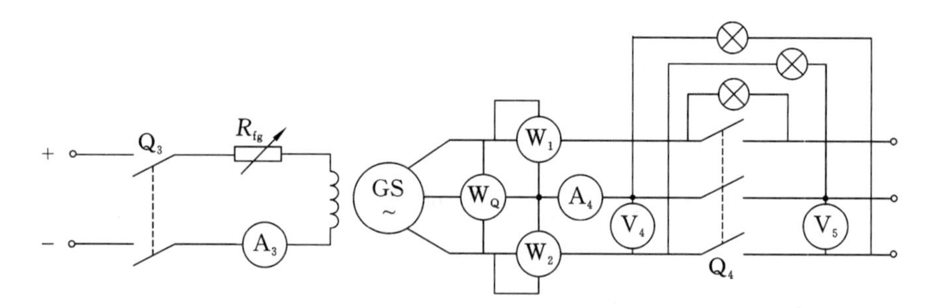

图 3-9 同步发电机与电网并联运行实验接线图

按图 3-9 接好线后，按同步发电机空载实验中所述方法启动直流电动机 M(见图 3-4)，调节转速至接近同步转速。合上同步发电机励磁回路开关 Q_3，调节可变电阻 R_{fg}，使同步发电机机端电压等于或接近电网电压。按灯光旋转法接线，当三个指示灯依次明灭形成旋转灯光，则表示发电机与电网的相序相同；若三个指示灯同时发亮，同时熄灭，则说明发电机与电网的相序不一致，这时必须将电动机停下来，断开所有电源开关，将发电机(或电网)任意两相对换，使相序一致，然后再合上相关电源开关，启动直流电动机，并将发电机转速调到接近同步转速，将发电机机端电压调到与电网电压相等或接近，此时各指示灯将依次明灭，且慢慢地旋转。等到直接相连的一相指示灯熄灭，交叉相连的两相指示灯亮度相当时，立即合上开关 Q_4，把同步发电机投入电网并联运行。

1. 测取同步发电机输出功率 $P_2=0$ 时的 V 形曲线

在同步发电机并入电网后，调节直流电动机的励磁电流，使同步发电机的输出功率 $P_2=0$，即两功率表 W_1 和 W_2 读数的代数和为零。在保持 $P_2=0$ 条件下，先增加同步发电机励磁电流 I_f(由电流表 A_3 测量)，使电枢电流 I(由电流表 A_4 测量)增加到额定值，记录此时的励磁电流 I_f、电枢电流 I，然后减小同步发电机的励磁电流 I_f，在合适时记录励磁电流 I_f 及对应的电枢电流 I，调节励磁电流直到电枢电流减小到最小值(此时无功功率表

W_Q读数应该为零），记录此组数据，此后继续减小励磁电流 I_f，电枢电流 I 将再次增大，在合适时记录励磁电流 I_f和对应的电枢电流 I，直到电枢电流 I 达到额定值，但欠励不可太多，以防同步发电机失步。若出现失步现象，应快速增加发电机励磁电流以便尽快同步，同时应注意电枢电流不应超过其额定值，在此过励和欠励范围内，测取 5～6 组数据（其中必须包含有电枢电流为最小值时对应的励磁电流数据），将实验数据记录在表 3-8 中。

表 3-8 V 形曲线测量实验数据记录

发电机输出功率	测量参数	1	2	3	4	5	6
$P_2=0$	I/A						
	I_f/A						
$P_2=0.5P_N$	I/A						
	I_f/A						

2. 测取 $P_2=0.5P_N$ 时的 V 形曲线

调节直流电动机的励磁电流，使同步发电机的输出功率 $P_2=0.5P_N$，在保持 $P_2=0.5P_N$的条件下，按上述实验方法测取 5～6 组数据。将实验数据记录在表 3-8 中。

通过实验数据，可获得 $I=f(I_f)$关系曲线，并可发现这些曲线的形状和英文字母“V”很相似，因此常称为同步发电机的 V 形曲线。

通过实验还可发现，在原动机功率不变化时，改变励磁电流将引起发电机无功电流的改变，同时定子总电流 I 也将改变。每条 V 形曲线的最低点，表示 $\cos\phi=1$，这时电枢电流最小，且全为有功分量。将各曲线最低点连接起来可得一条 $\cos\phi=1$ 的曲线，在此曲线的右方，发电机处于过励状态，功率因数是滞后的，发电机向电网输出滞后无功功率，而在其左方，发电机处于欠励状态，功率因数是超前的，发电机从电网吸取滞后无功功率。

在有条件的实验室，可通过其他的自动装置将直流电动机、同步发电机实验机组自动地并入电网，然后再测取 V 形曲线，这样可大大地减轻实验的难度和实验所需要的时间。

3.1.5 励磁绕组时间常数 T_{d0}的测量

实验时，先将定子绕组开路，被试发电机由一原动机拖动到额定转速，利用开关或接触器将励磁绕组突然短路。用录波仪记录励磁绕组中电流衰减曲线 $i_f=f(t)$。

实验时，为限制直流电源的短路电流值，可使用一限流电阻与励磁绕组串联。用衰减法测量励磁绕组时间常数的计算方法参考图 3-10 所示进行。

将录波仪所得的波形对时间的关系绘制于坐标纸上，则励磁电流自初始值衰减到 0.368倍初始值时所需要的时间，即为励磁绕组时间常数 T_{d0}。

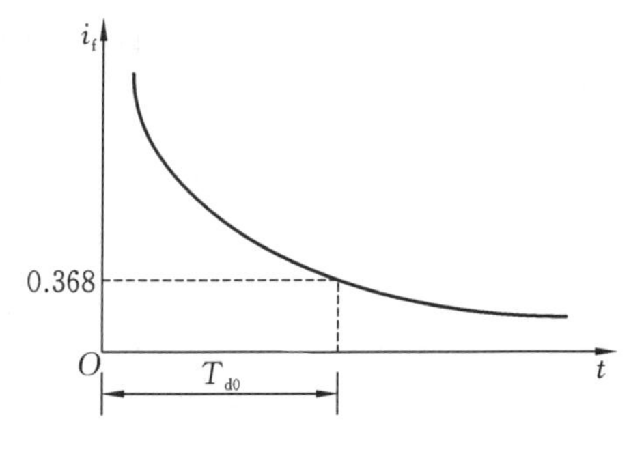

图 3-10 衰减法测量励磁绕组时间常数 T_{d0}

3.2 电力变压器实验

电力变压器的参数是计算其继电保护整定参数的主要依据之一。标在电力变压器铭牌上的阻抗电压大小,反映了电力变压器额定负载下运行时漏阻抗压降的大小。从运行角度来看,希望阻抗压降小一些,使电力变压器输出电压随负载变化波动小一些,但阻抗电压太小时,电力变压器短路时电流太大,可能损坏电力变压器。通过电力变压器短路实验数据处理可求得电力变压器的阻抗电压值。

电压变化率 Δu 和效率 η 是电力变压器的主要性能指标。Δu 的大小反映了电力变压器运行时二次电压的稳定性,效率 η 表明运行时的经济性。电力变压器参数对 Δu 和 η 有很大影响,对已制成的电力变压器,其参数可通过实验测出,电压变化率和效率也可通过实验求得。

3.2.1 电力变压器空载、短路特性实验

1. 单相电力变压器空载实验

单相电力变压器空载实验原理接线图如图 3-11 所示。

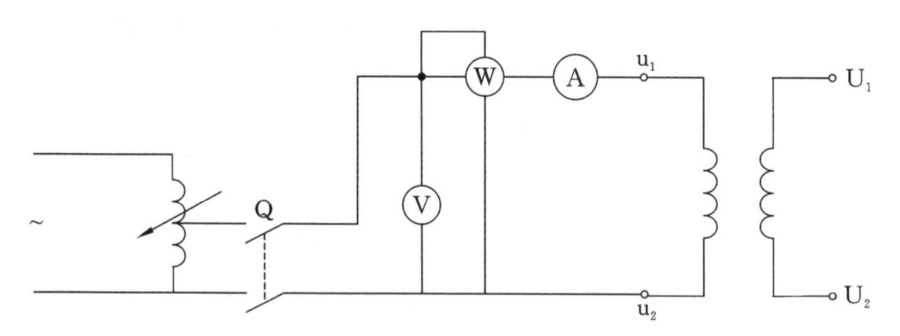

图 3-11 单相电力变压器空载实验原理接线图

为了便于实验和安全起见,单相电力变压器空载实验通常在低压侧进行,所以,一般电源经自耦变压器后接至电力变压器的低压线圈,高压线圈开路,测量使用的功率表要选用低功率因数功率表测量功率。

在正式实验开始前,先将单相自耦变压器 T 的输出置于最小电压的位置,合上开关 Q,调节单相自耦变压器 T,使其输出电压为 1.2 倍电力变压器低压侧额定电压,记录此时的空载电压 U_0、电流 I_0 和功率 P_0,然后逐次降低施加的电压,并在合适时记录 U_0、I_0 和 P_0,在(0.5~1.2)U_N范围内,测取 8~9 组数据,同时应注意在 $U_0=U_N$点时测取相应的一组数据,并在该点附近多测几组数据,将实验数据记录在表 3-9 中。

表 3-9 单相电力变压器空载实验数据记录表

测量参数	1	2	3	4	5	6	7	8	9
U_0/V									
I_0/A									
P_0/W									

2. 单相电力变压器短路实验

为了便于测量，短路实验通常将高压线圈接到电源，将低压线圈直接短路。单相电力变压器短路实验接线图如图 3-12 所示。

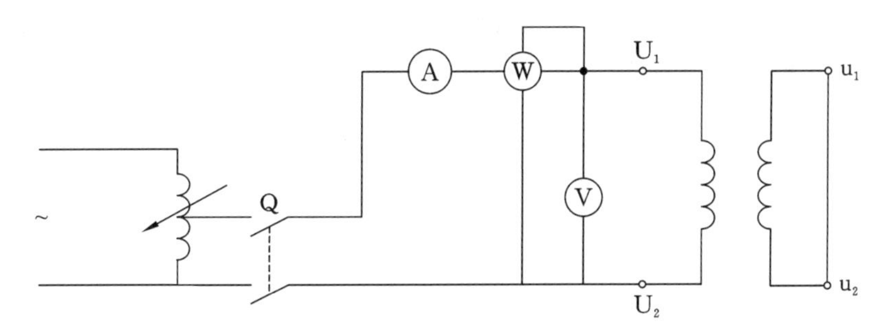

图 3-12 单相电力变压器短路实验接线图

由于电力变压器短路阻抗 Z_k很小，为了避免过大的短路电流损坏电力变压器线圈，实验开始前应先将单相自耦变压器 T 置于输出电压最低的位置，然后合上开关 Q，逐渐增加单相自耦变压器 T 的输出电压，使电力变压器高压线圈中流过的电流达到 $1.1I_N$，记录此时的功率 P_k、电压 U_k及电流 I_k，然后减小单相自耦变压器 T 的输出电压，在电力变压器高压线圈中流过的电流为$(0.5\sim1.1)I_N$范围内，测取 4～6 组数据。同时应注意，在 $I_k=I_N$点时必须测取数据。短路实验应尽快进行，否则线圈发热将引起线圈电阻增大。实验完成时应同时记录电力变压器周围的环境温度 θ(℃)，以此作为实验时线圈的实际温度。将实验数据记录在表 3-10 中。

表 3-10 单相电力变压器短路实验数据记录表

测量参数	1	2	3	4	5	6	7	8
P_k/W								
U_k/V								
I_k/A								

短路实验外加电压很低，主磁通很小，铁耗和励磁电流均可忽略不计，故短路情况下可采用电力变压器的简化等效电路。于是，通过测出的 U_k、I_k和 P_k，可计算出短路阻抗 Z_k、短路电阻 r_k和短路电抗 X_k：

$$Z_k=\frac{U_k}{I_k} \tag{3-11}$$

$$r_k=\frac{P_k}{I_k^2} \tag{3-12}$$

$$X_k=\sqrt{Z_k^2-r_k^2} \tag{3-13}$$

同时，由于短路电阻的大小随温度变化，而实验时的温度和电力变压器实际运行时的温度不同，根据国家标准规定，测出的电阻应换算为工作温度(75 ℃)时的值。对于铜线电力变压器用下式换算：

$$r_{k75\,℃}=r_{k\theta}\frac{234.5+75}{234.5+\theta} \tag{3-14}$$

$$Z_k = \sqrt{r_{k75℃}^2 + X_k} \tag{3-15}$$

式中，θ 为实验时的室温；$r_{k\theta}$ 为 θ 温度下的短路电阻。

对于铝线电力变压器，只需将上面换算公式中的 234.5 改为 228 即可。短路实验时电压加在高压侧，因此测出参数为折算到高压侧的数据，若需要低压侧参数，应除以 k^2（k 为电力变压器的电压比）。

3. 三相电力变压器空载实验

三相电力变压器空载实验原理接线图如图 3-13 所示。

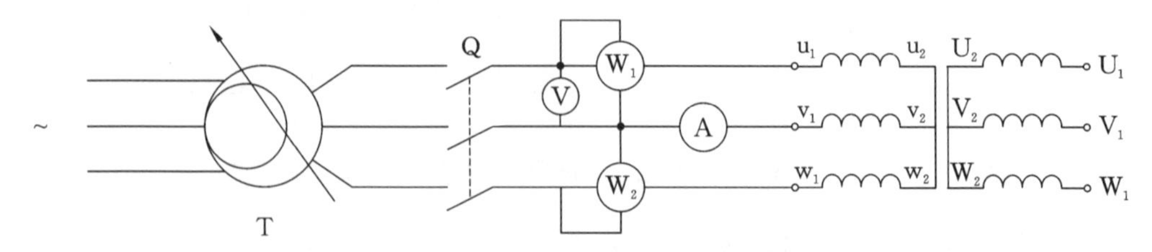

图 3-13　三相电力变压器空载实验原理接线图

三相电力变压器空载实验要求外加电源频率应等于或接近（允许偏差范围为±1%）被试电力变压器的额定频率，电源电压波形应为实际正弦波，且三相电压基本对称。若有需要，实验时应同时测量三个线电压和电流。

实验开始时，应先将三相自耦变压器 T 置于最小输出电压位置，然后合上开关 Q，调节三相自耦变压器的输出电压，使加在电力变压器上的线电压（由电压表 V 测量）为低电压侧额定电压的 1.2 倍，记录此时的空载电压 U_0、空载电流 I_0 和空载功率 P_1、P_2，然后，逐渐减小三相自耦变压器的输出电压，在 $U_0=(0.5\sim1.2)U_N$ 范围内，测取 6～8 组数据，同时应注意在 $U_0=U_N$ 点测取一组数据，并在该点附近多测几组数据，将实验数据记录在表 3-11 中。

表 3-11　三相电力变压器空载实验数据记录表

测量参数	1	2	3	4	5	6	7	8	9
U_0/V									
I_0/A									
P_1/W									
P_2/W									
P_0/W									

表中 P_1、P_2 分别为功率表 W_1 和 W_2 的测量功率值，且有 $P_0=P_1+P_2$。

4. 三相电力变压器短路实验

三相电力变压器短路实验原理接线图如图 3-14 所示。

实验开始时，应先将三相自耦变压器置于最小输出电压位置，然后合上开关 Q，调节三相自耦变压器的输出电压，使加入电力变压器高压线圈中的短路电流达到其额定电流的 1.1 倍，即 $I_k=1.1I_N$，记录此时的短路电压 U_k、短路电流 I_k 和短路功率 P_1、P_2，然后逐渐减小三相自耦变压器的输出电压，在 I_k 为 $(0.5\sim1.1)I_N$ 范围内，测取 4～6 组

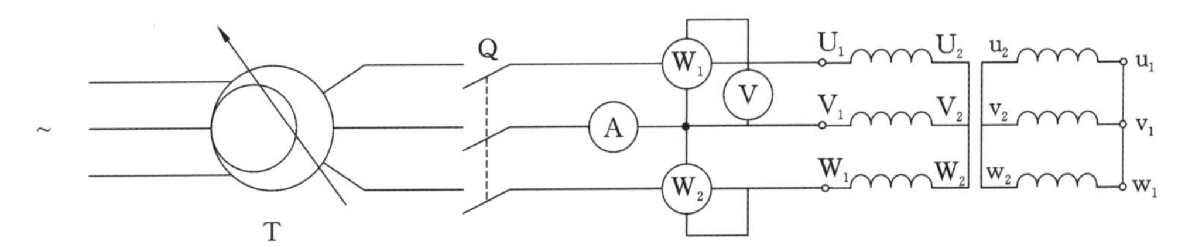

图 3-14　三相电力变压器短路实验原理接线图

数据。同时，在 $I_k=U_N$ 点必须测取数据。短路实验应尽快进行，否则，线圈发热将引起线圈电阻变大。实验完成时应同时记录电力变压器周围的环境温度 θ(℃)，以此作为实验时线圈的实际温度。将实验数据记录在表 3-12 中。

表 3-12　三相电力变压器短路实验数据记录表

测量参数	1	2	3	4	5	6	7	8
U_k/V								
I_k/A								
P_1/W								
P_2/W								
P_k/W								

表中 P_1、P_2 分别为功率表 W_1 和 W_2 的测量功率值，且有 $P_k=P_1+P_2$。

三相电力变压器短路实验数据的处理可参考单相电力变压器短路实验数据的处理方法，只是需要注意三相与单相实验时线电压与相电压、三相短路功率与单相短路功率的差别。

3.2.2 电力变压器连接组别实验

1. 测定相间极性

用万用表电阻档测量三相心式电力变压器的 12 个出线端之间通断情况及电阻大小，能够测量出电阻值，且阻值大的为高压线圈，将高压绕组出线端导线编号暂定标记为 U_1、V_1、W_1、U_2、V_2、W_2。

按图 3-15 接线，将 V_2、W_2 用导线相连，在第一相施加约 50%U_N 的低电压，用电压表测出电压 $U_{V_1W_1}$、$U_{V_1V_2}$ 和 $U_{W_1W_2}$。若 $U_{V_1W_1}=U_{V_1V_2}-U_{W_1W_2}$，则首末端标记正确；若 $U_{V_1W_1}=U_{V_1V_2}+U_{W_1W_2}$，则说明标记错误，必须将第二相、第三相两相中任意一相线圈的首末标记互换。然后用同样方法，将第二相、第三相两相中任一相施加电压，另外两相末端相连，确定另一相首、末端，最后进行正式相间极性标记。

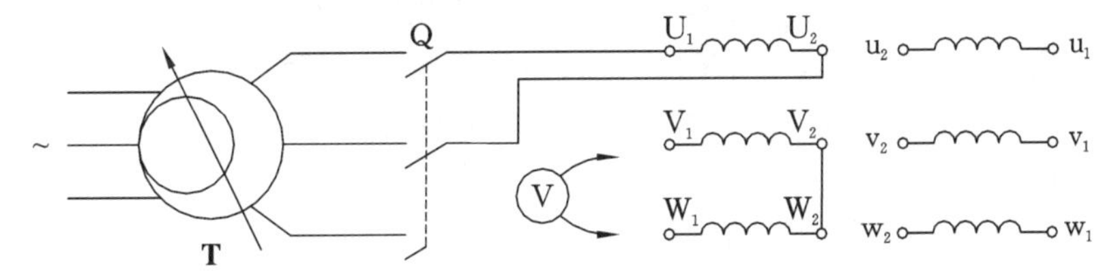

图 3-15　测定相间极性实验原理接线图

2. 测定一次、二次侧极性

将低压绕组出线端导线编号暂定标记为 u_1、v_1、w_1、u_2、v_2、w_2。按图 3-16 接线，一次、二次侧中性点用导线相连，高压三相绕组施加 50%的额定电压，测出电压 $U_{U_1U_2}$、$U_{V_1V_2}$、$U_{W_1W_2}$、$U_{u_1u_2}$、$U_{v_1v_2}$、$U_{w_1w_2}$、$U_{U_1u_1}$、$U_{V_1v_1}$、$U_{W_1w_1}$ 的值。若 $U_{U_1u_1}=U_{U_1U_2}-U_{u_1u_2}$，则 $U_{U_1U_2}$ 与 $U_{u_1u_2}$ 相同，第一相高、低压绕组同柱，且首端 U_1 与 u_1 点为同极性；若 $U_{U_1u_1}=U_{U_1U_2}+U_{u_1u_2}$，则 U_1 与 u_1 为异极性。用同样方法可判别出第二相与第三相的一次、二次侧极性。测定后，根据国家标准规定，把低压绕组各相首末端作正式一次、二次极性标记。

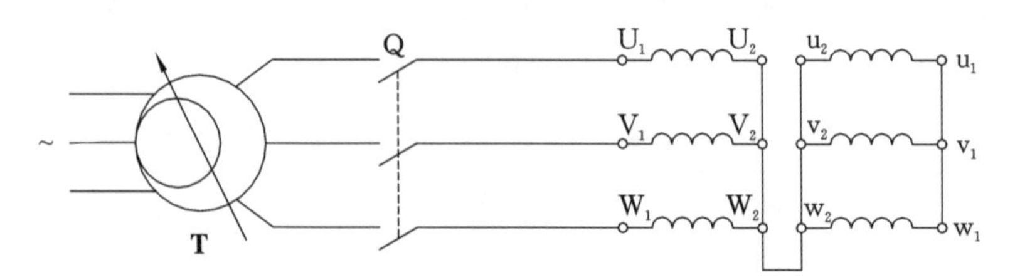

图 3-16 测定一次、二次侧极性实验原理接线图

3. 校验连接组

图 3-17 为 Y、y0 连接组校验实验原理接线图。

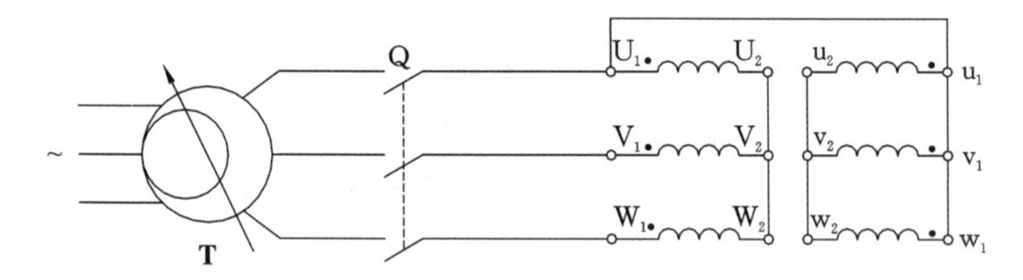

图 3-17 Y、y0 连接组校验实验原理接线图

按图接好线，将 U_1、u_1 用导线连接，先将三相自耦变压器输出置于电压最小位置，合上开关 Q，然后调节三相自耦变压器的输出电压，对电力变压器高压侧施加三相对称的额定电压，测取电压 $U_{U_1V_1}$、$U_{u_1v_1}$、$U_{V_1v_1}$、$U_{W_1w_1}$、$U_{V_1w_1}$。

根据 Y、y0 连接组的电压相量图可知：

$$U_{V_1v_1}=U_{W_1w_1}=(K-1)U_{u_1v_1} \tag{3-16}$$

$$U_{V_1W_1}=U_{u_1v_1}\sqrt{K^2-K+1} \tag{3-17}$$

式中，K 为高、低压绕组的线电压之比，$K=U_{U_1V_1}/U_{u_1v_1}$。

若实测电压 $U_{V_1v_1}$、$U_{W_1w_1}$ 和 $U_{V_1w_1}$ 与用式(3-16)和式(3-17)计算所得数值基本相同，则表示绕组连接正确，属于 Y，y0 连接组。

当电力变压器绕组连接开关 Q 的方式发生变化时，可校验其他连接组的正确与否，图 3-18 给出 Y、d11，Y、y6 和 Y、d5 连接组的实验原理接线图。

按照 Y、y0 连接组实验方法，对其他连接组实验也同样在高压侧施加三相对称的额定电压，分别测取 $U_{U_1V_1}$、$U_{u_1v_1}$、$U_{V_1v_1}$、$U_{W_1w_1}$、$U_{V_1w_1}$。

根据 Y、d11 连接组的相量图可得

$$U_{V_1v_1}=U_{W_1w_1}=U_{u_1v_1}\sqrt{K^2-\sqrt{3}K+1} \tag{3-18}$$

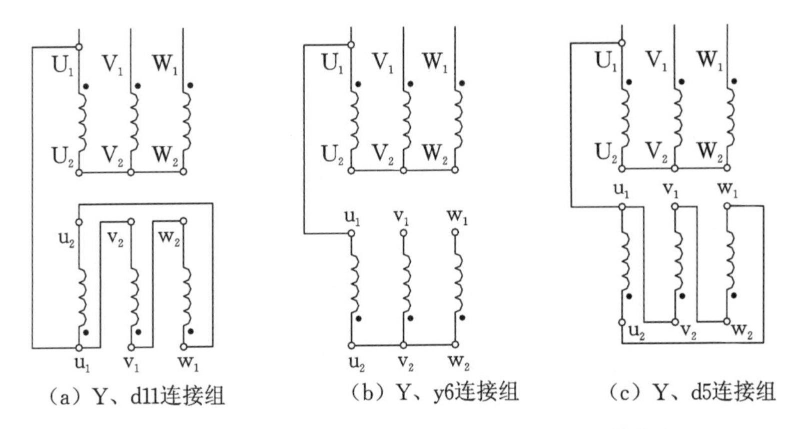

图 3-18 Y、d11,Y、y6 和 Y、d5 **连接组实验原理接线图**

$$U_{V_1w_1}=U_{u_1v_1}\sqrt{K^2-\sqrt{3}K+1} \tag{3-19}$$

若实测电压 $U_{V_1v_1}$、$U_{W_1w_1}$ 和 $U_{V_1w_1}$ 与用式(3-18)和式(3-19)计算得到的数值基本相同,说明绕组连接正确,属于 Y、d11 连接组。

根据 Y、y6 连接组的电压相量图可得

$$U_{V_1v_1}=U_{W_1w_1}=(K+1)U_{u_1v_1} \tag{3-20}$$

$$U_{V_1w_1}=U_{u_1v_1}\sqrt{K^2+K+1} \tag{3-21}$$

若实测电压 $U_{V_1v_1}$、$U_{W_1w_1}$ 和 $U_{V_1w_1}$ 与用式(3-20)和式(3-21)计算所得数值基本相同,说明绕组连接正确,属于 Y、y6 连接组。

根据 Y、d5 连接组的电压相量图可得

$$U_{V_1v_1}=U_{W_1w_1}=U_{u_1v_1}\sqrt{K^2+\sqrt{3}K+1} \tag{3-22}$$

$$U_{V_1w_1}=U_{u_1v_1}\sqrt{K^2+\sqrt{3}K+1} \tag{3-23}$$

若实测电压 $U_{V_1v_1}$、$U_{W_1w_1}$ 和 $U_{V_1w_1}$ 与用式(3-22)和式(3-23)计算所得数值基本相等,则说明绕组连接正确,属于 Y、d5 连接组。

3.2.3 电力变压器负载特性实验

1. 单相电力变压器负载实验

单相电力变压器负载实验原理接线图如图 3-19 所示。

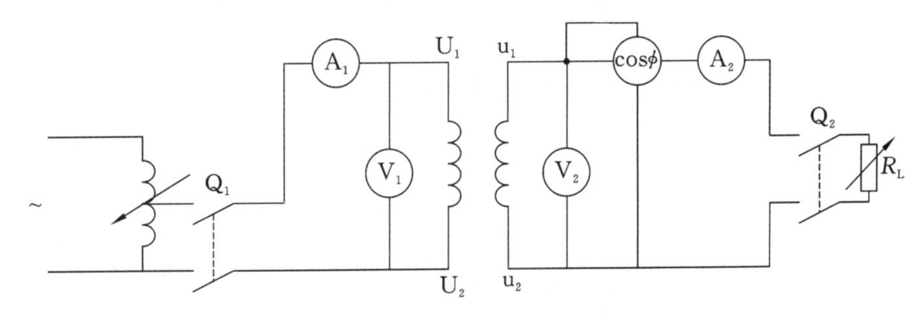

图 3-19 单相电力变压器负载实验原理接线图

(1) 纯电阻负载实验。按图 3-19 接好线后,先将可变电阻器 R_L 调至电阻值最大位置，将自耦变压器 T 置于输出电压最小位置。合上开关 Q_1，调节自耦变压器，使其输出电压 U_1 等于电力变压器一次侧的额定电压 U_{1N}，合上开关 Q_2，在保持 $U_1=U_{1N}$ 的条件下，逐渐减小负载电阻 R_L 的阻值，增加负载电流 I_2，在负载电流 I_2 从零到二次侧额定电流值的范围内，记录负载电流 I_2 及对应的二次侧的输出电压 U_2，测取 7～8 组数据（包括 $I_2=I_{2N}$ 点），将实验数据记录在表 3-13 中。

表 3-13　单相电力变压器纯电阻负载实验数据记录表

测量参数	1	2	3	4	5	6	7	8
I_2/A								
U_2/V								

（2）电感性负载实验。实验线路同上，只是负载由纯电阻变成了电阻与电抗器并联（或串联）组成电力变压器的电感性负载。

实验操作过程也与纯电阻负载实验一样，但所测数据 I_2 和 U_2 必须是在保持 $U_1=U_{1N}$ 和 $\cos\phi=0.8$ 不变的条件下进行的，将实验数据记录在表 3-14 中。

表 3-14　单相电力变压器电感性负载实验数据记录表

测量参数	1	2	3	4	5	6	7	8
I_2/A								
U_2/V								

通过实验测量数据，可绘出相应电感性负载性质下的外特性曲线，也可计算出单相电力变压器的电压变化率等参数。

2. 三相电力变压器负载实验

三相电力变压器负载实验原理接线图如图 3-20 所示。

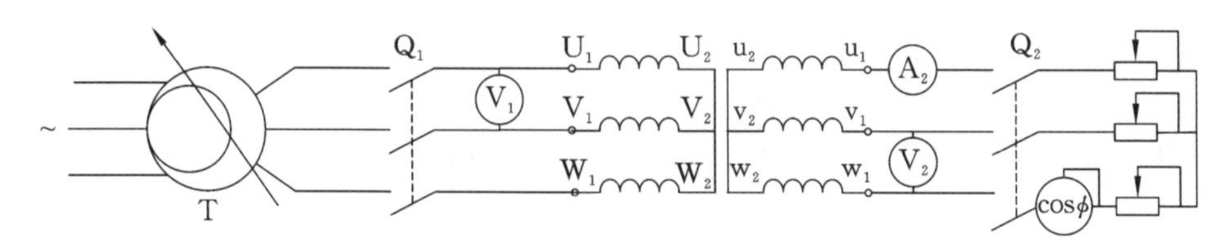

图 3-20　三相电力变压器负载实验原理接线图

（1）纯电阻负载实验。按图 3-20 接好线后，先将自耦变压器置于输出电压为最小的位置，将纯电阻负载 R_L 调到电阻值最大的位置。合上开关 Q_1，调节三相自耦变压器，使其输出电压 U_1 等于三相电力变压器一次侧的额定电压 U_{1N}，合上开关 Q_2，在保持 $U_1=U_{1N}$ 的条件下，逐渐减小负载电阻 R_L 的阻值，增加负载电流 I_2，在负载电流 I_2 从零到二次侧的额定电流值的范围内，记录负载电流 I_2 及对应的二次侧输出电压 U_2，测取 5～6 组数据（包括 $I_2=I_{2N}$ 点），将实验数据记录在表 3-15 中。

表 3-15 三相电力变压器纯电阻负载实验数据记录表

测量参数	1	2	3	4	5	6	7	8
I_2/A								
U_2/V								

(2) 电感性负载实验($\cos\phi=0.8$)。在以上纯电阻负载实验线路中再增加一个三相可变电抗器 L,并将它与可变电阻器并联(或串联),共同组成电力变压器的电感性负载 R_L,同时,为了监视和保持负载功率因数,须在负载端加接功率因数表。

实验操作过程与纯电阻负载实验基本一样,但所测数据必须是在保持 $U_1=U_{1N}$ 和 $\cos\phi=0.8$ 不变的条件下进行的,将实验数据记录在表 3-16 中。

表 3-16 三相电力变压器电感性负载实验数据记录表

测量参数	1	2	3	4	5	6	7	8
I_2/A								
U_2/V								

通过实验测量的数据,可绘出相应电感性负载性质下的外特性曲线,也可计算出三相电力变压器的电压变化率等参数。

3.2.4 模型变压器阻抗参数测定实验

模型变压器的短路电抗值是可以调节的,目的是为了模拟短路电抗不同的变压器,因此模型变压器需要进行专门设计。为了使短路电抗能在较大范围内调整,一般采用磁分路法,即在模型变压器高低压绕组之间,插入由硅钢片构成的磁分路,改变漏磁磁路的磁阻,从而改变短路电抗值。例如,某 15 kV·A 模型变压器采用三台单相 5 kV·A 模型变压器组成,每台单相变压器采用三绕组形式,主要电压比为 $\frac{800}{\sqrt{3}}/\frac{400}{\sqrt{3}}/210$,短路阻抗压降在 10%～32%之间可调节;而某 30 kV·A 模型变压器,也是采用三台单相 10 kV·A 模型变压器组成,每台单相变压器采用双绕组形式,并在高压绕组上有自耦抽头使电压比为 $\frac{1000}{\sqrt{3}}/\frac{400}{\sqrt{3}}/400$,短路阻抗压降在 10%～32%之间可调节。上述变压器的中压侧电压等级与低压侧一样,这是为了带负荷方便,即通用性强。

1. 变压器正序阻抗测试实验

变压器正序阻抗测试实验接线图如图 3-21 所示。

无穷大电源经被测变压器,在低压侧进行短时突然三相短路,通过故障录波仪记录三相电流、电压的故障波形。在故障波形中取值时,应避开非周期分量,取故障前和故障后稳态时电流及电压相量值,即可计算出一次侧变压器正序阻抗:

$$\dot{Z}_1=\frac{1}{3}\frac{K_U}{K_I}\left(\frac{\dot{U}_a}{\dot{I}_a}+\frac{\dot{U}_b}{\dot{I}_b}+\frac{\dot{U}_c}{\dot{I}_c}\right) \tag{3-24}$$

式中,K_U 为电压互感器变比;K_I 为电流互感器变比。

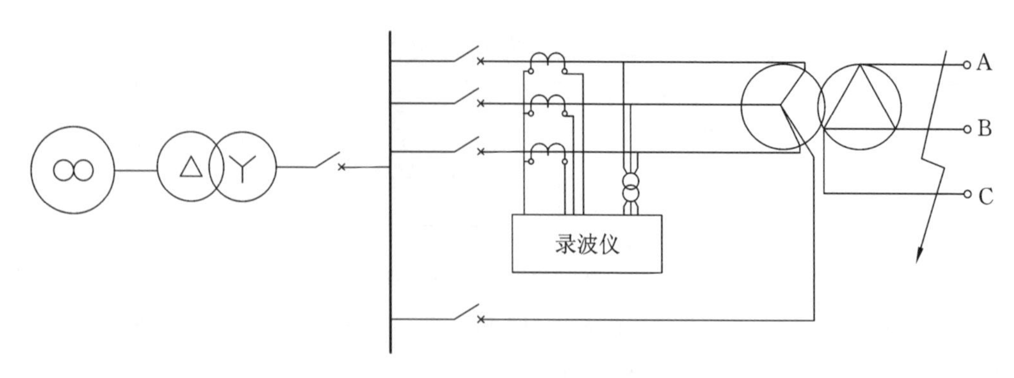

图 3-21 变压器正序阻抗测试实验接线图

2. 变压器零序阻抗测试实验

变压器零序阻抗测试实验接线图如图 3-22 所示。

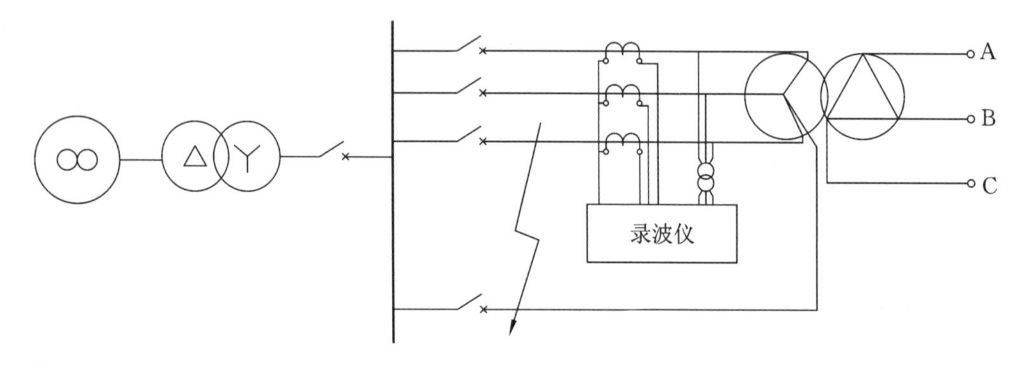

图 3-22 变压器零序阻抗测试实验接线图

测量方法:变压器低压侧开路,在变压器高压内侧分别进行 A、B、C 单相短时接地短路,通过故障录波仪记录电流、电压的故障波形。在故障波形中取值时,应避开非周期分量,并分别取零序电压和零序电流的稳态量相量值,即可计算出一次侧变压器零序阻抗为

$$\dot{Z}_0=\frac{1}{3}\frac{K_U}{K_I}\left(\frac{3\dot{U}_{a0}}{3\dot{I}_{a0}}+\frac{3\dot{U}_{b0}}{3\dot{I}_{b0}}+\frac{3\dot{U}_{c0}}{3\dot{I}_{c0}}\right) \tag{3-25}$$

式中,K_U 为电压互感器变比;K_I 为电流互感器变比。

3.2.5 模型变压器阻抗参数测定实例

针对华中科技大学动模实验室 02T 主变压器进行变压器参数测试实验。该 15 kV·A 模型变压器是采用三台单相 5 kV·A 模型变压器组成,每台单相变压器采用三绕组形式,主要电压比为 $\frac{800}{\sqrt{3}}/\frac{800}{\sqrt{3}}/210$,测试变压器高压侧对低压侧、高压侧对中压侧的短路阻抗,高压侧的零序阻抗。5 kV·A 模型变压器绕组接线图如图 3-23 所示。

实验中改变变压器分接头会造成差动回路电流不平衡,因此在变压器高压侧、中压侧绕组出线端设有很多分接头,并且分接头可与低压侧 1.67%、3.33%、8.33%、21.4% 的抽头相配合,改变变压器电压比,同时低压侧可实现 1.67%、3.33%、5.0%、

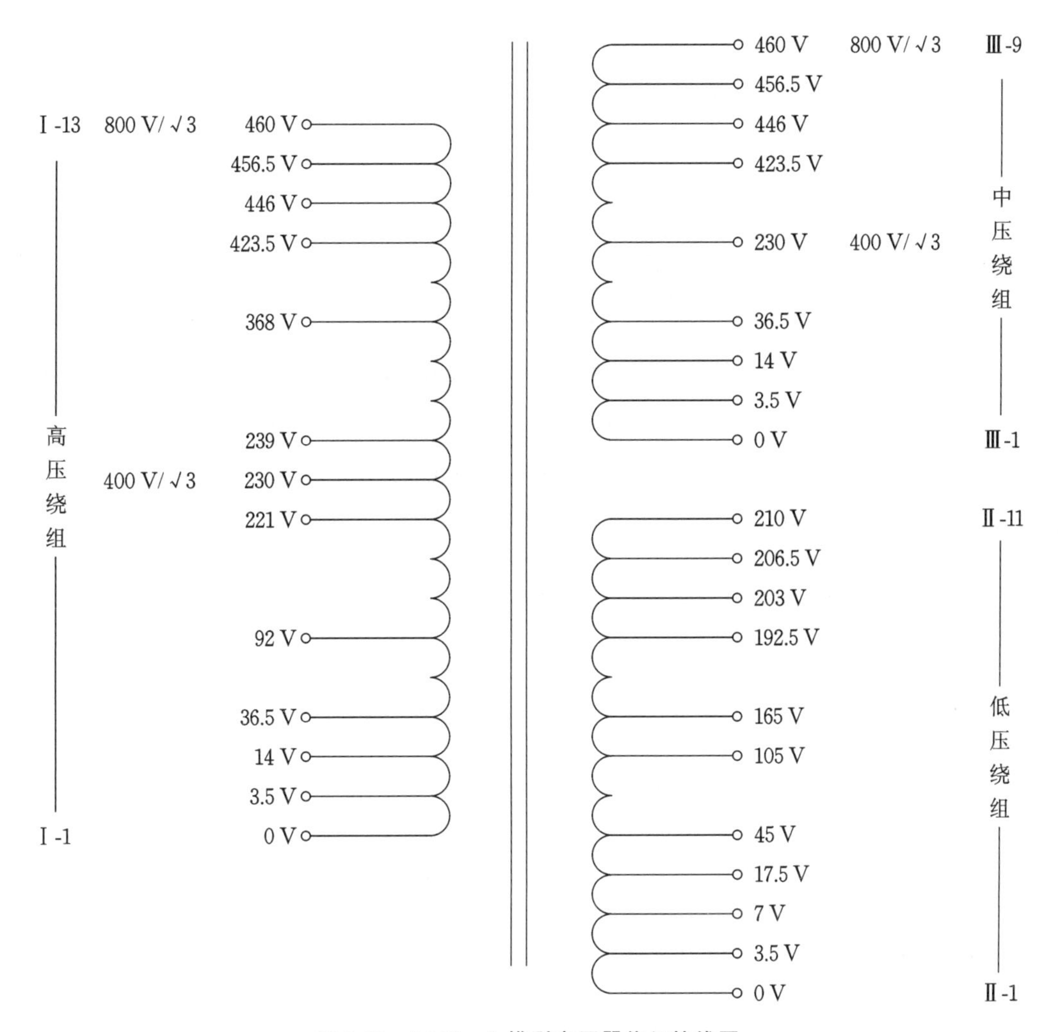

图 3-23 5 kV·A 模型变压器绕组接线图

13.09%、28.57%、41.67%、50%等匝间短路。

在高压侧绕组抽了 11 个抽头、中压侧绕组抽了 9 个抽头，可以进行 0.76%、2.28%、3.04%、4.89%、7.17%、7.93%、42.07%、46.96%、49.23%、50%等匝间短路实验，中压侧绕组中部的 50%设有抽头，可以作为自耦变压器接 380 V 负荷。

三绕组模拟变压器参数测试实验接线图如图 3-24 所示，该模型是 21 W 无穷大电源经 67XL 输电线路向 02T 模拟变压器供电，67XL 主要起限流作用，避免短路电流过大，在变压器的高压内侧、低压内侧、中压内侧，分别设有故障点“高内”“低内”“中内”，在发电机高压母线上设有短路点“D12”。

实验采集的电流、电压信号来自变压器高压侧电流互感器 TA2、电压互感器 TV2，电流互感器电流比为 20 A/5 A、电压互感器电压比为 800 V/100 V。变压器高压侧额定电流为 10.83 A、额定相电压为 461.88 V。

实验前先将三相的短路阻抗调整平衡，调整无穷大电源到额定的 800 V，然后向变压器高压侧送电，即合无穷大 21QF 开关、线路 QF41 与 QF42 开关、变压器高压 02QF 开关（变压器的低压 02KM、中压 02QFM 开关不要合闸）。

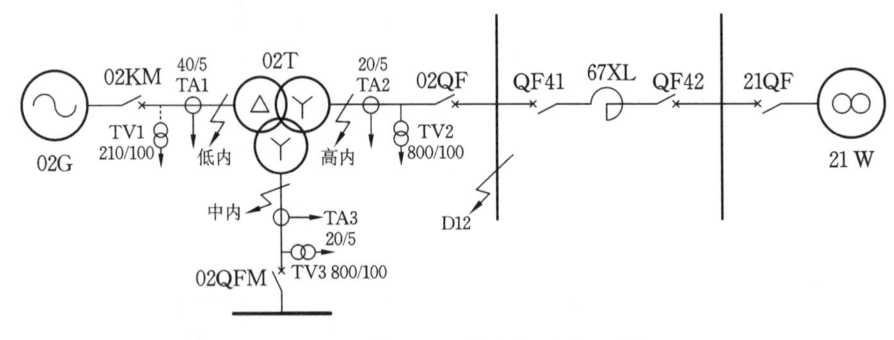

图 3-24　三绕组模拟变压器参数测试实验接线图

分别进行了变压器低压内侧三相短路(录波图见图 3-25)、中压内侧三相短路(录波图见图 3-26)、高压母线单相短路(A 相短路录波图见图 3-27)实验，录波记录稳态短路某时刻的 A、B、C 各相的二次电压、电流有效值和角度，分别填入表 3-17～表 3-19 中(表中电压单位为 V，电流单位为 A，阻抗单位为 Ω，$\angle\theta$ 单位为°)，再计算出各相阻抗和一次侧平均阻抗值，并填写在相应的表格中。

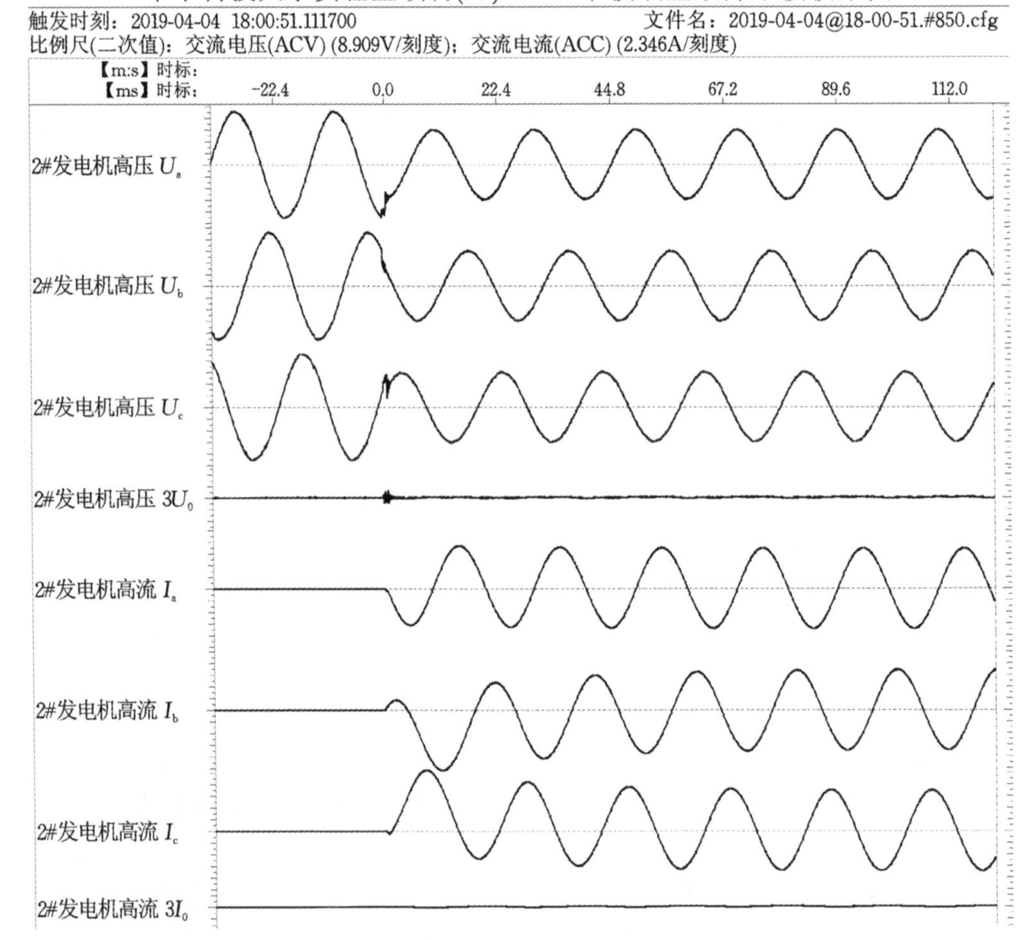

图 3-25　变压器低压内侧三相短路录波图

表 3-17 变压器低压内侧三相短路的数据和计算表

02T	U		I		Z		Z	
	$\|U\|$	$\angle\theta$	$\|I\|$	$\angle\theta$	$\|Z\|$	$\angle\theta$	r	jx
A	37.397	84.925	11.443	1.593	3.268	83.332	0.379	3.246
B	37.302	−34.879	11.459	−118.938	3.255	84.059	0.337	3.238
C	37.234	−154.946	11.476	120.980	3.245	84.074	0.335	3.228
	TV 电压比		800/100		正序电抗 Z_1/Ω			
	TA 电流比		20/5					
三相短路录波号			20190404180051		r	jx	$\|Z\|$	$\angle\theta$
					0.71	6.474	6.512	83.83

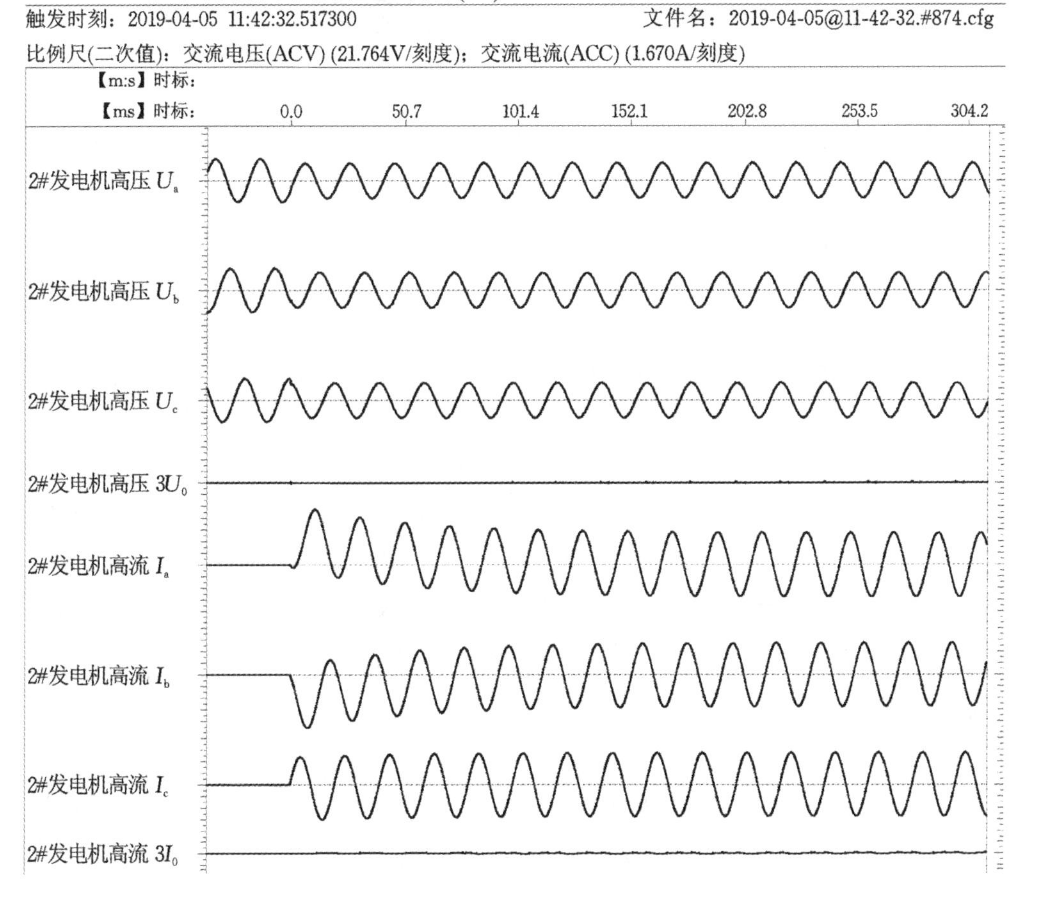

图 3-26 变压器中压内侧三相短路录波图

表 3-18 变压器中压内侧三相短路的数据和计算表

02T	U		I		Z		Z	
	$\|U\|$	$\angle\theta$	$\|I\|$	$\angle\theta$	$\|Z\|$	$\angle\theta$	r	jx
A	46.208	88.484	6.460	1.002	7.153	87.482	0.257	7.146
B	46.199	−31.554	6.452	−119.491	7.160	87.937	0.258	7.155
C	46.146	−151.51	6.460	120.419	7.143	88.067	0.241	7.139
	TV 电压比		800/100		正序电抗 Z_1/Ω			
	TA 电流比		20/5					
三相短路录波号			20190405114232		r	jx	$\|Z\|$	$\angle\theta$
					0.504	14.293	14.302	87.98

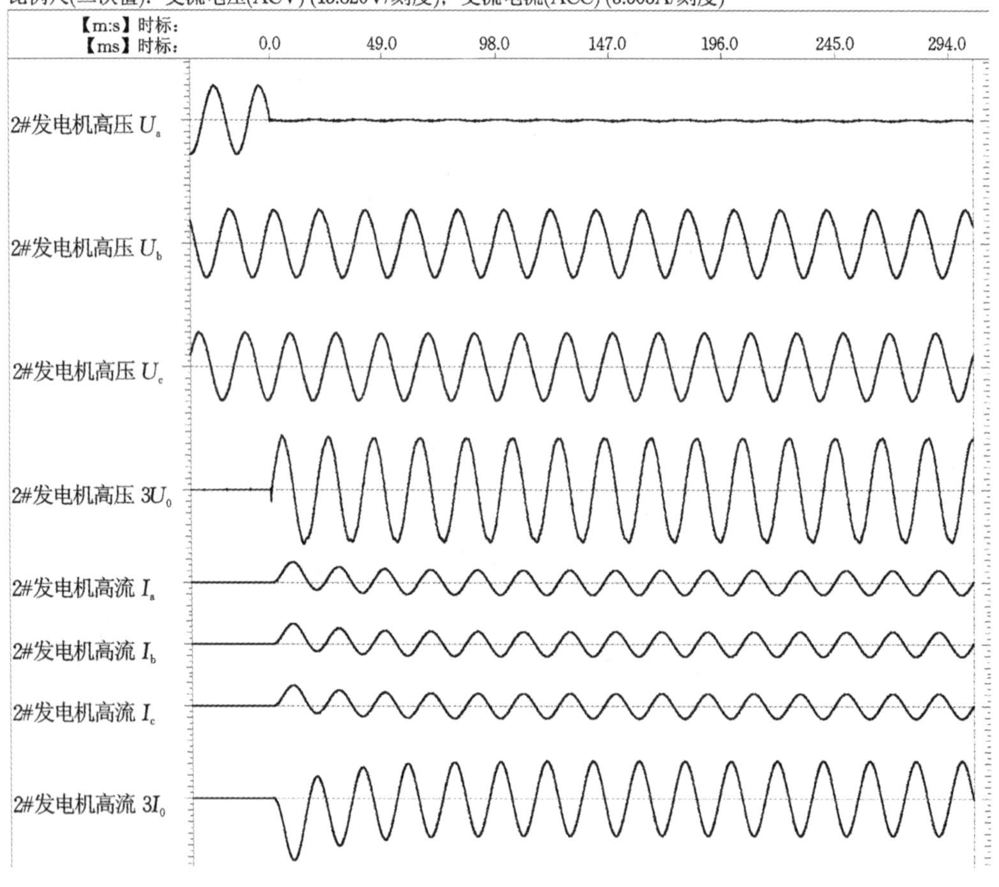

图 3-27 变压器高压母线 A 相短路录波图

表 3-19 变压器高压侧单相短路的数据和计算表

<table>
<tr><td rowspan="2">02T</td><td colspan="2">$3U_0$</td><td colspan="2">$3I_0$</td><td colspan="2">Z</td><td colspan="2">Z</td></tr>
<tr><td>$|U|$</td><td>$\angle\theta$</td><td>$|I|$</td><td>$\angle\theta$</td><td>$|Z|$</td><td>$\angle\theta$</td><td>r</td><td>jx</td></tr>
<tr><td>A</td><td>89.089</td><td>−95.782</td><td>15.719</td><td>0.563</td><td>5.668</td><td>83.655</td><td>0.626</td><td>5.633</td></tr>
<tr><td>B</td><td>89.167</td><td>−96.333</td><td>15.737</td><td>0.019</td><td>5.666</td><td>83.648</td><td>0.627</td><td>5.631</td></tr>
<tr><td>C</td><td>89.159</td><td>−96.085</td><td>15.757</td><td>0.326</td><td>5.658</td><td>83.589</td><td>0.632</td><td>5.623</td></tr>
<tr><td colspan="3">A 相短路录波号</td><td colspan="2">20190404180138</td><td colspan="4" rowspan="2">零序电抗 Z_0/Ω
TV:800/100*$\sqrt{3}$ TA:20/5</td></tr>
<tr><td colspan="3">B 相短路录波号</td><td colspan="2">20190404180302</td></tr>
<tr><td colspan="3" rowspan="2">C 相短路录波号</td><td colspan="2" rowspan="2">20190404180538</td><td>r</td><td>jx</td><td>$|Z|$</td><td>$\angle\theta$</td></tr>
<tr><td>0.725</td><td>6.50</td><td>0.632</td><td>83.23</td></tr>
</table>

由表 3-17 数据计算得

02T 变压器高压—低压短路阻抗 $Z_{k12}=6.512\angle 83.83°\Omega$

高压相对于低压阻抗电压

$$U_{k12}=Z_{k12}\frac{I_N}{U_N}\times 100\%=6.512\times\frac{10.83}{461.88}\times 100\%\approx 15.27\%$$

由表 3-18 数据计算得

02T 变压器高压—中压短路阻抗 $Z_{k13}=14.302\angle 87.98°\Omega$

高压相对于中压阻抗电压

$$U_{k13}=Z_{k13}\frac{I_N}{U_N}\times 100\%=14.302\times\frac{10.83}{461.88}\times 100\%\approx 33.53\%$$

由表 3-19 数据计算得

02T 变压器零序阻抗 $Z_0=6.54\angle 83.63°\Omega$

3.3 模型输电线路实验

输电线路是电力系统的重要组成部分，它的电气参数主要是指其工频量参数，包括正序阻抗、负序阻抗、零序阻抗、正序电容和零序电容等，对于同杆架设的多回路或距离较近、平行段较长的线路，还需测量耦合电容和互感阻抗。

在实际工程中，目前国内外有很多种测量线路工频参数的方法：按照实现手段来分，大体可以分为仪表法、数字法、在线测量法等三种基本方法；按照测量原理来分，可以分为基于变频原理的线路参数测试、基于同步相量测量的线路参数在线计算、基于GPS 的互感线路零序参数带电测量、非全相运行情况下的参数在线估计等方法。不同原理和方法各有其适用范围和优缺点。例如，采用变频法对线路工频参数进行测试，可以进一步消除工频干扰对输电线路工频参数测试结果的影响。

在动模实验室测量线路参数，没有环境的电磁干扰和地理位置影响，测量方法比较多，其中最方便快捷的方法是结合动模实验室现有设备采用故障录波仪测试分析。应用这种方法，实验前需要用 0.2 级以上标准源对故障录波仪和互感器进行精度校验，确保其数据准确性。

电力系统正常运行时，电源是对称的，所以需要测量工频参数时，所用的实验电源必须是对称的，必须与变电站的工作电源隔离，通常使用隔离变压器隔离。

下面介绍在动模实验室利用三相对称的无穷大电源对模型输电线路进行的实验测试。

3.3.1 模型线路正序阻抗测定实验

模型线路正序阻抗测试实验接线图如图 3-28 所示。

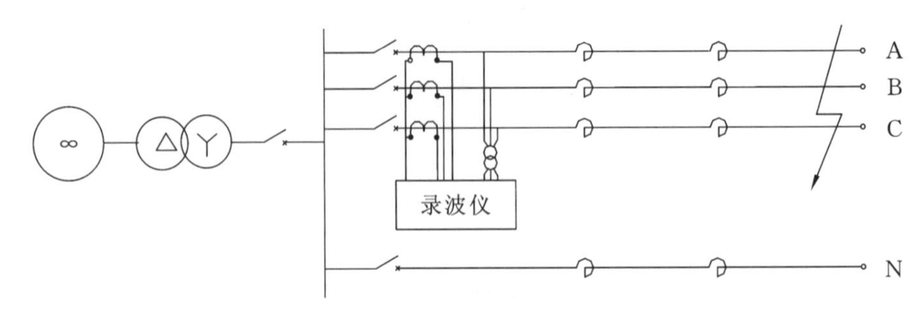

图 3-28 模型线路正序阻抗测试实验接线图

线路末端进行短时三相短路，在始端施加三相工频电压，测量始端稳态电流及电压相量值，即可计算出正序阻抗

$$\dot{Z}_1=\frac{1}{3}\frac{K_U}{K_I}\left(\frac{\dot{U}_a}{\dot{I}_a}+\frac{\dot{U}_b}{\dot{I}_b}+\frac{\dot{U}_c}{\dot{I}_c}\right)$$

式中，K_U 为电压互感器电压比；K_I 为电流互感器电流比。

3.3.2 模型线路零序阻抗测定实验

模型线路零序阻抗测试实验接线图如图 3-29 所示。

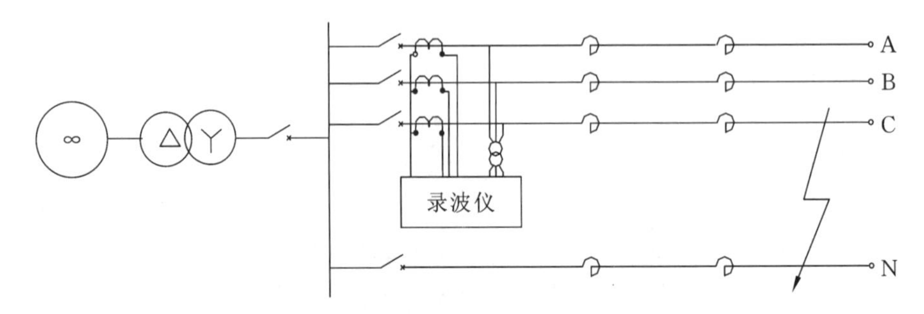

图 3-29 模型线路零序阻抗测试实验接线图

在始端施加三相工频电压，线路末端分别进行单相短路，测量始端对应相的稳态电流及电压相量值，即可计算出该相阻抗为

$$\dot{Z}_{\phi A}=\frac{\dot{U}_A}{\dot{I}_A},\quad \dot{Z}_{\phi B}=\frac{\dot{U}_B}{\dot{I}_B},\quad \dot{Z}_{\phi C}=\frac{\dot{U}_C}{\dot{I}_C}$$

则零序阻抗为

$$\dot{Z}_0=3\dot{Z}_\phi-2\dot{Z}_1=\frac{K_U}{K_I}(\dot{Z}_{\phi A}+\dot{Z}_{\phi B}+\dot{Z}_{\phi C})-2Z_1$$

式中，K_U 为电压互感器电压比；K_I 为电流互感器电流比。

3.3.3 模型线路容抗测定实验

模型线路容抗测试实验接线图如图 3-30 所示。

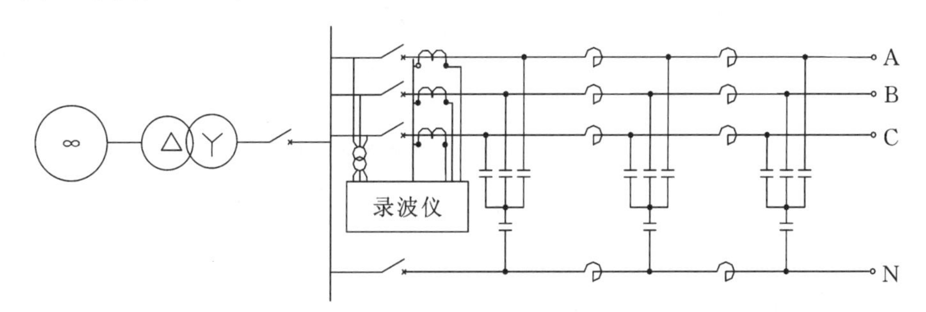

图 3-30 模型线路容抗测试实验接线图

线路正序容抗测量方法如下：线路两侧均开路，在始端加三相工频电压（合上三相开关），测量始端稳态电流及电压相量值，即线路正序容抗为

$$\dot{Z}_{C1}=\frac{1}{3}\frac{K_U}{K_I}\left(\frac{\dot{U}_a}{\dot{I}_a}+\frac{\dot{U}_b}{\dot{I}_b}+\frac{\dot{U}_c}{\dot{I}_c}\right)$$

式中，K_U 为电压互感器电压比；K_I 为电流互感器电流比。

线路零序容抗测量方法如下：线路两侧均开路，在始端加单相工频电压（见图 3-30 合上 C、N 相开关），测量始端对应相的稳态电流及电压相量值，可计算出每相线路的零序容抗为

$$\dot{Z}_{CA}=\frac{\dot{U}_A}{\dot{I}_A},\quad \dot{Z}_{CB}=\frac{\dot{U}_B}{\dot{I}_B},\quad \dot{Z}_{CC}=\frac{\dot{U}_C}{\dot{I}_C}$$

则该相零序容抗为

$$\dot{Z}_{C0}=3\dot{Z}_{C\phi}-2\dot{Z}_{C1}=\frac{K_U}{K_I}(\dot{Z}_{CA}+\dot{Z}_{CB}+\dot{Z}_{CC})-2Z_{C1}$$

式中，K_U 为电压互感器电压比；K_I 为电流互感器电流比。

3.3.4 模型线路参数测定实例

针对华中科技大学动模实验室 76XL 线路进行参数测试实验。其模拟的 500 kV 输电线路为 10 个 π 单元组成，模拟长度为 306 km。在线路 0%、50%、80%、90%、100%处分别设有短路点 K1～K5。

实验采集的电流、电压信号来自 51QF 线路开关电流互感器 TA51、电压互感器 TV51，电流互感器电流比为 10 A/5 A、电压互感器电压比为 800 V/100 V。

1. 76XL 模拟线路阻抗测试（无线路电容器）

将线路电容全部退出，在线路末端设置短路点，76XL 线路实测参数实验接线图如图 3-31 所示。

实验前先送上无穷大电源，调整无穷大电压至额定值，合上 21QF 开关，然后合上 51QF 线路开关，在线路 100%处（K5 点）进行三相短路（录波图见图 3-32）、单相接地短路（A 相短路录波图见图 3-33）实验，录波记录稳态短路某时刻的 A、B、C 各相的二次侧电压、电流有效值和角度，分别填入表 3-20、表 3-21 中（表中，电压单位为 V，电流单位

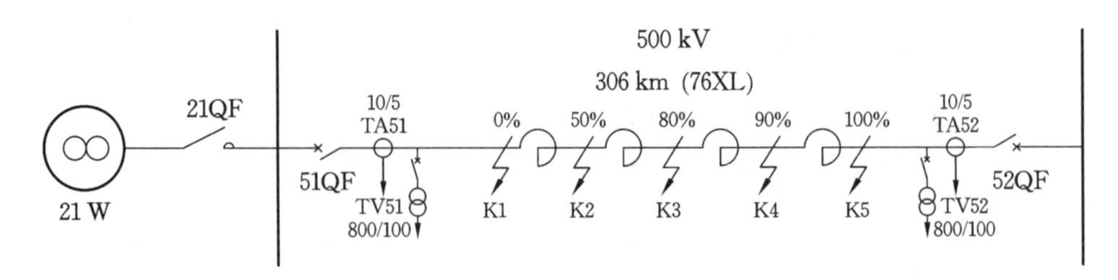

图 3-31 76XL 线路实测参数实验接线图

为 A，阻抗单位为 Ω，∠θ 单位为°)，再计算出各相阻抗和一次侧平均阻抗值，填入相应的表格中。

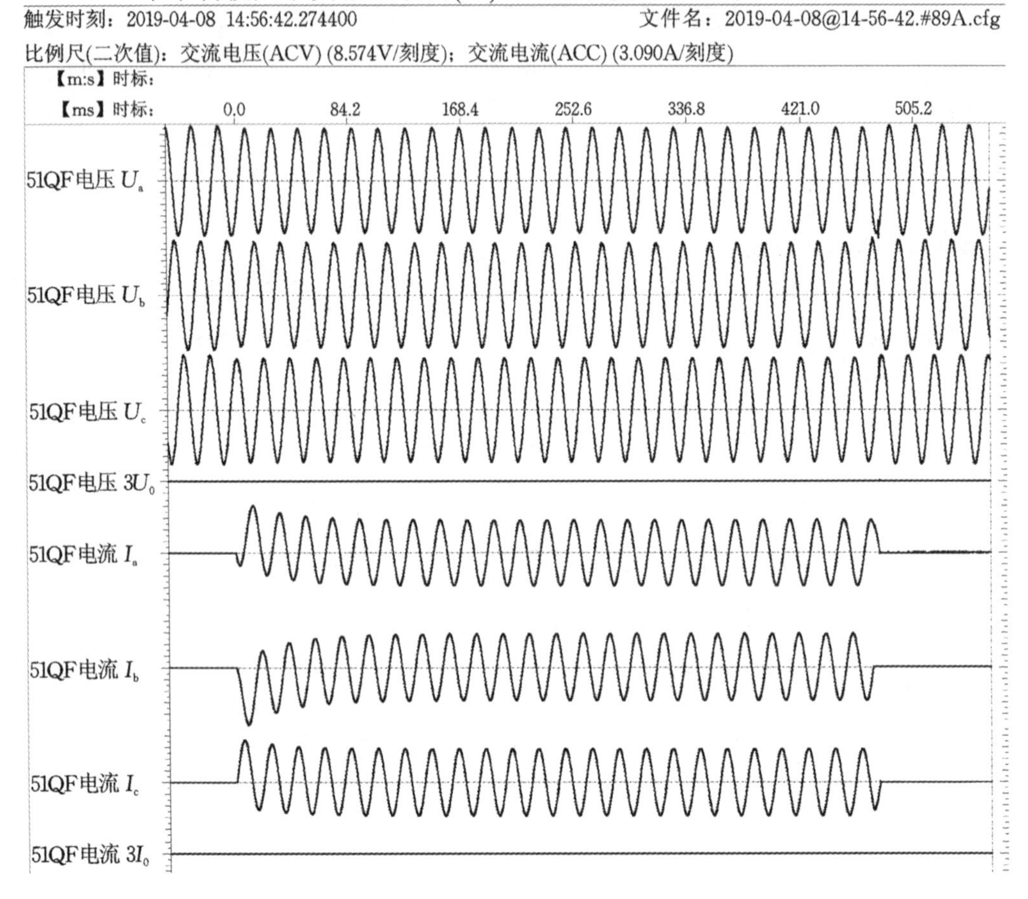

图 3-32 无电容器 76XL 线路末端进行三相短路录波图

表 3-20 无电容器 76XL 线路末端进行三相短路的数据和计算表

76XL	U		I		Z		Z	
	$\|U\|$	$\angle\theta$	$\|I\|$	$\angle\theta$	$\|Z\|$	$\angle\theta$	r	$\mathrm{j}x$
A	54.021	86.494	12.344	0.798	4.377	85.696	0.328	4.364
B	54.048	−33.699	12.577	−118.640	4.297	84.941	0.379	4.281

续表

<table>
<tr><td rowspan="2">76XL</td><td colspan="2">U</td><td colspan="2">I</td><td colspan="2">Z</td><td colspan="2">Z</td></tr>
<tr><td>|U|</td><td>∠θ</td><td>|I|</td><td>∠θ</td><td>|Z|</td><td>∠θ</td><td>r</td><td>jx</td></tr>
<tr><td>C</td><td>53.897</td><td>−153.511</td><td>12.559</td><td>120.159</td><td>4.292</td><td>−273.67</td><td>0.275</td><td>4.283</td></tr>
<tr><td rowspan="2"></td><td colspan="2">TV 电压比</td><td colspan="2">800/100</td><td colspan="4" rowspan="2">正序电抗 Z_1/Ω</td></tr>
<tr><td colspan="2">TA 电流比</td><td colspan="2">10/5</td></tr>
<tr><td colspan="3" rowspan="2">三相短路录波号</td><td colspan="2" rowspan="2">20190408145642</td><td>r</td><td>jx</td><td>|Z|</td><td>∠θ</td></tr>
<tr><td>1.309</td><td>17.236</td><td>17.29</td><td>85.66</td></tr>
</table>

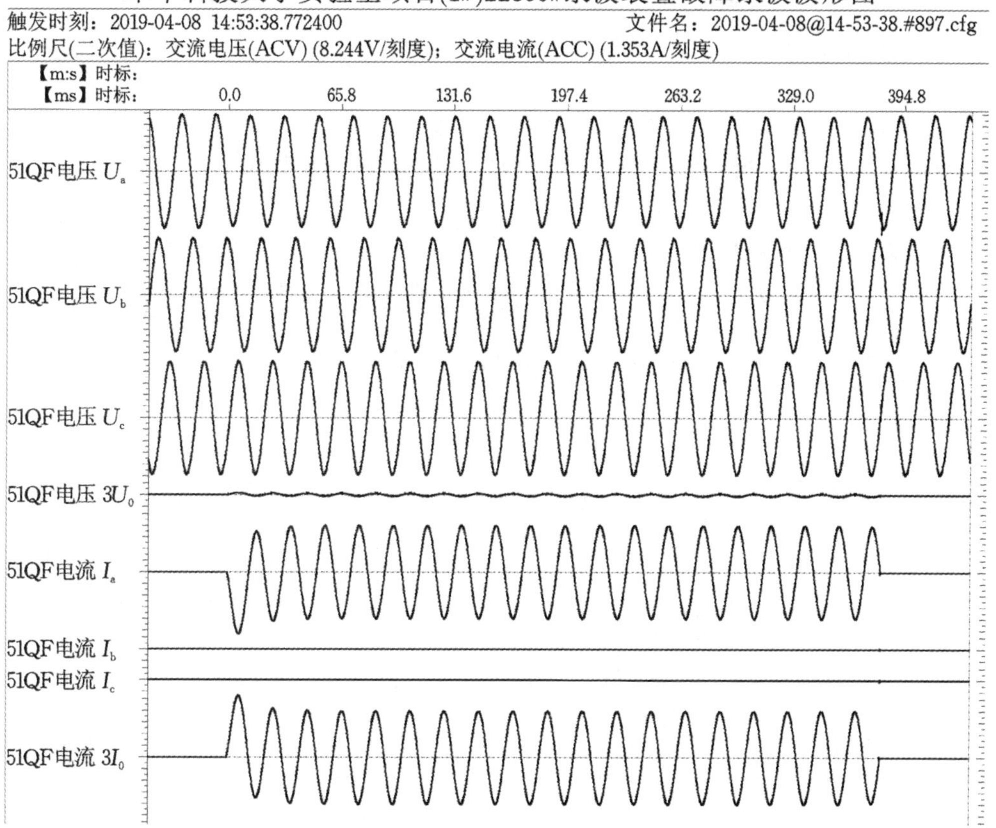

图 3-33 无电容器 76XL 线路末端进行 A 相短路录波图

表 3-21 无电容器 76XL 线路末端进行单相短路的数据和计算表

<table>
<tr><td rowspan="2">76XL</td><td colspan="2">U</td><td colspan="2">I</td><td colspan="2">Z</td><td colspan="2">Z</td></tr>
<tr><td>|U|</td><td>∠θ</td><td>|I|</td><td>∠θ</td><td>|Z|</td><td>∠θ</td><td>r</td><td>jx</td></tr>
<tr><td>A</td><td>55.158</td><td>76.224</td><td>7.647</td><td>0.869</td><td>7.213</td><td>75.355</td><td>1.824</td><td>6.979</td></tr>
<tr><td>B</td><td>55.203</td><td>76.413</td><td>7.850</td><td>1.256</td><td>7.032</td><td>75.157</td><td>1.801</td><td>6.798</td></tr>
<tr><td>C</td><td>54.957</td><td>75.286</td><td>7.810</td><td>0.068</td><td>7.036</td><td>75.218</td><td>1.795</td><td>6.804</td></tr>
</table>

续表

76XL	U		I		Z		Z	
	$\|U\|$	$\angle\theta$	$\|I\|$	$\angle\theta$	$\|Z\|$	$\angle\theta$	r	jx
	TV 电压比		800/100		单相短路测量电抗 Z_ϕ/Ω			
	TA 电流比		10/5					
A 相短路录波号			20190408145338		r	jx	$\|Z\|$	$\angle\theta$
					7.227	27.440	28.376	75.244
B 相短路录波号			20190408145421		零序电抗 Z_0/Ω			
C 相短路录波号			20190408145607		r	jx	$\|Z\|$	$\angle\theta$
					19.063	47.848	51.51	68.28

由以上计算表可知，无电容器的 76XL 线路实测参数为

$$Z_1=17.29\angle 85.66°\Omega,\quad Z_0=51.51\angle 68.28°\Omega$$

2. 76XL 模拟线路阻抗测试（含线路电容器）

将线路电容全部投入，在线路末端设置短路点，实验接线图如图 3-31 所示。

实验前先送上无穷大电源，调整无穷大电压至额定值，合上 21QF 开关，然后合上 51QF 线路开关，在线路 100%处（K5 点）进行三相短路（录波图见图 3-34）、单相接地短

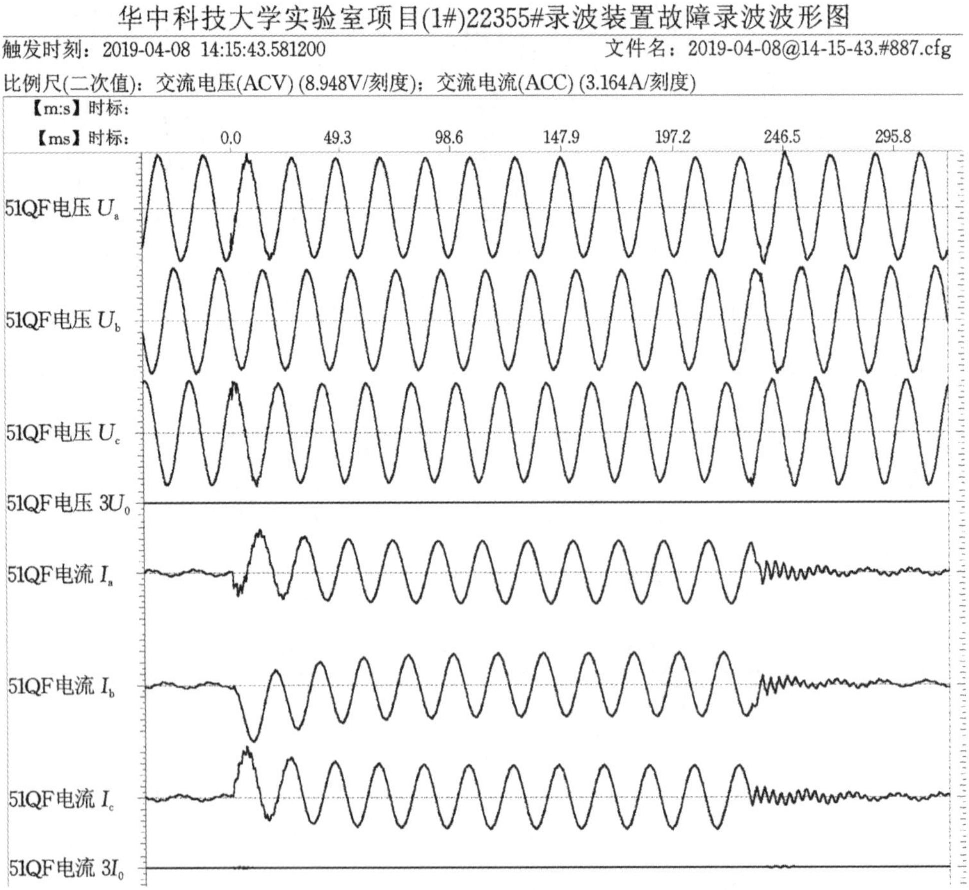

华中科技大学实验室项目(1#)22355#录波装置故障录波波形图

触发时刻：2019-04-08 14:15:43.581200 文件名：2019-04-08@14-15-43.#887.cfg

比例尺(二次值)：交流电压(ACV) (8.948V/刻度)；交流电流(ACC) (3.164A/刻度)

【m:s】时标：

【ms】时标： 0.0 49.3 98.6 147.9 197.2 246.5 295.8

51QF电压 U_a

51QF电压 U_b

51QF电压 U_c

51QF电压 $3U_0$

51QF电流 I_a

51QF电流 I_b

51QF电流 I_c

51QF电流 $3I_0$

图 3-34 含电容器 76XL 线路末端进行三相短路录波图

路实验(录波图见图 3-35),录波记录稳态短路某时刻的 A、B、C 各相的二次侧电压、电流有效值和角度,分别填入表 3-22、表 3-23 中(表中,电压单位为 V,电流单位为 A,阻抗单位为 Ω,∠θ 单位为°),再计算出各相阻抗和一次侧平均阻抗值,填入相应的表格中。

表 3-22 含电容器 76XL 线路末端进行三相短路的数据和计算表

76XL	U		I		Z		Z	
	$\|U\|$	∠θ	$\|I\|$	∠θ	$\|Z\|$	∠θ	r	jx
A	54.823	87.095	12.175	1.514	4.503	85.581	0.347	4.489
B	54.847	−33.112	12.433	−117.885	4.411	84.773	0.402	4.393
C	54.681	−153.93	12.412	120.761	4.405	85.309	0.361	4.391
	TV 电压比		800/100		正序电抗 Z_1/Ω			
	TA 电流比		10/5					
三相短路录波号			20190408141543		r	jx	$\|Z\|$	∠θ
					1.478	17.697	17.76	85.22

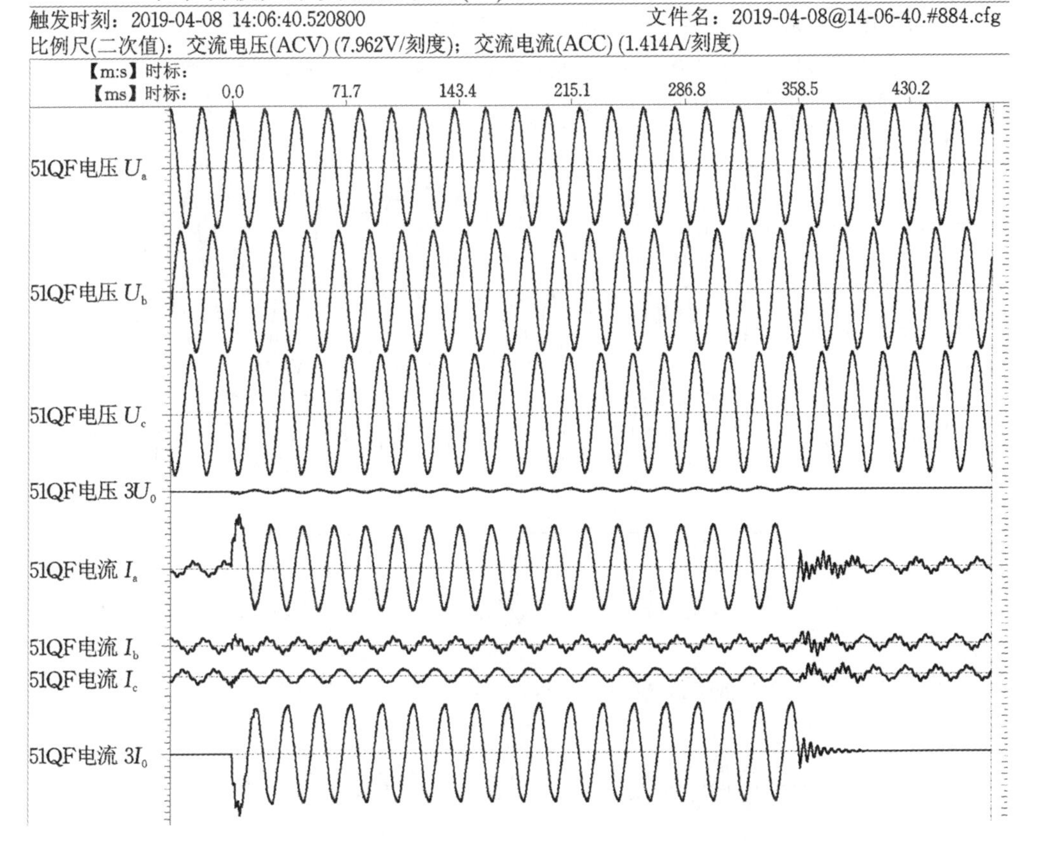

图 3-35 含电容器 76XL 线路末端进行 A 相短路录波图

表 3-23　含电容器 76XL 线路末端进行单相短路的数据和计算表

76XL	U		I		Z		Z	
	|U|	∠θ	|I|	∠θ	|Z|	∠θ	r	jx
A	56.136	74.816	7.217	1.548	7.778	73.268	2.239	7.449
B	56.171	74.140	7.405	1.015	7.586	73.125	2.202	7.259
C	55.976	74.901	7.363	1.651	7.602	73.251	2.191	7.279
	TV 电压比		800/100		单相短路测量电抗 Z_ϕ/Ω			
	TA 电流比		10/5					
A 相短路录波号			20190408140640		r	jx	|Z|	∠θ
					8.843	29.317	30.622	73.215
B 相短路录波号			20190408141347		零序电抗 Z_0/Ω			
C 相短路录波号			20190408141502		r	jx	|Z|	∠θ
					23.571	52.555	57.6	65.84

由以上计算表可知，含电容器的 76XL 线路实测参数为

$$Z_1=17.76\angle 85.22°\Omega,\quad Z_0=57.6\angle 65.84°\Omega$$

3. 76XL 模拟线路容抗测试

将线路电容全部投入，线路两端均开路，参考图 3-30。

实验前先送上无穷大电源，然后分别合上 51QF 三相线路开关（录波图见图 3-36）、

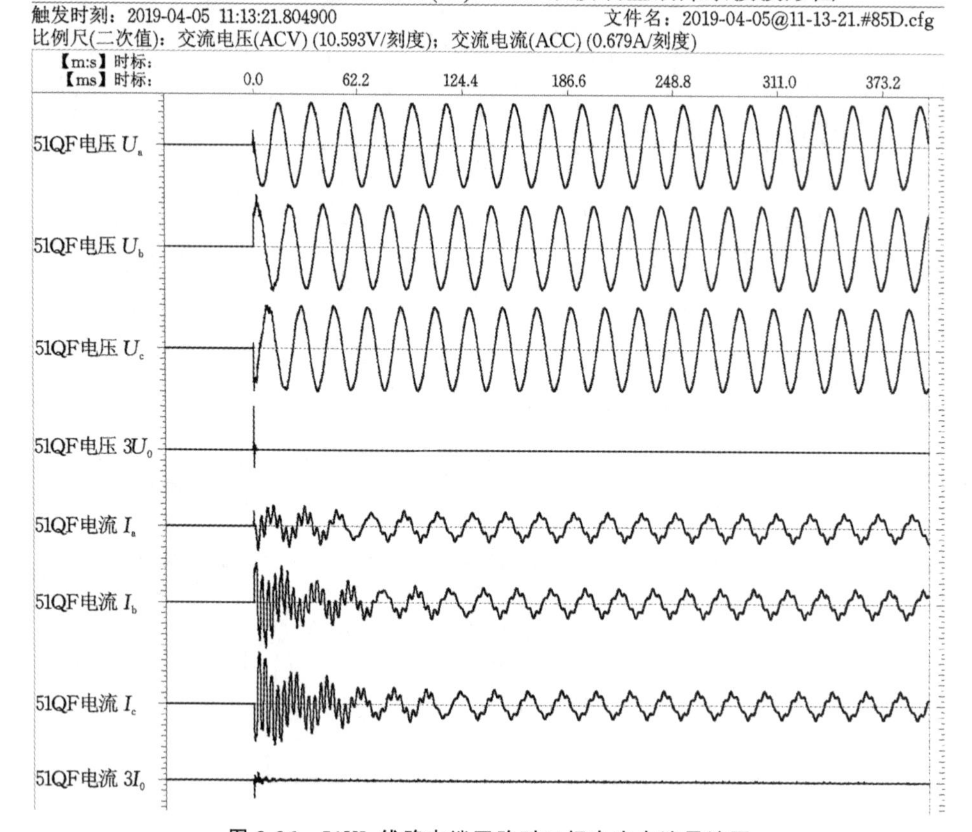

图 3-36　76XL 线路末端开路时三相电容电流录波图

A 相开关(录波图见图 3-37)、B 相开关、C 相开关实验,录波记录稳态的 A、B、C 各相的二次侧电压、电流有效值和角度,分别填入表 3-24、表 3-25 中。再计算出各相容抗和一次侧平均容抗值并填入相应的表格中。

表 3-24 76XL 线路末端开路时三相送电的数据和计算表

<table>
<tr><td rowspan="2">76XL</td><td colspan="2">U</td><td colspan="2">I</td><td colspan="2">Z</td><td colspan="2">Z</td></tr>
<tr><td>$|U|$</td><td>$\angle\theta$</td><td>$|I|$</td><td>$\angle\theta$</td><td>$|Z|$</td><td>$\angle\theta$</td><td>r</td><td>jx</td></tr>
<tr><td>A</td><td>57.194</td><td>−88.552</td><td>1.061</td><td>1.429</td><td>53.906</td><td>−89.981</td><td>0.01787</td><td>−53.905</td></tr>
<tr><td>B</td><td>57.278</td><td>151.364</td><td>1.048</td><td>−118.747</td><td>54.655</td><td>270.111</td><td>0.10588</td><td>−54.654</td></tr>
<tr><td>C</td><td>57.146</td><td>31.336</td><td>1.048</td><td>121.343</td><td>54.529</td><td>−90.007</td><td>−0.0066</td><td>−54.529</td></tr>
<tr><td rowspan="2">末端
开路</td><td colspan="2">TV 电压比</td><td colspan="2">800/100</td><td colspan="2" rowspan="2">正序容抗 Z_{C1}/Ω</td><td colspan="2" rowspan="2">正序电容 $C_1/\mu F$</td></tr>
<tr><td colspan="2">TA 电流比</td><td colspan="2">10/5</td></tr>
<tr><td colspan="3" rowspan="2">三相送电录波号</td><td colspan="2" rowspan="2">20190405111321</td><td>$|Z|$</td><td>$\angle\theta$</td><td colspan="2" rowspan="2">14.646</td></tr>
<tr><td>217.452</td><td>−89.959</td></tr>
</table>

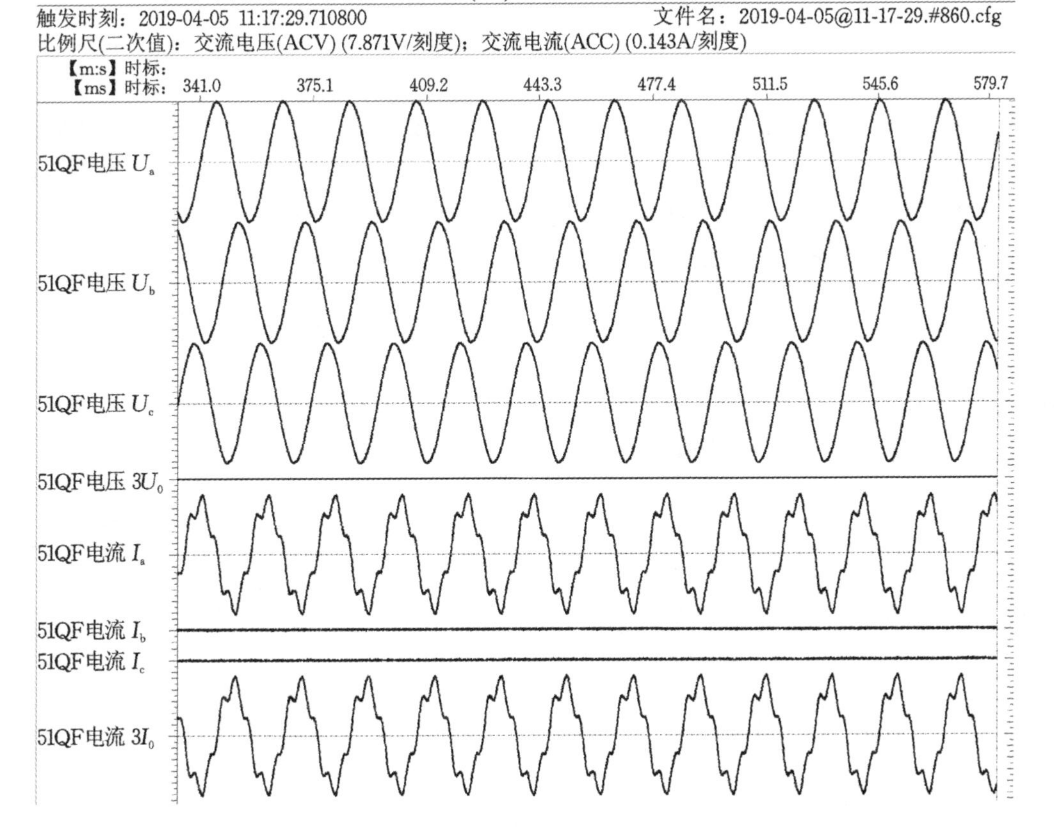

图 3-37 76XL 线路末端开路时 A 相电容电流录波图

表 3-25　76XL 线路末端开路时单相送电的数据和计算表

76XL	U		I		Z		Z	
	$\|U\|$	$\angle\theta$	$\|I\|$	$\angle\theta$	$\|Z\|$	$\angle\theta$	r	jx
A	57.147	−88.516	0.896	1.259	63.780	−89.775	0.25046	−63.779
B	57.203	−89.214	0.884	0.475	64.709	−89.689	0.35123	−64.708
C	57.06	−89.598	0.884	0.058	64.547	−89.656	0.38753	−64.546
末端开路	TV 电压比		800/100		单相送电测量电抗 Z_ϕ/Ω			
	TA 电流比		10/5					
A 相送电录波号			20190405111729		r	jx	$\|Z\|$	$\angle\theta$
					1.3189	−257.37	257.382	−89.706
B 相送电录波号			20190405111921		零序电抗 Z_{C0}/Ω		零序电容 C_0/μF	
C 相送电录波号			20190405112041		$\|Z\|$	$\angle\theta$	9.443	
					337.2531	−89.381		

由以上计算表可知，76XL 线路实测参数：$C_1=14.646\ \mu$F，$C_0=9.443\ \mu$F。

4. 组合模拟线路阻抗测试

针对华中科技大学动模实验室 79XL＋80XL＋81XL 组合线路进行参数测试实验。实验前先送上无穷大电源，调整无穷大电压至额定值，合上 21QF 开关，然后合上 51QF 线路开关，在线路末端进行三相短路、单相接地短路实验，录波记录稳态短路某时刻的 A、B、C 各相的二次侧电压、电流有效值和角度，分别填入表 3-26、表 3-27 中（表中，电压单位为 V，电流单位为 A，阻抗单位为 Ω，$\angle\theta$ 单位为°），再计算出各相阻抗和一次侧平均阻抗值，填入相应的表格中。

表 3-26　组合线路末端进行三相短路的数据和计算表

79XL＋80XL＋81XL	U		I		Z		Z	
	$\|U\|$	$\angle\theta$	$\|I\|$	$\angle\theta$	$\|Z\|$	$\angle\theta$	r	jx
A	53.434	83.799	19.234	1.007	2.778	82.792	0.349	2.756
B	53.382	−36.398	19.176	−119.281	2.784	82.883	0.345	2.762
C	53.313	−156.282	19.113	121.038	2.789	82.681	0.355	2.767
	TV 电压比		800/100		正序电抗 Z_1/Ω			
	TA 电流比		10/5					
三相短路录波号			20190405154510		r	jx	$\|Z\|$	$\angle\theta$
					1.398	11.047	11.14	82.79

表 3-27　组合线路末端进行单相短路的数据和计算表

79XL+80XL+81XL	U		I		Z		Z	
	$\lvert U \rvert$	$\angle\theta$	$\lvert I \rvert$	$\angle\theta$	$\lvert Z \rvert$	$\angle\theta$	r	jx
A	55.147	79.331	13.285	1.571	4.151	77.76	0.880	4.057
B	55.212	79.344	13.279	1.442	4.158	77.902	0.871	4.065
C	55.052	79.253	13.240	1.581	4.158	77.672	0.888	4.062
	TV 电压比		800/100		单相短路测量电抗 Z_ϕ/Ω			
	TA 电流比		10/5					
A 相短路录波号			20190405155051		r	jx	$\lvert Z \rvert$	$\angle\theta$
					3.519	16.246	16.623	77.778
B 相短路录波号			20190405155214		零序电抗 Z_0/Ω			
C 相短路录波号			20190405155406		r	jx	$\lvert Z \rvert$	$\angle\theta$
					7.76	26.644	27.75	73.76

由以上计算表可知，组合线路 79XL+80XL+81XL 线路实测参数为

$$Z_1 = 11.14\angle 82.79^\circ\Omega,\ Z_0 = 27.75\angle 73.76^\circ\Omega$$

4

电力系统自动化实验

20世纪中叶以来出现的电力系统，是工业系统中规模最大、层次复杂、资金和技术密集的人造复合系统，是人类工程科学史上最重要的成就之一。

为了保证电力系统运行的安全性、可靠性，保证供电质量，提高电力系统运行的经济性，必须及时、正确获得电力系统的实时信息，完整掌握电力系统的实时运行状态，部分或完全地实现电力系统控制与调度自动化。

4.1 现代电力系统的复杂性

4.1.1 现代电力系统的特点

电力系统的特点是由电能的特点决定的。电能的生产、传输和使用具有鲜明的系统性。电能以光速传播，迄今为止人类还未能实现大容量的电能存储，因此电能的生产与消费几乎是在同一瞬间完成的。发电、输电、变电、配电和用电等环环相扣，组成了密不可分的整体，始终处于连续工作和动态平衡之中。电能供应系统和用户又相互影响、相互制约。

电能供应系统要适应用户对电能需求的随机变化，向用户连续不断地提供质量合格、价格便宜的电能。用户(负荷)的特性和随机变化又反过来影响和冲击着电能供应系统。在各个环节和不同层次都要有先进的信息与控制系统，对电能的生产、传输、使用的全过程进行监测、控制、调节、保护和协调调度，以保证电力系统的正常运行，使用户获得安全、可靠、优质、廉价的电能。

现代电力系统正向两个不同的方向发展：一个方向是电网互联，这将导致电网规模越来越大；另一个方向是电网内分布式发电及微型电网。

随着现代电网的结构日益复杂，以下一些关系到电网运行稳定的问题必须引起关注。

(1) 受经济和环境条件的制约，建成了一大批远离负荷中心的坑口电站及水电站，出现了长距离、重负荷的输电网络，大大增加了维持系统正常运行电压的难度；系统元件的故障或检修，在弱联系的电网中往往会发生系统输送功率的大面积转移，造成潮流的极不合理分布，并导致受端系统功率的更大缺额，使网架很弱而输送功率又很大的超高压系统不仅容易发生静态角度不稳定，而且容易发生电压不稳定事故。

(2) 发电机单机容量越来越大，功率因数越来越高，发电机标幺电抗增大，惯性时间常数减小，发电机额定无功功率相对降低，这些都对系统稳定造成不利的影响。

(3) 超高压直流输电并网运行的容量在整个系统中所占的比例越来越大，而交流系统则变得相对较弱，这对直流系统的控制器构成了严峻的考验。与超高压直流输电相连的弱交流系统电压稳定性问题，是一个必须引起格外关注的重要问题。

4.1.2 现代电力系统运行控制的复杂性

在现代社会各种各样的工业生产系统中，没有哪一种系统能像现代电力系统这样庞大和复杂。一个规模巨大的现代电力系统往往覆盖几十万甚至几百万平方千米，连接着广大城乡的每一个厂矿、机关、学校和千家万户。几十万千米的高、低压输/配电线路像蜘蛛网一样纵横交错，各种规模的火电厂、水电厂和核电厂及变电站星罗棋布，系统的各种运行参数互相影响，瞬息万变……现代电力系统已被公认为是一种最典型的，具有多输入多输出的大系统。

现代电力系统的运行控制，与其他各种工业生产系统相比，更为集中、统一，也更为复杂。各种发电、变电、输电、配电和用电设备，在同一瞬间，按着同一节奏，遵循着统一的规律，有条不紊地运行着。各个环节环环相扣，不能有半点差错。电能不能像其他工业产品那样可以存储以调剂余缺，而是以销定产、零库存销售、即用即发，需用多少就只能发多少。然而，大大小小的工厂和千家万户的用电设备的开开停停，却是自由而随机的。因此，电力系统的用电负荷时时刻刻都在变化着，发电、输电、变电及配电等各环节，必须随时跟踪用户用电负荷的变化，不断进行控制和调整。

不仅如此，由于电力生产设备是年复一年、日复一日地连续运转，有些主要环节几年才能检修一次，因此随时都有可能发生故障，风、雪、雷、冰雹等无法抗拒的自然灾害，更增加了发生故障的概率。电力系统一旦发生故障，就会在瞬间影响到非常广大的地区，危害十分严重，必须及时地发现和排除。可以想象，现代电力系统这种运行控制任务有多么复杂和繁重。

所有这一切，都决定了现代电力系统必须要有一个强有力的，拥有各种现代化手段的，能够保证电力系统安全、经济运行的指挥控制中心，即电力系统的调度中心。

4.1.3 现代电力系统的可调可控点

对一辆汽车，只需一个驾驶员用双手双脚就可以开走了，因为汽车的调控点仅有方向盘、离合器、油门等少数几个。面对巨大复杂的电力系统，就绝不是一个人或几个人可以控制、驾驭的。实际上，在这个巨大电力系统中，不仅有各级调度中心(所)的调度人员，还有遍布各地的发电厂和变电站的运行人员，他们必须凭借各种各样的仪表和自动化监控设备，齐心协力，严密配合，才能共同完成对电力系统的指挥控制。那么，电力系统有多少可调可控点呢？这里先简要介绍以下几点。

(1) 发电机组调速器(调节原动机的进汽量或进水量)——调节发电机有功功率 P。

(2) 发电机励磁调节器(调节发电机的转子励磁电流)——调节发电机无功功率 Q。

(3) 变压器挡位调节开关(改变变压器绕组的匝数比和电压比)——调节变压器二

次侧线电压。

(4) 断路器(控制电路的通/断)——投入/切除发电机、变压器、线路、负荷、电容器、电抗器、制动电阻,以及电网的解列/并网。

(5) 调相机励磁调节器(调节调相机的转子励磁电流)——调节调相机无功功率 Q。

(6) 静止补偿器(调节晶闸管的导通角)——调节电力系统无功功率 Q。

(7) 汽轮机组快关汽门——快速减少发电机有功功率 P。

(8) 发电机灭磁开关——快速减少发电机定子电压。

在一个大型电力系统中,发电机有几百台,变压器有上万台,而断路器则有几万台。因此,大型电力系统的可调可控点数以万计,甚至几十万计。电力系统是一个紧密联系在一起的大系统,所以对其中每一点的调控都会"牵一发而动全身",必须预先经过精密计算,相互协调配合,才能达到最优的控制效果,这是一件非常不容易的事。只有通过现代电网调度自动化系统,综合运用计算机控制技术、现代通信技术和现代电力系统运行控制理论,才能完成这么复杂的优化控制任务。

4.1.4 现代电力系统的分级自动控制系统

随着电力系统自动化的快速发展,先进的电子和计算机技术大量应用于电力系统自动化系统中。电力系统按自动化的范围分为设备级自动化、厂站级自动化和系统级自动化。

设备级自动化主要包括原动机调速器、同步发电机自动励磁调节器、准同期控制器、各种电力系统元件的继电保护装置。

厂站级自动化主要包括自动电压控制(AVC)、自动发电控制(AGC)、厂站计算机监控系统。

系统级自动化主要包括电力系统频率和有功功率自动控制、电力系统电压和无功功率自动控制、自动低频减载装置、电力系统安全自动控制等。

电力系统自动化的特点如下。

(1) 实时性要求高。电力系统中,正常运行时负荷变化频繁,发生故障时电磁暂态过程极快,所以要求电力系统的功率平衡控制、稳定控制以及故障处理等必须具有很高的实时性。

(2) 可靠性要求高。现代电力系统容量大,供电范围广,其供电的可靠性和供电电能质量指标,对国计民生的影响极大。而优良的电能质量和不间断供电,均需建立在电力系统自动化高、可靠性好的基础上。

(3) 控制复杂、难度大。电力系统结构复杂而庞大,且具有时变性、非线性、多输入、多输出、多约束、测控信息传输距离长、信息传输量大等特点,无论是理论研究还是技术实施,均有一定的难度。

现代电力系统调度自动化建立在电力系统基础自动化和远动技术的基础上,先通过遥信和遥测将电力系统各点的设备投切状态和运行参数上传到调度中心,经分析决策后,再通过遥调和遥控将调度决策下达给相关发电厂和变电站,直接对厂站设备进行调节和控制。"四遥"技术提高了电力系统调度的实时性。

4.2　同步发电机自动准同期控制器

同步发电机从静止状态过渡到并网发电状态，一般需要经历以下几个主要阶段。

(1) 启动机组，从零转速升速到额定转速。

(2) 起励建压，机端电压从残压升到额定电压。

(3) 断路器合闸，将同步发电机无干扰地投入电力系统中并列运行。

(4) 输出功率，将有功功率和无功功率输出增加到预定值。

上述过程的控制，至少涉及3个自动装置，即调速器、励磁调节器和准同期控制器。它们分别用于调节机组转速、控制同步发电机机端电压和实现无干扰合闸并网，以及调节同步发电机输出的有功功率和无功功率。

同步发电机准同期控制器，就是一种能够快速无干扰地将同步发电机投入到电力系统中(并网)的自动装置。它是一种典型的自动操作(合闸)装置。

4.2.1　准同期控制基本理论

1. 无干扰合闸与准同期并列条件

准同期控制器需要解决的关键技术问题是无干扰合闸。所谓有干扰，就是指断路器合闸瞬间的合闸冲击电流不等于零。过大的合闸冲击电流会产生大量热量使定子绕组过热，从而使绝缘加速老化；过大的合闸冲击电流还会产生危险的电动力，使定子绕组变形受损。同时，合闸冲击电流的有功分量还会产生有功功率冲击，对机组转轴施加过大的冲击力矩，严重时会损坏同步发电机的联轴器。此外，过大的合闸冲击电流对电力系统稳定也会产生不利影响。所以必须严格控制合闸冲击电流，以延长发电机的使用寿命，避免意外事故发生。

同步发电机与电力系统并列示意图如图4-1所示。在相量上，$\dot{U}_G$和$\dot{U}_S$分别以不同的角速度ω_G和ω_S旋转。由等效电路可知：断路器两侧的电动势相量不等，两电动势相量差不等于零是产生干扰的根本原因。若要消除干扰，就要使合闸瞬间断路器两侧的电动势相量相等，即电动势相量差为零。

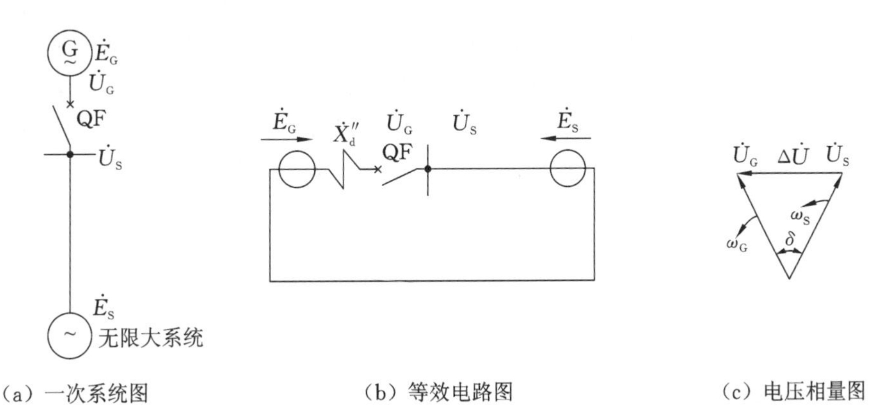

(a) 一次系统图　(b) 等效电路图　(c) 电压相量图

图4-1　同步发电机与电力系统并列示意图

由干扰产生的原因知，电动势相量差为零是无干扰合闸的充分必要条件。而要做到电动势相量差为零，就要求合闸断路器两侧电动势相量满足同幅、同角速度和同相位。同角速度包括两个含义：同旋转方向和同旋转速率（或同频率）。而同旋转方向，实质上就是要求同相序。因为相序是由接线决定的，所以有时讨论准同期装置工作原理时略去此条件不谈，而简化为同幅、同频、同相位三个条件，这就是通常所说的准同期的理想并列条件。在工程实际中，理想并列条件难以满足。实际中只要合闸冲击电流被限制在一定范围内，就不会产生任何不利影响，由此提出工程实际的并列条件：

$$\left.\begin{array}{l}|\omega_G-\omega_S|=\Delta\omega\leqslant\omega_{aL}\\ |U_G-U_S|=\Delta U\leqslant U_{aL}\\ |\delta|=\Delta\delta\leqslant\delta_{aL}\end{array}\right\}\tag{4-1}$$

并列操作时，要求以上三个条件必须同时满足。

2. 准同期条件与冲击电流性质的关系

下面分析单一条件不满足时合闸冲击电流的性质，准同期并列条件分析的相量图如图 4-2 所示。

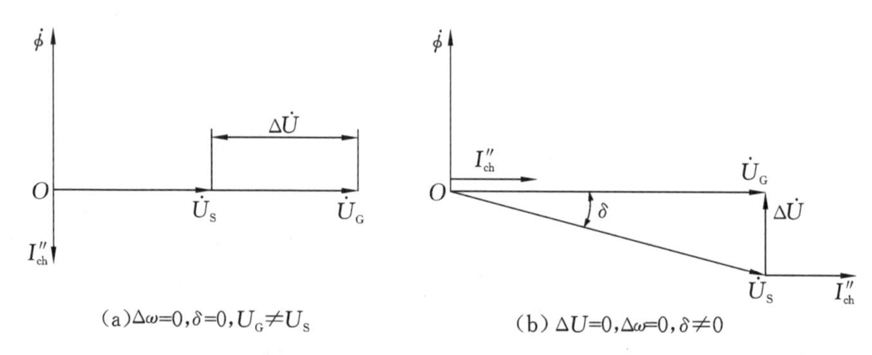

图 4-2 准同期并列条件分析的相量图

由图 4-2(a)可知，当仅有电压条件不满足时，电压相量差的方向与发电机电压相量同相或反相，则产生的冲击电流滞后电压相量差 90°，于是冲击电流滞后发电机电压 90°，或超前发电机电压 90°，因此同步发电机输出或吸收的功率为纯无功功率。由图 4-2(b)可知，当仅有相位差条件不满足且相位差不大时，电压相量差的方向近似与发电机电压相量垂直，由此产生的冲击电流方向近似与发电机电压相量同相或反相，此时同步发电机输出或吸收的功率基本上为纯有功功率。当仅有频率差条件不满足时，由于同步发电机组的机械惯性，合闸后频率差难以立刻为零，而是将相位差拉开一定角度，然后在电磁力矩和机械惯性的双重作用下，经过多次振荡，最后因阻尼的作用，振幅不断衰减而趋于稳定。当频率差较大时，稳定时间就较长，严重时甚至不能同步而失去稳定。

为了将合闸电流限制在安全范围内，工程实用的允许偏差取值一般为

$$\left.\begin{array}{l}\omega_{aL}=0.2\%\omega_N\sim0.5\%\omega_N\\ U_{aL}=5\%U_N\sim10\%U_N\\ \delta_{aL}=3^\circ\sim5^\circ\end{array}\right\}\tag{4-2}$$

4.2.2 合闸控制原理

1. 越前相角原理和恒定越前时间原理

由上述分析可知，当合闸瞬间同时满足式(4-2)规定的条件，则合闸冲击电流将被

限制在允许范围内。考虑到断路器触点从开断状态过渡到闭合状态需要走过一段行程，因此需要一定的时间（称为断路器合闸时间，记作 t_{QF}，一般为 0.2～0.6 s），只要这段时间内频率差不等于零，则这段时间内的相位差变化量为

$$\Delta\delta = \Delta\omega t_{QF} \tag{4-3}$$

为了保证断路器触点闭合瞬间相位差等于 0，要求准同期控制器发出合闸命令时的相位差 δ 应满足

$$\delta + \Delta\delta = 0 \tag{4-4}$$

即要求

$$\delta = -\Delta\delta = -\Delta\omega t_{QF} = \Delta\omega(-t_{QF}) \tag{4-5}$$

即

$$\delta_{ad} = \Delta\omega t_{ad} = \Delta\omega(-t_{QF}) \tag{4-6}$$

就是要求当相位差朝零值靠近而尚未到零之前，提前一个角度（这个角度称为合闸越前相角，记作 δ_{ad}）发出合闸命令，相应提前的时间称为越前时间，记作 t_{ad}。t_{ad} 在数值上等于合闸时间 t_{QF}。

由此得到微机准同期控制器使用的合闸原理：根据当前频率差和断路器合闸时间计算合闸越前相角，并在当前相位差等于合闸越前相角时发出合闸命令。因为用相位差作为合闸判据，所以称为越前相角原理。注意，这个越前相角并不恒定，而是随频率差变化而变化的，即微机准同期控制器总是根据变化的频率差不断地修正越前相角。虽然越前相角不恒定，但越前时间却是恒定的，它等于断路器的合闸时间，所以也称为恒定越前时间原理。

2. 合闸误差角控制

影响合闸角精度的因素有以下方面。

（1）准同期装置测控误差。当今微机测控精度足够高，其误差可以忽略不计。

（2）断路器合闸时间内频率差不恒定，即频率差存在加速度。可以在计算越前相角时考虑频率差加速度，以提高计算精度，即

$$\delta_{ad} = \Delta\omega t_{ad} + \frac{1}{2}[\Delta(\Delta\omega)/\Delta t]t_{ad}^2$$

但实际效果不明显。

（3）断路器合闸时间不恒定。由于断路器自身原因和外部环境原因等各种因素，断路器合闸时间可能产生±（10%～20%）的随机误差，该时间误差无法预料和控制，即由 t_{QF} 误差引起的合闸角误差：$\Delta\delta = \Delta\omega \pm (0.1 \sim 0.2)t_{QF}$。

上述因素的存在，使得合闸角误差将不可避免。

合闸误差角控制方法：严格限制允许频率差的取值范围。允许频率差越小，则在合闸时间内的频率差的绝对值就越小，于是由时间误差引起的相角误差也就越小。

4.2.3 微机自动准同期控制器工作原理

微机自动准同期控制器的基本构成如图 4-3 所示。

由图 4-3 可知，微机自动准同期控制器由合闸控制单元、均频控制单元、均压控制单元三个基本单元组成。控制器的主要输入信号有：断路器系统侧 a、b 相电压 U_{Sa} 和 U_{Sb}；断路器发电机侧 a、b 相电压 U_{Ga} 和 U_{Gb}。通常将 U_{Sb} 和 U_{Gb} 短接后接大地。控制器的主要输出信号有合闸信号、加速信号、减速信号、升压信号、降压信号。

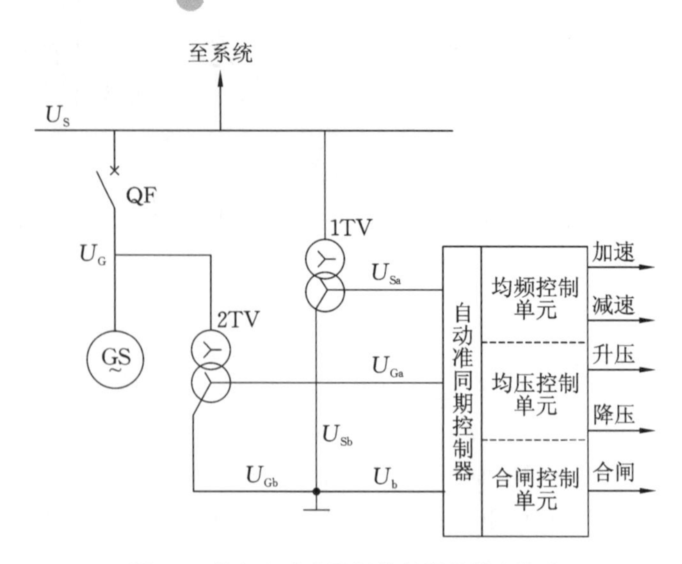

图 4-3 微机自动准同期控制器的基本构成

合闸控制单元的作用是检测准同期条件(电压差、频率差和相位差)。当电压差和频率差条件均满足时,选择合适时机(相位差等于越前相角)发出合闸命令;当电压差和/或频率差条件不满足时,闭锁合闸。合闸控制逻辑框图如图 4-4 所示。

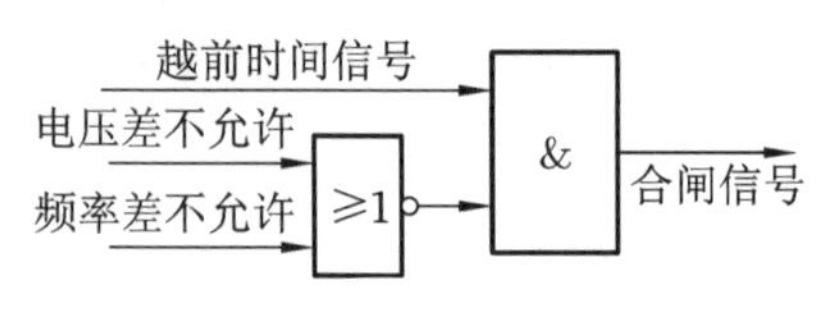

图 4-4 合闸控制逻辑框图

均频控制单元的作用是当频率差条件不满足时,根据频率差的方向,相应发出加速或减速命令给原动机调速器,调整调速器的速度给定值,使发电机频率(转速)向系统频率靠近,进而满足频率差条件。调速命令一般以脉冲形式输出,调速脉冲的宽度和/或调速脉冲的频率,根据频率差的大小按一定控制准则计算得出。

均压控制单元的作用与均频控制单元相类似,即在电压差条件不满足时尽快创造满足要求的电压条件。均压(升压和降压)脉冲送往自动励磁调节器用以调整励磁调节器的机端电压给定值。

频率差条件和电压差条件的创造,是准同期控制器、原动机调速器和自动励磁调节器三个自动装置协同完成的。

因为规定的电压差条件比较宽松,并且很容易满足,所以一些自动准同期控制器常将均压控制单元省掉。既没有均压单元又没有均频单元的准同期控制器,称为半自动准同期控制器,此时如果频率差条件和电压差条件不满足,则需要借助人工进行调整;如果调压和调速均靠人工完成,并且合闸操作也由人工完成,则称其为手动准同期。手动准同期需要借助两块频率表、两块电压表和一块整步表(或一块将频率平衡表、电压平衡表和整步表组合在一起的组合整步表),进行准同期条件的判别。

微机自动准同期控制器的硬件框图如图 4-5 所示。

微机自动准同期控制器的硬件由微机系统、输入通道和输出通道三部分组成。

微机系统的硬件因 CPU 而异,典型结构框图如图 4-5 所示的中间部分,主要由 CPU、存储器(RAM、ROM)、定时/计数器、采集 A/D、I/O 并行接口等环节组成,它是

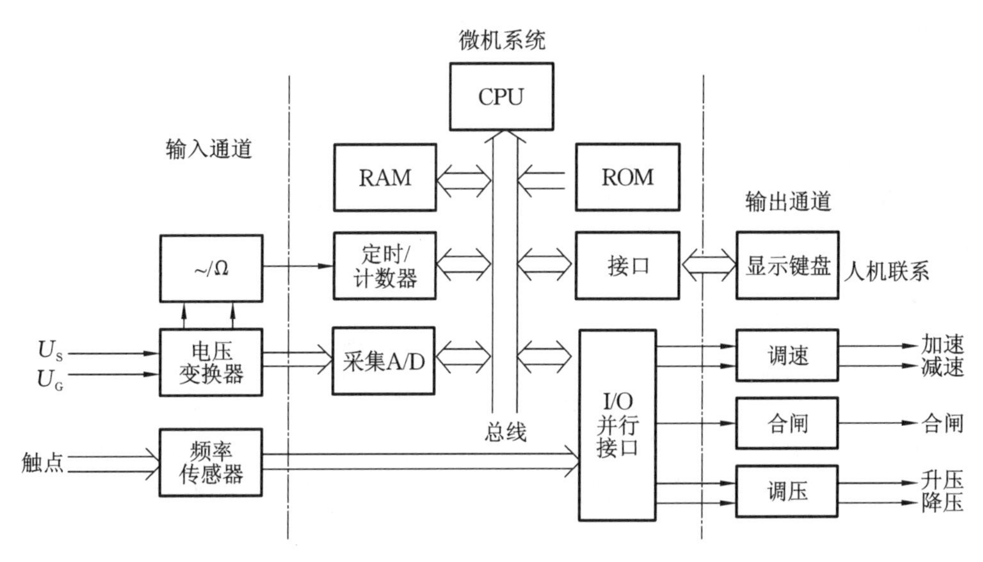

图 4-5 微机自动准同期控制器的硬件框图

准同期控制器的核心。

输入通道的任务是为微机提供准同期条件的各种信息，主要有电压（发电机电压U_G和系统电压U_S）变换器和频率（发电机频率和系统频率）传感器组成，微机借助它们，可以检测到发电机电压和频率、系统电压和频率、断路器两侧电压相量的相位差。

输出通道的任务是输出均频均压脉冲和合闸脉冲，实现均频均压和合闸并列的目的。

微机自动准同期控制器的软件框图如图 4-6 所示。

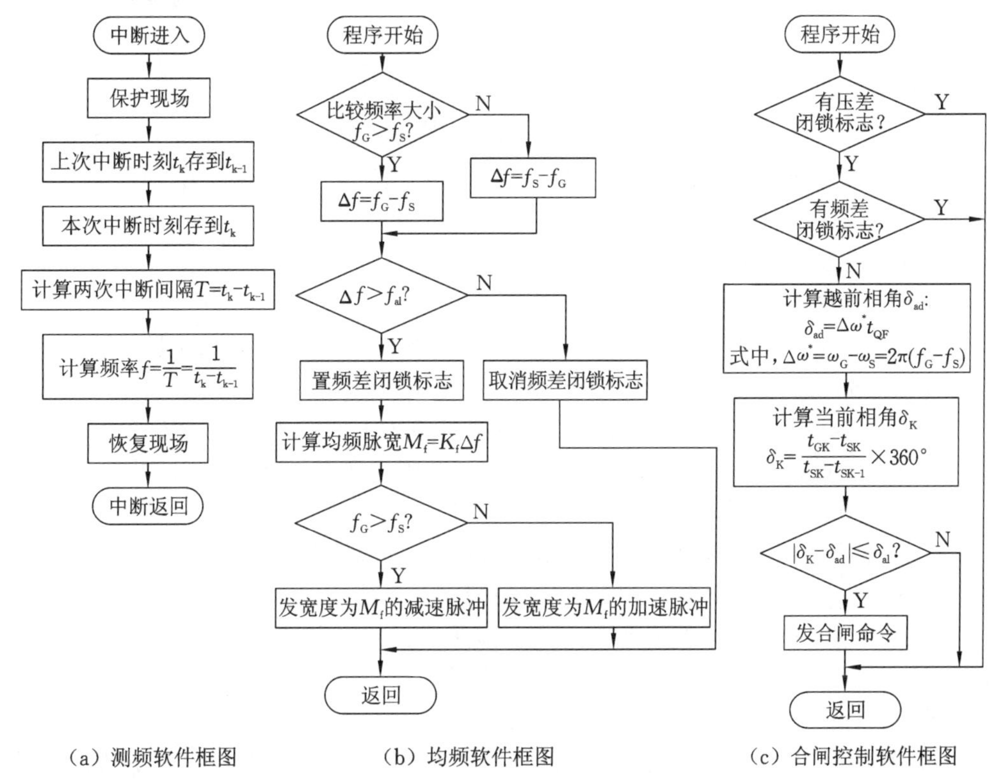

（a）测频软件框图　（b）均频软件框图　（c）合闸控制软件框图

图 4-6 微机自动准同期器控制的软件框图

图中，Δf_{aL}为允许频率差，δ_{aL}为允许相位差。

4.2.4 准同期并列实验

通过以下实验，加深对同步发电机准同期并列操作条件的理解，熟悉准同期操作的过程，掌握手动准同期操作的技能，观察真实的正弦整步电压波形、线性整步电压波形及其与准同期并列条件的对应关系。验证准同期条件与冲击电流性质的关系，以及准同期条件允许值的大小与条件准备时间的长短之间的概率统计关系。

1. 信号与波形观察

(1) 操作调速器上的加速或减速按钮（旋钮），调整发电机组转速，观察微机自动准同期控制器显示的发电机频率和系统频率。观察并记录旋转灯光整步表上灯光旋转方向及旋转速度与频率差方向及频率差大小的对应关系；观察并记录不同频率差方向、不同频率差大小时模拟式整步表的指针旋转方向及旋转速度与频率平衡表指针的偏转方向及偏转角度的大小的对应关系。

(2) 操作励磁调节器上的增磁或减磁按钮，调节发电机机端电压，观察并记录不同电压差方向、不同电压差大小时模拟式电压平衡表指针的偏转方向和偏转角度的大小。

(3) 调节转速和电压，观察并记录微机自动准同期控制器的“频率差闭锁”“电压差闭锁”“相差闭锁”指示灯的亮、熄规律。

(4) 将录波仪或者示波器跨接在并网开关的“发电机电压”与“母线电压”TV 副方 A 相，观察正弦整步电压（即脉动电压）波形，观察并记录整步表旋转速度与正弦整步电压周期的关系；观察并记录电压幅值差大小与正弦整步电压最小幅值间的关系；观察并记录正弦整步电压幅值达到最小值时所对应的整步表指针位置和相角灯光位置。

2. 手动准同期实验

1) 按准同期并列条件合闸

在这种情况下，要满足并列条件，需要分别手动调节发电机电压、频率，直至电压差、频率差在允许范围内，选择相位差在零度前某一合适位置时，手动操作合闸按钮进行合闸。

观察微机自动准同期控制器上显示的发电机电压和系统电压，相应操作微机励磁调节器上的增磁或减磁按钮进行调压，直至“电压差闭锁”灯熄灭。

观察微机自动准同期控制器上显示的发电机频率和系统频率，相应操作微机调速器上的增速或减速按钮进行调速，直至“频率差闭锁”灯熄灭。

此时表示电压差、频率差均满足条件，观察整步表上旋转相角灯位置，当旋转至 0°（同相点）位置前某一合适位置时，按下按钮进行合闸。观察并记录合闸时的冲击电流。

2) 偏离准同期并列条件合闸

注意，本实验项目仅限于实验室进行，不得在电厂机组上使用。

实验分别在单独一种并列条件不满足的情况下合闸，记录功率表冲击情况。

(1) 电压差、相位差条件满足，频率差不满足，在 $f_G > f_S$ 和 $f_G < f_S$ 时手动合闸，观察并记录实验台上有功功率表和无功功率表指针偏转方向及偏转量。注意，频率差不要大于 0.5 Hz。

(2) 频率差、相位差条件满足，电压差不满足，在 $U_G > U_S$ 和 $U_G < U_S$ 时手动合闸，观察并记录实验台上有功功率表和无功功率表指针偏转方向及偏转量。注意，电压差不

要大于额定电压的10%。

(3) 频率差、电压差条件满足，相位差不满足，整步表指针顺时针旋转和逆时针旋转时手动合闸，观察并记录实验台上有功功率表和无功功率表指针偏转方向及偏转量。注意，相位差不要大于30°。

3. 全自动准同期实验

按下准同期控制器的“同期”按钮，此时，微机自动准同期控制器将自动进行均压、均频控制并检测合闸条件，一旦合闸条件满足即发出合闸命令。

在全自动准同期过程中，观察“升速”或“降速”指示灯亮时调速器上有什么反应，以及“升压”或“降压”指示灯亮时微机励磁调节器上有什么反应。当一次合闸过程完毕，控制器会自动解除合闸命令，避免二次合闸。

4. 不同准同期条件下的并列操作实验

准同期实验装置中，可供修改的参数有开关时间、频率差允许值、电压差允许值、均压脉冲宽度和均频脉冲宽度，选择改变某些参数来重复进行全自动同期实验，观察现象。

(1) 整定频率差允许值 $f_{aL}=0.3$ Hz，电压差允许值 $U_{aL}=3$ V，越前时间 $t_{ad}=0.2$ s，通过改变实际开关动作时间，即整定“同期开关时间”的时间继电器，重复进行全自动准同期实验，观察在不同开关时间下并列过程有何差异，并记录三相冲击电流中最大一相的电流值 I_m，填入表4-1中。

表4-1 不同开关动作时间的实验数据

整定同期开关时间/s	0.1	0.2	0.3	0.4
实测开关时间/s				
冲击电流 I_m/A				

(2) 改变频率差允许值 f_{aL}，重复进行全自动准同期实验，观察在不同频率差允许值条件下并列过程有何差异，并记录三相冲击电流中最大一相的电流值 I_m，填入表4-2中。

表4-2 不同频率差允许值的实验数据

频率差允许值 f_{aL}/Hz	0.4	0.3	0.2	0.1
冲击电流 I_m/A				

(3) 改变电压差允许值 U_{aL}，重复进行全自动准同期实验，观察在不同电压差允许值条件下并列过程有何差异，并记录三相冲击电流中最大一相的电流值 I_m，填入表4-3中。

表4-3 不同电压差允许值的实验数据

电压差允许值 U_{aL}/V	5	4	3	2
冲击电流 I_m/A				

4.3 同步发电机励磁控制系统

同步发电机励磁控制系统在保证电能质量、合理分配无功功率和提高电力系统稳定性等方面都起着十分重要的作用。同步发电机的运行特性与它的空载电动势有关，而空载电动势是励磁电流的函数，因此对同步发电机励磁电流的正确控制是电力系统自动化的重要内容。

4.3.1　励磁控制系统的任务

1. 励磁系统与励磁控制系统

同步发电机是把旋转形式的机械功率转换成三相交流电功率的设备，为了完成这一转换并满足运行的要求，除了需要原动机(汽轮机或水轮机)供给动能外，同步发电机本身还需要一个可调节的直流磁场作为机电能量转换的媒介，同时借以调节同步发电机运行工况以适应电力系统运行的需要。用来产生这个直流磁场的直流电流称为同步发电机的励磁电流，为同步发电机提供可调励磁电流的设备总体称为同步发电机的励磁系统。

励磁系统可分为两个基本组成部分：第一部分是励磁功率单元，它向同步发电机的励磁绕组提供直流励磁电流；第二部分是励磁调节器，它感受同步发电机运行工况的变化，并自动调节励磁功率单元输出的励磁电流的大小，以满足电力系统运行的要求。

由励磁功率单元、励磁调节器和同步发电机共同构成的一个闭环反馈控制系统，称为励磁控制系统。励磁控制系统的构成框图如图 4-7 所示。

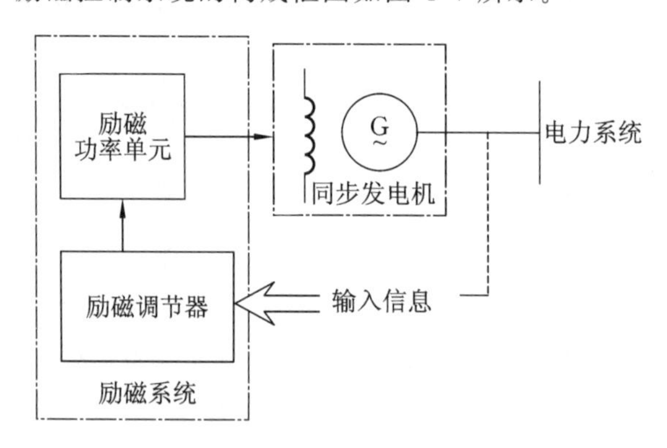

图 4-7　励磁控制系统的构成框图

2. 同步发电机励磁控制系统的任务

在同步发电机正常运行或事故运行中，同步发电机励磁控制系统都起着十分重要的作用。优良的励磁控制系统不仅可以保证发电机安全可靠运行，提供合格的电能，而且还能有效地提高励磁控制系统的技术性能指标。根据运行方面的要求，励磁控制系统应承担以下任务。

(1) 在正常运行条件下，供给同步发电机励磁电流，并根据发电机所带负荷的情况，相应地调整励磁电流，以维持发电机机端电压在给定水平上。

(2) 使并列运行的各同步发电机所带的无功功率得到稳定而合理的分配。

(3) 增加并入电网运行的同步发电机的阻尼转矩，以提高电力系统动态稳定性及输电线路的有功功率传输能力。

(4) 在电力系统发生短路故障造成发电机机端电压严重下降时，进行强励，将励磁电流迅速增到顶值，以提高电力系统的暂态稳定性。

(5) 在同步发电机突然解列，甩掉负荷时，进行强减，将励磁电流迅速降到安全数值，以防止发电机机端电压过分升高。

(6) 在发电机内部发生短路故障时，进行快速灭磁，将励磁电流迅速减到零值，以减小故障损坏程度。

(7) 在不同运行工况下，根据要求对发电机实行过励磁限制和欠励磁限制，以确保同步发电机组的安全稳定运行。

3. 对励磁系统的基本要求

为了很好地完成上述各项任务，励磁系统应满足以下基本要求。

在功能方面，励磁系统应具有以下基本功能。

(1) 电压稳定调节功能。

(2) 无功电流调差功能。

(3) 必要的励磁限制及保护功能。常见的励磁限制及保护功能如下。

① 最大励磁瞬时限制。

② 反时限延时过励限制。

③ 伏/赫(V/Hz)限制。

④ 欠励限制。

⑤ TV 断线保护等故障容错功能。

(4) 强励、强减和灭磁功能。

(5) 应装设励磁系统稳定器和电力系统稳定器等以实现辅助控制功能。

在性能方面，励磁系统应具有以下基本功能。

(1) 有足够的励磁最大值电压和励磁最大值电流。励磁最大值电压和励磁最大值电流是励磁系统强励时，励磁功率单元所能提供的最高励磁电压和最高励磁电流，它们与额定工况下的励磁电压(额定励磁电压)和励磁电流(额定励磁电流)的比值，分别称为励磁电压强励倍数和励磁电流强励倍数。通常情况下，两个强励倍数相等，统称为强励倍数，其值的大小涉及制造水平、成本及运行需要等因素，一般为 1.8～2.0 倍，最低不小于 1.6 倍。

(2) 具有足够的励磁电压上升速度。理论分析及运行实践证明，只有较高强励倍数而无快速响应性能的励磁系统对改善电力系统暂态稳定的效果并不明显。要提高电力系统暂态稳定性，必须同时具备较高的强励倍数和足够快的励磁电压上升速度。

(3) 有足够的调节容量。为了适应各种运行工况的要求，励磁控制系统应保证励磁电流在 1.1 倍额定励磁电流时能长期运行无危害，以及保证强励允许持续时间不小于 10 s。

(4) 应运行稳定，调节平滑，具有足够的电压调节精度。

(5) 反应灵敏，无失灵区或极小失灵区。输入信息(反馈信息)的任何微小变化，都导致励磁电压的相应改变，称这种励磁系统没有失灵区。有失灵区的励磁系统对系统状态变化的反应迟钝，调压精度低，无功波动大，运行稳定性差。

(6) 快速响应能力。不论是从发电机正常运行时的励磁调节，还是从电力系统动态稳定和暂态稳定的观点出发，都要求励磁系统反应迅速，即具有尽可能小的时间常数。

在其他方面，励磁系统应具有以下基本功能。

(1) 高度的运行可靠性。

(2) 调整容易，维护简便。

(3) 结构简单。

4.3.2 励磁系统的励磁方式

励磁功率单元的接线方式也称励磁方式。根据励磁电源的来源不同，励磁系统有多种。常见的有三机励磁系统（含无刷励磁系统）、自并励励磁系统等。不同的励磁方式，其励磁功率单元的组成也不同。

1. 三机励磁系统和无刷励磁系统

在三机励磁系统中，同步发电机的励磁由交流主励磁机经二极管不可控整流桥供给，主励磁机的励磁则由副励磁机经全控整流桥提供，励磁调节器控制全控桥输出，改变主励磁机的励磁，进而改变同步发电机的励磁，实现控制同步发电机机端电压的目的。副励磁机的励磁通常采用自励恒压调节方式或永磁转子。他励静止半导体励磁系统（三机励磁）原理接线图如图 4-8 所示。

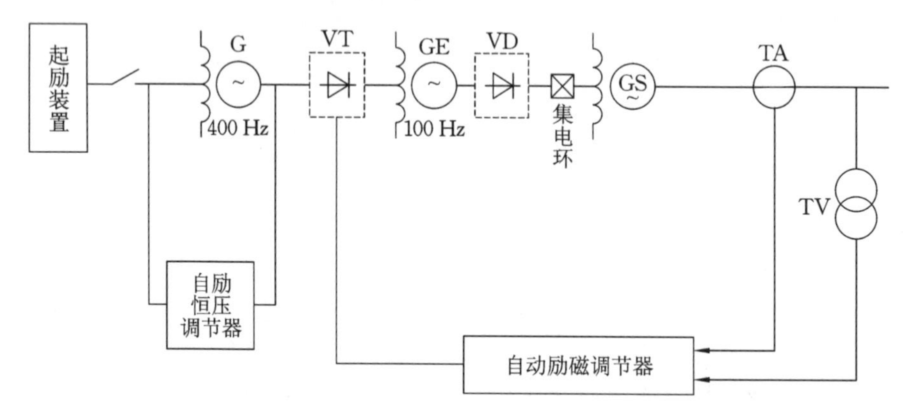

图 4-8 他励静止半导体励磁系统（三机励磁）原理接线图

三机励磁系统的特点是：励磁电源独立，不受电力系统短路的影响；由于主励磁机励磁绕组的存在，励磁响应速度较慢。

无刷励磁系统与三机励磁系统相似，只是将主励磁机的定子与转子相交换，将静止二极管整流桥变为旋转整流桥，使之与发电机转子相对静止，从而省去炭刷和集电环，旋转硅整流器励磁系统（无刷励磁）原理接线图如图 4-9 所示。无刷励磁系统的特点也与三机励磁系统相似，只是发电机的励磁电压和励磁电流的测量因旋转而变得比较困难。

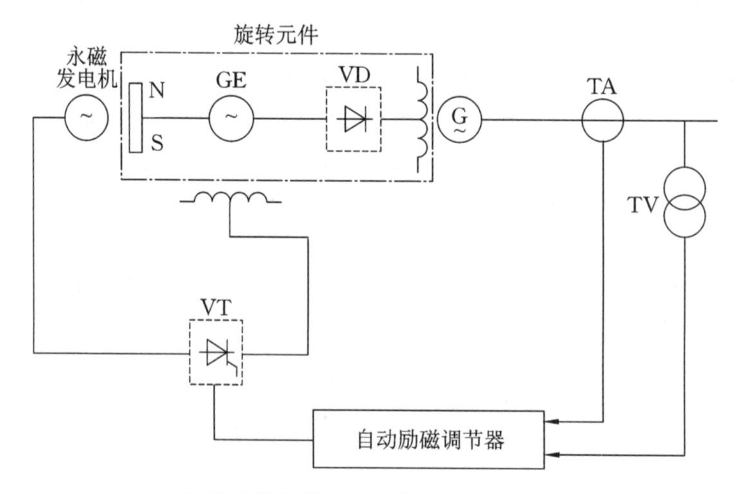

图 4-9 旋转硅整流器励磁系统（无刷励磁）原理接线图

2. 自并励励磁系统

同步发电机的励磁电流由发电机自身通过机端变压器供给，其特点是整个励磁系统没有转动部件，故也称静止励磁系统。自并励励磁系统原理接线图如图 4-10 所示。

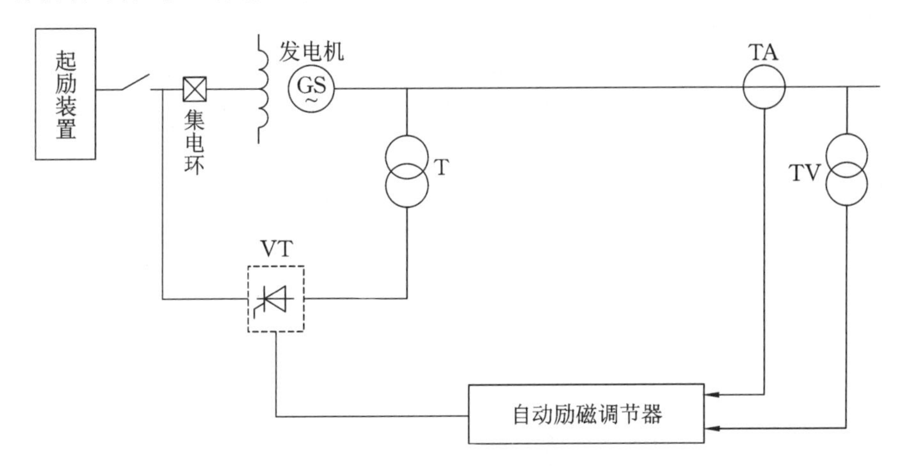

图 4-10 自并励励磁系统原理接线图

自并励励磁系统取消了励磁机，简化了设备及其接线，因而提高了可靠性，同时也提高了响应速度。但机端三相短路会使励磁电源消失，因此必须考虑在机端使用封闭母线和配备快速继电保护。

运行经验和研究结果表明，自并励励磁系统的综合指标是高于三机励磁系统的。目前，国内水电机组几乎全部使用自并励励磁系统，国外火电机组也多采用自并励励磁系统。近年来国内火电机组也开始大力推广自并励励磁系统。

4.3.3 励磁调节器的基本组成及其工作原理

励磁调节器是励磁控制系统中的智能设备，它检测和分析励磁控制系统运行状态及调度指令，并产生相应的控制信号作用于励磁功率单元，用以调节励磁电流大小，满足同步发电机各种运行工况的需要。

为了完成励磁控制系统的基本任务，励磁调节器至少需要以下几个基本组成部分。

1. 测量、给定与比较单元

测量、给定与比较单元的任务：测量发电机机端电压，并与给定电压相比较，输出机端电压的偏差信号到综合放大单元。给定电压要求在规定范围内可调。

2. 综合放大单元

综合放大单元对电压偏差信号、稳定控制信号、励磁限制信号和各种补偿信号等起综合和放大的作用(线性迭加)，经综合放大后的控制信号输出到移相触发单元作为触发脉冲角度的移相控制信号。其中，电压偏差信号来自上述测量、给定与比较单元，稳定控制信号来自励磁系统稳定器(ESS)和电力系统稳定器(PSS)，励磁限制信号来自各种励磁限制器，补偿信号来自励磁绕组时间常数补偿器等。

3. 移相触发器

移相触发器根据综合放大单元送来的控制信号的变化，改变输出到晶闸管的触发脉冲的相位，即改变控制角 α，从而控制晶闸管整流电路的输出电压，达到调节发电机励磁电流的目的。

移相触发器的基本原理：利用主回路电源电压信号产生一个频率与主回路电源同步、幅值随时间变化而单调变化的信号（称为同步信号），将其与来自综合放大单元的控制信号比较，在两者相等的时刻形成触发脉冲。移相触发器一般由三个功能环节组成：同步、脉冲形成和脉冲放大。

根据同步信号的形式划分，常见的移相有锯齿波（线性）移相和余弦波移相两种。

锯齿波移相原理：将主回路电源的正弦电压信号整形为方波信号作为门控信号，用来控制一个恒流源积分器的充、放电，积分器充电时输出一个线性上升的电压波形，该电压波形就是具有与主回路同步且随时间单调变化的同步信号，将调节器输出的控制信号与该线性变化的同步信号相比较，两者相等时发出触发脉冲。锯齿波移相原理如图 4-11 所示。

锯齿波移相的特点：①控制角与控制电压成正比关系（故锯齿波移相又称线性移相）；②控制角不受主回路电源电压幅值的影响；③全控桥输出电压与控制电压成余弦关系。

余弦波移相原理：直接将主回路电源电压适当变压后作为同步信号，将调节器输出的控制信号与该余弦变化的同步信号相比较，两者相等时发出触发脉冲。余弦波移相原理如图 4-12 所示。

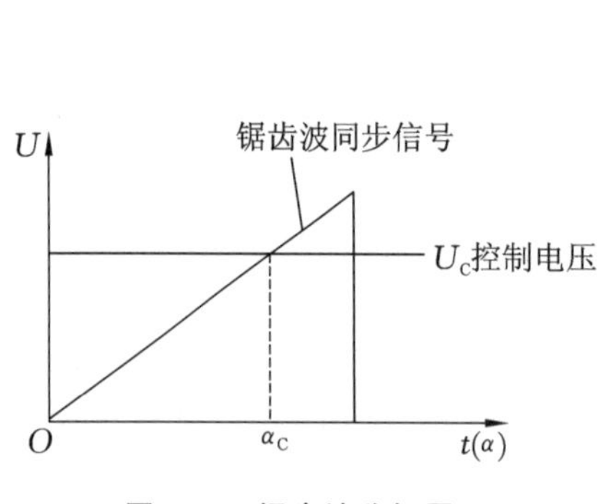

图 4-11 锯齿波移相原理

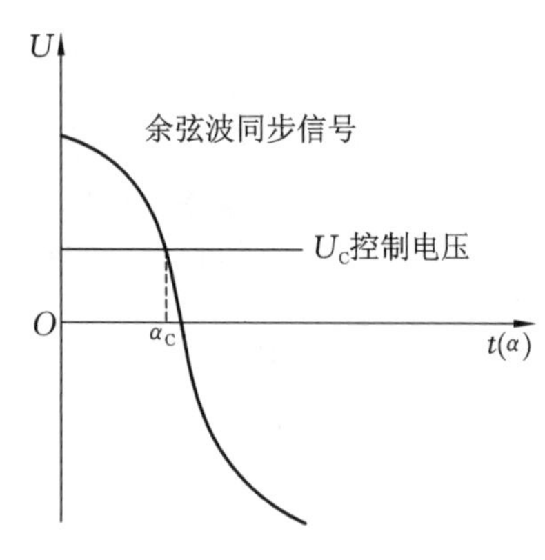

图 4-12 余弦波移相原理

余弦波移相的特点：①控制角与控制电压成反余弦关系；②控制角受主回路电源电压幅值的影响；③全控桥输出电压与控制电压成正比关系。

4. 调差单元

调差单元是并列运行各同步发电机之间合理分配无功功率的关键环节。所谓合理分配无功功率，就是指负荷总无功功率按机组容量百分比（即标幺值）相等的原则分配给各并列机组。

调差系数的计算：

$$\delta=-\frac{\Delta U/U_N}{\Delta Q/Q_N}\times 100\% \tag{4-7}$$

分析可知，负荷无功功率增量在并列运行机组之间分配时，调差系数较大的机组分得的无功功率增量的标幺值较小，调差系数较小的机组分得的无功功率增量的标幺值较大。因此为了按机组容量标幺值相等的原则合理分配负荷无功功率增量，必须要求并列运行机组的调差系数均相等。

5. 励磁系统稳定器

励磁系统稳定器又称阻尼器。从原理上讲，它是一个转子电压微分负反馈环节，常用在三机励磁系统中，起抑制机端电压超调和阻尼励磁系统振荡的作用。

6. 电力系统稳定器

电力系统稳定器对大容量发电机组，远距离、重负荷输电场合必不可少。大容量发电机和远距离输电线路使电抗增加，重负荷使功率角加大，导致稳定性减弱。电力系统稳定器引入有功功率和/或转速信号，参与励磁调节进行补偿，增加阻尼、抑制振荡可提高输送线路功率和运行稳定性。

7. 励磁限制器

为保证同步发电机组安全、可靠、稳定运行，有必要设置完善的励磁限制与保护措施。常见的励磁限制器有：防止因励磁电流过大而导致转子过热的过励限制器和防止同步发电机失去同步的欠励限制器。

4.3.4 励磁控制系统实验

励磁控制系统实验接线图如图 4-13 所示。可供选择的励磁方式有两种：自并励和他励。当三相全控桥的交流输入电源取自发电机机端时，构成自并励励磁系统。而当交流输入电源取自 380 V 市电时，构成他励励磁系统。两种励磁方式的可控整流桥均是由微机自动励磁调节器控制的，触发脉冲为双脉冲，具有最大与最小 α 角限制。

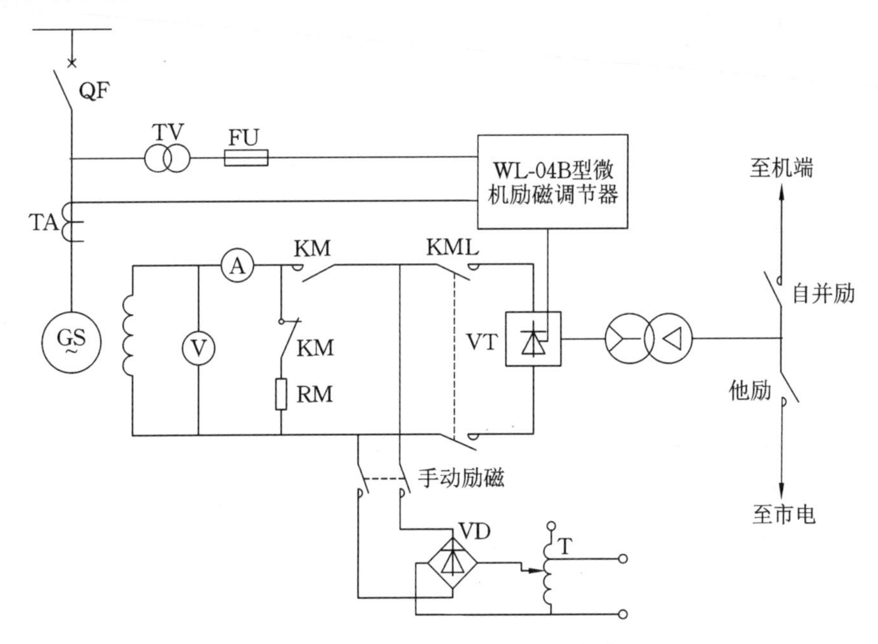

图 4-13　励磁控制系统实验接线图

微机励磁调节器的控制方式有四种：恒 U_G（保持机端电压为定值）、恒 I_{fd}（保持励磁电流为定值）、恒 Q（保持发电机输出无功功率为定值）和恒 α（保持控制角恒定）。其中，恒 α 方式是一种开环控制方式，只限于他励方式下使用。

同步发电机并入电力系统之前，励磁调节装置能维持机端电压在给定水平。操作励磁调节器的增磁或减磁按钮，可以升高或降低发电机电压；当发电机并网运行时，操作励磁调节器的增磁或减磁按钮，可以增加或减少发电机的无功功率输出，其机端电压按调差特性曲线变化。

发电机正常运行时，三相全控桥处于整流状态，控制角 α 小于 90°；当正常停机或事故停机时，调节器使控制角 α 大于 90°，实现逆变灭磁。

电力系统稳定器是提高电力系统动态稳定性能的有效方法之一，已成为励磁调节器的基本配置；励磁系统的强励有助于提高电力系统暂态稳定性；励磁限制器是保障励磁控制系统安全、可靠运行的重要环节，常见的励磁限制器有过励限制器和欠励限制器等。

1. 不同 α 角(控制角)对应的励磁电压波形观测实验

(1) 励磁系统选择他励励磁方式。将励磁方式开关切换到“微机他励”方式，调节器面板“他励”指示灯亮。

(2) 励磁调节器选择恒 α 运行方式。将调节器面板上的“恒 α”按钮选择为“恒 α”方式，调节器面板上的“恒 α”指示灯亮。

(3) 合上励磁方式开关，合上原动机开关。

(4) 在不启动机组的状态下，松开微机励磁调节器的灭磁按钮，操作增磁或减磁按钮即可逐渐减小或增加控制角 α，从而改变三相全控桥的电压输出及其波形。

实验时，调节励磁电流(为表 4-4 规定的若干值)，对应记下微机励磁调节器显示的 α 角，同时通过接在 U_{d+}、U_{d-} 之间的示波器观测全控桥输出电压波形，并由电压波形估算出 α 角，另外利用数字万用表测出全控桥的直流输出电压，即励磁电压 U_{fd} 和交流输入电压 U_{AC}，将以上数据记入表 4-4，通过 U_{fd}、U_{AC} 和数学计算公式也可计算出一个 α 角；完成表 4-4 后，比较三种途径得出的 α 角有无不同，分析其原因。

表 4-4　控制角 α 的对比数据

励磁电流 I_{fd}/A	0.0	0.5	1.5	2.5
显示控制角 α/(°)				
励磁电压 U_{fd}/V				
交流输入电压 U_{AC}/V				
由公式计算的 α/(°)				
示波器读出的 α/(°)				

(5) 调节控制角大于 90°但小于 120°，观察全控桥输出电压波形，并与理想波形对比。

(6) 调节控制角大于 120°，观察全控桥输出电压波形，并与理想波形对比。

2. 同步发电机起励实验

同步发电机的起励方式有三种：恒 U_G(U_F)方式起励、恒 α 方式起励和恒 I_{fd}(I_L)方式起励。其中，除了恒 α 方式起励只能在他励方式下有效外，其余两种起励方式都可以分别在他励和自并励两种励磁方式下进行。

在恒 U_F 方式起励中，现代励磁调节器通常有设定电压起励和跟踪系统电压起励两种起励方式。设定电压起励是指电压设定值由运行人员手动设定，起励后的发电机电压稳定在手动设定的给定电压水平上。跟踪系统电压起励是指电压设定值自动跟踪系统电压，人工不能干预，起励后的发电机电压稳定在与系统电压相同的电压水平上，有效跟踪范围为85%～115%额定电压。跟踪系统电压起励方式是发电机正常发电运行默认的起励方式,可以为准同期并列操作创造电压条件,而设定电压起励方式通常用于励磁系统的调试实验。

恒 I_L 方式起励也是一种用于实验的起励方式,其设定值由程序自动设定,人工不能干预,起励后的发电机电压一般为20%左右额定电压。恒 α 方式起励只适用于他励励磁方式,可以做到从零电压或残压开始由人工调节逐渐增加励磁而升压,完成起励建压任务。

恒 U_F 方式起励步骤如下。

(1) 将励磁方式开关切换到“微机自励”方式,投入励磁开关。

(2) 按下“恒 U_F”按钮,选择恒 U_F 控制方式,此时恒 U_F 指示灯亮。

(3) 将调节器操作面板上的“灭磁”按钮按下,此时灭磁指示灯亮,表示处于灭磁位置。

(4) 启动机组。

(5) 当转速接近额定转速(频率≥47 Hz)时,将“灭磁”按钮松开,发电机起励建压。注意观察在起励时励磁电流和励磁电压的变化(看励磁电流表和电压表)。对起励过程进行录波,观察起励曲线,测定起励时间、上升速度、超调、振荡次数、稳定时间等指标,记录起励后的稳态电压和系统电压。

上述的这种起励方式是通过手动解除灭磁状态完成的,实际上还可以让发电机自动完成起励,其操作步骤如下。

(1) 将励磁方式开关切换到“微机自励”方式,投入励磁开关。

(2) 按下“恒 U_F”按钮,选择恒 U_F 控制方式,此时恒 U_F 指示灯亮。

(3) 使调节器操作面板上的“灭磁”按钮为弹起(松开)状态。注意,此时因频率小于47 Hz,故灭磁指示灯仍然是亮的。

(4) 启动机组。

(5) 注意观察,当发电机转速接近额定转速(频率≥47 Hz)时,灭磁灯自动熄灭,机组自动起励建压,整个起励过程由机组转速控制,无须人工干预,这就是发电厂机组的正常起励方式。同理,发电机停机时,也可由转速控制逆变灭磁(自动灭磁频率设定为43 Hz以下)。

改变系统电压,重复起励(无须停机、开机,只需操作“灭磁”按钮,作灭磁、解除灭磁操作),观察记录发电机电压的跟踪精度和有效跟踪范围以及在有效跟踪范围外起励的稳定电压。

按下“灭磁”按钮并断开励磁开关,将励磁方式开关切换到“微机他励”方式,恢复投入励磁开关(注意,若改换励磁方式,必须先按下灭磁按钮并断开励磁开关,否则可能引起转子过电压,危及励磁系统安全)。本励磁调节器将他励恒 U_F 运行方式下的起励模式设计成设定电压起励方式(这里只是为了实验方便,实际励磁调节器不论何种励磁方式均可有手工设定与自动跟踪两种恒 U_F 起励方式),起励前允许运行人员手动借助增磁或减磁按钮设定电压给定值,选择范围为0%～110%额定电压。用灭磁和解除灭磁的方法,重复进行不同设定值的起励实验,观察起励过程,记录设定值和起励后的稳定值。

恒 I_L 方式起励步骤如下。

(1) 将励磁方式开关切换到“微机自励”方式或者“微机他励”方式,投入励磁开关。

(2) 按下“恒 I_L”按钮,选择恒 I_L 控制方式,此时恒 I_L 指示灯亮。

(3) 将调节器操作面板上的灭磁按钮按下，此时灭磁指示灯亮，表示处于灭磁位置。

(4) 启动机组。

(5) 当转速接近额定转速(频率≥47 Hz)时，将“灭磁”按钮松开，发电机自动起励建压，记录起励后的稳定电压。起励完成后，操作增磁或减磁按钮可以自由调整发电机电压。

恒 α 方式起励步骤如下。

(1) 将励磁方式开关切换到“微机他励”方式，投入励磁开关。

(2) 按下“恒 α”按钮，选择恒 α 控制方式，此时恒 α 指示灯亮。

(3) 将调节器操作面板上的“灭磁”按钮按下，此时灭磁指示灯亮，表示处于灭磁位置。

(4) 启动机组。

(5) 当转速接近额定转速(频率≥47 Hz)时，将“灭磁”按钮松开，然后手动增磁，直到发电机起励建压。

(6) 注意比较恒 α 方式起励与另外两种起励方式的不同。

3. 不同控制方式运行调节及其相互切换实验

微机励磁调节器具有恒 U_F、恒 I_L、恒 Q、恒 α 四种控制方式，分别具有各自特点，请通过以下实验自行体会和总结。

1. 恒 U_F 方式

选择恒 U_F 方式，开机建压不并网，改变机组转速使其频率为 45～55 Hz，记录不同发电机频率下发电机电压、励磁电流、控制角 α 的数据于表 4-5 中。

表 4-5 转速变化时恒 U_F 方式实验数据

发电机频率/Hz	45	46	47	48	49	50	51	52	53	54	55
发电机电压/V											
励磁电流/A											
控制角 α/(°)											

2. 恒 I_L 方式

选择恒 I_L 方式，开机建压不并网，改变机组转速使其频率为 45～55 Hz，记录不同发电机频率下发电机电压、励磁电流、控制角 α 的数据于表 4-6 中。

表 4-6 转速变化时恒 I_L 方式实验数据

发电机频率/Hz	45	46	47	48	49	50	51	52	53	54	55
发电机电压/V											
励磁电流/A											
控制角 α/(°)											

3. 恒 α 方式

选择恒 α 方式，开机建压不并网，改变机组转速使其频率为 45～55 Hz，记录不同发电机频率下发电机电压、励磁电流、控制角 α 的数据于表 4-7 中。

表 4-7 转速变化时恒 α 方式实验数据

发电机频率/Hz	45	46	47	48	49	50	51	52	53	54	55
发电机电压/V											
励磁电流/A											
控制角 α/(°)											

4. 恒 Q 方式

选择恒 U_F 方式，开机建压，并网后选择恒 Q 方式(并网前恒 Q 方式不成立，调节器拒绝接收恒 Q 命令)，带一定的有功、无功负荷后，记录在系统电压为 380 V 时发电机的运行参数(发电机电压给定值 U_g，发电机电压基准值 U_b，发电机功率 P、Q 等)，注意在进行方式切换时，都要恢复到此状态下进行。改变系统电压，记录不同系统电压下发电机电压、励磁电流、控制角 α、无功功率的数据于表 4-8 中。

表 4-8 系统电压变化时恒 Q 方式实验数据

系统电压/V	380	370	360	350	390	400	410
发电机电压/V							
励磁电流/A							
控制角 α/(°)							
无功功率/Var							

将系统电压恢复到 380 V，励磁调节器控制方式选择为恒 U_F 方式，改变系统电压，记录不同系统电压下发电机电压、励磁电流、控制角 α、无功功率的数据于表 4-9 中。

表 4-9 系统电压变化时恒 U_F 方式实验数据

系统电压/V	380	370	360	350	390	400	410
发电机电压/V							
励磁电流/A							
控制角 α/(°)							
无功功率/Var							

将系统电压恢复到 380 V，励磁调节器控制方式选择为恒 I_L 方式，改变系统电压，记录不同系统电压下发电机电压、励磁电流、控制角 α、无功功率的数据于表 4-10 中。

表 4-10 系统电压变化时恒 I_L 方式实验数据

系统电压/V	380	370	360	350	390	400	410
发电机电压/V							
励磁电流/A							
控制角 α/(°)							
无功功率/Var							

将系统电压恢复到 380 V，励磁调节器控制方式选择为恒 α 方式，改变系统电压，记录不同系统电压下发电机电压、励磁电流、控制角 α、无功功率的数据于表 4-11 中。

表 4-11 系统电压变化时恒 α 方式实验数据

系统电压/V	380	370	360	350	390	400	410
发电机电压/V							
励磁电流/A							
控制角 α/(°)							
无功功率/Var							

注意，为了便于进行比较，四种控制方式相互切换时，切换前后运行工作点应重合。

5. 负荷调节

调节调速器的增速、减速按钮，可以调节发电机输出有功功率；调节励磁调节器的增磁或减磁按钮，可以调节发电机输出无功功率。由于输电线路比较长，当有功功率增到额定值时，功率角较大(与电厂机组相比)，必要时投入双回线；当无功功率达到额定值时，线路两端电压降落较大，但由于发电机电压具有上限限制，所以需要降低系统电压来使无功功率上升，必要时投入双回线。记录不同状态下发电机额定运行时的励磁电流、励磁电压和控制角 α 的数据于表 4-12 中。

将有功、无功功率减到零值并做空载运行，记录发电机空载运行时的励磁电流、励磁电压和控制角 α 于表 4-12 中。了解额定控制角和空载控制角的大致度数，了解空载励磁电流与额定励磁电流的大致比值。

表 4-12 负荷调节实验数据

发电机状态	励磁电流/A	励磁电压/V	控制角 α/(°)
空载			
50%负载			
额定负载			

6. 逆变灭磁和跳灭磁开关灭磁实验

灭磁是励磁系统保护不可或缺的部分。由于发电机转子是一个大电感，当正常或故障停机时，转子中存储的能量必须泄放，该能量泄放的过程就是灭磁过程。灭磁只能在同步发电机非并网运行状态下进行(发电机并网状态灭磁将会导致失去同步，造成转子异步运行，产生感应过电压，危及转子绝缘)。当触发控制角大于 90°时，三相全控桥将工作在逆变状态下。本实验的逆变灭磁就是利用全控桥的这个特点来完成的。

逆变灭磁实验步骤如下。

(1) 选择“微机自励”励磁方式或者“微机他励”方式，励磁控制方式采用“恒 U_F”。

(2) 启动机组，投入励磁并起励建压、增磁，使同步发电机进入空载额定运行。

(3) 按下“灭磁”按钮，灭磁指示灯亮，发电机执行逆变灭磁命令，注意观察励磁电流表和励磁电压表的变化以及励磁电压波形的变化。

跳灭磁开关灭磁实验步骤如下。

(1) 选择“微机自励”励磁方式或者“微机他励”方式，励磁控制方式采用“恒 U_F”方式。

(2) 启动机组，投入励磁并起励建压，同步发电机进入空载额定运行。

(3) 直接按下“励磁开关”绿色按钮，跳开励磁开关，注意观察励磁电流表和励磁电压表的变化。

7. 伏/赫限制实验

单元接线的大型同步发电机解列运行时，其机端电压有可能升得较高，而其频率有可能降得较低。如果其机端电压 U_G 与频率 f_G 的比值(伏/赫比 $B=U_G/f_G$)过高，则同步发电机及其主变压器的铁芯的磁通就会饱和，空载励磁电流加大，造成发电机和主变压器过热，因此有必要对 U_G/f_G 加以限制。伏/赫限制器工作原理就是：根据整定的最大允许伏/赫比 B_{max} 和当前频率，计算出当前允许的最高电压 $U_{Fh}=B_{max}f_G$，将其与电压给定值 U_g 比较，取二者中较小值作为计算电压偏差的基准 U_b，由此调节的结果必然是发电机电压 $U_G \leqslant U_{Fh}$。伏/赫限制器在解列运行时投入，并网后退出。

实验步骤如下。

(1) 选择“微机自励”励磁方式或者“微机他励”方式，励磁控制方式采用“恒 U_F”方式。

(2) 启动机组，投入励磁起励建压，发电机稳定运行在空载额定电压的 1.05～1.1 倍。

(3) 调节原动机“减速”按钮，使机组从额定转速下降，使频率从 50 Hz 下降到 44 Hz。

(4) 每间隔 1 Hz 记录发电机电压随频率变化的关系数据于表 4-13 中。

(5) 根据实验数据描出电压与频率的关系曲线，并计算设定的 B_{max} 值(用限制动作后的数据计算，伏/赫限制指示灯亮表示伏/赫限制动作)。做本实验时，先增磁到一个比较高的机端电压，再慢慢减速。

表 4-13　伏/赫限制实验数据

发电机频率 f_G/Hz	50	49	48	47	46	45	44
机端电压 U_G/V							

8. 同步发电机强励实验

强励是励磁控制系统基本功能之一，当电力系统由于某种原因出现短时低压时，励磁系统应以足够快的速度提供足够高的励磁电流顶值，以提高电力系统暂态稳定性和改善电力系统运行条件。在并网运行时，模拟单相接地和两相相间短路故障可以观察强励过程。

实验步骤如下。

(1) 选择“微机自励”励磁方式或者“微机他励”方式，励磁控制方式采用“恒 U_F”方式。

(2) 启动机组，投入励磁，满足条件后并网。

(3) 在发电机有功功率和无功功率输出为 50%额定负载时，进行单相接地和两相相间短路实验，注意观察发电机机端电压和励磁电流、励磁电压的变化情况及强励时的励磁电压波形。记录短路时强励实验数据，填入表 4-14 中。

表 4-14 短路时强励实验数据

电流值/A \ 类型 \ 方式	自励		他励	
	单相接地短路	两相相间短路	单相接地短路	两相相间短路
励磁电流最大值/A				
发电机电流最大值/A				

9. 欠励限制实验

欠励限制器的作用是用来防止发电机因励磁电流过度减小而引起失步或因机组过度进相引起定子端部过热。欠励限制器的任务是：确保机组在并网运行时，将发电机的功率运行点（P、Q）限制在欠励限制曲线上方。

欠励限制器的工作原理：根据给定的欠励限制方程和当前有功功率 P 计算出对应的无功功率下限：$Q_{min}=aP+b$。将 Q_{min} 与当前 Q 比较，若 $Q_{min}<Q$，则欠励限制器不动作；若 $Q_{min}>Q$，则欠励限制器动作，应自动增加无功功率输出，使 $Q_{min}<Q$。

实验步骤如下。

（1）选择“微机自励”励磁方式或者“微机他励”方式，励磁控制方式采用“恒 U_F”方式。

（2）启动机组，投入励磁。

（3）满足条件后并网。

（4）调节有功功率输出分别为 0、50%、100%的额定负载，用减小励磁电流（按“减磁”按钮）或升高系统电压的方法使发电机进相运行，直到欠励限制器动作（欠励限制指示灯亮），记下此时的有功功率 P 和无功功率 Q，填入表 4-15 中。

（5）根据表 4-15 实验数据作出欠励限制线 $P=f(Q)$，并计算出该直线的斜率和截距。

表 4-15 欠励限制实验数据

发电机有功功率 P	欠励限制动作时的 Q 值
0 空载	
50%额定有功功率	
100%额定有功功率	

10. 调差实验

1）调差系数的测定

在微机励磁调节器中使用的调差公式（按标幺值计算）为发电机电压基准值 $U_b=U_g\pm K_Q Q$，它是将无功功率的一部分叠加到电压给定值 U_g 上（模拟式励磁调节器通常是将无功电流的一部分叠加在电压测量值上，效果等同）。

实验步骤如下。

（1）选择“微机自励”励磁方式或者“微机他励”方式，励磁控制方式采用“恒 U_F”方式。

（2）启动机组，投入励磁。

（3）满足条件后并网，稳定运行。

(4) 用降低系统电压的方法增加发电机无功功率输出直到额定，记录一系列U_G、Q数据于表4-16中。

(5) 作出调节特性曲线，并计算出调差系数K_Q。

表4-16 调差系数的测定

序号	发电机机端电压U_G/V	发电机无功功率输出Q/Var
1		
2		
3		
4		
5		

2) 零调差实验

设置调差系数$K_Q=0$，实验步骤同上所述。

用降低系统电压的方法增加发电机无功功率输出直到额定，记录一系列U_G、Q数据于表4-17中，作出调节特性曲线。

3) 正调差实验

设置调差系数$K_Q=4\%$，实验步骤同上所述。

用降低系统电压的方法增加发电机无功功率输出直到额定，记录一系列U_G、Q数据于表4-17中，作出调节特性曲线。

4) 负调差实验

设置调差系数$K_Q=-4\%$，实验步骤同上所述。

用降低系统电压的方法增加发电机无功功率输出直到额定，记录一系列U_G、Q数据于表4-17中，作出调节特性曲线。

表4-17 不同调差方式的实验数据

$K_Q=0$		$K_Q=+4\%$		$K_Q=-4\%$	
U_G/V	Q/Var	U_G/V	Q/Var	U_G/V	Q/Var

11. PSS实验

PSS(电力系统稳定器)的主要作用是抑制电力系统的低频振荡。它的投入对提高电力系统的动态稳定性有非常重要的意义。

实验步骤如下。

(1) 选择“微机自励”励磁方式或者“微机他励”方式，励磁控制方式采用“恒U_F”方式。

(2) 启动机组,投入励磁。

(3) 满足条件后并网,稳定运行。

(4) 在不投入 PSS 的条件下,增加发电机有功功率输出,直到系统开始振荡或失步,记下此时的机端电压、有功功率输出和功率角(由调速器的显示器读数)。

(5) 在投入 PSS 的条件下,增加发电机有功功率输出,直到系统开始振荡或失步,记下此时的机端电压、有功功率输出和功率角。

(6) 比较投入 PSS 和不投入 PSS 两种情况下的功率极限和功率角极限有何不同。

4.4 电力系统调度自动化

电力系统自动化按其监控的范围可以分为电力系统调度自动化、发电厂自动化和变电站自动化(简称厂站自动化)。从电力系统调度的角度看厂站自动化,发电厂自动化主要是原动机及其附属设备的自动化(典型自动装置如调速器)和同步发电机及其附属设备的自动化(典型自动装置如励磁调节器和准同期控制器等);变电站自动化主要是变压器电压比控制、负荷控制和无功功率补偿设备的控制(典型自动装置如静止无功功率补偿装置 SVC,母线电压控制 AVC)等。

电力系统调度自动化包括发电、输电调度自动化和配电网调度自动化。其任务是控制整个电力系统的运行方式,使整个电力系统在正常状态下能满足安全、经济地向用户提供可靠、优质电能的要求,在缺电状态下做好负荷管理,在事故状态下能迅速消除故障的影响、恢复正常供电。

为了做好这一工作,调度中心必须及时、充分地掌握电力系统的运行信息,如线路潮流,各节点电压,各电厂,各机组的出力以及出力的分配是否合理等,然后根据所掌握的信息从系统安全性、运行稳定性、供电可靠性、运行经济性等方面进行综合考虑,作出最佳决策,对电力系统的运行方式进行及时合理的调整和控制。

电力系统调度自动化的具体任务如下。

(1) 电力系统频率和有功功率控制。

(2) 电力系统电压和无功功率控制。

(3) 电力系统经济运行。

(4) 电力系统安全分析与安全控制。

电力系统对调度自动化的基本要求如下。

(1) 信息收集全面、可靠。

(2) 决策合理、及时。

(3) 控制手段丰富而有效。

(4) 控制速度快、精度高。

由于电力系统分布较广,结构庞大,信息量极大且具有时变性,暂态过程短,实时性要求强,因此,远动技术和计算机技术是实现电力系统调度自动化必不可少的基础。远动技术的应用,使电力系统调度中心具有了“千里眼”和“千里手”,变天涯为咫尺;计算机技术的应用,使海量信息的收集和复杂、烦琐的处理过程能在短时得以完成,使控制的实时性和控制质量得以保证和提高。典型电网调度自动化系统构成示意图如图 4-14 所示。

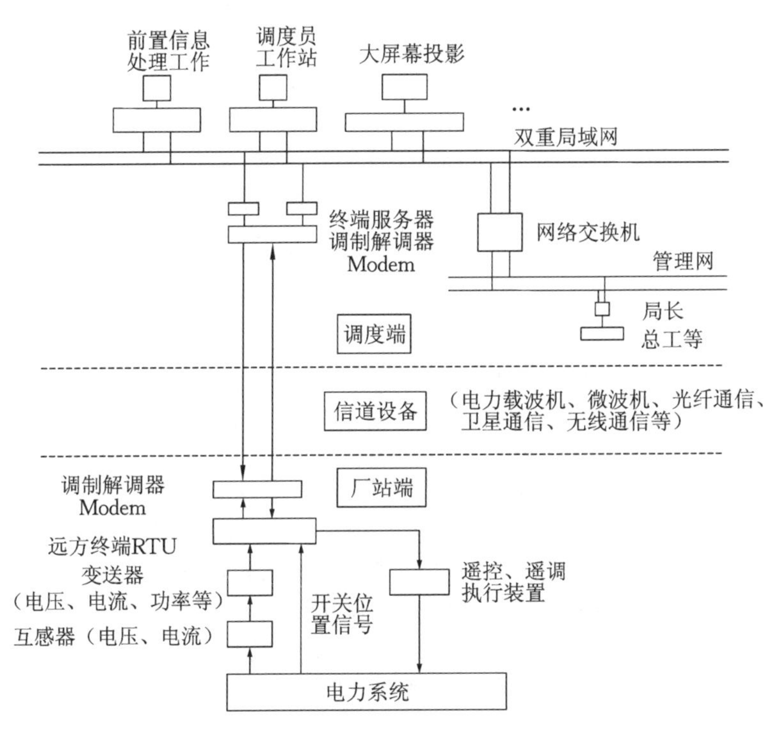

图 4-14 典型电网调度自动化系统构成示意图

4.4.1 调度自动化系统的基本构成和功能

电力系统调度中心的调度自动化系统综合利用电子计算机、远动和远程通信技术，旨在有效地帮助电力系统调度员完成调度任务，实现电力系统调度管理的自动化。

图 4-15 是调度自动化系统的结构简图。图中主站(master station，MS)安装在调度所。远动终端(remote terminal unit，RTU)安装在各发电厂和变电站。MS 与 RTU 之间通过远动通道相互通信，实现数据采集、监视与控制，RTU 是调度自动化系统与电力系统相连接的装置，主要功能是采集所在厂站设备的运行状态和运行参数，如电压、电流、有功功率和无功功率、有功电量和无功电量、频率、水位、断路器分合信号、继电保护动作信号等。RTU 采集的信息通过通信通道送到主站。RTU 的第二个功能是接收主站通过通信通道送来的调度命令并负责执行，其输出控制直接作用于所在厂站的断路器的分合、功率调整或改变设备的整定值，并向主站返回已完成的操作信息。

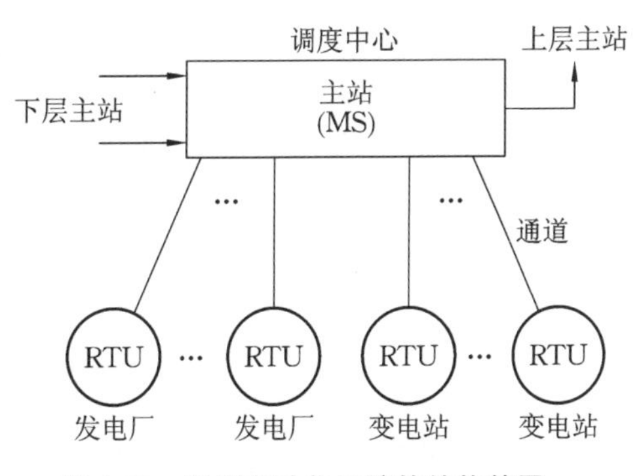

图 4-15 调度自动化系统的结构简图

图 4-16 是主站系统的结构示意图，通信控制器接收各厂站 RTU 送来的信息，将其送往主计算机，并将主计算机或调度人员发出的调度命令送往各厂站的 RTU。主计算机是主站的核心，负责加工、处理信息和决策，发布控制命令，主要功能如下。

(1) 检测一些参数是否越限，断路器是否有变位等，同时将结果通过显示器或模拟屏向调度员报告。

(2) 根据各厂站 RTU 送来的信息决定是否对电力系统实行控制和调节。

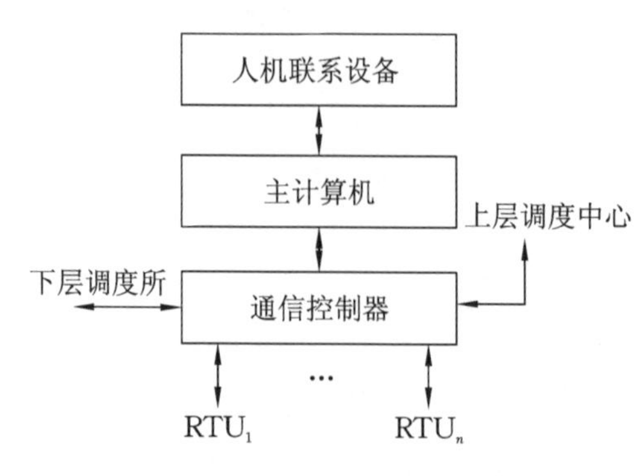

图 4-16 主站系统的结构示意图

(3) 接收调度员向计算机输入的各种命令。

(4) 将经过处理的信息向上层调度中心转发。

调度自动化系统按其作用可以分成以下四个子系统。

1. 信息采集和命令执行子系统

信息采集和命令执行子系统是指设置在发电厂和变电站中的远动终端。

远动终端与主站配合可以实现四遥功能:遥测、遥信、遥控、遥调。RTU 在遥测方面的主要功能是采集并传送电力系统运行的实时参数,如发电机输出功率母线电压、线路有功负荷和无功负荷、电度量等;RTU 在遥信方面的主要功能是采集并传送电力系统中继电保护的动作信息、断路器的状态信息等;RTU 在遥控方面的主要功能是接收并执行调度员从主站发送的命令,并完成对断路器的分闸或合闸操作;RTU 在遥调方面的主要功能是接收并执行调度员或主站计算机发送的遥调命令,调整发电机的有功功率或无功功率。

信息采集和命令执行子系统除了完成上述四遥的基本功能外,还有一些其他功能,如事件顺序记录、当地监控等。

表 4-18 和表 4-19 分别列出了电力系统运行所需的主要信息和电力系统运行的主要控制、调节命令。

表 4-18 电力系统运行所需的主要信息

传送方向	类型	信息名称
发电厂或变电站 ↓ 调度控制中心	遥测信息	线路有功、无功功率或电流 变压器有功、无功功率或电流 发电机有功、无功功率 变压器分接头位置 母线电压(电压控制点) 频率(每一个可解列部分) 功率角 水库水位 电能量
	遥信信息	断路器分、合闸状态 隔离开关分、合状态 继电保护和自动装置动作状态 发电机开、停状态
	其他信息	事件顺序记录 转发其他厂站信息 RTU 工作状态信息 事故追忆信息 故障录波信息

表 4-19 电力系统运行的主要控制、调节命令

传送方向	类型	信息名称
调度控制中心 ↓ 发电厂或变电站	遥控信息	断路器分闸、合闸 发电机开机、停机 并联电容器投切操作命令
	遥调信息	发电机组功率调整 发电机组电压调整 变压器分接头调整信号
	其他信息	对时信息 查询信息 RTU 远方诊断 RTU 参数设置

2. 信息传输子系统

由于调度自动化系统中的主站和远动终端之间一般都有较远的距离，因而信息传输子系统也是一个重要的子系统。信息传输子系统按其信道的制式不同，可分为模拟传输系统和数字传输系统两类。

对于模拟传输系统（其信道采用电力线载波机、模拟微波机等），远动终端输出的数字信号必须经过调制（数字调频、数字调相）后才能传输。模拟传输系统的质量指标可用其幅频特性、相频特性、信噪比等来反映，它们都影响远动数据的误码率。

对于数字传输系统（其信道采用数字微波、数字光纤等），低速的远动数据必须经过数字复接设备，才能接到高速的数字信道。随着通信技术的发展，数字传输系统所占的比重将不断增加，信号传输的质量也将不断提高。

3. 信息的收集、处理和控制子系统

大型电力系统往往跨几个省，具有许多发电厂和变电站。为了实现对整个电网的监视和控制，需要收集分散在各个发电厂和变电站的实时信息，对这些信息进行分析和处理，并将分析和处理的结果显示给调度员或直接产生输出命令对系统进行控制。

4. 人机联系子系统

电网调度自动化技术的发展，并没有使人的作用有所削弱，恰恰相反，高度自动化技术的发展要求调度人员在先进的自动化系统的协助下，充分深入和及时地掌握电力系统实时运行状态，作出正确的决策和采取相应的措施，使电力系统能够更加安全、经济地运行。为了有效地达到上述目的，应该使被控制的电力系统及其控制设备（调度自动化系统）与运行人员构成一个整体。从电力系统收集到的信息，经过计算加工处理后，通过各种显示装置反馈给运行人员，运行人员根据这些信息作出决策后，再通过键盘、鼠标等操作，对电力系统进行控制，这就是人机联系。系统越复杂，规模越大，对人机联系子系统的要求也就越高。

人机联系子系统的常用设备一般包括 CRT 显示器、调度模拟屏、键盘、鼠标、有声报警设备、制表打印设备、屏幕拷贝设备、记录型仪表等。

4.4.2　调度自动化的发展

(1) 电话阶段。特点是调度人员利用电话进行监控。

监视流程:调度员电话询问,厂站值班员人工检测、电话反馈,或厂站定时电话汇报。

控制流程:调度员电话发令,厂站值班员人工执行、电话汇报。

(2) 远动技术阶段。特点是利用远动技术的四遥功能进行监控。

调度中心利用遥信获取远方开关量信息,利用遥测获取远方模拟量信息,调度员根据若干准则和运行经验进行决策,再利用遥控操作远方开关,起停远方机组,以及利用遥调调节远方发电机出力,然后再利用遥信和遥测返回遥控和遥调的结果。计算机在四遥技术的实现、状态量监视(开关变位报告和参数越限报警等)、控制决策、经济运行和信息管理等方面起着重要作用。这个调度系统一般称为监视控制和数据采集(supervisory control and data acquisition,SCADA)系统。

(3) 信息技术阶段。在四遥和 SCADA 系统的基础上,增加了安全监视、安全分析、安全控制,以及其他调度管理、计划管理和调度员培训等高级功能,发展成为能量管理系统(energy management system,EMS)。

一个运行中的电力系统,可能存在许多潜在的危险因素。安全分析就是对电网中可能发生的各种事故进行假想的在线计算机分析,校核这些事故发生后电力系统是否能保证安全和稳定,从而判断当前的运行状态是否有足够的安全稳定裕度,当发现当前的运行方式安全稳定裕度不够时,就要修改运行方式,使系统在有足够安全稳定裕度的方式下运行。

1995 年以来,GPS(全球卫星定位系统)技术在电力系统中开始推广使用,它为电力系统提供了较方便的全网统一时钟信号,其定时精度小于 1 μs。给实测数据加上时间标签,可以实现异地数据在相同的时间参考坐标系中进行比较。GPS 系统的出现及其在电力系统中的应用,使电力系统的运行人员和科研人员首次得以在时间和空间两维坐标下实时地研究和观察动态问题,具有十分重要的意义。

基于 GPS 的新一代动态安全监控系统是新动态安全监测系统与原有 SCADA 系统的结合。电力系统新一代动态安全监控系统主要由同步定时系统、动态相量测量系统、通信系统和中央信号处理机四部分组成。采用 GPS 实现的同步相量测量技术和光纤通信技术为相量控制提供了实现的条件。GPS 技术与相量测量技术结合的产物——PMU(相量测量单元)设备正逐步取代 RTU 设备实现电压、电流相量（相角和幅值）测量。

电力系统调度监测从稳态、准稳态监测向动态监测发展是必然趋势,GPS 技术和相量测量技术的结合标志着电力系统动态安全监测和实时控制时代的来临。

4.4.3　电力系统有功功率平衡与频率调整

1. 概述

电力系统频率是电能的质量指标之一。电力系统频率偏离额定值过多,对电力用户和电力系统的设备运行都带来不利的影响。我国规定,正常运行时电力系统的频率应当保持在(50±0.2) Hz 的范围之内。

维持电力系统频率在额定值，是靠控制电力系统内所有发电组输入的有功功率总和等于系统内所有用电设备在额定频率时所消耗的有功功率总和来实现的，其中包括机组和电网损耗。这种平衡关系一旦遭到破坏，电力系统的频率就会偏离额定值。因为电力系统的负荷功率是随机变化的，所以上述的“等于”关系随时都会受到破坏，因此从微观角度来看，电力系统的频率是时刻都在波动的。电力系统自动化的任务之一就是在电力系统频率偏离额定值时，及时调节输入机组原动机的有功功率，维持上述“等于”关系，将电力系统频率维持在允许的范围之内。

因为大型电力系统具有许多优点，所以现代电力系统的规模越来越大，已出现了将几个区域性电力系统互联起来的大型电力系统，即联合电力系统。在联合电力系统中，各联网的区域系统之间交换的功率需要按照预先的约定来控制。于是，如何协调、控制互联电力系统之间联络线上通过的功率就成了电力系统调度控制的问题之一了。

电力系统频率和有功功率自动控制是通过控制发电机有功功率来跟踪电力系统的负荷变化，从而维持频率等于额定值，同时满足互联电力系统间按计划交换功率要求的一种控制技术。电力系统频率和有功功率控制的主要任务有以下三项。

(1) 使系统的总发电出力满足系统总负荷的要求，它主要由发电机的原动机(汽轮机或水轮机)的调速控制(亦称一次调频)实现。

(2) 使电力系统的运行频率与额定频率之间的误差趋于零，需要通过调节发电机的频率特性实现(亦称二次调频)。

(3) 在联合电力系统各成员之间合理分配发电出力，使联络线交换的功率满足预先商定的计划值，以此保证联合电力系统的运行水平及各成员本身的利益。

完成上述三项任务的基础自动化系统是发电机组的调速系统。同时由于电力系统中用电设备所消耗的有功功率与频率也有一定的关系，因此完成上述三项任务时还涉及电力系统负荷的频率特性。这就是说，电力系统频率和有功功率控制涉及机组调速器的结构和工作原理、调速系统的工作特性、电力系统负荷的频率特性以及电力系统的调频方法等。

与电力系统频率和有功功率自动控制有密切关系的是电力系统经济调度控制。电力系统经济调度控制是指在给定的电力系统运行方式中，在保证频率质量的条件下，以全系统的运行成本最低为原则，将系统的有功负荷分配于各可控的发电机组，并在调度过程中考虑电力系统安全、可靠运行的约束条件。电力系统频率和有功功率自动控制是解决维持频率为额定值和互联电网间交换功率为规定值时电力系统的总发电功率应为多少的问题，而电力系统经济调度则解决电力系统的总发电功率分配给哪些电厂，在一座电厂内开几台机组和开哪些机组，每台机组发多少有功功率使电力系统的发电成本低、功率传输损耗(简称网损)小的问题。它的目标是使全系统运行成本最低，而不是某一具体电厂成本最低或某一线路损耗最低。

2. 同步发电机组的频率-有功功率特性

同步发电机是电力系统中唯一形式的有功功率电源，因此，研究同步发电机组的频率-有功功率特性具有重要意义。同步发电机转子的转速 n、转子极对数 p 与定子电压的频率 f 之间有如下关系：

$$f=\frac{pn}{60} \tag{4-8}$$

式(4-8)说明,调频就是调速,调速就能调频。

同步发电机组输出的有功功率与其频率的关系称为同步发电机组的频率-有功功率特性,有功功率调差系数 R 是用来描述同步发电机组的频率-有功功率特性曲线特征的重要参数,它定义为

$$R=-\frac{\Delta f/f_{\mathrm{N}}}{\Delta P/P_{\mathrm{N}}}\times 100\% \tag{4-9}$$

有功功率调差系数 R 在数值上等于机组的有功负荷从零值增加到机组的额定有功功率(有功功率增量为一个标幺值)时,其频率增量的标幺值的绝对值。式(4-9)中的负号表示:下倾的曲线为正调差特性,上升的曲线为负调差特性,水平线为零调差特性。分析可知,零调差特性和负调差特性的机组不能并联运行,只有具有正调差特性的机组并联运行时,才可以稳定分配有功功率。

在并列运行的机组间,合理分配有功功率的含义是:各并联运行的机组所分配的有功功率,按各机组自身容量为基准折算成标幺值时均相等。当电力系统负荷功率波动时,并列运行机组中调差系数较大的机组将承担较小的有功功率增量,调差系数较小的机组将承担较大的有功功率增量。为此,要使有功功率负荷增量在各并联运行机组间得到合理稳定分配,就要求各机组的频率-有功功率特性曲线在标幺值坐标平面里向下倾斜并具有相同的斜率,亦即具有相同的调差系数。同步发电机组典型的频率-有功功率特性曲线的调差系数一般为3%~5%。

3. 电力系统负荷的频率-有功功率特性

负荷波动是影响频率稳定的重要原因。电力系统有功负荷具有多种形式,将它们按与频率的关系划分成不同类型是恰当的。因此,电力系统有功总负荷可以用下式描述:

$$P_{\mathrm{L}}=\alpha_0 P_{\mathrm{LN}}+\alpha_1 P_{\mathrm{LN}}\left(\frac{f}{f_{\mathrm{N}}}\right)+\alpha_2 P_{\mathrm{Le}}\left(\frac{f}{f_{\mathrm{N}}}\right)^2+\alpha_3 P_{\mathrm{LN}}\left(\frac{f}{f_{\mathrm{N}}}\right)^3+\cdots+\alpha_n P_{\mathrm{LN}}\left(\frac{f}{f_{\mathrm{N}}}\right)^n \tag{4-10}$$

式中,f_{N}为额定频率;P_{L}为系统频率为 f 时,整个系统的有功负荷;P_{LN}为系统频率为f_{N}时,整个系统的有功负荷;$\alpha_0,\alpha_1,\cdots,\alpha_n$为各类负荷对 P_{LN}的比例系数。

由于电力系统中,高于三次方的负荷比例很小,故通常在计算中只取到三次方项即可。

要详细确定各类负荷的比例系数 α_i,一方面比较困难,另一方面也没有必要,通常是将它们作为一个整体综合对待的。上式描述的负荷与频率之间的关系,就称为负荷的频率-有功功率特性(简称功频特性)。负荷的频率-有功功率特性因 α_i 的变化而变化,而 α_i随季节及昼夜交替有所变化,所以负荷的功频特性不像同步发电机的功频特性那样确定,而是在一定范围内变化的。

研究负荷的功频特性,主要关心额定频率附近的一段曲线,在小范围内研究问题时,数学上可以近似将曲线用直线代替,在标幺值坐标里,这根直线的斜率反映了负荷消耗的有功功率与电源频率之间的定量关系,即

$$K_{\mathrm{L}*}=\frac{\mathrm{d}P_{\mathrm{L}*}}{\mathrm{d}f_*}=\frac{\Delta P_{\mathrm{L}*}}{\Delta f_*}=\frac{\Delta P_{\mathrm{L}}/P_{\mathrm{LN}}}{\Delta f/f_{\mathrm{N}}}$$

负荷的功频特性具有单调上升的特点,当电力系统发生有功功率缺额时,频率将下

降，由于频率的下降，负荷将自动减小其消耗的有功功率，系数 K_L^* 越大，减小得越多，由于负荷消耗的有功功率自动减小，使得系统有功功率在较低频率下重新得以平衡。可见，负荷参与了有功功率平衡调节，它对系统频率的稳定起了有利的调节作用，而系数 K_L^* 正反映了负荷的这种调节能力的大小，K_L^* 称为负荷的频率调节效应系数。

4．电力系统的频率-有功功率特性

电力系统主要是由发电机组、输电网络及负荷组成，如果把输电网络的功率损耗看成是负荷的一部分，则电力系统频率-有功功率关系可以简化（见图 4-17(a)）。在稳态频率为 f_N 的情况下，P_T、P_G 和 P_L 都相等，因此在讨论它们的频率-有功功率特性曲线时，就可以看成由两个环节构成的一个闭环系统。发电机组的频率-有功功率特性与负荷的频率-有功功率特性曲线的交点就是电力系统频率的稳定运行点，如图 4-17(b)中的 a 点。

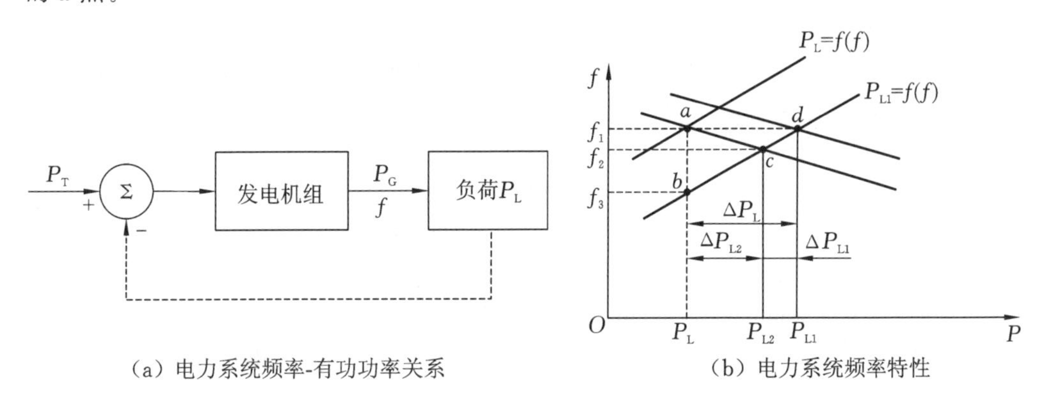

（a）电力系统频率-有功功率关系　　（b）电力系统频率特性

图 4-17　电力系统的频率-有功功率关系及频率特性

如果系统中的负荷增加 ΔP_L，则总负荷静态频率特性变为 P_{L1}，假设这时系统内的所有机组均无调速器，机组的输入功率恒定为 P_T 且等于 P_L，则系统频率将逐渐下降，负荷所取用的有功功率也逐渐减小，依靠负荷调节效应系统达到新的平衡，运行点移到图 4-17(b)中的 b 点，频率稳定值下降到 f_3，系统负荷所取用的有功功率仍然为原来的 P_L 值。在这种情况下，频率偏差值 Δf 决定 ΔP_L 值的大小，一般是相当大的。但是，实际上各发电机组都装有调速器，当系统负荷增加，频率开始下降后，调速器即起作用，增加机组的输入功率 P_T。经过一段时间后，运行点稳定在 c 点，这时系统负荷所取用的功率为 P_{L2}，小于额定频率下所需的功率 P_{L1}，频率稳定在 f_2。此时的频率偏差 Δf 要比无调速器时小得多。由此可见，调速器对频率的调节作用是明显的。调速器的这种调节作用通常称为一次调节。若要使频率恢复到额定频率，则需要移动发电机的功频特性，由 c 点移动到 d 点，此时频率恢复到额定频率，$\Delta f=0$，这种调节称为二次调节。二次调节为无差调节。

5．电力系统自动调频方法

为了维持电力系统频率在允许的偏差范围内，需要进行人工的和/或自动的频率二次调整。与手动调频相比，自动调频不仅反应速度快、频率波动小，而且还可以同时兼顾经济运行、联合电力系统联络线功率控制、电力系统稳定控制等多方面的要求。

电力系统调频原则：有功功率就地、就近平衡，减少有功功率损耗，减轻对联络线的负担，增加应付突发事故的能力。

电力系统调频手段在有功功率电源方面有运行机组有功出力增/减、调频机组的投入与退出、抽水蓄能机组的抽水与发电方式转换等；在负荷方面有低频降压减负荷、低频切除负荷等。

电力系统调频约束条件：线路不过载，联络线符合功率交换协议，满足安全性、稳定性要求，且尽量符合经济性要求。

电力系统自动发电控制(automatic generation control，AGC)是电力系统有功功率与频率调整的重要手段之一，其任务是使系统出力与系统负荷相平衡，保持系统频率额定，保证联络线交换功率等于计划值，并尽可能实现机组(电厂)间的负荷经济分配。

4.4.4 电力系统无功功率平衡与电压调整

1. 概述

与频率一样，电压也是电能质量的重要指标。电力系统电压偏离额定值过多，对电力用户及电力系统本身都有不利影响，我国国家标准对电力系统运行电压和供电电压都有规范要求，规定供电电压允许偏差如下。

(1) 35 kV 及以上供电电压正、负偏差绝对值之和不超过额定电压的 10%。如果供电电压偏差为同号(均为正或负)时，按较大的偏差绝对值作为衡量依据。

(2) 10 kV 以下三相供电电压允许偏差为额定电压的±7%。

(3) 220 V 单相供电电压允许偏差为额定电压的－10%～＋7%。

在国家标准中，还对供电电压和电压偏差作出如下规定。

(1) 供电电压为供电部门与用户的产权分界处的电压或由供电协议所商定的电能计量点的电压。

(2) 电压偏差的计算公式如下：

$$\text{电压偏差}=[(\text{实测电压}-\text{额定电压})/\text{额定电压}]\times 100\%$$

维持电力系统电压在规定范围内运行而不超过允许值，是以电力系统内无功功率平衡为前提的。电力系统中的无功电源主要是发电机。除此以外，还有并联电容器、同步调相机、静止补偿器等，高压输电线本身也产生无功功率。

电力系统电压和无功功率自动控制是使部分或整个系统保持电压水平和无功功率平衡的一种自动化技术，它的主要内容如下。

(1) 控制电力系统无功电源发出的无功功率等于电力系统负荷在额定电压下所消耗的无功功率，维持电力系统电压的总体水平，保持用户的供电电压在允许范围之内。

(2) 合理使用各种调压措施，使无功功率尽可能就地、就近平衡，以减少远距离输送无功功率而产生的有功功率损耗，提高电力系统运行的经济性。

(3) 根据电力系统远距离输电稳定性的要求，控制枢纽点电压在规定水平。

2. 线路传输功率与线路电压降落的关系

电压降落等于线路两端电压相量之差；电压降落可分解为与受端电压 $\dot{U}_2$ 同向的纵分量和超前受端电压 90°的横分量。

图 4-18 为输电线路电压相量图，$\dot{U}_1$、$\dot{U}_2$ 分别为线路首端和末端的线电压，$\dot{I}$ 为线路中的电流，P、Q 分别为受端有功功率和无功功率。U_2是 $\dot{U}_2$ 的幅值。数学公式如下：

$$S=P+\mathrm{j}Q=\dot{U}_2\dot{I}=U_2(I_Y-\mathrm{j}I_W)$$

$$I_y - jI_w = \frac{P+jQ}{U_2},\quad I_y + jI_w = \frac{P-jQ}{U_2} \tag{4-11}$$

$$\begin{aligned}\dot{U} &= \dot{I}\dot{Z} = (I_y + jI_W)(R+jX)\\ &= \frac{P-jQ}{U_2}(R+jX)\\ &= \frac{PR+QX}{U_2} + j\frac{PX-QR}{U_2}\end{aligned}$$

即

$$\dot{U} = \dot{U}_1 - \dot{U}_2 = \Delta U_2 + j\delta U_2 \tag{4-12}$$

式(4-12)中，$\Delta U_2 = \dfrac{PR+QX}{U_2}$为电压降落的纵分量；$\delta U_2 = \dfrac{PX-QR}{U_2}$为电压降落的横分量。

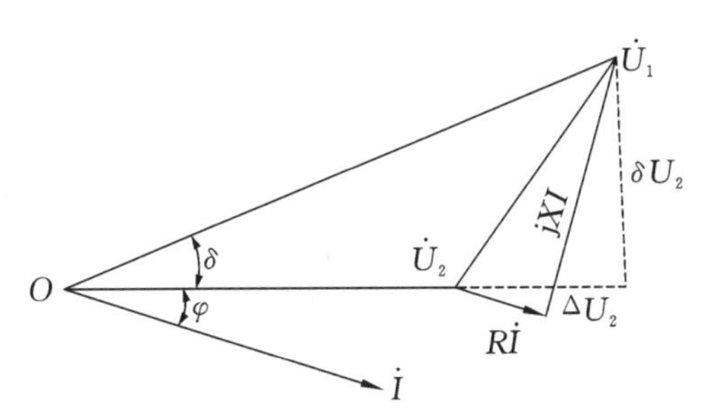

图 4-18　输电线路电压相量图

由相量图可知，电流的有功功率分量在感抗上产生的电压 PX/U_2和无功分量在电阻上产生的电压$-QR/U_2$，均与受端电压 $\dot{U}_2$ 垂直，两者之和等于横分量，由于两者方向相反，相互抵消后再与 $\dot{U}_2$ 垂直相加，故对电压 U_2的影响较小；而电流的无功功率分量在感抗上产生的电压 QX/U_2和有功功率分量在电阻上产生的电压 PR/U_2，均与受端电压 $\dot{U}_2$ 同向，两者之和等于纵分量，由于两者均与 $\dot{U}_2$ 同向，所以能够最大限度地影响 U_2。

3. 电压调整的数学方程

简单电力系统的电压调整原理图如图 4-19 所示。

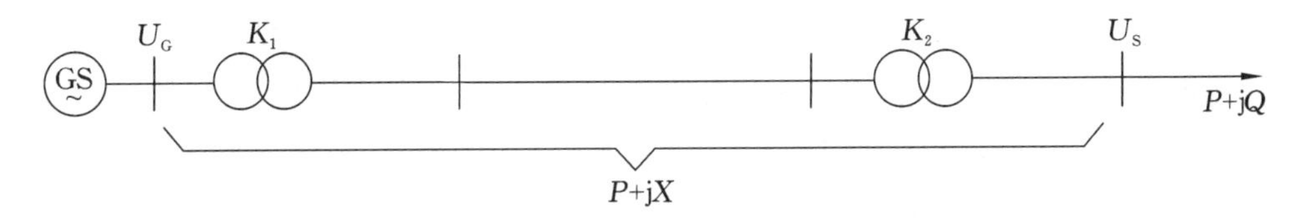

图 4-19　简单电力系统的电压调整原理图

负荷端的电压方程：

$$U_b = \frac{U_G K_1 - \Delta U}{K_2} = \left(U_G K_1 - \frac{PR+QX}{U}\right)/K_2 \tag{4-13}$$

可见，影响负荷端电压的因素有 U_G，K_1，K_2，R，X，P，Q 等，对它们实施行之有效的控制，就能达到控制电力系统电压的目的。

4. 同步发电机的电压-无功功率特性

1) 电压-无功功率特性与调差

同步发电机的机端电压随其输出无功功率变化的特性，称为同步发电机的电压-无功功率特性。无功功率调差系数 δ 是用来描述同步发电机组的电压-无功功率特性曲线特征的重要参数，它定义为

$$\delta=-\frac{\Delta U/U_{\mathrm{N}}}{\Delta Q/Q_{\mathrm{N}}}\times 100\% \tag{4-14}$$

无功功率调差系数 δ 在数值上等于机组的无功负荷从零值增加到机组的额定无功功率(无功功率增量为一个标幺值)时，其电压增量的标幺值的绝对值。公式中的负号表示：下降的曲线为正调差特性，上升的曲线为负调差特性，水平线为零调差特性。分析可知，零调差特性和负调差特性的机组不能直接并联运行，只有具有正调差特性的机组并联运行时，才可以稳定分配无功功率。

2) 调差与无功分配

在并列运行的机组间，合理分配无功功率的含义是：各并联运行的机组所分配到的无功功率，按各机组自身容量为基准折算成标幺值时均相等。当电力系统负荷功率波动时，并列运行机组中，调差系数较大的机组将承担较小的无功功率增量，调差系数较小的机组将承担较大的无功功率增量。为此，要使无功功率负荷增量在各并联运行机组之间得到合理稳定分配，就要求各机组的电压-无功功率特性曲线在标幺值坐标平面内向下倾斜并具有相同的斜率，亦即具有相同的调差系数。同步发电机组典型的电压-无功功率特性曲线的调差系数 δ 一般为 3%～5%。

5. 电力电容器的电压-无功功率特性

电容器输出无功功率为

$$Q_{\mathrm{C}}=\frac{U^2}{X_{\mathrm{C}}} \tag{4-15}$$

式(4-15)表明：电容器输出无功功率与其端电压的平方成正比。电容器的电压-无功功率特性曲线是上翘的，这一点与同步电机的相反。这就意味着当电力系统无功功率缺乏使电容器安装处的电压下降时，电容器输出的无功功率反而减小，使无功功率缺额加剧；反之，当电力系统无功功率过剩使电压升高时，电容器输出无功功率增大，使无功功率更加过剩，这种不利于无功功率平衡的调节特性称为负调节特性。另外，电容器只能成组地投入或切除，对无功功率实施有级调节，但电容器是静止元件，具有有功功率损耗小、适合于分散安装等优点。

6. 电力系统负荷的电压-无功功率特性

异步电动机在电力系统负荷中占很大的比重，故电力系统的无功负荷与电压的静态特性主要由异步电动机决定。异步电动机的无功功率消耗为

$$Q_{\mathrm{M}}=Q_{\mathrm{m}}+Q_{\sigma}=\frac{U^2}{X_{\mathrm{m}}}+I^2X_{\sigma} \tag{4-16}$$

式中，Q_{m} 为异步电动机的励磁功率，它与施加于异步电动机的电压的平方成正比；Q_{σ} 为异步电动机漏抗 X_{σ} 中的无功损耗，它与负荷电流的平方成正比。

综合这两部分无功功率的特点，可得无功功率平衡与电压水平的关系(见图 4-20 中的曲线 2)。由图 4-20 可见，在额定电压附近，电动机取用的无功功率随电压的升、

降而增、减。

电力系统中的变压器和输电线路在运行中消耗无功功率，在考虑无功功率平衡时也可以将其视作无功负荷。

变压器的无功损耗为

$$Q_T = \Delta Q_0 + \Delta Q_T = U^2 B_T + I^2 X_T = \frac{I_0}{100} S_N + \frac{U_k S^2}{100 S_N} \tag{4-17}$$

式中，ΔQ_0 为变压器空载无功损耗，它与所施的电压的平方成正比；ΔQ_T 为变压器绕组漏抗中的无功损耗，与通过变压器的电流的平方成正比。

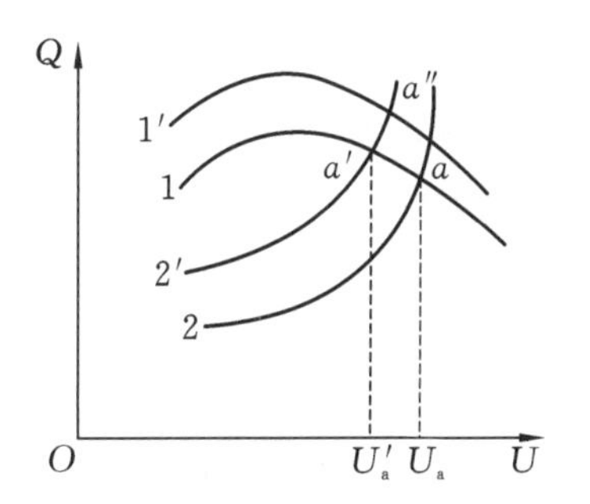

图 4-20 无功功率平衡与运行电压水平的关系曲线

输电线路的无功功率损耗分为两部分，其串联电抗中的无功功率损耗与通过线路的功率或电流的平方成正比，而其并联电容中发出的无功功率与电压平方成正比。输电线路等效的无功消耗特性取决于输电线路传输的功率与运行电压水平。当线路传输功率较大，电抗中消耗的无功功率大于电容中发出的无功功率时，线路等效为消耗无功；当传输功率较小、线路运行电压水平较高，电容中产生的无功功率大于电抗中消耗的无功功率时，线路等效为无功电源。

7. 无功功率平衡与运行电压水平

电力系统中所有无功电源发出的无功功率都是为了满足整个系统无功负荷和网络无功损耗的需要。在电力系统运行的任何时刻，电源发出的无功功率总是等于同一时刻系统负荷和网络的无功损耗之和，即

$$Q_{GC}(t) = Q_{LD}(t) + \Delta Q_{\Sigma}(t) \tag{4-18}$$

式中，$Q_{GC}(t)$为系统中所有的无功电源，即发电机、同步调相机、静止电容器等发出的无功功率；$Q_{LD}(t)$为系统中所有负荷消耗的无功功率；$\Delta Q_{\Sigma}(t)$为系统中所有变压器、输电线等网络元件的无功功率损耗。

图 4-20 表示按系统无功功率平衡确定的运行电压水平。曲线 1 表示系统等效无功电源的无功电压静态特性，曲线 2 表示系统等效负荷的无功电压静态特性。两曲线的交点 a 为无功功率平衡点，此时对应的运行电压为 U_a。当系统无功负荷增加时，其无功电压静态特性如曲线 2′所示。这时，系统的无功电源出力没有相应地增加，即电源的无功电压静态特性维持为曲线 1。这时曲线 1 和曲线 2′的交点 a'就代表了新的无功功率平衡点，对应的运行电压为 U'_a。显然，$U'_a < U_a$，这说明负荷增加后，系统的无功电源已不能满足在电压 U_a 下无功平衡的需要，因而只好降低电压水平，以取得在较低电压水平下的无功功率平衡。如果这时系统无功电源有充足的备用容量，多发无功功率，使无功电源的无功电压静态特性曲线上移至曲线 1′，从而使曲线 1′和曲线 2′的交点 a''所确定的运行电压达到或接近 U_a。

由此可见，系统无功电源充足时，可以维持系统在较高的电压水平下运行。为保证系统电压质量，在进行规划设计和运行时，需确定无功功率的供需平衡关系，并保证系统有一定的备用容量。无功备用容量一般为无功负荷总量的 7%～8%。在无功电源不足时，应增设无功补偿装置。无功补偿装置应尽可能装在负荷中心，使无功功率就地平衡，减少无功功率在网络传输中引起的网络功率损耗和电压损耗。

8. 电压控制方法

(1) 利用同步电机控制 U_G。

(2) 利用变压器控制电压比 K_1 和 K_2。

(3) 利用无功功率补偿控制线路传输的无功功率 Q。

(4) 利用串联电容器改变线路参数 X。

综上所述，电力系统的电压调整有多种方法可供使用，发电机调压主要适用于近距离调压。在系统无功功率充裕时，首先应考虑采用改变变压器电压比调压。当系统无功电源不足时，不宜采用调整变压器电压比的办法来提高电压，因为当某一地区的电压由于变压器分接头的改变而升高后，该地区所需的无功功率也增大，这就可能扩大系统的无功缺额，从而导致整个系统的电压水平更加下降，这时必须增设无功补偿容量。无功功率的就地补偿虽需增加投资，但这样不仅能提高运行电压水平，还能通过减少无功功率在网络中的传输而降低网络的有功功率损耗。串联电容补偿可用于配电网的调压，但近年来，串联电容补偿用于超高压输电线所带来的潮流控制、系统稳定性的提高等方面的综合效益已日益引起人们的关注。

4.4.5 电力系统调度自动化实验

1. 远动技术实验

1) 遥信遥测与系统监视

电力系统的遥信遥测是由安装在发电厂和变电站的远动终端负责采集电力系统运行的实时参数，并借助远动信道将其传送到调度中心的。电力系统运行的实时参数主要有发电机出力、母线电压、线路有功功率和无功功率、电度量、继电保护的动作信息、断路器的状态信息等。

在本实验中，远动终端的信息采集功能由微机励磁调节器、微机调速器和智能数字式仪表承担，远动信道用有线通信信道来模拟，通信方式采用问答式方式，调度中心的计算机负责管理调度自动化功能，采用面向对象的人机交互界面，通过鼠标点击查询远方厂站实时参数并自动检测和报告断路器变位和模拟量越限。

实验步骤：启动机组，组建电力系统。实验系统的发电机、联络变压器、输电线路、负荷的监视全部采用微机型的多功能电量表，可以检测与传送各支路的所有电气量，如三相相电压 U_{AN}、U_{BN}、U_{CN}，三相线电压 U_{AB}、U_{BC}、U_{CA}，三相电流 I_A、I_B、I_C，有功功率 P，无功功率 Q，频率 f 等。在调度中心的计算机监控屏幕上，可以显示各条线路、各组负荷、变压器和发电机的状态、电压、电流等基本电量，还可以保存各种实验数据、打印数据表格和潮流分布图等。实验中请记录某一时刻的电力系统运行状态参数和发电厂(发电机)运行状态参数；改变断路器状态，观察开关量变位报告；调节发电厂(发电机)电压升高和降低，观察电压越限报警情况。

2) 遥控遥调与系统控制和调整

电力系统中的遥控遥调过程是：厂站远动终端接收并执行调度中心的调度员从主站发来的命令，完成对断路器的分闸或合闸操作，实现发电机的有功出力或无功出力的调整。

操作调度计算机对远方发电厂(发电机)下达调节有功功率和无功功率的命令，对远方电站下达投切负荷的命令和改变线路结构的操作命令，实现对电力系统频率和电压的控制和调整，并记录调整前后的功率潮流分布的变化。

3）问答式远动与召唤式显示和选择性控制

问答式远动的遥信遥测是由调度端主动地按顺序依次“调取”各厂站的信息。作为厂站端，仅在自己受到调度端“召唤”时，才能够送出自己的信息。问答式远动的遥控遥调是调度端发令，被选中的厂站端执行，而其他厂站则不会动作。问答式远动可以在一条信息传输通道上连接多个厂站端，节省信道投资。本实验系统采用 RS485 通信标准模拟问答式远动通信方式工作。

2. 频率与有功功率调整实验

1）同步发电机的频率-有功功率特性（发电机的有功调差特性）的测定

同步发电机的频率-有功功率特性是指同步发电机输出的有功功率与其频率之间的关系。它是同步发电机的一个重要特性，在调速器投入运行的条件下，该特性就等于调速器的调差特性。同步发电机的调差特性对于电力系统频率控制具有重要影响。

实验方法：在同步发电机组的调速器投入运行的条件下进行实验。

方法 1：当同步发电机单独带负荷运行时，可以在给定频率 f_g 保持不变的条件下，改变有功功率从零值到机组的额定值，分别记录下有功功率等于零值时的频率 f_1 和有功功率等于额定值时的频率 f_2，按下列公式即可计算出机组的有功调差系数 R：

$$R=\frac{f_1-f_2}{f_N}\times 100\%$$

方法 2：将同步发电机与无穷大系统并联，改变调速器频率给定值 f_g，使同步发电机输出的有功功率从零值变到机组的额定值，分别记录下有功功率等于零值时的频率给定值 f_{g1} 和有功功率等于额定值时的频率给定值 f_{g2}，即可计算出机组的有功调差系数 R：

$$R=\frac{f_{g2}-f_{g1}}{f_N}\times 100\%$$

改变调速器的调差系数后，再次测定实际调差系数并与整定的调差系数比较，看是否相近。

2）负荷的频率-有功功率特性（负荷的频率调节效应）的测定

电力系统负荷的频率-有功功率特性（简称功频特性）是指负荷取用有功功率与电源频率之间的关系，它对电力系统频率控制具有重大影响。负荷的功频特性取决于负荷的类型，同样是异步电动机，如果拖动切削机床，则其功频特性曲线近于线性关系；如果拖动风机或水泵，则其功频特性曲线近于三次方关系。电力系统综合负荷的功频特性则由各种类型负荷的功频特性按比例组合而成。

本实验系统用电阻器作为有功功率负荷，电阻器取用功率正比于其电源电压的平方。当同步发电机励磁控制系统工作于恒机端电压方式时，电阻器取用功率与频率无关；当励磁控制系统工作于恒励磁电流方式时，由于机端电压正比于转速（即频率），所以电阻器取用功率与频率成平方关系。

实验内容如下。

（1）励磁控制系统以恒机端电压方式运行，投入电阻器负载，调节调速器速度给定值，记录同步发电机输出有功功率与其频率的对应关系的稳态数据 5～10 组，在方格纸上描绘曲线。

(2) 励磁控制系统以恒励磁电流方式运行,重复上述实验步骤(1)。

分别计算两次实验测定的负荷调节效应系数。

(3) 电力系统的频率-有功功率特性的测定。

电力系统功频特性,是同步发电机与负荷(包括电网有功功率损耗)组成的有机整体的有功功率总量(同步发电机输出的有功总量或负荷消耗的有功总量,两者在稳态下应该是平衡的)与系统频率的关系。

实验方法:同步发电机单机带负荷运行,励磁控制系统以恒励磁电流方式运行,调节调速器速度给定值,使频率稳定在额定频率。①改变有功负荷大小,记录频率与有功负荷的稳态关系数据5组,描绘成曲线,即一次调频曲线;②调节调速器速度给定值,将频率恢复到额定频率,此即二次调频;③退出调速器,改变有功负荷,观察频率变化情况,此即无调节作用下,仅靠负荷的频率调节效应作用下的功频特性。

(4) 并列运行机组间的有功功率分配实验。

系统负荷总量应在各并列运行机组间稳定而合理地得到分配,这是电力系统稳定、安全运行的基本要求。理论分析可知,当电力系统有功负荷发生波动时,调差系数较小的机组将承担较大的有功功率增量,调差系数较大的机组将承担较小的有功功率增量。各同步发电机的调差系数为正且相同是稳定、合理分配有功功率的条件。

实验方法如下。

① 将两台同步发电机并联运行,带上有功负荷,整定两台机组的调差系数,使它们的调差系数相同,调节其中一台机组的出力使其等于另一台机组出力。改变有功负荷大小,记录两台机组有功出力和负荷总量的关系数据3～5组,观察有功功率分配是否稳定、合理。

② 将一台机组的调差系数改小,先人工调节一台机组出力使其与另一台出力相等,然后改变有功负荷,记录两台机组有功出力和负荷总量的关系数据3～5组,观察有功功率分配是否稳定、合理。

(5) 联合电力系统调频和联络线有功功率控制实验。

将几个区域电力系统相互连接起来构成的大型电力系统即为联合电力系统。联合电力系统的调频原则是,区域内部有功功率就地平衡,区域之间联络线功率按协议传送。

实验方法:将实验系统构建成两个容量比为4500 W:2000 W的区域电力系统,再通过一条联络线相互连接起来,调节联络线初始功率为零。实验时,在A区域增加有功负荷600 W,观察系统频率和联络线功率在下列控制对策下的变化情况:①A、B两区均不参加一、二次调频;②A、B两区均只参加一次调频;③A、B两区均参加一次调频,且A区参加二次调频,增发有功出力400 W;④A、B两区均参加一次调频,且B区参加二次调频,增发有功出力400 W;⑤A、B两区均参加一次调频和二次调频,各增发有功出力300 W。请根据实验结果对上述控制策略进行评述。

3. 电压与无功功率调整实验

1) 同步发电机的无功功率调差特性的测定

同步发电机无功功率调差特性是指同步发电机机端电压与输出无功功率之间的函数关系,它是电力系统并列运行发电机组间合理、稳定分配无功功率的关键。对并列点来说，其调差系数取3%～5%；而对同步发电机机端来说，采用单元接线方式时，其调差系数可为零调差或负调差，采用扩大单元接线方式时，只能为正调差。

可以采取以下实验方法测定调差系数。

(1) 同步发电机单机带负荷运行，保持电压给定值不变，改变无功负荷从零到额定，记录发电机机端电压的变化量，以额定电压为基准计算变化量的标幺值，即调差系数。实验时，可以在恒机端电压运行方式下，改变调差系数整定值，重复上述实验。作为比较，要测定恒励磁电流运行方式时的调差系数。

(2) 同步发电机并网运行，用改变系统电压的方法调节无功负荷来测定调差系数。

(3) 前两种方法均不适合工业现场使用，工业现场测定调差系数方法如下：将同步发电机并网运行，用调节电压给定值的方法调节无功功率输出，记录无功功率增量等于机组的额定无功功率时，相应的电压给定值的增量的百分值，即调差系数。对微机励磁调节器，电压给定值增量可以通过显示器读出，对模拟式励磁调节器，需要记录电压给定电位器的行程增量，然后在发电机单机空载运行工况下，测定该行程增量对应的电压增量即可。

2) 并列运行机组的无功功率分配实验

要验证两台并联运行机组的无功功率分配是按其调差系数的倒数进行的，最好是将两台机组直接在机端并列。如果两台机组各经过一段线路再与无穷大系统并列，则需要将线路的自然调差系数一并考虑在内，必要时励磁调节器工作在负调差状态。

实验方法：将两台机组并入无穷大系统，用改变无穷大系统电压的方法改变无功功率输出总量，分别测定无功功率总量和各机组输出的无功功率，如果计量点相同，无功功率总量应等于两机组输出无功功率之和，否则因线路上的无功损耗使得上述关系不成立。无论怎样，两台机组无功增量的标幺值与各自调差系数的乘积应该相等。

3) 异步电动机的电压-无功功率特性的测定

异步电动机是电力系统无功负荷的主体，其电压-无功功率特性对电力系统电压和无功功率特性有重大影响。

实验方法：异步电动机的电压-无功功率特性与其机械负荷率有一定关系，为方便起见，实验中只测定空载异步电动机的电压-无功功率特性。将异步电动机通过自耦变压器供电，在额定电压的±20%范围内调节施加在异步电动机定子上的电压，记录工作电压与异步电动机吸收的无功功率之间的关系数据并描出曲线。

4) 变压器的空载无功功率损耗和负载无功功率损耗的测定

电力变压器是电力输送的重要设备，也是造成无功功率损耗的主要因素。

实验方法：在变压器的两端装设无功功率计、电流计和电压表。用无穷大系统向变压器供电，切断变压器二次回路(空载)，改变无穷大系统电压，记录变压器电压与吸取无功功率之间的关系数据；接通变压器二次回路，用改变无穷大系统电压或同步发电机电压的方法来改变流过变压器的无功电流，记录变压器两端无功功率、电压和负荷电流的关系数据，对照理论公式，找出异同点并分析其原因。

5) 输电线路的无功功率损耗的测定

低压输电线路与高压输电线路的电阻、感抗和对地容抗的比例关系有很大不同，因此无功损耗特性也有很大差异。

实验方法：在某输电线路的两端装设无功功率计、电流计和电压表。用无穷大系统向空载输电线路供电，改变无穷大系统电压，记录线路首、末两端电压以及首端吸取无功功率之间的关系数据；接通输电线路，用改变无穷大系统电压或同步发电机电压的方法来改变流过线路的无功电流，记录线路两端无功功率、电压和负荷电流的关系数据，对照理论公式，找出异同点并分析其原因。

6）同步发电机调压与无功功率潮流控制实验

同步发电机是电力系统的主要无功功率源，其特点是容量大、调节平滑、经济性好。

实验方法：构建一个独立电力系统，分别改变不同地点的同步发电机机端电压，观察电力系统各节点电压和各支路无功功率的变化情况，总结同步发电机调压的特点和局限性。

7）变压器分接头调压与无功功率潮流控制实验

有载调压变压器可以在电力系统无功功率充足的情况下，通过改变电力系统无功功率潮流的分布，起电压控制作用。

实验方法：构建一个独立电力系统，改变有载调压变压器分接头，观察电力系统各节点电压和各支路无功功率的变化情况，总结有载调压变压器调压的特点和局限性。

8）电力电容器的电压-无功功率特性的测定

电力电容器是电力系统无功功率补偿的重要设备，其特点是安装地点灵活，可以实现无功功率就地、就近平衡。其无功补偿容量与端电压的平方成正比的调节特性，对电力系统无功功率平衡调节来说，是不太理想的。

实验方法：将电容器通过自耦变压器供电，在额定电压的±20%范围内调节施加在电容器上的电压，记录电压与电容器发出的无功功率之间的关系数据并描出曲线。

9）晶闸管投切电容器调压实验

晶闸管投切电容器（thyristor switched capacitor，TSC）是电力系统无功功率补偿的重要手段，一般装设在负荷端，以实现无功功率就地、就近补偿。当负荷端电压较低时，投入晶闸管投切电容器，减少无功功率在线路上的流动所引起的电压损耗，以此提高负荷端电压；反之切除晶闸管投切电容器。

实验方法：同步发电机单机带负荷运行，在负荷端安装 TSC，用改变无功负荷大小或改变同步发电机机端电压的方法，改变负荷端电压，观察 TSC 动作情况，及负荷端电压波动范围；将 TSC 退出，重复上述过程，记录负荷端电压波动范围，比较有无 TSC 的差异。

10）串联电容器调压实验

串联电容器调压的机理是减小线路阻抗引起的电压损耗，特别对无功负荷波动大的线路作用明显。

实验方法：发电机单机带负荷运行，投入串联电容器，改变无功负荷的大小，观察负荷端电压波动情况；退出串联电容器，同样改变无功负荷的大小，观察负荷端电压波动情况，对比实验结果总结串联电容器的调压效果和特点。

11）变压器分接头与 TSC 综合调压实验

变电站母线电压的控制，通常借助有载调压变压器和 TSC 综合进行控制，简单的控制准则就是“9 区图准则”。

实验方法：用实验系统构建一个含有有载调压变压器和 TSC 的变电站，将有载调压自动装置和 TSC 控制装置退出，改为人工手动控制。通过改变负荷、同步发电机电压或系统电压的方法，移动运行点在 9 区图中的某一区(0 区除外)。然后根据变压器分接头的调节特性和电容器的调节特性确定升降分接头或是投切电容器，以最少的步骤将运行点移入 0 区。总结经验和归纳控制策略。

4. 电力系统调度与稳定控制

1) 潮流控制实验

电力系统潮流控制，包含有功潮流控制和无功潮流控制。潮流控制对电力系统安全与稳定、电力系统经济运行均具有重要意义。

实验方法：构建一个电力系统并且并入无穷大系统，增加或减少某些机组的有功出力和/或无功出力，保持系统各节点电压在允许范围内的前提下，改变系统支路的有功潮流和无功潮流。注意记录增/减调节前后各支路的潮流分布数据。

2) 静态稳定极限测定和失步运行实验

电力系统静态稳定极限的大小，受电力系统电压运行水平的影响，同时也受到励磁调节器运行性能的影响。

实验方法：将一台同步发电机组并入无穷大电力系统。在有功出力等于零时，记录初始功率角数值。分别在以下条件下进行实验。

(1) 无穷大系统电压等于额定电压。

(2) 无穷大系统电压等于额定电压的 1.05 倍；励磁调节器以恒电压方式运行，调节无功功率在 500 Var 附近。实验时，缓慢增加机组有功出力，并注意保持无功功率在 500 Var 附近，增加机组有功出力直至机组失步，记录机组临界失步时的有功出力和功率角(即静态稳定功率极限和功率角极限)，观察并记录机组失步运行时的现象，对比两种电压运行水平下的功率极限和功率角极限。

(3) 无穷大系统电压等于额定电压，对比励磁调节器以恒电压方式运行和恒励磁电流方式运行时的静态稳定极限。

(4) 无穷大系统电压等于额定电压，对比励磁调节器以恒电压方式运行时，电力系统稳定器投入与退出的静态稳定极限。

根据上述实验结果，总结归纳影响静态稳定极限的因素，以及如何采取有效措施提高静态稳定极限的有关结论。

3) 电力系统频率控制实验

电力系统频率是由电力系统中所有运行机组、负荷和网损共同决定的。电力系统调频方法主要着眼于电力系统有功电源出力控制，当系统频率出现大幅度下降时，才考虑对负荷进行控制。

电源出力控制手段有运行机组的一次调频和二次调频(轻载与满载调节、调相与发电互换)、水轮机组的启动与退出、抽水蓄能机组抽水与发电工况转换、高频紧急切机等。负荷控制手段有低频降压减负荷、低频紧急切负荷等。

实验方法：构建一个独立电力系统，所有机组均有一次调频。用改变负荷大小或投切负荷的方法，使电力系统频率偏离额定频率。首先使用二次调频手段进行调频控制，必要时，可以通过投切机组的方法进行调频，当频率过度下降，有功功率电源已无备用容量可启用时，再通过切除负荷进行调频。所有调节控制操作均采用手动方式进行，以加深体会。记录实验操作全过程，以及每次操作前后的有功潮流分布和系统频率。

4) 串联电容器对电力系统稳定的影响

串联电容器可以减小并联系统的连接阻抗，对提高电力系统稳定性有良好作用。

实验方法：构建一个双回线带串联电容器补偿的单机——无穷大系统，正常双回线运行时，将串联电容器短接退出。当切除其中一回线时，立即投入运行线路的串联电容器。比较双回线运行、单回线运行、单回线＋串联电容器补偿运行三种工况时的功率角数值，计算稳定裕度。

5）故障切除时间对暂态稳定性的影响

故障切除得越快，加速面积越小，减速面积越大，越有利于暂态稳定。

实验方法：整定不同的故障切除时间，从瞬间切除开始到失去暂态稳定为止，每次时间增量为 0.05 s，对不同故障切除时间的暂态过程进行录波，对比它们的异同点。

6）重合闸对暂态稳定性的影响

重合闸适合于非永久性故障情况下恢复线路结构，有利于提高电力系统稳定性。

实验方法：利用实验台的重合闸装置进行线路自动重合闸操作，逐渐推迟故障切除时间，直至失去稳定，记录该临界时间；退出重合闸装置，重复相同实验过程，对比有无重合闸的临界时间的差异。

7）强行励磁对暂态稳定性的影响

强行励磁可以提升功率角曲线，减小加速面积，增大减速面积，提高暂态稳定性。

实验方法：分别在恒励磁电流运行方式（没有强行励磁功能）和恒电压运行方式（具有强行励磁功能）下工作，逐渐推迟故障切除时间，直至失去稳定，记录两种运行方式下的临界时间，进行对比。

5 电力系统微机保护实验

5.1 高压线路微机保护实验

5.1.1 高压线路微机保护装置 PRS-702 简介

1. 应用范围

PRS-702 超高压线路成套保护装置主要适用于 110～500 kV 电压等级的高压输电线路，具有安全、可靠、快速、灵敏、方便的特点。装置包括以快速距离方向元件和零序方向元件为主体构成的自适应纵联保护；以可变特性工频变化量电抗距离继电器构成的保护Ⅰ段快速距离；以Ⅲ段式相间距离、Ⅲ段式接地距离保护和多段零序电流保护组成的全套后备保护。

根据后备保护配置的不同，装置主要分为 PRS-702A 和 PRS-702B 两种型号。PRS-702A 后备保护包括Ⅲ段式相间距离、Ⅲ段式接地距离保护和Ⅳ段零序电流方向保护；PRS-702B 后备保护包括Ⅲ段式相间距离、Ⅲ段式接地距离保护、Ⅰ段零序电流方向保护和零序反时限保护。PRS-702A 和 PRS-702B 均配有灵活的自动重合闸功能。

另外，装置还有专门适用于带串联电容补偿线路的 PRS-702AS 型号装置。

PRS-702A/B 装置纵连接口采用单接点方式，当用于同杆并架双回线需要传送分相允许信号时，使用 PRS-702CAJ/CBJ 型号；若纵联保护采用光纤通道，装置可内置光通信板，传送分相允许信号及一些开关量，此时型号为 PRS-702CAP/CBP。PRS-702 装置型号一览表如表 5-1 所示。

表 5-1　PRS-702 装置型号一览表

<table>
<tr><th>装置名称</th><th colspan="2">型号</th><th colspan="2">说　明</th><th>接口特性</th></tr>
<tr><td rowspan="7">PRS-702</td><td colspan="2">A</td><td colspan="2">后备保护配置Ⅳ段零序电流</td><td rowspan="3">单接点方式</td></tr>
<tr><td colspan="2">AS</td><td colspan="2">A 型号上适应串联电容补偿线路</td></tr>
<tr><td colspan="2">B</td><td colspan="2">后备保护配置Ⅰ段零序及Ⅰ段零序反时限电流</td></tr>
<tr><td rowspan="4">C</td><td>CAJ</td><td>分相接点方式，Ⅳ段零序</td><td rowspan="4">分相允许信号，适用于同杆并架</td><td rowspan="2">三接点方式</td></tr>
<tr><td>CBJ</td><td>分相接点方式，Ⅰ段零序＋Ⅰ段反时限</td></tr>
<tr><td>CAP</td><td>光纤方式，Ⅳ段零序</td><td rowspan="2">光纤接口内置光通信板</td></tr>
<tr><td>CBP</td><td>光纤方式，Ⅰ段零序＋Ⅰ段反时限</td></tr>
</table>

2. 保护配置

PRS-702 保护装置功能表如表 5-2 所示。

表 5-2 PRS-702 保护装置功能表

主保护板运行软件功能	① 纵联距离方向保护
	② 纵联零序方向保护
	③ 可变特性工频变化量电抗距离保护
	④ 选相及分相出口跳闸功能
后备保护板运行软件功能	① Ⅲ段式接地/相间距离保护
	② Ⅳ段零序电流保护及反时限零序电流保护
	③ 距离保护的振荡闭锁功能
	④ 紧急状态保护
	⑤ 非全相运行状态保护
	⑥ 合闸于故障保护
	⑦ 一次重合闸功能(可配置单重/三重/综重/停用方式)
	⑧ 选相及分相出口跳闸功能

3. 主要性能特点

(1) 硬件上,保护 CPU 采用先进的 32 位浮点 DSP 处理器,主保护采样速率 48 点/周,后备保护采样速率 24 点/周,全面保证计算速度及精度;管理 CPU 采用 32 位 RISC 处理器,运行实时操作系统,技术先进、可靠,便于维护和升级,具有很强的兼容性。

(2) 主保护和后备保护各有独立的启动元件,两个启动元件均动作时整套保护装置才能出口,保护装置安全性高。

(3) 动作速度快,能高速切除全线路各种故障,线路近端故障跳闸时间小于 10 ms,末端故障跳闸时间小于 25 ms。

(4) 主保护强调安全性及快速性,采用积分算法,计算速度快;后备保护强调准确性,采用傅氏算法,计算精度高。

(5) 采用可变特性工频变化量电抗距离继电器作为快速距离Ⅰ段保护,对金属性和高阻接地故障均具有良好的动作特性,能够快速切除Ⅰ段范围各类金属性和高阻接地故障。

(6) 暂态选相与稳态选相有机结合的选相策略,保证了在各种复杂故障情况下选相的快速性、准确性。

(7) 不受系统振荡影响。在振荡(无故障)时可靠不误动,在振荡又发生故障时仍能保持保护的快速性与选择性。

(8) 自动检测非全相运行状态,配有非全相运行状态下的保护。

(9) 在手动和自动合闸时,具有合闸故障保护、快速切除全线各种故障的功能。

(10) 不受弱馈侧安装影响,具备在弱电源侧的正确保护功能。

(11) 灵活的自动重合闸功能。

(12) 完善的事故分析功能，包括保护事件记录、故障启动记录、故障录波记录、保护投退记录、装置运行记录、开入记录、自检记录和闭锁记录等，可再现故障情况及故障时保护装置的动作行为。

(13) 包括液晶显示、运行状态光字牌及按键在内的简明显示界面和人机操作功能。

(14) 装置对外提供的通信接口有三个 TCP/IP 以太网接口、三个 RS485 口、一个串行打印口、一个 GPS 脉冲接入口(差分输入或空接点输入，自动适应秒脉冲、分脉冲和 IRIG-B 直流码方式)。通信规约采用电力行业标准 IEC 60870-5-103 规约。

4. 主要技术指标

(1) 额定电气参数。

频率：50 Hz。

交流电流：5 A 或 1 A(额定电流 I_n)。

交流电压：57.7 V(额定电压 U_n)。

直流工作电源：220 V/110 V，允许偏差：−20%～+15%。

数字系统工作电压：+5 V，允许偏差：±0.15 V。

继电器回路工作电压：+24 V，允许偏差：±2 V。

(2) 功耗。

交流电压回路：U_n=57.7 V，每相不大于 1 V·A。

交流电流回路：I_n=5 A，每相不大于 1 V·A；I_n=1 A，每相不大于 0.5 V·A。

直流电源回路：正常工作时，全装置不大于 35 W；跳闸动作时，全装置不大于 50 W。

(3) 保护回路过载能力。

交流电压回路：1.2 倍额定电压，连续工作；2 倍额定电压，允许 1 s。

交流电流回路：2 倍额定电流，连续工作；10 倍额定电源，允许 10 s；40 倍额定电流，允许 1 s。

直流电源回路：80%～115%额定电压，连续工作。

装置经上述的过载电压/电流后，绝缘性能不下降。

(4) 整组动作时间。

典型动作时间：≤25 ms。

工频变化量电抗距离元件：3～10 ms(近端)，≤20 ms(远端)。

纵联保护全线路动作时间：≤25 ms。

距离保护Ⅰ段：≤30 ms。

5. 装置整体结构

装置硬件原理框图如图 5-1 所示，本装置采用了三 CPU 插件：MCPU 板(管理板)、BCPU 板(主保护板)、PCPU 板(后备保护板)，其中 MCPU 板采用 32 位 RISC 微处理器，BCPU 板和 PCPU 板采用 32 位浮点 DSP 处理器。BCPU 和 PCPU 插件的数据采集回路完全独立，通过串行通信与 MCPU 交换信息，通信不影响保护行为。MCPU 带有 320×240 点阵汉字液晶显示屏，用作人机对话的接口，装置的整定、调试等操作，以及工况查看、保护动作和自诊断信息显示等，均通过串行通信完成。

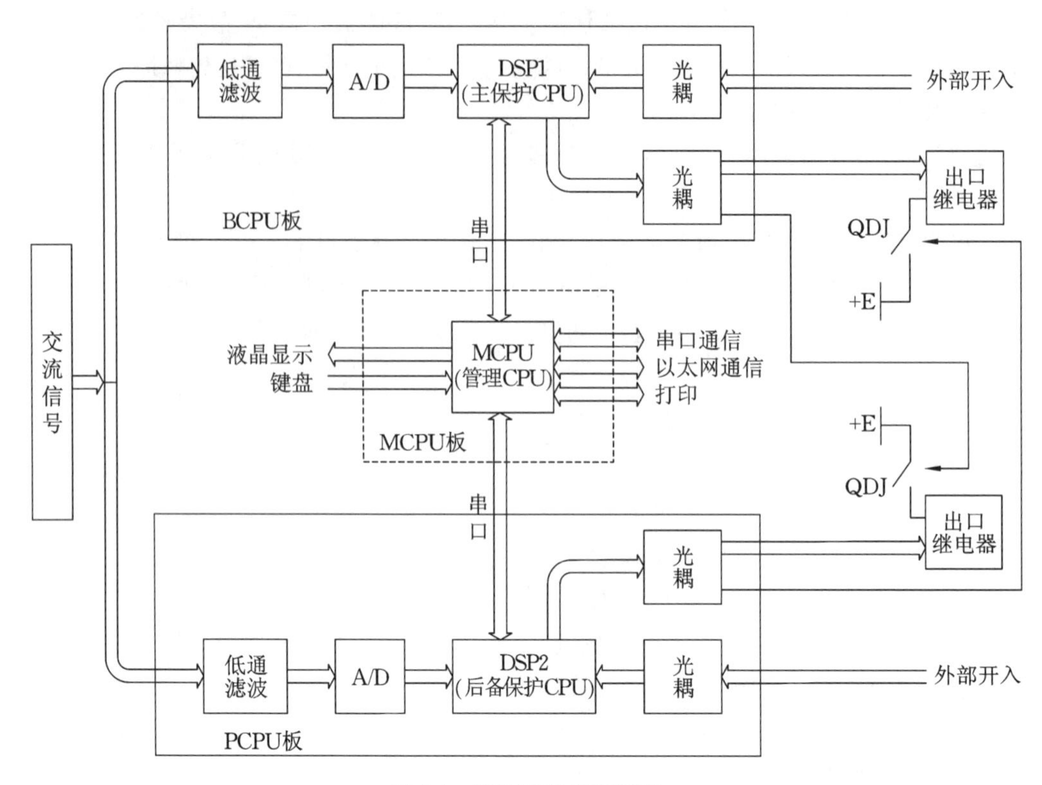

图 5-1　装置硬件原理框图

6. 动作出口

PRS-702 保护装置动作出口如图 5-2 所示。

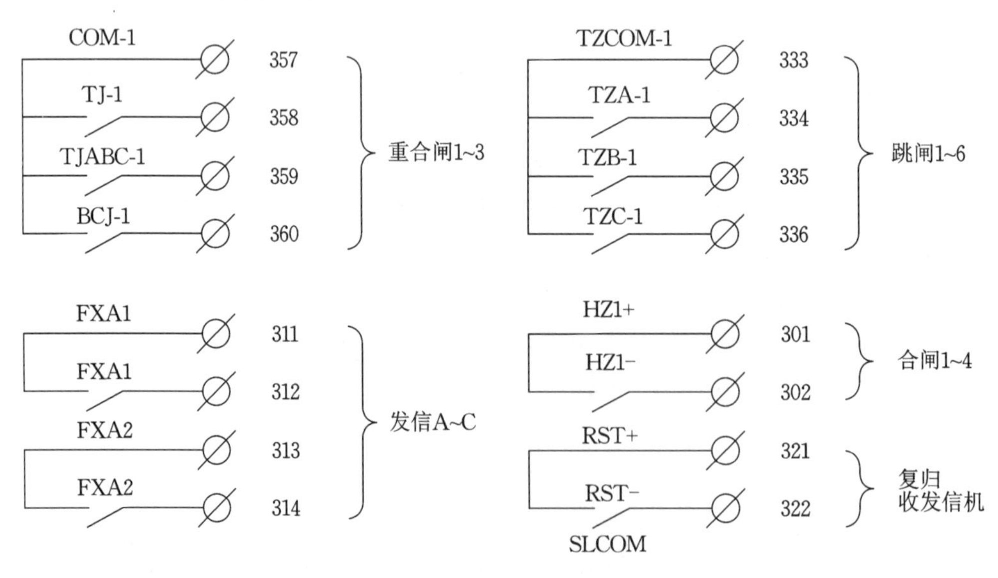

图 5-2　PRS-702 保护装置动作出口

装置每副动作接点都可设有对应的出口压板，接点允许最大输入电流为 5 A。

(1) 跳闸：6 组，每组分相 TZA-1、TZB-1、TZC-1 各 1 副接点(共用公共端)。

(2) 重合闸：3 组，每组单跳、三跳及闭锁信号各 1 副接点(共用公共端)。其中，TJ-1

继电器在保护跳闸(无论单跳或三跳)时动作,保护动作返回时也同时返回,其接点可作为另一套装置的单跳启动重合闸输入;TJABC-1 继电器在保护三跳时动作,可作为另一套装置的三跳启动重合闸输入;BCJ-1 为闭锁重合闸继电器,在保护动作且满足设定的闭锁重合闸条件(如多相故障闭锁重合闸)时,BCJ-1 继电器动作。

(3) 合闸:4 组,各 1 副接点。

(4) 发信 A、发信 B 及发信 C 各提供 2 组输出。当用于闭锁式时,FXA 动作则启动收发信机发闭锁信号,返回时收发信机停信;当用于允许式保护时,FXA 动作则启动收发信机发允许信号,返回时收回允许信号;当用于分相通道时,FXA、FXB、FXC 可分别发出 A、B、C 相允许信号。当装置内置光通信板(PRS-702xxP 型号)时,发信 A、发信 B 和发信 C 改为“备用”,纵联保护的收/发信通过光纤以数字信号传输。

(5) 复归收发信机:1 副接点。RST 继电器用来复归收发信机的收信、发信、告警等磁保持继电器。

7. 输入开入量

装置的开入量定义表如表 5-3(端子号详见保护装置端子排接线图)所示。

表 5-3 开入量定义表

序号	端子号	端子名称	开入定义
1	433～435	XIN-1～XIN-3	TWJA～C
2	436	XIN-4	通道实验
3	437	XIN-5	其他保护停信
4	438	XIN-6	通道告警
5	439～441	XIN-7～XIN-9	收信 A～C
6	442	XIN-10	检修方式
7	443	XIN-11	主保护投退
8	444	XIN-12	距离Ⅱ/Ⅲ段投退
9	445	XIN-13	零序Ⅱ/Ⅲ/Ⅳ段投退
10	446、447	XIN-14、XIN-15	重合方式 1～2
11	448、449	XIN-16、XIN-17	距离/零序Ⅰ段投退
12	450	XIN-18	闭锁重合闸
13	451	XIN-19	合闸压力低
14	452	XIN-20	UNBLOCKING
15	454	XIN-22	信号复归
16	455、456	XIN-23、XIN-24	单跳/三跳启动重合
17	453、457、458	XIN-21、XIN-25、XIN-26	备用

端子说明如下。

(1) XIN-1、XIN-2、XIN-3 端子分别对应 A、B、C 三相的跳闸位置继电器接点(TWJA、TWJB、TWJC)输入,一般由操作箱提供。

(2) XIN-4 端子是通道实验输入，用于闭锁式手动启动通道交换，一般在屏上设置通道实验按钮，允许时该端子不接。

(3) XIN-5 端子为外部母差失灵保护跳闸停信用。

(4) XIN-6 端子为保护专用收发信机 3dB 告警或复用通信载波机告警或光纤通道告警（装置内置光纤板时此开入接点不接），用于通道交换时监视通道状态。

(5) XIN-7、XIN-8、XIN-9 端子为纵联保护的收信接点。对采用分相式通道命令方式，XIN-7 端子定义为收 A，XIN-8 端子定义为收 B，XIN-9 端子定义为收 C；若不是分相式通道，则 XIN-8、XIN-9 端子不接，XIN-7 端子定义为收信输入；若用解除闭锁式，则可将载波机解除闭锁接点与收到允许信号接点均接入 XIN-7 端子。当装置内置光通信板（PRS-702xxP 型号）使用光纤通道时，此三个端子备用。

(6) XIN-10 端子接入检修方式的压板，是为了防止保护装置在现场进行调试时，事件报文向后台或调度传送，干扰它们的正常运行。

(7) XIN-11～XIN-13 端子、XIN-16 端子、XIN-17 端子为保护硬压板，用于投退各种保护，在保护装置中也有对应的软压板，只有软、硬压板同时投入，相关保护才真正投入运行。

(8) XIN-14、XIN-15 端子的组合用来定义重合闸方式，如表 5-4 所示。一般在屏上装设重合闸的方式选择切换旋钮。

表 5-4 XIN-14、XIN-15 **端子的组合用来定义重合闸方式**

端　　子	定　　义	单重	三重	综重	停用
XIN-14	重合方式 1	0	1	0	1
XIN-15	重合方式 2	0	0	1	1

需要注意的是重合闸方式开关打在停用位置，仅表明本装置的重合闸停用，保护仍是选相跳闸。本装置的重合闸停用还可通过整定“投重合闸”控制字设置为“0”来实现。要实现线路重合闸停用，即任何故障三跳不重合，应投入“闭锁重合闸”压板。

(9) XIN-18 端子接入所有由外部控制的闭重三跳输入信号，其意义有二：一是沟通三跳，即单相故障保护也三跳；二是闭锁重合闸，如重合闸投入则放电。

(10) XIN-19 端子为开关压力闭重接点（其开入量经延时闭锁重合闸）。不用本装置的重合闸时，此端子可不接。

(11) XIN-20 端子为允许式通道的解除闭锁式接点（UNBLOCKING），目前一般不接。当纵联保护采用闭锁式逻辑时，此开入接点不接。

(12) XIN-22 端子是信号复归输入，用于复归装置的磁保持信号继电器和液晶的报告显示，一般在屏上装设信号复归按钮。信号复归也可以通过通信进行远方复归。

(13) XIN-23、XIN-24 端子分别为其他保护动作单跳启动重合闸、三跳启动重合闸输入。这两个接点要求是瞬动接点，随保护动作的返回而返回，单跳启动重合闸可为三相跳闸的或门输出，任一相跳闸即动作；而三跳启动重合闸则必须为三相跳闸的与门输出。如果不用本装置的重合闸或采用位置不对应的启动重合闸，则不接这两个输入。

8. 信号接点

(1) 动作信号接点。

装置共有 6 个动作信号，每个信号输出 1 副磁保持接点（中央信号）和 2 副不保持接点（远动信号和事件记录）。6 个动作信号分别为跳 A、跳 B、跳 C、重合闸动作、主保护动作、后备保护动作。

（2）告警信号接点。

装置共有 3 个告警信号，除装置异常信号（输出 2 副常闭、1 副常开接点）外，其他每个告警信号各输出 1 副磁保持接点（中央信号）和 2 副不保持接点（远动信号和事件记录）。3 个告警信号分别为 PT 断线告警信号、CT 断线告警信号、装置异常。其中，装置异常信号接点在装置正常工作时打开，装置掉电、硬件故障、软件运行自检异常需要退出保护时，该接点闭合，同时将出口继电器正电源断开。

5.1.2 PRS-702 保护装置原理及定值

1. 装置启动元件

装置启动采用以下方案：对分立的主、后备保护板配置相同的启动元件，其动作分别用于开放对方板出口继电器的正电源。对方板启动元件和本板保护元件动作的出口组成“与”逻辑，它们共同动作决定本板保护继电器的出口跳闸。

装置的启动元件分为三部分：突变量启动、相过流启动及零序过流启动部分。任一启动条件满足则确认保护启动。

电流突变量启动元件测量相电流工频变化量的幅值，当任一相电流突变量满足启动门槛时保护启动。如果负荷缓慢增加，三相电流始终保持对称，则相过流启动元件可能不启动。当相过流定值大于“振荡闭锁过流定值”时，相过流启动元件延时 20 ms 启动。

设置零序过流启动是为了保证远距离故障或经大电阻故障时保护可靠启动，当零序电流大于“零序电流启动定值”并持续 30 ms 后，零序过流启动元件启动。

2. 选相元件

装置保护的选相采用突变量选相与稳态量选相相结合的方式。突变量选相快速、可靠，只在保护启动后 30 ms 内投入；稳态量选相采用多重判据，用电流选相与电压选相相结合，都是将故障相与健全相相比较，能自适应系统运行方式的变化，提高了灵敏度，并且用稳态量选相可适应故障转换，使延时段保护也可按选相结果进行测量。

1）突变量选相

突变量选相主要是比较电压、电流复合突变量的幅值。电压、电流复合突变量 $\Delta U'_{\Phi}$ 计算公式如下：

$$\Delta U'_{\Phi}=\Delta U_{\Phi}-\Delta I_{\Phi}Z_{x} \tag{5-1}$$

式中，Z_{x} 为一设定的阻抗常数。

（1）由于式中没有零序分量，选相变得明确。

（2）由于电压、电流复合突变量计算公式中包含了电压突变量和电流突变量，提高了选相的灵敏度。

（3）相减产生了方向性，使得在正反方向同时故障时，可以正确选出正方向故障的故障相以及在弱电源侧时由于有电压分量仍可正确选出故障相。

2）稳态量选相

稳态量选相逻辑如下。

首先采用判据1判断是否接地：当判断为接地故障时，采用判据2和判据3选相；当判断为非接地故障时，采用判据4选相。

判据1：利用零序电压和零序电流大小确定是不接地故障还是接地故障。

判据2：在接地故障中，利用零序电流和负序电流的相位关系，把故障分三个区，确定可能的故障类型。

判据3：根据电压的关系，确定是单相接地还是两相接地。

判据4：在不接地故障中，通过三个线电压的大小关系确定是三相故障还是两相故障，并确定两相故障的故障相。

3. 可变特性工频变化量距离继电器

工频变化量距离继电器的基本原理是：电力系统发生短路故障时，其短路电流、电压可以视为故障前的正常运行分量和故障分量的叠加，工频变化量距离继电器不反映正常运行分量，只考虑故障分量，采用故障前工作电压的幅值记忆量，作为工频变化量距离继电器的动作门槛，动作判据为

$$|\Delta U_{op}|>U_Z \tag{5-2}$$

对相间故障有

$$U_{op\cdot\Phi\Phi}=U_{\Phi\Phi}-I_{\Phi\Phi}Z_{ZD} \tag{5-3}$$

对接地故障有

$$U_{op\cdot\Phi}=U_{\Phi\Phi}-(I_{\Phi}+K3I_0)Z_{ZD} \tag{5-4}$$

式中，U_{op}为工作电压；ΔU_{op}为工作电压的变化量；Z_{ZD}为整定阻抗（“工频变化量阻抗”定值，以下同）；U_Z为动作门槛，取故障前工作电压的记忆量。

由式(5-2)～式(5-4)可知，工频变化量距离继电器主要是利用了故障前记忆电压的幅值信息。其实，对于不同类型的线路故障，U_Z与ΔI_{Φ}之间的相位有很大的差别，在金属性短路故障时，对于220 kV线路，$U_{Z\cdot\Phi}$与ΔI_{Φ}（$U_{Z\cdot\Phi\Phi}$与$\Delta I_{\Phi\Phi}$）之间的相位约为80°，而在单相高电阻接地故障时，$U_{Z\cdot\Phi}$与ΔI_{Φ}之间的相位可以小到10°以内。因此，如果能同时利用记忆电压的幅值信息和$U_{Z\cdot\Phi}$与ΔI_{Φ}（$U_{Z\cdot\Phi\Phi}$与$\Delta I_{\Phi\Phi}$）之间的相位信息，则可以得到一种可变特性工频变化量距离继电器，该继电器对线路金属性和高阻接地故障均具有良好的动作特性，同时继电器的动作速度也有提高。可变特性工频变化量距离继电器动作方程如下。

接地距离：

$$|(M+1)\times[-\Delta U_{\Phi}+\Delta(I_{\Phi}+K\times3I_0)\times Z_{ZD}]-M\times U_{\Phi,J}|>|U_{\Phi,J}| \tag{5-5}$$

相间距离：

$$|(M+1)\times[-\Delta U_{\Phi\Phi}+\Delta I_{\Phi\Phi}\times Z_{ZD}]-M\times U_{\Phi\Phi,J}|>|U_{\Phi\Phi,J}| \tag{5-6}$$

式中，Z_{ZD}为整定阻抗；ΔU_{Φ}、$\Delta U_{\Phi\Phi}$为保护安装处变化量相电压或相间电压；ΔI_{Φ}、$\Delta I_{\Phi\Phi}$为保护安装处变化量相电流或相间电流；$U_{\Phi,J}$、$U_{\Phi\Phi,J}$为故障点故障前记忆相电压或相间电压；M为补偿系数，$0<M\leqslant1$。补偿系数M有以下特点。

（1）当补偿系数$M=0$时，可变特性工频变化量距离继电器实际就是常用的工频变化量继电器。

（2）当补偿系数$M=1$时，可变特性工频变化量距离继电器为一条与整定阻抗垂直的电抗线，其动作特性完全不受过渡电阻影响。

（3）补偿系数的引入，对区内故障有助增作用，对区外故障有抑制继电器超越的作

用，因此在保证灵敏度很高的前提下，有效地抑制了快速保护的暂态超越。

可变特性工频变化量距离继电器灵敏度高、动作速度快、动作范围大，对线路金属性和高阻接地故障均具有良好的动作特性，是一种快速、灵敏的继电器。

4．纵联距离方向保护（距离方向继电器）

按超范围整定的距离方向继电器，较之距离保护，极化电压的选取更加灵活，可根据当前电压大小自适应地判断是选取健全相电压还是故障前的记忆电压，但是两者的动作特性基本一致。因此，有关距离方向继电器原理的具体分析详见《电力系统继电保护原理与应用》中距离保护的相关章节。

5．纵联零序方向保护（零序方向继电器）

零序方向继电器由常规零序方向元件和无死区零序方向元件组成。

1）方向元件

零序方向元件有正、反两个方向元件，反方向元件的灵敏度高于正方向元件。正方向元件的零序电流定值 I_{0ZD}^{+} 与反方向元件的零序电流定值 I_{0ZD}^{-} 的关系为

$$I_{0ZD}^{+}>I_{0ZD}^{-}$$

其中，I_{0ZD}^{+} 为纵联“零序方向过流定值”，I_{0ZD}^{-} 为“零序电流启动定值”。

2）常规零序方向元件

正方向判据：

$$180°<\arg\frac{3U_0}{3I_0}<340° \tag{5-7}$$

反方向判据：

$$-10°<\arg\frac{3U_0}{3I_0}<150° \tag{5-8}$$

3）无死区零序方向元件

在线路零序阻抗很大而背侧零序阻抗很小的情况下，线路末端接地故障时，保护装置感受到的零序电压可能低于零序方向元件的电压门槛值，导致零序方向元件拒动，为了克服零序方向元件的电压死区，除了上述零序方向元件外，还配置有无死区零序方向元件。其判别公式如下。

正方向判别：

$$\sum|3U_0-3I_0\times[0.7(3K+1)Z_1]|>\sum|3U_0| \tag{5-9}$$

反方向判别：

$$\sum|3U_0|>\sum|3U_0-3I_0\times[0.7(3K+1)Z_1]| \tag{5-10}$$

式中，K 为“零序阻抗补偿系数”定值。

6．距离继电器

本装置分别设置了Ⅲ段式相间和接地距离继电器，各段保护均可由用户整定独立投退。

1）相间距离继电器

（1）带记忆特性的欧姆继电器动作特性。

相间故障采用带记忆特性的欧姆继电器。带记忆特性的欧姆继电器的动作判据为

$$270^\circ > \arg \frac{\dot{U}_{\phi\phi|0|}}{\dot{U}_{\phi\phi} - Z_{PZD}\dot{I}_{\phi\phi}} > 90^\circ \tag{5-11}$$

$\dot{U}_{\phi\phi|0|}$为故障前电压，对于相间故障是健全相电压，对于三相故障是记忆电压。式(5-11)在阻抗平面上的动作特性，即相间距离元件动作特性如图 5-3(a)所示，图中 Z_{SM}、Z_{SN}分别为保护安装侧母线至本侧及对侧的系统阻抗。图中的圆 C_1和 C_2分别为继电器在正、反方向的动作特性。正方向短路时测量阻抗落于圆 C_1内，继电器能灵敏地动作；反方向短路时测量阻抗落于第三象限，不会落入反方向动作圆 C_2内，继电器肯定不会动作。因而健全相电压极化的欧姆继电器方向性十分明确。需要注意的是，正、反方向故障时的动作特性必须以正、反方向故障为前提导出，图 5-3(a)中 C_1包含原点表明正向出口经或不经过渡电阻故障时都能正确动作，并不表示反方向故障时会误动。

(2) 两相故障相间距离继电器。

两相故障相间距离继电器均采用健全相电压极化的欧姆继电器。当本线长度较短时，相间故障的弧光电阻使得相间距离Ⅰ段的保护范围缩短。为扩大相间距离的保护范围，在实现的过程中，允许相间距离偏移一定的角度，参见式(5-12)，通过整定“相间距离偏移角度定值 θ”来实现。

相间距离继电器在有些情况下，可能躲不开负荷阻抗。装置配置了“负荷限制电阻定值”，通过负荷线限制距离。两相故障Ⅲ段相间距离元件在阻抗平面上的动作特性如图 5-3(b)所示。参照图 5-3(b)，负荷线为与整定阻抗平行的一条直线，其与实轴的交点值为“负荷限制电阻定值”。

$$270^\circ > \arg \frac{-\mathrm{j}\dot{U}_A \angle\theta}{\dot{U}_{BC} - Z_{PZD}\dot{I}_{BC}} > 90^\circ \tag{5-12}$$

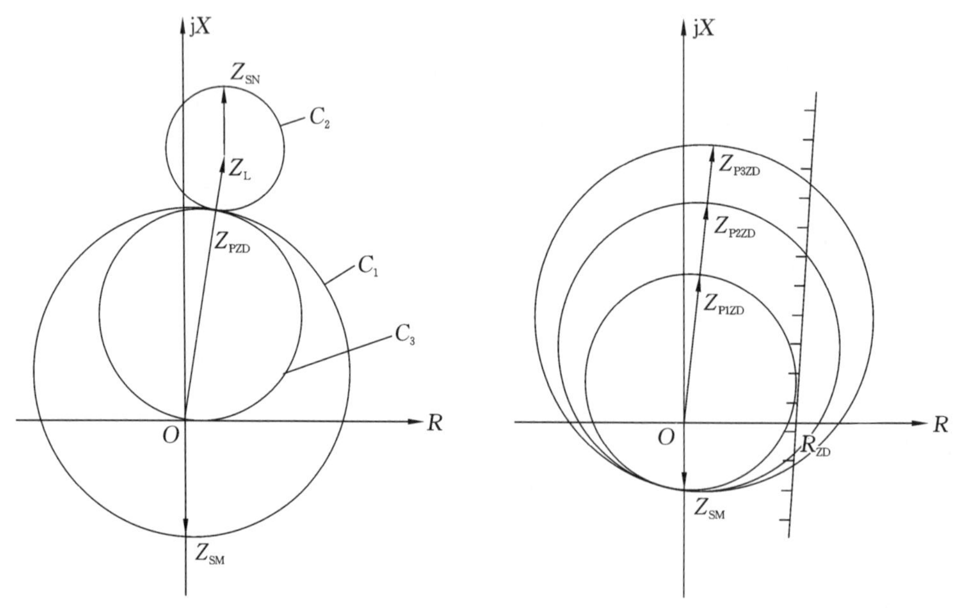

(a) 相间距离元件动作特性　　(b) 两相故障Ⅲ段相间距离元件在阻抗平面上的动作特性

图 5-3 距离元件动作特性

(3) 三相故障相间距离继电器。

三相故障采用 BC 相参数进行测量，与两相故障不同的是极化电压用本相记忆电压，其动作判据为

$$270°>\arg\frac{\dot{U}_{BC|0|}}{\dot{U}_{BC}-Z_{P1ZD}\dot{I}_{BC}}>90° \tag{5-13}$$

式(5-13)在阻抗平面上的动作特性如图 5-3(a)所示。在记忆电压存在期间，其正、反方向的动作特性仍分别为图 5-3(a)中的圆 C_1 和 C_2；但在记忆作用消失后，$\dot{U}_{BC|0|}$ 就是故障后母线实际的残压，因而动作特性变成图中的圆 C_3，此圆称为继电器的稳态特性，对正、反方向故障都适用。

由图 5-3(a)可知，在记忆作用消失后，继电器对出口和母线上故障的方向判别将变得不明确。本装置采取给稳态特性设置电压死区的方式来解决这一问题：背后母线上发生故障时，残压不足以克服死区，继电器始终不会动作；正向出口故障时在记忆电压作用下继电器立即动作；在继电器已动作的条件下，如果残压未发生变化，说明故障仍然存在，就将继电器的动作一直保持下去，这样在断路器拒动时可有效地启动断路器失灵保护。三相故障相间距离继电器的动作特性如图 5-4 所示（记忆电压存在期间，动作特性如图中实线圆；记忆电压消失后，动作特性如图中虚线圆）。

装置检测到系统发生振荡时，自动将三相故障相间距离继电器Ⅲ段反偏，包含原点，以对振荡中反方向出口发生三相故障起后备作用。

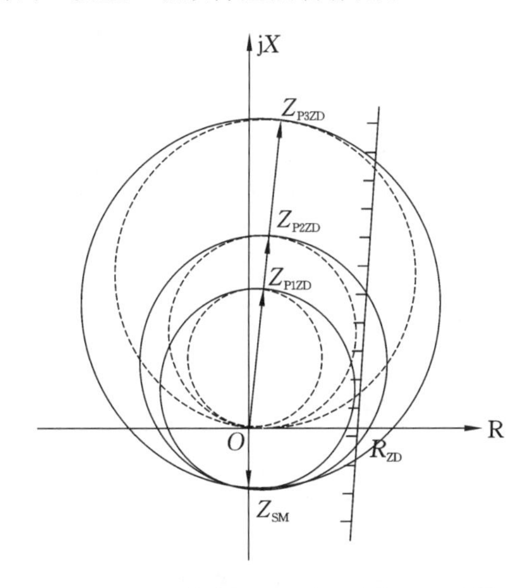

图 5-4 三相故障相间距离继电器动作特性

以上图形及公式中：Z_{P1ZD} 为“相间距离Ⅰ段阻抗定值”，Z_{P2ZD} 为“相间距离Ⅱ段阻抗定值”，Z_{P3ZD} 为“相间距离Ⅲ段阻抗定值”。

2) 接地距离继电器

为了提高接地距离继电器的动作特性，使其能覆盖较大的接地过渡电阻又不会发生超越，本装置采用了零序电抗继电器。零序电抗继电器的动作判据为

$$360^{\circ}>\arg\frac{\dot{U}_{\Phi}-Z_{\mathrm{E1ZD}}(\dot{I}_{\Phi}+k\dot{I}_{0})}{\dot{I}_{0}\angle-\beta}>180^{\circ} \tag{5-14}$$

式中，k 为零序阻抗补偿系数，其计算公式为 $k=\frac{Z_{\mathrm{L0}}-Z_{\mathrm{L1}}}{3Z_{\mathrm{L1}}}$，其中 Z_{L0} 和 Z_{L1} 分别为线路零序阻抗二次值和线路正序阻抗二次值，在实际应用中建议采用实测值对 k 值进行整定。

保护装置经过选相，保证在单相故障时，只有故障相才用零序电抗继电器测量，将两相短路接地故障划归相间故障，由相间距离继电器测量。

式(5-14)在阻抗平面上的动作特性，即三段接地距离继电器动作特性如图 5-5 所示，为经过整定阻抗矢量末端的直线。装置采用零序功率方向继电器来保证接地距离继电器的方向性，同时在零序电抗继电器的动作判据中将 $\dot{I}_0$ 相位后移 β，适当限制其动作区，提高安全性。另外，装置还增设了欧姆继电器，以进一步解决接地距离继电器超范围误动作的问题。欧姆继电器(假设为 A 相)的动作判据为

$$270^{\circ}>\arg\frac{-\mathrm{j}\dot{U}_{\mathrm{CB}}\angle\theta}{\dot{U}_{\mathrm{A}}-Z_{\mathrm{E3ZD}}(\dot{I}_{\mathrm{A}}+K\dot{I}_{0})}>90^{\circ} \tag{5-15}$$

极化电压的相位前移 θ 度，既扩大了继电器的动作特性对接地过渡电阻的覆盖能力，又使继电器可靠地避免了超越。

综上所述，完整的三段接地距离继电器的动作特性如图 5-5 所示(图中实线圆为 $\theta=0^{\circ}$，虚线圆为 $\theta=30^{\circ}$)。

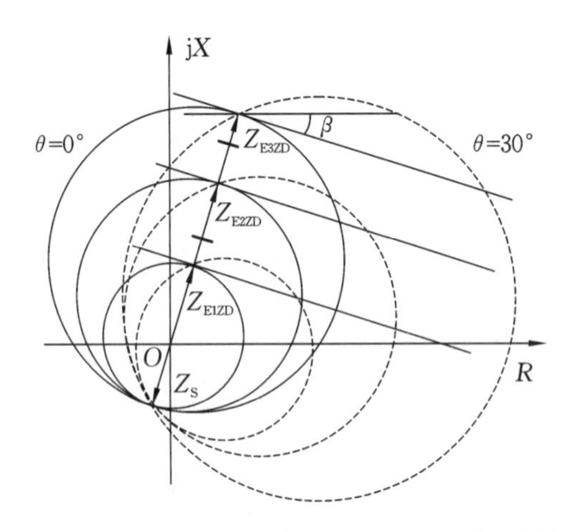

图 5-5 完整的三段接地距离继电器的动作特性

以上图形及公式中，Z_{E1ZD} 为接地距离 Ⅰ 段阻抗定值，Z_{E2ZD} 为接地距离 Ⅱ 段阻抗定值，Z_{E3ZD} 为接地距离 Ⅲ 段阻抗定值。θ 为接地距离偏移角度定值。

7. 零序电流保护

PRS-702 装置根据型号不同，配置了不同的零序电流保护：PRS-702A 装置配置 Ⅳ 段零序过流保护；PRS-702B 装置配置一段零序过流和零序反时限保护。

装置的零序过流 Ⅰ 段保护设有专门的“零序 Ⅰ 段投退”硬压板(该压板也可定义为“零序反时限投退”，用于零序反时限保护的投退控制)，零序 Ⅱ、Ⅲ、Ⅳ 段保护由共同的“零序 Ⅱ/Ⅲ/Ⅳ 段投退”硬压板控制。各段保护均设有软件控制字，与对应的硬压板以

“与”逻辑作用，共同决定相应保护的投退。

各段保护的方向元件均可分别由相应的软件控制字整定投退。需注意两点：一是零序过流定值整定中，建议各段零序电流动作门槛整定值的大小“零序过流Ⅰ段≥零序过流Ⅱ段≥零序过流Ⅲ段≥零序过流Ⅳ段”。二是零序过流Ⅲ/Ⅳ段在全相和非全相运行状态下均投入，在定值或时间上躲开非全相运行(非全相时取消方向控制)。

1) 四段零序过流保护

零序过流保护各段方向元件可独立投退，其正方向判据为

$$90°-\text{零序阻抗角}<\arg\frac{3\dot{I}_0}{3\dot{U}_0}<270°-\text{零序阻抗角} \tag{5-16}$$

装置的零序电流和零序电压均由保护内部计算产生，即有

$$3\dot{I}_0=\dot{I}_A+\dot{I}_B+\dot{I}_C,\quad 3\dot{U}_0=\dot{U}_A+\dot{U}_B+\dot{U}_C$$

零序方向元件判别设有零序电压门槛，当 $3\dot{U}_0>1$ V 时才进行方向判断。

2) 零序反时限过流保护

反时限过流保护在原理上与很多负载的故障特性相接近，因此保护特性更为优越。反时限过流保护在国外应用较为广泛，尤其在英、美国家应用更为广泛。实际上，许多工业用户要求保护具有反时限特性，而且对于不同的用户(负荷)，所需的反时限特性并不相同。

目前，国内外常用的反时限特性的通用数学模型的基本形式为

$$t=\frac{k}{(I/I_p)^r-1} \tag{5-17}$$

式中，I 为故障电流；I_p 为保护启动电流；r 为常数，取值通常为 0～2(也有大于 2 的情况)；k 为常数，其量纲为时间。

式(5-17)表明，保护动作时间 t 是输入电流 I 的函数。

当 $\frac{I}{I_p}<1$ 时，则 $t<0$，保护不动作；当 $\frac{I}{I_p}=1$ 时，则 $t=\infty$，保护不动作；当 $\frac{I}{I_p}>1$ 时，则 $t>0$，保护动作，且输入电流(故障电流)越大，时间 t 越小，保护动作越快。

零序过流反时限保护采用国际电工委员会标准规定的一般反时限特性($r<1$)。一般反时限特性的标准方程为

$$t=\frac{0.14T_p}{(I/I_P)^{0.02}-1} \tag{5-18}$$

式中，I_P 为零序反时限启动电流定值；T_p 为零序反时限时间常数整定值。

8. 振荡闭锁

本装置的振荡闭锁分为三个部分，任意一个动作即开放保护。

1) 瞬时开放保护

在启动元件动作后起始的 160 ms 以内无条件开放保护，保证正常运行情况下突然发生的事故能快速开放。如果在 160 ms 延时段内的距离元件已经动作，说明确有故障，则允许该测量元件一直动作下去，直到故障被切除。

2) 不对称故障开放元件

不对称故障时，振荡闭锁回路可由对称分量元件开放，该元件的动作判据为

$$|I_0|+|I_2|\geqslant m|I_1|$$

式中，m 的取值根据最不利的系统条件下振荡且区外故障时，振荡闭锁不开放为条件验算，并留有相当的裕度。

3）对称故障开放元件

在启动元件开放 160 ms 以后或系统振荡过程中，如发生三相故障，上述两项开放措施均不能开放保护。因此对对称故障设置专门的振荡判别元件，测量振荡中心电压，其测量公式如下：

$$U_{OS}=U_{BC}\cos\varphi \tag{5-19}$$

式中，U_{BC} 为 BC 线电压；φ 为线电压与线电流的补偿夹角，即线电压 $\dot{U}_{BC}$ 与线电流 $\dot{I}_{BC}$ 的夹角加上 90°减去线路正序阻抗角度（整定值），计算公式如下：

$$\varphi=\angle(\dot{U}_{BC},\dot{I}_{BC})+90^\circ-\text{线路正序阻抗角} \tag{5-20}$$

对称故障用 $U\cos\varphi$ 判断两侧电势的相位差 δ，在 $\delta\approx180^\circ$ 时，$U\cos\varphi$ 接近于 0。在三相短路时不论故障点远近如何，$U\cos\varphi$ 等于或小于电弧的压降，约为额定电压的 5%。装置在判断系统进入振荡时置振荡标志，在 $U\cos\varphi$ 下降到接近 5%时测量振荡的滑差，使得 $U\cos\varphi$ 元件很准确地躲过振荡中 $U\cos\varphi<0.05$ s 的时间，不开放保护。在振荡中发生故障时 $U\cos\varphi<0.05$ s 保持不变，于是经小延时开放保护。由于躲过振荡所需的延时是根据对滑差实时测量的结果确定的，因此既能有效地闭锁保护，又能在振荡中发生三相短路时最大限度地降低保护的延时。

9．重合闸

装置重合闸设计为一次重合闸方式，用于单开关方式的线路（一般不用于一个半开关方式）可实现单相重合闸（单重）、三相重合闸（三重）、综合重合闸（综重）和停用重合闸（停用）。重合闸方式可由装置开入量中的“重合方式 1”和“重合方式 2”选择，其对应关系如表 5-5。

表 5-5 重合闸方式开入量定义

开入量		重合闸方式
重合方式 1	重合方式 2	
0	0	单重
0	1	综重
1	0	三重
1	1	停用

需要注意的是重合闸方式开关在停用位置，仅表明本装置的重合闸停用，保护装置仍是选相跳闸。本装置的重合闸停用还可通过整定“投重合闸”控制字设置为“0”实现。要实现线路停用重合闸，即任何故障三跳都不重合，还应投入“闭锁重合闸”压板。

在充电过程完成之后，重合闸可以由两种方式启动：开关位置不对应启动或保护跳闸启动，其中不对应启动方式设有“投不对应启动重合闸”控制字投退。除此之外，本装置的重合闸还可以通过开入端子上的“单跳启动重合”和“三跳启动重合”由其他保护装置启动。

装置重合闸可由“投重合闸”控制字定值决定投退。装置的重合闸逻辑图如图 5-6 所示。

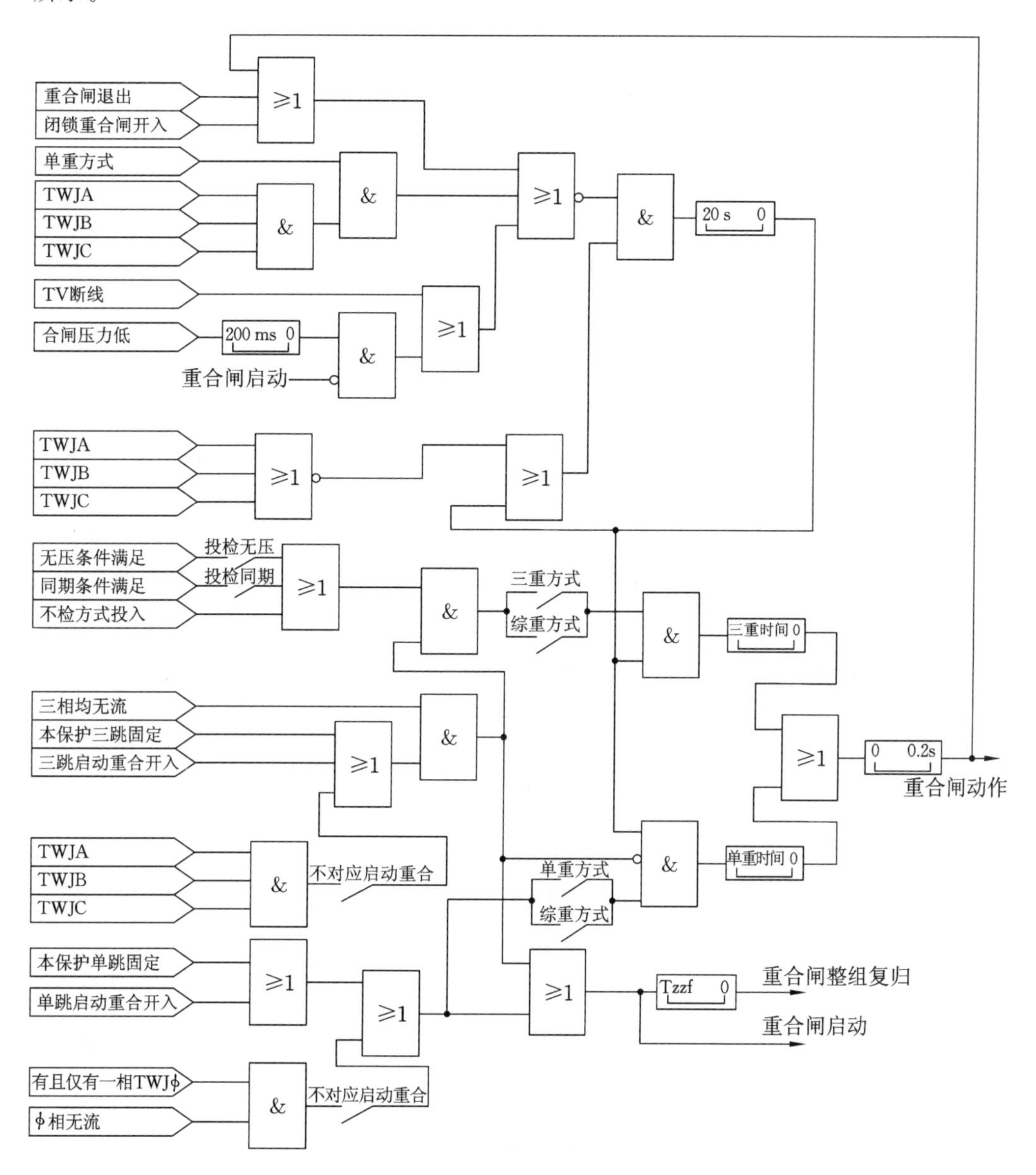

图 5-6　装置的重合闸逻辑图

1）重合闸充/放电

重合闸逻辑中由一软件计数器模拟重合闸的充/放电过程。重合闸充电时间为 20 s。在充电过程中，装置面板的重合闸允许信号灯闪烁，充电完成后，该信号灯点亮，放电以后该信号灯熄灭。

重合闸充/放电及启动条件如表 5-6 所示。

表 5-6 重合闸充/放电及启动条件

放电条件（“或”逻辑）	1	重合闸处于“停用”方式
	2	重合闸处于“单重”方式时，断路器处于“三跳”位置
	3	重合闸未启动且“合闸压力低”有开入（且持续 400 ms）
	4	“闭锁重合闸”有开入
	5	检无压或检同期投入时，抽取电压 PT 断线
	6	保护用工作电压 PT 断线
	7	逻辑设定的放电条件（如多相故障闭重等）
充电条件（“与”逻辑）	8	不满足重合闸放电条件
	9	跳位继电器返回（TWJ＝0）
启动条件	10	重合闸已“充电”
	11	断路器出现不对应状态或保护发出跳闸命令
	12	跳开相无流

2）重合闸同期/无压检查

检同期是指在合开关之前，先检测开关两端（线路侧和母线侧）是否满足同期条件（即电压的大小、相位、频率都相同），再合开关。检无压是指在合开关前，先检测开关线路侧是否有电压，确定无电压后，再合开关。

检无压和检同期合闸，主要应用在具有两个电源点的联络线上，一般整定为一侧检无压，另一侧检同期。当联络线两端跳闸后，线路肯定没有电压。这时，投检无压侧可以先将开关合上，另一侧检同期后再合闸。如果两侧都投检同期，在线路侧无电压、母线侧有电压的情况下，两侧开关都不满足同期条件，将无法操作。

检同期和检无压是重合闸的两种方式，同一条线路两侧必须各选一种方式。当线路跳闸后，投检无压的一侧断路器保护检测到线路无电压或小于等于整定值时先重合，投检同期的一侧断路器保护检测到线路电压的相位与变电站一侧电压相位相同或小于等于允许误差时重合。

PRS-702 型保护装置重合闸可以设定为检同期或检无压方式，其控制由“投检无压方式”和“投检同期方式”控制字定值的整定投退状态决定。二者分别投入则对应相应的重合闸方式投入，二者同时退出即为“不检”方式，二者同时投入时则两种方式均投入。

重合闸同期/无压方式如表 5-7 所示。

表 5-7 重合闸同期/无压方式

保护定值		同期无压方式
检无压投入	检同期投入	
0	0	不检同期和无压
0	1	检同期
1	0	检无压
1	1	检同期或无压

10. 跳闸逻辑和重合闸闭锁

装置任一保护元件(带/不带延时)动作出口跳本侧断路器,并视具体情况输出闭锁重合闸信号。装置的跳闸和重合闸闭锁逻辑如表5-8所示。

表5-8 装置的跳闸和重合闸闭锁逻辑

<table>
<tr><th></th><th>保护元件</th><th>动作出口</th><th>闭锁重合闸</th></tr>
<tr><td>1</td><td>纵联保护</td><td rowspan="2">分相出口
单相区内故障,切除故障相
两相以上区内故障,跳三相</td><td rowspan="2">—</td></tr>
<tr><td>2</td><td>突变量距离/距离Ⅰ段/零序过流Ⅰ段</td></tr>
<tr><td rowspan="2">3</td><td rowspan="2">距离Ⅱ段零序过流Ⅱ段</td><td>分相出口
单相区内故障,切除故障相
两相以上区内故障,跳三相</td><td>—</td></tr>
<tr><td>经延时,跳三相(有“距离Ⅱ段闭重”或“零序过流Ⅱ段闭重”控制字投入)</td><td>闭负重合闸</td></tr>
<tr><td>4</td><td>距离Ⅲ段/零序过流Ⅲ、Ⅳ段</td><td>经延时,跳三相</td><td>闭锁重合闸</td></tr>
<tr><td>5</td><td>零序反时限</td><td>经延时,跳三相</td><td>闭锁重合闸</td></tr>
<tr><td>6</td><td>手合或重合于故障时,合闸于故障保护动作</td><td>经延时,跳三相</td><td>闭锁重合闸</td></tr>
<tr><td>7</td><td>PT断线时,紧急状态保护动作</td><td>经延时,跳三相</td><td>闭锁重合闸</td></tr>
<tr><td>8</td><td>“三跳控制字”投入</td><td>跳三相</td><td>—</td></tr>
<tr><td>9</td><td>重合闸为“三重”方式</td><td>跳三相</td><td>—</td></tr>
<tr><td rowspan="2">10</td><td>非全相运行再故障</td><td>跳三相</td><td>—</td></tr>
<tr><td>非全相运行再故障且有“非全相故障闭重”控制字投入</td><td>跳三相</td><td>闭锁重合闸</td></tr>
<tr><td rowspan="2">11</td><td>两相以上故障</td><td>跳三相</td><td>—</td></tr>
<tr><td>两相以上故障且有“多相故障闭重”控制字投入</td><td>跳三相</td><td>闭锁重合闸</td></tr>
</table>

11. 压板逻辑

保护装置所有的保护出口均受硬压板控制。当所有的硬压板退出时,不会有保护逻辑出口(PT断线检测除外)。装置硬压板控制保护逻辑如表5-9所示。

表5-9 装置硬压板控制保护逻辑

<table>
<tr><th>序号</th><th>保护元件</th><th>硬压板控制</th></tr>
<tr><td>1</td><td>纵联保护(包括纵联距离方向、纵联零序方向)</td><td rowspan="2">主保护投退</td></tr>
<tr><td>2</td><td>工频变化量距离</td></tr>
<tr><td>3</td><td>距离Ⅰ段</td><td>距离Ⅰ段投退</td></tr>
</table>

续表

序号	保 护 元 件	硬压板控制
4	距离Ⅱ段	距离Ⅱ/Ⅲ段投退
5	距离Ⅲ段	
6	零序过流Ⅰ段	零序Ⅰ段投退
7	零序过流Ⅱ段	零序Ⅱ/Ⅲ/Ⅳ段投退
8	零序过流Ⅲ段	
9	零序过流Ⅳ段	
10	PT 断线相过流保护	距离Ⅱ/Ⅲ段投退
11	PT 断线零序过流保护	零序Ⅱ/Ⅲ/Ⅳ段投退
12	合闸于故障距离保护	距离Ⅱ/Ⅲ段投退
13	合闸于故障零序后加速段保护	零序Ⅱ/Ⅲ/Ⅳ段投退
14	非全相运行再故障距离保护	距离Ⅱ/Ⅲ段投退
15	零序反时限	零序Ⅰ段投退(在 702B 型中定义为零序反时限投退)

12. 弱馈保护

弱馈保护作为线路弱馈端或无电源端的纵联保护，以达到全线速动的目的。

弱馈保护的功能：当线路发生区内故障时，弱馈侧能够快速发出允许信号(或者解除对侧的闭锁信号)，信号展宽 100 ms，以允许对侧保护动作。弱馈侧的定义，一般是指线路一侧无电源或者有小电源，在线路内部故障时可能会出现所有正方向保护元件灵敏度都不够的情况，线路的该端就称为弱馈端。

本装置的弱馈保护具有自适应于系统运行方式变化的能力，即可能出现弱馈的一端可以长期投入此功能，该端变为强电侧时，即使弱馈保护投入，也不会发生不正确动作的情况，这是因为投入的弱馈保护是在正、反方向元件都不动作的时候，才能发出允许对侧动作的信号。

特别要注意的是，对于专用闭锁式的弱馈保护，线路两端只能在其中的一侧投入弱馈功能，否则在弱电源系统的强电侧发生反方向故障时，如果线路两端的正、反方向元件灵敏度都不够，弱馈保护会误动。所以对于专用闭锁式保护，弱馈保护只能在一侧投入。

当弱馈线路发生故障时，若弱馈侧能够启动，且满足下面条件，则快速停止闭锁信号(或发允许信号)。

(1) 收到闭锁信号(或允许信号)8 ms。

(2) 正、反方向元件均不动作，表示为非反方向故障。

(3) 至少有一相或相间电压为低电压(<30 V)。

满足以上条件后，弱馈侧若连续 30 ms 收不到对侧的闭锁信号(或连续 30 ms 收到允许信号)，则按照低电压选相结果跳闸。

如果故障时弱馈侧不启动，只要满足下面条件，则快速停止闭锁信号 100 ms(或发允许信号 100 ms)。

(1) 收到闭锁信号(或允许信号)8 ms。

(2) 至少有一相或者相间电压为低电压(<30 V)。

需要注意的是本装置在保护不启动的情况下，弱馈侧不跳闸。

13. PRS-702A 数值型定值

PRS-702A 成套保护装置所有保护定值均按二次进行整定。PRS-702A 数值型定值表如表 5-10 所示。

表 5-10 PRS-702A 数值型定值表

序号	定值种类	定值名称	整定范围及步长
1	系统参数	电流一次额定值	100～60000 A，1 A
2		电流二次额定值	1，5
3		线路全长	0.1～500 km，0.1 km
4		本侧/对侧识别码	0～9999，1
5		线路正序/零序阻抗值	0.05～125 Ω/I_n，0.01 Ω
6		线路正序阻抗角度	50°～90°，1°
7		线路零序阻抗角度	50°～85°，1°
8		零序阻抗补偿系数	0～3.50，0.01
9	公用定值	电流突变量启动定值	0.05～0.5 A×I_n，0.01 A
10		零序电流启动值	0.05～0.5 A×I_n，0.01 A
11		振荡闭锁过流定值	0.1～20 A×I_n，0.01 A
12	纵联保护	工频变化量阻抗	0.5～37.5 Ω/I_n，0.01 Ω
13		零序方向过流定值	0.05～20 A×I_n，0.01 A
14		通道检查时刻	0:00～11:59，0:01
15	接地距离	接地距离Ⅰ/Ⅱ/Ⅲ段阻抗定值	0.05～125 Ω/I_n，0.01 Ω
16		接地距离Ⅱ/Ⅲ段时限	0.02～10 s，0.01 s
17		接地距离偏移角度定值	0°～30°，15°
18	相间距离	相间距离Ⅰ/Ⅱ/Ⅲ段阻抗定值	0.05～125 Ω/I_n，0.01 Ω
19		相间距离Ⅱ/Ⅲ段时限	0.02～10 s，0.01 s
20		相间距离偏移角度定值	0°～30°，15°
21		负荷限制电阻定值	0.05～125 Ω/I_n，0.01 Ω
22	零序过流	零序过流Ⅰ/Ⅱ/Ⅲ/Ⅳ段定值	0.01～20 A×I_n，0.01 A
23		零序过流Ⅱ/Ⅲ/Ⅳ段时限	0.1～10 s，0.01 s
24		零序过流加速段定值	0.01～20 A×I_n，0.01 A
25	重合闸	单相/三相重合闸时限	0.1～10 s，0.01 s
26		重合闸同期检定角度	0°～90°，1°
27	紧急状态保护	PT 断线相过流定值	0.1～20 A×I_n，0.01 A
28		PT 断线零序过流定值	0.1～20 A×I_n，0.01 A
29		PT 断线过流时限	0.1～10 s，0.01 s

14. PRS-702A 投退型定值

PRS-702A 投退型(控制字)定值表如表 5-11 所示,整定“1”表示“投入”,“0”表示“退出”。

表 5-11 PRS-702A 投退型(控制字)定值表

序号	定值种类	定值名称	整定范围及步长
1	公用定值	投三跳方式	0,1
2		三相/多相/非全相故障闭重	0,1
3		投振荡闭锁	0,1
4		PT 接线路侧	0,1
5	纵联保护	投工频变化量距离	0,1
6		投纵联距离/纵联零序方向	0,1
7		投允许式	0,1
8		投自动通道检测	0,1
9		投弱电侧	0,1
10		投 UNBLOCKING	0,1
11	接地距离	投接地距离Ⅰ/Ⅱ/Ⅲ段	0,1
12		投接地距离Ⅱ段三跳闭重	0,1
13	相间距离	投相间距离Ⅰ/Ⅱ/Ⅲ段	0,1
14		投负荷限制距离	0,1
15		投相间距离Ⅱ段三跳闭重	0,1
16	零序过流	投零序过流Ⅰ/Ⅱ/Ⅲ/Ⅳ段	0,1
17		投零序过流Ⅰ/Ⅱ/Ⅲ/Ⅳ段方向	0,1
18		投零序过流加速段	0,1
19		投零序过流Ⅱ段三跳闭重	0,1
20	重合闸	投重合闸	0,1
21		投不对应启动重合闸	0,1
22		投检无压/检同期方式	0,1
23		重合闸内控有效	0,1
24		投单重/三重/综重方式	0,1
25	紧急状态	投 PT 断线相过流保护	0,1
26	保护	投 PT 断线零序过流保护	0,1

15. 保护定值整定说明

1) 数值型定值

(1) 电流一次额定值:为一次系统中电流互感器一次侧的额定电流值。

(2) 电流二次额定值:为一次系统中电流互感器二次侧的额定电流值(取值 1 A 或 5 A)。

(3) 线路全长:按实际线路长度整定,单位为千米(km)。

(4) 本侧识别码:用于光纤通道方式,光纤发送报文中包含"本侧识别码"。

(5) 对侧识别码:用于光纤通道方式,装置从光纤接收报文中解析出"对侧识别码",若发现接收报文中的值与整定的定值不一致,发告警信号并闭锁纵联保护。

本侧识别码和对侧识别码:只在装置内置光纤通信板(PRS-702xxP 型号),使用光纤通道实现纵联保护时才需要整定。

注意,这两个定值成对出现,其整定值需不同且在两侧装置中互相对应。同时应注意在一个站内的所有保护装置间应不重复,这样就可保证本侧和对侧保护装置的严格一一对应,避免光纤通道错接影响纵联保护行为。如 M 侧保护装置的"本侧识别码"取 0,"对侧识别码"取 1,则对于 N 侧保护装置,"本侧识别码"应取 1,"对侧识别码"应取 0。说明,若这两个值整定相同,则装置将进入自环状态;若线路两侧的装置中这两个值整定不互相对应,则装置将上报"光纤通信识别码不对应"的出错信息。因此,对这两个定值的整定需特别注意。

(6) 线路全长正序、零序阻抗及角度定值:按实际线路全长阻抗整定。注意,本装置各阻抗参数的整定值均为二次值。

(7) 零序补偿系数是只有接地距离保护才用到的,相间距离保护不需要补偿。零序阻抗补偿系数 K 的计算公式如下:

$$K=\frac{Z_{L0}-Z_{L1}}{3Z_{L1}} \tag{5-21}$$

式中,Z_{L0} 和 Z_{L1} 分别为线路全长零序阻抗和正序阻抗的定值。整定时建议采用实测值,如无实测值,则将计算值减去 0.05 作为整定值。

(8) 电流突变量启动定值:按躲过正常负荷电流波动最大值整定,一般整定为 $0.2I_n$。对于电铁、轧钢、炼铝等负荷变化剧烈的线路,为避免保护装置频繁启动,可以适当提高定值,定值范围为 $0.05\sim0.5I_n$。

(9) 零序电流启动值:按躲过最大负荷电流的零序不平衡电流整定,定值范围为 $0.05\sim0.5I_n$。

(10) 振荡闭锁过流定值:按躲过线路最大负荷电流整定。

(11) 电流启动元件定值在线路两侧应按一次电流相同折算到二次整定。

(12) 工频变化量阻抗:按全线路阻抗的 0.8~0.85 整定。

(13) 零序方向过流定值:纵联零序的正方向过流定值,必须保证本线路末端接地故障有足够的灵敏度。

(14) 振荡闭锁过流:按躲过线路最大负荷电流整定。

(15) 通道检查时刻:采用闭锁式通道时,可通过此定值设置自动通道检查时刻,如 10 点应设置为"10:00",装置根据此定值每天进行两次自动通道检查。同时应使线路两端的"通道检查时刻"错开。对于允许式可以不设此定值。

(16) 接地距离Ⅰ段定值:按全线路阻抗的 0.8~0.85 整定,对于有互感的线路,应适当减小。

(17) 相间距离Ⅰ段定值:按全线路阻抗的 0.8~0.9 整定。

(18) 距离Ⅱ、Ⅲ段的阻抗和时间定值:按段间配合的需要整定,对本线末端故障有灵敏度。

(19) 在距离保护定值整定中,建议"距离Ⅰ段定值≤距离Ⅱ段定值≤距离Ⅲ段定值"。

(20) 接地距离偏移角度定值:为了适当限制电抗继电器的超范围并扩大继电器测量过渡电阻的能力,将欧姆继电器特性圆向第一象限偏移,可取值范围为 0°、15°和 30°,短线路时取较大值,长线路取较小值,建议线路长度≥40 km 时取 0°,线路长度≥10 km 时取 15°,线路长度<10 km 时取 30°。

(21) 相间距离偏移角度定值:为了扩大继电器测量过渡电阻的能力,将Ⅰ、Ⅱ段欧姆继电器特性圆向第一象限偏移,可取 0°、15°和 30°,短线路时取较大值,长线路时取较小值,建议线路长度≥10 km 时取 0°,线路长度≥2 km 时取 15°,线路长度<2 km 时取 30°。

(22) 投负荷限制距离、负荷限制电阻定值:负荷限制距离特性是为了在长线路时保证相间距离继电器可靠躲开负荷测量阻抗而设定,短线路时可将其退出。负荷限制电阻定值按重负荷时最小测量电阻整定,是一条经过最小测量电阻、倾斜角度为正序阻抗角的直线,其左半平面为动作区。

(23) 零序过流Ⅰ段定值:按躲开下一条线路出口处单相或两相接地短路时可能出现的最大零序电流、并引入可靠系数 K_K(可取 1.2~1.3)的原则整定,即有

$$\text{零序过流Ⅰ段定值} = K_K \times 3I_{0max} \tag{5-22}$$

(24) 零序过流Ⅱ段定值:与下一条线路的零序Ⅰ段定值配合,应保证线路末端接地故障有足够的灵敏度。

(25) 零序过流Ⅲ段定值:应保证线路末端经最大允许过渡电阻接地故障有足够的灵敏度。

(26) 零序电流Ⅳ段定值:同时作为零序功率方向元件的判别定值,原则上按躲过下一条线路始端三相短路时,流过装置的最大不平衡电流整定。

(27) 零序过流Ⅲ/Ⅳ段在全相和非全相运行状态下均投入,在定值或时间上躲开非全相运行(非全相时取消方向控制)。

(28) 在零序过流定值整定中,建议各段零序电流动作门槛整定值的大小为"零序过流Ⅰ段≥零序过流Ⅱ段≥零序过流Ⅲ段≥零序过流Ⅳ段"。

(29) 零序过流加速段定值:应保证线路末端接地故障时有足够的灵敏度。

(30) 重合闸同期检定角度:检同期合闸方式时母线电压对线路电压允许的角度差。

(31) PT 断线相过流定值:为电压回路断线时,相过流保护定值。

(32) PT 断线零序过流定值:为电压回路断线时,零序过流保护定值。

2) 投退型定值

(1) 投三跳方式:此定值若投入,则任何故障三跳,但不闭锁重合闸。

(2) 非全相故障闭重:此定值若投入,则非全相运行再发生故障保护动作时闭锁重合闸。

(3) 多相故障闭重:此定值若投入,则相间或三相故障保护动作时闭锁重合闸。

(4) 三相故障闭重:此定值若投入,则三相故障保护动作时闭锁重合闸。

(5) 投振荡闭锁:此定值(=1)若投入,则距离保护经振荡闭锁控制。

(6) PT 接线路侧:当装置电压取自线路时,此定值置为"1"(投入),取自母线则置为"0"(退出)。

(7) 投工频变化量距离:对于短线路,若整定阻抗小于 $1/I_n$ 欧姆时,可将此控制字取"0",即退出工频变化量距离。

(8) 投纵联距离方向、投纵联零序方向:为相应保护功能投入控制字。

(9) 投允许式:使用闭锁式时取“0”,使用允许式时取“1”。

(10) 投弱电侧:在可能出现弱馈的一侧投入。

(11) 投 UNBLOCKING:即解除闭锁式,只能在允许式时投入,闭锁式时此定值取“0”。当纵联保护为允许式时(投允许式,定值取“1”),若需要用解除闭锁式,也可将复用载波机的解除闭锁接点与收到允许信号接点均接入装置的开入 XIN-7 端子(收信A),这种情况下此定值也可以取“0”。

(12) 零序保护投退控制字说明:零序保护(包括四段零序过流、零序反时限过流及合闸于故障零序过流后加速保护)均可由软件控制字独立选择投退(在相应的硬压板投入前提下),零序保护(包括四段零序过流和零序反时限过流保护)均有方向元件可投退。

(13) 投重合闸:本装置重合闸投退控制字,退出时并不表示线路重合闸退出,线路还可能由其他装置完成重合闸功能,因此保护依旧选相跳闸。要实现线路重合闸停用,即任何故障三跳且不重,则应将“压板闭重”(XIN-18 端子)压板投入。

(14) 投不对应启动重合闸:为位置不对应启动重合闸投入控制字。

(15) 投检同期方式、投检无压方式:为重合闸方式控制字。

(16) 重合闸内控有效:若重合闸方式在运行过程中不会改变时,用整定控制字比外部开入设定更可靠,同时也可实现对重合闸方式的远方修改。当此定值退出时,重合闸方式由开入端子 XIN-14、XIN-15 的组合决定;当此定值投入时,重合闸方式由随后的“单重方式”“三重方式”“综重方式”控制字决定,注意,这三个控制字中只能有一个为“1”。

(17) 投 PT 断线相过流保护:选择在电压回路断线时,是否投入过流保护。

(18) 投 PT 断线零序过流保护:选择在电压回路断线时,是否投入零序过流保护。

5.1.3 高压线路微机保护装置 PRS-702 测试实验

1. 实验目的和要求

1) 实验目的

(1) 掌握高压线路保护各项定值的整组测试方法。

(2) 熟悉距离及零序保护各项定值边界的测试。

(3) 熟悉阻抗元件的动作特性。

(4) 掌握阻抗元件的动作特性的测试。

2) 实验要求

(1) 掌握保护控制字及硬连接片功能。熟悉保护的各项功能,分析控制保护逻辑图,在保护装置整定菜单中找到“投退定值”页面,投退各项保护功能对应的控制字,理解其功能,并按对象填入实验记录表中。找到保护柜正面板上的硬连接片,并结合控制字定值将连接片打开或连接。

(2) 保护装置外部接线。熟悉保护二次回路原理接线图、机柜和端子排图、插件端子接线图的相对编号法,在对应保护柜上找到保护装置交流电流输入端子 921～924(I_a、I_b、I_c、I_0)和电压输入端子 917～920(U_a、U_b、U_c、U_x)、保护跳闸输出口端子 333～356(跳闸出口触点正端和负端)在保护柜端子排的编号,并将端子号标注在实验记录表中。

(3) 保护装置定值及整定。在保护装置菜单中找到各项保护装置的数值定值,理解各定值含义及定值间的关系。熟悉保护整定方法,并将整定结果填入实验记录定值表中的“整定值”一栏中。

(4) 保护装置动作逻辑及控制字。在保护装置菜单中找到逻辑图中对应的控制字，熟悉其含义及整定方法，并将整定结果填入实验记录定值表中的“整定值”一栏中。

2. 实验接线及定值设置

1）实验接线

实验时将继电保护测试仪的三相电流输出端I_a、I_b、I_c、I_n分别与保护柜端子排电流输入端 2D1、2D3、2D5、2D5 对应的接线端子相连；将保护的非极性端 2D2、2D4、2D6、2D8 对应的接线端子短接。测试仪的电压输出端 U_a、U_b、U_c、U_n分别与保护装置电压端 2D10、2D11、2D12、2D13 对应的接线端子相连。

因保护为单相跳闸，要将保护装置第一组跳闸出口端子 2D124（跳 A）、2D125（跳 B）、2D126（跳 C）连接到测试仪开关量输入点端。由于要一次完成相间、接地各段的定值校验，要求用保护的瞬时触点，以保证能正确反映每次测试保护的动作行为。

2）被测保护装置定值设置

在对被测保护装置进行预设整定值时应注意：Ⅰ段距离保护阻抗整定值最小，Ⅲ段整定值最大；Ⅲ段的动作延时最长，Ⅰ段动作时间最短。如果动作值的阶梯特性紊乱，则有可能造成保护动作行为错误。实验时可设置为：Ⅰ段动作阻抗为 20，动作时间 0 s；Ⅱ段动作阻抗为 40，动作时间 0.5 s；Ⅲ段动作阻抗为 60，动作时间 1 s。实验时要对 A、B、C 三相进行分相测试校验。

3）被测保护装置连接片设置

测试时应将被测保护相关的控制字和连接片投入，其他保护的控制字和连接片退出。如投入距离、零序等保护连接片，则应退出低周减载等其他与实验无关的保护功能连接片，必须将闭锁重合闸硬压板和控制字均投入（即退出重合闸）。

3. 实验参数设置

这里就以 PRS-702 为测试对象，使用“继保之星”继保测试仪中“距离和零序保护测试软件”，对 PRS-702 的主保护“距离保护和零序保护”功能进行测试。继保测试仪中“距离和零序保护测试软件”可一次性自动完成多段接地距离、相间距离和零序保护的各种故障定值的测试实验。

启动“距离和零序保护测试软件”，其主界面如图 5-7 所示。

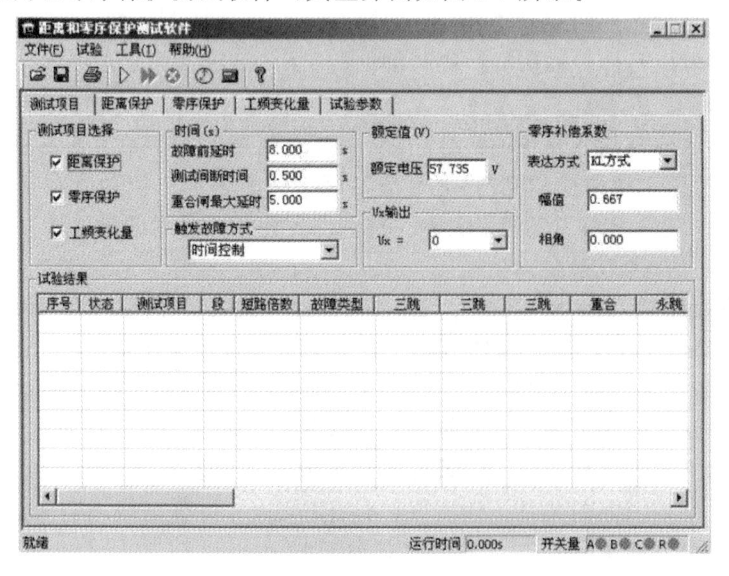

图 5-7 “距离和零序保护测试软件”主界面

实验开始前首先要进行实验装置的参数设置，然后再进行保护功能测试实验。实验环境的参数设置方法如下。

测试项目中有“距离保护”“零序保护”和“工频变化量”三个实验项目，可以单选，也可以同时选择。零序补偿系数提供 KL、Kr/Kx、Z0/Z1 三种设置方式。在进行接地距离测试时，根据被测保护装置整定值清单给出的零序补偿系数类型和数值进行选择，本实验装置应选 KL 方式。

1）时间参数设置

（1）故障前延时：该时间常用于等待每次动作后保护整组复归，或者“PT 断线”信号消失，或者等待重合闸充电。若仅进行保护定值测试而不投入重合闸，注意这个时间一般设为 10 s 以上（如 12 s），以保证“PT 断线”报警信号复归。如果同时进行重合闸实验，则一般设为 15～25 s，保证重合闸充电完成。每进行一次故障测试，测试仪都首先进入“故障前延时”状态，输出的三相额定电压为 57.7 V，三相电流为 0 A，然后再进入故障状态，输出所设置的故障量。

（2）测试间断时间：每次故障实验结束后，测试仪停止输出，在该时间状态下等待保护触点复归，一般设为 0.5 s 即可，也可设为 0 s。

（3）重合闸最大延时：如果投入重合闸，每次故障测试的同时进行重合闸实验，则在该时间内等待重合闸信号。该时间应大于重合闸整定延时时间。

2）触发故障方式设置

从故障前状态到故障状态的触发方式有 4 种：时间控制、按键触发、开入 c 触发及 GPS 触发。触发方式默认值是“时间控制”方式。

（1）时间控制：在该触发方式下，故障前状态的持续时间由“故障前延时”确定，时间到，自动进入故障状态。时间控制下，完全由测试仪自动实验，实验期间只需要根据提示投切相应的连接片即可。

（2）按键触发：在故障前状态，按面板键盘上任意键，或用鼠标单击软件上的触发键，即故障态。按键触发方式能方便地实现人工控制实验过程，可以在实验期间观察保护的报文或打印实验结果。

（3）开入 c 触发：测试仪开入 c 接收到变位信号即进入故障态。该功能可以实现多保护装置同时实验。

（4）GPS 触发：将 GPS 信号接入背板通信接口，通过 GPS 的 PPM 脉冲对空间不同的两台测试仪进行联调实验。PPM 脉冲到时自动进入故障态。

3）距离保护实验设置

距离保护实验时应投入距离保护连接片及控制字。根据规程对于距离Ⅰ段保护检验，分别模拟 A、B、C 相单相接地瞬时故障，AB、BC、CA 相间瞬时故障。检验距离Ⅱ段保护时，分别模拟 A 相接地和 BC 相间短路故障；检验距离Ⅲ段保护时，分别模拟 B 相接地和 CA 相间短路故障，方法如下。

（1）距离保护实验阻抗设置原理。

测试时使故障电流 I 固定（一般 $I=I_n$），相角为灵敏角，故障电压分为两种情况，在模拟单相接地故障时：$U=mIZ_{set}(1+K)$；在模拟两相相间故障时：$U=2mIZ_{set}$。其中，m 为系数，其值分别为 0.95、1.05 及 0.7；K 为零序补偿系数；Z_{set} 为距离保护定值。距离保护阻抗元件在 0.95 倍定值（$m=0.95$）时，应可靠动作；在 1.05 倍定值时，应可靠不动作；在 0.7 倍定值时，测量距离保护的动作时间。

(2) 距离保护实验电流设置。

单击“距离保护”标签,距离保护测试界面如图 5-8 所示。该界面处于激活状态,允许设置相应参数。相间短路阻抗和接地短路阻抗可以通过选项框打钩,选择需要进行哪几段保护实验。

测试项目 | 距离保护 | 零序保护 | 工频变化量 | 试验参数

相间短路阻抗

	段	Z(Ω)	Φ(Ω)	R(Ω)	X(Ω)	试验电流(A)	试验时间(s)	整定时间(s)	方向
☑	I	2.000	90.000	0.000	2.000	5.000	0.200	0 000	正向
☑	II	4.000	90.000	0.000	4.000	4.000	0.700	0 500	正向
☑	III	6.000	90.000	0.000	6.000	3.000	1.200	1 000	正向
☐	IV	8.000	90.000	0.000	8.000	2.000	1.700	1 500	正向
☐	V	10.000	90.000	0.000	10.000	1.000	2.200	2 000	正向

◉ 相间Z-Φ方式 ○ 相间R-X方式 ☑ AB相短路 ☐ BC相短路 ☐ CA相短路 ☐ ABC相短路

接地短路阻抗

	段	Z(Ω)	Φ(Ω)	R(Ω)	X(Ω)	试验电流(A)	试验时间(s)	整定时间(s)	方向
☑	I	2.000	90.000	0.000	2.000	5.000	0.200	0 000	正向
☑	II	4.000	90.000	0.000	4.000	4.000	0.700	0 500	正向
☑	III	6.000	90.000	0.000	6.000	3.000	1.200	1 000	正向
☐	IV	8.000	90.000	0.000	8.000	2.000	1.700	1 500	正向
☐	V	10.000	90.000	0.000	10.000	1.000	2.200	2 000	正向

◉ 接地Z-Φ方式 ○ 接地R-X方式 ☑ A相接地 ☐ B相接地 ☐ C相接地

试验阻抗倍数

☐ 0.800 ☑ 0.950 ☑ 1.050 ☐ 1.200

图 5-8 距离保护测试界面

直接将保护整定值输入阻抗数据框中,可以通过选项选择定值按相间阻抗和相角或者相间电阻电抗方式输入。

每段实验电流设置必须大于保护的启动电流,并且在相间距离实验中,其阻抗与电流的乘积为 20~40 V 时较好,不能超过 57 V;接地距离实验中,其阻抗与电流的乘积为 20~30 V 时较好,不能超过 57 V。一般还应遵守阻抗(或电抗)越小、电流越大的原则,才能保证测试更准确。

在“方向”栏中,用鼠标单击,可在“正向”与“反向”之间切换,这样能方便测试这些方向性的距离保护。

(3) 距离保护实验时间设置。

各段实验时间设置必须大于该段的整定动作时间。例如,假设Ⅰ段整定动作时间为 0 s,Ⅱ段为 0.5 s,Ⅲ段为 1.0 s。考虑到保护本身跳闸有一定的固定延时,可以设Ⅰ、Ⅱ、Ⅲ段的实验时间分别为 0.2 s、0.7 s、1.2 s,如图 5-8 所示。

测试的结果:选 0.95 倍定值时,本段动作;选 1.05 倍定值时,本段不动作;下一段时间不够也动作不了。也可以将上述三段的实验时间均设置大于第Ⅲ段的动作时间。这样,测试的理想结果将是:选 0.95 倍定值时,本段动作;选 1.05 倍定值时,本段不动作;经延时下一段可能会动作。

将被测保护装置各段整定动作时间输入“整定时间”框内,注意该时间只起参考作用,不影响实验结果。

(4) 距离保护实验故障类型设置。

单相接地故障用于接地距离阻抗校验,两相短路和三相短路用于相间距离阻抗校验。接地距离实验必须正确输入零序补偿系数。

(5) 距离保护实验阻抗倍数选择。

根据保护校验的一般要求，软件提供了 0.8、0.95、1.05 和 1.2 四种默认的校验倍数，其数值可以修改。如果保护在 0.95 倍或 1.05 倍下动作不正确，此时可改选 0.8 倍或 1.2 倍，也可以自定义倍数进行测试。

4) 零序保护实验设置

零序过流保护检验时应投入零序保护连接片。根据规程，对零序过流保护分别模拟 A、B、C 三相单相接地瞬时故障，模拟故障电压 $U=50$ V，模拟故障时间应大于零序过流Ⅱ段(或Ⅲ段)保护的动作时间定值，相角为灵敏角，方法如下。

(1) 零序保护实验电流设置原理。

模拟故障电流表示如下。

零序Ⅱ段：

$$I=mI_{0set2}$$

零序Ⅲ段：

$$I=mI_{0set3}$$

式中，m 为系数，其值分别为 0.95、1.05 及 1.2；I_{0set2} 为零序过流Ⅱ段定值；I_{0set3} 为零序过流Ⅲ段定值。

零序过流Ⅱ段和Ⅲ段保护在 0.95 倍定值($m=0.95$)时，应可靠不动作；在 1.05 定值时，应可靠动作；在 1.2 倍定值时，测量零序过流Ⅱ段和Ⅲ段保护的动作时间。

(2) 零序保护实验参数选择方法。

单击“零序保护”标签，显示界面如图 5-9 所示，允许设置相应参数。零序保护的实验参数设置与距离保护的实验参数设置基本相同，可参考第二步的说明。短路计算方法可选择以下两种中的一种。

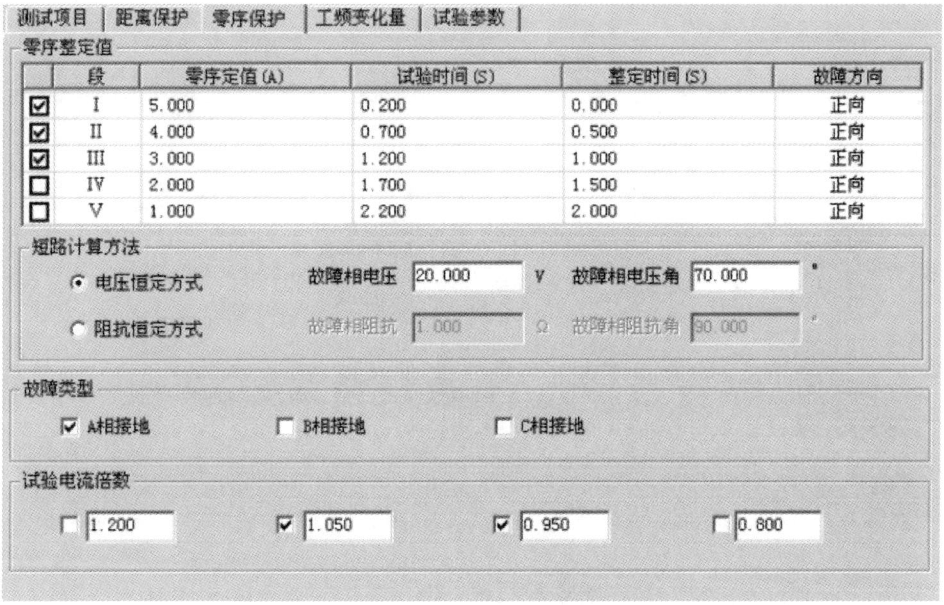

测试项目 | 距离保护 | 零序保护 | 工频变化量 | 试验参数

零序整定值

	段	零序定值(A)	试验时间(S)	整定时间(S)	故障方向
☑	I	5.000	0.200	0.000	正向
☑	II	4.000	0.700	0.500	正向
☑	III	3.000	1.200	1.000	正向
□	IV	2.000	1.700	1.500	正向
□	V	1.000	2.200	2.000	正向

短路计算方法

◉ 电压恒定方式　故障相电压 20.000 V　故障相电压角 70.000 °

○ 阻抗恒定方式　故障相阻抗 1.000 Ω　故障相阻抗角 90.000 °

故障类型

☑ A相接地　□ B相接地　□ C相接地

试验电流倍数

□ 1.200　☑ 1.050　☑ 0.950　□ 0.800

图 5-9　零序保护测试界面

① 电压恒定方式：在这种方式下直接设置故障相电压。在实验时，无论故障电流

多大，测试仪输出的故障相电压维持不变。故障相电压角指故障时故障电压与故障电流的相位夹角。

② 阻抗恒定方式：在这种方式下，在实验时，通过故障电流和故障阻抗计算故障相电压。

5）工频变化量阻抗元件定值

用于测试工频变化量阻抗元件的动作行为，可对线路保护的工频变化量距离保护的定值进行校验，实验时应投入距离保护连接片。根据规程，对于工频变化量距离保护检验，可分别模拟 A、B、C 三相单相接地瞬时故障和 AB、BC、CA 相间瞬时故障，方法如下。

（1）工频变化量阻抗的故障电压计算。

模拟故障电流固定（其数值应使模拟故障电压在 $0 \sim U_{\mathrm{N}}$ 范围内），模拟故障前电压为额定电压，模拟故障时间为 100～150 ms，故障电压如下。

模拟单相接地故障时：

$$U=(1+K)IDZ_{\mathrm{set}}+(1-1.05m)U_{\mathrm{N}}$$

模拟相间短路故障时：

$$U=2IDZ_{\mathrm{set}}+(1-1.05m)\sqrt{3}U_{\mathrm{N}}$$

式中，m 为系数，其值分别为 0.9、1.1 及 1.2；K 为零序补偿系数；DZ_{set} 为工频变化量距离保护定值。

工频变化量距离保护在 $m=1.1$ 时，应可靠动作；在 $m=0.9$ 时，应可靠不动作；在 $m=1.2$ 时，测量工频变化量距离保护动作时间。

（2）工频变化量阻抗参数设置。

单击“工频变化量”标签，显示界面如图 5-10 所示。允许同时校验两段定值，并且一次性模拟所有故障类型。实验时，只需要选择需要测试的项目，然后按被测保护装置定值单将各种定值参数依次设置即可。

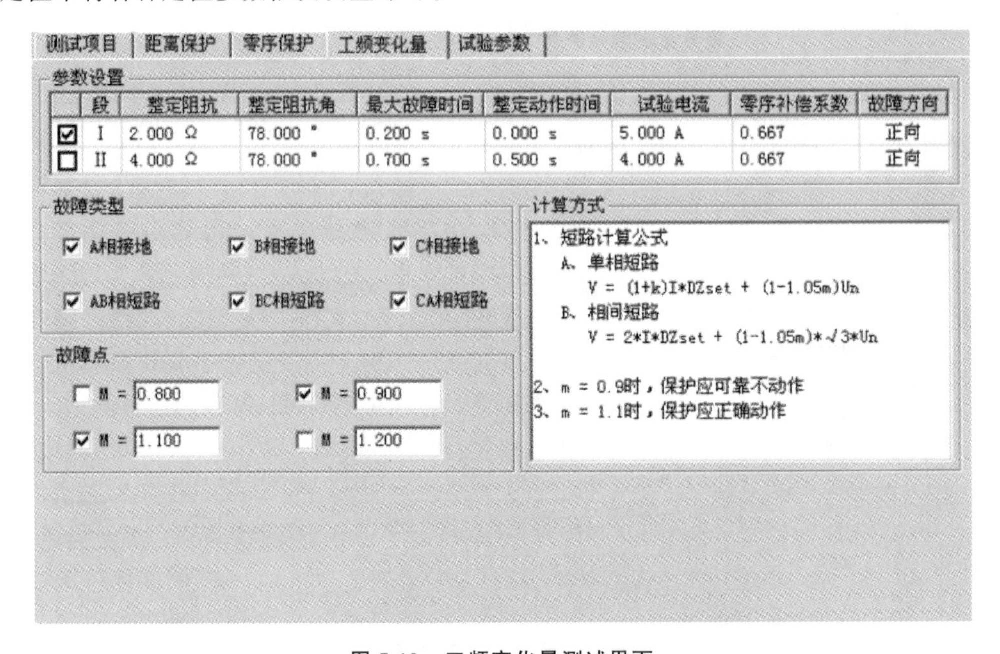

图 5-10 工频变化量测试界面

① 电压倍数选择。m 的值在默认情况下有 0.9 和 1.1 两种设置。一般地，$m=0.9$

时，保护应可靠不动作；$m=1.1$ 时，保护应可靠动作。设置 $m=1.2$ 时，可以测出保护的动作时间。

② 短路电流参数选择。“短路电流”参数应设置得大一些，建议设置为 10～20 A，因为短路电流太小，根据上述公式计算出来的电压可能为负值，实验参数设置与距离保护的设置基本相同，请参考其说明。

实验期间单击“矢量图”按钮，从弹出的“矢量图”对话框中能观察到实时的电压、电流矢量图，如图 5-11 所示。

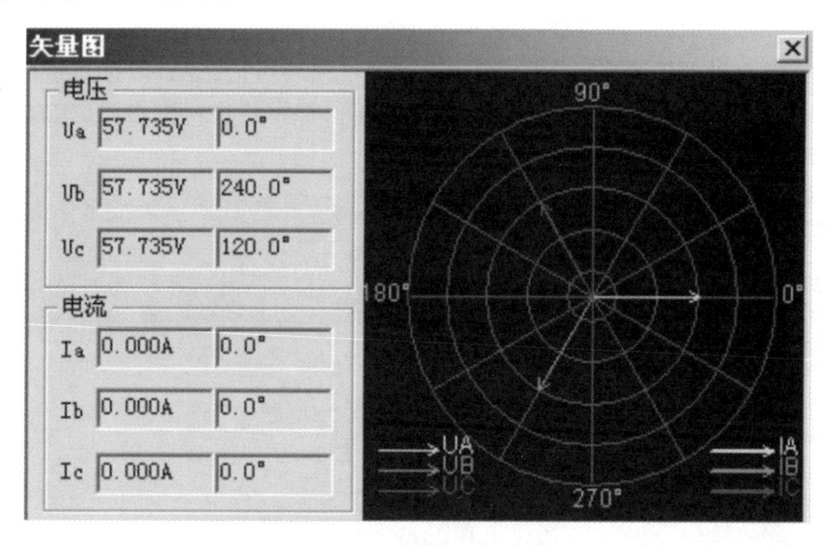

图 5-11 电压、电流矢量图

各种实验参数设置完成后，选择测试项目，即可启动，开始实验。

开始实验后，自动按如图 5-12 所示列表中的实验数据顺序逐项进行实验。结果自动记录在实验结果表中。

试验结果

序号	状态	测试项目	段	短路倍数	故障类型	跳A	跳B	跳C	重合	永跳
1	☆	相间距离	I	0.900	AB相短路					
2	☆	相间距离	I	1.100	AB相短路					
3	☆	相间距离	II	0.900	AB相短路					
4	☆	相间距离	II	1.100	AB相短路					
5	☆	相间距离	III	0.900	AB相短路					
6	☆	相间距离	III	1.100	AB相短路					
7	☆	接地距离	I	0.900	A相接地					
8	☆	接地距离	I	1.100	A相接地					
9	☆	接地距离	II	0.900	A相接地					

图 5-12 试验结果

如果同时测试接地距离和零序保护，实验期间，进行接地距离保护测试时，软件会提示“请退出零序保护连接片，投入距离保护连接片”；进行零序保护测试时，软件会提示“请退出距离保护连接片，投入零序保护连接片”。实验结束后，按窗口提示保存实验报告。

实验时注意以下几点。

(1) 0.95 倍定值和 1.05 倍定值是默认的两个测试边界点。0.95 倍定值时，距离保护本段应可靠动作，零序保护本段应可靠不动作；1.05 倍定值时，距离保护本段应可靠不动作，零序保护本段应可靠动作。另外，0.8 倍定值和 1.2 倍定值是在用 0.95 倍定值和 1.05 倍定值测试不满足上述动作要求时，降低保护动作要求，对保护整定值的测试。

(2) 测试期间如果发现本应Ⅱ段或Ⅲ段保护动作的，而测试仪记录下的动作时间为Ⅰ段动作时间，请检查重合闸后加速是否误动作了。若是，请先退出重合闸后加速连接片或控制字再进行测试。

(3) 如果保护在某一定值倍数下，希望本段保护不动作时下一段保护动作，应将该段的"最大故障时间"设置为大于其下一段保护动作时间 0.2 s 及以上。

4. 距离和零序保护定值测试实验

使用继保之星保护测试仪中的"线路保护测试模块"可实现多段接地距离、相间距离和零序保护的各种故障定值的测试。启动线路保护定值校验模块后，测试项目界面如图 5-13 所示。

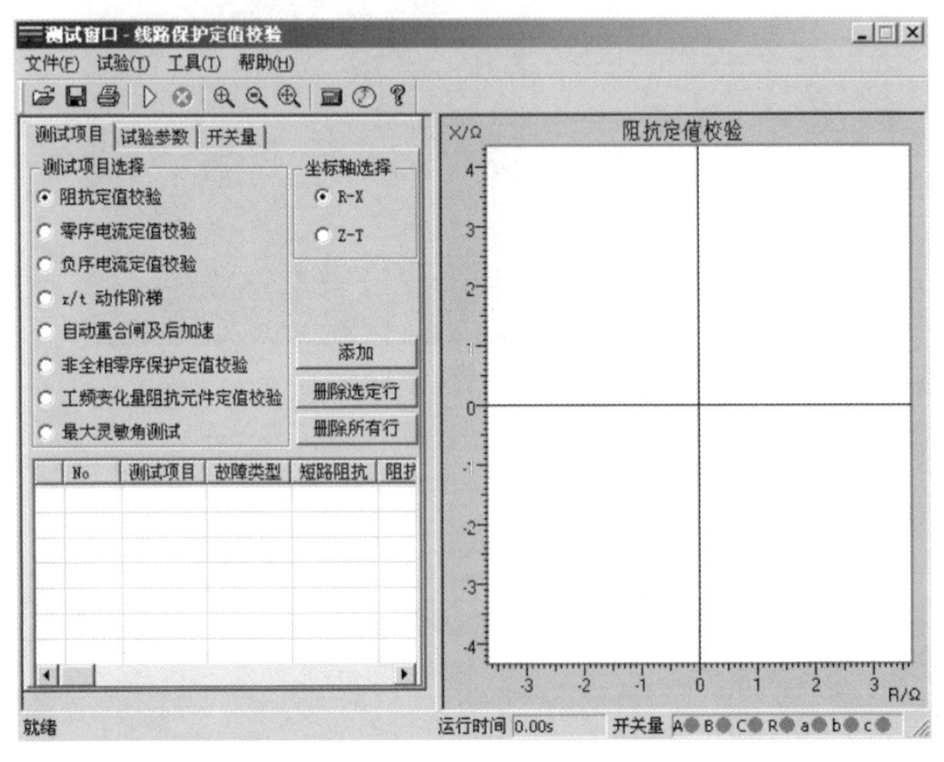

图 5-13 线路保护定值校验模块测试项目界面

线路保护定值校验模块提供了阻抗定值校验、零序电流定值校验、负序电流定值校验、z/t 动作阶梯、自动重合闸及后加速、非全相零序保护定值校验、工频变化量阻抗元件定值校验、最大灵敏角测试 8 个实验项目的定值校验。进行某项目测试之前，要注意及时进行被试保护装置对应软连接片的投退，以防实验受到其他因素影响。实验方法和步骤如下。

1) 测试项目选择

在测试项目页面中，先选中某个要测试的项目，如阻抗定值校验，然后单击"添加"按钮，在弹出的对话框中输入该测试项目的相关实验数据。单击"确定"按钮后，实验数据将添加到左下角的参数窗口。然后可以再选中另外一个测试项目，进行同样的参数设置和添加操作。一次实验可以添加多个测试项目，实验时按参数列表的顺序依次进行测试。

当需要删除参数列表中某一行的实验参数时，可以先选中这一行，然后单击“删除选定行”按钮；若需要删除参数列表中全部的实验参数，可以直接单击“删除所有行”按钮。

通过点选“R-X”“Z-T”单选按钮来改变图 5-13 右侧的坐标，实现不同的显示方式。

2）实验参数设置

线路保护实验参数如图 5-14 所示。

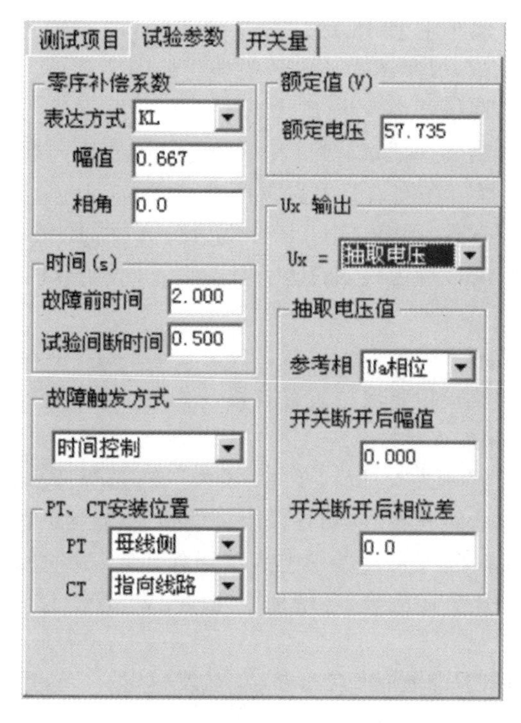

图 5-14 线路保护实验参数

（1）零序补偿系数。只有故障类型为“接地短路”时，才需要设置零序补偿系数。它有 KL、Kr/Kx、Z0/Z1 三种表达方式供选择。根据保护装置的定值菜单中零序补偿系数的表达方式选“KL”，相角为 0。

（2）故障触发方式。实验时每次都是先输出故障前量，再进入故障态，这样可以满足保护装置需要突变量启动的要求，这时需要设置“故障前时间”和“故障触发方式”。默认选择“时间控制”触发方式。

时间控制是实验时先输出故障前量，即电压 7.735 V、电流 0 A，等待“故障前时间”结束后，即输出设置的故障量，等待保护动作。保护动作后则立即结束本轮测试。若保护未动，故障量持续输出至“最大故障时间”到时，即自动结束本轮，再进入“实验间断时间”，装置不输出，然后循环进入下一轮实验。

（3）PT、CT 安装位置。根据 PT 安装情况进行设置。PT 安装在“母线侧”时，开关断开后电压不消失，即测试仪不停止给保护输出电压，而是继续输出额定电压；PT 安装在“线路侧”时，开关断开后电压消失，即测试仪停止给保护输出电压。CT 项选择“指向线路”时，I_A、I_B、I_C为极性端，I_N为非极性端，CT 项选择“指向母线”时，与上述相反，此时测试仪输出电流的方向将相反。

（4）U_X输出选择。根据需要设置第四相电压 U_X 的输出值，可以设定为 $+3U_0$、

$-3U_0$、$+\sqrt{3}*3U_0$、$-\sqrt{3}*3U_0$ 或线路抽取电压等多种方式。

当选择“抽取电压”时，下面的“抽取电压值”选项区域呈正常有效显示。此功能一般是为了进行重合闸的检同期和检无压实验。双电源线路重合闸中，跳闸后，断路器两端的两个电源系统并不是完全独立的，所以它们的频率往往仍是相同的，电压大小差别也不大，只要满足“相位相近”条件就可以重合闸。这里首先要选择一个参考相，这个参考相要与保护定值中控制字的设置一致，否则实验不会成功。

另外，开关断开后幅值是指开关为断开状态时，线路抽取电压的幅值，默认为 100 V，可以设置为其他值，以测试在该电压时能否检同期重合。

开关断开后相位差是指开关为断开状态时线路抽取电压与母线侧电压的相位差值，默认为 0°，可以设置为其他值，以测试在该角差下能否检同期重合。

(5) 开关量输入选择。在输入开关量页面中，选择 A、B、C、R 作为跳闸和重合闸开关量。若选“分相跳闸”方式，则 A、B、C、R 分别为跳 A、跳 B、跳 C 和重合闸；如果选择“三相跳闸”方式，则 A、B、C 均为跳闸，R 为重合闸。开关动作时测试仪自动记录跳、合闸的动作时间。

3) 阻抗定值校验实验

该测试项目是用来校验距离保护装置各段动作阻抗的整定值。测试时可投入距离保护连接片，退出零序保护连接片。

选择“阻抗定值校验”测试项目后，单击“添加”按钮，界面如图 5-15 所示。将被测保护装置定值单中的各个实验参数，如各段阻抗整定值、整定时间、实验电流、实验时间等填入相应栏中。整定时间在实验过程中起参照作用，实验时间应设置得稍大于保护的整定时间。前四段为正方向故障，还增加了两段反向故障，以满足不同故障情况下的测试需要。

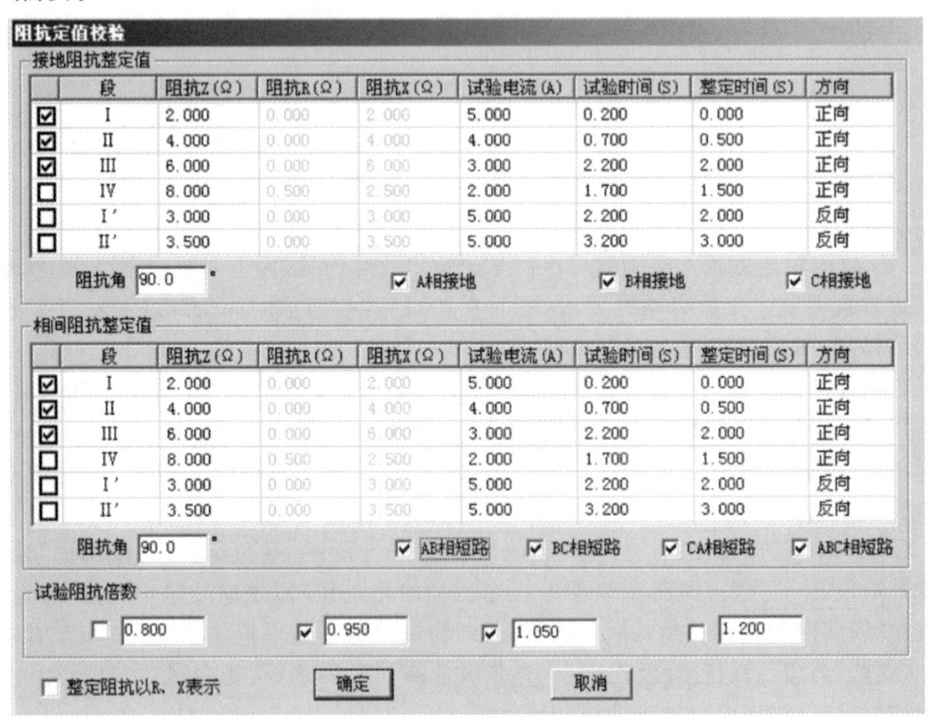

图 5-15　阻抗定值校验界面

阻抗定值可以用阻抗值和阻抗角方式输入，也可以以电阻 R 和电抗 X 的方式输入，以选项框“整定阻抗以 R、X 表示”来进行切换。

有 4 种实验阻抗倍数供选择，短路阻抗＝阻抗整定值×设定倍数，一般选 0.95 倍和 1.05 倍定值。0.95 倍定值时，距离保护应可靠动作，1.05 倍定值时，距离保护应可靠不动作。当在这两种倍数下保护动作不正确时，再检查 0.8 倍和 1.2 倍时保护动作的情况。当然，倍数值也可修改，以检查保护在哪种倍数下动作正确。

一次可以同时选择多种故障类型。参数设置完成后单击“确定”按钮，各种故障下各段的测试参数将依次添加在主界面图 5-13 左下侧的实验参数列表中。

选择开始，则自动进行阻抗定值校验，实验结果自动填入表中。

4）零序定值校验实验

在完成阻抗定值校验后，退出距离保护连接片并投入零序保护连接片，否则容易造成两种保护抢动的现象。选择“零序定值校验”测试项目后，单击“添加”按钮，显示界面如图 5-16 所示。

零序定值检验

整定值

		零序定值(A)	试验时间(S)	整定时间(S)	故障方向
☑	启动值	0.200	0.200	0.000	正向
☑	Ⅰ段	5.000	0.200	0.000	正向
☑	Ⅱ段	4.000	1.200	1.000	正向
☐	Ⅲ段	3.000	2.200	2.000	正向
☐	Ⅳ段	2.000	3.200	3.000	正向
☐	Ⅴ段	1.000	3.700	3.500	正向

故障相电压 20.000 V　故障相电压角 70.0 °

试验电流倍数

☐ 0.800　☑ 0.950　☑ 1.050　☐ 1.200

故障类型

☑ A相接地　☑ B相接地　☑ C相接地

确定　取消

图 5-16　零序定值校验界面

“启动值”栏为保护的启动电流。保护是否启动往往可以从保护的启动指示灯上观察到，常常用Ⅲ段(或Ⅳ段)为启动，从而由“启动值”“Ⅰ段”“Ⅱ段”一起构成保护的Ⅰ、Ⅱ、Ⅲ三段，同样“故障方向”可以根据需要选择“正向”或“反向”。

默认情况下选择 0.95 倍和 1.05 倍两种实验电流倍数，短路电流＝零序电流定值×设定实验电流倍数。0.95 倍定值时，保护应可靠不动作，1.05 倍定值时，保护应可靠动作。

确定后将实验参数添加到实验参数列表中。选择开始，则自动进行零序电流定值校验。

5）z/t 动作阶梯特性实验

该测试项目测试多段距离保护的阻抗与时间的关系，即阻抗-时间动作特性。z/t 动作特性校验界面如图 5-17 所示。

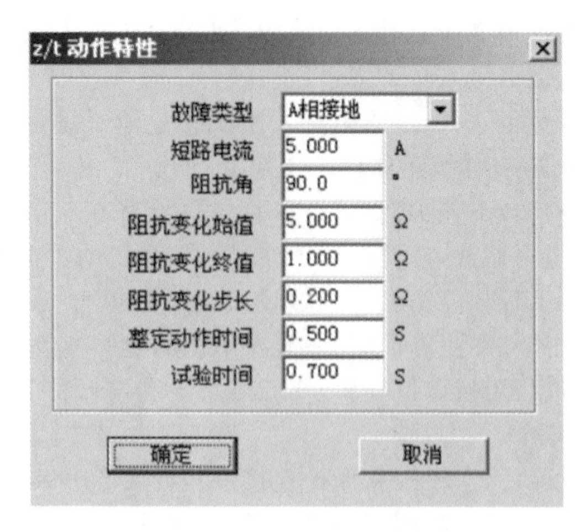

图 5-17 z/t 动作特性校验界面

“阻抗变化始值”至“阻抗变化终值”应覆盖需要测试的各段阻抗定值，实验时间应大于动作时间最长的那一段的整定动作时间。阻抗变化步长的大小直接影响测试的准确度。确定后将实验参数添加到实验参数列表中。实验结果特性将在主界面图 5-13 右侧的图中显示。

6）自动重合闸及后加速测试实验

该测试项目用于检测线路保护的自动重合闸及后加速的动作情况。重合闸前与重合闸后的故障类型、短路电流和短路阻抗可以取不同的值，以真实模拟电力系统中实际的多重故障情况。自动重合闸及后加速测试界面如图 5-18 所示。

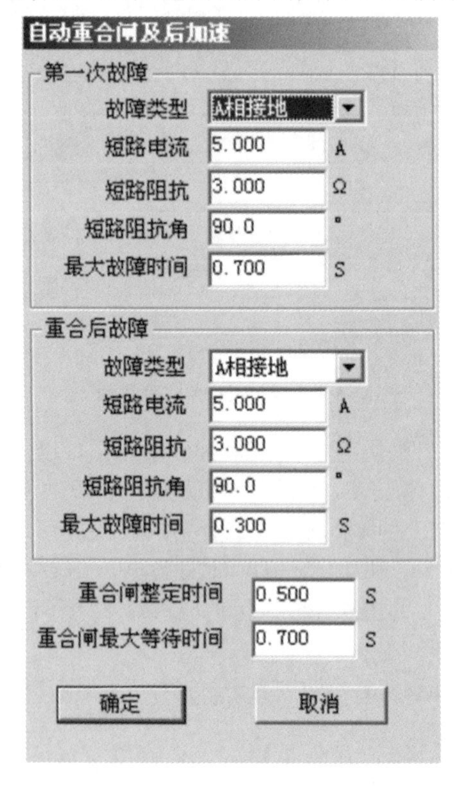

图 5-18 自动重合闸及后加速测试界面

注意在保护装置的控制字中，重合闸功能应投入，即“重合闸停用”软连接片应退；设置故障前的时间要足够长(20～25 s)，以保证重合闸充电完成，同时保护要有后加速功能投入。例如，在控制字中设置“距离Ⅱ段后加速”。

第一次(重合闸前)的最大故障时间应大于所允许保护段(如Ⅱ段)的跳闸时间(0.25 s)及以上(如0.73 s)；重合闸后的最大故障时间应大于所允许后加速保护段的固有动作时间(0.2 s)及以上(如0.3 s)；从保护跳闸到重合闸动作合闸，其间为重合闸等待时间，这个时间应大于重合闸整定时间(0.2 s)，可将它们都设置为3 s。这样就能有足够的时间让保护动作。

如果需要测试检同期或检无压重合闸的情况，则需要将U_x设置为线路抽取电压，并正确设置抽取电压相、开关断开情况下的电压值、电压角差等。详细内容见前述的U_x输出部分说明。自动重合闸及后加速实验是线路保护中的一个基本实验，常常用来做开关整组传动实验。

7）工频变化量阻抗元件定值校验实验

该测试项目用于测试工频变化量阻抗元件的动作行为，可对工频变化量阻抗元件的定值进行校验，实验界面如图5-19所示。M在默认情况下有0.9和1.1两种设置。一般地，当$M=0.9$时，保护应可靠不动作；$M=1.1$时，保护应可靠动作。设置$M=1.2$时，可以测出保护的动作时间。单击界面中“提示”按钮可以获得更多提示。

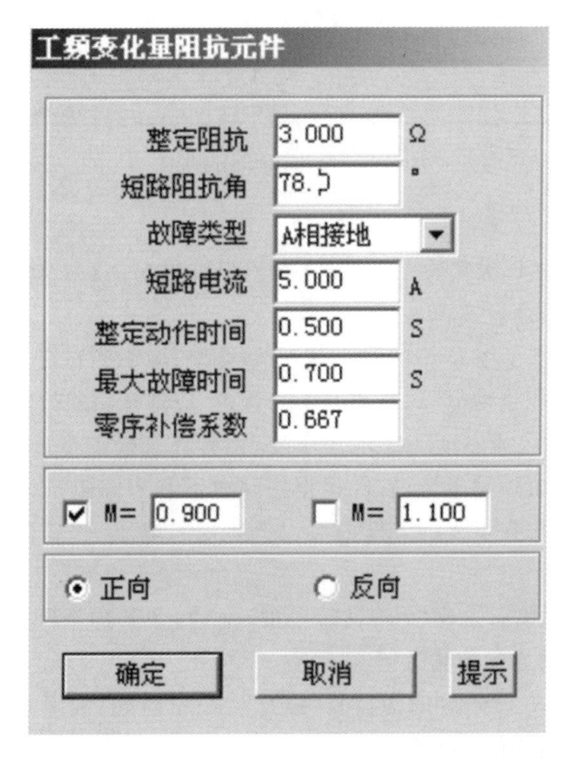

图5-19 工频变化量阻抗元件的定值校验实验界面

“短路电流”参数应设置得大一些，建议10～20 A，因为短路电流太小，根据上述公式计算出来的电压可能为负值。实验时，“距离保护”连接片应投入。

选择“正向”或“反向”，可测试保护的方向性。

5. 阻抗特性测试

阻抗特性测试模块主要是针对距离保护的动作特性，搜索其阻抗动作边界，可以搜索出圆特性、多边形特性及直线特性等各种特性的阻抗动作边界。测试模块提供了“单向搜索”和“双向搜索”两种不同的搜索方式。

启动进入阻抗特性测试模块，界面如图 5-20 所示。实验方法和步骤如下。

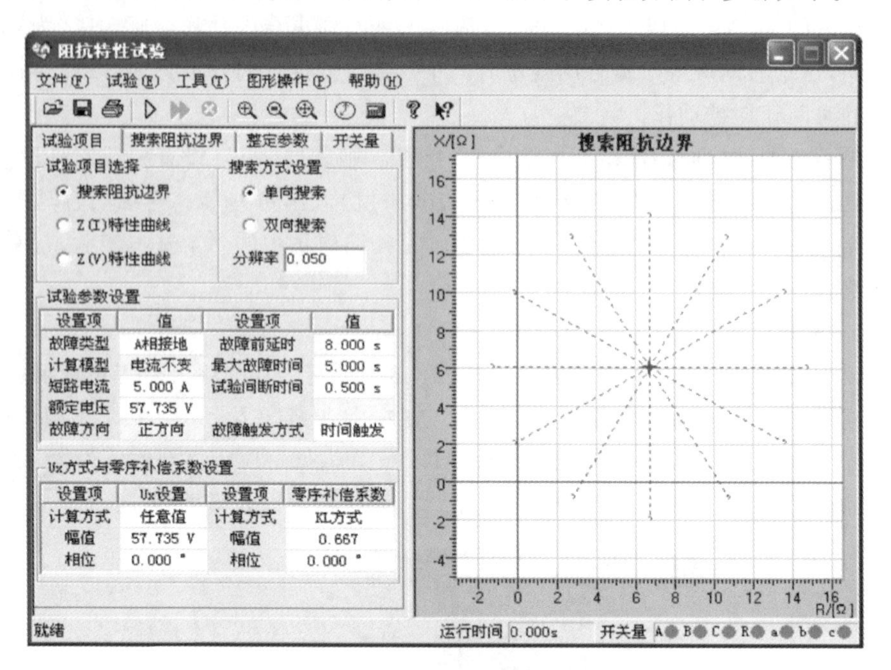

图 5-20　阻抗特性测试界面

1) 实验参数设置

(1) 在测试项目中每次实验只能选择“搜索阻抗边界”“Z(I)特性曲线”或“Z(V)特性曲线”中的一个项目进行实验。

(2) 故障类型提供了各种相间和接地故障类型，用于测试各种类型的距离保护。对接地距离应选择单相接地故障；对相间距离保护，应选择相间故障。

(3) 计算模型有“电流不变”和“电压不变”两种计算模型。选择“电流不变”时，在下面的方框内可以设置短路电流，软件根据短路电流和短路阻抗计算出相应的短路电压；选择“电压不变”时，在下面的方框内可以设置短路电压，软件根据短路电压和短路阻抗计算出相应的短路电流。

(4) 搜索方式有“单向搜索”和“双向搜索”两种。“分辨率”只对双向搜索方式有效，它决定了双向搜索方式的测试精度。

(5) 故障触发方式一般选“时间控制”触发方式，软件按“故障前延时”“最大故障时间”“试验间断时间”这样的顺序循环测试。

(6) 最小动作确认时间。这个时间专门用来在“双向搜索”方式下，躲开某段阻抗动作。在“最大故障时间”内，保护多段可能动作。如果保护动作的时间小于最小动作确认时间，则即使是保护的动作信号，软件也不予认可。例如，要搜索Ⅱ段阻抗边界，“双向搜索”方式下扫描点肯定会进入Ⅰ段阻抗范围，而Ⅰ段的动作时间较Ⅱ段要短，从而造成Ⅰ段保护抢动。这时要设置最小动作确认时间大于Ⅰ段的动作时间。

(7) 故障方向依据保护定值菜单进行设置,适用于方向性阻抗保护。有关零序补偿系数同前述。

2) 搜索阻抗边界

搜索阻抗边界界面如图5-21所示。选择搜索阻抗边界测试项目时,需设置放射状扫描线,扫描线的设置方法如下。

图5-21　搜索阻抗边界界面

(1) 扫描搜索中心。扫描搜索中心应尽可能设置在理论阻抗特性图的中心位置附近。扫描搜索中心可以直接输入数据,也可以用鼠标直接单击来选择扫描搜索中心。修改扫描搜索中心后,坐标系的坐标轴将自动调整,以保证扫描圆始终在图形中心位置,即扫描搜索中心在图形中心。

(2) 搜索半径。扫描搜索半径应大于保护阻抗整定值的一半,以保证扫描圆覆盖保护的各个动作边界。搜索时是从非动作区(扫描线外侧点)开始扫描。实验期间,如果发现在扫描某条搜索线的外侧起点时,保护就动作了,则说明这条扫描线没有跨过实际的阻抗边界,即整个搜索线都在动作区内,不符合“每条搜索线都应一部分在动作区内,一部分在动作区外”的原则。这时,应适当增大搜索半径。

(3) 搜索步长,只对"单向搜索"方式有效,直接影响"单向搜索"方式时的测试精度。

(4) 搜索范围。默认情况下都是按100%的范围搜索。设置适当的搜索范围,往往可以躲过别的段阻抗保护误动作。例如,设搜索范围为80%,搜索阻抗边界界面如图5-22所示。

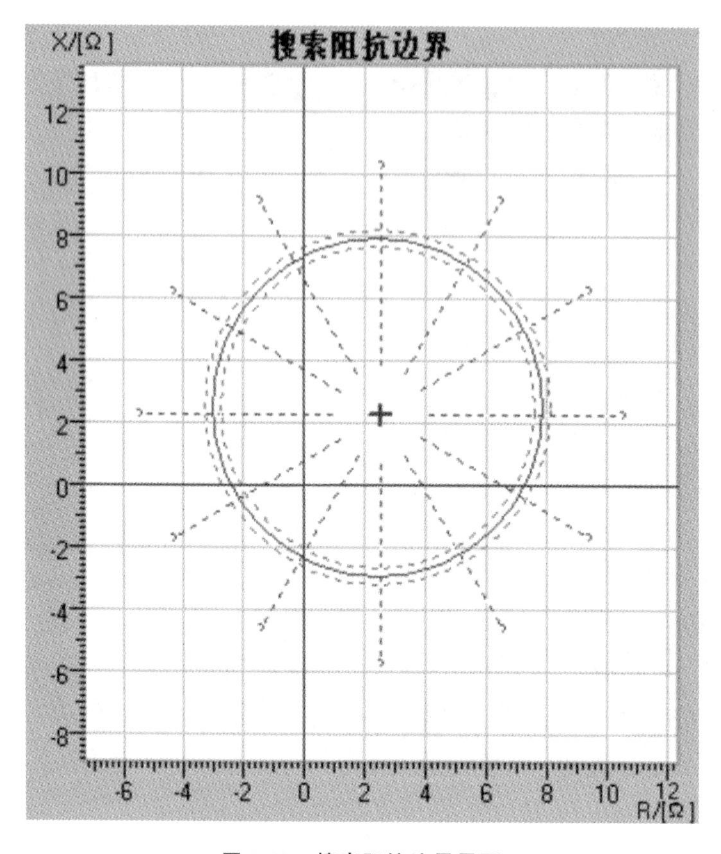

图 5-22 搜索阻抗边界界面

(5) 搜索角度。通过设置起始角度、终止角度以及角度步长来设置系列搜索线。如果角度步长设置得很小,虽然搜索出的点很多,有利于提高边界搜索精度,但也会大量增加实验时间,实际测试时请选择适当的角度步长。

(6) 自动设置扫描参数。在"整定参数"页中,设定好整定阻抗值后,单击"运行"按钮,测试仪将根据所设定的阻抗值自动计算出搜索中心位置和搜索半径的经验值。如果不合适,则在此基础上进行适当调整。设置完成后,单击"运行"按钮,实验开始,测试仪将自动搜索并绘出被测保护装置实际的动作特性。

3) 理论阻抗边界特性输入

一般不需要在"整定参数"选项卡中绘出理论阻抗边界图形。但是如果有理论图,测试人员较易确定搜索中心和搜索线的长度,也便于实验结果的比较。理论阻抗边界特性的画法如下。

(1) 绘制多边形特性。在图5-23(a)中,选择"多边形"特性,并选择数据输入方式是"R-X"还是"Z-Φ"方式,然后在"角点"一栏设置第一个角点的坐标值(R_1,X_1)。一般第一个角点设为(0,0)。第一个角点设置完毕,单击"添加"按钮,按相同的方法设置第二个角点,此时,可以从右侧的图中看到这两个角点构成的一条线。按照被测保护的相关定值参数,依次添加多个角点。设置参数时,R 和 X 都可以设置为负数。各角点添加完后单击"绘制误差线"按钮,测试仪即绘出了理论的阻抗边界曲线以及相应的误差曲线(以虚线表示),如图 5-23(b)所示。此时可用鼠标移至图形的中心位置,单击鼠标左键,以设置搜索中心点。

(a)

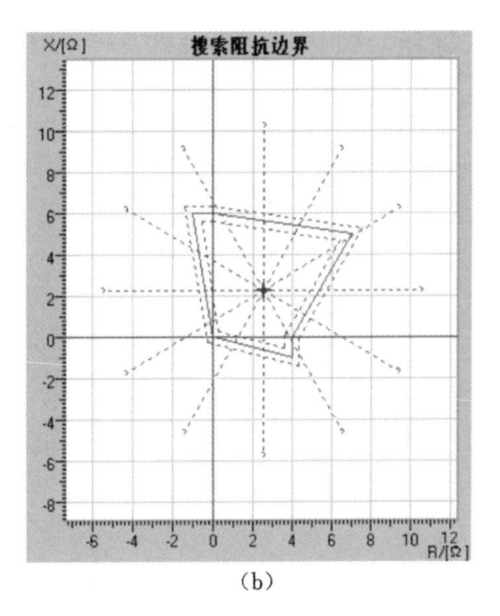

(b)

图 5-23 绘制多边形特性

(2) 绘制圆特性。在图 5-24(a)中选择"圆"特性,在相关的表格中设置"整定阻抗 Z""阻抗角度 Φ"以及"偏移量"等参数。图 5-24(b)中将实时显示其图形。用鼠标选中图形的中心,并在"搜索阻抗边界"选项卡中设置足够大的搜索半径及相应步长。

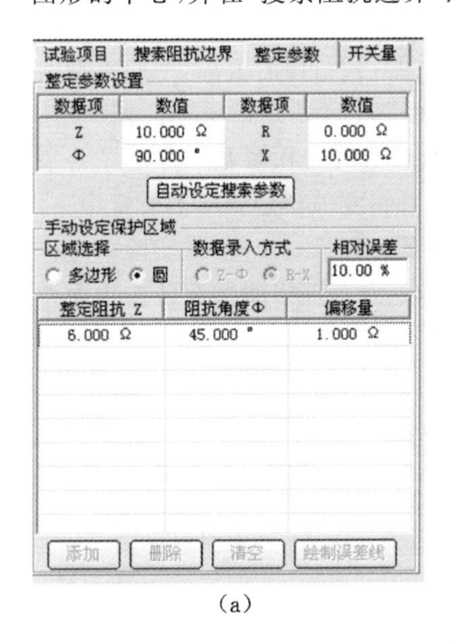

(a)

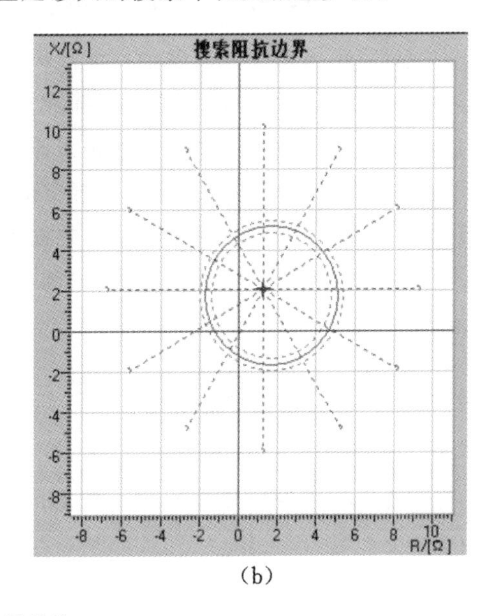

(b)

图 5-24 绘制圆特性

4）特性曲线的搜索

在“测试项目”选项卡中选择“Z(I)特性曲线”测试项目，用于检验电流与阻抗的关系。

在图 5-25 所示的 Z(I)特性曲线绘制界面中，根据被测保护定值单，按提示分别设置搜索长度、搜索步长与搜索角度，以及电流始值与电流终值，在图 5-25(b)中能观察到实时特性曲线。

(a)

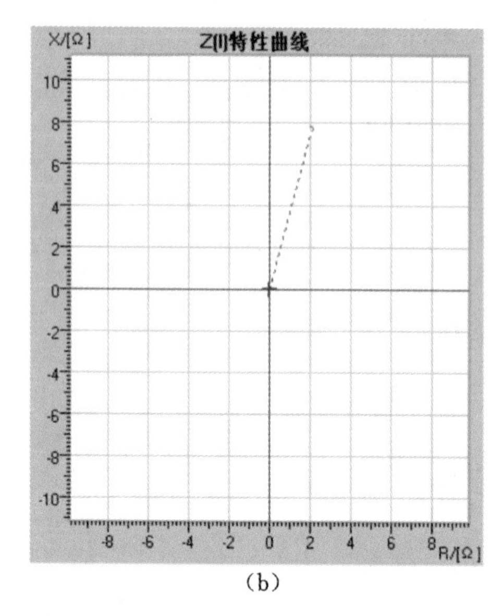

(b)

图 5-25　Z(I)特性曲线绘制界面

实验时，阻抗初始值为 0，按一定的搜索步长增加。测试在每一个阻抗值下的保护动作电流。测试完毕，测试仪会自动绘制出相应的曲线。

“Z(V)特性曲线”和“Z(I)特性曲线”的测试方法与此类似。

5.1.4　高压线路微机保护装置 PRS-702 动模实验

根据《电力系统继电保护产品动模实验》(GB/T 26864—2011)的要求，不同类型的保护装置有不同的动模实验考核标准和内容。保护装置进行动模实验首先要把模型系统转换为原型系统，主要是根据相似原理计算原型系统参数和二次参数。然后结合原型系统参数或二次参数对保护装置定值进行整定计算，并将定值整定到保护装置中去。最后给模型系统送电，在模型系统中模拟实际电力系统的各种运行工况，在实验中考核保护装置的性能。下面结合具体示例，详细介绍一简单电力系统模型参数转换为原型参数的计算过程。

1. 模型参数计算示例

图 5-26 是动模实验室中单机-无穷大模型，主要元件模型参数如表 5-12 所示。

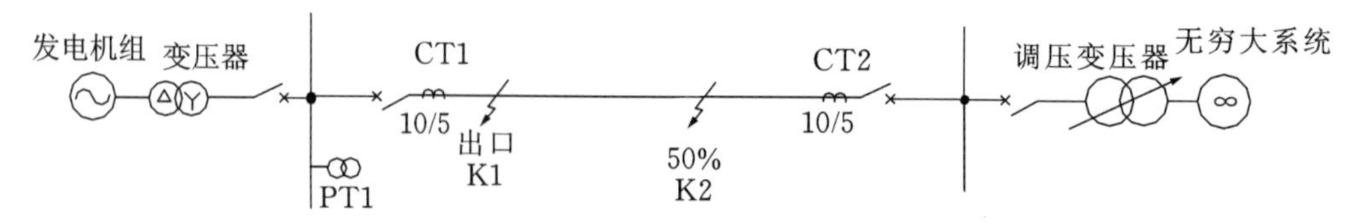

图 5-26　动模实验室中单机-无穷大模型

表 5-12 主要元件参数表

序号	名称	模型参数		原型参数
1	发电机组	容量	15 kV·A	12.375 MV·A
		$\cos\varphi$	0.8	0.8
		$X_{d\Sigma}$	0.56	0.56
		$X'_{d\Sigma}$	0.132	0.132
		$X''_{d\Sigma}$	0.113	0.113
2	变压器	高压侧电压	800 V	110 kV
		低压侧电压	220 V	6.3 kV
		容量	15 kV·A	12.375 MV·A
	电流互感器	CT1 变比	10/5	600/5
		CT2 变比	10/5	600/5
	电压互感器	PT1 变比	800 V/100 V	110 kV/100 V

已知原型系统线路的额定电压 $U_e=110$ kV，额定电流 $I_e=600$ A；变压器低压侧额定电压 $U_e=6.3$ kV，计算系统模拟比和表 5-12 中模型参数对应的原型参数。计算步骤如下。

第一步，系统模拟比计算。

电压模拟比： $M_V=\frac{110\times10^3}{800}=137.5$

电流模拟比： $M_I=\frac{600}{10}=60$

阻抗模拟比： $M_Z=\frac{137.5}{60}\approx2.29$

容量模拟比： $M_S=M_V*M_I=8\ 250$

第二步，已知系统模拟比的情况下，把表 5-12 中相应参数乘以相应模拟比即可求得原型系统参数，并把计算结果填入表 5-12 中。

第三步，按照同样的原理计算原型线路的二次参数。

2. 动模实验

1）实验目的

（1）帮助学生将课堂上所学的专业课程的理论知识与实践相结合，使学生了解现代化电能的生产、传输、分配和使用的全过程，了解最先进的电力科学技术，进一步掌握电力系统各种特性和理论知识。

（2）引导学生综合运用所学知识；通过电力系统动态模拟实验进行电力科学研究，培养学生实际动手能力、综合应用能力和创新能力。

（3）将电力一次系统与二次控制保护系统相结合进行教学，使学生站在全局的高度，了解整个电力系统，培养学生的综合思维能力和综合处理问题的能力，促进学生综合素质的提高。

2）实验方式与基本要求

学生分组进行实验，独立设计实验方案；在老师指导下连接一次和二次接线；自主进行实验的操作；分析实验数据完成实验报告。

3）实验内容及步骤

第一步，模型搭建。

首先利用动模实验室现有模型设备搭建模型系统，先接主接线（见图5-27），再接二次线。二次保护测量系统接线图如图5-28所示，在将二次保护设备接入模型系统的过程中，要严格按照保护柜原理接线图中标识的接线端子进行接线。

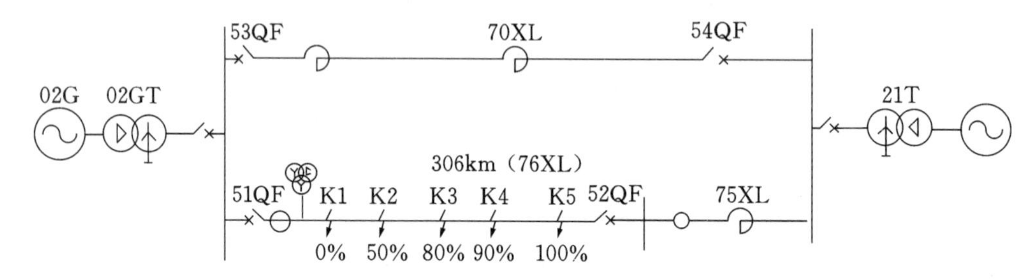

图5-27　实验模型一次主接线图

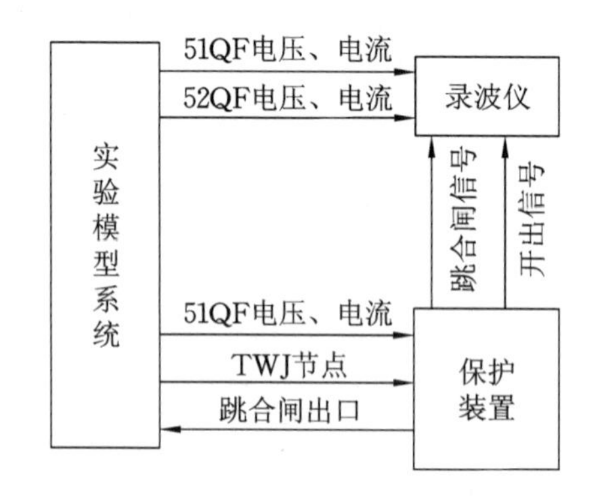

图5-28　二次保护测量系统接线图

如图5-27所示，被保护线路76XL首端的电压和电流要同时接入保护装置和电力故障录波仪，断路器51QF的TWJ信号要接入保护装置中。保护动作出口分两组，一组接入51QF对应的跳合闸端子，一组接入录波仪开关量通道，实验过程中可以方便观测保护跳合闸情况。

第二步，参数计算和保护定值整定。

已知原型系统线路的额定电压$U_e=500$ kV，额定电流$I_e=1200$ A；变压器低压侧额定电压$U_e=6.3$ kV，参照示例计算出原型系统参数和二次参数填入表5-13中。

（1）计算模型系统的模拟比。

$M_V=$________，$M_I=$__________，$M_Z=$________，$M_S=$________。

（2）计算表5-13中模型参数对应的原型参数和二次参数。

表 5-13　实验系统参数表

名　称	模 型 参 数			原型参数	二次参数
发电机组	容量		15 kV·A		
	cosφ		0.8		
	$X_{d\Sigma}$		0.814		
	$X'_{d\Sigma}$		0.174		
	$X''_{d\Sigma}$		0.15		
输电线路	正序	电阻	1.308 Ω		
		电抗	17.24 Ω		
		阻抗	17.29 Ω		
		阻抗角	85.66°		
	零序	电阻	19.062 Ω		
		电抗	47.853 Ω		
		阻抗	51.51 Ω		
		阻抗角	68.28°		
变压器	高压侧电压		800 V		
	低压侧电压		220 V		
	容量		15 kV·A		
电流互感器	CT1 变比		10 A/5 A		
	CT2 变比		10 A/5 A		
电压互感器	PT1 变比		800 V/100 V		

第三步，接线检查无误后开机并网实验。

系统双回线运行，在 76XL 模拟线路区内外故障时，考核保护装置动作性能（保护装置只投保护的距离Ⅰ段和Ⅱ段）。

实验一：模拟输电线路出口 K1 点瞬时性故障，故障类型为单相和相间故障，故障持续时间为 100 ms，记录实验数据于表 5-14 中。

表 5-14　输电线路出口 K1 点瞬时性故障实验记录

故障点	故障类型	故障录波仪波形	保护装置故障报文

实验二：模拟输电线路出口 K1 点永久性故障，故障类型为单相和相间故障，故障持续时间为 600 ms（故障持续时间要大于保护装置整定的重合闸时间），记录实验数据于表 5-15 中。

表 5-15 输电线路出口 K1 点永久性故障实验记录

故障点	故障类型	故障录波仪波形	保护装置故障报文

实验三:模拟输电线路 50%处 K2 点瞬时性故障,故障类型为单相和相间故障,故障持续时间为 100 ms,记录实验数据于表 5-16 中。

表 5-16 输电线路 50%处 K2 点瞬时性故障实验记录

故障点	故障类型	故障录波仪波形	保护装置故障报文

实验四:模拟输电线路 50%处 K2 点永久性故障,故障类型为单相和相间故障,故障持续时间为 600 ms(故障持续时间要大于保护装置整定的重合闸时间),记录实验数据于表 5-17 中。

表 5-17 输电线路 50%处 K2 点永久性故障实验记录

故障点	故障类型	故障录波仪波形	保护装置故障报文

实验五:模拟输电线路 80%处 K3 点瞬时性故障,故障类型为单相和相间故障,故障持续时间为 100 ms,记录实验数据于表 5-18 中。

表 5-18 输电线路 80%处 K3 点瞬时性故障实验记录

故障点	故障类型	故障录波仪波形	保护装置故障报文

实验六:模拟输电线路 80%处 K3 点永久性故障,故障类型为单相和相间故障,故障持续时间为 600 ms(故障持续时间要大于保护装置整定的重合闸时间),记录实验数据于表 5-19 中。

表 5-19 输电线路 80%处 K3 点永久性故障实验记录

故障点	故障类型	故障录波仪波形	保护装置故障报文

实验七:模拟输电线路 90%处 K4 点瞬时性故障,故障类型为单相和相间故障,故障持续时间为 100 ms,记录实验数据于表 5-20 中。

表 5-20　输电线路 90%处 K4 点瞬时性故障实验记录

故障点	故障类型	故障录波仪波形	保护装置故障报文

实验八：模拟输电线路 90%处 K4 点永久性故障，故障类型为单相和相间故障，故障持续时间为 600 ms（故障持续时间要大于保护装置整定的重合闸时间），记录实验数据于表 5-21 中。

表 5-21　输电线路 90%处 K4 点永久性故障实验记录

故障点	故障类型	故障录波仪波形	保护装置故障报文

实验九：模拟输电线路 100%处 K5 点瞬时性故障，故障类型为单相和相间故障，故障持续时间为 100 ms，记录实验数据于表 5-22 中。

表 5-22　输电线路 100%处 K5 点瞬时性故障实验记录

故障点	故障类型	故障录波仪波形	保护装置故障报文

实验十：模拟输电线路 100%处 K5 点永久性故障，故障类型为单相和相间故障，故障持续时间为 600 ms（故障持续时间要大于保护装置整定的重合闸时间），记录实验数据于表 5-23 中。

表 5-23　输电线路 100%处 K5 点永久性故障实验记录

故障点	故障类型	故障录波仪波形	保护装置故障报文

实验结束后，整理实验数据并根据已学理论知识及保护装置定值分析以上各波形，撰写实验报告。

5.2　电力变压器微机保护实验

5.2.1　变压器微机保护装置 PRS-778 简介

1. 应用范围

PRS-778 微机变压器成套保护装置适用于 500 kV 及以下各种电压等级的变压器。它集成了一台变压器的全套电量保护，主保护和后备保护共用一组 CT，可满足各种电压等级变压器的双套主保护和双套后备保护完全独立配置的要求，满足变电站综合自动化系统的要求。

2. 保护配置

PRS-778 装置集成了一台变压器的全套电量保护，每项保护功能均可通过整定或压板设置分别选择投退。各项(段)保护出口均可由整定控制字来选择，适用于各种跳闸方式。PRS-778TY2 保护配置如表 5-24 所示。

表 5-24 PRS-778TY2 保护配置

	保护元件	配置方式	备注
主保护	差动速断保护/比率差动保护/采样值差动保护	—	—
	差流越限告警	—	只发信
	CT 断线告警及闭锁	—	可选择是否闭锁比率差动
	CT 饱和闭锁	—	闭锁比率差动
高压侧和中压侧后备	过流保护	3 段： Ⅰ段 2 时限 Ⅱ段 2 时限 Ⅲ段 1 时限	Ⅰ、Ⅱ段可经复压和方向闭锁
	零序过流保护	3 段： Ⅰ段 2 时限 Ⅱ段 2 时限 Ⅲ段 2 时限	Ⅰ、Ⅱ段可经方向、谐波和零压闭锁
	零序过压保护	Ⅰ段 2 时限	零序过压、间隙过流可经“或”方式出口
	间隙过流保护	Ⅰ段 2 时限	
	过负荷告警/过负荷启动风冷/过负荷闭锁有载调压	Ⅰ段 1 时限	—
	PT 断线/CT 断线告警	—	—
	充电保护断线	—	仅中压侧后备具有此功能
低压侧后备（双分支）	过流保护	同高/中压侧后备	Ⅰ、Ⅱ段可经复压和方向闭锁
	充电保护	Ⅰ段 1 时限	—
	过负荷告警	Ⅰ段 1 时限	—
	PT 断线/CT 断线/过负荷告警	—	—

图 5-29 为 PRS-778TY2B 在三卷变中的典型应用配置，其具体接线方式应结合工程实际进行。

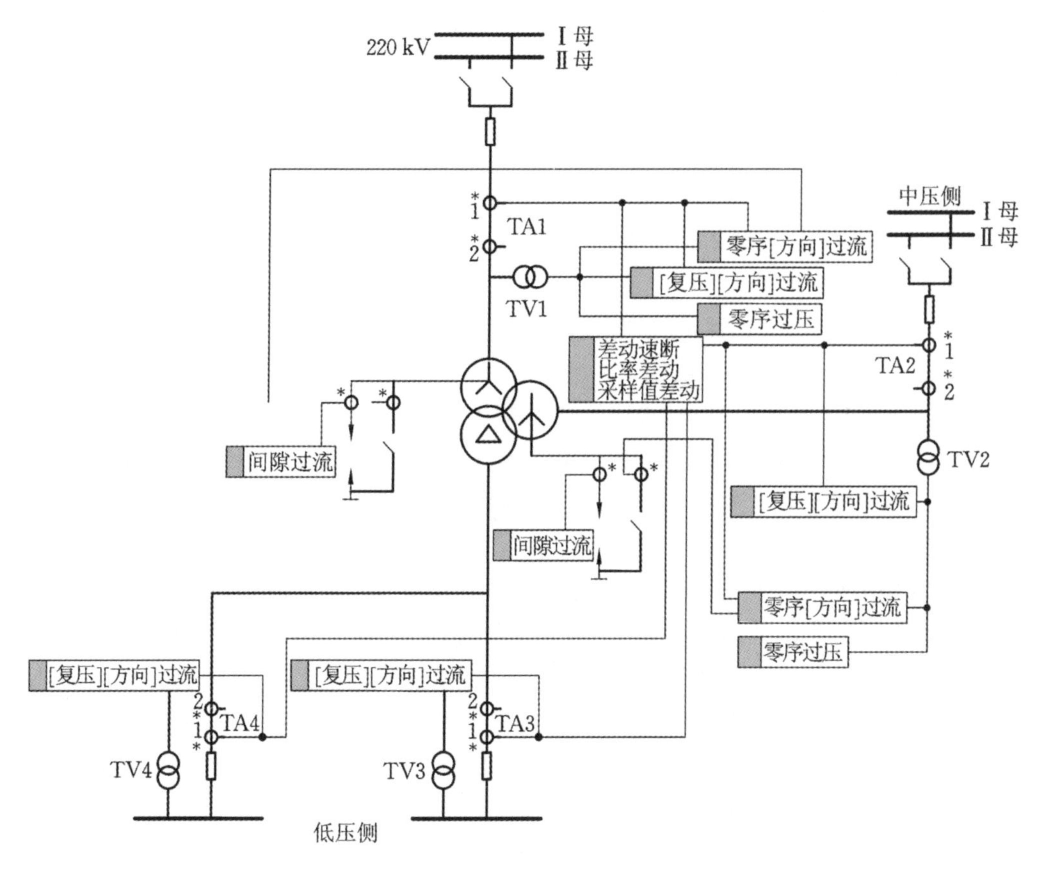

图 5-29 PRS-778TY2B 在三卷变中的典型应用配置

对图 5-29,有以下说明。

(1) 图中所示保护在一套装置中实现,所有量只接入装置一次。

(2) 利用第二组 TA 和第二套装置完成第二套保护功能。

(3) [ ]内的选项可投退。

(4) 复合电压元件可取各侧复合电压。

3. 主要性能特点

(1) 高性能的数字滤波算法:装置采样率为每周波 24 点,采用全周傅氏算法,在较高采样率的前提下,保证在故障全过程对所有继电器的实时计算,使装置具有很高的固有可靠性和及时动作速度。

(2) 独立的启动元件:装置的两个 DSP 板互为启动和闭锁;同时每种保护均有各自不同的启动元件,各保护元件只有在其相应的启动元件动作后才能出口跳闸。

(3) 变压器差动各侧电流的自动平衡补偿:变压器各侧 CT 二次电流相位由软件自动调整,采用 Y→△变换调整差流平衡,便于明确区分涌流和故障的特征,大大加快保护的动作速度。

(4) 完善的稳态差动保护配置:本装置稳态差动保护由差动电流速断保护和比率差动保护组成。比率差动动作特性采用三折线,励磁涌流闭锁判据采用长园深瑞继保自动化有限公司独创的二次谐波复合制动原理或波形识别原理。

(5) 独特的采样值差动:采样值差动本身具备识别励磁涌流和外部故障 CT 饱和的能力,不需要另外附加励磁涌流制动判据,同时其数据窗为小于一个周波的短窗,故可以实现大多数变压器内部故障的快速切除。

(6) 完备的 CT 断线、短路闭锁与报警功能:采用可靠的 CT 断线和短路闭锁功能,保证装置在 CT 断线、短路及交流采样回路故障时不误动。

(7) 先进的 CT 饱和闭锁技术:采用可靠的 CT 饱和闭锁功能,可有效防止在 CT 深度饱和时差动保护误动。

(8) 灵活完善的后备保护:各侧后备保护考虑最大配置要求,其动作元件跳闸出口可以整定,适用于各种跳闸方式。

(9) 完善的事故分析功能:装置具有完善的记录,包括保护事件记录、启动记录、录波记录、保护投退记录、装置运行记录、装置操作记录、开入记录、自检记录和闭锁记录等。装置还具有保护逻辑透明化分析功能,对保护的主要动作逻辑行为有详细的记录,能动态再现保护动作流程。

(10) 完美的人机交互界面:正常时液晶可显示时间、变压器的主接线及差流大小等。键盘操作简单,采用菜单方式,仅有八个按键,易于学习掌握。人机对话中所有的菜单均为简体汉字,打印的报告也为简体汉字,使用方便。

(11) 强大的通信功能:装置内部数据交换采用电流环接口,不同功能模块隔离供电,保证装置部分模块发生故障时不会影响其他模块的正常工作。装置对外提供的通信接口有:三个 TCP/IP 以太网接口、三个 RS485 口、一个串行打印口、一路 GPS 接口(差分输入或空节点输入,对秒、分脉冲及 IRIG-B 串行编码三种校时方式自适应)。通信采用电力行业标准 IEC 60870-5-103 规约。

4. 主要技术指标

(1) 额定电气参数。

频率:50 Hz。

交流电压:100 V 或 100 $\sqrt{3}$ V(额定电压 U_n)。

交流电流:5 A 或 1 A(额定电流 I_n)。

直流工作电源:220 V/110 V,允许偏差−20%~+15%。

数字系统工作电压:+5 V,允许偏差 ±0.15 V。

继电器回路工作电压:+24 V,允许偏差±2 V。

① 功耗。

交流电压回路:U_n=100 V,每相不大于 0.5 V·A。

交流电流回路:I_n=5 A,每相不大于 1 V·A;I_n=1 A,每相不大于 0.5 V·A。

直流电源回路:正常工作时,全装置不大于 35 W;跳闸动作时,全装置不大于 50 W。

② 保护回路过载能力。

交流电压回路:1.2 倍额定电压,连续工作。

交流电流回路:2 倍额定电流,连续工作(大于 1 min);10 倍额定电流,允许 10 s;40 倍额定电流,允许 1 s。

直流电源回路:80%~115%额定电压,连续工作。

装置经受上述的过载电流/电压后，绝缘性能不下降。

(2) 动作时间。

差动速断：≤ 15 ms(2 倍整定值)。

比率差动：≤ 30 ms(2 倍整定值)。

采样值差动：≤ 25 ms(2 倍整定值)。

5. 装置整体结构(硬件原理图)

装置的硬件原理框图如图 5-1 所示。

本装置采用了三 CPU 插件：MCPU 板(管理板)、BCPU 板(主保护板)、PCPU 板(后备保护板)。其中 MCPU 板采用 32 位 RICS 微处理器，BCPU 板和 PCPU 板采用 32 位浮点 DSP 处理器。BCPU 和 PCPU 插件的数据采集回路完全独立，通过串行通信与 MCPU 交换信息，通信不影响保护行为。MCPU 带有 320×240 点阵汉字液晶显示屏，用作人机对话的接口，装置的整定、调试等操作，以及工况查看、保护动作和自诊断信息显示等，这些功能均通过串行通信由 MCPU 完成。

6. 动作出口

装置每副动作接点都设有对应的出口压板，接点允许的最大输入电流为 5 A。高压侧跳闸出口 8 组，中压侧跳闸出口 6 组，低压侧 1 分支和 2 分支跳闸出口各 2 组，启动风冷出口 2 组，闭锁有载调压 2 组(一组常开接点，一组常闭接点)，调高压侧母联 2 组，调中压侧母联 2 组，调低压侧 1 分支分段 2 组，调低压侧 2 分支分段 1 组，跳闸备用 5 组，共计 34 组跳闸信号出口。

7. 输入开关量

输入开关量定义表如表 5-25 所示。

表 5-25 输入开关量定义表

序号	插件端子	内部端子	功 能
1	P11-10	(KI10)	投低压侧 1 分支过流保护
2	P11-11	(KI11)	投低压侧 1 分支充电保护
3	P11-12	(KI12)	低压侧 1 分支 PT 检修
4	P12-6	(KI22)	投差动保护
5	P8-1	(KI27)	投高压侧过流保护
6	P8-2	(KI28)	投高压侧零序过流保护
7	P8-3	(KI29)	投高压侧间隙保护
8	P8-4	(KI30)	检修状态
9	P8-5	(KI31)	高压侧 PT 检修
10	P8-8	(KI34)	投中压侧过流保护

续表

序号	插件端子	内部端子	功　　能
11	P8-9	(KI35)	投中压侧零序过流保护
12	P8-10	(KI36)	投中压侧间隙保护
13	P8-11	(KI37)	投中压侧充电保护
14	P8-12	(KI38)	中压侧 PT 检修
15	P8-14	(KI40)	投低压侧 2 分支过流保护
16	P8-15	(KI41)	投低压侧 2 分支充电保护
17	P8-16	(KI42)	低压侧 2 分支 PT 检修

8. 信号接点

信号接点包括跳闸信号接点 3 组，其中一组带磁保持。告警信号 4 组，其中一组带磁保持，详见《PRS-778 微机变压器成套保护装置技术说明书》第 45 页。

9. 保护接线

1）CT 接线原则及其平衡

为了简化现场接线，改善涌流（相电流）制动特性，保护装置要求变压器各侧 CT 均按 Y 形接线，并要求各侧 CT 均按相同极性接入，都以母线侧为极性端，参见《PRS-778 微机变压器成套保护装置技术说明书》第 1 章应用配置图。装置内部对变压器 Y 形侧的电流进行相位校正，其效果与将 CT 按△形接线的完全相同。CT 二次侧电流的 Y→△转换示意图如图 5-30 所示。

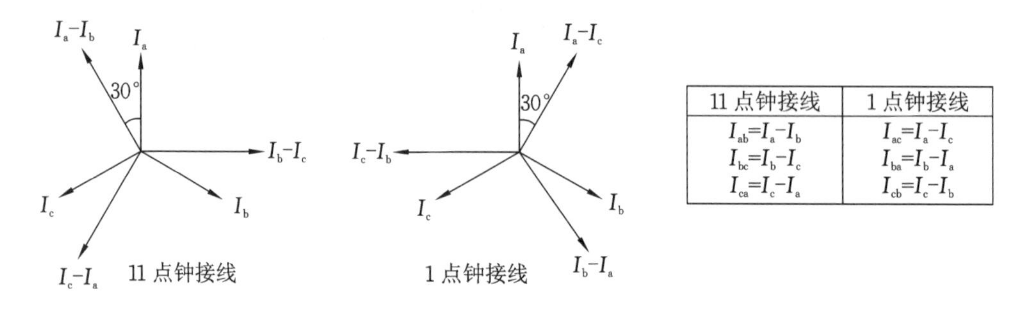

图 5-30　CT 二次侧电流的 Y→△转换示意图

另外，装置还对变压器各侧 CT 变比不一致进行调整，即每侧设置一个 CT 变比调整系数，装置采集的电流量乘以该系数即为 CT 变比调整后得到的量。装置只需要将变压器相关参数输入就可以自动得到各侧 CT 调节系数，无须外接辅助 CT，与使用硬件回路调整相比，可靠性更高。

2）差流计算公式

装置显示和计算的差动电流和制动电流计算公式如表 5-26 所示，高、中、低压侧分别以下标 H、M 和 L 表示。

表 5-26 装置显示和计算的差动电流和制动电流计算公式

接线方式	差动电流	制动电流
Y/Y/Y-12-12-12	$I_{da}=I_{Hab}+I_{Mab}+I_{Lab}$ $I_{db}=I_{Hbc}+I_{Mbc}+I_{Lbc}$ $I_{dc}=I_{Hca}+I_{Mca}+I_{Lca}$	$I_{ra}=(\|I_{Hab}\|+\|I_{Mab}\|+\|I_{Lab}\|)/2$ $I_{rb}=(\|I_{Hbc}\|+\|I_{Mbc}\|+\|I_{Lbc}\|)/2$ $I_{rc}=(\|I_{Hca}\|+\|I_{Mca}\|+\|I_{Lca}\|)/2$
Y/Y/△-12-12-11	$I_{da}=I_{Hab}+I_{Mab}+I_{La}$ $I_{db}=I_{Hbc}+I_{Mbc}+I_{Lb}$ $I_{dc}=I_{Hca}+I_{Mca}+I_{Lc}$	$I_{ra}=(\|I_{Hab}\|+\|I_{Mab}\|+\|I_{La}\|)/2$ $I_{rb}=(\|I_{Hbc}\|+\|I_{Mbc}\|+\|I_{Lb}\|)/2$ $I_{rc}=(\|I_{Hca}\|+\|I_{Mca}\|+\|I_{Lc}\|)/2$
Y/△/△-12-11-11	$I_{da}=I_{Hab}+I_{Ma}+I_{La}$ $I_{db}=I_{Hbc}+I_{Mb}+I_{Lb}$ $I_{dc}=I_{Hca}+I_{Mc}+I_{Lc}$	$I_{ra}=(\|I_{Hab}\|+\|I_{Ma}\|+\|I_{La}\|)/2$ $I_{rb}=(\|I_{Hbc}\|+\|I_{Mb}\|+\|I_{Lb}\|)/2$ $I_{rc}=(\|I_{Hca}\|+\|I_{Mc}\|+\|I_{Lc}\|)/2$
Y/Y/△-12-12-1	$I_{da}=I_{Hac}+I_{Mac}+I_{La}$ $I_{db}=I_{Hba}+I_{Mba}+I_{Lb}$ $I_{dc}=I_{Hcb}+I_{Mcb}+I_{Lc}$	$I_{ra}=(\|I_{Hac}\|+\|I_{Mac}\|+\|I_{La}\|)/2$ $I_{rb}=(\|I_{Hba}\|+\|I_{Mba}\|+\|I_{Lb}\|)/2$ $I_{rc}=(\|I_{Hcb}\|+\|I_{Mcb}\|+\|I_{Lc}\|)/2$
Y/△/△-12-1-1	$I_{da}=I_{Hac}+I_{Ma}+I_{La}$ $I_{db}=I_{Hba}+I_{Mb}+I_{Lb}$ $I_{dc}=I_{Hcb}+I_{Mc}+I_{Lc}$	$I_{ra}=(\|I_{Hac}\|+\|I_{Ma}\|+\|I_{La}\|)/2$ $I_{rb}=(\|I_{Hba}\|+\|I_{Mb}\|+\|I_{Lb}\|)/2$ $I_{rc}=(\|I_{Hcb}\|+\|I_{Mc}\|+\|I_{Lc}\|)/2$
Y/Y-12-12	$I_{da}=I_{Hab}+I_{Lab}$ $I_{db}=I_{Hbc}+I_{Lbc}$ $I_{dc}=I_{Hca}+I_{Lca}$	$I_{ra}=(\|I_{Hab}\|+\|I_{Lab}\|)/2$ $I_{rb}=(\|I_{Hbc}\|+\|I_{Lbc}\|)/2$ $I_{rc}=(\|I_{Hca}\|+\|I_{Lca}\|)/2$
Y/△-12-11	$I_{da}=I_{Hab}+I_{La}$ $I_{db}=I_{Hbc}+I_{Lb}$ $I_{dc}=I_{Hca}+I_{Lc}$	$I_{ra}=(\|I_{Hab}\|+\|I_{La}\|)/2$ $I_{rb}=(\|I_{Hbc}\|+\|I_{Lb}\|)/2$ $I_{rc}=(\|I_{Hca}\|+\|I_{Lc}\|)/2$
Y/△-12-1	$I_{da}=I_{Hac}+I_{La}$ $I_{db}=I_{Hba}+I_{Lb}$ $I_{dc}=I_{Hcb}+I_{Lc}$	$I_{ra}=(\|I_{Hac}\|+\|I_{La}\|)/2$ $I_{rb}=(\|I_{Hba}\|+\|I_{Lb}\|)/2$ $I_{rc}=(\|I_{Hcb}\|+\|I_{Lc}\|)/2$

注意：由于 Y→△转换的原因，Y 侧电流变换为两相电流之差，放大了$\sqrt{3}$倍，△侧电流通过平衡系数的补偿也放大了$\sqrt{3}$倍，使得差动电流和制动电流都放大了$\sqrt{3}$倍，因此，在定值整定计算时，所有的差动电流和制动电流定值都应乘以$\sqrt{3}$。详细说明参见《PRS-778 微机变压器成套保护装置技术说明书》中附录 D 有关差动保护整定计算的说明，本书不再赘述。

5.2.2 PRS-778 保护装置原理及定值

电力变压器在电力系统中具有极其重要的地位，它是输配电网中的关键主设备，对电力系统的安全稳定运行起至关重要的作用，如果变压器发生故障，继电保护装置拒动或者不能快速动作，就会造成变压器不同程度的损坏，甚至烧毁，一旦发生故障，装置遭到损坏，将会造成很大的经济损失。因此，对继电保护的要求很高，差动保护是变压器主保护之一，动作迅速，灵敏性和可靠性都很高，在变压器继电保护装置中应用广泛。

差动保护是防止变压器内部故障的主保护，在35 kV及以上变电站中普遍采用，主要用于保护双绕组或三绕组变压器绕组内部及其引出线上发生的各种相间短路故障，同时也可以用来保护变压器单相匝间短路故障。差动保护的范围是构成变压器差动保护的电流互感器之间的电气设备以及连接这些设备的导线，简单地讲，就是输入的两端TA之间的设备。由于差动保护对保护区外的故障不会动作，因此差动保护不需要与区外相邻元件保护在动作值和动作时限上相互配合，发生区内故障时，可以整定为瞬时动作。差动保护原理简单，使用电气量单纯，保护范围明确，动作不需延时，所以常被用于变压器主保护。

差动保护原理是利用基尔霍夫电流定律中"在任意时刻，对电路中的任一节点，流经该节点的电流代数和恒为零"的定理工作的。差动保护把被保护的变压器看成是一个节点，在变压器的各侧均装设电流互感器，把变压器各侧电流互感器二次侧按差动接线法接线，即各侧电流互感器的同极性端都朝向母线侧，将同极性端子相连，并联接入差动继电器。在继电器线圈中流过的电流是各侧电流互感器的二次侧电流之差，也就是说差动继电器是接在差动回路上的。从理论上讲，正常情况下或出现外部故障时，流入变压器的电流和流出的电流(折算后的电流)相等，差动回路中的差动电流为零。当变压器正常运行或出现区外故障(流过穿越性电流)时，各侧电流互感器的二次侧电流流入保护装置，通过微机保护程序的运算处理，各侧电流存在的相位差由软件进行自动校正，自动计算出的各侧差动电流接近为零，则保护装置不动作。当变压器内部发生相间或匝间短路故障时，两侧(或三侧)向故障点提供短路电流，在差动回路中由于变压器各侧电流改变了方向或等于零，流入差动继电器的电流不再接近于零，当差动电流大于差动保护装置的整定值时，保护动作将被保护变压器的各侧断路器跳开，使故障变压器与电源断开。

1. 差动速断保护

任一相差流大于整定值 I_{cdsd}(差动速断电流定值)时，该保护瞬时动作，切除变压器。差动速断保护逻辑框图如图5-31所示。I_{cdsd}定值按躲过最大励磁涌流整定，返回系数取0.95。作为差动保护范围内严重故障的保护，CT断线不闭锁该保护。

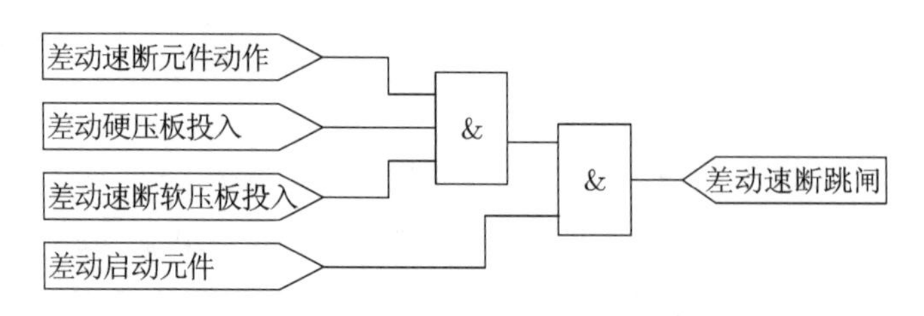

图5-31 差动速断保护逻辑框图

2. 比率差动保护

1) 动作逻辑

比率差动保护逻辑框图如图5-32所示，比率差动保护的动作特性采用三折线方式实现(见图5-33)。图5-33中 I_d 为差动电流，I_r 为制动电流，I_{cdqd}为比率差动启动电流定值，I_{cdsd}为差动速断电流定值，k_1、k_2、k_3为比率差动的比率制动系数，I_{r1}、I_{r2}为比率特性拐点制动电流定值。比率差动启动电流定值 I_{cdqd}用以躲过变压器正常运行时的不平衡电流，返回系数取0.95。

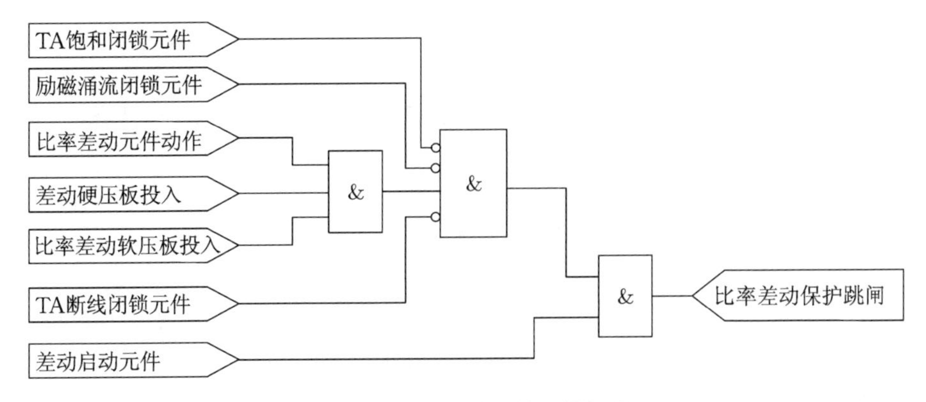

图 5-32 比率差动保护逻辑框图

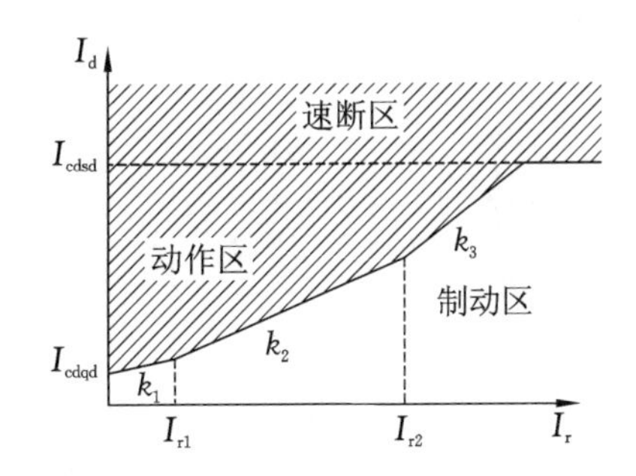

图 5-33 稳态量比率差动保护动作特性

2）动作方程

比率差动保护动作方程如下：

$$\begin{cases} I_d > k_1 I_r + I_{cdqd}, I_r \leqslant I_{r1} \\ I_d > k_2(I_r - I_{r1}) + k_1 I_{r1} + I_{cdqd}, I_{r1} < I_r \leqslant I_{r2} \\ I_d > k_3(I_r - I_{r2}) + k_2(I_{r2} - I_{r1}) + k_1 I_{r1} + I_{cdqd}, I_{r2} < I_r \end{cases} \tag{5-23}$$

式中，I_d 为差动电流；$I_d = \left| \sum_{i=1}^{n} \dot{I}_i \right|$；$I_r$ 为制动电流，$I_r = \frac{1}{2}\sum_{i=1}^{n} |\dot{I}_i|$（$\dot{I}_1, \cdots, \dot{I}_n$ 分别为变压器各侧电流相量）；k_1、k_2、k_3 为比率斜率，$k_1 \leqslant k_2 \leqslant k_3$；$I_{r1}$ 和 I_{r2} 为拐点制动电流，$I_{r1} \leqslant I_{r2}$。比率差动制动系数 k_1 和 k_3 由装置内取固定值，分别取 $k_1 = 0.1$，$k_3 = 0.75$，k_2 可由用户整定；拐点电流由装置内取固定值，分别取 $I_{r1} = \sqrt{3} I_e$，$I_{r2} = 6\sqrt{3} I_e$。

3. 采样值差动保护

采样值差动保护是微机保护特有的一种差动保护，它将传统的向量转变为各采样点（瞬时值）的比率差动，并依靠多点重复判断来保证可靠性。采样值差动保护逻辑框图如图 5-34 所示。

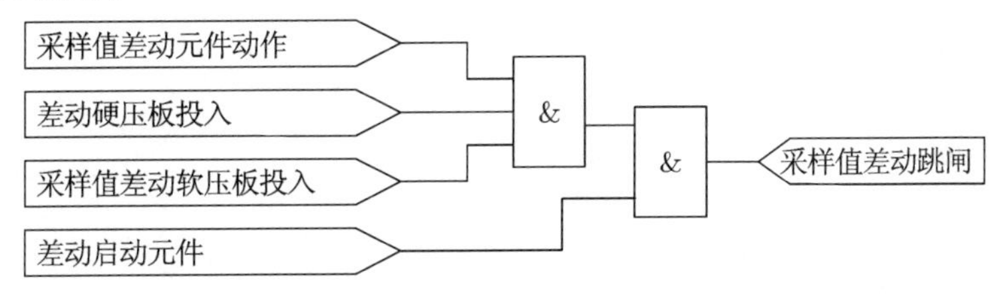

图 5-34 采样值差动保护逻辑框图

采样值差动保护动作特性如图 5-35 所示。采样值差动保护的设置主要是为一般的非轻微变压器内部故障提供一个“速动段”(其定值远低于差动速断定值,且数据窗小于一个周波),有助于消除二次谐波判据带来的长延时影响。它可快速切除绝大多数非轻微的变压器相间、接地故障,其动作方程为

$$\begin{cases} i_d > I_{icdqd} \\ i_d > k \times i_r \end{cases} \tag{5-24}$$

式中,i_d 为采样值差动电流,$i_d = \left|\sum_{l=1}^{n} i_l\right|$;$i_r$ 为采样值制动电流,$i_r = \frac{1}{2}\sum_{l=1}^{n}|i_l|$($i_1,\cdots,i_n$ 分别是变压器各侧电流的瞬时采样值);I_{icdqd} 为采样值差动启动电流(装置内固定,取为 $1.0I_n$);k 为采样值差动比率制动系数(装置内固定,取值为 0.6)。

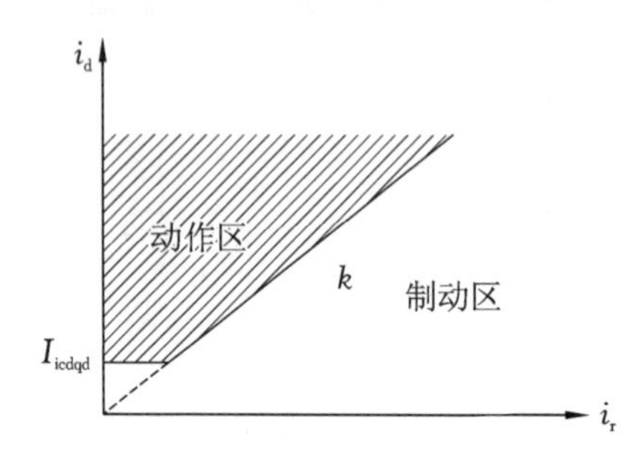

图 5-35 采样值差动保护动作特性

采样值差动保护具有很强的躲涌流能力,因此不需要再附加涌流闭锁判据。采样值差动判据的返回条件是稳态差流小于比率差动启动电流定值 I_{cdqd}。

由于采样值差动反映的是时变的瞬时值,且由多点重复判断来保证可靠性,所以其有效动作值有一个下限值和上限值。二者之间有些工况能动,有些工况不能动,称为模糊区。本装置中模糊区为[$1.414I_{icdqd}$,$1.848I_{icdqd}$],模糊比为 $\alpha=1.306\,5$。

4. 差动保护的其他相关元件

1) 差流越限监视

为防止装置交流输入和数据采集系统故障,以及防止变压器运行时出现较大差流,当任一相差流大于 0.5 倍“差动启动电流定值”的时间超过 10 s 时发出差流越限告警信号。该元件对差动保护无任何影响,但差动保护动作时闭锁该元件发信。当差动保护退出时,其对应的差流越限元件也相应退出。

2) CT 断线告警及闭锁差动保护

不考虑一侧三相 CT 断线及多侧断线和故障同时发生的可能性。在此前提下,可利用以下特征区分是 CT 断线还是故障,如果是 CT 断线,再具体识别断线相。CT 断线/故障判据如表 5-27 所示。

表 5-27 CT 断线/故障判据

	CT 断线	故　　障
电流变化情况	仅断线侧电流突变	多侧电流突变
电流变化趋势	由大变小	由小变大
电流幅值情况	$\leqslant 0.5I_n$	$\geqslant I_n$

电流突变的标准是突变量是否大于 $5\%I_n$。

CT 断线达 8 s 时发告警信号，通过整定控制判别是否瞬时闭锁相关的差动保护；CT 断线返回条件是本侧无负序电流，即本侧负序电流小于 CT 断线负序电流门槛(内部固定值)。

CT 断线闭锁差动按下面原则进行处理。

(1) “CT 断线闭锁差动控制字”整定为“1”时，表示 CT 断线或短路始终闭锁比率差动保护。

(2) “CT 断线闭锁差动控制字”整定为“0”时，表示 CT 断线或短路不闭锁比率差动保护。

需要说明的是，CT 断线闭锁功能主要是为了防止 CT 断线而引起差动保护误动，它遵循以下几点原则：一是不考虑一侧三相 CT 断线以及多侧 CT 断线和故障同时发生；二是故障与 CT 断线同时发生，允许差动保护跳闸；三是先 CT 断线，后发生故障闭锁相关保护；四是先发生故障，后 CT 断线保护应出口跳闸。

3) CT 饱和闭锁

为防止在区外故障时，由于 CT 饱和原因造成差动保护发生误动，装置有 CT 饱和检测元件判别 CT 是否饱和，并确定是否闭锁相关差动保护。在区内故障时有

$$\sum_{i=1}^{n}\left|\Delta\dot{I}_i\right| = \left|\sum_{i=1}^{n}\Delta\dot{I}_i\right| \tag{5-25}$$

式中，n 为变压器共有的侧数。

式(5-25)左边相当于制动电流，右边相当于差动电流，在区外故障或区外故障且 CT 饱和时式(5-25)都不成立。实际上若差流是由于 CT 饱和产生的，差流都是在 CT 饱和一段时间后产生的，所以装置中利用制动电流与差动电流表现的时序一致性来判别是否饱和，若饱和，则闭锁相关保护。

5. 励磁涌流闭锁原理

装置的励磁涌流闭锁方式有以下两种，用户可由定值“涌流闭锁方式控制字”来选择使用。若考虑保护的双重化配置，则比率差动保护其中一套采用二次谐波原理，另一套采用波形识别原理。

1) 二次谐波原理

利用三相差电流中的二次谐波与基波的比值作为励磁涌流闭锁判据，其动作方程如下：

$$I_{2nd} > K_{2xb} \times I_{1st} \tag{5-26}$$

式中，I_{2nd} 为每相差动电流中的二次谐波；I_{1st} 为对应相差动电流的基波；K_{2xb} 为二次谐波制动系数。

保护装置采用独创的二次谐波复合逻辑制动原理，该原理已为大量的运行经验所证实。具体如下。

(1) 对 Y/△接线变压器，差流反映 Y 形接线侧两相电流相量差。变压器在 Y 形接线侧空投时，单相电流中较强的涌流特征(二次谐波含量或间断角)在两相电流相减后，差流中的涌流特征可能减弱。这种情况下，从差流中提取二次谐波分量实现制动的传统方法可能失效。本装置变压器 Y 侧的 CT 也按 Y 形接入，故当差流二次谐波未能制动时，可进一步用两个相电流中的二次谐波进行制动，这就大大提高了涌流制动的可

靠性。

(2) 常规二次谐波涌流制动原理在任意一相差流涌流制动时,闭锁全部采用三相比率差动保护,称为"或"制动逻辑。若单纯用"或"逻辑进行制动,空投于故障变压器时,差动保护的动作速度有可能较慢。本装置则根据涌流和故障电流在三相差流中的反映,采用涌流复合制动逻辑:在变压器无故障时采用"或"逻辑制动方式可靠地避开涌流,空投于故障变压器时自动转换为分相制动方式,保证了空投于故障变压器时比率差动保护仍能快速、灵敏动作。

2) 波形识别原理

故障时,差流基本上是工频正弦波,而励磁涌流时,有大量的谐波分量存在,波形发生畸变、间断和不对称。利用算法识别出这种畸变,即可识别出励磁涌流。

故障时,有如下表达式成立:

$$S_{+} \leqslant K_{b} \times S_{-} \tag{5-27}$$

式中,S_{+} 为 $|I'_{i}+I'_{i+\frac{T}{2}}|$ 的半波积分值;S_{-} 为 $|I'_{i}-I'_{i+\frac{T}{2}}|$ 的半波积分值;K_{b} 为波形不对称系数。I'_{i}为差流导数前半波某一点的数值,$I'_{i+\frac{T}{2}}$为差流导数后半波对应点的数值。K_{b} 一般整定为 0.1~0.2,装置内部固定取 0.2。

6. 复合电压闭锁方向过流保护

装置设有复压闭锁方向过流保护来作为变压器各侧相间故障的后备保护。各段过流保护可分别通过整定控制字来选择是否经过复压闭锁,是否经过方向闭锁、方向的指向,以及是否投入。各段保护出口均可由整定控制字来选择,适用于各种跳闸方式。复压闭锁过流保护在各侧的配置情况如下。

(1) 高压侧:Ⅰ、Ⅱ段各 2 时限,Ⅲ段 1 时限,其中Ⅰ、Ⅱ段都可经复压和方向闭锁。

(2) 中压侧:Ⅰ、Ⅱ段各 2 时限,Ⅲ段 1 时限,其中Ⅰ、Ⅱ段都可经复压和方向闭锁。

(3) 低压侧:Ⅰ、Ⅱ段各 2 时限,Ⅲ段 1 时限,其中Ⅰ、Ⅱ段都可经复压和方向闭锁。

1) 过流元件

过流保护动作方程为

$$I > I_{set} \tag{5-28}$$

式中,I 为三相电流;I_{set}为动作电流整定值。

为了保证接地变相间过流保护动作行为的正确性,接地过流保护的过流元件要进行滤零处理。

2) 复压闭锁元件

复压闭锁元件为

$$\begin{cases} U > U_{set} \\ U_{2} > U_{2set} \end{cases} \tag{5-29}$$

式中,U 为三个线电压中的最小值;U_{set}为低电压整定值;U_{2} 为负序电压;U_{2set}为负序电压整定值。

3) 方向元件

装置的方向元件的算法采用 90°接线,三相方向元件 DA、DB、DC 输入的交流量 I_{r} 和 U_{r} 如表 5-28 所示。接入装置的 CT 正极性端应在母线侧。

表 5-28 三相方向元件 DA、DB、DC 输入的交流量 I_r 和 U_r

	DA	DB	DC
I_r	I_A	I_B	I_C
U_r	U_{BC}	U_{CA}	U_{AB}

当“过流 X 段方向指向”整定为“0”时，表示本段方向指向本侧母线；为“1”时，表示本段方向指向变压器。方向指向变压器时，方向元件的最大灵敏角为$-45°$(电压超前电流为正)，其正方向动作方程为

$$-90°<\arg\frac{\dot{I}_r e^{j\alpha}}{\dot{U}_r}<+90° \tag{5-30}$$

即为

$$R_e\left[\frac{\dot{I}_r e^{j\alpha}}{\dot{U}_r}\right]>0 \tag{5-31}$$

式中，α 为$-45°$；R_e 表示取相量的实部。

为了消除保护安装处附近三相短路的电压死区，方向元件带记忆功能。

4) 逻辑图

参照保护装置配置说明，装置各侧的复合电压闭锁方向过流保护逻辑框图如图 5-36 所示(图中未标明段数和时限数，图中逻辑对各段各时限保护普遍适用，根据配置情况，相应的判断及投退定值取为各段各时限的具体值)。

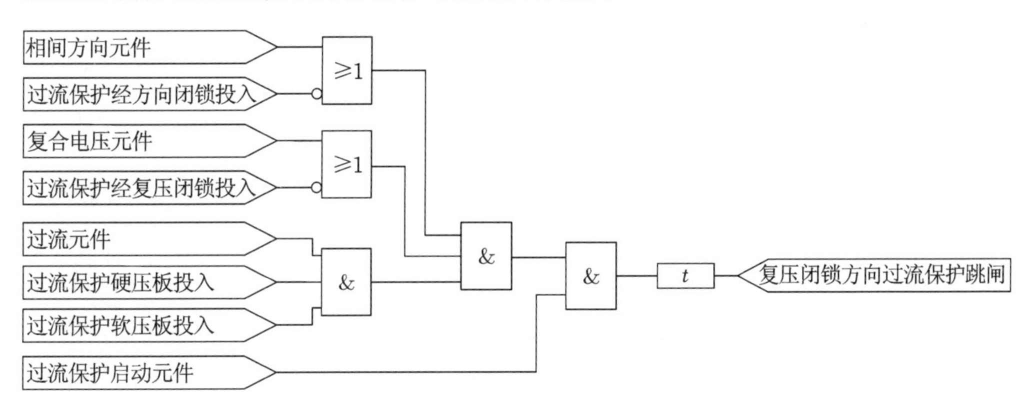

图 5-36 装置各侧的复合电压闭锁方向过流保护逻辑框图

5) 其他说明

(1) 复合电压元件可通过控制字由装置内部引入各侧电压经“或”门启动。

(2) PT 断线对复压元件和方向元件的影响。

当装置判断出 PT 断线或异常时，可根据整定选择决定此时本侧方向元件是否开放。若定值“PT 断线闭锁保护投退原则”整定为“1”时，认为本侧方向元件不满足条件；若整定为“0”时，认为本侧方向元件满足条件，这样方向过流保护就变为纯过流保护。

当装置判断出 PT 断线或异常时，可根据整定选择决定此时本侧复合电压元件是否开放。若定值“PT 断线闭锁保护投退原则”整定为“1”时，认为本侧复合电压元件不

满足条件，但本侧过流保护可经其他侧复合电压闭锁（在过流保护经其他侧复压闭锁投入的情况下）；若整定为“0”时，表示本侧复合电压元件满足要求，这样复合电压闭锁过流保护就变为纯过流保护。

装置判断出 PT 断线或异常后，本侧复合电压元件不会启动其他侧复压过流元件。

（3）本侧 PT 检修对复压元件和方向元件的影响。

各侧均设有“本侧 PT 检修”硬压板，当本侧 PT 检修或旁路代路未切换 PT 时，为了保证本侧复合电压闭锁方向过流的正确性，需投入“本侧 PT 检修”硬压板。当该压板投入后，复压元件和方向元件的处理方法同 PT 断线时的处理方法相同。

7. 零序方向过流保护（中性点接地保护）

作为变压器中性点接地后备保护，装置设有零序方向过流保护。各段零序过流保护可分别通过整定控制字来选择是否经方向闭锁、方向指向，以及是否投入。各段保护出口均可由整定控制字来选择，适用于各种跳闸方式。

零序过流保护在各侧的配置情况如下。

（1）高压侧：Ⅰ、Ⅱ、Ⅲ段各 2 时限，其中Ⅰ、Ⅱ段可经方向、谐波和零序电压闭锁。

（2）中压侧：Ⅰ、Ⅱ、Ⅲ段各 2 时限，其中Ⅰ、Ⅱ段可经方向、谐波和零序电压闭锁。

（3）低压侧：无。

装置零序过流元件所用零序电流为外接零序电流，所用 CT 取自变压器中性点 CT。

1）方向元件

装置零序方向元件所采用的零序电流、零序电压均为自产零序电流和自产零序电压，所用 CT 取自外附 CT，其正极性端在母线侧。

当“零序过流 X 段方向指向”整定为“0”时，表示本段方向指向本侧母线；为“1”时，表示本段方向指向变压器。

零序功率方向根据零序电流与零序电压的夹角确定。零序功率方向元件动作区如图 5-37 所示。方向指向变压器时，方向灵敏角为 $-90°$；方向指向系统时，方向灵敏角为 $90°$。

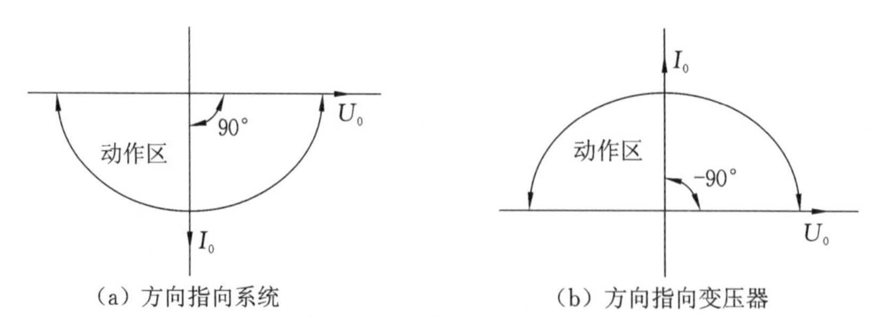

图 5-37 零序功率方向元件动作区

2）其他说明

（1）当 CT/PT 断线或异常时方向元件不满足条件。

（2）本侧 PT 检修时需投入“本侧 PT 检修”硬压板，此时方向元件不满足条件。

（3）谐波闭锁，为防止变压器和涌流对零序过流保护的影响，装置设有谐波闭锁措施。当零序电流中的二次谐波含量超过一定比例(内部固定二次谐波含量为基波的10%)时,闭锁零序过流保护。

装置各段零序过流元件分别设有“零序过流 X 段经谐波闭锁”控制字来控制是否经谐波闭锁,该控制字整定为“1”时,表示本段零序过流经谐波闭锁;整定为“0”时,表示本段零序过流不经谐波闭锁。零序谐波闭锁所用电流固定为外接零序电流。

(4) 零序电压闭锁,装置设有“零序过流 X 段经零压闭锁”控制字来控制零序过流各段是否经零序电压闭锁。当“零序过流 X 段经零压闭锁”整定为“1”时,表示本段零序过流经过零序电压闭锁。零序电压闭锁所用零序电压固定为自产零序电压。

3) 逻辑图

零序(方向)过流保护逻辑框图如图 5-38 所示。

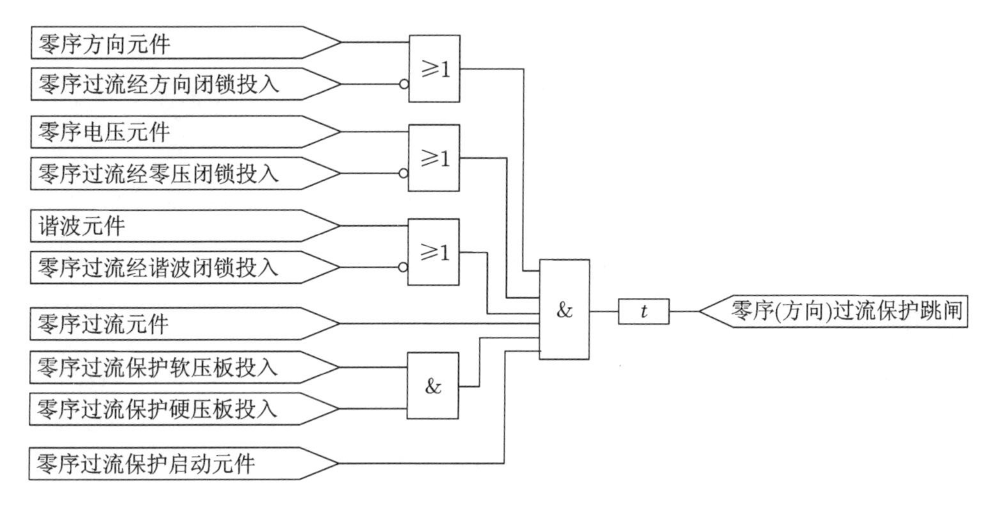

图 5-38 零序(方向)过流保护逻辑框图

8. 间隙零序保护(中性点不接地保护)

PRS-778 变压器保护装置在高压侧和中压侧均设有零序过压和间隙过流保护。零序过压和间隙过流保护各设Ⅰ段 2 时限,其动作时限可分别整定,可通过软件控制字分别整定投退。保护出口可由跳闸控制字来选择,适用于各种跳闸方式。

零序过压元件所用零序电压取自本侧开口三角零序电压,间隙零序过流元件所用的零序电流取自本侧间隙零序 CT。

考虑到在间隙击穿过程中,零序过压和间隙电流可能交替出现,装置设有“间隙保护方式”控制字。当“间隙保护方式”控制字整定为“1”时,零序过压元件和间隙过流元件动作后相互保持,此时间隙保护的动作时间整定值和跳闸控制字整定值均以间隙过流保护的整定值为准;若“间隙保护方式”控制字整定为“0”,则零序过压元件和间隙过流元件相互独立,分别取各自的时间和跳闸控制字整定值。

9. 其他保护

1) 过负荷保护

装置设有过负荷告警、过负荷启动风冷和过负荷闭锁有载调压功能,各段电流定值、时限可整定。过负荷告警、过负荷启动风冷和过负荷闭锁有载调压可分别由控制字整定投退。过负荷保护在各侧的配置情况如下。

(1) 高压侧:过负荷告警、过负荷启动风冷(Ⅰ段1时限)、过负荷闭锁有载调压(Ⅰ段1时限)。

(2) 中压侧:过负荷告警、过负荷启动风冷(Ⅰ段1时限)、过负荷闭锁有载调压(Ⅰ段1时限)。

(3) 低压侧:过负荷告警。

2) 充电保护

装置在中、低压侧设有充电保护。充电保护由外部的充电保护硬压板控制,充电保护逻辑框图如图5-39所示。当充电保护软压板和硬压板同时投入,且时间达到4小时,充电保护开入告警。

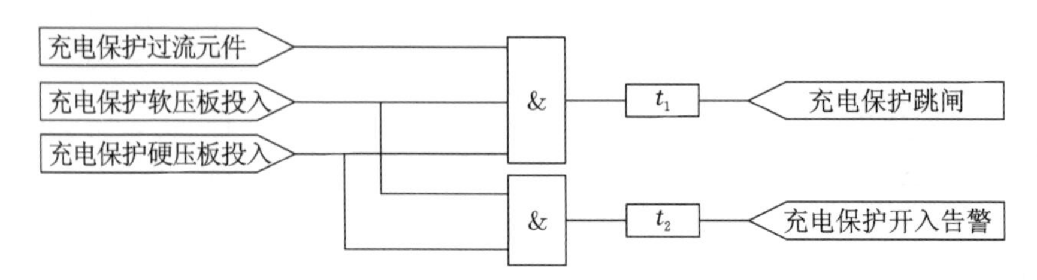

图5-39 充电保护逻辑框图

3) PT断线判别元件

装置在各侧均设有PT断线告警元件与电压量有关的保护。在启动元件没有启动的情况下,满足下述任一条件后延时10 s报PT断线告警信号。

(1) 三相相电压均小于30 V,且任一相电流大于$0.04I_n$。

(2) 负序电压大于8 V。

当某侧PT检修压板投入时,该侧PT断线判别功能自动解除。

4) CT断线判别元件

保护装置在各侧均设有CT断线告警元件。为防止CT断线或异常而引起零序过流保护的误动,装置中配有CT断线判别元件,判据为

$$\begin{cases} 3I_0 > I_{\mathrm{OTA}} \\ 3U_0 > U_{\mathrm{OTA}} \end{cases} \tag{5-32}$$

式中,I_{OTA}和U_{OTA}分别为CT断线判别的零序电流和零序电压内部门槛值。

以上判据满足延时8 s即判为CT断线。

5.2.3 变压器微机保护装置PRS-778测试实验

1. 实验目的和要求

1) 实验目的

(1) 变压器成套保护装置的基本组成及原理。

(2) 熟悉变压器各种差动保护的动作逻辑。

(3) 掌握变压器差动保护的定值及控制字整定方法。

(4) 掌握励磁涌流闭锁保护原理。

(5) 掌握成套高压线路保护装置的测试方法。

(6) 掌握变压器过流保护的测试方法。

2) 实验要求

(1) 熟悉各项保护功能的含义、应用及配置原则。

(2) 掌握各个保护硬连接片及软连接片的功能、含义及设置。

(3) 熟悉保护装置外部接线,理解其含义及与保护柜端子排的连接关系。

(4) 理解保护装置逻辑图中的相关保护动作逻辑。

(5) 掌握装置各项保护定值的含义及整定方法。

PRS-778 微机变压器成套保护装置的保护配置主要包括差动保护和后备保护两个部分。本书主要针对差动保护中的几个主要保护逻辑进行测试实验。在装置实验过程中,主要利用 ONLLY-6108G Real testing System 进行保护逻辑的测试。

3) 实验注意事项

(1) 在每个单项保护测试过程中,应将其他与本保护无关联的保护功能经硬压板、软压板或控制字退出,将与本保护相关联的硬压板、软压板、控制字或方向元件等投入。测试中可参照《PRS-778 微机变压器成套保护装置技术说明书》中关于保护原理及整定说明的相关内容,以验证测试结果的正确性。

(2) 在进行保护功能各测试项目时,在不影响整体测试结果的前提下可进行适当简化。

(3) 在测试仪无法满足某些测试项目需求时,该实验项目可以不做,或者可以修改相应保护定值或实验参数以适应实验条件,在仪器允许的情况下修改相应测试条件,但要在实验结果中注明。

2. 参数及定值整定

PRS-778S 国网 220 kV 系统参数及主保护定值如表 5-29 所示。

表 5-29 PRS-778S 国网 220 kV 系统参数及主保护定值

类别	序号	参数名称	定值范围	单位	整定值
变压器参数	1	主变高、中压侧额定容量	1～3000	MV·A	500
	2	主变低压侧额定容量	1～3000	MV·A	100
	3	中压侧接线方式钟点数	1～12	无	12
	4	低压侧接线方式钟点数	1～12	无	11
	5	高压侧额定电压	1～300	kV	220
	6	中压侧额定电压	1～150	kV	110
	7	低压侧额定电压	1～75	kV	10
PT	8	高压侧 PT 一次值	1～300	kV	220
	9	中压侧 PT 一次值	1～150	kV	110
	10	低压侧 PT 一次值	1～75	kV	10

续表

类别	序号	参数名称	定值范围	单位	整定值
CT	11	高压侧 CT/零序 CT 一次值	0～9999	A	2000
	12	高压侧 CT/零序 CT 二次值	1 或 5	A	以保护装置为准 I_n
	13	高压侧间隙 CT 一次值	0～9999	A	100
	14	高压侧间隙 CT 二次值	1 或 5	A	以保护装置为准 I_n
	15	中压侧 CT/零序 CT 一次值	0～9999	A	2000
	16	中压侧 CT/零序 CT 二次值	1 或 5	A	以保护装置为准 I_n
	17	中压侧间隙 CT 一次值	0～9999	A	100
	18	中压侧间隙 CT 二次值	1 或 5	A	以保护装置为准 I_n
	19	低 1 分支/2 分支 CT 一次值	0～9999	A	4000
	20	低 1 分支/2 分支 CT 二次值	1 或 5	A	以保护装置为准 I_n
	21	低压侧电抗器 CT 一次值	0～9999	A	4000
	22	低压侧电抗器 CT 二次值	1 或 5	A	以保护装置为准 I_n
I_e	23	高压侧额定电流	$0.65*I_n$		
	24	中压侧额定电流	$1.31*I_n$		
	25	低 1 分支/2 分支额定电流	$1.44*I_n$		
平衡系数	26	纵差 Kph_高	1.00		
	27	纵差 Kph_中	0.5		
	28	纵差 Kph_低 1/低 2	0.091		
差动保护定值	29	纵差差动速断电流定值	$2.00*I_e$		
	30	差动保护启动电流定值	$0.4*I_e$		
	31	二次谐波制动系数	0.15		
结论					

3. 差动速断保护测试实验

1）定值设置

注意，差动速断电流定值不能小于 $1I_n$。

PRS-778TY2B/TY2A 主保护定值运行方式控制字如表 5-30 所示。

表 5-30　PRS-778TY2B/TY2A 主保护定值运行方式控制字

定值序号	含义	软控制字
1	涌流闭锁方式控制字	0
2	CT 断线闭锁差动控制字	0
3	差动速断保护投退	1
4	比率差动保护投退	0
5	采样值差动保护投退	0

2）实验内容

实验一 模拟区内故障

（1）测量动作门槛及返回系数：首先将继保测试仪第一路电流输出接于保护装置高压侧的 A、B、C 三相电流输入端子，TA、TN 接于高压侧跳闸出口，然后进入“电压/电流测试”菜单，按图 5-40 和表 5-31 中参数进行设置。

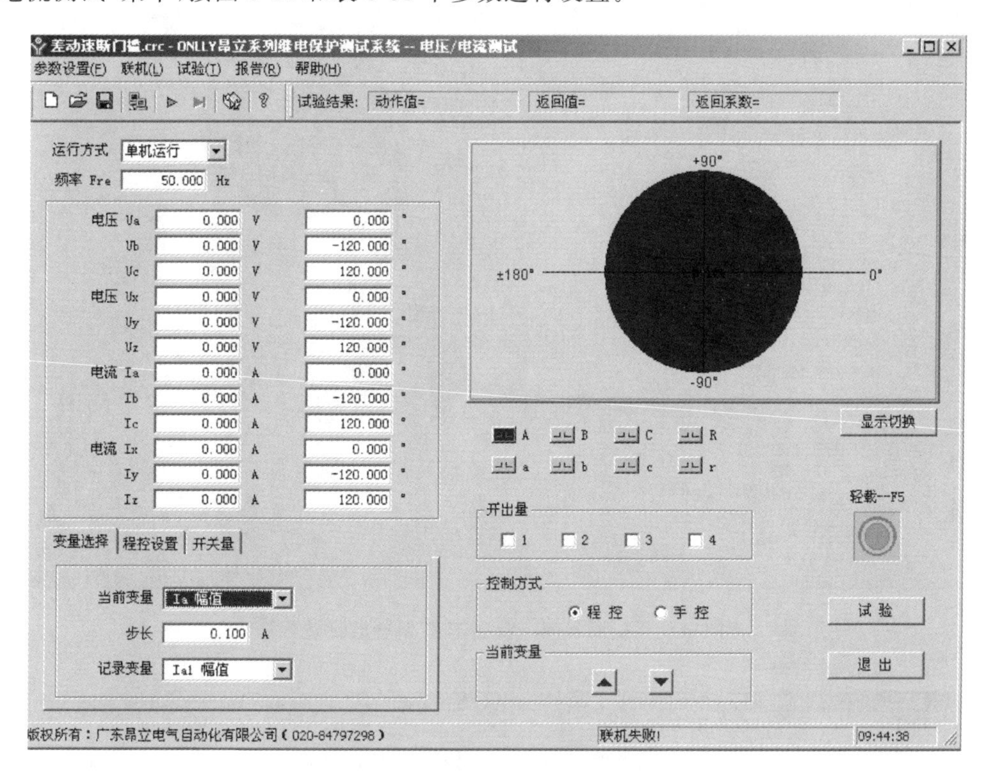

图 5-40 “电压/电流测试”菜单参数设置界面

表 5-31 “电压/电流测试”参数

菜单名称	选项名称	参数数值
变量选择	当前变量	I_a 幅值
	步长	0.100 A
	记录变量	I_{a1} 幅值
程控设置	变化范围	7.5～8.5 A
	变化方式	始→终→始
	每步时间	1.0 s
	返回方式	动作返回
开关量	动作接点	A 接点
	确认时间	15 ms
	辅助直流	不打钩

最后启动继保测试仪，即可做出差动速断动作门槛及返回系数。

(2) 动作时间测量:进入“交流时间”菜单,按照图 5-41～图 5-45 所示步骤和参数进行设置。

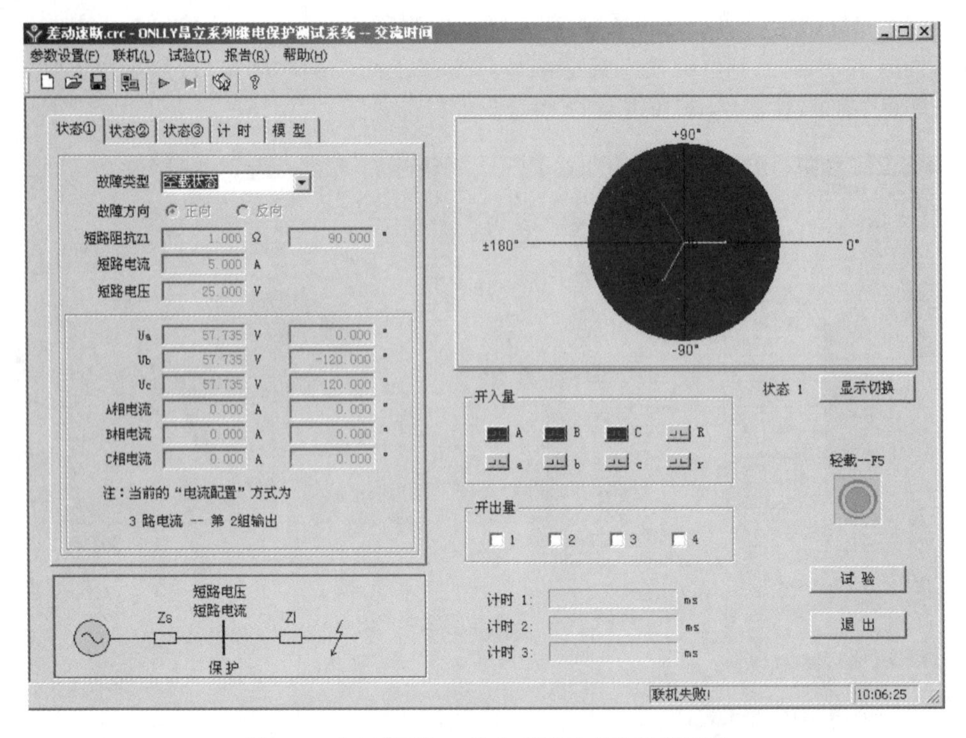

图 5-41 “交流时间→状态 1”菜单参数设置界面

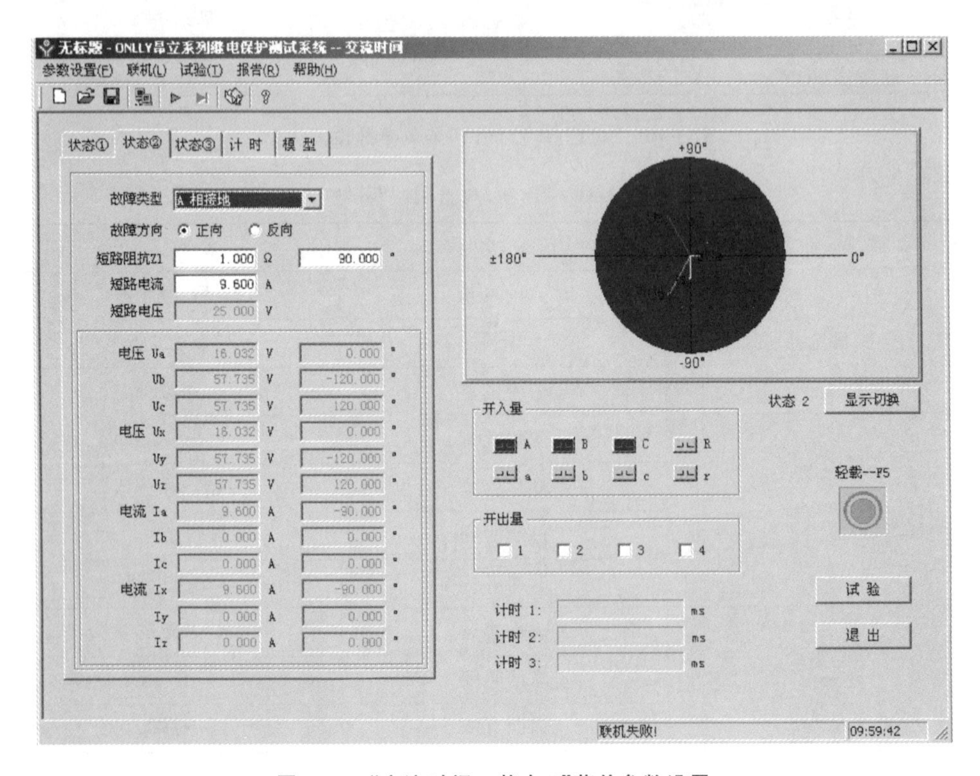

图 5-42 “交流时间→状态 2”菜单参数设置

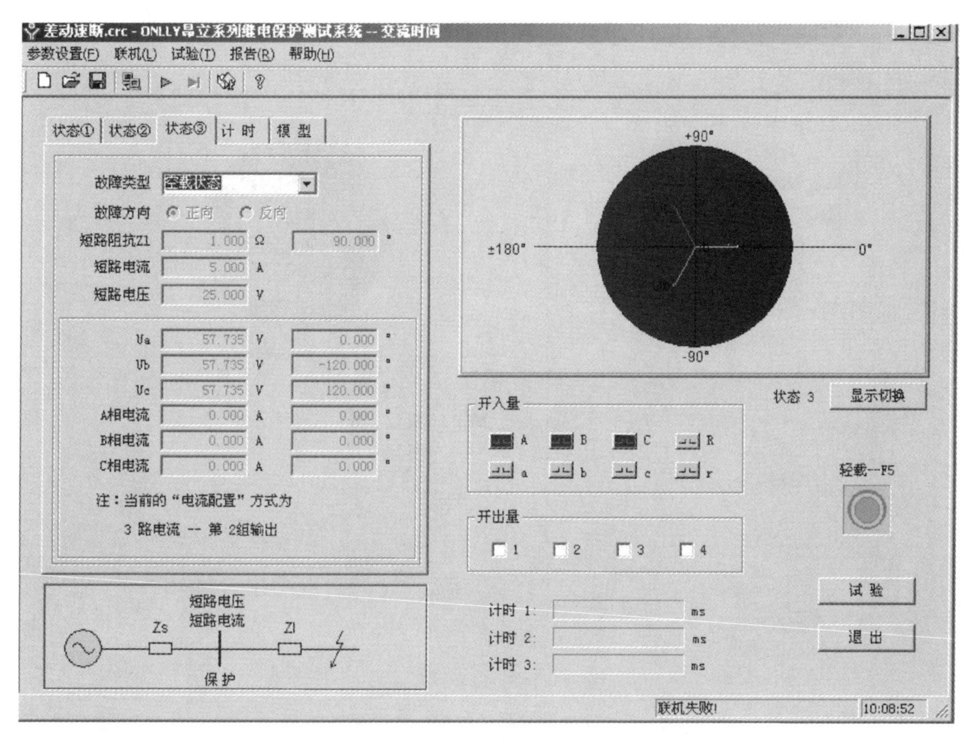

图 5-43 “交流时间→状态 3”菜单参数设置

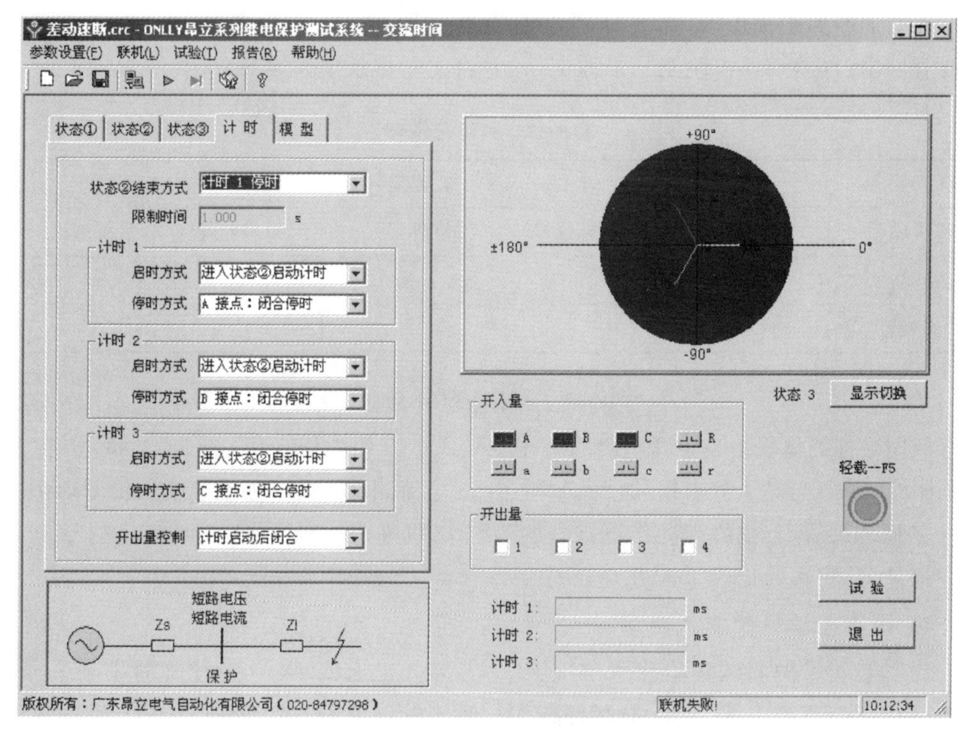

图 5-44 “交流时间→计时”菜单参数设置

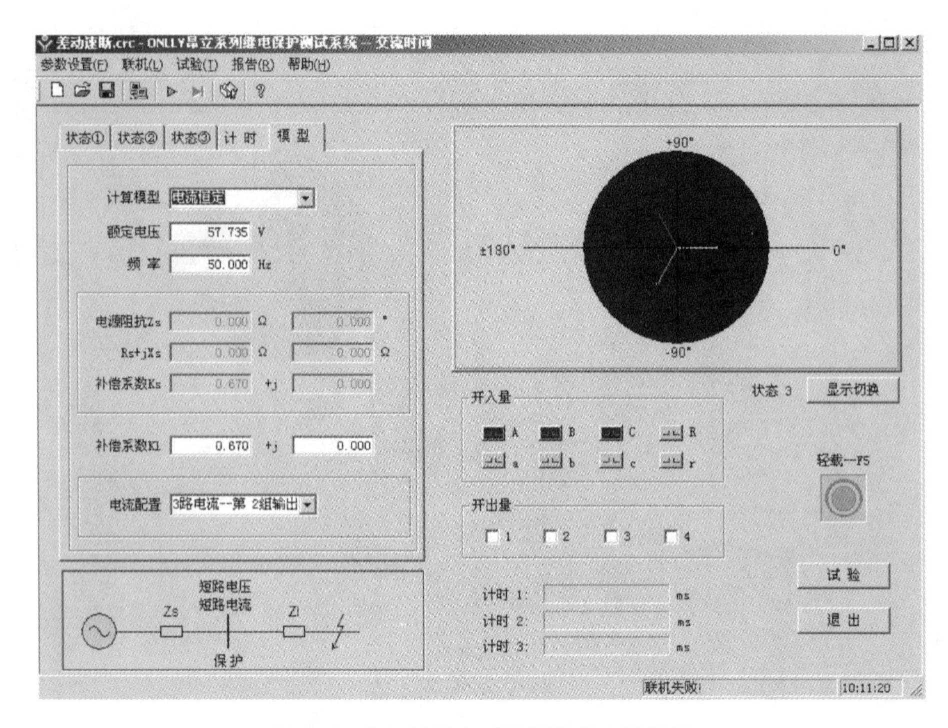

图 5-45 “交流时间→模型”菜单参数设置

参数设置完毕，启动继保测试仪输出，即可测量保护动作时间。

差动速断保护动作后，需要分别检查动作事件、动作出口(跳高、中、低 1、低 2 四侧)、信号出口(差动保护跳闸)、录波记录，并将实验记录填入表 5-32 中。

表 5-32 实验记录表

	装置报告				
实验项目	动作出口	中央信号	事件记录	录波记录	结论
实验一					
实验二					

实验二 模拟区外故障

利用继保测试仪给装置高压侧的 A 相(A、B、C 三相中任一相)加 10 A 和∠0°电流，低压侧的 A 相(与高压侧同相)加 10 A 和∠180°电流测试。此时差动速断保护不动作。

实验结束后，分别检查动作事件、动作出口(跳高、中、低 1、低 2 四侧)、信号出口、录波记录，并将实验记录填入表 5-32 中。

4. 比率差动保护测试实验

比率差动保护测试实验注意事项：比率差动 CT 有 1 A、5 A，计算时不要忘了变比，其中 5 A CT 变比要合理，最好是高、中、低侧电压都乘 CT 变比，数值上保持一致。比率特性拐点 1 和 2 需要分别作出，此时曲线会很清晰。

1) 定值设置

PRS-778TY2B/TY2A 主保护定值运行方式控制字如表 5-33 所示。

表 5-33 PRS-778TY2B/TY2A 主保护定值运行方式控制字

定值序号	含 义	软控制字
1	涌流闭锁方式控制字	0
2	CT 断线闭锁差动控制字	0
3	差动速断保护投退	0
4	比率差动保护投退	1
5	采样值差动保护投退	0

2）实验内容

实验一 模拟区内故障

（1）测量动作门槛及返回系数：将继保测试仪第一路电流输出的 A 相接于装置高压侧的 A 相电流输入端子，继保测试仪第一路电流输出的 C 相接于装置低压侧的 A 相电流输入端子，TA、TN 接于高压侧跳闸出口。进入“电压电流”菜单，参照差动速断的设置，其中“程控设置”的“变化范围”改为 0.5～1.5 A，其余相同。参数设置完成后，启动实验，即可测出比率差动保护动作门槛及返回系数。

（2）动作时间测量：进入“交流时间”菜单，参照差动速断的参数设置，其中“状态 2”中“短路电流”选“1.2 A”，其余相同。参数设置完毕，启动继保测试仪输出，即可测量动作时间。

（3）差动比率测量：为了测试方便，保护装置高压侧的 A 相电流输入接入继保测试仪第一组电流输出的 A 相，低压侧 A 相接入继保测试仪第一组输出的 C 相（为了方便实验，选择 Y 侧低压或中压侧加入 C 相电流）。然后进入“差动实验”菜单，选择常规差动、分相差动两路电流，按照图 5-46～图 5-50 中所示参数进行设置。

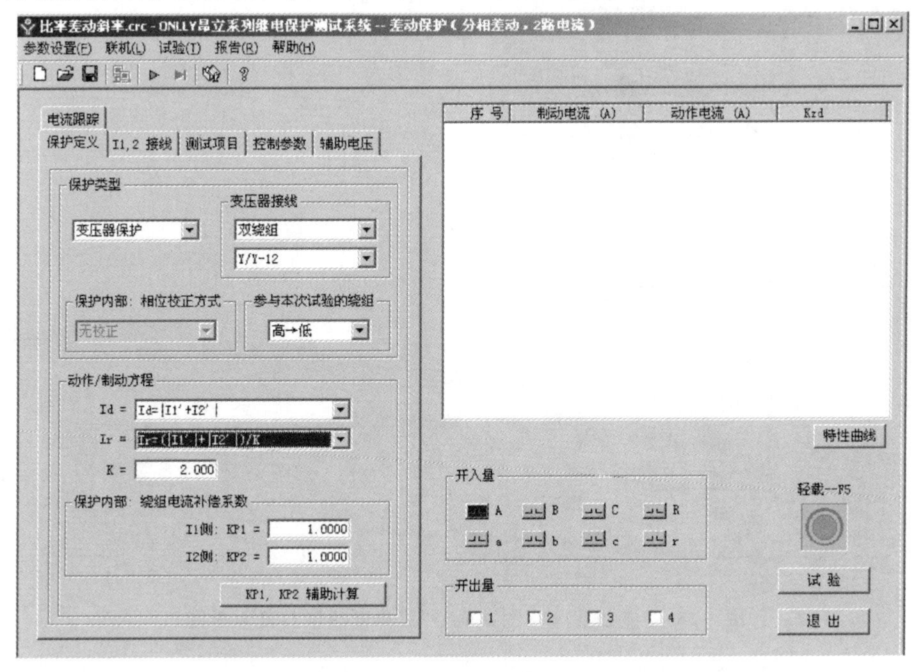

图 5-46 “差动实验→保护定义”菜单参数设置界面

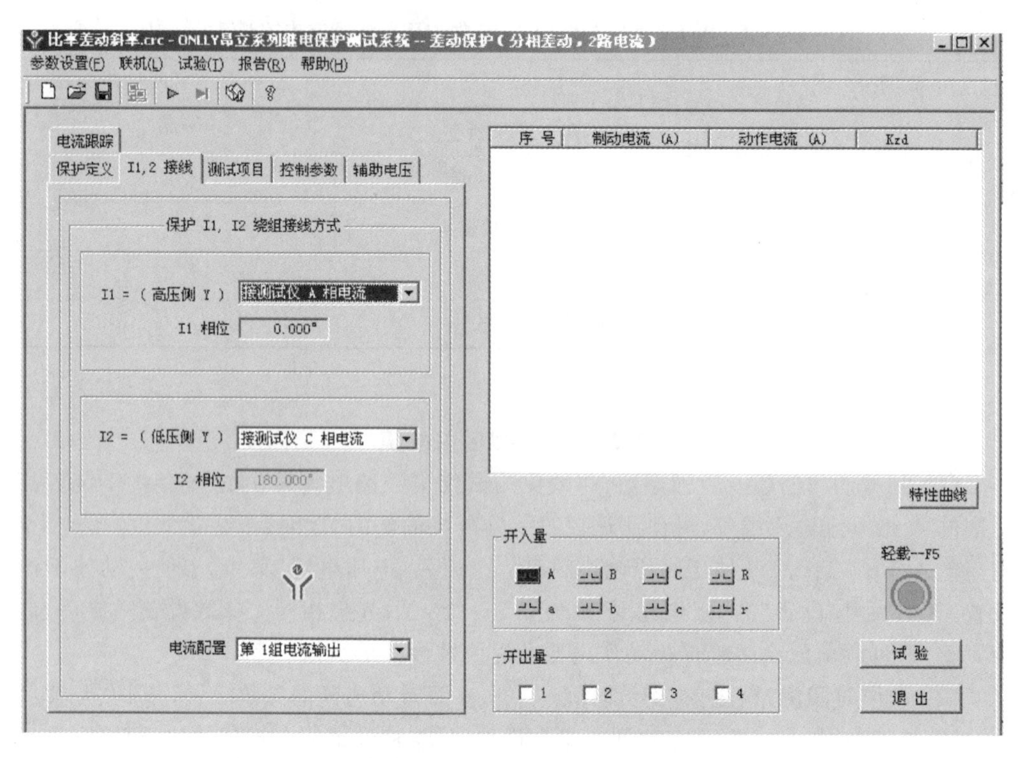

图 5-47 “差动实验→I_1,I_2”菜单接线参数设置界面

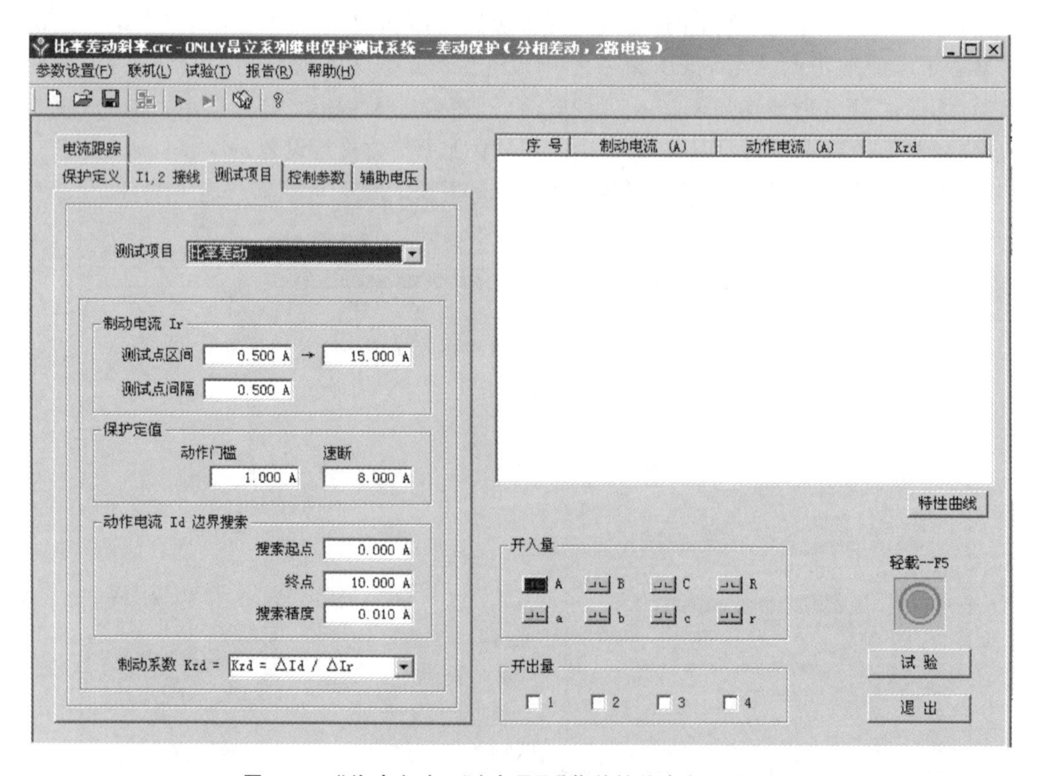

图 5-48 “差动实验→测试项目”菜单接线参数设置界面

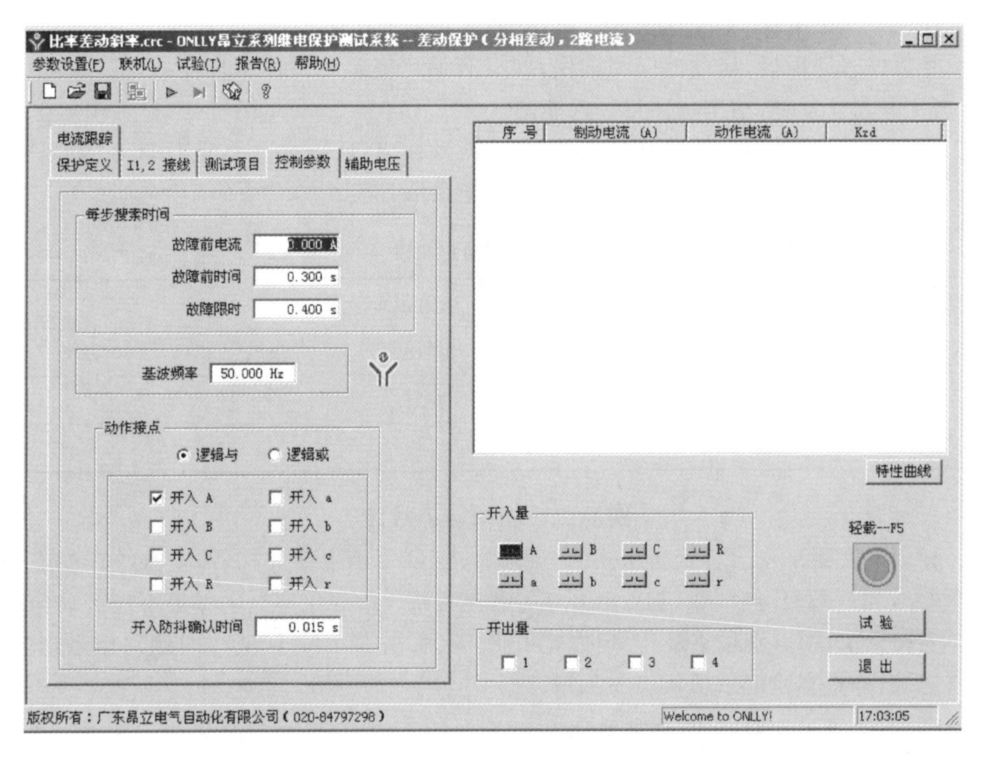

图 5-49　“差动实验→控制参数”菜单接线参数设置界面

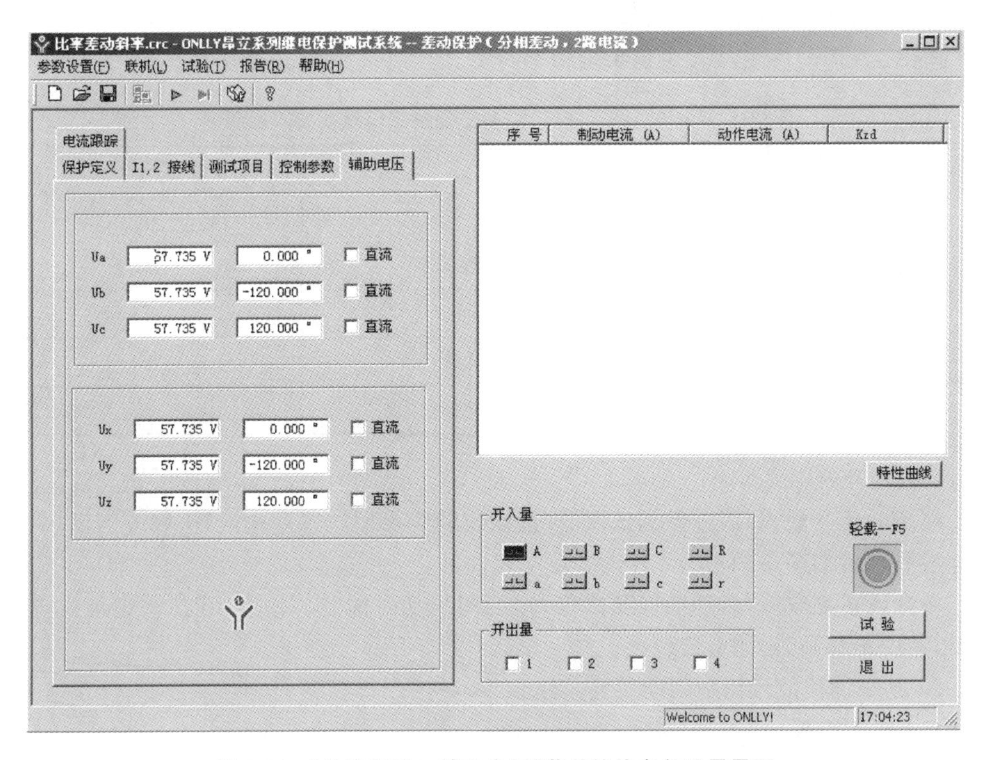

图 5-50　“差动实验→辅助电压”菜单接线参数设置界面

注意,“辅助电压”不能选“直流”,否则容易烧坏 PT。

参数设置完毕后,启动继保测试仪,即可测量比率差动动作特性曲线,应当注意的是,当 I_d超过 I_{cdsd}时,动作特性将进入速断区。

比率差动保护动作后,分别检查动作事件、动作出口(跳高、中、低 1、低 2 四侧)、信号出口(差动保护跳闸)、录波记录,并将实验记录填入表 5-34 中。

表 5-34 实验记录表

项目	装置报告				
	动作出口	中央信号	事件记录	录波记录	结论
实验一					
实验二					

实验二 模拟区外故障

利用继保测试仪给装置高压侧的 B 相(A、B、C 三相中任一相)加 5 A∠0°电流,低压侧的 B 相(与高压侧同相)加 5 A∠180°电流测试。此时比率差动保护不应该动作。

实验结束后,分别检查动作事件、动作出口(跳高、中、低 1、低 2 四侧)、信号出口、录波记录,并将实验记录填入表 5-34 中。

5. 励磁涌流闭锁保护功能测试实验

1) 二次谐波制动功能测试实验

(1) 设置定值。

PRS-778TY2B/TY2A 主保护定值运行方式控制字如表 5-35 所示。

表 5-35 PRS-778TY2B/TY2A 主保护定值运行方式控制字

定值序号	含义	整定范围及步长
1	涌流闭锁方式控制字	0
2	CT 断线闭锁差动控制字	0
3	差动速断保护投退	0
4	比率差动保护投退	1
5	采样值差动保护投退	0

(2) 实验内容。

模拟涌流制动:利用继保测试仪的“差动实验”,参照比率差动设置,修改测试项目,具体参数设置如图 5-51 所示,其余参数同表 5-35。

参数设置完成后,启动继保测试仪,即可测出动作曲线。注意,当二次谐波电流很小时,精度不够高,误差会比较大。

2) 励磁涌流波形识别制动实验

(1) 定值设置。

PRS-778TY2B/TY2A 主保护定值运行方式控制字如表 5-36 所示。

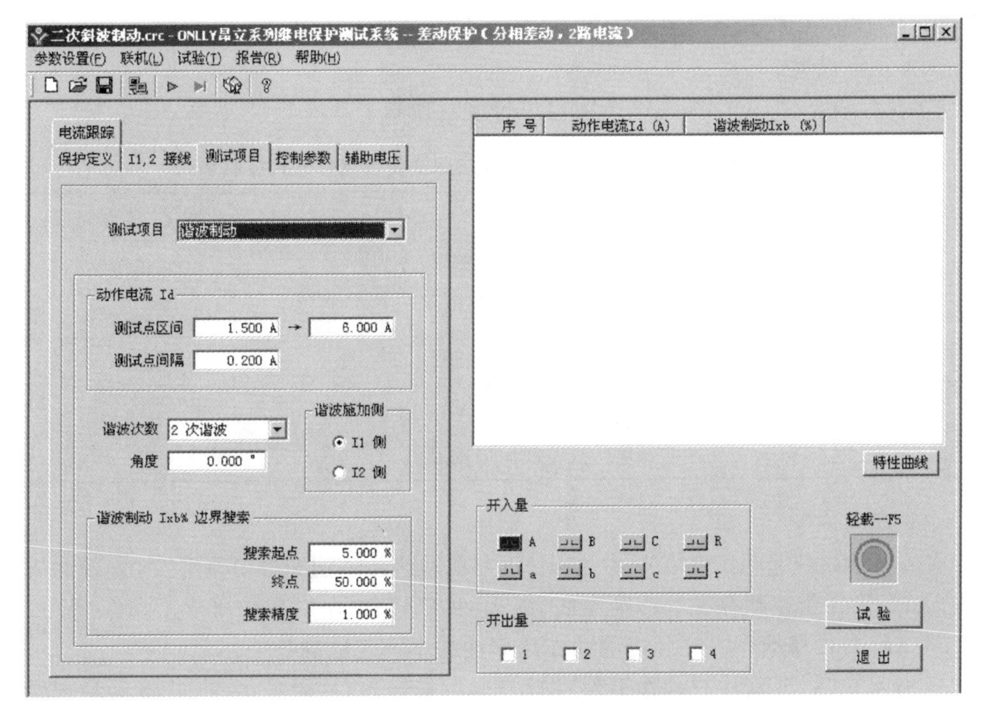

图 5-51 “差动实验→测试项目→谐波制动”菜单接线参数设置界面

表 5-36 PRS-778TY2B/TY2A 主保护定值运行方式控制字

定值序号	含　义	软控制字
1	涌流闭锁方式控制字	1
2	CT 断线闭锁差动控制字	0
3	差动速断保护投退	0
4	比率差动保护投退	1
5	采样值差动保护投退	0

（2）实验内容。

模拟涌流制动：测试方法同二次谐波涌流制动。注意，波形识别无法验证系数，只能用经验数据。

实验结束后，分别检查动作事件、动作出口、信号出口、录波记录，并将实验记录填入表 5-37 中。

表 5-37 实验记录表

	装置报告				
项目	动作出口	中央信号	事件记录	录波记录	结论
二次谐波制动					
波形识别制动					

6. 采样值比率差动保护测试实验

(1) 定值设置。

PRS-778TY2B/TY2A 主保护定值运行方式控制字如表 5-38 所示。

表 5-38 PRS-778TY2B/TY2A 主保护定值运行方式控制字

定值序号	含　义	软控制字
1	涌流闭锁方式控制字	0
2	CT 断线闭锁差动控制字	0
3	差动速断保护投退	0
4	比率差动保护投退	0
5	采样值差动保护投退	1

(2) 实验内容。

用继保测试仪差动实验菜单，参数同比率差动保护实验，且采样值差动启动电流为 I_n。

注意，采样值差动存在动作模糊区，当 I_d 小于 $1.414I_n$ 时保护可靠不动作，当 I_d 大于 $1.848I_n$ 时可靠动作。此区内的动作比率曲线不一定准确。

实验结束后，分别检查动作事件、动作出口、信号出口、录波记录，并将实验记录填入表 5-39 中。

表 5-39 实验记录表

项目	装置报告				
	动作出口	中央信号	事件记录	录波记录	结论

7. 主保护 CT 断线告警功能检测实验

1) 实验方法一

(1) 定值设置。

PRS-778TY2B/TY2A 主保护定值运行方式控制字如表 5-40 所示。

表 5-40 PRS-778TY2B/TY2A 主保护定值运行方式控制字

定值序号	含　义	软控制字
1	涌流闭锁方式控制字	0
2	CT 断线闭锁差动控制字	0
3	差动速断保护投退	0
4	比率差动保护投退	1
5	采样值差动保护投退	0

(2) 实验内容。

① 测量动作门槛及负序电流返回值：继保测试仪的电压输出接入装置高压侧电压输入端子，测试仪的第一路电流输出接入保护装置高压侧电流输入端子，第二路电流接

入装置 Y 型低压侧。进入“电压/电流测量”菜单，参数设置如图 5-52 所示。

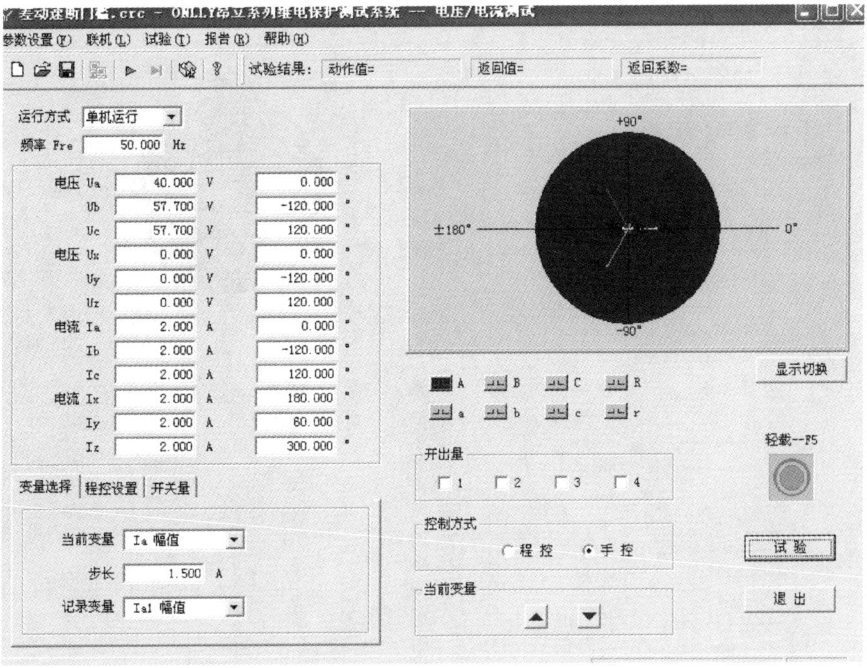

图 5-52 “电压/电流测试”菜单参数设置界面

按照图 5-52 中所示参数进行设置。第 2 侧电流加在 Y 型低压侧或中压侧，满足差流为 0。控制方式选手控。实验时手动减电流，CT 告警延时即可报出。

② 测量动作时间：实验接线同图 5-52，保护 CT 告警接点接入继测试仪的 TA、TN。进入“交流时间”菜单，参数设置如图 5-53 和图 5-54 所示。

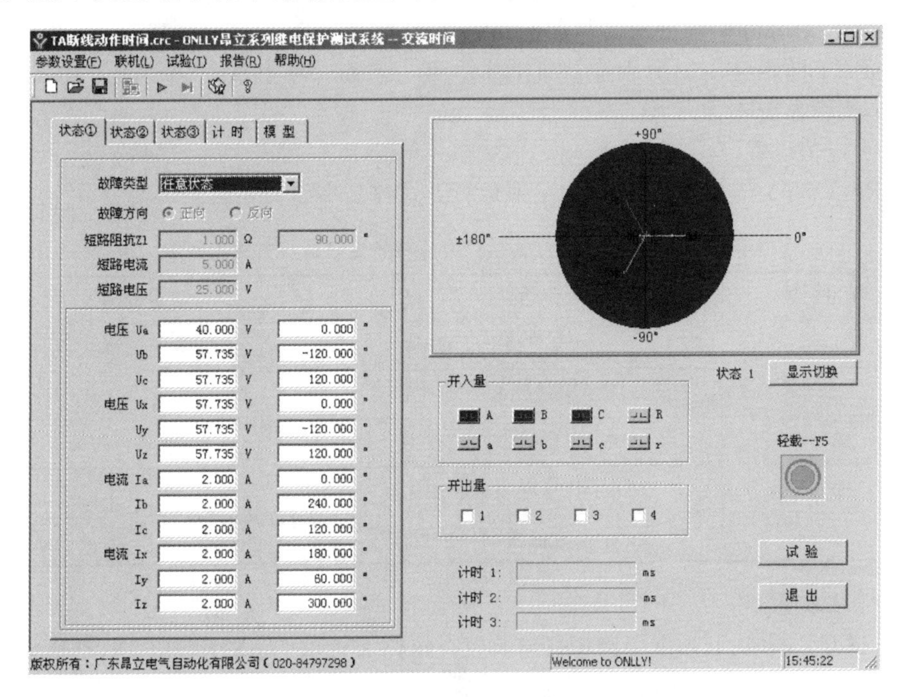

图 5-53 “交流时间→状态 1”菜单参数设置界面

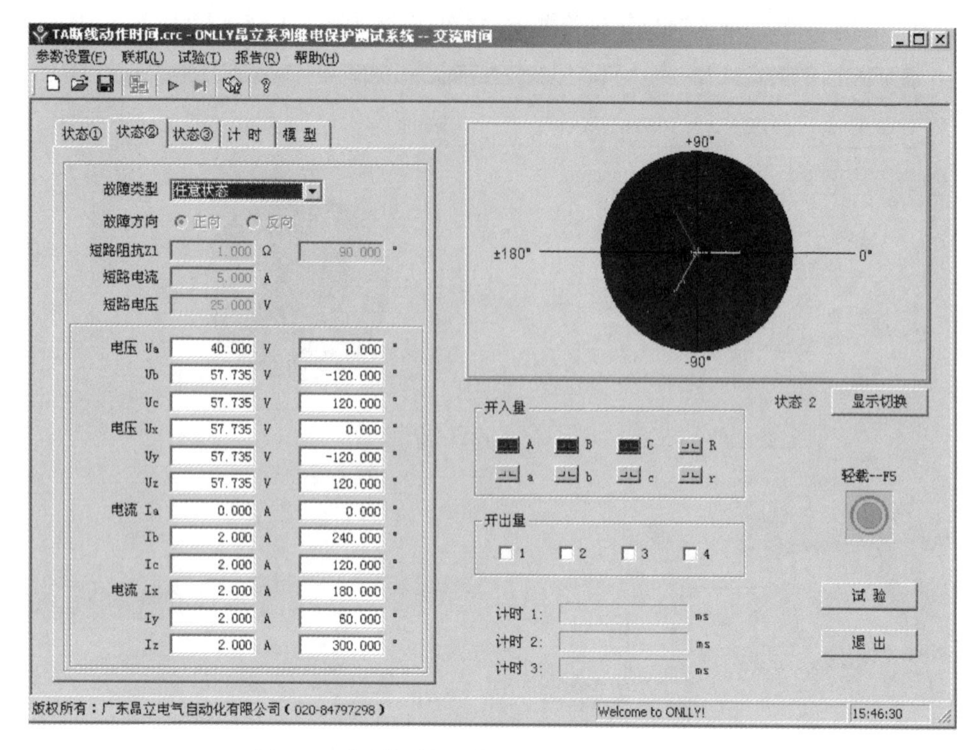

图 5-54　“交流时间→状态 2”菜单参数设置界面

在进行参数设置时，“状态 1”中“故障类型”选“任意类型”，电流都是 2 A，电压分别为 40 V、60 V、60 V，角度为正序。状态 2 中故障类型选任意类型，电压同状态 1，电流 $I_a=0.5$，其他不变。

③ 模拟 CT 断线：利用继保测试仪给装置高、低两侧加三相平衡对称的正序电流，保证各相差动电流为 0，此时将其中任一相电流（如高压侧 A 相）瞬间降为 0，装置延时 8 s 后报 CT 断线（板 1），分别检查动作事件、信号出口（CT 断线）。

2）实验方法二

（1）定值设置。

PRS-778TY2B/TY2A 主保护定值运行方式控制字如表 5-41 所示。

表 5-41　PRS-778TY2B/TY2A 主保护定值运行方式控制字

定 值 序 号	含　　义	整定范围及步长
1	涌流闭锁方式控制字	0
2	CT 断线闭锁差动控制字	1
3	差动速断保护投退	0
4	比率差动保护投退	1
5	采样值差动保护投退	0

（2）实验内容。

模拟 CT 断线：利用继保测试仪给装置高压侧加三相平衡对称的电压，电流设置如图 5-55 所示，满足三相平衡。变量步长设置为 1.5 A。

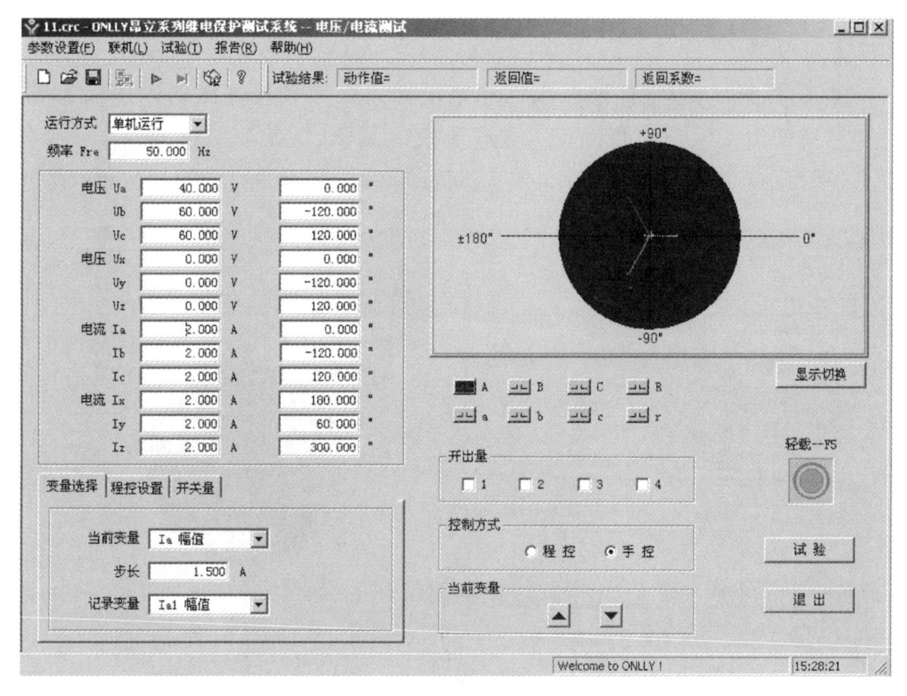

图 5-55 “电压/电流测试”菜单参数设置界面

实验时,先启动继保测试仪输出平衡电流,然后手动减小 A 相电流,等待 8 s 后装置报 CT 断线信号,再把 A 相电流减到 0,差动不动作(实验前,可以先设置 A 相电流为 0,验证差动动作,再验证 CT 断线闭锁差动)。

实验结束后,分别检查动作事件、动作出口、信号出口、录波记录,并将实验记录填入表 5-42 中。

表 5-42 实验记录表

	装置报告				
项目	动作出口	中央信号	事件记录	录波记录	结论
实验一					
实验二					

8. 差流越限告警功能测试实验

(1) 定值设置。

PRS-778TY2B/TY2A 主保护定值运行方式控制字如表 5-43 所示。

表 5-43 PRS-778TY2B/TY2A 主保护定值运行方式控制字

定值序号	含义	软控制字
1	涌流闭锁方式控制字	0
2	CT 断线闭锁差动控制字	0
3	差动速断保护投退	0
4	比率差动保护投退	0
5	采样值差动保护投退	0

（2）实验内容。

① 动作门槛测试：把继保测试仪三相电压接入保护装置高压侧电压输入端子，第一路三相电流输出接入保护装置高压侧电流输入端子，继保测试仪的 TA、TN 接入保护装置总告警接点。然后进入“电流/电压测量”菜单，参数设置如图 5-56 所示。

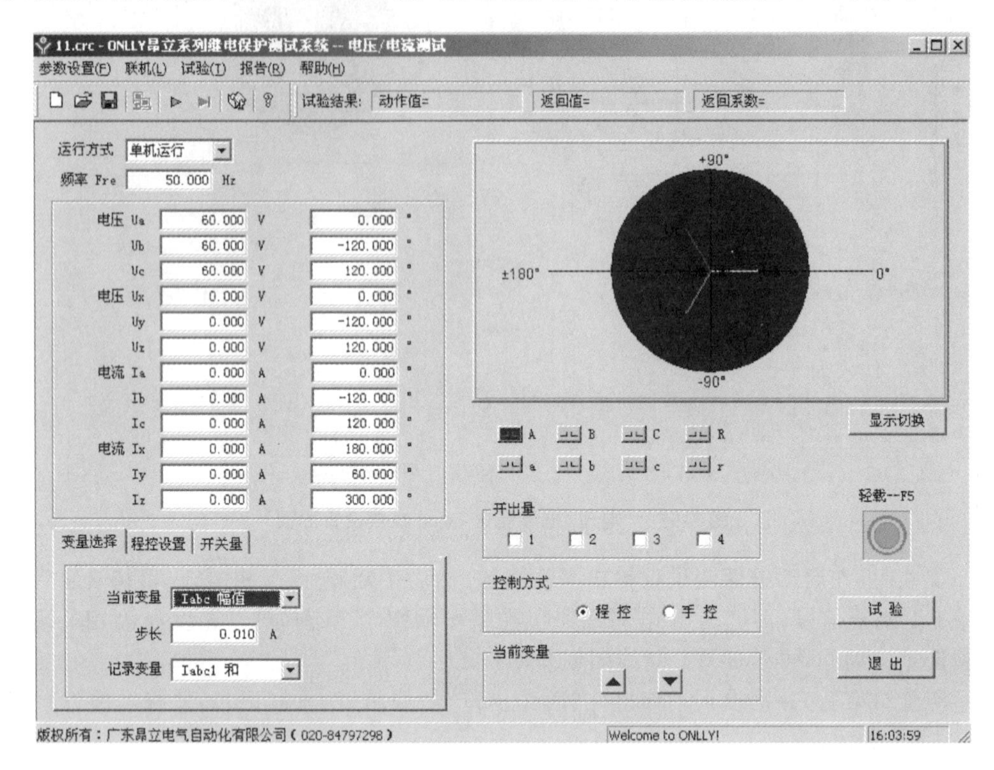

图 5-56 “电压/电流测试”菜单参数设置界面

“变量选择”菜单中“当前变量”选“I_{abc2}幅值”，填入 0.01 A，“控制方式”选“程控”。如果输出选单相电流，差流越限告警出来的同时还有后备 CT 断线告警出口，会造成测量不准。

在图 5-57 所示的“程控设置”菜单中“变化范围”选 5.3 A→1.2 A，“变化方式”选“始→终”，“每步时间”填入 11 s，“返回方式”选“动作返回”。“开关量”菜单中，“动作接点”选“A 接点”，“确认时间”为“15 ms”。参数设置完成后，启动继保测试仪即可测量动作门槛。需要注意的是装置加入三相电流，差流大小是 1.732 倍所加电流。

② 动作时间测试：进入“交流时间”菜单，参考差动速断动作时间设置如图 5-58 所示。

状态 2 中故障类型选择“任意状态”，电压都设置为 57.735 V，电流都设置为 0.693 A，其余设置同差动速断动作时间设置。参数设置完成后，启动继保测试仪，告警功能动作时间固定为 10 s。

实验结束后，分别检查动作事件、动作出口、信号出口、录波记录，并将实验记录填入表 5-44 中。

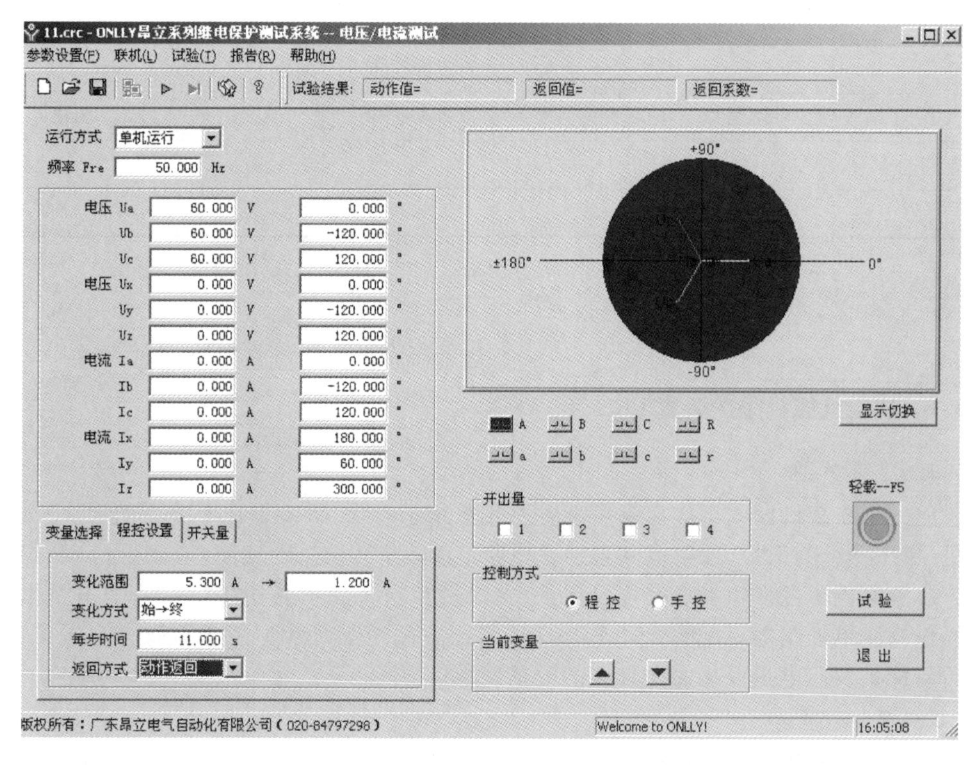

图 5-57 “电压/电流测试→程控设置”菜单参数设置界面

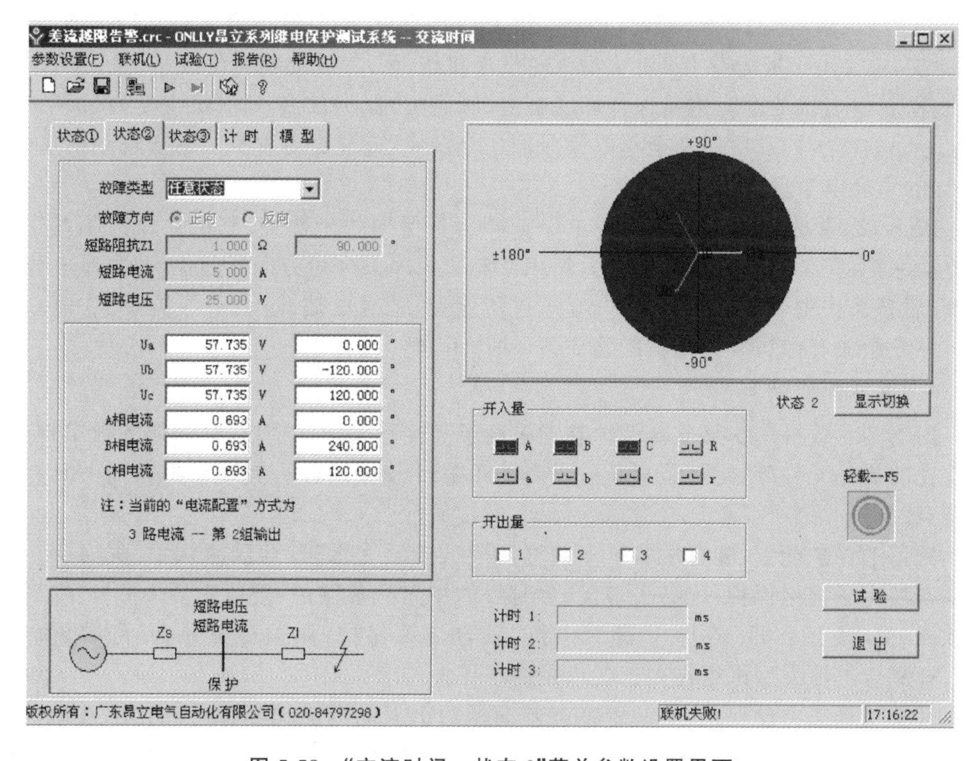

图 5-58 “交流时间→状态 2”菜单参数设置界面

表 5-44 实验记录表

项目	装置报告				
	动作出口	中央信号	事件记录	录波记录	结论
实验一					
实验二					

5.3 发电机微机保护实验

5.3.1 发电机微机保护装置 PRS-785 简介

1. 应用范围

PRS-785 微机发变组成套保护装置主要适用于 1000 MW 及以下容量的大、中型发电机-变压器组的保护，保护范围包括发电机、主变、厂用变、励磁变（或励磁机）和短引线。装置集成了发变组的全套电量保护，主保护和后备保护共用一组 CT，非电量保护和操作回路单独组屏。配置 2 套 PRS-785 可很方便地满足大型发变组双套主保护、双套后备保护及非电量保护完全独立的配置要求。

2. 保护配置

PRS-785 微机发变组成套保护装置共包含 A1、A2、A3、B1、B2、C1、C2 七种型号机箱，其中 A1 型机箱主要集成了 200 MW 以上容量的汽轮/水轮发电机所需的全套电量保护；A2 型机箱集成了 200 MW 以上容量的汽轮发电机的全套电量保护和励磁变（励磁机）保护，主要用于带两卷主变的大型汽轮发电机组保护；A3 型机箱集成了 50～200 MW 汽轮/水轮发电机的全套电量保护和励磁变（励磁机）保护；B 系列机箱主要集成了含发变组差动的变压器及厂用变全套电量保护；C 系列机箱主要集成了厂用变及励磁变（励磁机）的全套电量保护。

PRS-785 型发电机保护配置分主保护和后备保护两个部分，其中主保护配置主要有差动保护（完全差动、不完全差动、裂相横差）、负序突变量方向匝间保护、零序电压保护等；后备保护主要有低阻抗保护、复压过流保护、三次谐波、过负荷保护等。PRS-785 微机发变组成套保护装置保护配置完备，动作可靠。

3. 主要性能特点

PRS-785 微机发变组成套保护装置采用了高性能的硬件平台、高性能的数字算法、双重化的启动元件等，使得装置具有很高的可靠性和灵敏性。其在保护功能上具有以下特点。

完备的保护配置：装置配备了多判据协同的差动主保护、匝间主保护、失磁保护和三次谐波定子接地保护；配备了多段、多时限的相间后备保护、接地后备保护；还配备了过激磁、失步、起停机、误上电、断口闪烁、轴电流等保护；保护种类齐全，可满足包括 600 MW 以上特大型机组在内的各型发变组保护需求。

完善的稳态差动保护：本装置稳态差动保护由差动电流速断保护和比率差动保护组成。比率差动动作特性采用二折线或三折线，并带 CT 断线闭锁、CT 饱和闭锁、励磁涌流闭锁和过激磁闭锁功能。

独特的采样值差动：采样值差动本身具备识别励磁涌流和外部故障 CT 饱和的能

力，对于变压器保护，不需要另外附加励磁涌流判据，同时其数据窗为小于一个周波的短窗，故可以实现大多数发电机、变压器内部故障的快速切除。

先进的CT饱和闭锁技术：采用“时差原理”实现CT饱和闭锁功能，既保证装置在区外故障中CT深度饱和时不误动，也保证区内故障中CT严重饱和时不误闭锁。

完备的CT断线、短路闭锁与报警功能：采用可靠的CT断线和短路闭锁功能，保证装置在CT断线、短路及交流采样回路故障时不误动。

突变量原理的匝间保护：装置设有3套基于突变量原理的发电机匝间保护，它们不受正常工况下稳态不平衡电量的影响，是匝间保护的灵敏段和速动段；带突变量负序方向闭锁，且每次启动过程中仅投入40 ms，确保可靠性；与常规稳态量原理的匝间保护相协同，很好地满足保护快速性、灵敏性和可靠性要求。

自跟踪原理的定子接地保护：装置设有完备的100%发电机定子接地保护，其中的自跟踪型三次谐波接地保护能实时跟踪发电机组的工况变化，自动调整参数，灵敏性和可靠性均大大提高，完全能满足大型机组定子接地保护的性能要求。

配置完善的过激磁保护：装置设有定时限过激磁告警和反时限过激磁保护。反时限过激磁通过对给定的反时限动作特性曲线进行线性化处理，在计算得到过激磁倍数后，采用分段线性插值求出对应的动作时间值，实现反时限。给定的反时限动作特性曲线由输入的十组定值得到。反时限过激磁保护的动作特性能与不同的发电机、变压器过励曲线进行配合。

此外装置还具有完善的事故分析功能，非常有利于事故分析；人机界面友好，能方便运行人员的操作使用；完善的通信功能和丰富的通信接口，可以适应不同电厂综合自动化系统的要求。

4. 主要技术指标

(1) 额定电气参数。

频率：50 Hz。

交流电压：100 V或$100\sqrt{3}$ V。

交流电流：5 A或1 A。

转子长期工作电压：≤600 V。

直流工作电源：220 V/110 V，允许偏差：−20%～+15%。

数字系统工作电压：+5 V，允许偏差：±0.15 V。

继电器回路工作电压：+24 V，允许偏差：±2 V。

(2) 功耗。

交流电流回路：I_n=5 A，每相不大于1 V·A；I_n=1A，每相不大于0.5 V·A。

直流电源回路：正常工作时，全装置不大于35 W；跳闸动作时，全装置不大于50 W。

(3) 保护回路过载能力。

交流电流回路：2倍额定电流，连续工作；10倍额定电流，允许10 s；40倍额定电流，允许2 s。

交流电压回路：1.2倍额定电压，连续工作。

直流电源回路：80%～115%额定电压，连续工作装置经受上述的过载电压/电流后，绝缘性能不下降。

(4) 输出接点容量。

装置出口和信号接点为单接点时，最大允许接通功率为150 W或1250 V·A，最大允许长期接通电流 5 A；多副接点并联时，接通功率和电流可以适当提高。两种方式下接点均不允许断弧。

(5) 保护动作时间。

① 发电机差动保护。

差动速断动作时间：≤15 ms(2 倍整定值)。

比率差动动作时间：≤25 ms(2 倍整定值)。

采样值差动动作时间：≤25 ms(2 倍整定值)。

差动速断定值误差：≤±2.5%。

比率差动定值误差：≤±5%。

② 发电机单元件横差保护。

突变量段动作时间(固有延时)：≤35 ms(1.5 倍整定值)。

横差电流定值误差：≤±2.5%。

横差保护延时定值误差：≤±1%或±70 ms。

5. 装置整体结构(硬件原理图)

本装置采用了三 CPU 插件：MCPU 板(管理板)、BCPU 板(主保护板)、PCPU 板(后备保护板)，其中 MCPU 板采用 32 位 RICS 微处理器，BCPU 板和 PCPU 板采用 32 位浮点 DSP 处理器。BCPU 和 PCPU 插件的数据采集回路完全独立，通过串行通信与 MCPU 交换信息，通信不影响保护行为。MCPU 带有 320×240 点阵汉字液晶显示屏，用作人机对话的接口，装置的整定、调试等操作以及工况查看、保护动作和自诊断信息显示等，这些功能均通过串行通信由 MCPU 完成。

装置硬件原理框图如图 5-59 所示。

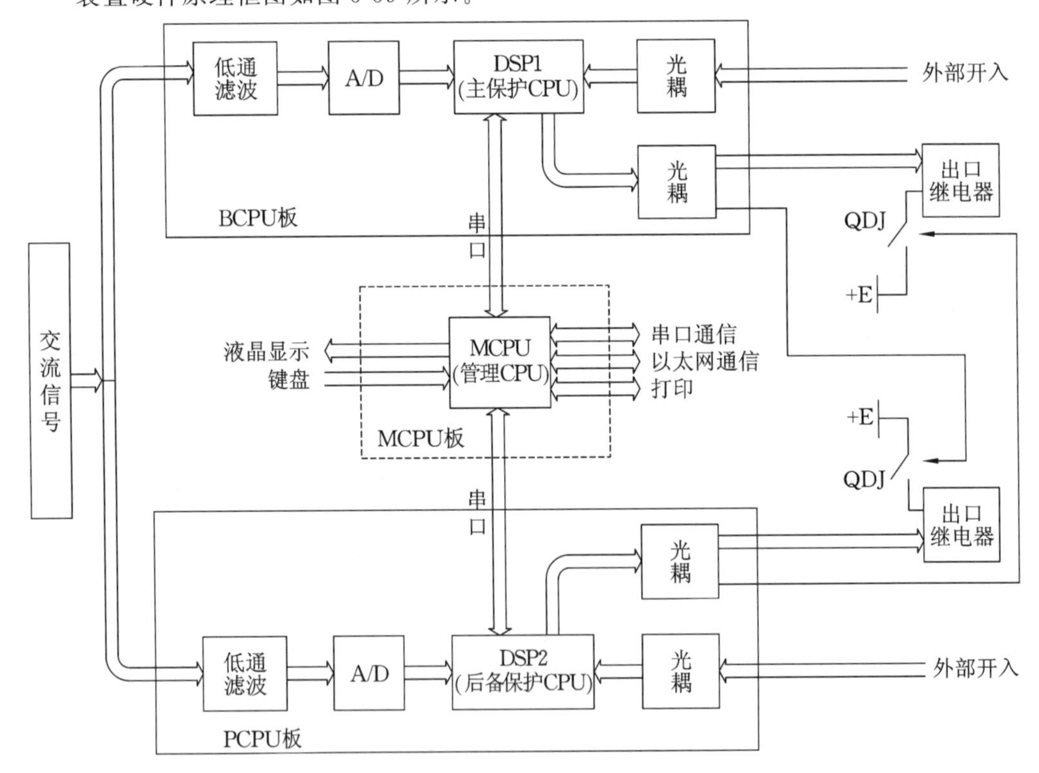

图 5-59　装置硬件原理框图

PRS-785 保护装置为标准 6U 整层机箱、后插式结构，装置内部无扎线。

装置的直流端子排均为凤凰针式插座，端子含义参见保护装置说明书的接线图，其中 GJ1/XJ1 为磁保持接点（中央信号），GJ2/XJ2、GJ3/XJ3 为不保持接点（远动信号和事件记录）。在装置信号接点输出时应分别将 GJ1/XJ1、GJ2/XJ2 及 GJ3/XJ3 的公共端并在一起（P13-1 和 P11-11，P13-15 和 P12-13，P14-13 和 P9-15）。

端子排 P15～P17 为三个以太网通信接口，P18-1～P18-7 为三个串行通信接口，P18-8～P18-10 为 GPS 对时接口；P19 为打印口。端子排 P21-1～P21-3 和 P21-2～P21-4 为两路 220 V/110 V 直流输入（可任选一组）；P21-5～P21-6 为接大地端子。

保护装置开入量为强电（+220 V/+110 V）直接开入，P5-P6 为 WB636 板的开入电源地。

装置的交流回路使用穿墙端子（P22～P27）固定接线。如果有不接线的备用电流端子，可将无流 CT 回路在装置端子排上短接（图中不带“′”号的为交流量的同名端）。保护柜内各装置间连线均在竖端子排上完成。

6. 动作出口

装置每副动作接点都设有对应的出口压板，接点允许最大输入电流为 5 A。跳主变高压侧 1 支路/2 支路出口 8 组，关主气门 4 组，跳灭磁开关 2 组，启动失灵 2 组，备用 1（跳机端开关）2 组，备用 2（跳用变高压侧开关）2 组，减出力 1 组，跳高压侧母联 1 组，启动厂用变 A/B 分支切换各 2 组，跳厂用变 A/B 分支 3 组（其中 A 分支 1 组，B 分支 2 组），跳中压侧母联 1 组，备用 3（自定义）1 组，共计 32 组动作出口。

7. 信号接点

PRS-785 系列装置信号接点详尽完备，主要分为跳闸信号接点、告警信号接点和其他输出接点等几类，且每副信号接点均输出 1 副磁保持接点和 2 副不保持接点。具体各型号装置的信号接点定义请参见装置端子排图。

5.3.2 PRS-785 保护装置原理及定值

1. 发电机差动保护（完全纵差、不完全纵差、裂相横差）

发电机是电力系统中重要的组成部分，发电机的安全运行对保证电力系统的正常工作和电能质量起着决定性的作用，同时发电机本身也是十分贵重的电气设备，尤其是大型同步发电机组对电力系统的影响重大。差动保护作为发电机系统的主保护已得到广泛应用。自微机在继电保护上应用以后，由于微机保护的快速智能的特点，微机发电机差动保护的新原理大量涌现，给继电保护带来了生机。发电机差动保护的性能因此也得到了很大提高。下面结合发电机差动保护性能测试实验，对发电机差动保护原理进行详细介绍，对于其他发电机保护原理不再赘述。

差动保护是发电机内部故障的主保护，PRS-785 装置配备了完全纵差、不完全纵差和裂相横差等种类的发电机差动保护，可以满足单相绕组为多分支的大型发电机内部短路故障的保护需求。

1）CT 接线原则及其平衡

PRS-785 保护装置设机端 CT 和中性点双分支 CT 共 3 组电流接入来完成发电机差动保护：由机端 CT、中性点双 CT 和电流构成完全纵差；由机端 CT 和中性点单分支 CT 构成不完全纵差；由中性点双分支 CT 之间构成裂相横差。中性点双分支的分支系数参数需按其占总分支数的百分比整定。

PRS-785 保护装置要求发电机机端和中性点两侧 CT 均按 Y 形接线，以相同极性接入，即两侧电流均以流入(或流出)发电机为正方向。具体接法为：两侧 CT 同名端同时指向(或同时远离)发电机。

PRS-785 保护装置自动对发电机两侧 CT 变比不一致进行调整，并计入中性点双分支组系数的影响后计算出各侧 CT 调节系数，装置采集的电流量乘以该系数即为 CT 变比调整后的量，无须外接辅助 CT。用户只需将发电机相关系统参数输入(见 PRS-785 保护参数表)即能生成各侧 CT 调节系数，并可在装置的操作界面“查看”菜单下查看。发电机机端和中性点双分支 CT 调节系数的计算均以机端二次电流为基准。

2) 发电机比率差动保护原理

发电机比率差动保护动作特性采用传统二折线方式实现，如图 5-60 所示。

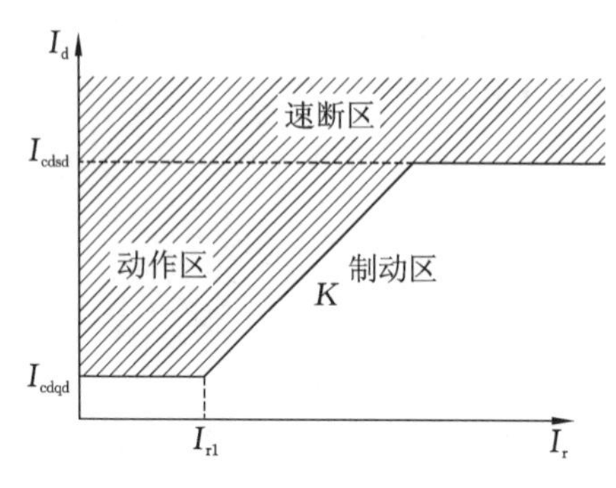

图 5-60 发电机比率差动保护动作特性

图中 I_d 为差动电流，I_r 为制动电流，I_{cdqd} 为差流门槛定值，I_{cdsd} 为差动电流速断定值，K 为比率制动系数定值，I_{r1} 为比率特性拐点制动电流整定值。

其动作方程如下：

$$\begin{cases} I_d > I_{cdqd}, & I_r \leqslant I_{r1} \\ I_d > K(I_r - I_{r1}) + I_{cdqd}, & I_r > I_{r1} \end{cases} \tag{5-33}$$

式中，$I_d = |\dot{I}_1 + \dot{I}_2|$ 为差动电流；$I_r = \dfrac{|\dot{I}_1 - \dot{I}_2|}{2}$ 为制动电流；K 为比率制动斜率；I_{r1} 为比率特性拐点对应的制动电流；$\dot{I}_1$、$\dot{I}_2$ 为差动二侧输入电流。

对于发电机完全纵差比差，$\dot{I}_1$、$\dot{I}_2$ 分别是机端侧电流和中性点侧双分支电流之和(装置内实现，自动调平衡)；对于发电机不完全纵差比差，$\dot{I}_1$ 是机端侧电流，$\dot{I}_2$ 是中性点侧的第 1 或第 2 分支组电流(装置内自动调平衡)；对于发电机裂相横差比差，$\dot{I}_1$、$\dot{I}_2$ 分别是中性点侧双分支组电流(装置内自动调平衡)，且正常工况下，$\dot{I}_1$、$\dot{I}_2$ 同相位，故参与计算公式的 $\dot{I}_1$ 需取反(裂相横差计算公式符号调整在装置内自动完成)。

3) 发电机差动速断保护原理

发电机差动速断保护包括完全纵差速断、1/2 分支不完全纵差和裂相横差速断等类型，均采用分相差动逻辑，任一相差动速断动作即出口跳闸。

该保护为加速切除严重区内故障而设。当任一相差流大于整定值 I_{cdqd}(差动电流速断保护定值)时，该保护瞬时动作。发电机差动速断动作特性如图 5-60 所示，图中 I_{cdqd} 以上为差动电流速断区和动作区，定值按躲过机组非同期合闸时的最大不平衡电流整定(对于大机组，一般为 3～4 倍额定电流)，返回系数取 0.80。作为差动保护范围内严重故障的保护,CT 断线不闭锁该保护。

4) 发电机 3 取 2 完全比率差动

通常的发电机内部相间短路,完全纵差比率差动都至少有 2 相动作,基于该特点,本装置的发电机完全比差保护采用 3 相中有 2 相以上动作才出口的逻辑,以增强可靠性,并避免了普遍存在的 CT 断线闭锁差动灵敏性和可靠性难以兼顾的问题(不考虑 CT 两相以上同时发生断线)。

5) 发电机分相高值完全比率差动

当发生发电机异相一点区内、一点区外的特殊故障类型时,发电机 3 取 2 完全比率差动将拒动,故设置发电机分相高值完全比率差动。该保护的门槛较高,既无须考虑 CT 断线闭锁,又能在上述特殊故障类型下可靠动作。发电机分相高值完全比差动作特性如图 5-61 所示。

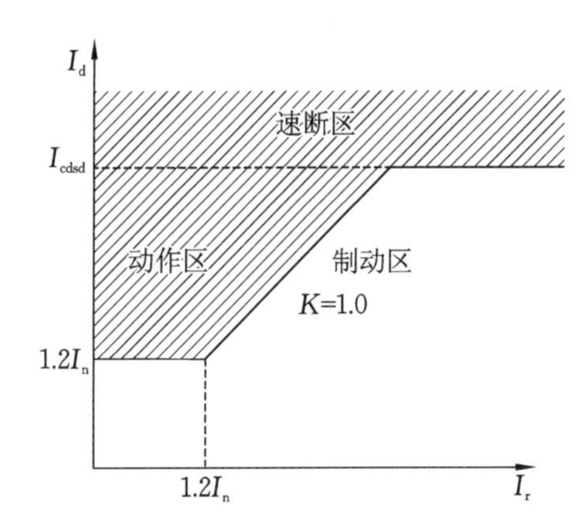

图 5-61 发电机分相高值完全比差动作特性

6) 发电机不完全纵差比率差动

发电机不完全纵差比率差动除反映内部相间短路外,还能反映定子线棒开焊及分支匝间短路等故障,故采用分相差动逻辑,任一相比率差动动作即出口跳闸。装置配置了 2 套发电机不完全纵差,分别对应取中性点侧 1 分支组和 2 分支组电流,2 套发电机均可由控制字选择投退。

7) 发电机裂相横差比率差动

发电机裂相横差比率差动除反映内部相间短路外,还可反映内部分支匝间短路等故障,由裂相横差比率和裂相横差速断构成,故发电机裂相横差比率差动采用分相差动逻辑,任一相比率差动动作即出口跳闸。

8) CT 饱和检测和闭锁

为防止在区外故障时,由于 CT 饱和原因造成差动保护发生误动,装置设有 CT 饱和检测元件判别 CT 是否饱和,并确定是否闭锁相关差动保护。

CT 饱和检测原理是:由于 CT 线形传变区的存在,在短路刚发生的很短时间内,CT 是未饱和的,若差流是由于区外严重故障导致 CT 饱和而产生的,则都会出现在故障发生的一段时间后,故本装置利用制动电流与差动电流出现的时序是否一致来判别区外故障是否引起饱和,若饱和则闭锁相关保护。

同时,考虑到饱和后故障可能发展到区内的情况,采用波形识别技术,能快速开放保护,以便区外转区内的故障情况能够正确动作。

9）CT 断线闭锁

设“CT 断线闭锁差动投退”为定值，当整定为“投入”时，发生 CT 断线即闭锁差动，当整定为“退出”时，发生 CT 断线仅发告警信号。

10）差流越限监视

为防止保护装置交流输入和数据采集系统故障，以及系统运行时出现较大差流，保护装置装设了差流越限告警元件，当发生这些情况时，该元件发出告警信号，有利于及时处理。

动作原理：当任一相差流大于相应的比率差动启动电流定值 I_{cdqd} 时，装置延时 10 s 发出差流越限告警信号，并保存独立的分相差流越限记录。

该元件对差动保护无任何影响，但差动保护动作时闭锁该元件发信。发变组差流越限元件包括发电机完全纵差差流越限、1/2 分支不完全纵差差流越限、裂相横差差流越限、发变组差动差流越限、主变差动差流越限、短引线差动差流越限、厂用变差动差流越限和励磁变（机）差动差流越限等类别。

11）发电机差动保护逻辑框图

发电机差动保护逻辑框图如图 5-62 所示。

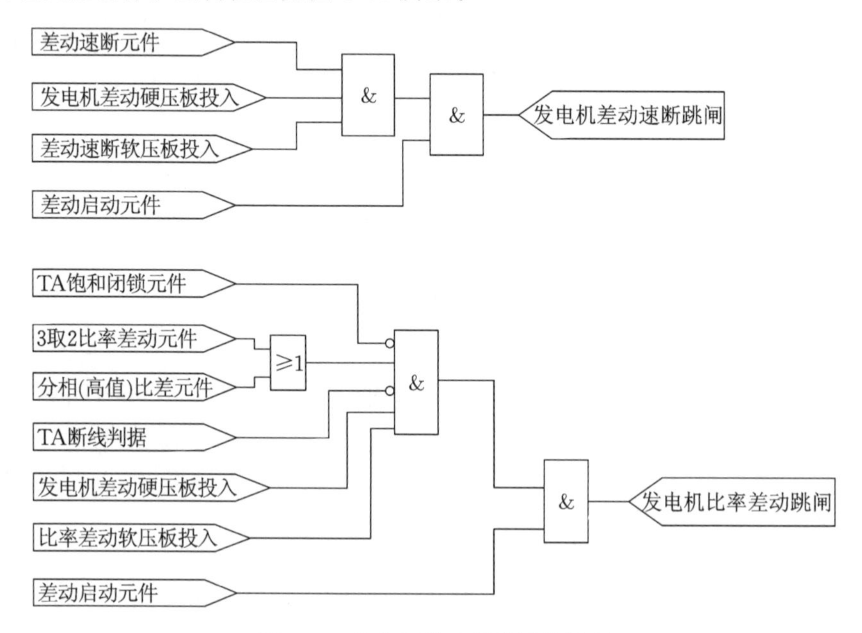

图 5-62 发电机差动保护逻辑框图

2. 发电机采样值差动

发电机采样值差动是微机保护特有的一种差动保护，它将传统的向量转变为各采样点（瞬时值）的比率差动，并依靠多点重复判断来保证保护动作的可靠性。

它的设置主要是为主设备内部故障提供一个“速动段”（其定值远低于差动速断定值，数据窗小于一个周波），可快速切除绝大多数非轻微的主设备内部故障，对于变压器保护，还非常有助于消除二次谐波判据带来的长延时影响。

1）动作方程

动作方程如下：

$$\begin{cases} i_d > i_{icdqd} \\ i_d > k \times i_r \end{cases} \tag{5-34}$$

式中，i_d 为采样值差动电流；i_r 为采样值制动电流；i_{icdqd} 为采样值差动启动电流门槛，k 为采样值差动比率系数。

对于发电机差动，$i_d=|i_1+i_2|$，$i_r=\frac{|i_1-i_2|}{2}$，i_1、i_2 分别为发电机机端侧和中性点侧电流的瞬时采样值；对于变压器差动，$i_d=|i_1+\cdots+i_n|$，$i_r=\frac{|i_1|+\cdots+|i_n|}{2}$，$i_1\sim i_n$ 分别为主变(发变组)差动各侧电流的瞬时采样值，n 最大为 6。

采样值差动动作特性如图 5-63 所示。

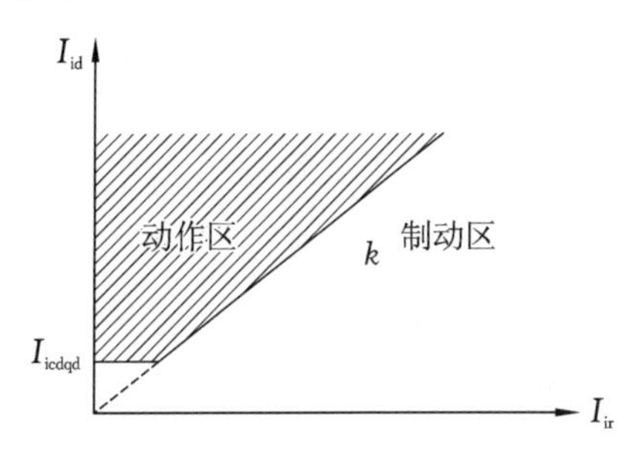

图 5-63 采样值差动保护动作特性

采样值差动具有很强的抗 CT 饱和和躲励磁涌流能力，因此对于变压器差动不需要另外增加 CT 饱和判据、涌流闭锁及过励磁闭锁判据。采样值差动判据的返回条件是稳态差流小于比率差动启动电流定值 I_{cdqd}。

由于采样值差动反映的是时变的瞬时值，且由多点重复判断来保证可靠性，所以其有效动作值有一个下限值和上限值。两者之间有些工况能动，有些工况不能动，称为模糊区。在本装置中模糊区为[$1.414I_{icdqd}$，$1.848I_{icdqd}$]，模糊比为 $\alpha=1.3065$。

2）发电机 3 取 2 采样值差动

通常的发电机内部相间短路，采样值差动都至少有 2 相动作，基于该特点，保护装置的发电机采样值差动采用 3 相中有 2 相以上动作才出口的逻辑，既增强可靠性，还避免了普遍存在的 CT 断线闭锁差动灵敏性和可靠性难以兼顾的问题(不考虑 CT 两相以上同时发生断线)。

3）发电机分相高值采样值差动

当发生发电机异相一点区内、一点区外的特殊故障时，3 取 2 采样值差动将拒动，故设置发电机分相高值采样值差动。该差动保护的门槛较高，既无须考虑 CT 断线闭锁，又能在上述特殊故障下可靠动作。发电机分相高值采样值差动动作特性如图 5-64 所示。

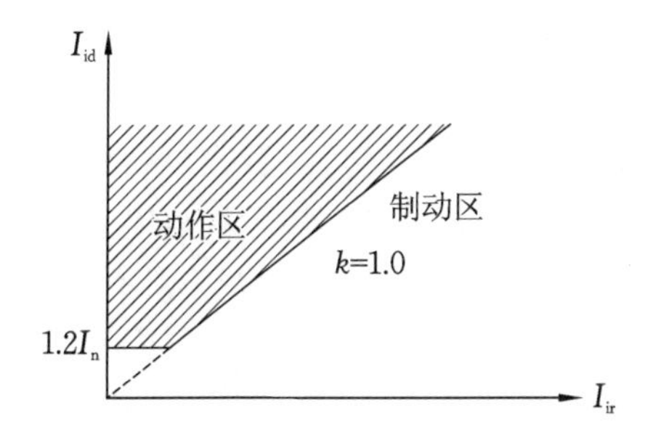

图 5-64 发电机分相高值采样值差动动作特性

4）采样值差动逻辑框图

采样值差动逻辑框图如图5-65所示。

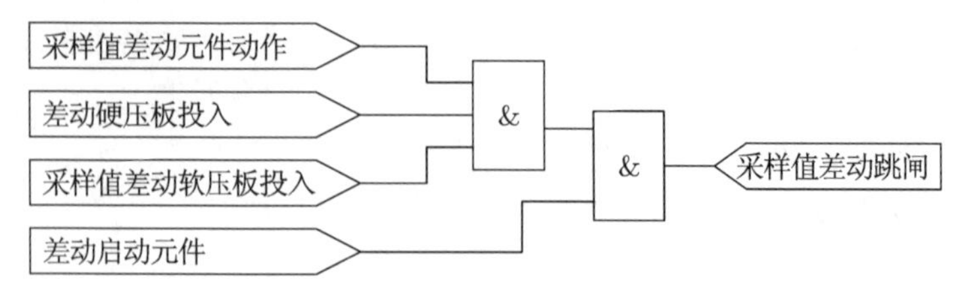

图5-65 采样值差动逻辑框图

5.3.3 发电机微机保护装置PRS-785测试实验

1. 实验要求

（1）掌握发电机保护各项保护功能的测试方法。

（2）熟悉发电机差动元件的动作特性。

（3）掌握发电机差动元件的动作特性的测试方法。

2. 实验接线及定值设置

1）实验接线

（1）交流插件CT额定值配置检查。

按照要求，进入保护装置操作界面“查看”→“保护定值”→“CT额定值”菜单，进行交流插件CT额定值的配置和确认。CT有两种选择：5 A、1 A。实验时需保证现场CT二次额定值、装置内部CT额定值与装置“CT额定值”菜单内的额定值设置保持一致。

（2）输入交流量检查。

在输入交流量调试前，按照给定的参数表整定各装置型号的系统参数（A3可根据A1或A2整定），或根据具体工程参数进行整定。部分参数的整定请参照《PRS-785微机变压器成套保护装置技术说明书》（以下简称说明书）的相关章节。

进入“查看”菜单里的“测量值”菜单，可以查看主保护和后备保护的交流量和谐波量。应分别在各交流电流通道施加相应的电流或电压量，交流量幅值和相位均有显示，交流量幅值误差不大于±2%，相位误差不大于±2°，当交流量幅值、相位误差过大时，应检查交流插件上PT、CT、滤波回路各元件（电阻、电容）参数。

保护采集交流量显示名称和对应含义参见说明书各装置的交流端子接线图，其他交流量含义请参见说明书的附录“装置通信说明”，这里不再一一说明。根据显示结果填写相应调试记录。

（3）开入量检查。

根据实验或工程要求，取相应开入的电压等级（220 V/110 V），检查各开入量状态是否正确（“0”表示接点打开或无该开入，“1”表示接点闭合或有该开入）。注意，一次只允许加入一个开关量检查，装置显示只有相应的开关量有效，其他均无效。检查整屏复归按钮——复归开入的完好性，若无整屏复归按钮，复归开入按空接点方式检查。进入“查看”菜单的“开入量”菜单观察状态变化，主保护和后备保护分别测试。

相应的开入位置和含义参见说明书各装置的开入开出端子排接线图。

几个特殊的开入量测试方法如表5-45所示。

表 5-45 几个特殊的开入量测试方法

<table>
<tr><td>开入</td><td>装置上电,调试菜单进行调试</td></tr>
<tr><td>电源检测</td><td rowspan="2">装置上电,显示“合”;关掉装置电源,拔出 WB636 板装置再上电,显示“分”</td></tr>
<tr><td>采保运行</td></tr>
<tr><td>出口 24 V 电源</td><td>应一直显示分,不进行调试</td></tr>
<tr><td>KI+24 V 电源输入</td><td>应一直显示合,不进行调试</td></tr>
<tr><td>发电机转子保护乒状态</td><td rowspan="2">投入转子接地保护功能,观察两个状态,应分别显示“合”和“分”或“分”和“合”</td></tr>
<tr><td>发电机转子保护乓状态</td></tr>
</table>

(4) 开出与信号回路检查。

进入“调试”→“动作出口”→“主保护”,输入用户口令“800”,针对主保护开出回路进行检查,检查出口继电器各接点是否通断良好,并进行记录;后备保护测试方法同上。

进入“调试”→“信号出口”→“主保护”,输入用户口令“800”,针对主保护信号回路进行检查,检查信号继电器各接点是通断合良好,并进行记录;后备保护测试方法同上。

其中,BSKF1、BSKF2、BSKF3 在保护动作出口情况下进行测试;ZZSD1、ZZSD2 在装置失电情况下进行测试;GJ1-13、GJ2-13、GJ3-13 在保护退出情况下进行测试。

所有的“备用开出”测试实验时可不检查。

“F1”为面板复归按钮,在界面弹出保护事件、发出硬接点信号,保护返回后,按“F1”键可将动作事件和硬接点复归。

2) 保护功能测试实验

PRS-785 微机发变组成套保护装置的保护配置主要包括差动保护和后备保护两个部分。在装置调试过程中,主要利用 ONLLY-6108G real testing system 进行保护逻辑测试。

3) 实验注意事项

(1) 在单项保护测试过程中,应将与当前保护无关的功能硬压板、软压板或控制字退出;将与当前保护相关的硬压板、软压板、控制字或方向元件等投入。测试前请仔细阅读说明书中关于保护原理及整定说明等的相关部分,以保证测试结果正确、有效。

(2) 以下所列保护功能各测试项目在不影响整体测试结果的前提下可作适当简化。

(3) 某些情况若所使用测试仪无法满足表中所列测试条件(如 $20I_n$)的要求时该项目可不进行,或在仪器允许的情况下相应修改测试条件,同时要在校验结果表中注明情况。

(4) 在进行保护测试实验前,先按照参考定值或者现场实际情况整定系统参数,若有特殊需要,可根据实验要求修改系统参数,以验证保护逻辑。

2. 发电机差动保护功能测试实验(完全纵差、不完全纵差、裂相横差)

1) 最小动作电流测试实验

注意,在进行逻辑实验时,必须整定该保护段跳闸出口控制字为非空状态(在整定菜单中整定该保护段的跳闸出口控制字为非 0,如 000001),否则保护逻辑不动作,该保护处于退出状态。

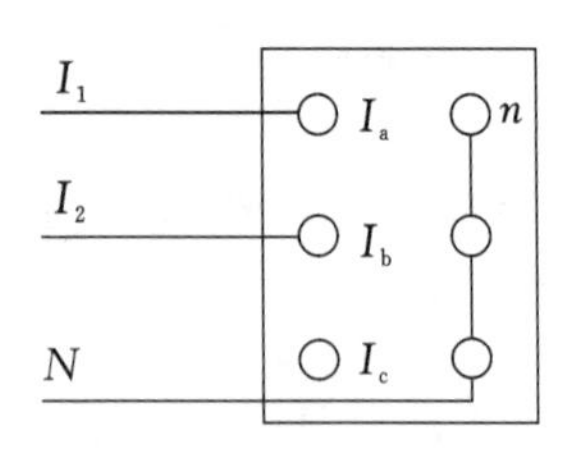

图 5-66 最小动作电流测试实验接线图

由于发电机差动保护采用“3 取 2”的出口方式(发电机裂相横差采用分相差动逻辑),即三相中有两相满足差动动作条件,保护才出口,因此进行该项测试时需同时加入两相电流,以中性点侧 a、b 相差动为例,最小动作电流测试实验接线图如图 5-66 所示。

设置继保测试仪电流输出,固定 $I_2=1.2I_{cdqd}$(式中 I_{cdqd} 为比率差动门槛定值),逐渐增加 I_1 至保护动作,差动出口跳闸指示灯亮,此时 I_1 应等于 I_{cdqd};固定 $I_1=1.2I_{cdqd}$,逐渐增加 I_2 至保护动作,差动出口跳闸指示灯亮,此时 I_2 应等于 I_{cdqd},实验结果应符合技术条件的要求。

该项测试实验应按中性点侧 a、b 相,b、c 相,c、a 相,机端 a、b 相,b、c 相,c、a 相分别进行,保护装置均应可靠动作。实验记录保护动作时的电流值,实验结果应符合保护装置技术条件的要求。

2) 比率制动系数测试实验

对于发电机差动,比率制动系数计算公式为

$$K=\frac{|I_1+I_2|-I_{cdqd}}{\left|\frac{I_1-I_2}{2}\right|-I_{r1}} \tag{5-35}$$

式中,I_1、I_2 分别为发电机、中性点的二次电流,相位相差 180°。注意 I_1、I_2 需乘以各自的平衡系数后,再进行比率制动系数的计算。

(1) 发电机 3 取 2 完全比率差动 K 值验证实验。

进行该项测试实验时,需加入四路电流,接线图如图 5-67 所示。

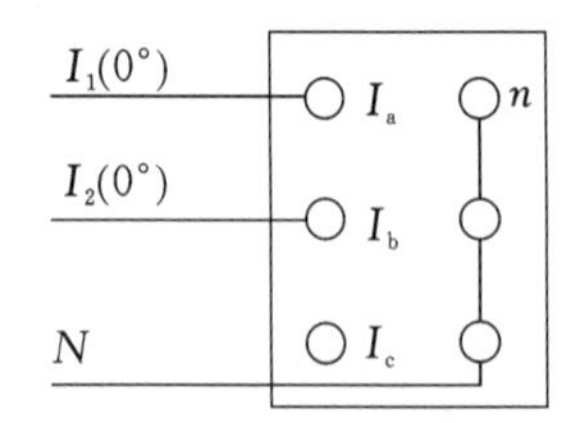

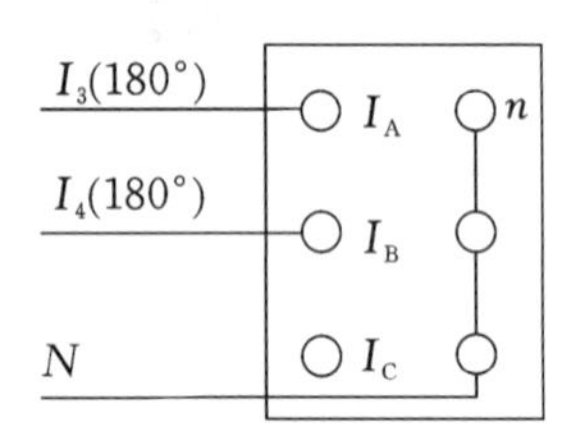

图 5-67 K 值验证实验接线图(四路电流)

一般情况下,如果所用测试仪不能同时输出四路电流,也可以用两路电流,接线如图 5-68 所示。

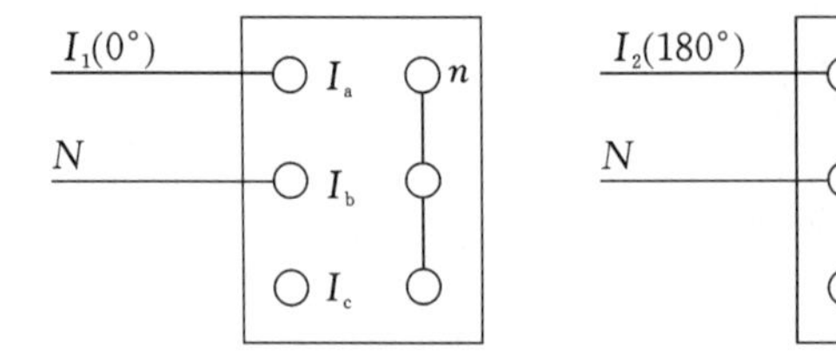

图 5-68 K 值验证实验接线图(两路电流)

在保护装置机端电流输入端子施加电流 I_1,中性点侧施加电流 I_2,I_1、I_2 反相位输入，在比率制动区，施加电流 I_1、I_2 均大于 I_n，固定 I_1（或 I_2），增加 I_2（或 I_1），逐点求得比率制动系数，实测比率制动系数的误差应符合技术条件的要求。具体测试方法举例进行说明。

例 1 定值 $I_{cdqd}=2$ A，$I_{r1}=5$ A，$K=0.5$，若施加的电流 $I_1=6$ A，$I_2=6$ A，缓慢增加电流 I_2，使保护可靠动作，读取此时 $I_2=9.3$ A，根据上述公式可算出 $K=0.5$。

该项测试应按 a、b 相，b、c 相，c、a 相分别进行，保护均应可靠动作，实验结果应符合技术条件的要求。

例 2 机端施加三项电流 I_1（8 A/0°，8 A/240°，8 A/120°），中性点施加电流 I_2（8 A/180°，8 A/300°，8 A/60°），I_1、I_2 反相位输入，此时电流平衡，差流为 0。在比率制动区（$I_r>I_{r1}$），同时改变 I_2 三项电流角度，直到比率差动动作，求得比率制动系数，其误差应符合技术条件的要求（注意，要适当整定差动启动定值、比例系数及拐点电流定值，如定值 $I_{cdqd}=2$ A，$I_{r1}=5$ A，$K=0.5$），此保护逻辑的模拟至少加两项故障电流。

(2) 发电机分相高值完全比率差动实验。

当发电机异相一点区内、一点区外故障时，3 取 2 完全比率差动将拒动，因此设置分相高值完全比率差动。当模拟单相故障时，装置自动进行分相高值完全比率差动逻辑判断，而不是依靠 3 取 2 完全比率差动。此时差动动作方程中 $I_{cdqd}=1.2I_n$，$I_{r1}=1.2I_n$，$K=1$（程序中固定）。

机端施加电流 I_1（A 相 5 A/0°），中性点施加电流 I_2（A 相 5 A/180°），固定 I_1、I_2 幅值为变量，不断增大直至保护动作，根据差动动作方程（此时差动动作方程中 $I_{cdqd}=1.2I_n$，$I_{r1}=1.2I_n$，$K=1$），计算出 K 值为 1。

注意，发电机分相高值完全比率差动门槛值要高于 3 取 2 完全比率差动门槛值，因此在定值中应整定 $I_{cdqd}<1.2I_n$，当整定 $I_{cdqd}>1.2I_n$ 时，发电机分相高值完全比率差动门槛值取大值，即实际整定的 I_{cdqd}，而非程序中固定的 $1.2I_n$，会影响 K 值的验证。

3）拐点测试实验

根据 $I_1+I_2=I_{cdqd}$，$\dfrac{I_1-I_2}{2}=I_{r1}$，可计算出

$$I_1=\frac{I_{cdqd}+2I_{r1}}{2},\quad I_2=\frac{I_{cdqd}-2I_{r1}}{2} \tag{5-36}$$

例如，定值 $I_{cdqd}=2$ A，$I_{r1}=5$ A，根据式(5-36)可得 $I_1=6$ A，$I_2=4$ A。固定 $I_1=6$ A，I_2 由 6 A 开始（与 I_1 相位相差 180°）缓慢降至 4 A 附近，差动动作，这时利用 $I_1=6$ A 以及装置记录动作时刻的 I_2 值，根据公式 $I_{r1}=\dfrac{I_1-I_2}{2}$ 即可计算出拐点的制动电流。

该项测试实验按 a、b 相，b、c 相，c、a 相分别进行，保护均应可靠动作，实验结果应符合技术条件的要求。

4）CT 断线测试实验

CT 断线测试实验接线如图 5-69 所示。

在保护装置发电机机端侧电流输入端子和中性点侧电流输入端子同时施加三相电流，三相电流均大于 $0.06I_n$，且小于 $1.2I_n$，控制开关 K 使得 1、2 导通时，CT 断线不动作；控制开关 K 使得 1、3 导通时，中性点侧的 A 相电流被断开，相当于该相电流断线，CT 断线保护应可靠动作。把开关接于其他相进行测试，CT 断线保护均应可靠动作。

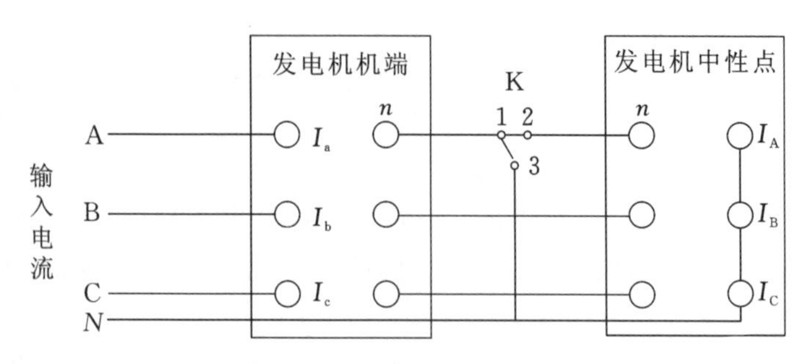

图 5-69 CT 断线测试实验接线

5）动作时间测试实验

调节继保测试仪，在施加两相电流均为最小动作电流的 2 倍的条件下，测量差动保护动作时间，实测值应不大于 25 ms。

3. 发电机基波零序电压定子接地保护测试实验

1）基波零序电压定子接地定值精度测试实验

技术要求：动作值误差不超过±5%，1.2 倍定值时动作时间误差不大于±2.5%。

测试方法：保护装置只投入"基波零序电压保护告警"控制字，将定子接地保护其他控制字退出，"PT 断线机端 PT 自动切换"退出，PT 断线软压板退出。继保测试仪分别向保护装置单独加入机端基波零序电压和中性点基波零序电压进行测试。基波零压跳闸段与报警段共一个电流定值和延时定值，故无须单独测试定值精度。

依据系统参数，中性点基波零序电压到机端的调节系数 $K_{ph}=1$，实验中无须考虑定值的折算。

2）PT 断线对基波零序电压定子接地的影响测试实验

实验 1：将保护装置中"基波零序电压保护延时"定值整定为最小，"PT 断线机端 PT 自动切换"退出，投入"电压平衡型 PT 断线判别 1"，在 PT2 加入三相额定电压，经延时保护装置发出"机端 PT1 断线告警"信号后，单独加入机端零序电压且大于定值，保护不应该动作(PT1 一次断线闭锁机端零序电压元件)。

实验 2：将"基波零序电压保护延时"整定为最小，"PT 断线机端 PT 自动切换"依然退出，投入"单组 PT 断线判据 2(零序电压型)"，投入"电压平衡型 PT 断线判别 1"，在 PT2 加入三相额定电压，经延时装置发出"机端 PT1 断线告警"信号，此时在 PT1 加入两相额定电压，机端 PT1 的零序电压和自产零序电压差大于 18 V，使 PT1 二次断线动作，机端 PT1 的零序电压大于定值时，保护应该动作(仅 PT1 二次断线，不闭锁机端零序电压元件)。

实验 3：将"基波零序电压保护延时"整定为最小，投入"PT 断线机端 PT 自动切换"，退出"单组 PT 断线判据 2(零序电压型)"，投入"电压平衡型 PT 断线判别 1"，在 PT2 加入三相额定电压，经延时装置发出"机端 PT1 断线告警"信号，此时单独加入机端 PT2 零序电压且大于定值，保护应该动作(PT1 一次或者二次断线，零序电压也切换为 PT2)。

实验 4：将"基波零序电压保护延时"整定为最小，投入"PT 断线机端 PT 自动切换"，退出"单组 PT 断线判据 2(零序电压型)"，投入"电压平衡型 PT 断线判别 1"，在 PT1、PT2 加入不同的两相额定电压，经延时装置发出"机端 PT 断线告警"信号，机端

PT1、PT2 断线动作，此时单独加入机端 PT2 零序电压且大于定值，保护不应该动作(PT1 断线，电压切换为 PT2，此时 PT2 也一次断线，依然闭锁机端零序电压元件)。

实验 5：将"基波零序电压保护延时"整定为最小，投入"PT 断线机端 PT 自动切换"，投入"单组 PT 断线判据 2(零序电压型)"，投入"电压平衡型 PT 断线判别 1"，在 PT1、PT2 加入不同的两相额定电压，经延时装置发出"机端 PT 断线告警"信号，机端 PT1、PT2 断线动作，机端 PT2 的零序电压和 PT2 自产零序电压差大于 18 V，使 PT2 二次断线动作，机端 PT2 的零序电压大于定值时，保护应该动作(PT1 断线，电压切换为 PT2，此时 PT2 二次断线，不闭锁机端零序电压元件)。

实验结束后，将实验录波图和结论填入表 5-46 中。

表 5-46　实验记录

实验项目	录波图	实验结论
实验 1		
实验 2		
实验 3		
实验 4		
实验 5		

3) 基波零序电压定子接地保护各故障类型测试

需测试的故障类型包括以下方面。

(1) 基波零序电压报警段，仅投入"报警段投退"软压板，退出跳闸控制字或硬压板，加机端零序电压或中性点零序电压均可，"或"门出口。

(2) 机端基波零序电压投跳闸，投入跳闸段，且"侧别选择"软压板置为投入，"经对侧闭锁"软压板退出，即选择机端零序电压。

(3) 中性点基波零序电压投跳闸，投入跳闸段，且"侧别选择"软压板置为退出，"经对侧闭锁"软压板退出，即选择中性点零序电压。

(4) 机端和中性点基波零序电压投跳闸，投入跳闸段，且"经对侧闭锁"软压板投入，即选择机端零序电压和中性点零序电压的与门出口。

4. 发电机三次谐波电压定子接地保护测试实验

1) 三次谐波电压定子接地定值精度测试实验

技术要求：动作值误差不超过±5%，1.2 倍定值时动作时间误差不大于±2.5%。

实验方法：只投入"三次谐波电压保护告警"控制字，定子接地保护其他控制字退出，"PT 断线机端 PT 自动切换"退出，PT 断线判据软压板退出，分别单独测试"三次谐波电压比率判据""三次谐波电压差动判据"和"自跟踪三次谐波电压判据"(注意，三次谐波电压以机端为基准，中性点侧需要折算到机端侧)。

2) 三次谐波电压比率判据

三次谐波电压比率判据需判发变组是否解列，判解列的条件是：主变高/中侧分别有至少一相为跳位。

3) PT 断线对三次谐波定子接地的影响测试实验

机端 PT 断线仅影响"三次谐波电压差动判据"和"自跟踪判据"，故投入这两个判据，退出三次谐波电压比率判据。

实验1：将“三次谐波电压保护延时”整定为最小，“PT断线机端PT自动切换”依然退出，退出“单组PT断线判据2(零序电压型)”，投入“电压平衡型PT断线判别1”，在PT2加入三相额定电压，经延时装置发出“机端PT1断线告警”信号，此时单独加入机端零序电压三次谐波且大于定值，判据2、判据3不应该动作(PT1一次断线闭锁)。

实验2：将“三次谐波电压保护延时”整定为最小，“PT断线机端PT自动切换”依然退出，投入“单组PT断线判据2(零序电压型)”，投入“电压平衡型PT断线判别1”，在PT2加入三相额定电压，在PT1加入两相额定电压，经延时装置发出“机端PT1断线告警”信号，此时单独加入机端零序电压三次谐波且大于定值，判据2、判据3应该动作(PT1二次断线不闭锁判据2、判据3)。

实验3：将“三次谐波电压保护延时”整定为最小，“PT断线机端PT自动切换”投入，退出“单组PT断线判据2(零序电压型)”，投入“电压平衡型PT断线判别1”，在PT2加入三相额定电压，经延时装置发出“机端PT1断线告警”信号，此时单独加入机端PT2零序电压三次谐波且大于定值，判据2、判据3应该动作(PT1断线，自动切换到PT2)。

实验4：将“三次谐波电压保护延时”整定为最小，“PT断线机端PT自动切换”投入，退出“单组PT断线判据2(零序电压型)”，投入“电压平衡型PT断线判别1”，在PT1加入三相额定电压，经延时装置发出“机端PT2断线告警”信号，此时单独加入机端PT1零序电压三次谐波且大于定值，判据2、判据3应该动作(PT2断线，不影响PT1保护动作)。

实验5：将“三次谐波电压保护延时”整定为最小，“PT断线机端PT自动切换”投入，投入“单组PT断线判据2(零序电压型)”，投入“电压平衡型PT断线判别1”，在PT1加入两相额定电压，经延时装置发出“机端PT1断线告警”和“机端PT2断线告警”信号，此时单独加入机端PT1零序电压三次谐波且大于定值，判据2、判据3应该动作(PT1二次断线、PT2一次断线，PT1加量，保护正常动作)。

实验结束后，将实验录波图和结论填入表5-47中。

表5-47 实验记录

实验项目	录波图	实验结论
实验1		
实验2		
实验3		
实验4		
实验5		

5. 发电机转子接地保护测试实验

1) 发电机转子一点接地保护普通段

由转子一点接地硬压板、一点接地普通段信号软压板、转子一点接地普通段跳闸软压板、转子接地跳闸控制字四个压板组成投退逻辑。

当转子一点接地硬压板、转子一点接地普通段跳闸软压板和转子接地跳闸控制字全投入时，转子一点接地普通段跳闸投入，三者任意一个退出，则跳闸退出；当一点接地普通段信号软压板投入且转子一点接地跳闸退出时，转子一点接地普通段告警投入；当跳闸与报警同时投入时，装置仅默认跳闸段投入。

发电机转子一点接地保护测试实验接线如图 5-70 所示。

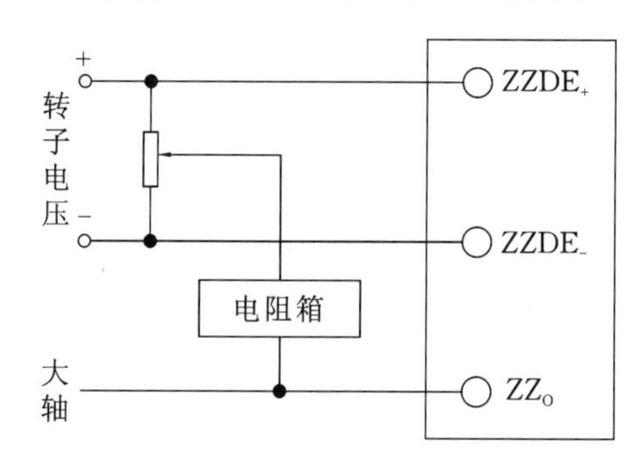

图 5-70 发电机转子一点接地保护测试实验接线图

接地电阻值测试实验：先将两段出口延时整定为最小，在滑行变阻器滑动端与大轴(ZZ_O)之间接一台电阻箱，阻值调为最大；加转子直流电压 110 V 或 220 V，将滑行变阻器滑动端调到中间位置，调节电阻箱降低阻值至灵敏段，使灵敏段动作，此时电阻值误差应符合技术条件要求；保持电阻箱阻值不变，移动滑行变阻器滑动端分别滑至两端，保护应一直动作。在此过程中电阻箱阻值即使有变化，误差应符合技术条件要求。

继续降低电阻箱阻值至普通段，此时普通段应动作，误差应满足技术条件要求。

出口延时测试实验：将滑行变阻器滑动端固定在某一点，调节电阻箱至 0.8 倍定值，测试保护动作延时。测试结果应符合技术条件的要求。

2) 发电机转子两点接地保护

由转子两点接地硬压板、转子接地跳闸控制字两个压板和转子一点接地普通段报警/跳闸等共同组成转子两点接地保护投退逻辑。

当转子一点接地普通段报警/跳闸未动作时，转子两点接地不能投入。

当转子一点接地普通段跳闸投入时，转子两点接地不能投入。

当转子一点接地普通段灵敏段投入，跳闸段不投入时，转子两点接地硬压板、转子接地跳闸控制字全投时，两点接地才允许投入，还必须先一点接地普通段告警后，才进入两点接地判别(注意，装置主界面上的两点接地投退标识未进行如此复杂的判别，仅转子两点接地硬压板、转子接地跳闸控制字全投时就显示投入)。

当转子两点接地硬压板、转子接地跳闸控制字全投任何一个退出时，两点接地均不能投入，还必须先一点接地普通段告警后，才进入两点接地判别。

保护性能测试实验：接线图同一点接地实验图，将滑行变阻器滑动端调节到中间位置(初始位置)，调节电阻箱降低阻值至一点接地保护动作，改变滑行变阻器滑动端位置至变压器某一点(该点与滑动端初始位置点的阻值所占总阻值的比例应为 $\Delta\alpha \pm 0.1$)，两点接地保护应正确动作。

6

电力系统运行实验

电力系统中与电网并联运行的同步发电机，其正常运行方式是指发电机按铭牌额定数据运行的方式。发电机的额定数据是制造厂在其稳定、对称运行条件下给出的，发电机在各相电压和电流都对称的稳态条件下运行时，具有损耗少、效率高、转矩均匀等较好的性能，所以只有严格控制发电机在其允许值范围内运行，才能保障发电机安全而高效的运行。

6.1 同步发电机安全运行极限

6.1.1 同步发电机的运行特性

现代电力系统容量已达几千万千瓦，一台几万或几十万千瓦的发电机并联到如此大的系统中，可以近似地看成是发电机与无限大容量电力系统并列运行。因为无限大容量电力系统的特点是容量很大，因而无论怎样调节所并联的单台同步发电机的有功功率和无功功率，对电力系统的电压和频率都不会有影响。换言之，无限大容量电力系统就是电压和频率不变的电力系统。实际上，当某一台发电机功率变化时，总要引起电力系统电压和频率的微小波动，只是在进行工程分析时忽略不计而已。因而对具有自动调频和调压功能的现代电力系统，这种假设是合理的。

当发电机与无限大容量电力系统并联运行时，简单电力系统的接线图如图 6-1(a)所示，发电机机端电压 U_G 等于常数，频率 f 等于常数。若假设发电机处于不饱和状态，且忽略定子电阻，以隐极同步发电机为例，即可作出如图 6-1(b)所示的磁通势与电流、电压相量图。

图中感应电动势 $\dot{E}_q$ 与端电压 $\dot{U}_G$ 之间的夹角 δ 称为功率角，它由交轴电枢反应形成，其值随有功负荷的变化而变化。如果是纯电感或纯电容性负荷，相量 $\dot{E}_q$ 与 $\dot{U}_G$ 的方向相同，没有交轴电枢反应，则 $\delta=0°$，发电机输出的有功功率为零。图 6-1(b)表示了各主要相量之间的关系。

δ 的另一物理意义为产生 $\dot{E}_q$ 的励磁绕组磁通势 $\dot{F}_0$ 相对于产生端电压 $\dot{U}_G$ 的合成磁通势 $\dot{F}$ 之间的夹角。实际上，$\dot{F}_0$ 与 $\dot{F}$ 之间的夹角既可看成空间相角，又可看成转子磁极中心线与电力系统合成等效发电机磁极中心线间的电角度，这两者在一对磁极的

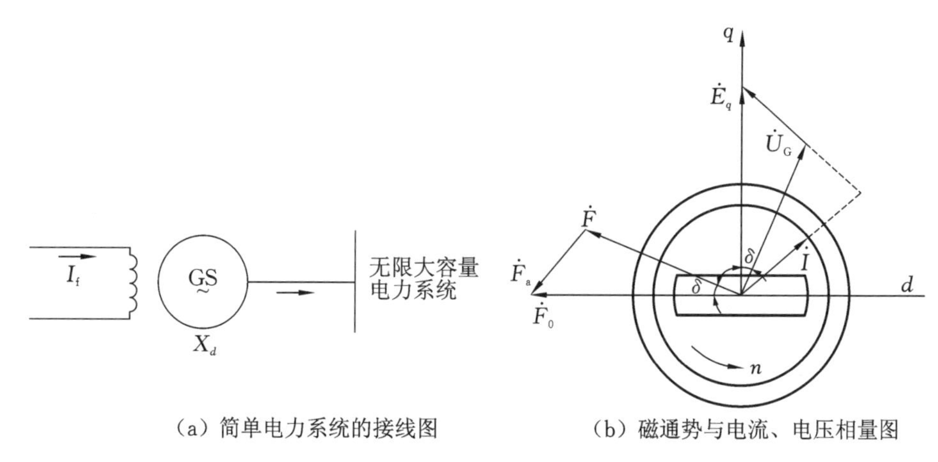

(a) 简单电力系统的接线图 (b) 磁通势与电流、电压相量图

图 6-1 简单电力系统的接线图与相量图

发电机内是统一的。

同步发电机的功率角特性详见 6.1.3 节。

6.1.2 同步发电机安全运行极限测定

同步发电机的运行参数,如有功功率的输出、无功功率的输出、定子电流和转子电流等不一定在额定值运行。与系统并列运行的发电机,不但要知道它在额定功率因数、额定电压下所能担负的有功和无功功率的输出,而且还要知道在不同有功功率输出的情况下,所能提供的无功功率值,或在不同的无功功率输出的情况下,所能提供的有功功率值。因此,确定不同情况下同步发电机的运行极限值,即极限的 P-Q 关系,不但对指导电厂运行人员进行发电机调整,保证发电机的安全运行是必要的,而且对电力系统的运行调度和设计都是很重要的。

同步发电机的静态安全运行极限,即安全运行的 P-Q 极限曲线,受定子发热和绝缘、转子发热、原动机极限输出功率、静态稳定运行极限等条件的限制。当发电机冷却条件一定、定子电压一定时,定子发热主要由定子电流确定,转子发热主要由转子励磁电流确定。

同步发电机类型有凸极式和隐极式之分,这里针对隐极式同步发电机进行实验研究。

1. 隐极式同步发电机的安全运行极限

同步发电机的静态安全运行极限图,是由同步发电机的相量图转化而来,图 6-2 是隐极式同步发电机的安全运行极限图。

1) 定子发热极限

定子绕组的发热与定子电流的平方成正比。因而,为防止定子过热,大型发电机不允许连续过负荷运行。所以 $I=I_N$ 的轨迹圆就是避免定子过热的安全运行极限。图 6-2 中弧$\overset{\frown}{GC}$ 即是这一限制线,C 以下和 G 以上的弧线,则由于转子发热极限和汽轮机输出功率的限制比其更小,故它已不起作用了。

2) 转子发热极限

转子发热正比于转子铜损,而后者又与励磁电流的平方成正比。代表额定励磁电流 $I_{f\cdot N}$ 大小的是$\overrightarrow{MC}$,图 6-2 中弧$\overset{\frown}{CD}$ 就是转子过热的极限。如果定子电压和电流都不变,

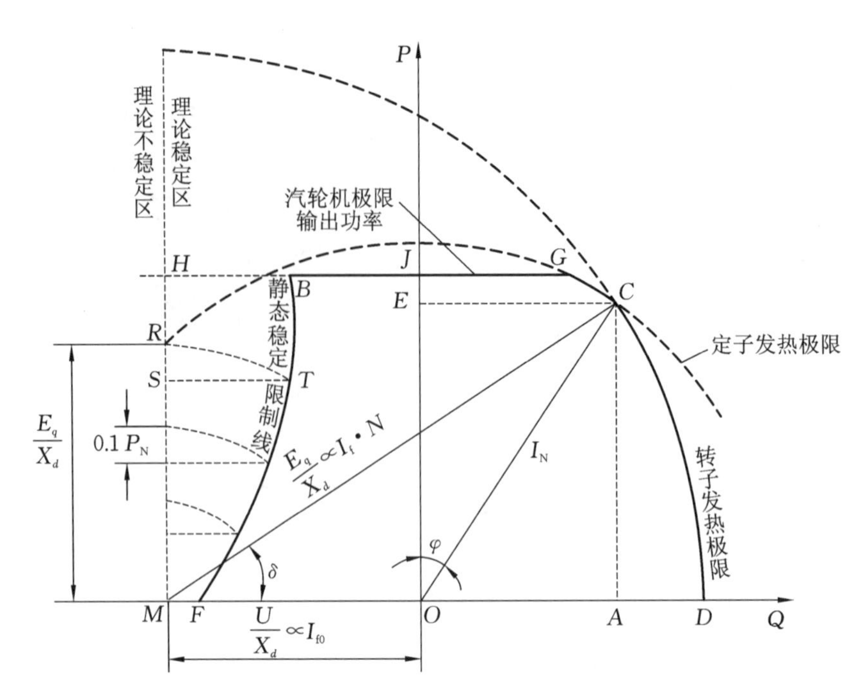

图 6-2 隐极式同步发电机的安全运行极限图

则视功率 S 不变，这时 φ 角加大就意味着 $I_f > I_{f\cdot N}$，转子就会过热；反之当 $\varphi < \varphi_N$，其运行极限则不再由 $I_{f\cdot N}$ 起作用，而由较小的弧$\overset{\frown}{GC}$ 起限制作用。

3）汽轮机输出功率极限

汽轮机是拖动发电机的原动机，因而其额定功率应稍大于发电机的额定功率。图 6-2 中的水平线 BG 即是由汽轮机最大安全输出功率 P_m 所决定的，它比转子发热极限、定子发热极限都小，故成为发电机的安全限制线。

4）静态稳定极限

理论上隐极式发电机的静态稳定极限是 $\delta = 90°$，在图 6-2 中垂直于 MQ 的虚线为虚线 HM。但是实际上运行点绝不能处于 HM 上，总应留出相当大的裕度，如图中弧$\overset{\frown}{BF}$ 所示，发电机运行在其限制线内才是安全的。这个静态稳定限制线是如何得到的呢？下面以实例加以说明。

取额定功率 P_N 的 10% 作为静态稳定储备，因为考虑到有突然过负荷时，也不致失去稳定性，故先在理论稳定边界上取一些点，如点 R，然后保持励磁不变（即 E_q/X_d 不变）画弧$\overset{\frown}{RT}$，然后再从点 R 以下取 $0.1P_N$ 的干扰量得点 S，作水平线 ST，得交点 T。同理可以作出若干点，连成线即得到留有 $10\%P_N$ 裕量的静态稳定限制线。

最后将点 F、B、G、C、D 连起来形成了汽轮发电机的安全运行极限区。实际上如果再考虑电力系统电抗 X_s 的影响，励磁调节器以及短路比的影响等，左侧的静态稳定限制线会更复杂，更小。

2. 安全运行极限的实验测定

实验原理图如图 6-1(a)所示。

首先确定实验用发电机定子电流、转子励磁电流、原动机输出功率的极限值，并确定应保持恒定的定子电压值，然后按下列步骤进行实验测定。

（1）受转子励磁电流极限约束的弧$\overset{\frown}{CD}$的测定。

发电机与系统并列后，保持发电机机端电压等于给定值。调节发电机励磁电流使之等于极限值，即点 D，并保持不变。改变发电机的有功功率输出，可测取图 6-2 中的弧$\overset{\frown}{CD}$。当发电机定子电流也等于极限值时，就是图 6-2 的运行点 C。

（2）受定子电流极限约束的弧$\overset{\frown}{GC}$的测定。

从点 C 开始增加发电机有功功率输出，发电机运行受定子电流约束，即图 6-2 的弧$\overset{\frown}{GC}$，这时应相应地减少转子励磁电流，即减少发电机的无功功率输出，以维持定子电流等于极限值。

当发电机的有功功率输出等于原动机极限值时，可得图 6-2 的点 G，即发电机有功功率输出和定子电流都达到允许极限值的运行状态。

（3）受原动机功率极限约束的线段 BG 的测定。

维持发电机有功功率输出等于极限值，减少发电机励磁电流值，可得图 6-2 的线段 BG。在线段 BJ，发电机处于进相运行状态。

（4）弧$\overset{\frown}{BF}$的测定。

如果点 B 受定子电流极限的约束，则降低发电机的有功功率输出和降低励磁电流，可求得运行于进相状态、受定子电流和静稳定极限约束的弧$\overset{\frown}{BF}$。

将上述(1)～(4)项的实验项目所测量的发电机出口电压 U_G、定子电流 I、有功功率 P、无功功率 Q、励磁电流 I_f 和功率角 δ，记录于表 6-1 中。

表 6-1　静态安全极限实验数据表

测量量	弧$\overset{\frown}{CD}$	点 C	弧$\overset{\frown}{GC}$	点 G	线段 BG	点 B	线段 BF
U_G							
I							
P							
Q							
I_f							
δ							

改变发电机定子电流或励磁电流或发电机有功功率输出极限值或定子电压给定值，重复上述(1)～(4)项内容。

6.1.3　发电机功率特性和功率极限测定

发电机输出的电磁功率与功率角的关系称为发电机的功率特性。这是分析电力系统稳定性问题的一个重要方法。

1. 隐极式发电机的功率特性方程

隐极式发电机的转子是对称的，因而它的纵轴同步电抗和横轴同步电抗是相等的，当不计各元件的电阻及对地导纳支路时，发电机至系统总电抗为 $X_{d\Sigma}$。

1）以空载电动势和同步电抗表示的功率特性方程

以空载电动势和同步电抗表示的功率特性方程为

$$P_{Eq}=\frac{E_qU}{X_{d\Sigma}}\sin\delta \tag{6-1}$$

当发电机与无限大容量母线相连时，母线电压 U 为定值，如果发电机有自动调节励磁装置，并保持 E_q 为定值，则式(6-1)中将只有一个变量——功率角 δ，可作出发电机功率特性曲线，如图 6-3 所示。

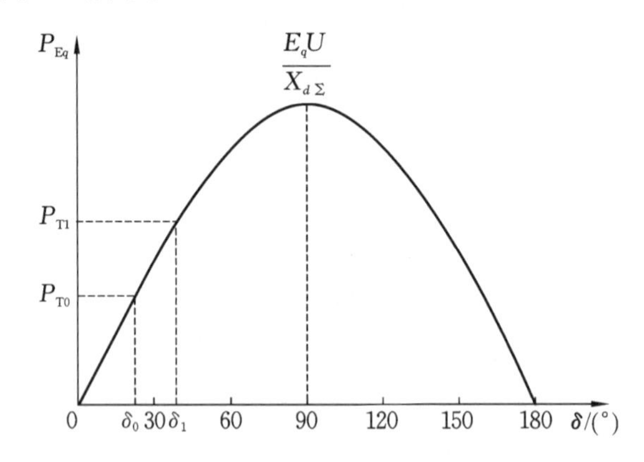

图 6-3 以 E_q 表示的隐极式发电机功率特性曲线

由图可知，发电机功率特性曲线为一正弦曲线，其最大值为 $P_{Eq\cdot\max}=\frac{E_qU}{X_{d\Sigma}}$，也称功率极限。

功率角 δ 在电力系统稳定问题的研究中占有特别重要的地位。它除了表示电动势 $\dot{E}_q$ 和电压 $\dot{U}$ 之间的相位差，即表征系统的电磁关系之外，还表示了各发电机转子之间的相对空间位置。功率角 δ 随时间的变化描述了各发电机转子间的相对运动。如两个发电机电气角速度相同，则功率角 δ 保持不变。如增大送端发电机的原动机功率，使 $P_{T1}>P_{T0}$，则由于发电机转子上的转子平衡遭到破坏，发电机转子加速，发电机转子间的相对空间位置便发生变化，功率角 δ 增大，直至达到新的平衡点。

2）以暂态电动势和暂态电抗表示的功率特性方程

在分析暂态稳定或近似地分析某些有自动调节励磁装置的静态稳定时，往往以横轴暂态电动势 E'_q 和纵轴暂态电抗 X'_d 表示发电机，在这种情况下的功率特性方程为

$$P_{E'q}=\frac{E'_qU}{X'_{d\Sigma}}\sin\delta-\frac{U^2}{2}\left(\frac{X_{d\Sigma}-X'_{d\Sigma}}{X_{d\Sigma}X'_{d\Sigma}}\right)\sin(2\delta) \tag{6-2}$$

当发电机与无限大容量母线相连时，U 为定值，且发电机装有自动调节励磁装置，并能保持 E'_q 为定值。取不同的 δ 值代入式(6-2)中，可绘制出这种情况下发电机的功率特性曲线，如图 6-4 所示。

由于纵轴暂态电抗和其同步电抗不等，即 $X'_{d\Sigma}\neq X_{d\Sigma}$，出现了一个按两倍功率角正弦 $\sin(2\delta)$ 变化的功率分量，一般称为暂态磁阻功率。由于它的存在，使功率特性曲线发生了畸变，从而使功率极限略有增加，并出现在功率角大于 90°处。

2. 凸极式发电机的功率特性方程

若发电机为凸极机，则其纵轴和横轴同步电抗不相等。当不计各元件的电阻及对地导纳时，发电机至系统 d 轴总电抗为 $X_{d\Sigma}$、q 轴总电抗为 X_q。

1）以空载电动势和同步电抗表示的功率特性方程

以空载电动势和同步电抗表示的功率特性方程为

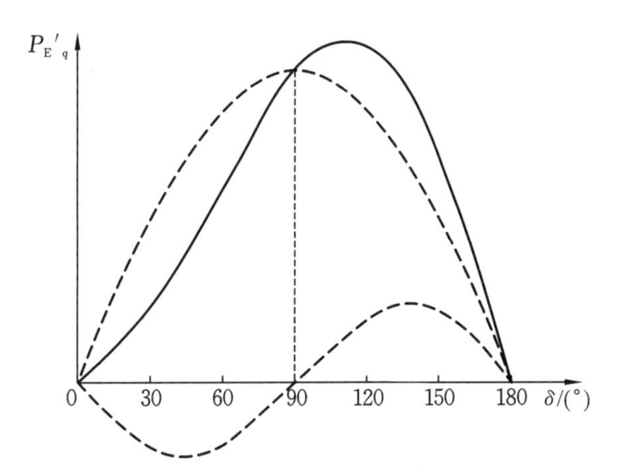

图 6-4 以 E_q' 表示的隐极式发电机功率特性曲线

$$P_{Eq}=\frac{E_qU}{X_{d\Sigma}}\sin\delta+\frac{U^2}{2}\frac{X_{d\Sigma}-X_{q\Sigma}}{X_{d\Sigma}X_{q\Sigma}}\sin(2\delta) \tag{6-3}$$

当无自动励磁调节装置的发电机与无限大容量系统相连时，有 E_q 为定值，$\dot{U}$ 为定值。可以绘制出此种状态下发电机功率特性曲线，如图 6-5 所示。由于纵横轴同步电抗不相等($X_{d\Sigma}\neq X_{q\Sigma}$)，出现了一个按两位功率角的正弦 sin(2δ)变化的功率分量，即为磁阻功率。由于磁阻功率的存在使功率特性曲线畸变，从而使功率极限有所增加，这时功率极限出现在功率角小于 90°处。

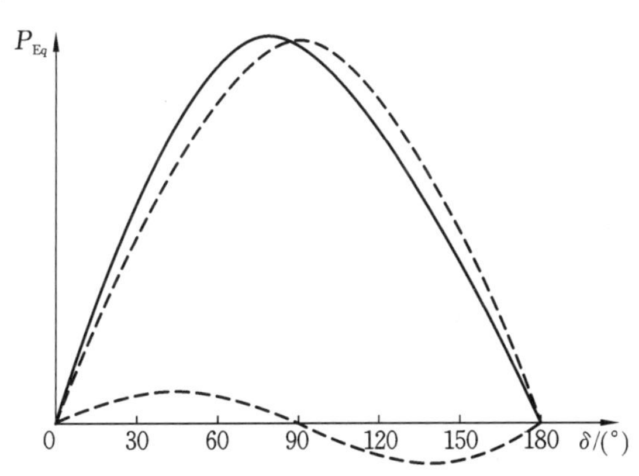

图 6-5 以 E_q 表示的凸极式发电机功率特性曲线

2) 以暂态电动势和暂态电抗表示的功率特性方程

以暂态电动势和暂态电抗表示的功率特性方程为

$$P_{E'q}=\frac{E_q'U}{X_{d\Sigma}'}\sin\delta-\frac{U^2}{2}\frac{X_{q\Sigma}-X_{d\Sigma}'}{X_{q\Sigma}X_{d\Sigma}'}\sin(2\delta) \tag{6-4}$$

按式(6-4)可以绘制凸极式发电机与无限大系统相连，且 E_q' 为定值时的功率特性曲线，如图 6-6 所示。由图可知，这时也出现了暂态磁阻功率分量。但由于凸极式发电机的横轴同步电抗，往往小于隐极式发电机的横轴同步电抗，因此，暂态磁阻功率分量的最大值，往往小于隐极式发电机相应分量的最大值。

3. 无自动励磁调节时功率特性测定

手动励磁方式的实验接线图如图 6-7 所示，发电机经单回路输电线路与无限大容

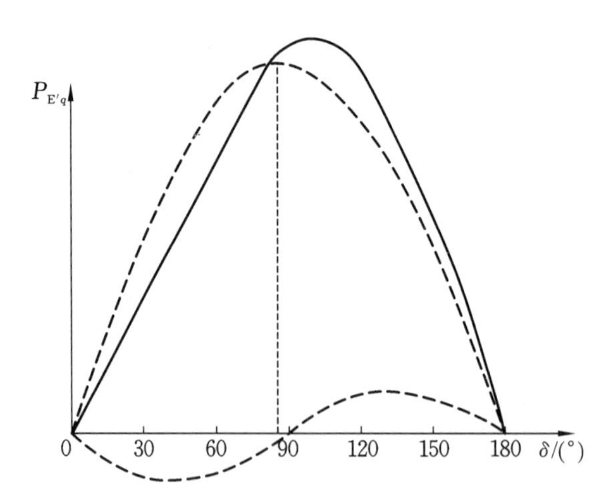

图 6-6 以 E_q' 表示的凸极式发电机功率特性曲线

量系统相连接，发电机励磁主回路采用他励方式，进行手动调节，即开环调节测定发电机的功率特性、功率极限值，同时观察并记录系统中其他运行参数的变化。

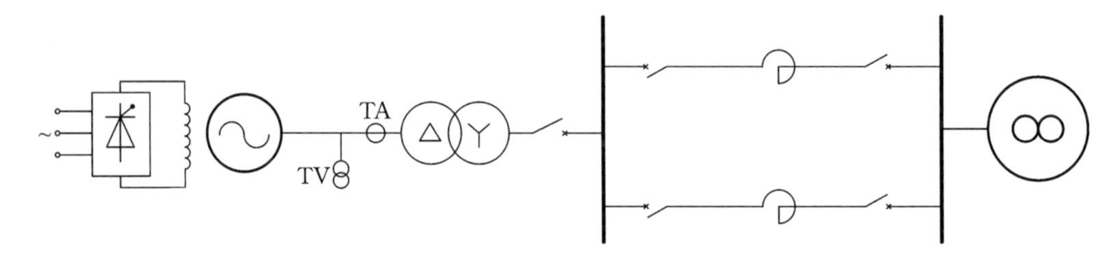

图 6-7 手动励磁方式的实验接线图

1）无调节励磁时功率特性和功率极限值的测定

无调节励磁是指发电机与系统并列以后，调节发电机有功功率，而不调节发电机励磁时的功率特性。实验步骤如下。

（1）启动发电机组至额定转速。

（2）采用手动励磁方式，建立发电机电压至额定值。

（3）合上无限大系统和单回路输电线路开关。

（4）在发电机与系统之间的频率差、电压差、相位差很小时，使发电机与系统并列。

（5）功率角指示器调零。

（6）逐步调节原动机功率，增加发电机输出的有功功率，而不调节发电机励磁。

（7）观察系统中各运行参数的变化并记录于表 6-2 中。

（8）记录发电机功率极限值和达到功率极限时的功率角值。

表 6-2 无调节励磁时功率特性实验数据

功率角 δ/(°)	0	10	20	30	40	50	60	70
有功功率 P/W	0							
定子电流 I/A	0							
无功功率 Q/Var	0							
机端电压 U_G/V								

实验应注意以下两点。

(1) 有功功率应缓慢调节，每次调节后，需等待一段时间，观察系统是否稳定，以取得准确的测量数据。

(2) 当系统失稳时，减小原动机出力，使发电机拉入同步状态。

2) 手动调节励磁时功率特性和功率极限值的测定

在与无调节励磁相同的运行方式下，增加发电机有功功率输出时，手动调节励磁，保持发电机机端电压恒定，测定发电机的功率特性和功率极限值，并与无调节励磁时所得的结果进行分析比较。实验步骤如下。

(1) 启动发电机组至额定转速。

(2) 采用手动励磁方式，建立发电机电压至额定值。

(3) 合上无限大系统和单回路输电线路开关。

(4) 发电机与系统并列后，使 $P=0$、$Q=0$、$\delta=0$。

(5) 逐步增加发电机输出的有功功率，调节发电机励磁，保持发电机机端电压恒定或无功功率输出为零。

(6) 观察系统中各运行参数的变化，并记录于表 6-3 中。

表 6-3 手动调节励磁时功率特性实验数据

功率角 δ/(°)	0	10	20	30	40	50	60	70	80
有功功率 P/W	0								
定子电流 I/A	0								
无功功率 Q/Var	0								
转子电流 I_f/A									

4. 采用自动励磁调节器时功率特性测定

将自动励磁调节装置接入发电机励磁系统，分别测定在自并励方式、他励方式下的功率特性和功率极限值，并将结果与无调节励磁和手动调节励磁时的结果进行比较，分析自动励磁调节器的作用。以下实验中调差系数均整定为 3%。

1) 自并励励磁方式下功率特性测定

自并励励磁方式的实验接线图如图 6-8 所示，发电机的励磁功率单元的励磁电源，取自于发电机自身的机端。这种励磁方式称为自并励方式，此励磁方式在起励建压时，需外加助磁电源起励。实验步骤如下。

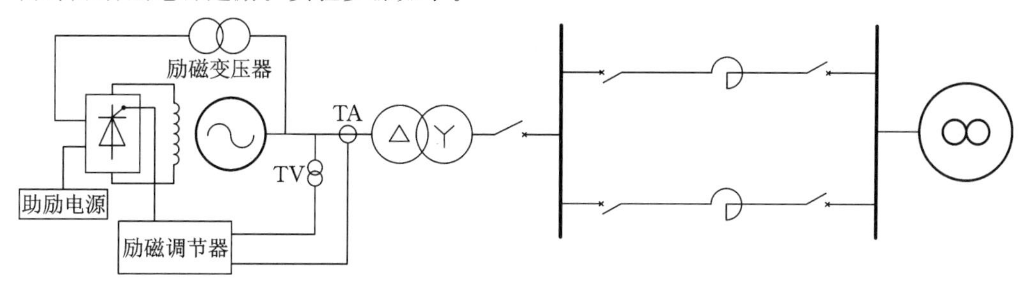

图 6-8 自并励励磁方式的实验接线图

(1) 启动发电机组至额定转速。

(2) 励磁调节器自动投助磁建压至额定值(自动励磁调节器采用恒压控制方式)。

(3) 发电机与系统并列,使各初始值为零。

(4) 逐步增加发电机输出的有功功率,同时励磁调节器自动调节。

(5) 观察系统中各运行参数的变化,并记录于表 6-4 中。

表 6-4 自并励方式的功率特性实验数据

功率角 δ/(°)	0	10	20	30	40	50	60	70	80	90
有功功率 P/W										
定子电流 I/A										
无功功率 Q/Var										
转子电流 I_f/A										

2) 他励励磁方式下功率特性测定

他励励磁方式的实验接线图如图 6-9 所示,发电机的励磁功率单元的励磁电源,取自于无限大容量系统,这种励磁方式称为他励方式。实验步骤如下。

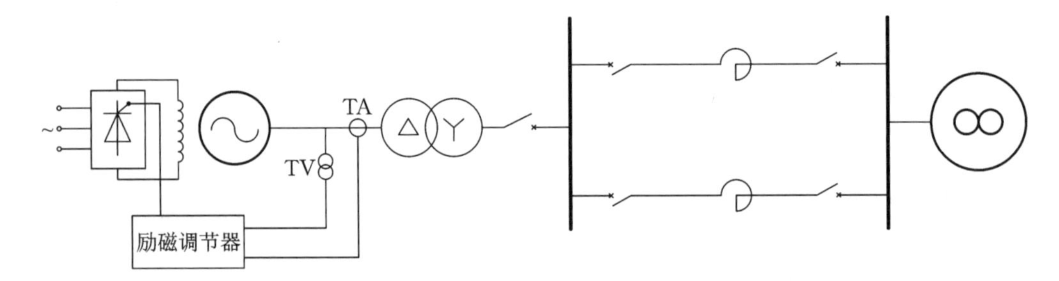

图 6-9 他励励磁方式的实验接线图

(1) 启动发电机组至额定转速。

(2) 励磁调节器自动建压至额定值(励磁调节器采用恒压控制方式)。

(3) 发电机与系统并列,使各初始值为零。

(4) 逐步增加发电机输出的有功功率,并将实验数据记录于表 6-5 中。

表 6-5 他励方式的功率特性实验数据

功率角 δ/(°)	0	10	20	30	40	50	60	70	80	90	100
有功功率 P/W											
定子电流 I/A											
无功功率 Q/Var											
转子电流 I_f/A											

6.2　同步发电机进相运行实验

现代电力系统发展迅猛，输电线路的电压等级不断提高，输电距离越来越长，因而线间及线对地的电容加大，加之一些配电网使用了电缆线路，从而引起了电力系统电容、电流的增加，增大了电容性无功功率。特别是在节假日、午夜等低负荷下，线路所产生的无功功率过剩，使系统的电压上升，以致超过允许范围。

过去一般采用并联电抗器或利用调相机来吸收这部分剩余无功功率，但有一定限度，且增加了设备投资。早在20世纪50年代，国外就开始实验研究大容量发电机的进相运行，用以吸收无功功率，进行电压调整。我国也广泛开展了进相运行的实验研究。实践表明，这是一项切实可行的办法，无须增加额外的设备投资，能收到同样的效果。

6.2.1　进相运行的基本概念

迟相与进相运行概念图如图6-10所示，表示发电机直接接于无限大容量系统的情况，其机端电压$\dot{U}_G$恒定。设发电机电动势为$\dot{E}_q$，负荷电流为$\dot{I}$，功率因数为φ，调节励磁电流I_f，在$\dot{U}_G$不变的条件下，随着$\dot{E}_q$的变化，功率因数角φ也在变化。如增加励磁电动势，$\dot{E}_q$变大，此时负荷电流$\dot{I}$产生去磁电枢反应，功率因数角φ是滞后的，发电机向系统输送有功功率P和无功功率Q，即为迟相运行。反之，如减少励磁电流，使$\dot{E}_q$减小，功率因数角就变为超前，发电机负荷电流$\dot{I}$产生助磁电枢反应，这时发电机向系统输送有功功率P，但吸收无功功率Q，即为进相运行。

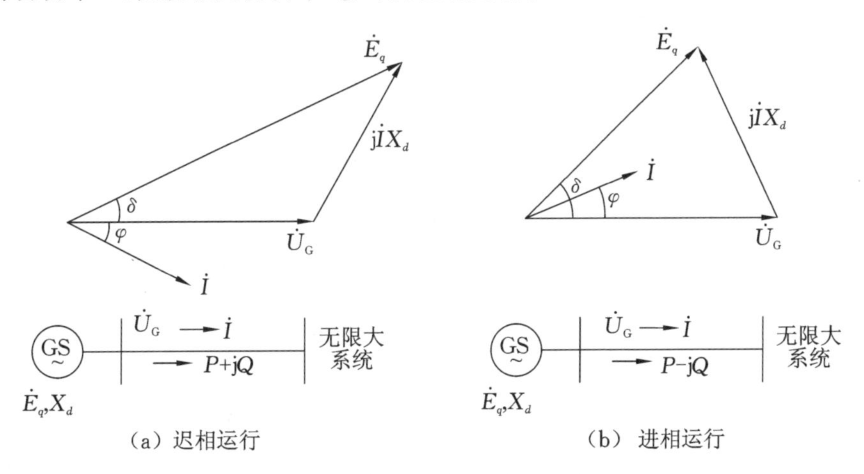

图6-10　迟相与进相运行概念图

当前，对发电机的进相运行，虽然尚未正式制定出国际或国家标准，但根据大量实验结果及运行经验，已得出一个结论性的建议，即所有短路比不小于0.4的发电机在额定有功功率的条件下，吸收功率因数为0.95的无功功率是可行的。

6.2.2　同步发电机进相运行实验

启动发电机组至额定转速，合上发电机励磁开关，建立额定电压，将发电机经输电线路与系统并列，增加原动机出力和发电机励磁，使发电机带上额定有功功率和无功功率，然后进行如下实验。

1）调整发电机使其进相运行

当发电机运行在额定有功功率和无功功率时，观察各种表计读数和功率角，可看到发电机输出无功功率，即为迟相运行。将发电机的励磁电流、无功功率、有功功率、机端电压、定子电流和功率角记录在表6-6中。然后将发电机励磁下降，直至无功功率为零，即为纯有功功率运行，记录各种表计读数和功率角，填入表6-6中，并与上次比较。

表6-6 进相运行实验数据表

序号	励磁电流 I_f	无功功率 Q	有功功率 P	机端电压 U_G	定子电流 I	功率角 δ
1						
2						
3						
4						
5						

2）观察进相运行对稳定的影响

当继续缓慢降低发电机励磁时，进相无功功率将继续增大。机端电压随之下降，直至发电机失去稳定、与系统异步运行为止，此时发电机电压崩溃，发电机转速上升，这时应立即减少原动机功率，维持机端电压额定，如不能拉入同步，则应迅速解列，调整发电机转速使之为额定。

在实验过程中，应分别记录发电机进相运行时的最大稳定无功功率以及发电机和系统的电压值，在整个迟相到进相的调整中，观察功率角的变化过程。

6.3 同步发电机的不对称运行实验

电力系统的不对称运行是指组成电力系统的电气元件三相对称状态遭到破坏时的运行状态，如三相阻抗不对称、三相负荷不对称等。而非全相运行是指不对称运行的特殊情况，即输电线、变压器或其他电气设备断开一相或两相的工作状态。

不对称运行实验原理接线图如图6-11所示，输电线路XL1两端采用QF51、QF52开关，XL3采用QF41开关；输电线路Ⅱ回XL2两端采用QF53、QF54分相开关，即可进行单相跳闸，当进行非全相运行实验时，QF51、QF52、QF41开关不合上，即输电线路Ⅱ回运行，任意断开一相则成两相运行。当进行不对称负荷实验时可断开QF41开关，负荷母线上接不对称负荷，也可采用双回路运行，断开输电线路Ⅱ回其中一相，使并联的双回输电线路不对称运行。

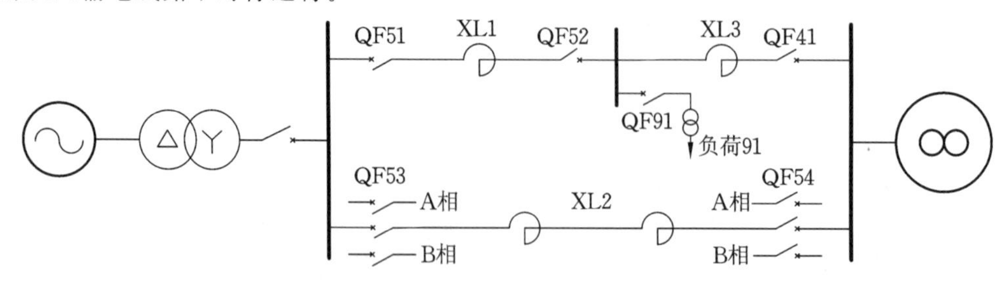

图6-11 不对称运行实验原理接线图

6.3.1 非全相运行实验

建立如图 6-11 所示的实验系统，启动发电机组，经能分相操作的模拟输电线路与系统并列运行，并带上一定的有功和无功负荷，记录此时的各相电流、电压，以及有功功率、无功功率和功率角，填入表 6-7 中。

表 6-7 不对称运行实验数据表

运行方式	I_A	I_B	I_C	U_A	U_B	U_C	P	Q	δ
正常运行									
非全相运行									
不对称运行									

断开任一相线路开关，使系统处于非全相运行，即两相不对称运行状态。同时观察系统和发电机各仪表指示的变化情况，以及功率角的摆动情况。注意，一般实验设备使用的有功、无功功率测量表计均采用三相电压、两相电流方式，按两表法原理测量功率，故要求三相完全对称，才能读数正确，在不对称情况下，此类表不能正确反映实际的有功、无功功率。

通过故障录波仪可以看各相的电流、电压大小以及相位关系，可以计算有功、无功功率，通过动态功角测量装置记录功角的大小和变化曲线。

6.3.2 不对称负荷运行实验

方法一：将同步发电机通过变压器和 XL1 输电线路与负荷母线上的不对称负荷相接(断开 QF41、QF53、QF54 开关)，改变不对称程度和负荷大小，观察各相电流、电压、有功功率、无功功率的变化。

方法二：采用图 6-11 所示的双回路输电线路系统，即合上所有开关。然后断开任一相线路开关，使系统处于五相运行，即不对称运行，记录此时的各相电流、电压、有功功率、无功功率和功率角。

发电机不对称负荷的允许范围，由以下三条决定。

(1) 负荷最重的那一相的定子电流，不应超过发电机的额定电流。

(2) 转子任何一点的温度，不应超过转子绝缘材料等级和金属材料的允许温度。

(3) 不对称运行时出现的机械振动，不应超过允许范围。

6.4 同步发电机失磁异步运行实验

同步发电机失磁异步运行是指同步发电机失去励磁后，仍带有一定的有功功率，以低频率差与电网继续并列运行的一种特殊运行方式。在该运行方式下，发电机从电网吸收大量的感性无功功率，定子电流增大，定子电压下降，有功功率减小。

同步发电机失磁故障(突然部分或全部失去励磁)所占机组故障比例最大，它是电力系统常见故障之一。特别是大型机组，励磁系统的环节较多，造成励磁回路短路或开路故障的概率增大，例如励磁回路或励磁装置故障、励磁开关误断开等原因均导致发电机失磁。通常，这类故障能较快消除，或切换至备用励磁机恢复励磁。因此，有必要研究发电机能否在短时间内无励磁异步运行的问题。

如果发电机失磁立即由失磁保护动作跳闸，不仅对热力设备安全非常不利，而且机组解列操作复杂，容易造成温差、胀差超过规定或断油磨瓦、弯轴等严重事故。而在电网和机组本身允许的条件下，发电机失磁后短时间内采用异步运行方式，继续与电网并列且发出一定有功功率，待运行人员手动或由装置自动恢复励磁后进入同步运行，对于保证机组和电网安全、减少负荷损失等均具有重要意义。

6.4.1 同步发电机失磁后的机电暂态过程

发电机失磁后运行状态的变化，大致可以分为三个阶段：从失磁到失步、从暂态异步运行到稳定异步运行以及再同步过程。

1. 从失磁到失步的过程

发电机刚刚失去励磁时，转子仍以同步转速继续运行。虽然励磁电压已为零，但由于励磁回路的高电感性，转子直流励磁电流不能立刻减少到零，而是按指数规律衰减到零，即

$$i_f(t)=i_f(0)e^{t/\tau_f} \tag{6-5}$$

式中，$i_f(t)$为失磁后 t 时刻（单位为 s）的转子直流励磁电流；$i_f(0)$为失磁前瞬间 $t=0$ 时刻的转子励磁电流；τ_f为转子回路时间常数，如果励磁绕组开路，则由纵轴阻尼回路时间常数来决定。

相应的发电机感应电动势也按如下公式减小：

$$E_q(t)=[E_q(0)-E_{q\cdot rest}]e^{-t/\tau_f}+E_{q\cdot rest} \tag{6-6}$$

式中，$E_q(t)$为失磁后 t 时刻（单位为 s）的定子感应电动势；$E_q(0)$为失磁前瞬间 $t=0$ 时刻的定子感应电动势；$E_{q\cdot rest}$为由于剩磁所产生的定子感应电动势。

如果发电机机端电压恒定，U_G为常数，则根据电磁功率公式，发电机送出的同步电磁功率随 $E_q(t)$减小而减小。

由于电磁功率的减小，在转子上出现转矩不平衡的现象，即原动机转矩除用以抵消电磁转矩和摩擦转矩之外，还有剩余转矩，从而驱使同步机加速，使 $E_q(t)$与 U 之间的夹角 δ 不断增大，以恢复发电机电磁功率 P_E与原动机功率 P_T间的暂时平衡。如果忽略摩擦损耗功率，则可得图 6-12 所示的发电机失磁过程功率角与功率变化示意图，图中点 2 和点 3 为发电机失磁后暂态过程的一个暂时平衡点。如果这种状态继续下去，当励磁电流减小到某个值时，使角 δ 增大到大于静态稳定极限角，$P_T>P_E$，则发电机在剩余转矩作用下终将失去同步，转子被加速而超出同步转速运行。

当发电机超出同步转速运行时，发电机转子与定子旋转磁场有了相对运动，即它们之间有了转差率。转差率也称滑差，就是定子旋转磁场的同步转速（n_0）和转子转速（n）之差与定子旋转磁场的同步转速（n_0）的比值，一般用百分数表示时，有如下形式：

$$s=\frac{n_0-n}{n_0}\times 100\% \tag{6-7}$$

式中，s 为转差率，无量纲；n_0 为定子旋转磁场的同步转速（单位为 r/min）；n 为转子转速（单位为 r/min）。

这时，发电机便以转差率 $s(s<0)$超出同步转速，从而进入异步状态运行。

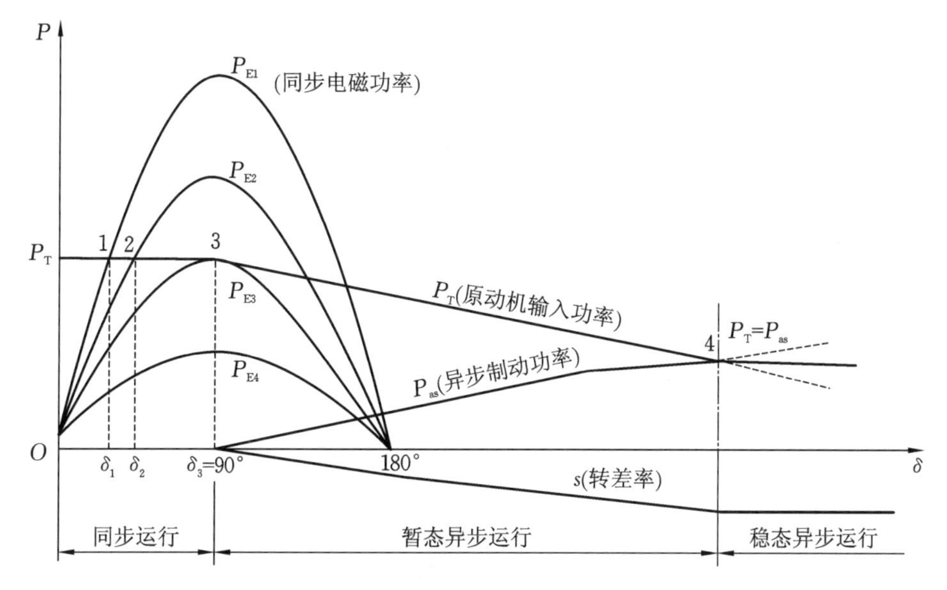

图 6-12 发电机失磁过程功率角与功率变化示意图

该转差率在励磁绕组、阻尼绕组中感应出转差率频率电流，此电流产生的磁场与定子旋转磁场相互作用产生异步制动转矩 M_{as} 和异步制动功率 P_{as}，它随转差率增大而增大，而原动机输入功率 P_T 按调速器特性随转速增大而减小（或人为地减小 P_T），当 $P_T=P_{as}$ 时（即图 6-12 点 4），达到新的平衡，发电机进入到稳态异步运行状态，s 维持一定值。

2. 从暂态异步运行到稳态异步运行过程

发电机在异步状态运行时，由于定子绕组仍接于电网，在定子绕组中继续流过三相对称的无功电流，此电流所产生的旋转磁场同样为同步旋转磁场。当转子以转差率 s 切割定子同步旋转磁场时，在转子绕组、阻尼绕组及转子的齿与槽锲中，将分别感应出转差率频率的交流电流，这个单相交流电流就是发电机失去直流励磁以后的交流励磁电流。该电流又建立了以同样频率相对于转子脉动的磁场。所以，发电机在异步状态运行时，其电磁转矩，即为定子同步旋转磁场和转子各回路电流所对应的脉动磁场相互作用而产生的转矩分量的总和。

同样，在转子纵轴和横轴阻尼回路中，也感应出相应于转差率频率的单相电流，并产生脉动磁场。这些磁场可分别分成旋转方向相反的两个磁场，其正向旋转磁场产生以双倍转差率频率交变的异步转矩分量，反向旋转磁场产生符号不变的恒定的异步转矩分量。发电机失磁后，在异步状态运行时，其异步转矩即为以上各异步转矩分量之和。

在一定范围内，转速越高，异步转矩越大。当异步转矩与原动机转矩相平衡时，就出现了新平衡状态，此时转速不再升高。发电机在某一转差率下维持稳定运行，故称这种运行状态为稳态异步运行。

3. 再同步过程

处于异步运行的发电机恢复励磁电流后，由异步重新转入同步运行的过程称为再同步过程。这一过程可从作用在转子上转矩的变化加以阐述。

1）异步转矩

未恢复励磁时，发电机转矩主要受原动机传递过来的驱动转矩 M_T 和起阻力矩作

用的异步转矩 M_{as}共同作用，维持一定的转差率，稳定运行。M_T和 M_{as}两个转矩对应的功率分别为 $P_T=M_T s$ 和 $P_{as}=M_{as}s$，如图 6-13(a)所示。

异步转矩是由定子旋转磁场与转子反向旋转磁场相互作用产生的。其作用是让转子接近同步转速，当转子转速低于同步转速时，它帮助转子升速($s>0$)；反之它将降低转子的转速($s<0$)，故为阻力矩。但它永远不能把转子拖入同步，转子一进入同步，则 $s=0$，异步转矩 P_{as}亦消失。另一个异步转矩是由定子旋转磁场以及与转子同向旋转磁场相互作用产生的，它以两倍于转差率频率而交变，其平均值趋于 0，故在再同步过程中不起同步作用。

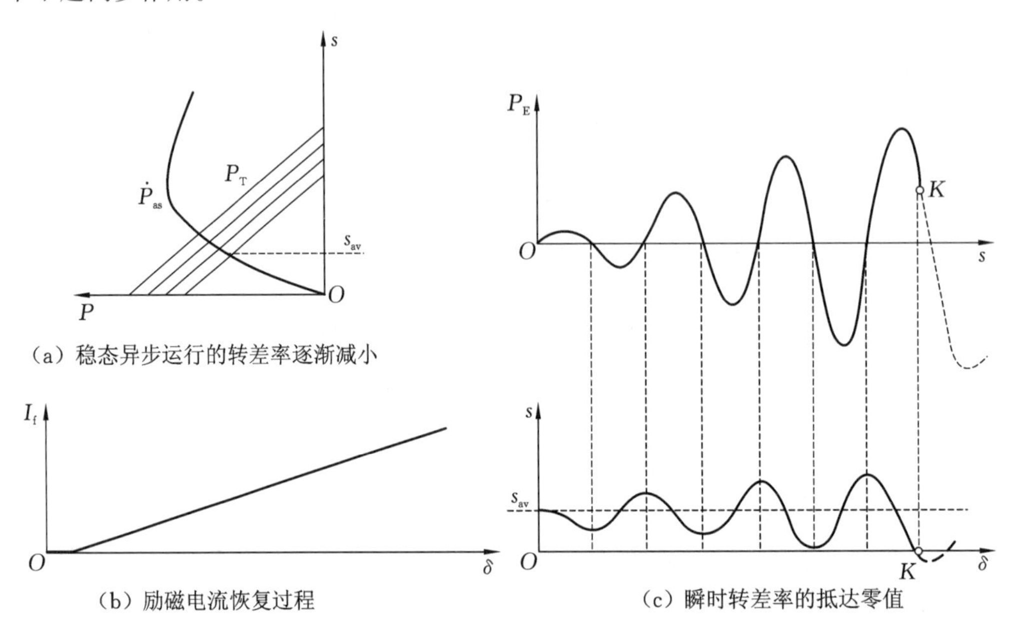

图 6-13 投入直流励磁重新进入同步的过程

2) 同步转矩

当直流励磁电流恢复时，其过程也是按指数规律增加的(见图 6-13(b))，励磁电流 I_f所建立的转子磁场与定子旋转磁场相作用产生同步转矩 M_E，同步转矩对转子的作用是将转子拉入同步。随着励磁电流 I_f的增长，与之成正比的发电机电动势也逐步增大，相应地，同步转矩 M_E及电磁功率 P_E也随之变化，即

$$P_E=\frac{E_q U_G}{X_d(s)}\sin(\delta_0+st) \tag{6-8}$$

$$M_E=P_E/s \tag{6-9}$$

式中，E_q为发电机内电动势；U_G为发电机机端电压；X_d为直轴同步电抗，是转差率 s 的函数，当 $s=0$ 时，$X_d(s)=X_d$，当 s 增大时，$X_d(s)$ 减小，s 足够大时，$X_d(s)$接近于 X''_d；δ_0为 $t=0$ 时的功率角。

由式(6-8)可以看出，同步功率 P_E(或同步转矩 M_E)是以转差率频率作正弦脉动的，时正时负，如图 6-13(c)所示。在同步功率为正的半周内，发电机转子减速，瞬时转差率减小；同步功率为负的半周内，发电机转子加速，瞬时转差率增大，且随着励磁电流的增大，同步功率的振幅也逐渐增大，瞬时转差率的变化幅度也逐渐增大。另一个趋势是运行人员在减负荷，使平均转差率逐步减小，这样有可能在某一瞬间，如图 6-13(c)中的 K 点，瞬时转差率抵达 0 值，发电机便重新拖入同步运行，异步转矩消失。

6.4.2 同步发电机失磁后观察到的现象

发电机失磁后的异步运行状态与失磁前的同步运行状态相比有许多不同之处。这一点也可由表计的变化看出。通过上述对失磁后机电暂态过程的分析，可以清楚地看出产生这些区别的原因。

1）转子电流表指示等于零或接近于零

当发电机失去励磁后，转子电流迅速地依指数规律衰减，其减小的程度与失磁原因、剩磁大小有关。当励磁回路开路时，转子电流表指示为零；当励磁回路短路或经小电阻闭合时，转子回路有交流电流通过，直流电流表有指示，但指示值很小。

2）定子电流表摆动且指示增大

定子电流显著增大。由于需要建立工作磁通（磁化电流）和漏磁通，故无功功率分量增大了，定子电流以及从电网吸收的无功功率，随 s 的增大而增大。

定子电流增大的同时又发生摆动的原因有二。一是转子正向旋转磁场分量在定子绕组里感应出频率为 $1+2|s|$ 的交流电流，该交流电流叠加在定子基频电流上，从而形成周期性的振荡，造成定子电流摆动且幅值明显增大。二是发电机磁路不对称。发电机磁路略有不对称时，磁阻小的地方，电流所产生的磁通密度大，磁阻大的地方，同一电流所产生的磁通密度小。因此，在定子绕组中所产生的 $1+2|s|$ 频率电流的幅值也随之发生波动，其波动频率与转子的转速一致。

3）有功功率表指示减小，并且也发生摆动

发电机失磁转入异步运行过程中，由于转矩不平衡，引起转速的升高，在调速器失灵区范围以外，调速器自动关闭小气门（或导水翼）。原动机输入功率减小，发电机输出的有功功率也相应减小，直到原动机转矩 M_T 与发电机异步转矩 M_{as} 相平衡时，调速器停止动作，有功功率输出达到小于初始功率的某一稳定值。

有功功率的摆动，是由转子正向旋转磁场产生的两倍转差率频率的异步转矩所导致的。

4）无功功率表指示负值，功率因数表指示进相

发电机失磁转入异步运行后，相当于一个转差率为 s 的异步发电机。一方面向系统输送有功功率；另一方面也从系统吸收大量的无功功率，其值约为 $0.7P_N \sim 0.8P_N$。所以无功功率表指示负值，功率因数表指示进相。

5）机端电压显著下降，且随定子电流摆动

由于定子电流增大，线路压降增大，导致机端电压下降，危及厂用负荷安全稳定运行。如在发电机带 $50\%P_N$ 时，6.3 kV 厂用母线电压平均值约仍为失磁前的 78%，最低值达 72%。

6）转子各部分温度升高

异步运行发电机的励磁绕组、阻尼绕组、转子铁心等处产生转差率电流，从而在转子上引起损耗使温度升高，特别是在转子本体端部，温度升高。它们的大小与异步电磁转矩和转差率成正比，严重时将危及转子的安全运行。

6.4.3 同步发电机失磁异步运行实验

同步发电机失磁异步运行实验的意义在于，能真实而准确地从电网和发电机的综

合特性判定发电机的异步运行能力，还能全面考核汽轮发电机组、自动调节系统及保护装置的综合性能和运行可靠性。这样，既可弥补理论计算的某些不足，又为电网运行条件下发电机采用异步运行方式的可行性提供了检验依据。

1）部分失磁后的暂态过程研究

同步发电机与系统并列运行，并输出一定的有功功率，突然减少励磁使其部分失磁，采用记录仪或数字示波器，记录发电机电流、电压、功率、转差率等，进行研究分析。当发电机输出功率较小，或部分失磁后励磁电流较大时，发电机仍会维持同步运行，研究的重点是发电机不能维持同步运行的情况，所以应适当地选择发电机输出功率和部分失磁后的励磁电流，使之部分失磁后能进入异步运行，并且使发电机的转差率较小，在这种情况下，研究在恢复励磁过程中，不同的励磁电流值对再同步的影响，以及手动调节减少有功功率输出，促使发电机再同步的过渡过程。

2）全失磁后的暂态过程研究

一般发电机在运行中，可能出现三种失磁故障，即发电机转子绕组开路、转子绕组经励磁机电枢短路和经灭磁电阻短路。

以上三种故障的实验，除了使用专用的测量仪表进行测量外，也可用实验台上的表计测量。实验前，将并列在系统的发电机的输出功率、励磁电流及所有电量进行记录，然后进行失磁实验。用各种表计和记录仪记录发电机由同步转入异步、由暂态异步运行到稳态异步运行以及再将励磁拉入同步的全过程。

6.5 电力系统静态稳定实验

6.5.1 静态稳定分析的基本方法

1. 静态稳定的基本概念

同步发电机的频率或电气角速度与它的转速有着密切的关系，而转速的变化规律取决于作用在发电机轴上转矩的平衡。作用于发电机轴上的转矩主要由两部分组成，即起驱动作用的原动机的机械转矩和起制动作用的发电机的电磁转矩。

正常运行时，原动机的机械转矩与发电机的电磁转矩是平衡的，发电机保持匀速圆周运动，角加速度为零。但是，这种转矩的平衡状态只是相对的、暂时的。由于电力系统的负荷随时都在变化，因而，发电机的电磁转矩也随着变化。由于惯性的作用，原动机的机械转矩不能瞬时适应这一变化。因此，这种平衡状态将不断被破坏，引起发电机转速、频率的变化。

当系统由于负荷变化、元件的操作或发生故障而打破功率平衡状态后，各发电机组将因功率不平衡而发生转速的变化。一般情况下，由于各发电机组功率不平衡的程度不同，因此发电机组转速变化的规律也不同，有的变化较大，有的变化较小，甚至导致一部分发电机组因输出功率减小而加速时，另一部分发电机组因输出功率增加而减速，从而使原来保持同步运行的各发电机组的转子之间产生相对运动。如果各发电机组在经历一段相对运动过程后能重新恢复到原来的平衡状态，或者在某一新的平衡状态下同步运行，则称系统是静态稳定的。反之，如果在受到干扰后各发电机组间产生很剧烈的振荡，最后导致机组之间失去同步运行，则称这样的系统是静态不稳定的。

2. 发电机转子运动方程

电力系统稳定性的核心问题是研究同步发电机转子运动状态受干扰的响应，因此，分析电力系统的稳定性应从研究发电机转子运动入手，而发电机转子的运动状态是由发电机转子的运动方程来描述的。

根据力学定律，一个转动惯量为 J 的转子，如果以机械角加速度 a 旋转，作用于该转子轴上的不平衡转矩为 ΔM，则应满足下列关系：

$$Ja=\Delta M \tag{6-10}$$

或

$$J\frac{\mathrm{d}^2\Theta}{\mathrm{d}t^2}=J\frac{\mathrm{d}\Omega}{\mathrm{d}t}=M_{\mathrm{T}}-M_{\mathrm{E}}$$

式中，$\frac{\mathrm{d}^2\Theta}{\mathrm{d}t^2}$和$\frac{\mathrm{d}\Omega}{\mathrm{d}t}$分别为以发电机转子机械角位移 Θ 和机械角速度 Ω 表示的角加速度；M_{T}和 M_{E}分别为原动机的机械转矩和发电机的电磁转矩，单位为 N·m；J 为发电机组转子的转动惯量，单位为 kg·m^2。

系统稳定性主要的研究对象是同步发电机电动势间的相对相位角，而这些角都是电气角。因此，首先应将机械角变换为电气角，当发电机的极对数为 p 时，机械角速度 Ω 与电气角速度 ω，机械角位移 Θ 与电气角位移 θ 有如下关系：

$$\begin{cases}\theta=p\Theta\\ \omega=p\Omega\end{cases} \tag{6-11}$$

前面已指出，发电机的功率角 δ 表示各发电机电动势间的相位差，即作为一个电磁参数，它又表示发电机转子间的相对空间位置，即作为一个机械运动参数。通过 δ 可以把电力系统中的机械运动和电磁运动联系起来。针对式(6-1)进行变换和对 δ 求一次、二次导数后得到发电机转子运动方程：

$$\begin{cases}\frac{\mathrm{d}\delta}{\mathrm{d}t}=\omega-\omega_{\mathrm{N}}\\ \frac{\mathrm{d}\omega}{\mathrm{d}t}=\frac{\omega_{\mathrm{N}}}{T_{\mathrm{J}}}(P_{\mathrm{T}}-P_{\mathrm{E}})\end{cases} \tag{6-12}$$

式中，T_{J}为发电机组转子的惯性时间常数，单位为 s；P_{T}和 P_{E}分别为原动机的机械功率和发电机的电磁功率，单位为 kW。

3. 静态稳定分析的基本方法

(1) 实用判据 $\mathrm{d}P/\mathrm{d}\delta$。以简单系统为例，其静态稳定的实用判据为

$$\frac{\mathrm{d}P_{\mathrm{E}}}{\mathrm{d}\delta}>0$$

由功率方程式

$$P_{\mathrm{E}}=\frac{EU}{X_{\Sigma}}\sin\delta$$

可得

$$\frac{\mathrm{d}P_{\mathrm{E}}}{\mathrm{d}\delta}=\frac{EU}{X_{\Sigma}}\cos\delta \tag{6-13}$$

某一运行状态($\delta=\delta_0$)下，$\mathrm{d}P_{\mathrm{E}}/\mathrm{d}\delta$ 越大，静态稳定程度就越高。当 $\delta=90°$时，$\mathrm{d}P_{\mathrm{E}}/\mathrm{d}\delta=0$，达到稳定的临界点。实际上，这一点是不能正常运行的，因为当受到任何一个小干扰时功率就会不断增大。此角称为静态稳定极限角，它正好与功率极限值相一致。

如果发电机是凸极式的，只有在曲线的上升部分运行时系统是静态稳定的。在等

于零处是静态稳定极限，此时略小于 90°。显然，静态稳定极限与功率极限也是一致的。

(2) 小干扰法分析系统静态稳定性。所谓小干扰法，就是首先列出描述系统运动的方程，通常是非线性的微分方程组，然后将它们线性化，得出近似的线性微分方程组，再根据其特征方程式根的性质判断系统的稳定性。利用小干扰法分析上述简单系统的方法如下。

不计发电机的阻尼作用，线性化的小干扰方程式为

$$\frac{\mathrm{d}\Delta\delta}{\mathrm{d}t}=\Delta\omega\omega_0 \tag{6-14}$$

$$\frac{\mathrm{d}\Delta\omega}{\mathrm{d}t}=-\frac{S_{Eq}}{T_J}\Delta\delta \tag{6-15}$$

式中，$S_{Eq}=\frac{\mathrm{d}P_E}{\mathrm{d}\delta}\big|_0$，称为同步功率系数。

式(6-14)和式(6-15)的特征方程式为

$$p^2+\frac{\omega_0 S_{Eq}}{T_J}=0$$

解得方程的两个根为

$$p_{1,2}=\pm\sqrt{-\frac{\omega_0 S_{Eq}}{T_J}}$$

通过分析根的性质可判断系统在给定运行方式下是否静态稳定。不考虑自动励磁调节装置时，静态稳定的判据为

$$\frac{\mathrm{d}P_E}{\mathrm{d}\delta}>0\text{，即 }\delta<90^\circ\text{时系统静态稳定}$$

$$\frac{\mathrm{d}P_E}{\mathrm{d}\delta}<0\text{，即 }\delta>90^\circ\text{时系统静态不稳定}$$

$$\frac{\mathrm{d}P_E}{\mathrm{d}\delta}=0\text{，即 }\delta=90^\circ\text{时系统静态稳定极限}$$

E_q恒定不变时，$\delta=90^\circ$对应的发电机输出的电磁功率 $P_{max}=\frac{E_qU}{X_\Sigma}$，称为静态稳定极限功率或功率极限。

4. 工程上常用的几个计算量

1) 电压降落

电压降落是指网络元件首、末端电压的相量差($\dot{U}_1-\dot{U}_2$)。电压降落也是相量。它有两个分量，即纵分量 $\Delta\dot{U}$ 和横分量$\delta\dot{U}$(详见第 3 章)。

2) 电压损耗

电压损耗是指网络元件首、末端电压的数值差(U_1-U_2)。在近似计算中，电压损耗可以用电压降落纵分量的幅值表示。电压损耗有时以百分值表示，即

$$\text{电压损耗}=\frac{U_1-U_2}{U_N}\times 100\% \tag{6-16}$$

式中，U_N为网络的额定电压。

电压损耗直接反映供电电压的质量，根据电力网电压质量的要求，一条输电线路的电压损耗在线路通过最大负荷时，一般不应超过其额定电压 U_N的 10%。

3）电压偏移

电压偏移是指网络中某点的实际电压值与网络额定电压的数值差($U-U_N$)。电压偏移常以百分值表示，即

$$电压偏移=\frac{U-U_N}{U_N}\times 100\% \tag{6-17}$$

电压偏移是衡量电压质量的重要指标。进行电压计算的目的，在于确定电力网的电压损耗与各负荷点的电压偏移，分析其原因并采取调压措施，使之在允许的变化范围内。

4）输电效率

输电效率是指线路末端输出的有功功率 P_2 与线路首端输入的有功功率 P_1 的比值，常以百分值表示，即

$$输电效率=\frac{P_2}{P_1}\times 100\% \tag{6-18}$$

输电线 P_1 恒大于 P_2，即输电效率总小于 1，这是因为通常输电线存在有功功率损耗的缘故。

6.5.2 电力系统静态稳定实验

电力系统实验接线图如图 6-14 所示，此系统为单台发电机通过双回路长输电线路向无限大系统送电，在长输电线路中部增加了开关站，即将双回路输电线路分成了四段，分别为 L1、L2、L3、L4 线路，使发电机与无限大系统之间构成四种不同的联络阻抗。第一种联络阻抗为 L1＋L4 或者 L2＋L3；第二种联络阻抗为 L1//L2＋L3//L4；第三种联络阻抗为 L1//L2＋L3(或 L4)；第四种联络阻抗为 L1(或 L2)＋L3//L4。

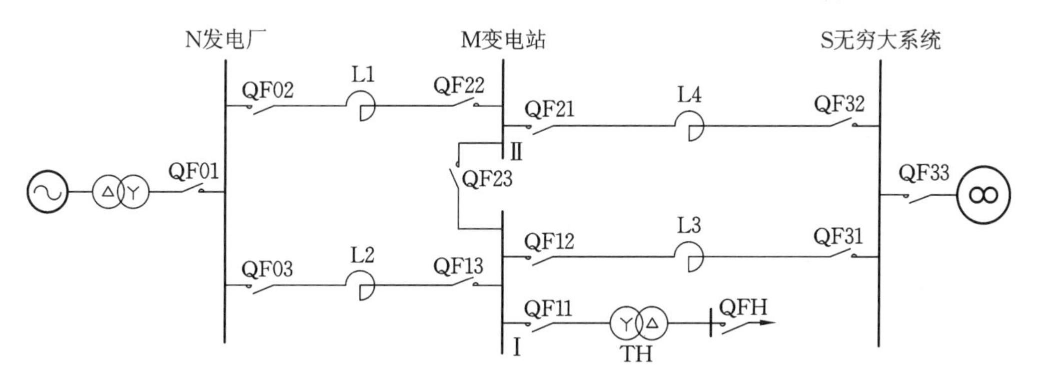

图 6-14 电力系统实验接线图

测量发电机的有功功率 P、无功功率 Q、定子电流 I、定子电压 U_G、中间开关站电压 U_M 和无限大系统电压 U_S。

1. 单回路静态稳定运行实验

实验接线如图 6-14 所示，采用单回路运行方式，即仅将 L1 和 L4 线路投入运行，原动机可选用手动模拟方式开机，同步发电机励磁采用手动励磁方式，具体实验步骤如下。

(1) 启动发电机组至额定转速。

(2) 调节发电机电压至额定值。

(3) 合上无限大系统和一条输电线路开关。

(4) 通过同期装置使发电机与无限大系统并列。

(5) 调整发电机励磁和原动机输出，即调整有功功率和无功功率。

(6) 记录发电机侧、无限大系统侧的测量表计值及线路开关站的电压值于表 6-8 中。

(7) 继续调整发电机的励磁和原动机输出，使发电机处于不同的运行工作点，然后记录实验数值，重复上述步骤(5)(6)。

(8) 计算输电线路电压损耗 ΔU、电压降落 $\Delta\dot{U}$ 值。

(9) 分析、比较运行状态不同时运行参数变化的特点及数值范围，如沿线电压变化、两端无功功率的方向等。

2. 双回路静态稳定运行实验

将原来的单回路线路改成双回路运行，按单回路静态稳定运行的实验步骤进行操作，将实验数据也记录于表 6-8 中，并与单回路线实验的结果进行比较和分析。

表 6-8 静态稳定性实验数据表

输电方式	P	Q	I	U_G	U_M	U_s	ΔU	$\Delta\dot{U}$
单回路线								
双回路线								

3. 单机带负荷系统静态稳定运行实验

单机带负荷系统是指没有无穷大电源的发电、输电、用电系统，单机带负荷系统实验接线图如图 6-15 所示。单机带负荷运行方式与单机对无穷大系统运行方式是两个截然不同的概念，单机对无穷大系统在稳定运行时，发电机的频率与无穷大频率一样，它受大系统的频率牵制，随系统的频率变化而变化，发电机的容量只占无穷大系统容量的很小一部分。而单机带负荷是一个独立电力网，发电机是唯一电源，任何负荷的投切都会引起发电机的频率和电压变化(原动机的调速器，发电机的励磁调节器均为有差调节)，此时，也可以通过二次调节将发电机的频率和电压调至额定值。

学生可以通过理论计算和实验分析比较独立电力网与大电力系统的稳定问题；测定不同性质的负荷对发电机的电压、频率的影响；通过改变不同的线路运行方式及负荷 R 的大小，得出有功功率、无功功率、发电机转速等，可分析、比较在负荷相同时调速器在不同的运行方式下转速有什么不同；根据负荷大小不同时转速的不同，可绘出转速和有功功率的关系曲线，也可以计算出原动机调速器的调差系数等。

6.5.3 自动励磁调节器对静态稳定的影响实验

无自动调节励磁的发电机，当输出功率增大时，由于励磁电流和与之相应的电动势

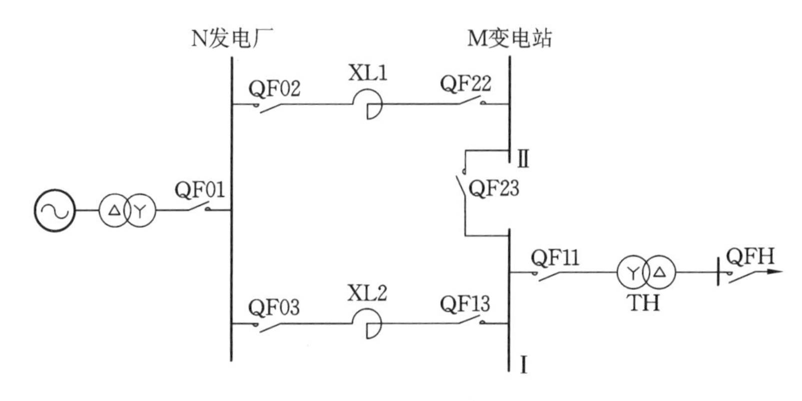

图 6-15 单机带负荷系统实验接线图

E_q保持不变，从发电机的等效电路可以看出，负荷电流的增加使得在发电机电抗 X_d上的电压降增大，从而引起发电机机端电压下降。为维持系统电压，一般发电机都装有自动励磁调节器。当发电机输出功率增大、端电压下降时，励磁调节系统将自动增大发电机的励磁电流，使发电机电动势 E_q增大，直到端电压恢复或接近恢复到整定值 U_{G0}为止。这时，励磁调节器使 E_q随功率角 δ 的增大而增大。用不同的 E_q值，作出一组正弦功率特性曲线族，它们的幅值与 E_q成正比，得到一条反映励磁调节器影响的发电机功率特性曲线。显然，有励磁调节器作用时，发电机的功率特性曲线明显高于无励磁调节器的功率特性曲线。而且，在 $\delta>90°$的某一范围内，功率特性曲线仍然具有上升的性质。这是因为在 $\delta>90°$附近，当 δ 增大时，E_q的增大使 P_{Eq}上升的作用要超过 $\sin\delta$ 的减小所起的作用。

有、无自动励磁调节的实验接线如图 6-16 所示，发电机经双回路输电线路与无限大容量系统相连接，发电机励磁主回路采用他励方式，励磁调节器可以选择“恒 α”“恒 U_G”等控制方式。“恒 α”控制方式为晶闸管控制角 α 恒定，即是一种开环方式，无自动励磁调节。“恒 U_G”控制方式，则是一种恒定发电机机端电压的控制方式，它是一个闭环的自动励磁调节系统。

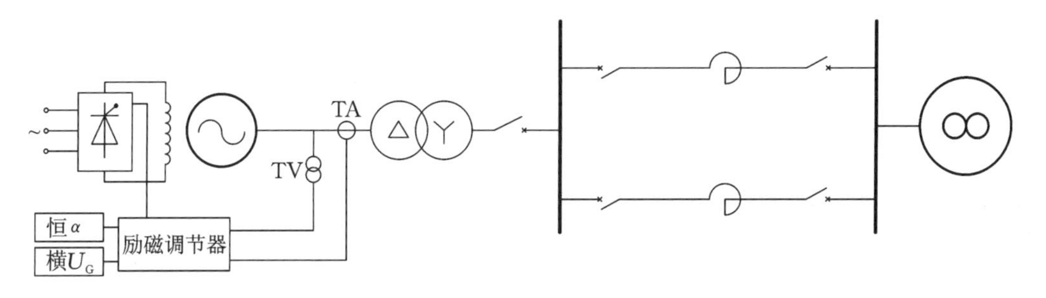

图 6-16 有、无自动励磁调节的实验接线图

将发电机开启至额定转速，建压后与双回路输电系统相并列，微小调整发电机的有功功率、无功功率，使 $P=0,Q=0,\delta=0$。励磁调节器采用“恒 α”控制方式，逐步增大发电机输出的有功功率，而不调节发电机励磁，将有功功率与功率角的数据记录于表 6-9 中，并记录此方式下的功率极限值和达到功率极限时的最大功率角值。

按以上方式重新进行实验，当 $P=0,Q=0,\delta=0$ 时，励磁调节器改用“恒 U_G”控制方式，逐步增加发电机输出的有功功率，而不手动调节发电机励磁，将 P 和 δ 的数据同样记录于表 6-9 中，记录功率极限值和最大功率角值。比较实验数据，分析其产生的原因。

表 6-9　有、无自动励磁调节的实验数据

励磁方式	δ/(°)	10	20	30	40	50	60	70	80	90	100	110
恒 α	P_1/W											
恒 U_G	P_2/W											

6.5.4　网络结构变化对静态稳定的影响实验

改善电力网络的结构是提高电力系统静态稳定性的措施之一，最常用的方法是增加电力线路的回路数，以减小电力线路的电抗来加强系统的联系。

实验接线图如图 6-14 所示，在相同的运行条件下，测定输电线路分别为单回路和双回路运行时发电机的功率特性曲线、功率极限值和达到功率极限值的最大功率角值，同时观察并记录系统中其他运行参数的变化(实验数据记录于表 6-10 中)，将两种情况下的结果加以比较和分析。

表 6-10　网络结构变化的实验数据

输电方式	δ/(°)	0	10	20	30	40	50	60	70	80	90
单回路线	P_1/W										
	I_1/A										
	Q_1/Var										
	U_{G1}/V										
双回路线	P_2/W										
	I_2/A										
	Q_2/Var										
	U_{G2}/V										

6.5.5　发电机电动势 E_q 不同时对静态稳定的影响实验

在同一接线及相同的系统电压 U_s 下，测定发电机电动势 E_q 不同($E_q>U_s$ 或 $E_q<U_s$)时发电机的功率特性曲线和功率极限。

实验接线图与图 6-16 相同，发电机励磁采用“恒 α”方式，输电线路采用单回路线，并网前 $E_q<U_S$，发电机与系统并列后，逐步增加发电机输出的有功功率，而不调节发电机励磁，观察并记录各运行参数的变化，填入表 6-11 中。

与前面的实验方法一样，仅将并网前 E_q 增大到 $E_q>U_s$，同样将实验数据记录于表 6-11 中，得到功率极限值和最大功率角值。将两种情况下的结果加以比较和分析。

表 6-11 发电机电动势 E_q 不同的实验数据

并网前	$\delta/(°)$	0	10	20	30	40	50	60	70	80	90
$E_q<U_s$ $E_q=$______ $U_s=$______	P_1/W										
	I_1/A										
	Q_1/Var										
	U_{G1}/V										
$E_q>U_s$ $E_q=$______ $U_s=$______	P_2/W										
	I_2/A										
	Q_2/Var										
	U_{G2}/V										

6.6 电力系统暂态稳定实验

6.6.1 暂态稳定的概念

1. 电力系统暂态稳定的概念

电力系统具有静态稳定，说明在受到微小干扰时，具有自动恢复原来状态的能力。而当发电机受到大干扰(如发生短路故障，切除大容量的发电机、输电或变电设备等)时，能否继续保持同步运行，就属于暂态稳定研究的问题了。

电力系统遭受大干扰后，由于系统的结构和参数发生了较大的变化，因而系统的功率分布及各发电机输出的电功率也随之发生变化。但是，由于原动机和调速机构有一定的惯性，需要经过一定的时间以后才能改变原动机输出的机械功率，这样就破坏了发电机与原动机之间的功率平衡，在发电机组的转轴上便会出现不平衡转矩。当发电机输出的电功率突然减小时，发电机组转子就要加速，转速逐渐升高。当发电机的输出电功率突然增大时，发电机组转子就要减速，转速逐渐降低。由于电力系统中各发电机转子转动惯量不一样，因而各机组轴上的不平衡转矩变化情况也不一样，因此，各发电机转子之间会产生不同的相对运动。

电力系统遭受大干扰后，产生两种不同的后果。一种是暂态过程逐渐衰减，系统各发电机组之间相对运动逐渐消失，使系统过渡到一个新的稳态运行状态，各发电机仍然可以保持同步运行，此时，电力系统是暂态稳定的；另一种是在暂态过程中某些发电机之间的相对角度随时间不断增大，它们之间始终存在着相对转速，因此，系统功率和电压会产生剧烈振荡，使一些发电机和负荷不能继续运行甚至导致系统解列，此时，各发电机运行失去了同步，电力系统是暂态不稳定的。

2. 等面积定则

在正常运行情况下，若原动机输入功率为 $P_T=P_0$，功率特性曲线如图 6-17 所示，发电机的工作点为点 a，与此对应的功率角为 δ_0。

短路瞬间，发电机的工作点应在短路时的功率特性曲线 P_{II} 上。由于转子具有惯

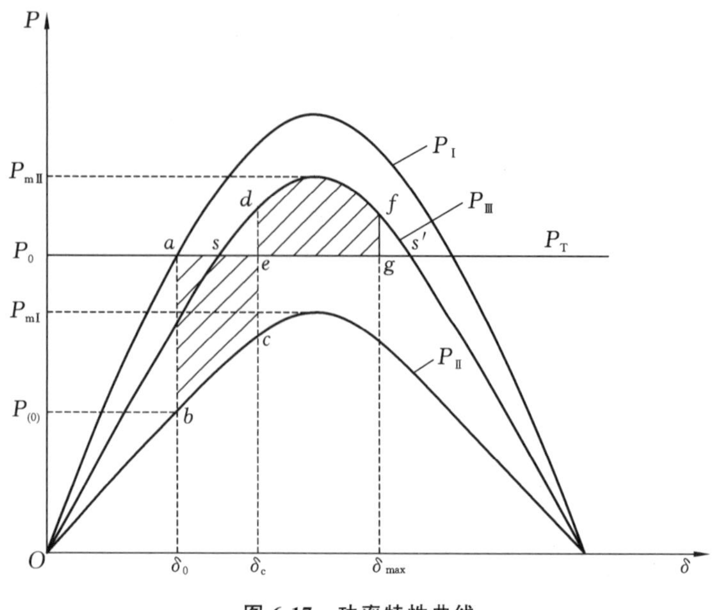

图 6-17 功率特性曲线

性，功率角不能突变，发电机输出的电磁功率（即工作点）应由 P_II 上对应于 δ_0 的点 b 确定，设其值为 $P_{(0)}$。这时原动机的功率 P_T 仍保持不变，于是出现了过剩功率 $\Delta P_{(0)}=P_\text{T}-P_\text{E}=P_0-P_{(0)}>0$，它是加速性的。

在加速性的过剩功率作用下，发电机获得加速，使其相对速度 $\Delta\omega=\omega-\omega_\text{N}>0$，于是功率角 δ 开始增大。发电机的工作点将沿着 P_II 由点 b 向点 c 移动。在变动过程中，随着 δ 的增大，发电机的电磁功率也增大，过剩功率则减小，但过剩功率仍是加速性的，所以 $\Delta\omega$ 不断增大。

如果在功率角为 δ_c 时，故障线路被切除，在切除瞬间，由于功率角不能突变，发电机的工作点便转移到 P_III 上对应于 δ_c 的点 d。此时，发电机的电磁功率大于原动机的功率，过剩功率 $\Delta P_a=P_\text{T}-P_\text{E}<0$，变成减速性的了。在此过剩功率作用下，发电机转速开始降低，虽然相对速度 $\Delta\omega$ 开始减小，但它仍大于零，因此功率角继续增大，工作点将沿 P_III 由点 d 向点 f 变动。发电机则一直受到减速作用而不断减速。

如果到达点 f 时，发电机恢复到同步速度，即 $\Delta\omega=0$，则功率角 δ 抵达它的最大值 δ_{max}。虽然此时发电机恢复了同步，但由于功率平衡尚未恢复，所以不能在点 f 确立同步运行的稳态。发电机在减速性不平衡转矩的作用下，转速继续下降而低于同步速度，相对速度改变符号，即 $\Delta\omega<0$，于是功率角 δ 开始减小，发电机工作点将沿 P_III 由点 f 向点 d、s 变动。

在转子的角度从 δ_0 摇摆到 δ_c 的过程中，由于过剩功率的存在，使转子动能增加，它在数值上等于过剩功率对功率角的积分，即图 6-17 中由点 a、b、c、e 连线所围成图形的面积，通常称之为“加速面积”，它既代表转子在加速过程中存储的动能，又等于过剩转矩对转子所做的功，以 W_+ 表示，则有

$$W_+=\int_{\delta_0}^{\delta_c}(P_0-P_{m\text{I}}\sin\delta)\mathrm{d}\delta \tag{6-19}$$

与加速面积对应，在图 6-17 中由点 e、d、f、g 连线围成图形的面积称为“减速面

积”，它既代表转子在减速过程中所消耗的动能，又等于减速性的过剩转矩所做的功，以 W_- 表示，则有

$$W_- = \int_{\delta_c}^{\delta_{max}} (P_0 - P_{m\text{II}} \sin\delta)\mathrm{d}\delta \tag{6-20}$$

在减速期间，当发电机转子耗尽了它在加速期间所存储的全部动能增量时，$\Delta\omega = 0$，它的功率角达到最大值 δ_{max}，显然，δ_{max} 可由下式决定：

$$W_+ + W_- = 0$$

即

$$\int_{\delta_0}^{\delta_c} (P_0 - P_{m\text{I}} \sin\delta)\mathrm{d}\delta + \int_{\delta_c}^{\delta_{max}} (P_0 - P_{m\text{II}} \sin\delta)\mathrm{d}\delta = 0 \tag{6-21}$$

在图 6-17 中，最大可能减速面积显然等于由点 e、d、s' 连线所围成图形的面积。如果最大可能减速面积小于加速面积，则系统必定失去稳定。所以，根据最大可能减速面积必须大于加速面积的原则，可以判断电力系统是否具有暂态稳定性。从图 6-17 还可以看出，故障切除角 δ_c 愈小，加速面积就愈小，最大可能减速面积就愈大，保持系统稳定的可能性也就愈大。反之，故障切除角 δ_c 愈大，加速面积就愈大，最大可能减速面积就愈小，保持暂态稳定就愈困难。因此，总可以找到一个切除角，当在此角度下切除短路故障时，恰好使最大可能减速面积与加速面积相等，这时系统将处于稳定的极限情况，通常称此切除角为极限切除角。

6.6.2 短路类型对系统暂态稳定影响实验

电力系统的故障可分为简单故障和复合故障两大类。简单故障指的是电力系统中某一处发生短路或断相故障。复合故障是指两个以上的简单故障的组合。

电力系统短路故障（横向故障）包括三相对称短路、单相接地短路、两相短路和两相接地短路，后三者为不对称短路故障；而电力系统断相故障（纵向故障）包括断一相、断两相的故障，也属于不对称故障。

实验接线方式为发电机经双回路输电线路与无限大容量系统相接，短路故障点为第Ⅱ回线路中点。

1. 小负荷情况下短路电流测定

固定短路地点、固定短路故障时间和系统运行条件，在某一回线路上进行四种类型短路实验，测定此时各相的短路电流。

如在第二回线路中点进行短路故障实验，中间开关站开关不合，短路故障时间由实验台上的“短路时间”继电器整定为 0.5 s，线路微机保护退出或者过电流保护动作延迟时间整定到大于 0.5 s，分别在同种运行条件下（发电机输出小负荷）进行以上实验，将实验数据填入表 6-12 中，进行不同短路类型对系统暂态稳定影响的比较和分析。

表 6-12 小负荷情况下短路电流实验数据

短 路 类 型	A 相短路电流/A	B 相短路电流/A	C 相短路电流/A
单相接地短路			
两相短路			
两相接地短路			
三相短路			

2. 不同短路类型下的极限功率测定

将原动机调速器和发电机励磁调节器均设为手动方式，实验接线图不变，发电机并网以后，通过调速器的增(减)速按钮调节发电机向电网的出力，测定不同短路故障时能保持系统稳定运行的发电机所能输出的最大功率，并比较、分析不同短路类型对系统暂态稳定的影响。将实验数据填入表 6-13 中，将实验结果与理论分析结果进行分析、比较。P_{max}为系统可以稳定输出的极限功率，注意观察有功功率表的读数，当系统处于振荡临界状态时，记录有功功率表读数，最大电流读数可以从微机保护装置中读出。

表 6-13　不同短路类型下的极限功率实验数据

短路类型	极限功率 P_{max}/W	最大短路电流 I_{max}/A
单相接地短路		
两相短路		
两相接地短路		
三相短路		

6.6.3 继电保护的动作时限对暂态稳定影响实验

快速切除故障在提高暂态稳定性方面起着首要的、决定性的作用，由于快速切除故障，减少了加速面积，增加了减速面积，提高了发电厂之间并列运行的稳定性，另外由于快速切除故障，电动机的端电压迅速回升，减少了电动机失速、停顿的危险，提高了负荷的稳定性。

继电保护的动作时限对暂态稳定影响的实验接线图如图 6-18 所示，在系统输送功率相同和同一地点故障的条件下，调整微机保护装置的时间定值，测定各种类型的短路极限切除时间。实验步骤如下。

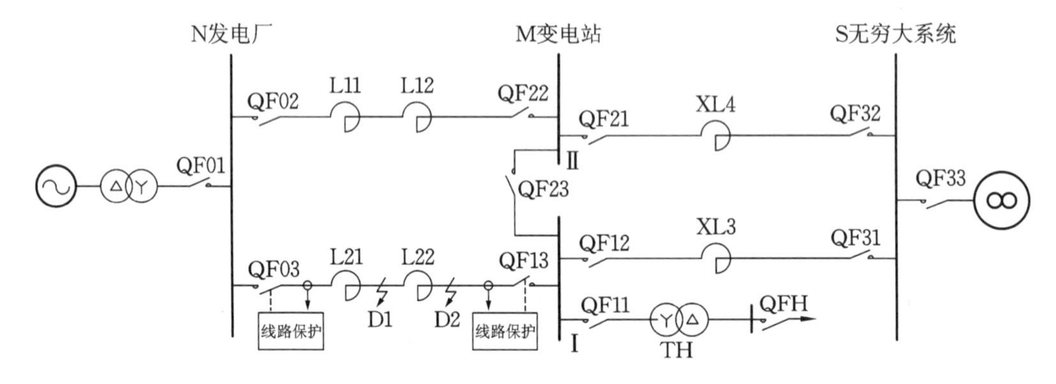

图 6-18　继电保护的动作时限对暂态稳定影响的实验接线图

(1) 启动发电机机组，并调整电压至额定电压。

(2) 将发电机与系统并列后，调节发电机的输出功率为某一确定值(例如发电机可工作在额定全负荷或者半负荷)。

(3) 将微机线路保护的自动重合闸功能退出，并将线路保护的动作时间整定在最小值。

(4) 操作故障类型选择开关，整定好故障类型。

(5) 按下短路按钮,模拟系统故障。

此时微机保护动作,经整定的延时动作时间后跳开线路两侧开关,观察实验系统的工作情况。如发电机经几次摇摆后恢复了稳定,则适当加大微机保护动作的整定值,合上被切除的线路开关,再次按下短路按钮,进行故障实验,如此操作,逐步加大微机保护动作的时限,直到模拟故障切除后系统不能恢复稳定的最大动作时限,即为极限切除时间(未计及线路开关的动作时间)。记录实验数据于表 6-14 中并进行比较和分析。

表 6-14 不同类型短路的极限切除时间实验数据

短路类型	半负荷时极限切除时间/s	全负荷时极限切除时间/s
单相接地短路		
两相短路		
两相接地短路		
三相短路		

6.6.4 强行励磁对暂态稳定影响实验

发电机都备有强行励磁装置,以保证当系统发生故障而使发电机机端电压 U_G 低于 85%~90%的额定电压时,迅速大幅度地增加发电机的励磁电流 I_f,从而使发电机空载电动势 E_q、发电机机端电压 U_G 增加,这样可增加发电机输出的电磁功率。因此强行励磁对提高发电机并列运行和负荷的暂态稳定性都是很有利的。

强行励磁的效果与强励倍数、强行励磁速度有关。强励倍数越大,电压上升速度越快,则电力系统的稳定性就越好。

强行励磁对暂态稳定影响实验主接线图如图 6-19 所示,发电机励磁分别采用无强励方式和有强励方式进行实验并比较,可采用“恒 α”控制方式运行,即无强行励磁,和采用“恒 U_G”控制方式运行,即有强行励磁。实验步骤如下。

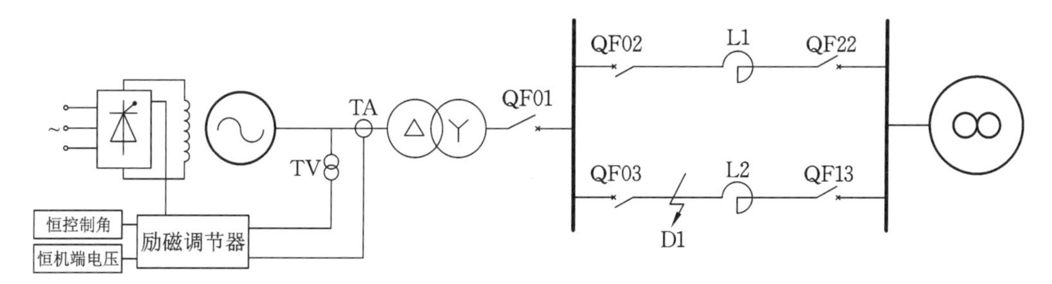

图 6-19 强行励磁对暂态稳定影响实验接线图

(1) 发电机励磁采用“微机他励”方式。

(2) 微机励磁调节器选用“恒 U_G”控制方式。

(3) 启动发电机组至额定转速。

(4) 励磁调节器自动建立发电机电压至额定电压。

(5) 将发电机与双回路输电线路相并列。

(6) 调节发电机出力至额定半负荷。

(7) 在输电线路中部进行短路故障。

观察发电机稳定情况和发电机励磁电流、电压的变化,待发电机稳定运行后,将微机励磁调节器选用“恒 α”控制方式，即无强励，在相同的输送功率、相同的故障地点和故障类型的条件下进行短路故障，观察发电机稳定情况，分析和比较发电机的强行励磁对提高暂态稳定性的作用。

6.6.5 自动重合闸装置对暂态稳定影响实验

由于电力系统中的故障，特别是高压电力线路的故障，大多是瞬时性短路故障。采用自动重合闸装置不仅可以提高系统供电的可靠性，而且可以大大地提高系统的暂态稳定性。

对于超高压电力线路的故障，90%以上是单相接地短路，而且大多为瞬时性的单相接地短路，对此可采用按相断开和按相重合的单相重合闸，这种自动重合闸装置可以自动地选择出故障相、切除故障相线路并完成重合闸。由于是切除了故障相而非三相，因此在切除故障至重合闸前的一段时间里，即使是单回线路，送端发电厂和受端系统也没有完全失去联系，因此就大大地减少了加速面积，明显地提高了电力系统的暂态性稳定性。

自动重合闸对暂态稳定影响实验接线图如图 6-20 所示，并按以下步骤进行实验。

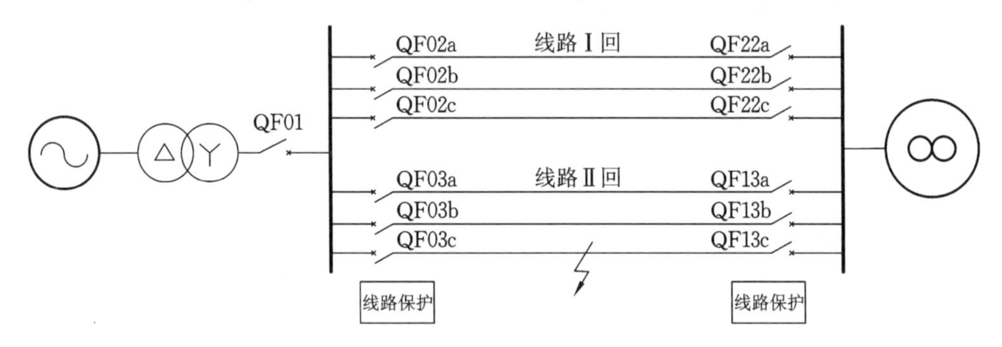

图 6-20 自动重合闸对暂态稳定影响实验接线图

(1) 启发电机至额定转速，并建立电压至额定。

(2) 发电机与无限大系统并列后，调整发电机出力，使其输出一适当功率(例如额定全负荷或半负荷)。

(3) 整定保护动作时间和重合闸时间。

(4) 选择一回输电线路，进行一相单相接地故障模拟，观察重合闸过程和它对提高暂态稳定的作用。

当瞬时故障时间小于保护动作时间时，保护不会动作；当瞬时故障时间大于保护动作时间而小于重合闸时间时，能保证重合闸成功。当瞬时故障时间大于重合闸时间，重合闸装置使线路合闸以后，故障仍未消失，则认为线路为永久性故障而加速跳开整条线路。

将输电线路改为单回线运行，参照 6.6.2 节的实验方法，测定出装有单相重合闸的输电线路单回线运行时单相接地故障的极限切除时间，并作记录。分析和比较自动重合闸装置对提高暂态稳定的作用。

7

新能源与微电网实验

微电网是由各种新能源等分布式发电(distributed generation,DG)系统、储能系统和负荷组成的微型电力网,根据需要可选择与配电网并网运行,也可选择独立运行。微电网可以看成未来电力系统的一种结构,可成为输电网、配电网之后的第三种电网。相比目前的大电网,这种结构具有显著的经济和环境效益。通过建立微电网可以使得分布式发电的可再生能源应用于电力系统并发挥其最大的潜能。凭借微电网的运行控制和能量管理等关键技术,可以实现其并网或孤岛运行、降低间歇性能源,如太阳能、风能等新能源给配电网带来的不利影响,最大限度地利用可再生能源出力,提高供电可靠性和电能质量。将新能源以微电网的形式接入配电网,被普遍认为是利用分布式电源的有效方式之一。微电网作为配电网和分布式电源的纽带,使得配电网不必直接面对种类不同、归属不同、数量庞大、分散接入的(甚至是间歇性的)分布式电源。国际电工委员会(international electrotechnical commission,IEC)在《IEC 2010—2030 年白皮书——应对能源挑战》中明确将微电网技术列为未来能源链的关键技术之一。

近年来,欧盟各国以及美国、日本等国家均开展了微电网实验示范工程研究,已进行概念验证、控制方案测试及运行特性研究。国外微电网的研究主要围绕可靠性、可接入性、灵活性这三个方面,探讨系统的智能化、能量利用的多元化、电力供给的个性化等关键技术。

7.1 直驱风力发电系统

风能作为一种清洁的可再生能,越来越受到世界各国的重视。风能蕴藏量巨大,全球风能资源总量约为 2.74×10^{9} MW,其中可利用的风能为 2×10^{7} MW。中国风能储量很大、分布面广,仅陆地上的风能储量就有约 2.53×10^{5} MW,开发利用潜力巨大。

2020 年我国需要几十万人从事风电产业,其中包括好几万专业人员。我国风电专业人才缺口巨大,人才培养任务极其艰巨。

风力发电作为新能源、新学科,需要培养一大批设计、研发、制造、建设、运行管理等方面的人才。因此,国家、社会、高校、企业都应积极努力地培养这方面的人才,为中国风电事业的发展打下坚实的基础,这也是发展风力发电的关键。

大多数科研单位的实验室都不具备风场环境,也没有风力机,这对一些新理论和新技术的验证带来困难。因此为教学和科研单位开发一套能在实验室模拟风场和风力机特性的发电实验系统非常有必要，它可大大简化风力发电系统研究的实验过程，缩短风力发电新方法、新技术的研究周期。

7.1.1 风力发电机概述

实验室风力发电模拟实验系统由风电场及风力机模拟控制装置、风力发电机及其控制装置两大部分组成。风电场及风力机模拟控制装置由直流电动机（或异步电动机）和具有风电场特性、风力机特性的模拟控制装置等构成。

在风力发电系统中，常见的发电机类型有三种：鼠笼式异步电机、绕线式异步电机（或交流励磁双馈电机）、永磁同步电机。这三种风力发电机的特点简介如下。

鼠笼式异步电机：转子为笼型，结构简单、坚固，无须外部励磁，制造方便，运行可靠；运行时需要从交流系统吸收无功功率，因此需要配置电容器进行无功功率补偿；转子没有像同步发电机那样的励磁控制手段，因此端电压稳定性差；直接并网运行时为恒速、恒频发电方式，转速一般在1.00～1.05倍同步转速（转子无励磁的绕线式异步电机可达1.10倍同步转速）的较小范围内变化，不能实现额定风速以下的最大效率运行。双速鼠笼式异步电机通过改变极对数实现有级调速，可在一定程度上改善风能利用率。双速鼠笼式异步电机一般设计为4极和6极。鼠笼式异步电机的定子绕组也可以通过交交变频或交直交变频后与交流系统相连，实现变速恒频发电，但是变换器需要全功率变换，功率变换器容量大。

绕线式异步电机：转子为绕线型，通常采用交流励磁方式，通过改变交流励磁电流的频率实现变速恒频运行，其调速范围为同步转速±30%，与鼠笼式异步电机相比有了很大的提高，因此可以较好地利用风能，实现额定风速以下的最佳效率运行；转子励磁变换器采用背对背的双SPWM变换器，可以双向传送转差功率，因此变换器的最大工作容量就是最大转差容量，即30%的电机容量，与定子侧全功率变换器的容量相比，转子变换器的容量相对较小，体积小，重量轻。

永磁同步电机：转子为永磁式，同时省去了风力机与发电机之间的升速齿轮，构成永磁直驱低速发电系统。定子交流电压经交直交全功率变换器与交流系统相连，电机在很低转速下就可以发电运行，可以实现最大风能跟踪，风能利用效率最高；转子为永磁式结构，无须外部励磁，维护简单，功率因数高。永磁同步电机无齿轮箱，低噪声、低损耗、可靠性高；需要全功率变换，变换器容量大，电机转速低，体积大，较笨重。

风力发电系统的发展趋势是：由恒速恒频向变速恒频方向发展；由多级增速齿轮箱传动向直驱型（无齿轮箱，风轮直接驱动多极发电机）、半直驱型（风轮经单级增速齿轮箱驱动多极发电机）方向发展。

7.1.2 模拟永磁直驱风力发电机实验平台

永磁直驱风力发电系统有效率高、容量大、噪音低、运行可靠性高、维护工作量小等特点，在实际风力发电系统中得到了广泛使用，是风力发电机的主力机型之一。

模拟永磁直驱风力发电系统主回路结构原理图如图7-1所示。发电机的转子为永磁转子，随风力机同轴旋转。发电机定子绕组则通过背靠背的双SPWM变流器、电抗器电压器与电网相连。

发电机侧变流器的直流侧与电网侧变流器的直流侧并联，其交流侧经LC滤波器

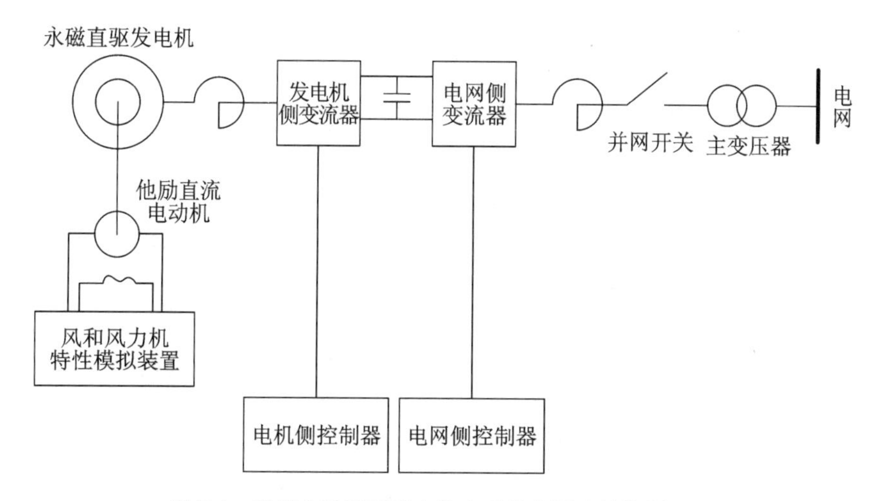

图 7-1　模拟永磁直驱风力发电系统主回路结构原理图

与发电机定子绕组相连。其主要任务是将发电机发出的交流功率整流成直流充电功率，将直流侧电压升高，实现有功功率的传送，以及实现最大风能功率追踪等。

背靠背的双 SPWM 变流器的控制，分别由基于 DSP 28335 的电机侧控制器和电网侧控制器来实现。

电网侧变流器的交流侧通过电抗器与电网相连，直流侧则与发电机侧变流器的直流侧并联。电网侧变流器的主要任务是维持变流器直流侧的电压稳定；电网侧变流器采用 PQ 解耦控制策略，可实现变流器交流侧的 PQ 四象限运行，除了将发电机发出的有功功率传送到电网，还可根据电网对无功功率的需求与电网交换无功功率。其工作原理：频率跟踪网频，相序自动辨识、自动适应；SPWM 的变频控制采用恒定载波比改变载波周期的方式调频，查表获得每个载波周期中的正弦脉冲宽度值；采用与电网电压同步、改变调制波相对电网电压相位的方法进行调相，以改变有功功率传送方向和大小，维持直流、电压稳定在给定水平上。

电机侧变流器的直流侧与电网侧变流器的直流侧并联，其交流侧经滤波器与永磁直驱发电机的定子绕组相连，主要任务是将永磁直驱发电机发出的幅值和频率都变化的交流电压整流为直流电压，实现最大风能功率追踪等。其工作原理：并网前根据网频和转速自动确定励磁电流频率和相序，跟踪并网相位，跟踪电网电压幅值，为准同步并网创造条件；并网后维持励磁电流频率不变，或由人工调节，或由最大功率追踪功能软件自动调整；定电压（定电流）控制时，根据电压（电流）偏差自动调节输出励磁电流的大小，以维持机端电压（励磁电流）在给定水平上；采用恒定载波周期改变调制波频率的方式调频。

模拟永磁直驱风力发电机实验平台应具有以下的功能。

（1）模拟真实风力发电机的启动、停止、运行及并网过程。

（2）模拟真实风力发电机的不同风速下发电状态与运行状态。

（3）模拟真实风力发电机与电网、分布式电源的互动运行、自启动/停机运行。

（4）模拟真实风力发电机的控制系统，支持远方/就地设置定值、参数等操作。

（5）测量系统的各项电气参数，实时记录各项电气参数。

（6）定转速（转矩）电动机控制。

(7) 按转速(转矩)-时间曲线持续电动机控制。

(8) 网侧有功、无功功率解耦控制。

(9) 直驱风力发电模拟机变流器网侧无功电流调节功能。

(10) 包含并网开关,可实现空载并网。

(11) 具备自动并网锁相功能,可自动并网。

(12) 具备快速以太网通信接口或 RS485 接口,提供开放式 MODBUS 规约,便于接入监控系统或者外部的控制系统。

(13) 平台具备完善的自检功能。

(14) 变流器具备完善的保护功能,实现为过压、欠压、过流、过温故障提供保护。

7.1.3 模拟直驱风力发电系统实验

1. 并网过程实验

(1) 了解直驱风力发电并网过程的实现。

(2) 理解直驱风力发电并网的原理。

2. 自由并网实验

(1) 直驱风力发电机通过改变电机转速模拟风机不同风速工况下自由并网。

(2) 直驱风力发电机并网后,通过改变电机转速模拟风机不同风速工况下并网运行。

3. 发电机发电性能测试实验

(1) 了解空载时直驱风力发电机输出电压、频率与转速的对应关系。

(2) 测试并网后直驱风力发电机输出电流、电压与功率。

4. 模拟 MPPT 跟踪实验

(1) 了解直驱风力发电机在风速达到切入风速后开始进行并网发电。

(2) 检测当风速不断变化时,变流器根据风速变化进行 MPPT 算法跟踪,实现最大功率并网发电。

5. 变流器电能质量测试实验

(1) 了解直驱风力发电机采用双 SPWM 变流器设计,可以将风能输出的最大功率并网,也可以对电网输出一定的无功功率。

(2) 了解风机并网输出的有功功率和无功功率的电能质量测量。

6. 电网短路实验

(1) 了解并网的直驱风力发电机在电网不同位置发生各种类型故障时的电流波形、电压波形,分析风力发电机的有功功率和无功功率的变化过程。

(2) 了解直驱风力发电机的低电压穿越能力。

7. 突然甩负荷实验

(1) 了解直驱风力发电机带 50%额定负荷稳定运行,突然切并网开关甩负荷时的电流波形、电压波形、转速变化过程和最高转速数值。

(2) 了解直驱风力发电机带 100%额定负荷稳定运行,突然切并网开关甩负荷时的电流波形、电压波形、转速变化过程和最高转速数值。

7.2 双馈风力发电系统

7.2.1 模拟双馈风力发电机实验平台

风电作为一种重要的可再生能源，对缓解世界能源危机和环境恶化具有重要意义。当前，世界各国都投入了大量人力、物力和财力，积极开展对风电技术的研究。实验室采用模拟技术搭建的风力发电模拟实验系统，可以实现对风电场、风力机和风力发电机及其控制系统的模拟，为风电技术的研究，尤其为风力发电机及其控制技术、并网技术、低电压穿越控制技术、最大风电功率追踪技术、抑制风电功率波动的储能及其控制技术等研究，提供了十分便利的研究平台。

交流励磁双馈风力发电系统有效率高、容量大、变换器容量较小等特点，在实际风力发电系统中得到了广泛使用。

交流励磁双馈风力发电系统主回路结构原理图如图 7-2 所示。双馈发电机的定子直接与工频电网相连，而转子则通过能量可以双向流动的背靠背双 SPWM 变换器(电网侧变换器和转子侧变换器)组成的交直交系统与电网相连。

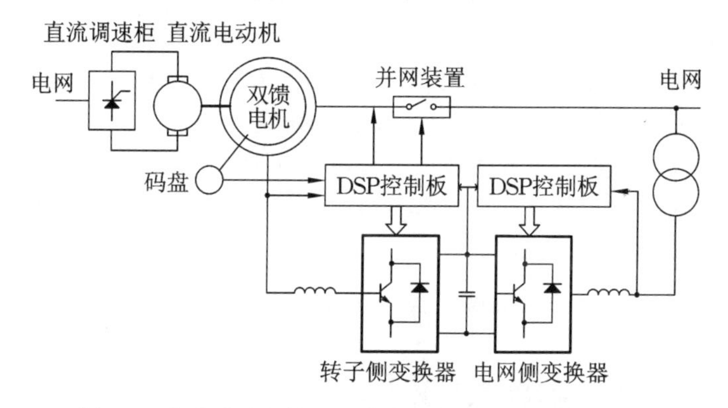

图 7-2 交流励磁双馈风力发电系统主回路结构原理图

电网侧变换器的交流端通过励磁变压器与电网相连，直流侧则与转子侧变换器的直流侧并联。电网侧变换器的主要任务是维持变换器直流侧的电压稳定；电网侧变换器采用 PQ 解耦控制策略，可实现变换器交流侧的 PQ 四象限运行，在转子亚同步转速运行时向转子提供励磁功率和转差功率，在转子超同步转速运行时，将转子输出的转差功率传送到电网。还可根据电网对无功功率的需求与电网交换无功功率，但通常为降低变换器容量而运行在单位功率因数状态。其工作原理是：频率跟踪网频，相序自动辨识、自动适应；SPWM 的变频控制采用恒定载波比改变载波周期的方式调频，查表获得每个载波周期中的正弦脉冲宽度值；采用与电网电压同步，改变调制波相对电网电压相位的方法进行调相，以改变有功功率传送方向和大小，维持直流电压稳定在给定水平上。

转子侧变换器的直流侧与电网侧变换器的直流侧并联，其交流侧与双馈发电机的转子绕组相连，主要任务是为双馈发电机提供合适幅值和频率的励磁电流，实现发电机机端电压的稳定控制，负责并联运行机组之间无功功率的合理分配，实现最大风能功率追踪等。其工作原理是：并网前根据网频和转速自动确定励磁电流频率和相序，跟踪并网相位，跟踪电网电压幅值，为准同步并网创造条件；并网后维持励磁电流频率不变，或由人工调节，或由最大功率追踪功能软件自动调整；定电压（定电流）控制时，根据电压（电流）偏差自动调节输出励磁电流的大小，以维持机端电压（励磁电流）在给定水平上；采用恒定载波周期改变调制波频率的方式调频。

双SPWM变换器的控制器，采用32位定点型数字信号处理器（DSP）TMS320F2812，该DSP主频高达150 MHz，哈佛总线，流水线结构，运算速度快，精度高，片内资源丰富，功能强大。

励磁变压器主要负责匹配转子电压与定子电压，传递转差功率和提供励磁功率。将励磁变压器并接在发电机机端可构成自并励励磁方式，将其并接在电网上可构成他励励磁方式。

转子位置信号采用10位绝对式光电编码器，以获得准确的转子实际位置信号，这样控制系统才能进行一系列的坐标变换，确定转子励磁电流的幅值和相位，实现矢量控制，保证输出电能恒频、恒压。准确、可靠的转子位置信号是高性能变速恒频双馈发电系统正常运行的必要条件。

1. 模拟风力机及调速控制屏功能

在不同风速下的功率-速度特性的模拟是由调速控制屏实现的，可以实现风速、风力机功率特性曲线的模拟。具有桨距角调节功能，发电系统的最大出力根据后台指令进行调整。方便了实验室对风力发电系统的研究，可以用于风力发电系统及其部件的研制和测试，也可以用于风力发电规律的探索和研究。

（1）实测的风速数据或由实测数据拟合出的多项式公式。

（2）四种风速的模式及其组合：恒定风速、斜坡风、阵风、随机风和组合风。

2. 双馈风机励磁控制屏功能

在绕线式异步电机的转子侧接入背靠背双SPWM变换器，可以独立控制定子侧的有功功率和无功功率。

（1）自动判断进入启动状态或从电网退出。

（2）双馈发电机的空载并网。

（3）风电发电机组的并网运行：超同步和亚同步运行状态的实现，以及两种状态的平滑过渡。

（4）最大风能追踪（MPPT）的实现。

（5）风电系统的独立运行。

3. 上位机监控软件功能

双馈风电监控上位机软件是与双馈风电实验系统配套的上位机监控软件，该软件通过RS485接口与风机控制器以及励磁调节器进行通信，实现风机控制器和励磁调节器工作状态监视、控制等操作，以图形化的形式反映风电实验系统的工作状态，方便实验人员更好地进行风电实验研究。

（1）调速控制器、励磁调节器和系统的实时数据监视。

（2）实验录波曲线读取、绘制和保存。

（3）改变风机控制器运行方式。

（4）调速控制器和励磁调节器的增减速（磁）控制。

7.2.2 模拟双馈风力发电系统实验

1. 并网过程实验

(1) 了解双馈风力发电并网过程的实现。

(2) 理解双馈风力发电并网的原理。

2. 自由并网实验

(1) 双馈风力发电机通过改变电机转速模拟风机在不同风速工况下自由并网。

(2) 双馈风力发电机并网后,通过改变电机转速模拟风机在不同风速工况下并网运行。

3. 发电机发电性能测试实验

(1) 了解空载时双馈风力发电机输出电压、频率与转速的对应关系。

(2) 测试并网后双馈风力发电机输出电流、电压与功率。

4. 模拟 MPPT 跟踪实验

(1) 了解双馈风力发电机在风速达到切入风速后开始进行并网发电。

(2) 检测当风速不断变化时,变流器根据风速变化进行 MPPT 算法跟踪,实现最大功率并网发电。

5. 变流器电能质量测试实验

(1) 了解双馈风力发电机采用双 SPWM 变流器设计,可以将风能输出的最大功率并网,也可以对电网输出一定的无功功率。

(2) 了解风机并网输出的有功功率和无功功率的电能质量测量。

6. 电网短路实验

(1) 了解并网的双馈风力发电机,在电网不同位置发生各种类型故障时的电流波形、电压波形,分析风力发电机的有功功率和无功功率的变化过程。

(2) 了解双馈风力发电机的低电压穿越能力。

7. 突然甩负荷实验

(1) 了解双馈风力发电机带 50%额定负荷稳定运行,突然切并网开关甩负荷时的电流波形、电压波形、转速变化过程和最高转速数值。

(2) 了解双馈风力发电机带 100%额定负荷稳定运行,突然切并网开关甩负荷时的电流波形、电压波形、转速变化过程和最高转速数值。

7.3 模拟太阳能发电系统

7.3.1 最大功率点跟踪概述

太阳能是公认的最有发展前途的新能源,具有储量大、经济和清洁环保等优点,光伏发电是将太阳能直接转换为电能的一种发电形式。太阳能电池是太阳能光伏转换的最核心器件,目前太阳能光伏电池主要分为非晶硅薄膜太阳能电池、多晶硅薄膜太阳能电池和单晶硅薄膜太阳能电池三大类。

非晶硅薄膜太阳能电池的成本低,便于大规模生产,但由于其材料本身对太阳辐射光谱的长波区域不敏感，限制了非晶硅薄膜太阳能电池的转换效率。此外，其光电效率会随着光照时间的延续而衰减，即所谓的光致衰退 S-W 效应，使得电池性能不稳定。其优势是弱光性能较好，在阴雨天这种不理想的环境下也有较高的转化率，这是晶硅组件不具备的。

多晶硅太阳能光伏组件转换效率略低于单晶硅的，商业化电池的转换效率在13%～15%，在寿命期内有一定的效率衰减，但成本较低。单晶硅和多晶硅组件使用寿命均能达到 25 年，其功率衰减均小于 15%。

单晶硅太阳能光伏组件具有电池转换效率高的特点，商业化电池的转换效率在15%左右，其稳定性好，同等容量太阳能电池组件所占面积小，但是其生产过程复杂，原料成本高，所以单晶硅的价格相比也较高。

不同类型的组件都有各自的特点，选择组件时需要根据项目现场环境、当地气候特点、转化率要求、质量要求等诸多因素综合考虑，这样才能因地制宜得到理想的解决方案。

光伏电池是光伏电源的最小单元，通常将一系列小功率的光伏电池组成光伏组件，再根据功率等级通过串、并联形成光伏阵列，得到光伏电源。光伏电池的基本结构是能够将光能转换为电能的 PN 结，图 7-3 显示了其等效电路模型，由光生电流源、二极管、串联/并联电阻组成。光伏电池产生的光生电流 I_{ph} 与光照强度 λ 成正比，流经二极管的电流 I_d 随着结电压 U_d 及逆向饱和电流的不同而变化。

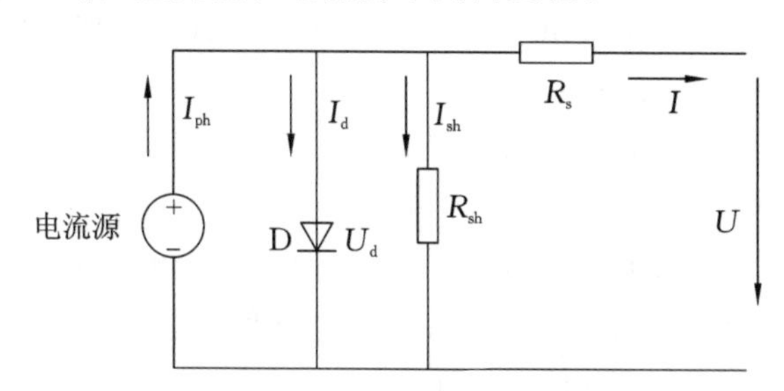

图 7-3 光伏电池等效电路模型图

在光伏发电系统中，光伏电池的利用率除了与光伏电池的内部特性有关外，还受使用环境(如光强、负载和温度等因素)的影响。在不同的外界条件下，光伏电池可运行在不同且唯一的最大功率点(maximum power point，MPP)上。因此，对于光伏发电系统来说，应当寻求光伏电池的最优工作状态，以最大限度地将光能转化为电能。利用控制方法实现光伏电池的最大功率输出运行的技术被称为最大功率点追踪(maximum power point tracking，MPPT)技术。

另一方面，相对于离网光伏系统而言，并网光伏发电系统在运行时具有较高的光伏电能利用率，然而由于并网系统直接将光伏阵列发出的电能逆变后馈送到电网，因此在工作时必须满足并网的技术要求以确保系统安装者的安全以及电网的可靠运行。对于通常系统工作时可能出现的功率器件过流、功率器件过热、电网过/欠压等故障状态，比较容易通过硬件电路与软件配合进行检测、识别并处理。但对于并网光伏系统来说，还应考虑一种特殊故障状态下的应对方案，而这种特殊故障状态就是孤岛效应。

一般在正常工作情况下，随光强和温度变化的光伏电池特性分别如图 7-4、图 7-5所示。显然，光伏电池运行受外界环境温度、光强等因素的影响，呈现出典型的非线性特征。一般来说,理论上很难得出非常精确的光伏电池数学模型,因此通过数学模型的实时计算来对光伏系统进行准确的 MPPT 控制是困难的。

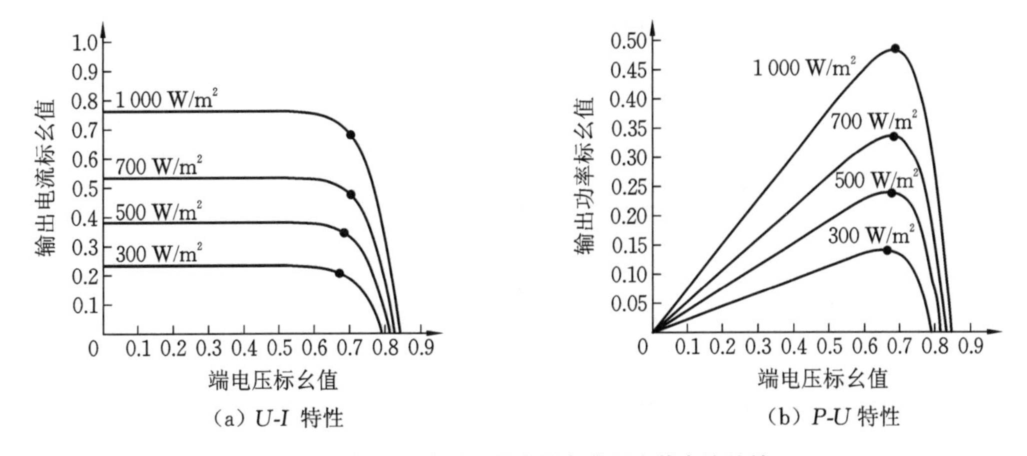

(a) U-I 特性　　(b) P-U 特性

图 7-4　相同温度而不同光强条件下光伏电池特性

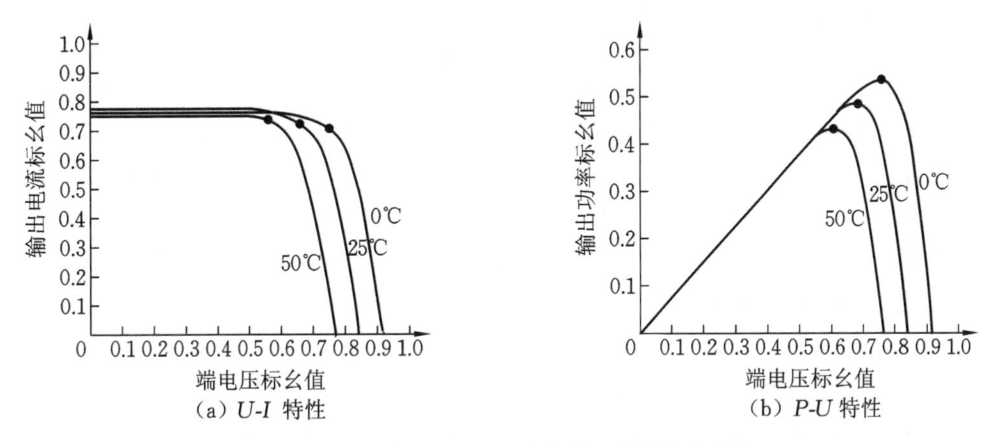

(a) U-I 特性　　(b) P-U 特性

图 7-5　相同光强而不同温度条件下光伏电池特性

理论上,根据电路原理:当光伏电池的输出阻抗和负载阻抗相等时,光伏电池的输出功率最大,可见,光伏电池的 MPPT 过程实际上就是基于光伏电池输出阻抗和负载阻抗等值相匹配的过程。由于光伏电池的输出阻抗受环境因素的影响,因此,如果能通过控制方法实现对负载阻抗的实时调节,并使其跟踪光伏电池的输出阻抗,就可以实现光伏电池的 MPPT 控制。为了方便讨论,光伏电池的等效阻抗 R_{opt} 被定义成最大功率点电压 U_{mpp} 和最大功率点电流 I_{mpp} 的比值,即 $R_{opt}=U_{mpp}/I_{mpp}$。显然,当外界环境发生变化时,R_{opt} 也将发生变化。但是,由于实际应用中的光伏电池是向某个特定的负载传输功率,因此就存在一个负载匹配的问题。

光伏电池的伏安特性与负载特性的匹配如图 7-6 所示,图中光伏电池的负载特性以一过坐标原点的电阻特性表示。由图 7-6 可以看出:在光强 1 的情况下,电路的实际工作点正好处于负载特性与光伏 U-I 特性曲线的交点 a 处,而点 a 正好是光伏电池的最大功率点(MPP),此时光伏电池的伏安特性与负载阻抗特性相匹配;但在光强 2 的情况下,电路的实际工作点则处于点 b 处,而此时的最大功率点却在点 a'处,为此,必须进行相应的负载阻抗的匹配控制,而使电路的实际工作点处于最大功率点 a'处,从而实

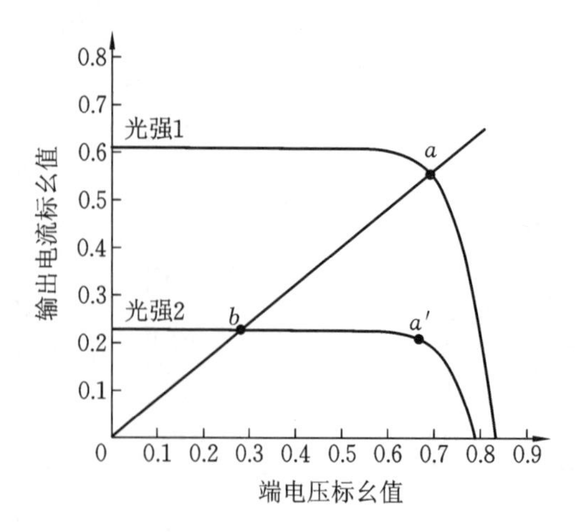

图 7-6 光伏电池的伏安特性与负载特性的匹配

现光伏电池的最大功率发电。

7.3.2 模拟太阳能发电实验平台

光伏发电模拟实验平台由光伏模拟器和光伏并网逆变器组成，可模拟真实光伏发电系统的发电过程，模拟光伏电站自动启动、运行、并网及孤岛过程，模拟不同材质典型光伏组件（单晶硅、多晶硅、非晶硅薄膜太阳能电池）、不同光照强度、不同组件温度下光伏阵列的发电状况，并可模拟不同季节、不同天气状况下光伏阵列发电状况；模拟不同天气状态下一天的光伏发电过程；模拟阴影遮挡下的光伏发电过程；具备触摸屏可以方便本地操作；具备远程控制接口，可以连接后台；具备模拟软件，方便进行光伏发电系统的操作。

光伏发电模拟器平台应具备以下功能。

(1) 模拟真实光伏发电系统的启动、停止、运行、并网及孤岛过程。

(2) 模拟真实光伏发电系统与电网、分布式电源的互动运行、自启动/停机运行。

(3) 模拟真实光伏发电系统的控制系统，支持远方/就地设置定值、参数等操作。

(4) 具备真实光伏发电系统最大功率追踪(MPPT)功能。

(5) 模拟真实光伏发电系统有功功率和无功功率控制，可以模拟调度系统对电站的有功功率和无功功率控制。

(6) 模拟真实发电系统在典型光照强度下的发电状况。

(7) 模拟真实发电系统采用不同材质典型光伏组件（单晶硅、多晶硅、非晶硅薄膜太阳能电池等）的发电状况。

(8) 模拟真实发电系统在不同温度下光伏阵列的发电状况。

(9) 模拟真实光伏发电系统在阴影遮挡下的发电状况。

(10) 模拟真实光伏发电系统在一天光照变化情况下的发电状态和运行状态。

(11) 具备自动并网锁相功能，可自动并网。

(12) 具备测试最大功率点(MPPT)追踪能力。

(13) 具备完善的测量系统，能实时记录各项电气参数。

(14) 具备自定义功能，模拟任意开路电压、短路电流及最大功率点电压、电流下的光伏发电状况。

(15) 具备快速以太网通信接口和 RS485 接口，提供开放式 MODBUS 规约，便于接入监控系统或者外部的控制系统。

(16) 具备单独直流输出接口，直流侧具备恒压、恒流、模拟太阳板发电特性曲线功能。

(17) 具备完善的保护功能，实现过压、欠压、过频、欠频、过流、过温、短路、反接等故障保护。

7.3.3 模拟太阳能发电系统实验

1. 外界条件对能量转换的影响实验

太阳能作为当下解决世界能源问题的关键，一直受到广泛的关注，其中能量的转换效率是制约其发展的根本因素。因此需开展相关实验，模拟实际环境中光伏发电的运行条件，改变外界因素观察能量转化效率的变化，分析原因找到其变化规律。学生通过实验掌握光伏发电的基本原理，了解影响发电效率的根本因素，为今后进一步的研究打下基础。

2. 离网运行实验

光伏发电系统的离网运行将光伏阵列所产生电能作为发电源端，为负荷单独供电。在边防哨所及自然资源较为丰富的地区，这种小型离网发电系统使用较为广泛。

在实验过程中记录发电参数、输出电气参数、负载运行状态等，综合评价离网逆变器转化效率与离网发电的质量。

3. 并网运行实验

光伏发电系统的并网运行需在满足并网条件后与电网相连，将光伏发电系统发出的电能向附近负荷供电，同时电网也向负荷供电，减小电网的负担。在光伏发电系统并网时会对电网造成一定的冲击。

开展系统并网运行实验，通过监测仪表与上位机软件观察系统内负载运行状况，分析输出电能质量，通过计算推导所产生的电能可否为敏感负荷(即受电压波动影响较大，无法在不稳定电压下运行的负荷)供电，并在并网输出端接入敏感负荷验证计算结果。

4. 逆变器发电性能测试实验

测试光伏并网逆变器最大功率点跟踪效率和测试光伏并网逆变器并网转换效率。

通过光伏模拟器将直流输出接入光伏逆变器，将光伏模拟曲线设置为室外电池组件相同参数，启动光伏模拟器，将光伏并网逆变器输出接入电网，光伏并网逆变器正常工作后将启动最大功率跟踪功能。

MPP 跟踪稳定后，记录模拟器输出曲线的电流、电压数据和并网逆变器输出的电流、电压数据。计算光伏逆变器 MPPT 跟踪效率、光伏逆变器的转换效率以及光伏并网逆变器的总效率。

5. 逆变器保护性能测试实验

1) 防孤岛效应保护

逆变器应具有防孤岛效应保护功能。若逆变器并入的电网供电中断，逆变器应在

2 s 内停止向电网供电，同时发出警示信号。

2）低电压穿越

对专门适用于大型光伏电站的中高压型逆变器应具备一定的耐受异常电压的能力，避免在电网电压异常时脱离，引起电网电源的不稳定。逆变器交流侧电压跌至20%标称电压时，逆变器能够保证不间断地并网运行 1 s；逆变器交流侧电压在发生跌落后 3 s 内能够恢复到标称电压的 90%时，逆变器能够保证不间断地并网运行。对电力系统故障期间没有切出的逆变器，其有功功率在故障清除后应快速恢复，自故障清除时刻开始，以至少 10%P_n的功率变化率恢复至故障前的值。低电压穿越过程中逆变器宜提供动态无功功率支撑。

3）交流侧短路保护

逆变器应该具有短路保护的能力，当逆变器处于工作状态，检测到交流侧发生短路时，逆变器应能停止向电网供电。如果在 1 min 内两次探测到交流侧保护，那么逆变器不得再次自动接入电网。

4）防反放电保护

当逆变器直流侧电压低于允许工作范围或逆变器处于关机状态时，逆变器直流侧应无反向电流流过。

5）极性反接保护

当光伏方阵线缆的极性与逆变器直流侧接线端子极性接反时，逆变器应能保护不致损坏。极性正接后，逆变器应能正常工作。

6）直流过载保护

当光伏方阵输出的功率超过逆变器允许的最大直流输入功率时，逆变器应自动限流工作在允许的最大交流输出功率处，在持续工作 7 h 或温度超过允许值的情况下，逆变器可停止向电网供电。恢复正常后，逆变器应能正常工作。

7）直流过压保护

当直流侧输入电压高于逆变器允许的直流方阵接入电压最大值时，逆变器（正在运行的逆变器）不得启动或在 0.1 s 内停机，同时发出警示信号。直流侧电压恢复到逆变器允许工作范围后，逆变器应能正常启动。

7.4 储能系统

7.4.1 储能技术在新能源中的应用

在新能源电力系统中，储能技术的主要应用包括电力调峰、抑制新能源电力系统中的传输功率的波动性、提高电力系统运行稳定性和提高电能质量。储能装置能够适时吸收或释放功率，低储高发，能有效减少系统输电网络损耗，实现削峰填谷，获取经济效益。

根据储能技术的特性，储能技术分为以下两类。

（1）能量密度高、储能容量大的能量型储能技术，如压缩空气储能、抽水储能、电池储能等。

（2）功率密度高、响应速度快、可频繁充放电的功率型储能技术，如飞轮储能、超导储能、超级电容器储能等。

根据电能转化存储形态的差异，储能技术分为物理储能、化学储能、电磁储能和相变储能四类。

1. 物理储能

常用的物理储能方式有抽水储能、压缩空气储能和飞轮储能三种。

1）抽水储能

抽水储能利用低谷电价来存储能量，运行成本较低，由于水资源极易蒸发、泵水耗费功率高等因素，能量转换效率一般仅达 70%左右。

抽水储能分传统抽水储能、新型海水抽水储能、地下水抽水储能。传统抽水储能电站需配备上、下游两个储水池，新型海水抽水储能系统的“下储水池”是大海，能节省建设费用，但需考虑抽水设备的耐腐蚀性和海洋生物附着等方面的特殊要求。

抽水储能具有储能容量大、运行灵活、出力变化快、运行费用低等优点，但受水文和地质条件的制约，储能电站选址受限制。

抽水储能在承担系统调峰、调频和事故备用等方面发挥着极其重要的作用。利用抽水储能电站爬坡速度快、抽水—静止—发电三种状态转换灵活的特点，可作为紧急事故备用、频率调整、负荷跟踪等旋转备用容量。

抽水储能电站效益通常只考虑削峰填谷所带来的静态效益。随着电力系统的发展，抽水储能不再仅仅是储能发电，在实际电力系统运行中，还承担多种动态任务，获得动态、静态相结合的综合效益。

2）压缩空气储能

压缩空气储能(compressed air energy storage，CAES) 工作时分为储能和释能两个过程。储能时，风电机组输出功率较大，富余风电注入压缩空气储能电站，通过电动机驱动压缩机将空气压缩并降温后存储到储气室，储气室包括报废矿井、沉降的海底储气罐、山洞、过期油气井或新建储气井等；释能时，风电机组输出功率不能满足负荷需求，将高压空气升温后，进入燃烧室助燃，燃气膨胀驱动燃气轮机，带动发电机发电。

压缩空气储能的能源转化率较高，在 75% 左右。德国一座装机容量为 290 MW 的压缩空气储能电站的能源转化效率高达 77%，若再配备一些先进技术，能源转化效率有望提升到 80%以上。压缩空气储能的储能容量大，燃料消耗少，成本较低，安全系数高，寿命长；但其能量密度低，并受岩层等地形条件的限制。压缩空气储能特别适用于解决大规模集中风力发电的平滑输出问题。

3）飞轮储能

飞轮储能系统(flywheel energy storage system，FESS) 由飞轮、电机、轴承支撑系统、电子控制系统组成，可看作是一个能量“电池”，效率达到 70%～80%。储能时，飞轮储能系统电能驱动电动机带动飞轮高速旋转，将电能以旋转体动能形式存储在高速旋转的飞轮体中；释能时，高速旋转的飞轮作为原动机带动发电机发电，将机械能转化为电能，输出给外部负载使用。

飞轮主要分为机械轴承的低速飞轮和磁悬浮轴承的高速飞轮两种，低速飞轮主要应用于系统稳定控制；高速飞轮适合峰谷调节等储能应用。

运行中，为了降低飞轮轴承损耗，提高飞轮转速和储能效率，提出非接触式磁悬浮轴承技术，将电机和飞轮都密封在真空容器内，减少空气阻力。高温超导飞轮储能系统利用高温超导磁体轴承无机械接触、自稳定等优点，可以实现高速无机械摩擦旋转，从而有效降低飞轮轴承损耗。

飞轮储能系统具有能量密度大、瞬时功率大、无充放电循环次数限制、充放电迅速、清洁、高效等优点，但一次性购置成本较高。

2. 化学储能

化学储能的主要方式是电池储能系统（battery energy storage system，BESS）通过电池正负极的氧化还原反应充放电，实现电能和化学能的相互转化。化学储能系统具有快速功率吞吐能力，是目前最成熟、可靠的储能系统。

电池种类繁多，应用于储能的主要有锂电池、铅酸电池、钠硫电池、液流电池和金属空气电池。经过对各种储能技术的能源转化效率、储能容量、技术成熟度、实施成本、风险分析等多方面分析，初步认可电池储能在新能源电力系统中的储能方面具有优势，且在性能方面，锂电池优于钠硫电池、液流电池和铅酸电池。

1）锂电池

锂电池是一种能源效率高、能量密度高的储能电池。锂电池储能系统主要由单体电池、充放电系统、电池管理系统等组成，综合效率约为 85%。

锂电池储能具有能量密度高、充放电效率高、安全性高等优点，可以通过串联或并联来获得高电压或高容量，但成本也相对较高。

目前锂电池储能电站额定容量较小，对于配合新能源应用或提供应急电源、旋转备用等对储能功率要求较高的应用很有效。

2）钠硫电池

钠硫电池是以 Na-β-氧化铝为电解质和隔膜，以熔融金属钠为负极，硫和多硫化钠为正极的储能电池，其工作效率约为 70%。

钠硫电池能量密度是铅酸电池的 3 倍，空间需求仅是其 1/3。钠硫电池具有能量密度高、充放电效率高、运行成本低、空间需求小、维护方便等优点，但放电深度和循环寿命有待提高，运行时需要维持 300 ℃左右的高温。

3）液流电池

液流电池又称氧化还原液流电池，是将正、负电解液分开，各自循环的一种高性能电池。输出功率取决于电池组的面积和单电池的节数，增大电解液容积和浓度，即可增大储电容量。

液流电池配置灵活，能实现规模化储能、深度放电和大电流放电且无须保护，适用于新能源发电的储能系统、应急电源和不间断电源系统。

液流电池储能系统具有功率输出高、响应快、能量转换效率高、易于维护、安全稳定等优点，是大规模并网发电储能和调节的首选技术之一，但是液流电池储能系统材料受限，成本昂贵。

4）铅酸电池

铅酸电池采用稀硫酸作电解液，二氧化铅和绒状铅作为电池正负极的一种酸性蓄电池，具有储能容量大、技术成熟、成本低、维护简单等优点，但其比能低、自放电率高、循环寿命较短、重金属污染，且深度放电对电池损伤极大。

5）金属空气电池

金属空气电池是绿色电池，以氧气为正极，以铝、锌、铁、镁等活泼金属为负极，以

KOH、NaOH、NaCl及海水为电解液，氧气扩散到化学反应界面与金属反应而产生电能。

金属空气电池比能高，其中铝空气电池的比能为铅酸电池的8～10倍。它的制造成本低、绿色环保、原材料可回收利用、性能优越，而且金属空气电池无需充电设备，能在几分钟内更换金属燃料，快速完成充电过程。

3. 电磁储能

电磁储能是一种将电能转化成电磁能存储在电磁场的储能技术，主要有超导磁储能和超级电容器储能两种储能方式。

1) 超导磁储能

超导磁储能(superconductive magnetic energy storage，SMES)系统工作时把能量存储在流过超导线圈的直流电流产生的磁场中，效率高达80%～95%。

超导磁储能具有效率高、响应快、无污染等优点，由于在超导状态下线圈不计电阻，能耗很小，可以长期无损耗地储能。但超导线圈需要置于极低温的液体中，成本太高，增加系统复杂性。超导磁储能能实现新能源电力系统对电压、频率的控制，提高风力发电机的输出稳定性；同时可实时交换大容量电能并实现功率补偿，有效提高瞬态电能质量及暂态稳定性。

2) 超级电容器储能

超级电容器储能依据双电层原理直接存储电能，是一种介于常规电容器和电池之间的储能装置，充、放电过程具有良好的可逆性，可以反复储能数十万次，超级电容储能的效率达70%～80%。

超级电容器储能在承袭常规电容器储能优点的基础上，又具备温度范围宽、安全、稳定等特点，适合短时充、放电。超级电容器可向新能源电力系统提供备用能量、改善电网动态电压变化、提供电动汽车瞬时高功率。

4. 相变储能

相变储能利用相变材料吸、放热量，从而存储和释放能量，相变储能装置不仅能量密度高，而且所用装置简单、设计灵活、使用方便且易于管理。主要分为电储热储能、熔融盐储热储能及冰蓄冷储能。

电储热储能分为水储热储能和金属储热储能。水储热储能是以水为介质存储热能，具有维修方便、投资少等优点。金属储热储能是以金属为储热介质，通过金属固液变换实现热能的存储和释放，具有储热温度高、导热系数高等优点。

熔融盐储热储能的基本原理是先将固态无机盐加热到熔融状态，再利用热循环实现传热储热。熔融盐具有腐蚀性低、使用温度范围广、传热性能高、价格低廉等优点，但导热系数较低直接导致其储热利用率低。

冰蓄冷储能的基本原理通过蓄冷介质结冰、融冰实现冷量的存储和释放。冰蓄冷储能能够减少制冷机组容量，提高制冷机组效率，满足空调等制冷设备的高峰负荷。

新能源电力系统要求储能技术同时具有大容量储能能力和快响应能力，从当前储能技术发展情况来看，一种储能技术很难同时满足这两种要求，需要同时采用多种储能技术，配置多元储能电源。多元储能电源彼此间协调控制、综合规划，最大限度发挥储能电源的效用。如超级电容器响应快、循环寿命长，电池能量密度高、循环寿命低，将二者结合形成的储能系统能发挥各自优点的同时互补不足。

7.4.2 模拟铁锂电池实验平台

锂离子电池又称锂电池。锂电池分为液态锂离子电池和聚合物锂离子电池两类。液态锂离子电池是指锂离子嵌入化合物为正、负极的二次电池。近年来，由于锂电池电极和电解质的创新和辅助设备生产技术的成熟，锂电池的成本得以显著降低。这使得锂电池大规模应用于电力系统，特别是间隙式新能源分布式发电系统的削峰填谷、能量调度成为可能。值得一提的是，现今新出现的锂电池技术有钛锂、铁锂、空气锂、锂离子聚合物、硫锂等电池技术。

铁锂磷酸化合物电池也是一种锂离子电池的特殊形式，简称 LFP 电池，它使用 $LiFePO_4$ 作为阴极材料。这种化合物最先由德州大学研究团队发现。其成本低、无毒、铁储量大、具有优秀的热稳定性和电极表现、安全性高、比容量高(170 mAh/g 或 610 C/g)。

与现在最流行的锂离子聚合物电池比较，铁锂电池具有充电更快、循环次数更高等优势。模拟铁锂电池实验平台由模拟铁锂电池组特性的储能装置、储能双向变流器及监控系统组成。模拟储能系统结构图如图 7-7 所示，用模拟铁锂电池组来模拟铁锂电池特性，储能双向变流器直流侧接模拟铁锂电池组输出侧，储能双向变流器的交流输出通过一个断路器与模拟电网连接。整个系统不需要实际的铁锂电池组，可以方便地模拟铁锂电池组的特性。

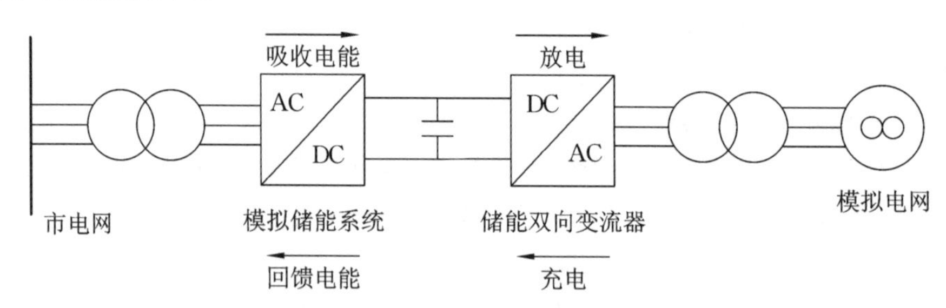

图 7-7 模拟储能系统结构图

模拟铁锂电池组系统采用双向变流技术，通过直流输出电压控制模拟铁锂电池的外特性，具有范围宽、精度高、可靠性高、高效节能回馈的特点。

当模拟充电时，储能双向变流器将模拟电网的交流电转换成直流电，模拟铁锂电池组将储能双向变流器输出的直流电转化为纯正弦交流电回馈市电；当模拟放电时，模拟铁锂电池组将市电网的交流电整流为稳定的直流电，再通过储能双向变流器回馈模拟电网。

在实际铁锂电池应用时，铁锂电池组往往由几十串甚至几百串以上的电池单体组构成。模拟单体铁锂电池充、放电曲线如图 7-8、图 7-9 所示，图中横坐标为电池容量 SOC，纵坐标为电池电压。从两图中可以看出，单体铁锂电池的额定电压是 2.3 V，充电截止电压是 2.75 V，放电截止电压是 1.5 V。

铁锂电池模拟器使用只需预先设定需要模拟的铁锂电池组容量即可，设备会根据当前的充、放电流和时间计算 ΔU，从而改变模拟器输出端口的电压，实现铁锂电池组特性的模拟。

双向变流器技术原理主要是通过控制变流器输出电压的幅值和与电网电压矢量的

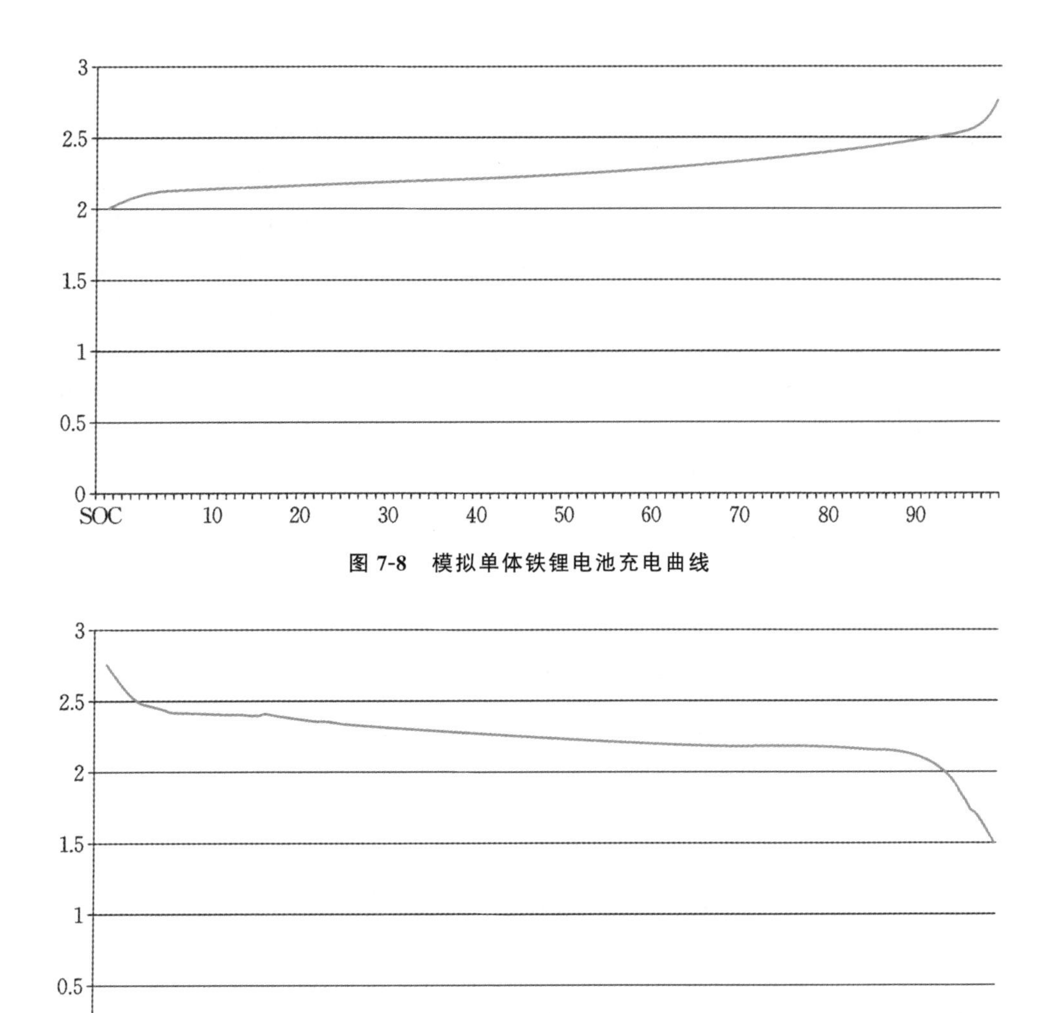

图 7-8 模拟单体铁锂电池充电曲线

图 7-9 模拟单体铁锂电池放电曲线

夹角，调节电网电压与变流器输出电流之间的相位差以及输出电流的幅值大小，控制交、直流侧有功功率和无功功率的传递，从而实现四象限运行。由于储能相比于清洁能源的波动性和间歇性，具备稳定的放电能力和电压支撑能力，因此相比于清洁能源逆变器，储能变流器的控制可靠性和稳定性都明显占优，也方便部署、实施更高级的控制策略。

目前，储能双向变流器具备并网和孤岛两种运行模式，并网模式下的控制策略有直接功率控制、直接电压控制以及直接电流控制三种，孤岛模式下的控制策略有集中控制、主从控制、对等控制三种。应用较多的主要是并网模式下的直接功率控制（即作为 *PQ* 节点）和孤岛模式下的对等控制（下垂控制），多点控制对通信依赖极强，但这种主流控制方法存在诸多问题，首先是并离网切换复杂，其次是多机并联环流较大，再次是强烈依赖通信，对电网全局参与度低。

7.4.3 模拟超级电容器实验平台

超级电容器又称电化学电容器，是从二十世纪七八十年代发展起来的通过极化电解质来储能的一种电化学元件。它不同于传统的化学电源，是一种介于传统电容器与电池之间、具有特殊性能的电源，主要依靠双电层和氧化还原假电容电荷来存储电能，但在其储能的过程并不发生化学反应，这种储能过程是可逆的，也正因为此超级电容器可以反复充放电数十万次。其基本原理和其他种类的双电层电容器一样，都是利用活性炭多孔电极和电解质组成的双电层结构获得超大的容量。

模拟超级电容器充放电曲线如图 7-10 所示，超级电容充放电波形中 ΔU_1 为放电开始时刻因内阻导致的瞬间压降，由于串联内阻的存在，内阻上的压降与电流成正比，若以负载电压达到限值作为放电终止的条件，大电流放电结束后的电动势将高于小电流的，在外特性上表现为充电电流突然断开后电压逐渐下降，放电电流突然断开后电压逐渐上升，如图 7-10 中的 ΔU_2。

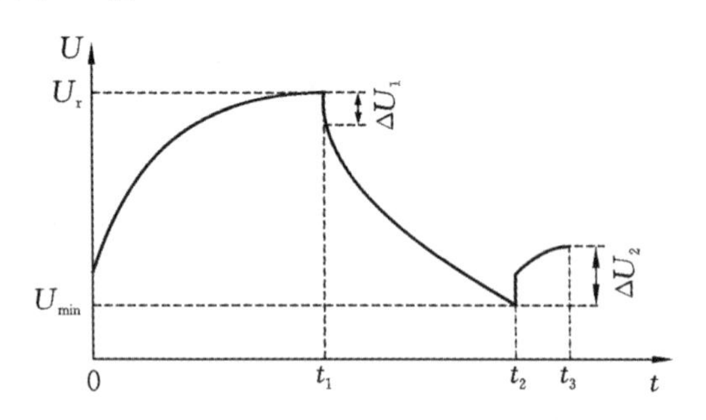

图 7-10 模拟超级电容器充放电曲线

模拟超级电容器实验平台由模拟超级电容器特性的储能装置、储能双向变流器及监控系统组成。系统结构参考图 7-7，用模拟超级电容器来模拟超级电容器特性，储能双向变流器直流侧接模拟超级电容器输出侧，储能双向变流器的交流输出通过一个断路器与电网连接。整个系统不需要实际的超级电容器，可以方便地模拟超级电容器的特性。

模拟超级电容器系统采用双向变流技术，通过直流输出电压控制模拟超级电容器的外特性，具有范围宽、精度高、可靠性高、高效节能回馈的特点。

当模拟充电时，储能双向变流器将模拟电网的交流电转换成直流电，模拟超级电容器将储能双向变流器输出的直流电转化为纯正弦交流电回馈市电；当模拟放电时，模拟超级电容器将市电网的交流电整流为稳定的直流电，再通过储能双向变流器回馈模拟电网。

7.4.4 储能变流器并离网切换检测实验

1. 主动并离网切换检测

(1) 实验主接线为电池模拟器的储能变流器经并网开关与电网相连，在储能变流器的出口接有功率因数为 0.8 的感性负荷，负荷功率设定为被测储能变流器额定功率的 100%。

(2) 调节储能变流器工作在并网运行条件下。

(3) 待储能变流器运行稳定后向其发离网运行命令。

(4) 确认储能变流器是否切换到离网运行模式。

(5) 待储能变流器运行稳定后向其发并网运行命令。

(6) 确认储能变流器是否切换到并网运行模式。

2. 被动并网转离网切换时间检测

(1) 实验主接线为电池模拟器的储能变流器经并网开关与电网相连，在储能变流器的出口接有功率因数为0.8的感性负荷，负荷功率设定为被测储能变流器额定功率的100%。

(2) 调节储能变流器工作在并网额定功率充电运行条件下。

(3) 待储能变流器运行稳定后断开并网开关。

(4) 利用数据采集装置测量并记录负载电压、网侧电压的数据与波形。

(5) 测量从并网开关断开时刻到储能变流器放电电流达到额定电流90%的时间间隔。

(6) 分别调整负荷功率为被测储能变流器额定功率的30%和60%，重复步骤(2)～(4)，并记录实验结果。

(7) 调节储能变流器工作在额定功率放电运行条件下，重复步骤(3)～(6)。

7.5 微电网系统

近年来，电力系统呈现出用电负荷不断增加、输电容量逐渐增大的特点，大容量集中式发电、远距离高电压传输的互联大电网运营成本高、运行难度大、调节能力弱的问题日益凸显，难以满足用户越来越高的安全性、可靠性、多样性、灵活性供电需求。随着新型电力电子技术的不断成熟，基于风、光、热、储等绿色能源的分布式发电技术蓬勃发展。分布式发电具有能源利用率高、环境污染小、供电灵活性强、投入成本低等优点，开发高效、经济、灵活、可靠的分布式发电技术是解决能源危机和环境问题的有效途径。为了减缓大规模的分布式电源单机入网对大电网的冲击，弥补电力系统对分布式电源广泛渗透承载能力的不足，充分发挥分布式发电技术的优势，微电网的概念应运而生。

微电网具有多源低惯性供能、多模式协调运行、多模块互补支撑、多级架构灵活互动的特点，是由分布式电源、负荷单元及储能装置按照特定的拓扑结构组成的具备独立管理、保护、控制能力的集约化新型电力网络，是以新能源发电技术为支柱、低惯性电力电子装置为主导的多约束、多状态、多维度的复杂自治电力系统。微电网有并网和孤岛两种运行模式，并且可以在两种模式之间平滑、无缝切换，一般通过单点接入主网，具有“即插即用”的灵活性和可控性，是未来智能电网的重要组成部分。当微电网处于并网模式时，能实现公共电网、分布式电源与负荷的一体化协调运行和各种能源资源的梯级高效利用；当大电网发生故障时，微电网通过解列控制进入孤岛模式，单独向敏感负荷供电，充分满足用户对供电安全性、可靠性的需求。

7.5.1 微电网组成

微电网分为交流微电网、直流微电网和交直流混合微电网。交流微电网中，风机、微燃机等输出交流电的分布式电源通常直接或经AC/DC/AC转换装置连接至交流母线，而光伏模块、燃料电池等输出直流电的分布式电源则必须经过DC/AC逆变器连接至交流母线，分布式电源和公共电网依照特定的计划为负荷供电。鉴于分布式电源的随机性和间歇性，电力潮流的双向流动性等特点，交流微电网在电能质量、保护控制方面面临巨大挑战。因此，详细的网络架构规划、可靠的保护通信系统、稳定的运行控制技术是交流微电网良好运营的关键。

直流微电网网络构架是未来微电网发展的方向，更符合负荷多样性的发展趋势，分布式电源、储能系统、交直流负荷等均通过电力电子装置连接至直流母线，储能系统可以通过电力电子装置补偿分布式电源和负荷的波动。与交流微电网相比，直流微电网具有损耗小、效率高、控制简单等优势，但是，直流微电网仅仅处于起步阶段且规划设计缺乏成熟统一的标准，大规模推广与发展是一个长期的过程。

交直流混合微电网既含有直流母线又含有交流母线，既可以直接向直流负荷供电又可以直接向交流负荷供电，解决了多次换流带来的诸多问题，降低了电力变换带来的能量损耗，具有更高的效率和灵活性，是未来最有潜力的配电网形式。其具有直流部分独立运行、交流部分独立运行、交直流部分协调运行三种运行模式，囊括了交流微电网和直流微电网的优点，对交直流分布式电源皆有较好的兼容性。

以风能、太阳能等新能源为主的分布式电源大规模集成渗透使微电网在供电质量、连续性、稳定性等方面面临严峻挑战。高效、可靠的储能系统通过控制供需能量提供类似惯性的功能，是以新能源为支柱、低惯性电力电子装置为主导的微电网正常运行的保证。微电网中储能技术应用如下。

(1) 通过合理、有序的储能系统控制策略，弥补分布式电源随机性、间歇性和不可控性缺陷，增强分布式电源的稳定性与可调度性。

(2) 在负荷低谷时充电，在负荷高峰时放电，作为微电网能量缓冲环节实现负荷的削峰填谷。

(3) 基于储能系统的快速响应特性，减缓模式切换过渡的暂态冲击，实现微电网无缝、平滑切换，并为微电网的孤岛运行提供电压和频率支撑。

(4) 为微电网提供有功功率支撑或无功功率补偿，平滑微电网电压波动，改善微电网的电能质量。

储能系统分类标准很多，根据电能供应速度储能系统可分为三类：服务于能量管理体系的小时级电能供应储能系统；处理电力瞬时短缺的分钟级电能供应储能系统；用于有功功率或无功功率补偿的秒级电能供应储能系统。为了充分发挥储能系统的优势，通常将不同性能的储能装置进行互补组合。能量密度大的蓄电池和功率密度大、循环寿命长的超级电容组合成的混合储能系统可以提高功率输出能力，延长使用寿命；超级电容与压缩空气储能优化组成的混合储能系统在大容量存储的条件下具有高动态响应性能。在微电网运行过程中，需要整合不同的储能装置以达到特定的运行目标，混合储能系统是储能技术发展和应用的趋势。

7.5.2 微电网控制策略

稳定、可靠的控制策略是微电网良好运行的保证，也是其优势充分发挥的关键。基于分层理念形成的微电网系统控制策略是当前最常用的控制架构，也是微电网控制技术不断发展与完善的方向，利用分层控制架构可以在不同的时间尺度上实现对微电网电气量的控制，分层控制包括第一层、第二层和第三层控制，共三部分。

1. 第一层控制

第一层控制为分布式电源和负荷本地自主控制，主要通过分布式电源控制器和负荷控制器实现有功功率和无功功率特定分配，维持微电网孤岛过程中电压和频率的稳定，提高微电网的稳态和暂态性能，其需要最快响应分布式电源供能和负荷需求的变化。分布式电源的控制是第一层控制的关键，目前多采用双环控制模式：内环动态响应较快，通过不同的控制算法提高逆变器输出信号的质量；外环动态响应较慢，通过不同的控制策略达到特定控制目的。内环控制算法中最常用的是经典 PI 调节器，其是适用于线性时不变、单输入单输出系统的线性控制器，由于对直流量具有较好的调节效果，而调节交流量时存在稳态误差，往往用于旋转坐标系控制，具有控制结构清晰、简单的优点，可以实现大部分的控制目标。比例谐振控制器可以实现交流量的有效控制，同时具有较高的动态性能和低次谐波控制效果，但是不能解决高次谐波问题，且控制器参数设计复杂性较高，其通常运用于静止坐标系的控制。另外，滞环控制和无差拍控制可以实现非线性控制，而预测控制、滑模控制等算法可以通过不同的控制方式实现各自的控制目标。外环控制策略常见的有恒功率控制、恒压/恒频控制和下垂控制。

恒功率控制利用电网电压和频率作为支撑，通过有功功率和无功功率解耦控制实现分布式电源功率输出的恒定，一般应用于微电网并网运行状态。恒压/恒频控制主要应用于微电网孤岛运行状态，通过调节分布式电源输出的有功功率和无功功率实现系统电压和频率的稳定。下垂控制模拟发电机功频特性，通过对逆变器输出电压的幅值和频率的调节来实现有功功率和无功功率的特定分配，不需要额外的通信线路，既可以应用于孤岛模式也可以应用于并网模式，是目前最有发展和应用潜力的分布式电源控制策略。传统下垂控制有一定缺陷：低压线路呈阻性，导致逆变器间环流大，功率分配不精确；孤岛模式下，电压和频率会随着负荷变化而波动；为有差控制，会有频率和电压的偏差；下垂系数过大会导致电压和频率波动剧烈，下垂系数过小又会导致功率分配不精确。因此，许多改进下垂控制被提出。为消除线路阻抗对下垂控制的影响，通常有两种改进方法：通过分析和补偿线路阻抗对有功功率和无功功率的影响实现电压和频率下垂控制的解耦；通过逆变器合理控制输出虚拟阻抗。

为了减小下垂系数的影响，改进的自适应调节下垂系数控制方法被提出，它提高了系统的稳定性和可靠性。另外，通过二次调压、调频维持系统电压和频率的稳定也是改进下垂控制的方向之一。

主从模式和对等模式是微电网分布式电源控制最常用的两种结构。当微电网采取主从控制时，并网状态下的分布式电源通常采取恒功率控制，而在进入孤岛状态后，输出稳定的分布式电源或储能系统作为主控单元需切换至恒压/恒频控制，并为从控制单元提供电压和频率的参考。微电网采取对等控制时，分布式电源通常选择下垂控制且无主从之分，孤岛状态下自主参与系统电压和频率的整定，易于实现“即插即用”和“无缝切换”。

2. 第二层控制

第二层控制为微电网管理层的控制，通过对系统中的负荷和分布式电源进行整体控制，使微电网处于源荷协调状态，同时补偿第一层控制造成的电压幅值和频率的偏差，使微电网与主电网处于同步状态。另外，第二层控制负责微电网安全、稳定地运行，应具备故障检测、孤岛并网无缝切换等功能，并根据上级控制的经济化目标实现微电网经济运行。第二层控制可以分为集中式控制和分布式控制两种。

集中式控制通常依赖安全、可靠的通信系统，中央控制器设定系统的运行模式，实时监控系统的运行状态，并统筹第一层控制中的本地控制器。中央控制器通过通信线路接收配电网运营商和电力市场的指令，并根据目标约束函数与微电网本地控制器交换信息，利用安全、高速的通信网络进行分布式电源、储能系统及负荷的实时调度和控制，是微电网运行的中枢。第二层控制的时间响应速度慢于第一层控制的，因此可以通过采样测量微电网变量的方法来减少通信带宽，并实现第一层控制和第二层控制的解耦，同时为中央控制器进行复杂的计算和信息处理争取时间。对通信容量和计算能力的高要求与过分依赖是集中式控制的一大弊端。

在分布式控制中，分布式电源控制器和负荷控制器都具有实时测量监控并自主运行的能力，本地控制器可以相互交换实时信息并完成潮流计算分配和电压频率整定，配电网管理部门也只须与周边局部器件进行通信即可掌握微电网的运行状态。这样，微电网不必过分依赖安全、高速的通信网络，中央控制器也不必进行繁杂且高度集中的实时信息处理计算，当中央控制器发生故障时系统其他部分还可以正常运行。因此，分布式控制使微电网更加灵活、可靠、安全、方便。

3. 第三层控制

第三层控制为配电网管理层的控制，以安全、可靠、经济、稳定为原则实现微电网间及微电网与配电网间的协调运营。第三层控制是微电网的上层能量优化及调度环节，根据分布式电源的出力预测、市场信息、经济运行及环境排放要求等优化目标和约束条件，微电网得到运行模式、调度计划、需求侧管理命令，从而统筹最佳运营的措施。第三层控制还可以协调多个微电网的运行，能够处理集群化多微电网系统的能量调度。因此，第三层控制作为分层控制中的最高级别，时间响应速度最慢，需要提前设定控制目标并进行适当的信息预测。

微电网能量优化调度需要多能源优化、互补，多环节可靠、稳定，多变换流畅、高效，多模式供需均衡，从而达到源—荷—储的动态平衡，实现能源的分层梯级和有序、高效利用。微电网能量优化调度架构有集中式和分布式两种。集中式架构中的中央控制器是调度的核心，通过分布式电源与负荷等实时信息的反馈对调度进行全局统筹规划，但降低了系统的灵活性且过分依赖系统的通信和计算能力；分布式架构中每一个部件都是一个具备自主决策和独立管理能力的代理，通过各代理之间信息的互动与状态的协调实现能量优化目标，有利于实现微电网“即插即用”。微电网能量优化调度系统随着微电网的成熟与用户需求的提高而变得更加灵活、全面、智能、开放，能够适应可再生能源出力的间歇性和随机性，平衡分布式电源、储能装置及负荷的接入与切除，兼容未来智能家居设备、先进电价政策与能源互联网规划，协调经济、技术与环境目标，为真正实现微电网“即插即用”的灵活性和可靠的鲁棒性奠定基础。

第三层控制是微电网安全、稳定、经济、高效运行的关键，是微电网系统充分发挥其优势和特点的保证。目前对微电网控制策略的研究多集中在前两层，而第三层控制的功能往往比较单一，控制目标设定的针对性和局限性较强，从而导致控制策略的适用性和推广性效果较差。另外，不同于传统的配电网调度，微电网系统中还需要考虑分布式电源的间歇性和随机性，而精确的间歇性能源预测技术和配电网管理层能量调度技术的结合程度还远远不够，这样就无法实现能量的实时优化和精确分配，也就不能对可再生能源进行充分利用。同时，随着负荷形式的多样化，终端用户具有更高的主动性、灵活性与可控性，微电网需求侧时间和空间上的不确定性大大增加，提高了对需求侧管理策略的要求。第三层控制策略的设计需要充分考虑微电网中分布式电源间歇性和随机性特点、终端负荷的多样性和可控性发展趋势、多储能设备的能量双向性及协调配合，同时兼顾微电网的特定拓扑架构、运行模式、实时电价等特点。因此，可再生能源出力和负荷预测、分布式能量优化调度算法、多微电网协调运行等技术是未来研究的重点，配电网管理层需要实时地收集并处理各种数据信息，在系统各单元发生变化时可以准确地响应，从而实现能量的最优调度和系统的经济运行。

7.5.3 模拟微电网系统及实验

微电网实验平台建设，有利于开展光伏发电、风力发电等新能源并网关键技术的应用，为开展分布式电源并网系统对配电网的影响的研究提供完整的实验平台。通过对可再生能源、分布式并网系统的研究，可以掌握分布式电源中发电系统的运行技术、监控技术、并网技术和互动性技术。

微电网实验平台建设有风电、光伏、储能等模拟设备，10 kV 线路模型，各种负荷设备，网架设备，基于 IEC 61850 的监控设备，以及数字化变电站的测试设备等。在这些模型基础上可针对智能电网的控制问题、运行稳定性问题、继电保护配合整定、可再生能源接入、配电网自动化及能源管理等目前研究的热点问题展开相应的实验和研究工作。

模拟微电网实验平台主接线图如图 7-11 所示，系统中模拟输电线路 16 条，其中 XL01、XL02、XL03、XL04、XL09、XL10、XL11、XL12 八条线路参数为 $0.332+j2.49\ \Omega$。另外，八条线路 XL05、XL06、XL07、XL08、XL13、XL14、XL15、XL16 线路参数为 $0.202+j1.097\ \Omega$。LM11、LM12、LM13、LM14、LM21、LM22、LM23、LM24、LM31 为联络母线，分别挂有不同的负荷和电源。FH1～FH7 为负荷，配置了静止负荷和旋转电机负荷。该系统配备光电互感器，采用全数字数据采集、IEC 61850 的通信协议，目前分布式电源主要接有风机、光伏和超级电容，另外系统可以和大系统及无穷大电源相连，既可独立电网运行，也可联网运行。故障点和故障类型可根据需要进行配置。

微电网实验系统的功能如下。

(1) 微电网与本地电网之间联络线上不可避免地会出现功率波动，本实验系统可进行联络线功率控制研究，分别对联络线上的功率进行控制。

(2) 能够对基于逆变电源技术微电网系统的各种主流控制方法进行验证，包括微电网主从控制技术以及预留对等控制技术研究的功能扩展。

(3) 研究适用于分布式能源微电网系统并网及微电网自主稳定运行的发电单元控制理论，提出基于分布式测量的功率、电压和频率的分布式控制策略，实现微电网快速无缝的连接或独立于电网系统稳定运行，同时有功功率和无功功率可以独立控制，以满足负载的动态需求。

(4) 微电网与外部电网接口快速切换方法。研究在外部电网故障条件下，快速检测出外部电网故障及判断算法，提出微电网与外部电网接口快速切换控制算法，保证在尽可能短的时间内，将微电网与外部电网快速分离。

(5) 防逆流控制。防逆流控制在分布式电源发电大于负荷用电时实现零功率交换

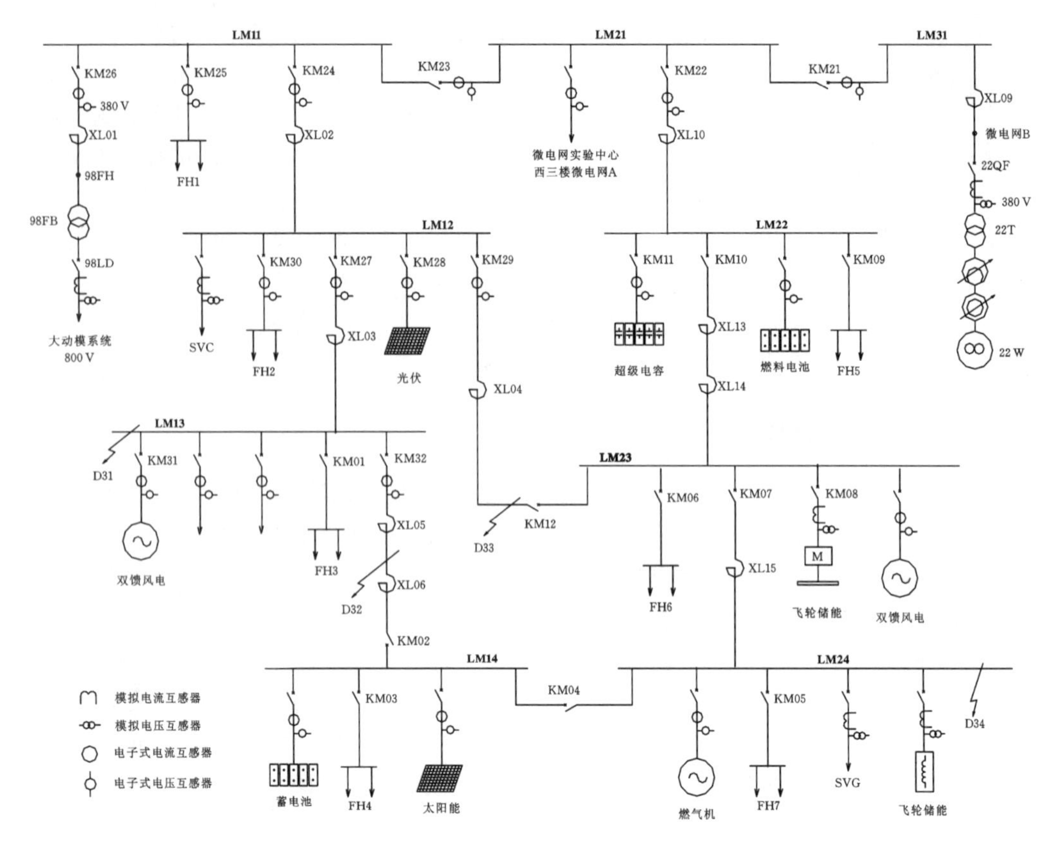

图 7-11　模拟微电网实验平台主接线图

控制,实现分布式发电并网不上网的功能。

(6) 自动电压无功功率控制。微电网能通过自动电压无功功率控制模块保证微电网内部的电压质量,实现无功功率的就地平衡,确保电压在合格范围内。

(7) 调度交换功率控制。在并网运行方式下,配电网可根据经济运行分析、需求侧管理分析等,给各个微电网下发交换功率定值以实现整个配电网最优运行。

(8) 储能充放电曲线控制。根据负荷曲线制定储能充放电曲线,依靠储能充放电实现用电负荷的削峰填谷。

(9) 调度交换功率紧急控制。在特殊情况(如发生地震、暴风雪、洪水等意外灾害情况)下,或在大电网用电紧张、需大范围拉闸限电时,微电网作为配电网的后备电源向配电网提供有力支持。微电网能量管理系统支持在保证微电网内部重要负荷用电的前提下,实现对配电网的紧急援助。

(10) 配电网联合调度。微电网集中管理系统具有与配电调度中心交互信息的功能,能将微电网公共连接点处的并离网状态、交换功率上送调度中心,并可接收调度中心对微电网的并、离网状态的控制和交换功率的设置。

(11) 微电网经济运行控制。微电网在并网运行时,在保证微电网安全运行的前提下,以全系统能量利用效率最大和运行费用最低为目标,充分利用可再生能源,实现多能源互补发电,保证整个微电网的经济、最优运行。

8 柔性交流输电系统实验

随着传统化石能源短缺以及全球气候变暖问题的不断加剧，能源结构转型越来越受到人们的重视。清洁的可再生能源主要是通过转化为电能才能被利用，而可再生能源发电与传统化石能源发电存在着明显不同的技术特点，这对现代电网提出了更高的要求。分布式电源与储能装置的大量接入以及主动配电系统、微电网技术的不断进步，也使得现代电力系统朝着更智能、更灵活的方向不断发展。

在此背景下，大量新型电力电子设备被应用在电力系统中，使电力系统的可控性和灵活性更强。这类基于电力电子技术的电力系统新型一次设备统称为柔性一次设备。柔性一次设备的主要应用领域包括柔性交流输电、柔性直流输电、可再生能源发电与电力储能、主动配电系统与微电网四个方面。柔性一次设备在现代电网中的应用有效提升了电能的转换和传输效率，增强了电力系统的调控能力与灵活性，大大提高了电网对可再生能源的消纳能力，同时能更好地满足用户对电能质量的要求。柔性一次设备作为现代电网的关键支撑设备，近年来迅速成为研究热点并得到国内外研究人员广泛关注。不同电路拓扑纷纷涌现，新的控制策略与变流技术层出不穷，大量装置投入工程建设与运行。但与现代电力系统的发展要求相比，现有的柔性一次设备在建模、控制、仿真、可靠性等诸方面仍然存在着一系列的挑战，在设备的稳定性、经济性以及灵活性等方面仍有较大的优化空间。

8.1 柔性交流输电系统概述

伴随着柔性交流输电系统的快速发展，各类柔性交流输电系统先后被提出、研制并投入应用，包括静止无功补偿器（SVC）、静止同步串联补偿器（SSSC）、统一潮流控制器（UPFC）、可控串联补偿器（TCSC）、静止同步补偿器（STATCOM）等。本章选取了两个技术成熟、已广泛投入应用并且具有代表性的典型柔性交流输电系统元件进行实验，一个是并联型的静止无功补偿器，另一个是串联型的可控串联补偿器。

8.1.1 FACTS 的定义

柔性交流输电系统（flexible AC transmission systems，FACTS），又称为灵活交流输电系统，这一概念最早是由美国电力科学研究院的 N. G. Hingorani 博士于 1986 年提出，1997 年经 IEEE 给出了它的定义："Alternating current transmission system incorporating power electronic-based and other static controllers to enhance controllability and increase power transfer capability。”其含义是：基于电力电子元件和其他静态控制器的拥有较高可控性和传输能力的交流输电系统。现在普遍理解的柔性交流输电技术指的是以大功率电力电子元件代替传统元件（传统电压、阻抗、功角控制元件）的机械开关，从而灵活、精准地实现系统参数的调控。FACTS 有着不改变系统网络而大幅提高系统线路传输功率能力、控制能力以及动态性能的优点。

8.1.2 FACTS 的分类

FACTS 可以按照如下几个标准进行分类。

1）按照不同的安装地点分类

按照不同的安装地点的 FACTS 分类如表 8-1 所示。

表 8-1 按照不同的安装地点的 FACTS 分类

发电类（发电厂内）	输电类（输电系统中）	供电类（供配电系统中）
静态励磁（PSS 和 OEC）	静止无功补偿器（SVC）	有源滤波器（APF）
可控制动电阻（TCBR）	静止无功发生器（SVG）	微型储能器（MES）
可调速发电机（ASG）	可控串联补偿器（TCSC）	故障电流限制器（FCL）
飞轮变速机组（FWC）	可切换串联补偿器（TSSC）	统一质量控制器（UPQC）
超导储能器（SMES）	可控移相器（TCPS）	
	相间功率控制器（IPC）	
	静止同步串联补偿器（SSSC）	
	统一潮流控制器（UPFC）	
	静止同步补偿器（STATCOM）	

2）按照技术的成熟程度分类

第一代 FACTS 元件是以晶闸管（SCR）移相控制技术为核心，可以得到不同参数的电容器和电抗器，第二代 FACTS 元件以全控型门极可关断元件（GTO、IGBT、IEGT 等）代替了外部回路的传统元件（电容器组和电抗器组或移相变压器等）。第三代 FACTS 元件采用其他的一些新的技术，未来有着很好的应用前景。

按照技术成熟程度的 FACTS 分类如表 8-2 所示。

表 8-2 按照技术成熟程度的 FACTS 分类

第一代 FACTS 元件	第二代 FACTS 元件	第三代 FACTS 元件
静止无功补偿器（SVC）	静止同步补偿器（STATCOM）	静止同步串联补偿器（SSSC）
可控串联补偿器（TCSC）	统一潮流控制器（UPFC）	晶闸管控制的移相器（TCPST）
		相间功率控制器（IPC）

3）按照不同的连接方式分类

按照不同的连接方式的 FACTS 分类如表 8-3 所示。

表 8-3 按照不同的连接方式的 FACTS 分类

并联型控制器	串联型控制器	综合型控制器
静止无功补偿器(SVC)	可控串联补偿器(TCSC)	统一潮流控制器(UPFC)
静止同步补偿器(STATCOM)	静止同步串联补偿器(SSSC)	晶闸管控制电压调节器(TCVR)
超导储能器(SMES)	晶闸管控制串联电抗器(TCSR)	相间功率控制器(IPC)
可控制动电阻(TCBR)	线间潮流控制器(IPFC)	晶闸管控制的移相器(TCPST)

8.1.3 FACTS 的作用

1）提高输电线路的输送容量

采用 FACTS 可使输电线路的输送功率极限大幅度提高至接近导线的热极限，这样可减缓新建输电线路的需要和提高输电线路的利用率。FACTS 的出现对电网的建设规划和设计将产生重大的影响。

2）优化输电网络的运行条件

FACTS 控制器有助于减少和消除环流或振荡等大电网痼疾，有助于解决输电网中“瓶颈”环节的问题；有助于在电网中建立输送通道，为电力市场创造电力定向输送的条件；有助于提高现有输电网的稳定性、可靠性和供电质量；可以保证更合理的最小网损，并可以减小系统热备用容量，有助于防止连锁性事故扩大，减少事故恢复时间及停电损失。

通过对 FACTS 设备的快速、平滑的调整，可以方便、迅速地改变系统潮流分布。这对于正常运行方式下控制功率走向以充分挖掘现有网络的传输能力以及在事故情况下防止因某些线路过负荷而引起的连锁跳闸是十分有利的。

3）扩展了电网的运行控制技术

FACTS 控制器一方面可对已有常规稳定或反事故控制的功能（如调速器附加控制、气门快并控制、自动重合闸装置等）起到补充、扩大和改进的作用。另一方面，电网的 EMS 系统必然要将 FACTS 控制器的作用综合进去，使得 EMS 中的 AGC、EDC 和 OPF 等功能的效益得到提高，有助于建设全网统一的实时控制中心，从而使全系统的安全性和经济性有一个大的提高。

4）改变了交流输电的传统应用范围

由于高压直流输电的控制手段快速、灵活，当输送容量与稳定之间的矛盾难以调和时，有时可以通过建设直流线路来解决，但是换流站的一次性投资很高。而应用 FACTS 控制器的方案常常比新建一跳线路或换流站的方案投资要少。成套应用并协调控制的 FACTS 控制器组使常规交流电柔性化，改变交流输电的功能范围，使其在更多方面发挥作用，甚至扩大到原属于 HVDC 专有的那部分应用范围，如定向传输电力、功率调制、延长水下或地下交流输电距离等。

5）解决了大电网互联的问题

FACTS 技术带来的灵活控制潮流和提高稳定性的能力为大电网互联运行提供了技术保障，从而实现了能源的优化配置，降低了整个电力系统的热备用容量和发电成本，提高了电力设备的使用效率。因此，FACTS 技术在电网中的广泛应用，可以解决的主要问题包括互联大电网的稳定问题、输电网中瓶颈问题和负荷中心动态无功支撑问题。

8.1.4 FACTS的应用

1. 基于半控型器件的FACTS设备

基于晶闸管的SVC设备在20世纪70年代就已经投入商业运行了，远远早于FACTS概念的提出。SVC是基于晶闸管投切或控制的一类并联型FACTS设备的总称，包括晶闸管控制电抗器（TCR）、晶闸管投切电抗器（TSR）、晶闸管投切电容器（TSC）等设备，以及它们互相之间或是与机械式无功补偿设备组合形成的设备，典型SVC示意图如图8-1所示。SVC是FACTS设备中技术最为成熟的设备，现有的已投运的FACTS工程总容量中，绝大部分都是SVC。

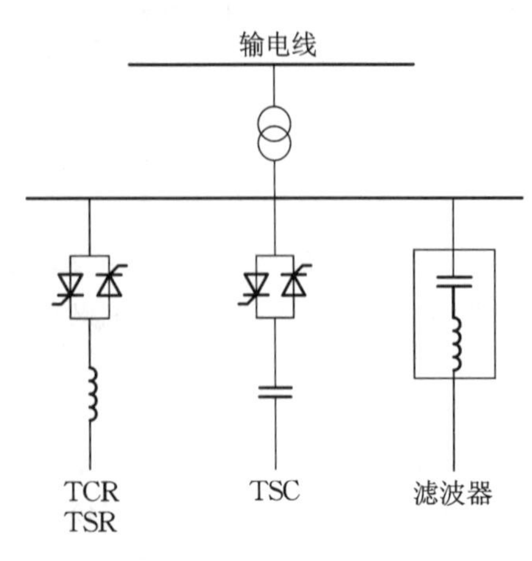

图8-1 典型SVC示意图

经过数十年的发展，SVC技术上已经相当成熟，目前全球范围内已有数千个SVC工程。中国的SVC技术虽然起步较晚，但也已经发展得相当成熟。中国应用于电网中的第一个国产化SVC项目——鞍山红一变SVC国产化示范工程于2004年正式投运。2016年，由南瑞继保电气有限公司设计和生产的900 Mvar世界最大容量SVC在埃塞俄比亚HOLETA 500 kV变电站成功投运，该套SVC采用TCR、TSC和滤波器整体协调控制的方式。

可控高压并联电抗器（通常简称为可控高抗）是在SVC基础上发展起来的另一种基于晶闸管的并联型FACTS设备，其功能是动态补偿交流输电线路过剩的无功功率，达到抑制超/特高压输电线路的容升效应、操作过电压、潜供电流等现象，降低线路损耗，提高交流系统电压稳定水平及线路传输功率的作用。

基于晶闸管的可控高抗主要分为分级式可控高抗和晶闸管控制变压器式可控高抗两类，其结构分别如图8-2和图8-3所示，分级式可控高抗的优点是原理简单、响应速度快、谐波含量少，缺点是补偿容量只能分级调节而不能连续调节，因此适合潮流变化剧烈并具有季节负荷特性的超/特高压输电系统，中国在分级式可控高抗领域处于世界领先水平，在2006年完成了忻都500 kV分级式可控高抗示范工程，在2012年完成了敦煌750 kV分级式可控高抗示范工程。2016年，南瑞集团成功研制了世界首套1100 kV分级式可控高抗。

晶闸管控制变压器式可控高抗本质上是TCR和变压器的组合，通过调整晶闸管触发角，能够平滑调节副边绕组的等效电抗。晶闸管控制变压器式可控高抗响应速度快，过负荷能力强，能够大范围平滑调节补偿容量的大小，因此在大规模风电集中接入超/特高压交流输电系统的应用方面具有较大优势。晶闸管控制变压器式可控高抗目前在国外应用较多，如印度Itarsi的420 kV/50 Mvar晶闸管控制变压器式可控高抗和加拿大Loreatid变电站的750 kV/450 Mvar晶闸管控制变压器式可控高抗等。

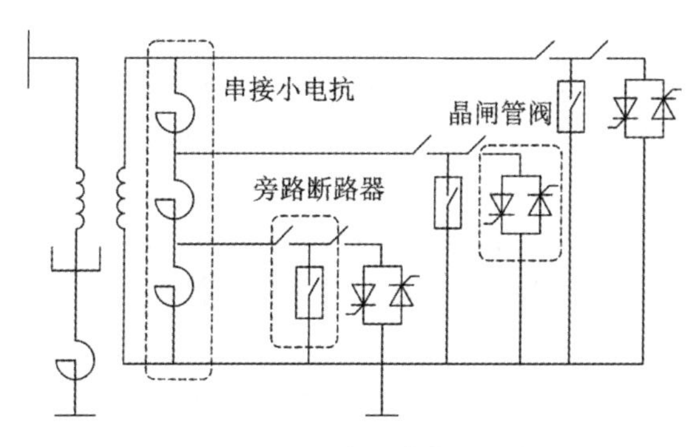

图 8-2 分级式可控高抗示意图

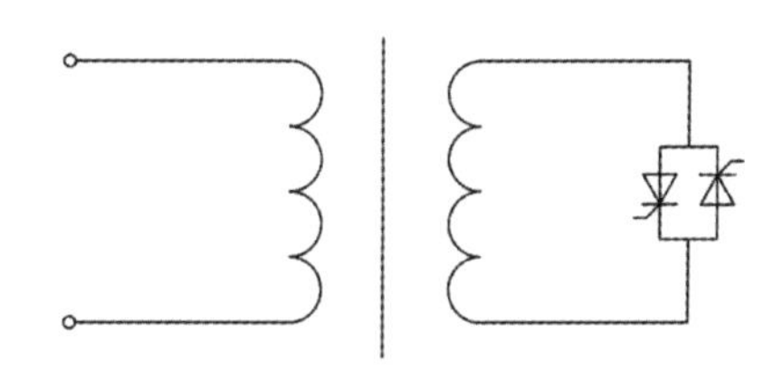

图 8-3 晶闸管控制变压器式可控高抗示意图

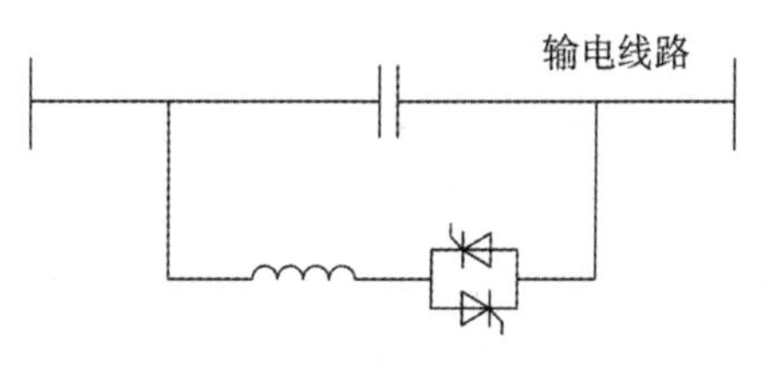

图 8-4 可控串联补偿器示意图

可控串联补偿器是最重要的串联型FACTS设备之一，其由一组电容器与晶闸管控制电抗器并联组成，如图 8-4 所示，可控串联补偿器可以提供连续、可控的串联补偿容量，达到改变系统阻抗特性、优化潮流分布以及提高系统稳定性及动态性能的目的。1991 年，美国在卡纳瓦尔变电站投运了世界上首个可控串联补偿器工程。2003 年，亚洲首个 500 kV 可控串联补偿器工程——中国天生桥平果可控串联补偿器工程投运，由德国西门子公司承建。2004 年，中国第一个国产化可控串联补偿器工程——甘肃碧成 220 kV 可控串联补偿器工程正式投运。2007 年，世界上电压等级最高、容量最大的可控串联补偿器——伊冯 500 kV 可控串联补偿器正式投运。

2. 基于全控型器件的 FACTS 设备

静止同步补偿器(static synchronous compensator，STATCOM)是基于全控型器件的 FACTS 设备中出现最早、发展最快而且应用最广的一种设备。STATCOM 可以采用电压源型换流器和电流源型换流器来实现，但由于基于电压源型换流器的STATCOM 控制更加方便且效率更高，因此实际应用中大多数 STATCOM 都通过电压源型换流器来实现，如图 8-5 所示。作为并联型 FACTS 设备，STATCOM 与传统 SVC 相比，具有动态响应速度更快、可控性更好、不需要大容量的电容或电感、谐波含量低、补偿能力不依赖于系统电压水平等优点。但由于需要使用较多数量的全控型器件，在需要较大容量补偿的情况下，STATCOM 的成本接近 SVC 的两倍。

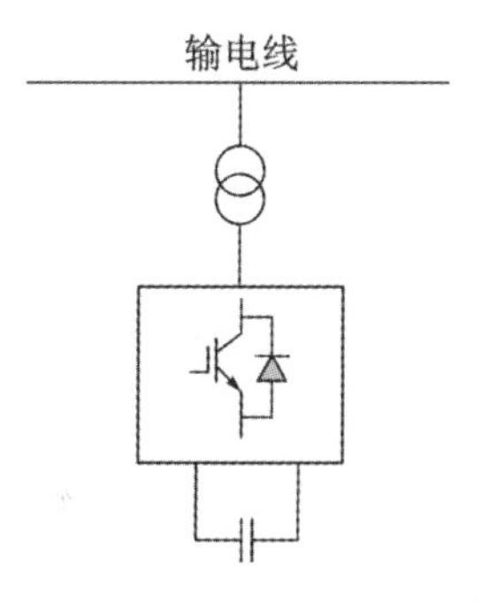

图 8-5 静止同步补偿器示意图

如果将基于电压源型换流器的 STATCOM 串联在线路中，那么可以得到静止同步串联补偿器(static synchronous series compensator，SSSC)，如图 8-6 所示。作为串联型 FACTS 设备，与基于晶闸管的可控串联补偿器相比，SSSC 除了具有响应速度更快的优势外，还无须配置较大的交流电容器或电抗器就可对线路的无功功率进行补偿，并且补偿的串联电压不受线路电流影响。此外，SSSC 对于交流系统中的各种振荡现象的抗干扰能力要强

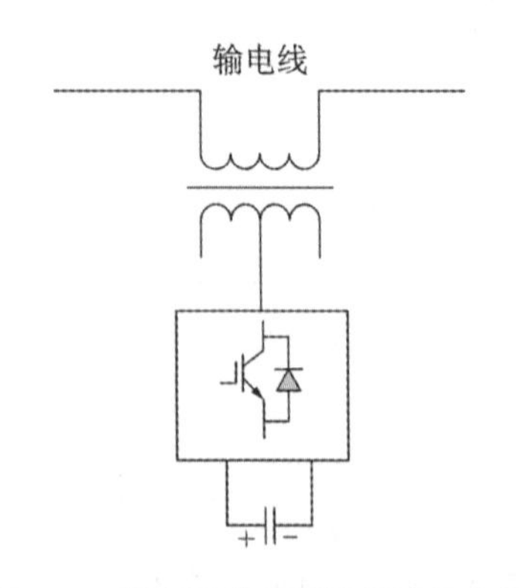

图 8-6 静止同步串联补偿器示意图

于可控串联补偿器。但通常情况下 SSSC 不会单独使用,而是与 STATCOM 组成统一潮流控制器,还可以实现对线路有功功率的控制,能够提高交流系统的输送能力。

级联 H 桥 STATCOM 又称链式 STATCOM,这一概念是美国密西根州立大学的彭方正教授于 1996 年提出的。级联 H 桥 STATCOM 不但可以省去多重化变压器,还不需要大量钳位二极管和钳位电容,更容易扩展电平数,能够适用于高压大容量应用场合。2011 年,世界上第一个±200 Mvar 的级联 H 桥 STATCOM 项目在中国南方电网东莞变电站投运。2016 年,容量为±300 Mvar 的基于电子注入增强栅晶体管(IEGT)的级联 H 桥 STATCOM 在中国南方电网永富直流输电工程富宁换流站投运,是中国目前容量最大的 STATCOM 工程,并且也是大容量 STATCOM 首次应用于高压直流输电领域。

统一潮流控制器(unified power flow controller,UPFC)的概念是美国西屋科技中心的 L. Gyugyi 博士于 1992 年提出,由于其功能强大,被认为是 FACTS 技术的集大成者,统一潮流控制器结构示意图如图 8-7 所示,由并联部分和串联部分组成,两个部分通过直流环节相连。因此 UPFC 不仅具备并联补偿器和串联补偿器的优点,还具备这两者原来不具备的功能,即调整有功功率的能力,是目前综合功能最全面的 FACTS 设备。工程应用时,UPFC 也可以根据实际需求将并联部分和串联部分分开运行,其并联侧是一台 STATCOM,而串联侧则是一台 SSSC。

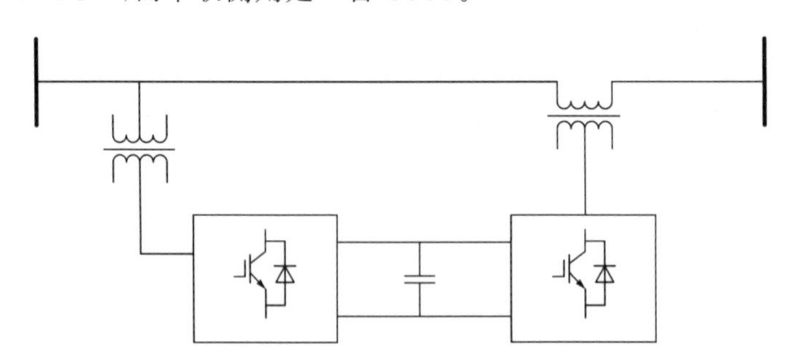

图 8-7 统一潮流控制器结构示意图

世界上第一套 UPFC 于 1998 年在美国 Inez 变电站投运,额定电压为 138 kV,容量为 320 MV·A,采用了三电平四重化的拓扑结构。随着 MMC 技术的不断发展及其在柔性直流输电领域的应用积累,近年来基于 MMC 的 UPFC 得到了快速的发展和应用,成为 UPFC 的主流技术方案。2015 年,中国首个 UPFC 工程在江苏南京 220 kV 西环网正式投运,该工程在全世界范围内首次将 MMC 技术应用于 UPFC 装置,线路额定电压 220 kV,UPFC 容量为 180 MV·A。

随着电力电子技术的不断发展,柔性一次设备必然会在柔性交流系统中继续大放光彩。尤其是随着 STATCOM 和 UPFC 等基于全控型器件的柔性一次设备技术水平的不断提高,柔性交流输电系统的输送能力和系统稳定性及可控性将会得到进一步提升。

8.2 并联型 FACTS 装置

电力系统补偿按照接入方式可分为并联补偿、串联补偿及串并联混合补偿。并联补偿中常用的是并联型 FACTS 控制器。并联补偿方式的接入和退出都很方便,因此在电力系统中得到了广泛的应用,也是 FACTS 技术首先得到应用的方式。

8.2.1 并联型 FACTS 装置的特点

在并联补偿中,并联容性补偿就是指在线路中接入并联连接的设备,用于向线路中提供容性的无功电流。由于容性无功电流超前电压 90°,而感性无功电流滞后电压 90°,因此容性无功电流可以抵消感性无功电流。又由于电网中的负荷绝大多数是感性负荷,因此在电网中使用的用于负荷补偿的装置绝大部分是并联容性补偿。

1. 电力系统中并联补偿装置的特点

(1) 由于是并联补偿,因此只需要电网提供一个接入节点,即只需要一个节点将补偿设备并联入电网即可。设备一端接入电网,另一端为大地或悬空的中性点。因此该方式接入电网方便,基本不需要断开原有线路即可将设备接入电网。

(2) 接入方式简单,由于不需要断开原有线路,因此不会改变电力系统的主要结构。而且在接入时通过调节并联补偿输出,可以在系统正常运行时接入系统,这样可将接入时对电网的影响减小到最小,甚至如果参数选择得当,可以做到无冲击投入和无冲击退出。

(3) 并联接入方式对电力系统的复杂程度增加不多,便于电力系统分析,而且并联补偿装置与所接入点的短路容量相比通常较小,并联补偿对节点电压的补偿或控制能力较弱,它主要通过注入或吸收电流来改变系统中电流的分布,因此并联补偿适合于补偿电流。

(4) 并联补偿通常能使节点附近的一定区域受益,电流源性质的装置比电压源性质的装置更适用于并联补偿。

(5) 并联补偿设备的输出通常受系统电压的限制。

从另一个角度去看,可以将无功补偿装置看成是发无功电流的设备,负荷是吸收无功电流的设备,无功补偿装置所发的无功电流用于供应负荷吸收的无功电流。因此,总是将无功补偿装置安装在负荷的上端(电源端)。在完全补偿的情况(上端功率因数等于 1)下,无功电流只在无功补偿装置与负荷之间的线路中存在,在无功补偿装置以上的线路中没有无功电流。

2. 电网中无功补偿的原则

1) 无功功率平衡原则

从改善电压质量和降低网络功率损耗两方面考虑,应该尽量避免通过电网元件大量、长距离地传输无功功率,无功功率的分层分区应平衡,并分别按正常最大和最小负荷的运行方式进行计算,必要时还应校验某些设备检修时或故障后等运行方式下的无功功率平衡,而且在事故情况下要求电网应留有足够的无功功率储备。

2) 无功补偿装置的一般配置原则

为了便于管理无功功率补偿设备,同步调相机、并联电抗器、静止补偿器等应当相对集中配置。并联电容器可考虑分散配置和就地配置,但太过于分散也会带来管理和维护的困难。

3）不同电压等级电网的无功补偿原则

（1）110 kV及以下电网。

对于10 kV配电线路，优先在配电变压器低压侧配置带自动投切装置的并联电容器，以提高线路的功率因数，电容器的补偿容量为配电变压器的10%～20%。在110 kV及以下的电网中，由于线路输送负荷一般均大于线路的自然功率，电网呈感性，并且负荷与变压器均为感性，所以无论是从调压还是降损角度考虑，均应以容性补偿为主，补偿容量可按主变压器容量的10%～30%来确定。

（2）220 kV电网。

220 kV电网中的无功补偿情况较为复杂，电网的无功特性与线路实际输送功率（与线路的自然功率比较）的大小有关，对于网架不强的220 kV电网，由于线路输送负荷大于线路的自然功率以及变压器为感性等原因，电网呈现感性特质，电网以容性补偿为主；而对网架较强、峰谷差较大的220 kV网络，则存在以下情况。

① 当电网为高峰负荷时，由于线路输送负荷和变压器通过潮流较大，线路和变压器消耗无功功率多，网络呈感性，此时以容性无功功率补偿为主，如并联电容器等。

② 当电网为低谷负荷时，则由于线路输送负荷和变压器通过潮流较小，此时网络呈现容性，建议调整发电机高功率因数运行，并且将220 kV网络电压偏高的变电站的电容器退出。

③ 对于冲击性负荷较大的电网，应在冲击性负荷附近配置静止补偿器，以抑制冲击性负荷引起的电压闪变，快速调节无功功率。

（3）330 kV及以上电网。

330 kV及以上的电网，由于线路实际输送功率均小于线路自然功率，线路无功功率过剩，此时除考虑将发电机进相运行外，电网应配置一定量的感性无功补偿设备，如并联电抗器等，并要求在一般情况下，并联电抗器的总容量应达到超高压线路充电功率的90%以上。

3. 并联补偿的主要方法

1）同步调相机

同步调相机的基本原理与同步发电机没有区别，它只输出无功电流。因为不发电，因此不需要原动机拖动，没有启动电机的调相机也没有轴伸，实质相当于一台在电网中空转的同步发电机。

同步调相机是电网中最早使用的无功补偿装置。当增加励磁电流时，其输出的容性无功电流增大。当减少励磁电流时，其输出的容性无功电流减少。当励磁电流减少到一定程度时，输出无功电流为零，只有很小的有功电流用于弥补调相机的损耗。当励磁电流进一步减少时，输出感性无功电流。

同步调相机容量大、对谐波不敏感，并且具有当电网电压下降时输出无功电流自动增加的特点，因此同步调相机对于电网的无功安全具有不可替代的作用。

同步调相机的价格高，效率低，运行成本高，因此已经逐渐被并联电容器所替代。但是近年来出于对电网无功安全的重视，已经重新启用了大容量同步调相机。

2）并联电容器

并联电容器是目前最主要的无功补偿方法，其主要特点是价格低、效率高、运行成本低，在保护完善的情况下可靠性也很高。

在高压及中压系统中主要使用固定连接的并联电容器组，而在低压配电系统中则主要使用自动控制电容器投切的自动无功补偿装置，自动无功补偿装置的结构多种多样、形形色色，适用于各种不同的负荷情况。对于低压自动无功补偿装置本章不详细介绍。

并联电容器的最主要缺点是其对谐波的敏感性。当电网中含有谐波时，电容器的电流会急剧增大，还会与电网中的感性元件谐振使谐波放大。另外，并联电容器属于恒阻抗元件，在电网电压下降时其输出的无功电流也下降，因此不利于电网的无功安全。

3）并联电抗器

并联电抗器用于吸收超高压、长距离架空线和电缆线的过剩无功功率，防止正常运行时有过多的无功功率注入负荷。并联电抗器吸收的无功功率 Q 与所在母线电压 U 的平方成正比，即 $Q=U^2/X_L$，式中的 X_L 为并联电抗器感抗。并联电抗器一般直接接到超高压线路或母线，或者经主变压器三次侧或较低电压母线两种接线设置方式接入电网。若采用并联电抗器直接接到超高压线路上，则优点是可以限制高压线路的过电压，与中性点小电抗配合，有利于超高压、长距离输电线路单相重合闸过程中故障相的消弧，从而保证单相重合闸的成功；缺点是造价过高。若采用并联电抗器接到主变压器三次侧或较低电压母线上，则造价低、操作简便。具体采用何种方式，依具体情况而定。

4）静止无功补偿器

静止无功补偿器（static var compensator，SVC）的静止两个字是与同步调相机的旋转相对应的。静止无功补偿器出现在 20 世纪 70 年代初期，可以说是灵活交流输电“家族”中的最早成员，它通常由静电电容器、电抗器及检测与控制系统组成。目前常用的有晶闸管控制电抗器（TCR）、晶闸管投切电容器（TSC）和饱和电抗器（SR）三种。

国际大电网会议将 SVC 定义为 7 个子类：①机械投切电容器（MSC）；②机械投切电抗器（MR）；③饱和电抗器（SR）；④晶闸管控制电抗器（TCR）；⑤晶闸管投切电容器（TSC）；⑥晶闸管投切电抗器（TSR）；⑦自换向或电网换向转换器（SCC/LCC）。

根据以上这些子类，可以看出：除同步调相机之外，用电感或电容进行无功补偿的装置几乎均被定义为 SVC。

5）STATCOM

STATCOM 是一种使用 IGBT、GIO、SIT 等全控型高速电力电子器件作为开关控制电流的装置。其基本工作原理是：通过对系统电参数的检测，预测出一个与电源电压同相位的幅度适当的正弦电流波形。

当系统瞬时电流大于预测电流时，STATCOM 将大于预测电流的部分吸收进来，存储在内部的储能电容器中。当系统瞬时电流小于预测电流时，STATCOM 将存储在电容器中的能量释放出来，填补小于预测电流的部分，从而使得补偿后的电流变成与电压同相位的正弦波。

根据 STATCOM 的工作原理，理论上 STATCOM 可以实现真正的动态补偿，不仅可以应用在感性负荷的场合，还可以应用在容性负荷的场合，并且可以进行谐波滤除，起到滤波器的作用，但是实际的 STATCOM 由于技术的原因不可能达到理论要求，而且由于开关操作频率不够高等原因，还会向电网输出谐波。

在各种无功补偿装置中，SVC 采用晶闸管投切或控制的阻抗型并联补偿设备，STATCOM 属于基于变换器的可控型并联补偿设备。这两种方式均属于 FACTS 控制器的范畴，并且在目前电力系统中是主要的应用方式。

8.2.2 静止无功补偿器实验

1. 静止无功补偿器概述

传统的无功补偿设备有并联电容器、调相机和同步发电机等，由于并联电容器阻抗固定，不能动态地跟踪负荷无功功率的变化，而调相机和同步发电机等补偿设备又属于旋转设备，其损耗、噪声都很大，而且还不适用于太大或太小的无功补偿，所以这些设备已经越来越不适应电力系统发展的需要。

20 世纪 70 年代以来，随着研究的进一步加深，出现了一种静止无功补偿技术。这种技术经过 30 多年的发展，经历了一个不断创新、发展完善的过程。所谓静止无功补偿是指用不同的静止开关投切电容器或电抗器，使其具有吸收和发出无功电流的能力，用于提高电力系统的功率因数，稳定系统电压，抑制系统振荡等作用，目前这种静止开关主要分为两种，即断路器和电力电子开关。用断路器作为接触器，其开关速度较慢，为 10～30 s，不可能快速跟踪负载无功功率的变化，而且投切补偿电容器时常会引起较为严重的冲击涌流和操作过电压，这样不但容易造成接触点烧焊，而且能使补偿电容器内部击穿。

随着电力电子技术的发展及其在电力系统中的应用，交流无触点开关 SCR、GTR、GTO 等出现，它们作为投切开关，速度较断路器可以提高 500 倍（约为 10 μs），并且对任何系统参数，无功补偿都可以在一个周波内完成，而且可以进行单相调节。现今所指的静止无功补偿装置一般专指使用晶闸管的无功补偿设备，主要有两大类型：第一类是具有饱和电抗器的静止无功补偿装置；第二类是晶闸管控制电抗器、晶闸管投切电容器。这两类装置统称为 SVC。

1）具有饱和电抗器的静止无功补偿装置

饱和电抗器分为自饱和电抗器和可控饱和电抗器两种，相应的无功补偿装置也就分为两种。具有自饱和电抗器的无功补偿装置是依靠电抗器自身固有的能力来稳定电压，它利用铁芯的饱和特性来控制发出或吸收无功功率的大小；可控饱和电抗器通过改变控制绕组中的工作电流来控制铁芯的饱和程度，从而改变工作绕组的感抗，进一步控制无功电流的大小。这类装置组成的静止无功补偿装置属于第一类静止无功补偿器。

SR 型补偿器由饱和电抗器与串联电容器组成，具有稳压特性，能维持所连接母线电压水平，对冲击性负荷引起的电压波动具有补偿作用，具有快速、可靠、过载能力强以及产生谐波小等优点，还具有抑制三相不平衡能力。但是由于这种装置中的饱和电抗器造价高，约为一般电抗器的 4 倍，并且电抗器的硅钢片长期处于饱和状态，铁芯损耗大，比并联电抗器大 2～3 倍，另外这种装置还有振动和噪声，而且调整时间长，动态补偿速度慢。因为具有这些缺点，所以饱和电抗器的静止无功补偿器目前应用得比较少，一般只在超高压输电线路才有使用。

2）晶闸管控制电抗器

TCR 型补偿器由晶闸管控制电抗器和若干组不可控制电容器组成，电抗器与反向并联连接的晶闸管相串联，利用晶闸管的触发角控制来改变通过电抗器的电流，就可以平滑地调整电抗器吸收的基波无功功率，晶闸管的触发角 α 从 90°变到 180°时，可使电抗器的基波无功功率从其额定值变到零，TCR 型补偿器其实只是以晶闸管开关取代了常规电容器所配置的机械开关，使它的开关次数不受限制，其运行性能要明显优于机械开关投切电抗器。TCR 装置典型接线示意图如图 8-8 所示。

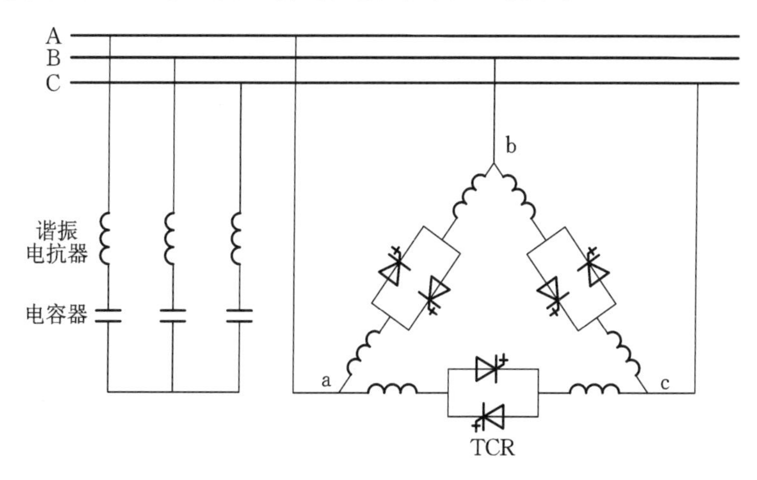

图 8-8 TCR 装置典型接线示意图

从图 8-8 可以看出,TCR 由两个反并联的晶闸管与一个电抗器相串联,其三相多接成三角形,这样的电路并入到电网中相当于交流调压器电路接感性负载,此电路的有效移相范围为 90°～180°。当触发角 $\alpha=90°$时,晶闸管全导通,导通角 $\alpha=180°$,此时电抗器吸收的无功电流最大。根据触发角与补偿器等效导钠之间的关系式:$B_L=B_{Lmax}(\delta-\sin\delta)/\pi$ 和 $B_{Lmax}=1/X_L$ 可知,增大触发角即可增大补偿器的等效导钠,这样就会减小补偿电流中的基波分量,所以通过调整触发角的大小就可以改变补偿器所吸收的无功分量,达到调整无功功率的效果。

在实际工程中,可以将降压变压器设计成具有很大漏抗的电抗变压器,用可控硅控制电抗变压器,这样就不需要单独接入一个变压器,也可以不装设断路器。电抗变压器的一次绕组直接与高压线路连接,二次绕组经过较小的电抗器与可控硅阀连接。如果在电抗变压器的第三绕组选择适当的装置回路,例如加装滤波器,可以进一步降低无功补偿产生的谐波。

由于单独的 TCR 只能吸收无功功率,而不能发出无功功率,为了解决此问题,可以将并联电容器与 TCR 配合使用,构成无功补偿器。根据投切电容器的元件不同,又可分为 TCR 与固定电容器配合使用的静止无功补偿器(TCR＋FC 型)和 TCR 与断路器投切电容器配合使用的静止无功补偿器(TCR＋MSC 型)。这种具有 TCR 型的补偿器反应速度快、灵活性大,目前在输电系统和工业企业中应用最为广泛。我国江门变电站采用的静止无功补偿器是瑞士 BBC 公司生产的 TCR＋FC＋MSC 型的 SVC,其控制范围为±120 Mvar。固定电容器的 TCR＋FC 型补偿装置在补偿范围从感性范围延伸到容性范围时,要求电抗器的容量大于电容器的容量,另外当补偿器工作在吸收较小的无功电流时,其电抗器和电容器都已吸收了很大的无功电流,只是相互抵消而已。TSC＋MSC 型补偿器通过采用分组投切电容器,在某种程度上克服了这种缺点,但应尽量避免断路器频繁的投入与切除,减小断路器的工况。

3) 晶闸管投切电容器

为了解决电容器频繁投切的问题,TSC 装置应运而生,TSC 装置单相原理图如图 8-9 所示。

从图 8-9 可以看出，TSC 装置中，两个反并联的晶闸管只是将电容器并入电网或从电网中断开，串联的小电抗器用于抑制电容器投入电网运行时可能产生的冲击电流。TSC 装置的应用电路图如图 8-10 所示，每相可分为 n 组，每组由补偿电容器、反并联晶闸管串及触发电路组成，每组电容器的大小可按倍增式设置(即按比例 1∶2∶4…递增设置)，通过不同电容器容量的组合，每相可获得 2^n 级补偿值。

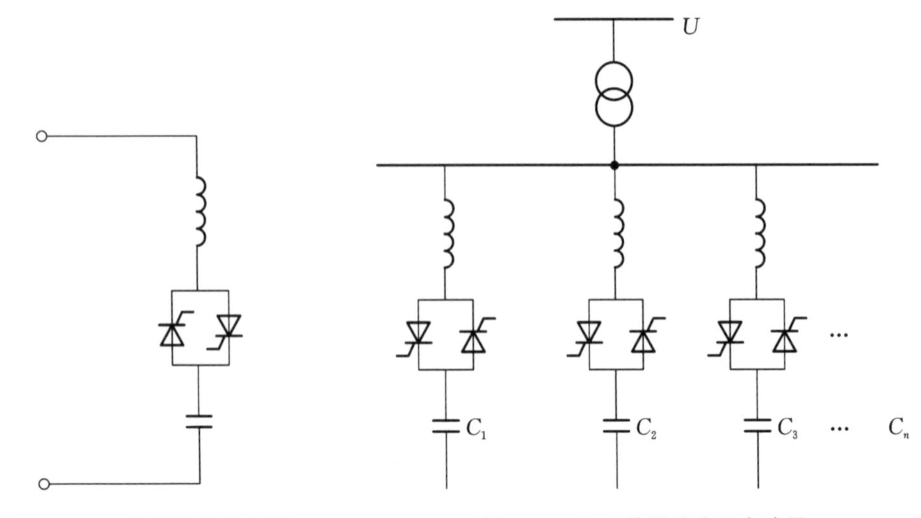

图 8-9 TSC **装置单相原理图**　　　　**图 8-10** TSC **装置的应用电路图**

TSC 用于三相电网中可以是三角形连接，也可以是星形连接。一般负荷对称网络采用星形连接，负荷不对称网络采用三角形连接。不论是星形连接还是三角形连接都采用电容器分组投切。

TSC 的关键技术问题是投切电容器时刻的选取。经过多年的分析与实验研究，其最佳投切时间是晶闸管两端的电压为零的时刻，即电容器两端电压等于电源电压的时刻。此时投切电容器，电路的冲击电流为零。这种补偿装置为了保证更好地投切电容器，必须对电容器预先充电，充电结束之后再投切电容器。

TSC 补偿器可以很好地补偿系统所需的无功功率，如果级数分得足够细，基本上可以实现无级调节，瑞典某钢厂两台 100 电弧炉，装有 60 Mvar 的 TSC 后，有效地使 130 kV 电网的电压保持在±1.5%的波动范围。运行实践证明此装置具有较快的反应速度(为 5～10 ms)，体积小，质量轻，对三相不平衡负荷可以分相补偿，操作过程不产生有害的过电压、过电流，但 TSC 对于抑制冲击负荷引起的电压闪变，单靠电容器投入电网的电容量的变化进行调节是不够的，所以 TSC 装置一般与电感相并联，其典型设备是 TSC＋TCR 型补偿器。这种补偿器均采用三角形连接，以电容器作分级粗调，以电感作相控细调，三次谐波不能流入电网，同时又设有 5 次谐波滤波器，大大减小了谐波。我国平顶山至武汉凤凰山 500 kV 变电站引用进口的无功补偿设备就是 TSC＋TCR 型补偿器。

值得注意的是，不论何种静止补偿器，它们之所以能用作无功功率电源并产生感性无功功率，靠的仍是其中的电容器，而电容器能产生的感性无功功率与其端电压的平方成正比，即当电压水平过低，需要无功补偿时，补偿器的输出反而会减少。此外，在上述几种 SVC 补偿装置中，晶闸管投切电容器不会产生谐波，含晶闸管控制电抗器的静止补偿器一般需要装设滤波器以消除补偿过程中产生的高次谐波。

2. SVC 的主要设备和工作原理

TCR 型为主的 SVC 装置以其补偿效果好、技术成熟、造价相对低廉、性价比高和运行与维护方便等优点，在世界范围内始终占据着动态无功补偿装置的主导地位，且还在迅速而稳定地增长。

SVC 一次系统由滤波器组与 TCR 支路构成。滤波器组主要由电力电容器、串联电抗器、放电线圈、避雷器、隔离开关、电流互感器、断路器等主要一次元件组成。其中串联电抗器与电容器串联在特定谐波频率进行谐振，对特定谐波呈现低阻，实现谐波过滤功能。同时，对工频呈现容性，在 SVC 系统中提供容性无功功率。TCR 支路主要由相控电抗器、穿墙套管、避雷器、晶闸管阀组、隔离开关、断路器、线电流互感器、相电流互感器等主要一次元件构成。TCR 采用三角形接线，其中每相电抗器分裂成两个，分别位于阀组两侧，这样可减小相控电抗器短路时的短路电流。晶闸管阀组可受控改变流过相控电抗器的电流，实现调节 TCR 电流的作用。

晶闸管阀组作为 TCR 的核心部件，其快速开断能力是实现快速动态调节无功的基础。在所有一次设备中，其结构也最为复杂，是 TCR 核心技术之一。晶闸管阀组由晶闸管元件、阻尼电阻、阻尼电容、水冷散热器、晶闸管电子板等组成。晶闸管电子板也称为 TE 板，实现光电触发方式下阀高压侧取能、脉冲编解码、自动重触发、BOD 后备触发、静态均压等功能。晶闸管阀组直接串联在一次主回路中，TCR 主电流流过晶闸管元件产生的通态损耗和晶闸管开关过程中产生的开关损耗转换为热能，为将热量可靠、高效地带走，采用了水-风方式的全封闭式纯水冷却系统。全封闭式纯水冷却系统由主循环泵、去离子树脂、缓冲罐、氮气瓶、补液泵、补液罐、加热器、精密过滤器、户外水风换热器等主要部件组成，包括流量、压力、温度、湿度、电阻率、液位在内的多个电气量被实时检测，通过高性能 PLC 实现对水冷却系统的实时监视和保护控制。SVC 单相系统图如图 8-11 所示。

SVC 二次控制及保护系统由监控屏、调节屏、人机界面屏、保护屏、故障录波屏、交直流系统等组成，为方便运行人员，配备了远方工作站，所有信息通过光纤方式与就地控制系统连接。调节及监控核心部分由调节单元、监控单元、VBE 单元、VM 单元、操作逻辑单元等组成，所有单元均为全数字化智能单元。内部通信联络采用了分层分布式结构。调节单元采用高速 DSP 和大规模 FPGA 为核心的控制板，实现针对输电网特点的 TCR 调节控制算法。监控单元采用高可靠嵌入式系统，负责对 SVC 一、二次设备进行全面的监控与保护。控制系统与阀组的连接采用光纤方式，可有效隔离高、低电位，减少阀组对控制系统产生的传导性干扰。

SVC 技术开发及其工程化的关键技术与目标主要有如下几个。

(1) 实现直接挂接 35 kV 电压等级的 TCR 型 SVC 装置，完成大功率电力电子器件串联技术和输电网 SVC 接入电网及与电力系统保护配合技术的研究；突破大容量电力电子器件串联、冷却、实验等关键技术，并充分考虑 SVC 因纯感性无功出力带来的谐波问题。

(2) TCR 装置应采用密闭式循环纯水冷却方式，这种散热方式效率高、无噪声污染，具备较高自动化程度，免维护。

(3) 采用高压侧直接取能方式的光电触发及在线监测系统，高电位电子板是传递

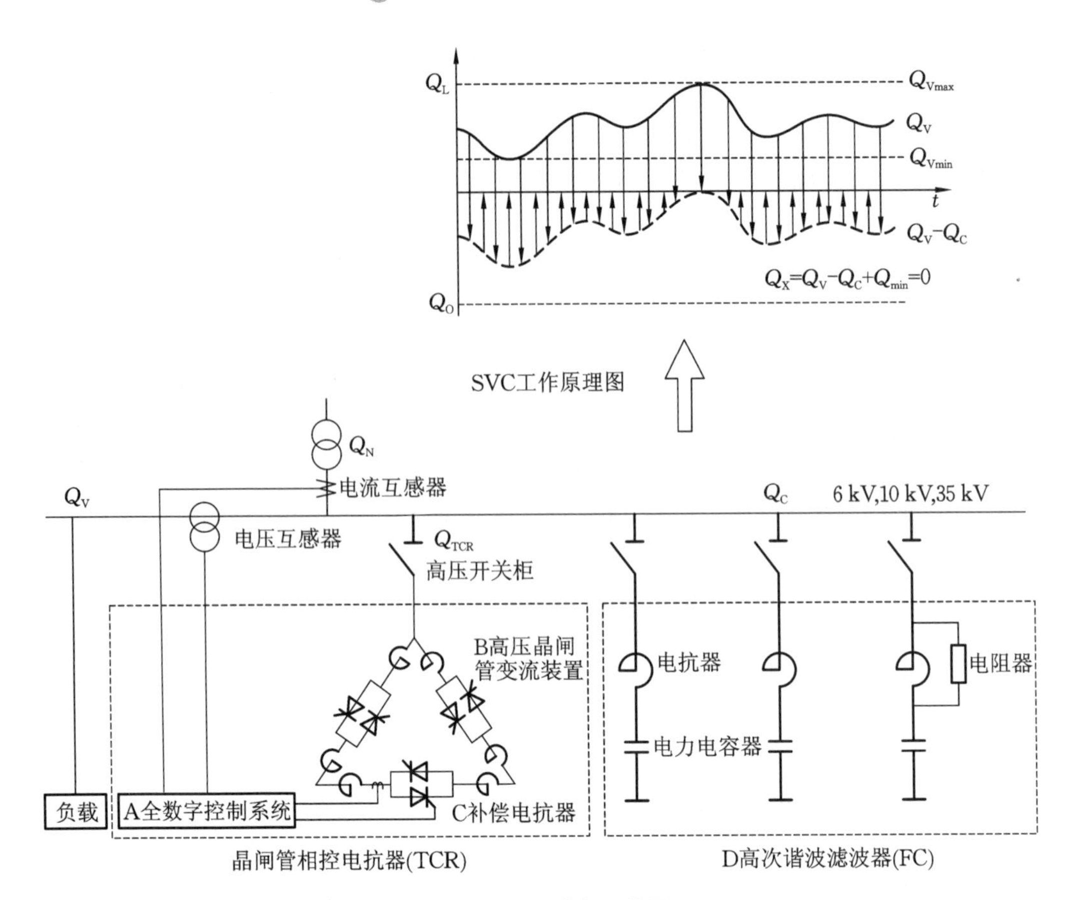

图 8-11 SVC 单相系统图

控制系统和晶闸管阀的转换枢组,设计上需采用防止误触发技术,以及电流变化率检测和 BOD 保护技术等;阀基电子采用可编程逻辑阵列 CPLD,具备可扩充性,这样可提高整个系统的电磁兼容性及可靠性。

(4) 采用全数字式控制器,具备多微处理器协调控制功能。控制器宜采用 CAN 现场总线技术,实现各子系统之间的可靠、快速数字信号传输,为实时记录系统的故障、动态刷新人机界面提供保障;调节器采用 DSP 快速数字信号处理技术,使 TCR 装置的响应时间控制在 10 ms 以内,可以快速跟踪负荷的无功需求变化以进行补偿。

(5) 控制系统具有多重监控及保护功能,完成在系统各种异常情况下的可靠保护;监控系统采用一体化工作站,具有友好的人机界面,便于控制和查询故障类型和故障位置;控制器的监控及保护系统通过"通信控制器"与上级自动化系统实现通信规约连接,这样可以达到远方监视和控制,实现无人值守。

(6) SVC 的调节策略采用多目标、多反馈的调节方式,实现开关投切、变压器分接头、晶闸管触发角协调控制,并考虑对低频振荡的阻尼及抑制次同步谐振(SSR)的能力,满足电网各种运行方式的要求,实现了上级调度远方自动控制的功能。

(7) 通过仿真培训系统实现 SVC 静、动态模型的电力系统分析计算,特别是电压稳定性分析计算的功能。

(8) 完成输电网 SVC 系统技术的集成,完善输电网 SVC 系统的设计、运行维护及验收导则等,对 SVC 系统的工程实现、设计、运行和维护提供借鉴。

3. SVC 实验

1）静态(稳态)实验

(1) 控制功能实验。

① 控制顺序。

手动/自动下的启动/停止控制；紧急停止控制；保护启动停止控制；恒定无功功率输出/恒定系统电压/零无功功率输出的控制模式选择；就地/远方、手动/自动的操作转换。

② 控制范围验证。

SVC 无功功率输出能力(就地/远方)；基准电压调节能力(就地/远方)；斜率调节能力(就地/远方)；斜率线性度；电流限制作用。

③ 控制模式验证。

设定参考无功功率并检验无功功率输出恒定；设定参考电压并检验系统电压恒定；保持零无功功率输出。

(2) 负载实验。

在额定容性和额定感性两种负载下，检验补偿器的工作。

① 检验系统参数。例如，PCC 处的电流、电压及无功功率。

② 检验 SVC 的性能参数：损耗(SVC 效率)；滤波器特性；音频噪声；温升。

(3) 备用系统功能实验。

在各种情况下，随着不同备用系统的退出，应清晰显示出信号电路、监视、闭锁及分断顺序等功能。

① 用两个方法检验 SVC 的抗干扰能力：模拟单个晶闸管故障；模拟单个电容器单元故障。

② 转换到备用系统的情况下检验 SVC 的抗干扰能力：阀冷却系统转换到备用单元；辅助交流/直流电源转换到备用单元；转换到不间断电源(UPS)工作。

③ 检验降额运行及顺序关停：多重晶闸管故障；多重电容器故障；失去任意一个 SVC 支路；辅助系统的双重故障；当需要备用电路时，备用电路失效。

(4) 保护方式实验。

保护方式实验可以用模拟 SVC 系统中不同点的故障来完成，以检验保护的有效性。

① 主电路故障模拟：主断路器跳闸；检验备用继电器；检验断路器拒动保护；阀故障；母线故障；电力变压器故障；SVC 母线故障；SVC 支路故障(对每个支路)；滤波器故障；电容器组故障；电抗器故障。

② 阀故障模拟：单个晶闸管故障；多个晶闸管故障。

虽然 SVC 是一个电压调节装置，即要求保持母线的电压恒定，但是有必要在 SVC 的电压控制特性中设置一定的斜率，斜率的存在能够牺牲很小的电压调节效果换来额定无功功率的大大减小，还可防止系统发生很小的电压波动时引起 SVC 频繁在功率极限处运行，通过斜率的配合能够合理分配多个并联运行的 SVC 输出无功功率。

SVC 系统的斜率是在 SVC 系统的控制范围内电压变化的标幺值与电流变化的标幺值之比，SVC 系统的斜率特性示意图如图 8-12 所示。

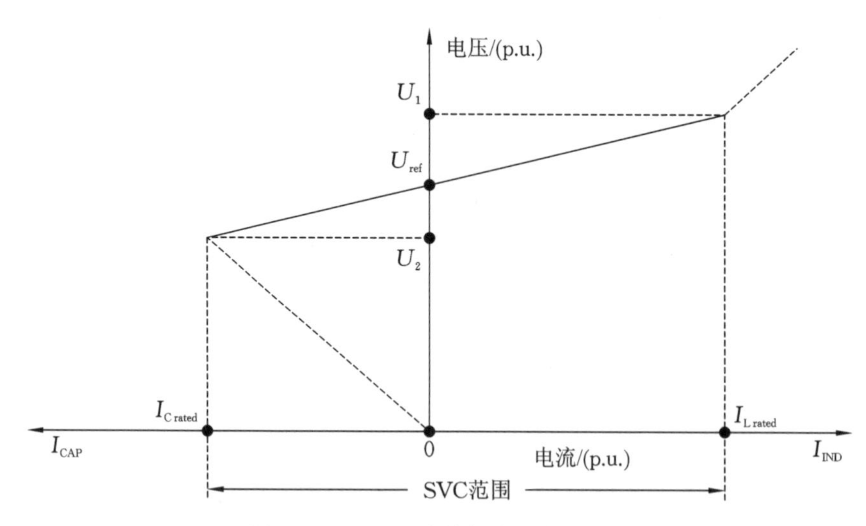

图 8-12 SVC 系统的斜率特性示意图

图 8-12 中，$I_{L\ rated}$ 为额定感性电流；$I_{C\ rated}$ 为额定容性电流；U_1 为在额定感性电流时的被控电压；U_2 为在额定容性电流时的被控电压。

$$V_{总斜率}=V_{slope(L)}+V_{slope(C)} \tag{8-1}$$

式中，$V_{slope(L)}=\left(\frac{U_1-U_{ref}}{U_{ref}}\right)\times 100\%$；$V_{slope(C)}=\left(\frac{U_{ref}-U_2}{U_{ref}}\right)\times 100\%$。

SVC 的斜率特性应该用测量和计算验证，在电压控制运行模式下，SVC 的无功功率输出应采用改变参考电压 U_{ref} 来调节。通过静态实验作出静止无功功率补偿系统的斜率特性图。

2）动态实验

动态实验是通过对系统加干扰去检验 SVC 的性能，这些干扰力求在正常的控制调节范围内使运点偏移。TSC 和 TCR 均进行此实验，以检测 SVC 的响应时间。干扰可用下列运行条件的变化来实现。

① 输电线投入和退出运行，附近电容器组充电或变压器组带载。

② SVC 投入或退出运行。

③ 在参考点利用参考量(U_{ref}，Q_{ref})的阶跃变化，使 SVC 系统在规定范围内响应。

为了评估暂态的和可能的谐振现象，每个滤波器组中的电流波形及电压波形应当记录在下列 SVC 工作状态中。

① 至少有三次连续正常启动及停止 SVC。

② 至少三次正常负载的依次投切。

(1) SVC 系统响应时间。

SVC 系统的响应特性曲线示意图如图 8-13 所示。

从控制信号(参考电压)输入开始，直到系统电压达到预期电压水平的 90%所需的时间称为 SVC 响应时间(ms)；此时应明确所要求的最大过调量(%)，同时规定在达到预设最终变化范围(%)以前的整定时间(ms)。

一般来说，SVC 系统响应时间为 30～50 ms。

(2) 控制系统响应时间。

控制系统响应时间是从控制信号输入开始，SVC 控制器完成控制信号的采样、分

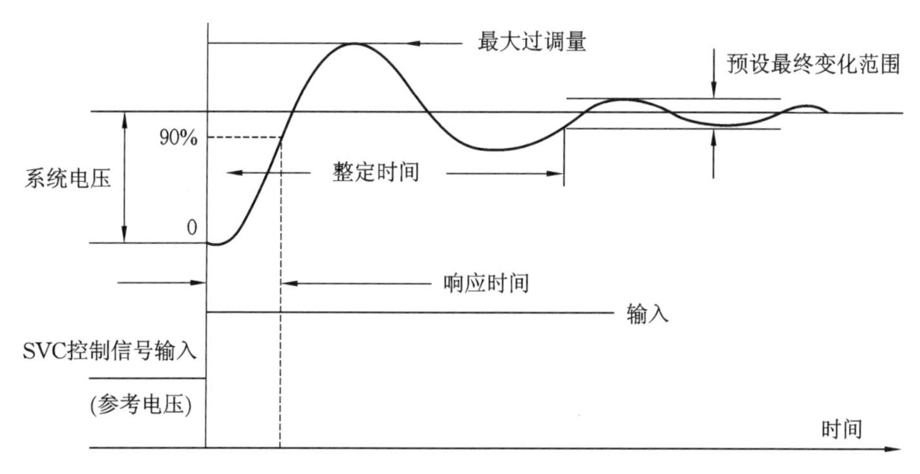

图 8-13　SVC 系统的响应特性曲线示意图

析、计算，直至控制器发出触发信号所经历的时间。

应明确控制系统的响应时间(ms)，一般来说，SVC 控制系统的响应时间不大于 15 ms。

通过动态实验作出静止无功功率补偿系统的响应特性图。

8.2.3　静止同步补偿器实验

1. STATCOM 概述

静止同步补偿器(static synchronous compensator，STATCOM)是 FACTS 的核心装置和核心技术之一，以前 STATCOM 又称 ASVG、SVG、STATCON 、ASVC，直至 1995 年国际高压大电网会议与电力电子工程师才建议采用静止同步补偿器(STATCOM)。静止同步补偿器采用新一代的电力电子器件，如门极可关断晶闸管(GTO)、绝缘栅双极型晶体管(IGBT)、集成门极换向晶闸管(IGCT)，并且采用现代控制技术，其在电力系统中起到补偿无功、提高系统电压稳定性、改系统性能等作用。与传统的无功补偿装置相比，STATCOM 具有调节连续、谐波小、损耗低、运行范围宽、可常性高、调节速度快等优点，自问世以来，便得到了广泛关注和飞速发展。

STATCOM 大体上可分为电压源型和电流源型，在实际应用中大多使用电压源型。电压源型 STATCOM 原理图如图 8-14 所示。

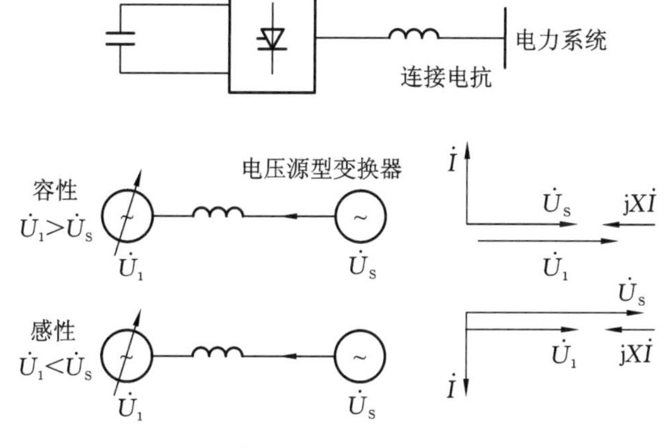

图 8-14　电压源型 STATCOM 原理图

STATCOM 的主电路结构由直流侧大电容和基于电力电子器件的电压型变换器组成，通过连接电抗接入电力系统，图 8-14 中，$\dot{U}_1$是在理想情况下(即忽略线路及 STATCOM 的损耗)将 STATCOM 的输出等效为一个可控电压源，$\dot{U}_S$是系统侧等效的理想电压源，且两者相位一致。当$\dot{U}_1>\dot{U}_S$时，从系统流向 STATCOM 的电流相位超前系统电压 90°，输出容性无功；当$\dot{U}_1<\dot{U}_S$时，从系统流向 STATCOM 的电流滞后系统电压 90°，输出感性无功。当$\dot{U}_1=\dot{U}_S$时，系统与 STATCOM 之间的电流为零，两者之间没有无功功率的交换。这是在理想情况下的工作状态，事实上，$\dot{U}_1$和$\dot{U}_S$一般具有一个角度差值，通过控制$\dot{U}_S$和这个差值就可以调节 STATCOM 发出或吸收无功功率的大小。

就电路结构来说，电压源型 STATCOM 直流侧并联大电容，保证在持续充放电或器件换向过程中电压不会发生很大的变化，桥侧串联电感；而电流源型 STATCOM 则是直流侧串联大电感，保证在器件换向或者充放电时电器件电流不会有大的波动，桥侧并联电感，电压源型与电流源型 STATCOM 的比较如图 8-15 所示。

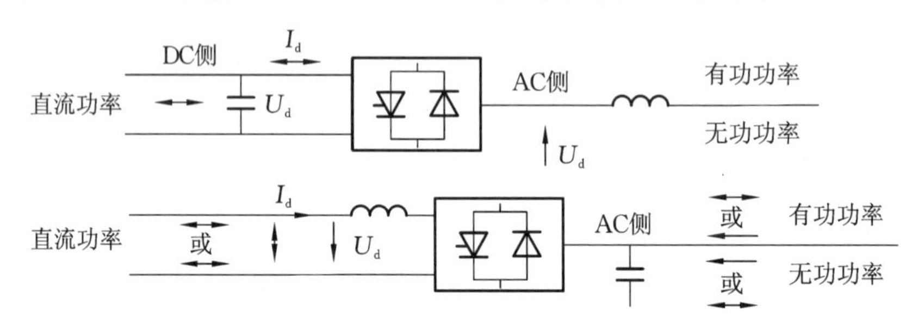

图 8-15 电压源型与电流源型 STATCOM 的比较

在实际应用中，常用的大容量 STATCOM 采用的基本都是电压源型结构。此外，有些文献提出了一种新的 STATCOM 控制策略，即采用电压控制电流源(VCCS)的策略和改进的电压控制电压源(VCVS)的策略来补偿电力系统公共连接点电压不平衡，特别是在较小容量时，采用 VCCS 方式能达到最好的补偿效果。

按构成基本单元逆变器模块，STATCOM 可以分为单相桥二电平、三相桥二电平、三相桥多电平。在大容量高电压等级的应用场合中，往往需要将多个低压小容量变换器通过变压器耦合(即多重化)或采用变压器在交流输入、输出侧进行升压或降压，这样会存在耗能、谐波含量大、系统效率低等缺点，而多电平变换器开关器件所承受的电压应力小(如三电平变换器每个开关器件所承受的电压应力是二电平的一半)，谐波含量少，损耗降低，因此在大容量场合得到广泛应用和发展。

按构成元器件，STATCOM 可以分为 GTO 型、IGBT 型、IGCT 型、SCR 型、GTR 型、MOSFET 型。基于功率变换的 FACTS 设备一般都采用全控型器件，主要是在 GTO、改进型 GTO(IGBT、MTO、ETO 等)和高压 IGBT 等器件中选择。国际上第一个采用 GTO 作为逆变器功率器件的 STATCOM 是由美国 EPRI 与西屋电气公司研制的，容量为 1 Mvar。我国 20 Mvar 的 STATCOM 和日本关西电力系统 Inuyama 开关站 80 Mvar 的 STATCOM 均是采用 GTD 作为功率器件的。IGBT 适用于小容量场合，由 ABB 公司研制的配电 STATCOM(distribution STATCOM，DSTATCOM)，开关器件采用多个 IGBT 串联。

按电压等级分类，STATCOM 可以分为高压输电网补偿和低压配电网补偿。在高压输电网中，STATCOM 需要通过变压器连接到电网中。在低压配电网中，STATCOM 需要通过电抗器并联或直接并联电网，即 DSTATCOM。DSTATCOM 的基本工作原理就是将桥式电路通过电抗器或直接并联在电网上，适当调节电路交流侧输出电压的幅值或相位，或者直接控制其交流侧电流，就可以使该电路系统发出满足要求的无功功率电流，从而实现动态补偿无功功率的目的。另外，可以通过脉宽调制采用特定谐波消除的方法来消除特定谐波。

对于 STATCOM 的控制方式，根据控制物理量，可以分为直接电流控制和间接电流控制。直接电流控制技术就是采用跟踪性 PWM 控制技术对电流波形的瞬时值进行反馈控制，其结构简单、电流调节响应快、对干扰的鲁棒性好，但是只适用于中小容量场合，对大容量场合具有很大的局限性。间接电流控制是通过控制 STATCOM 逆变器交流电压的幅值和相位，来间接控制交流侧电流，简单、易实现，但动态性能欠佳，适用于大容量 STATCOM。

为了减少谐波，在间接电流控制中可以采用多重化、多电平或者 PWM 技术来改善波形。STATCOM 装置主电路设计的多重化和链式结构是提高容量的常用技术。多重化结构就是用几个单相或三相逆变器产生相位相差的方波电压，用变压器将不同相位的方波电压串联在一起，可以有效地提高容量与电压，减少谐波，但同时也会带来很多问题，诸如价格昂贵，增加了装置损耗和占地面积，并且变压器的铁磁非线性特性也给设计带来了困难。由 ALSTOM 公司为英国国家电网公司研制 75 Mvar 的 STATCOM 采用了新型链式结构，摒弃了笨重的多重化变压器。链式 STATCOM 各逆变桥直流电容器是相互独立的，存在电容电压不平衡问题，混合型损耗差异、并联型损耗差异以及输入脉冲延时的不同是造成电容电压不平衡的主要原因。通过调节逆变桥与系统间的相位差，以及各逆变桥调制比都可以实现电容、电压平衡。图 8-16 和图 8-17 分别是链式控制结构和多重化控制结构原理图。

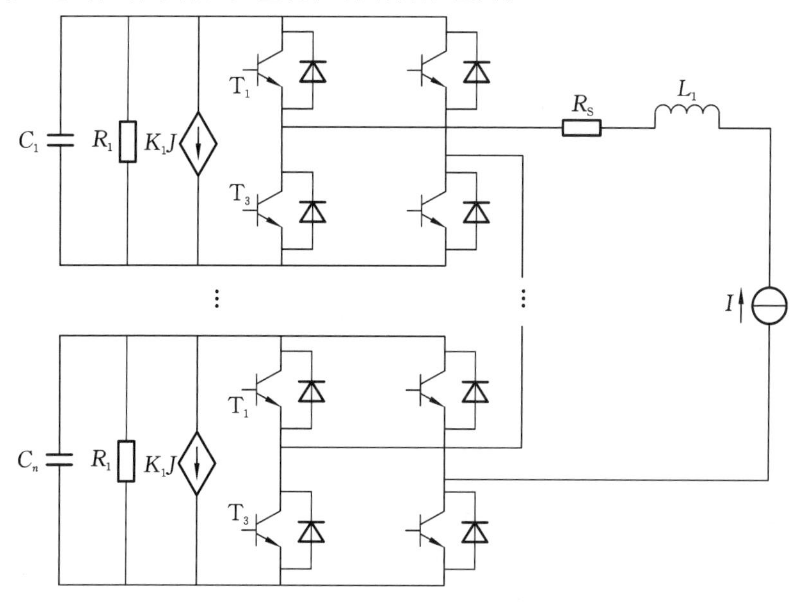

图 8-16 链式控制结构原理图

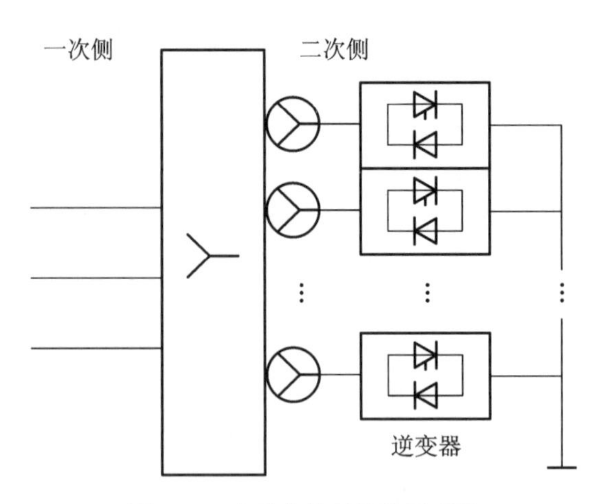

图 8-17 多重化控制结构原理图

按控制策略来分，控制可以分为开环控制、闭环控制，以及这两种的混合控制。按控制方式来分，控制可以分为电压环控制和电流环控制。

从控制技术角度，控制方法有 PI 控制方法、PI 逆控制方法、鲁棒自适应控制方法、递归神经网络自适应方法、滑模变结构方法、模糊控制方法。其中鲁棒自适应控制方法、模糊控制方法的系数选择困难；递归神经网络自适应方法虽然不依赖于系统模型的建立，但实时性不好；滑模变结构方法线性化困难。因此，在实际应用中还是以传统的 PI 控制方法居多。为了达到更好的补偿效果，可以将传统的无功补偿装置与 STATCOM 联合运行控制，从而避免 STATCOM 为了获得理想的输出电流波形，导致随着补偿电流增大，开关器件损耗增加，控制效率降低的问题。

混合静止同步无功补偿器(HSTATCOM)是一种基于无差拍控制(根据其状态方程和输出无功电流的预期值计算出下一个开关周期的脉冲宽度)，利用有源与无源补偿相结合的方法，其无源部分使用 TSC 作为主要补偿手段，不产生谐波，损耗小，利用有源补偿实现了补偿电流的连续调节，可以双向连续调节无功功率。此外，还可采用 SVC 与 STATCOM 构成的混杂装置以及基于模糊预测的联合控制运行方案，即利用小容量 STATCOM 抑制闪变，配合大容量 SVC 补偿无功功率，避免了 STATCOM 采用不对称控制时出现的算法复杂等问题。联合控制运行方式算法简便，控制目的明确，但其结构可能复杂，所以在特定领域将会得到发展。STATCOM 的控制方式是目前的一个研究热点，各种控制方式层出不穷，各有优点。

2. STATCOM 的主要设备和工作原理

以我国首套 20 Mvar 的 STATCOM 设计及应用为例，该装置在 1999 年 3 月投运后，不仅提高了系统的稳定性，而且能够有效地利用现有输电设备。根据数字仿真和分析，每 1 Mvar 无功功率可以提高 0.7 MW 有功功率输送极限。现场运行结果表明，该装置可连续输出从额定感性到额定容性的无功功率，动态输出无功功率时间小于 30 ms，输出无功电流谐波总畸变率小于 4%。

1) ±20 Mvar 的 STATCOM 构成

图 8-18 为±20 Mvar 的 STATCOM 构成框图，±20 Mvar 的 STATCOM 由启动整流器、GTO 逆变柜、直流电容、多重变压器、10 kV 高压柜、控制室低压柜、远程监测台、中央监控台及冷却装置等组成。4 台变压器及水冷系统散热装置安装于室外，室内

分为高压室、控制室、逆变室、水冷系统室及备件室。直流电容器、环流电流电路及GTO逆变桥分成4组，每组分别对应0°、−15°、−30°、−45°三相逆变桥。装置设有变电站中央控制室监控台及远程监测通信接口。

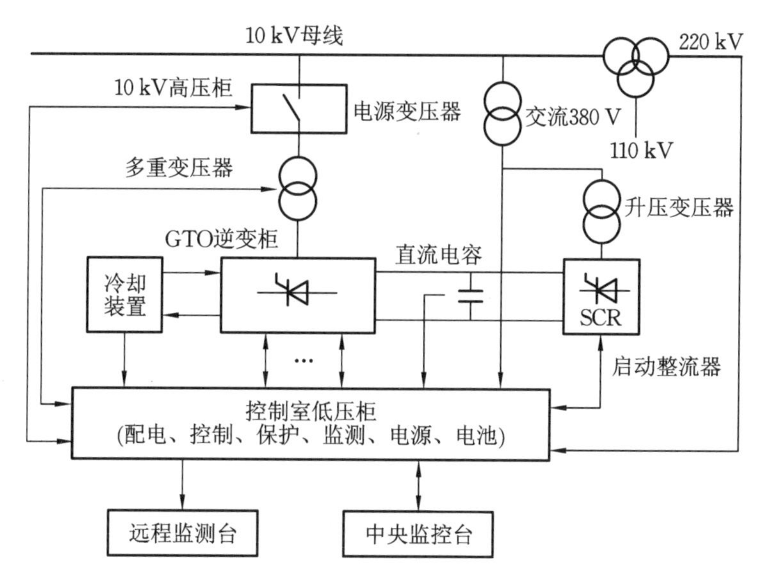

图 8-18 ±20 Mvar 的 STATCOM **构成框图**

±20 Mvar 的 STATCOM 采用四重化 GTO 电压型逆变器，输出三相 10 kV 交流电压。主电路结构图如图 8-19 所示。

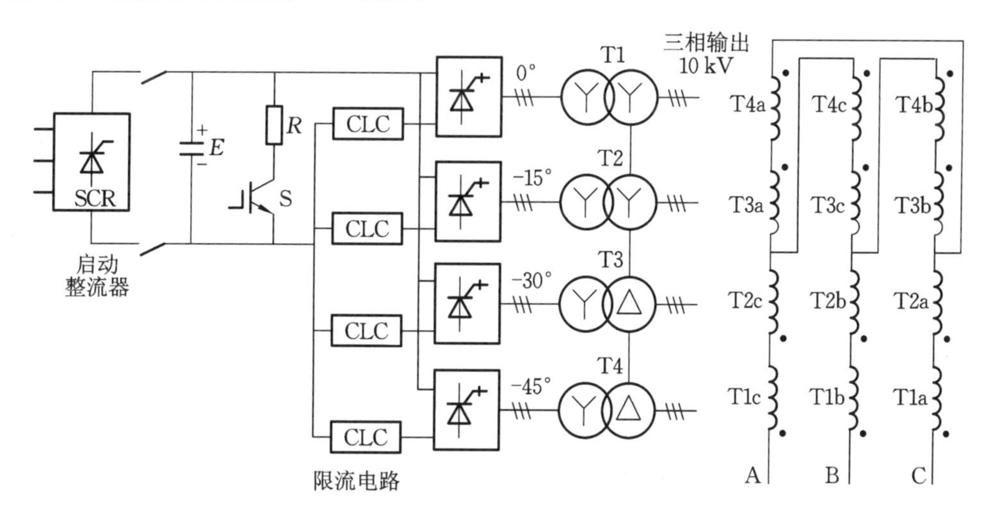

图 8-19 ±20 Mvar 的 STATCOM **主电路结构图**

逆变器输出的24阶梯线电压总谐波畸变率约为6.8%。开关器件共采用48只4.5 kV/4 kA 的 GTO，由于 GTO 工作时开关频率不能太高，逆变器工作时采用50 Hz脉冲幅值调制(PAM)方式。控制电路与 GTO 驱动模块间采用光纤传送驱动脉冲，极大地减小了主电路对控制电路的电磁干扰。直流侧采用以 IGBT 为开关的电阻制动器来抑制脉冲封锁后的 IGBT 两端电压，GTO 等功率器件的冷却采用全封闭纯水冷却方式。

±20 Mvar 的 STATCOM 输出通过 40 kV 断路器与朝阳变电站一台 220 kV/110 kV 的三绕组变压器的 10 kV 输出侧相连。

±20 Mvar 的 STATCOM 主要技术参数如表 8-4 所示。

表 8-4 ±20 Mvar 的 STATCOM 主要技术参数

容量/MV·A	20	额定电压/kV	10
额定电流/A	1155	额定功率平均损耗/kW	37
控制范围/Mvar	−20～20	开关元件	4.5 kV/4 kA GTO
直流侧电压/kV	1.3～1.87	并网后谐波畸变率/(%)	<1.1
并网前 10 kV 侧电压谐波畸变率/(%)	<1.7	并网前 10 kV 侧电压不对称度/(%)	<1.38
响应时间/ms	≈30	空载损耗/kW	34

2) STATCOM 的并网启动与保护

STATCOM 的并网启动可采用自励启动、半自励启动和他励启动三种方式。自励启动是指装置并网时，直流电容器上电压为 0，且并网后迅速投入逆变器脉冲驱动及闭环控制的启动方式。由于直流电压为 0，并网时相当于逆变器直流侧短路，因此必须采取限流措施，减小启动冲击电流。由于这种启动方式对系统冲击大，因此实际装置中很少采用。半自励启动有两种方法：第一种方法是先封锁所有 GTO 驱动脉冲，将直流电压由一台小容量的整流器升高至零无功时的工作电压，然后并网，此时冲击电流很小，并网后即可解除 GIO 脉冲封锁，装置投入闭环控制运行；第二种方法是像自励启动一样在直流电容器上电压为 0 时并网，但不投入控制脉冲，且在直流电容支路串入较大的限流电阻来抑制电容充电电流，当电容电压不再上升时，短接限流电阻，解除 GTO 脉冲封锁，投入闭环控制运行。显然，第二种启动方法快速、简单，且对系统冲击小。他励启动则是在装置并网前就投入 GTO 驱动脉冲，经辅助整流器为直流电容器充电，使其直流电压达到一定值，此时逆变器输出交流电压幅值频率及相位与系统电压幅值频率及相位相等，并网时几乎没有冲击电流。由于在装置调试阶段需要一台整流器作为实验直流电源使用，因此 STATCOM 一般采用他励启动方式。±20 Mvar 的 STATCOM 就采用他励启动方式，启动励磁电流由一台 80 kW/2 kV 的启动整流器提供。该启动整流器主电路采用双重移相三相全控整流电路，以便输出 2 kV 直流电压。

桥臂短路是电力变流装置中最危险的一种故障，极易损坏开关元件。对桥臂短路的预防方法有设置上下管驱动脉冲死区时间、快速诊断出故障开关管后封锁未导通开关管驱动脉冲。然而，GTO 驱动模块故障、GTO 续流二极管损坏等，仍可造成桥臂短路。因此，应采取除预防外的其他有效保护措施。能采用的桥臂短路保护方法有熔断器保护法、环流电流保护法、撬杠保护法等。

(1) 熔断器保护法。为了用熔断器保护短路桥臂的 GTO，应在每个桥臂支路或直流电容器支路设置一定的限流电抗器，以便在短路发生后，先由电抗器对短路电流上升速度进行限制，保证在一定的时间内使快速熔断器熔断。此电抗器的选择与直流电压大小有关，其电抗值不宜过大，否则影响装置无功功率的输出，并对桥臂直流电压造成过大的波动。由于限流电抗器限流能力有限，短路电流上升仍然很快，因此，在判断出桥臂已经短路后，应切除 GTO 关断信号，即不允许对导通的 GTO 发关断信号，然后在

GTO 的浪涌能力范围内由熔断器切断故障电流。桥臂短路的判断可根据桥臂直流电压和桥臂电流及电流上升速度得出。因此利用熔断器保护 GTO 的基本程序是：电抗器限流→桥臂短路判断→切除 GTO 关断信号→熔断器断流。

但在大容量 STATCOM 中，由于直流电压较高(2 kV 以上)，而目前无商用的高耐压的快速熔断器，因此，熔断器还不能有效地保护开关元件，只能作为一种辅助的保护手段。当 STATCOM 发生桥臂直通时，除直流电容通过该桥臂产生快速上升的放电电流外，系统也通过变压器漏抗产生大的短路电流流过该桥臂，总的桥臂短路电流在短时(主开关断开前)内能达到上万安培。阳极电抗一般采用水冷电抗，其铜管截面积较小，不足以承受如此大的电流，因此必须依靠熔断器来保护阳极电抗。

(2) 环流电流保护法。环流电流电路可有效地用于抑制直流电容电流。通过抑制短路桥臂放电电流的上升速度，从而有效地实施封锁脉冲等保护措施。但在 STATCOM 中，由于系统侧也在短路桥臂中产生大的短路电流，因此，某些工况下环流电流电路并不能有效抑制短路电流上升速度。在发出一定无功功率，GTO 关断失败且桥臂互锁逻辑失败时，由于受 GTO 门极驱动最小导通时间的限制，桥臂电流上升很快，装置不能利用封锁脉冲的方法实现保护，但这种情况发生的概率很小。装置正常运行时，对误脉冲触发引起的直通故障，由于同一桥臂的另一个 GTO 导通在前，所以在检测出管子过流后，只需经过保护电路的短暂延时，便可以实施脉冲封锁，在这种情况下，环流电路的引入将保护成功率提高到 80%以上。

(3) 撬杠保护法。撬杠保护法是普通变流设备可采取的一种方法，但撬杠保护给桥臂元件参数的选择带来困难。采用撬杠保护法中的分流保护时，GTO 导通吸收电路限流电抗器的电感值必须取得较大。如果该值太小，则分流支路中的串联电感值必须更小，导致分流支路中的浪涌电流非常大，以致分流晶闸管无法承受。但如果根据桥臂 GTO 的浪涌电流允许值来确定限流电抗值，则必定比根据换流要求确定的值要大得多。过大的限流电抗器给制造带来困难并增大装置的设计容量。因此，必须合理匹配桥臂元件参数。此外，需精确设计桥臂直通判断电路，防止撬杠电路误触发。

在实际应用中，应将熔断器保护法、环流电流保护法和撬杠保护法三者有效地结合起来。

3. STATCOM 与 SVC 的比较

STATCOM 和 SVC 同属并联型无功补偿装置。与 SVC 相比，STATCOM 应用了新一代的电力电子器件(如 IGBT、IGCT、IEGT)和现代控制技术(如逆系统、直接反馈线性化等)，是目前最有效的动态无功补偿装置。

可控硅型的 SVC 和基于门极可关断晶闸管 GTO 的 STATCOM 在许多方面都存在差异。图 8-20 为 SVC 和 STATCOM 的接线图和 *U-I* 曲线图。

由图 8-20(a)可知，SVC 主要由一系列无源元件组成，如电容和电感，当 SVC 达到运行极限时，装置输出的无功电流将随着电压的下降而迅速下降，如图 8-20(a)中 *BO* 段所示，这是由其装置特性所决定的。而 STATCOM 由换流器及电容器等组成，即使在系统电压降到较低的情况下，装置输出的容性电流仍然可以维持不变，不依赖于电压值，如图 8-20(b)中 *BC* 段所示，因此在电力系统出现故障，特别是系统电压降低时，STATCOM 较之于 SVC 的优势就充分地表现出来了。

电力系统出现故障后，STATCOM 反应更为迅速，而且输出的无功电流大大高于

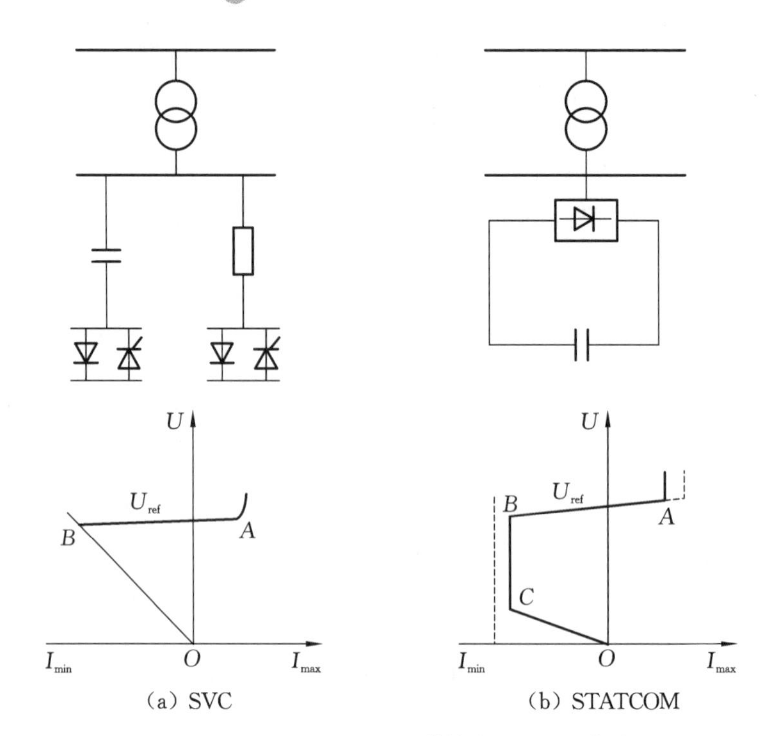

(a) SVC (b) STATCOM

图 8-20 SVC 和 STATCOM 的接线图和 *U*-*I* 曲线图

SVC 的，即 $Q_{STATCOM}>Q_{SVC}$。为了得到相同的效果，需采用更大容量的 SVC。相同容量的 STATCOM 比 SVC 更能加快电压恢复速度，更能减小电动机低电压甩负荷的可能性，有利于提高动态电压稳定性，使系统安全过渡到一个新的稳定运行状态。

STATCOM 控制的本质是通过对 STATCOM 换流器产生的交流电压基波幅值和相位的快速控制，来控制 STATCOM 交流侧电流，电压调节可以在几毫秒内快速动作。这种控制方法本质上与 SVC 的控制是不同的，SVC 通过改变晶管触发角来改变整个装置的等效电纳，触发角和系统电压波形是相关的。一般而言，调节器的设计必须能适应各种干扰情况，对于一些系统来说，这就意味着装置不能提供最大的无功功率来帮助系统渡过暂态过程。

SVC 的无功电流和母线电压对外部网络参数较为敏感，而 STATCOM 对外部电力系统的运行条件和结构变化是不敏感的。在外部系统容量和补偿装置容量的数量级可比时，SVC 会变得不稳定，而 STATCOM 则不会。因此 STATCOM 的电压调节器的响应速度可以设计得比 SVC 快很多，并且可以提供更多的无功功率，这在系统出现严重故障的情况下对暂态稳定有很大的帮助。此外，传输系统中 STATCOM 的应用有助于缓解系统低频谐振的趋势，因为 STATCOM 没有采用大量的交流电容，只用了少数的直流电容。

在各种类型的 SVC 装置中，SVC 本身会产生一定量的谐波。如 SR 型会产生 3、5、7、11 等高次谐波；而 TCR 型的 5、7 次谐波量较大，占基波值的 5%～8%，这给 SVC 系统的滤波器设计带来很多困难。STATCOM 大多采用多重化技术或脉宽调制运行方式，其交流侧的电压谐波含量很小。大多数情况下，SVC 装置中采用的电感和电容器容量比装置额定发出或吸收的要大许多。相比之下，STATCOM 装置中需要的电感和电容器容量要小得多，仅为装置额定发出或吸收值的 20%～30%，而且 STATCOM 所需的滤波器件也更少,但 STATCOM 采用的 GTO、绝缘门极双极性晶体管 IGBT 等电力电子器件要比传统的电容和电感价格高许多。此外,STATCOM 为了消除谐波所采用的变压器曲折连接或其他连接方式的费用也相当高,所以相同容量的 STATCOM 装置要比 SVC 更昂贵。

SVC 装置是电抗型的,接入电力系统可能会改变原电力系统的阻抗特性,因此如果在电力系统中某些节点安装 SVC 装置,除研究 SVC 装置投入后对提高系统安全稳定的作用外,还必须详细研究系统在 SVC 装置接入前后阻抗特性的变化,防止 SVC 装置接入后因改变系统阻抗特性而出现谐振。在 SVC 工程实践过程中,曾经出现安装 SVC 装置后系统出现谐振的事例。特别是电力系统安装多台 SVC 装置后更容易出现谐振,因此必须予以考虑。而 STATCOM 装置可以等效为可控的电流源,接入系统后不会改变系统的阻抗特性,不存在谐振问题。

在选择无功补偿装置时,有功损耗是一个重要的因素,因为损耗一直存在,其费用随着时间推移可以累积到很高的水平。图 8-21 为 FC-TCR 型 SVC 和 STATCOM 的损耗特性图。

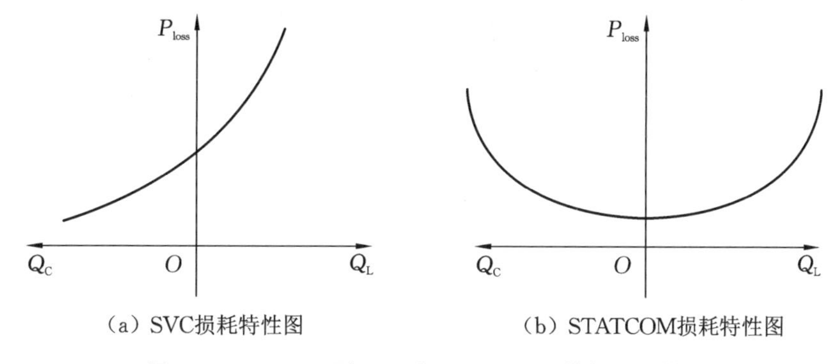

(a) SVC损耗特性图　　(b) STATCOM损耗特性图

图 8-21 FC-TCR 型 SVC 和 STATCOM 的损耗特性图

FC-TCR(fixed capacitor-thyristor controlled reactor)是一种固定电容-晶闸管控制电抗型 SVC。SVC 的损耗主要包括三个部分:固定电容器或滤波网络的损耗,其固定损耗比较小;晶闸管控制电抗(TCR)支路中电抗器的损耗,其近似与支路电流的平方成正比关系;晶闸管损耗,包括触发电路损耗、导通和关断损耗、通态和阻态损耗等,可近似地与支路电流成正比关系。总的损耗随着输出感性无功的增加而增加,随着容性无功功率的增加而减小,当装置处于浮空状态,输出无功功率为零时,也存在一定的损耗。STATCOM 装置既存在并联损耗,也存在串联损耗。并联损耗与直流侧电容电压的平方成正比,串联损耗包括变压器铜耗和可关断器件、二极管等的损耗。STATCOM 能吸收的最大感性和容性无功功率是相等的,其损耗是对称的,故在浮空状态下的损耗是最小的。STATCOM 的功率损耗比同容量的 SVC 至少低 2%。

总的来说,STATCOM 比 SVC 的优势表现在如下几个方面。

(1) 响应迅速。迅速补偿无功功率,可以削弱负荷功率冲击,保护电气设备。STATCOM 的硬件系统采用了 IGCT、IGBT 或 IEGT 等可迅速关断的器件,软件系统采用了瞬时无功算法,响应时间被缩短在 10 ms 以内;SVC 的硬件系统采用的是电流过零才能关断的晶闸管,软件系统采用的平均值算法,因此响应时间在 40 ms 以上。

(2) 抑制电压波和电压闪变的能力倍增,这也利于 STATCOM 的快速响应。

(3) 谐波少。STATCOM采用多重化或者高频PWM控制技术,故产生的低次谐波很少,还可以减轻负荷谐波对电网的污染。

(4) 运行范围宽。SVC提供的电流随母线电压降低而减小,当母线电压过低时,SVC就几乎丧失无功补偿的能力;而STATCOM提供的无功电流不受母线电压降低的影响。

(5) 可靠性高。近年来,无功补偿装置和滤波器频繁发生电容器烧毁、熔断器群爆等严重事故,致使无功补偿装置长期不能投运,闲置浪费。STATCOM无须大容量的电容器和各次滤波器,避免了类似的事故发生,保证了可靠、长期地在线运行。

(6) 功耗低,噪声小。大容量电抗器是引起SVC功耗和噪声的主要因素,STATCOM无须大容量电抗器,其功耗比SVC约低2%,噪声约低15 dB。

(7) 占地省。由于无须安装各次滤波器,也无须大容量的电容器和电抗器,所以同容量的STATCOM占地面积仅为SVC的一半。

SVC和STATCOM都可以对无功功率进行控制、有效维持系统电压稳定、提高系统功率因数等,但相比之下,STATCOM有着明显的优越性。除了保持电压稳定的能力强之外,STATCOM在浮空状态的损耗很小、响应时间短、不会产生谐振、谐波含量少、所需电容器和电抗器容量小、占地面积小、在一定范围内提供有功功率以及运行过程中的电噪声很低。但是STATCOM控制比较复杂,而且成本比较高。SVC和STATCOM技术性能比较如表8-5所示。

表8-5 SVC和STATCOM技术性能比较

项 目	TSC型SVC	TCR型SVC	STATCOM
开关器件	晶闸管	晶闸管	GTO、IGBT
响应特性	快	较快	快
补偿方式	有级投切	平滑调节	平滑调节
谐波发生量	无	大	小
功率损耗	无负荷时较小	较高	较小
补偿性能与系统阻抗	有关	有关	无关

4. STATCOM实验

1) 静态(稳态)性能实验

静态性能实验主要验证STATCOM的技术性能指标是否满足设计要求。主要性能指标包括额定工作电压、额定容量、输出无功功率范围、系统响应时间、STATCOM对母线电压总谐波畸变率的影响、过载能力、效率等。

(1) 控制方式实验。

STATCOM从最大容性无功功率到最大感性无功功率区间连续运行的能力:具备多种控制方式时,需在每种控制方式下分别进行实验,一般可分别在恒无功控制、电压控制、负荷无功控制等模式下进行。实验期间,记录并检查系统电压、换流链输出电压、系统电流、换流链电流、每个链节直流电容电压等,应密切监视系统母线电压的变化以防产生系统电压振荡。

链式 STATCOM 在额定电压下输出的无功功率折算值可根据实测电流值计算：

$$Q_{act}=I_{mea}\times U_{n} \tag{8-2}$$

式中，Q_{act}为额定电压下链式 STATCOM 输出的无功功率折算值；I_{mea}为链式 STATCOM 输出电流测量值；U_{n}为额定电压。

① 恒无功控制模式。

检验链式 STATCOM 在闭环恒无功控制模式下的无功功率输出能力。

将控制器设定为恒无功控制方式，逐步增加容性无功设置值，直至输出电流达到额定值；在感性输出范围内重复上述实验。

② 电压控制模式。

检验链式 STATCOM 在闭环电压控制模式下的无功功率输出能力。

将控制器设定为电压控制方式，逐步降低目标电压设定值（低于系统母线运行电压），使输出从零逐渐增加到额定感性无功电流；依次增加目标电压参考值（高于系统母线运行电压），使输出从零逐渐增加到额定容性无功电流。

③ 负荷无功控制模式。

检验链式 STATCOM 在负荷无功控制模式下的无功功率输出能力。

将控制器设定为负荷无功控制方式，调整目标无功设定值，使链式 STATCOM 输出从最大感性无功电流变化到最大容性无功电流。

（2）电压特性实验。

用于控制系统电压的链式 STATCOM，其斜率特性应由测量和计算结果进行验证。在闭环电压控制模式下，采用改变参考电压 U_{ref} 来调节链式 STATCOM 的无功功率输出，直到获得链式 STATCOM 最大感性和容性输出，根据实验结果可以获得其斜率。链式 STATCOM 的测量斜率值应与斜率设定值相符。

链式 STATCOM 的斜率是在链式 STATCOM 控制范围内，电压、电流变化的标幺值之比，如图 8-22 所示。

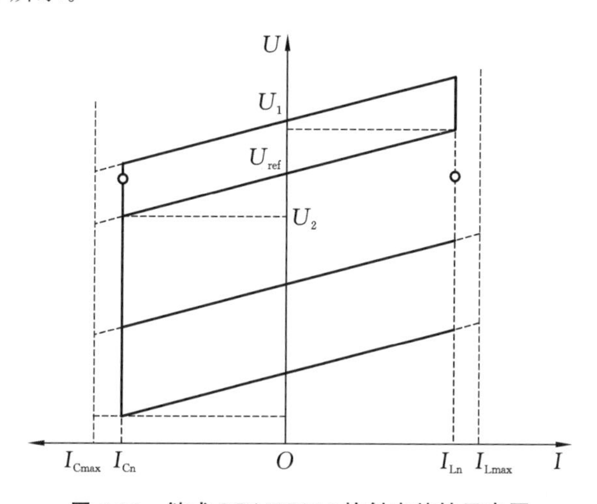

图 8-22 链式 STATCOM 的斜率特性示意图

图中，I_{Cn}为额定容性电流；I_{Ln}为额定感性电流；I_{Cmax}为最大容性电流；I_{Lmax}为最大感性电流；U_{1}为在额定感性电流时的被控电压；U_{2}为在额定容性电流时的被控电压；U_{ref}为参考电压值。

链式 STATCOM 的斜率计算：

$$V_{\text{slope(L)}}=\frac{U_1-U_{\text{ref}}}{U_{\text{ref}}}\times 100\% \tag{8-3}$$

$$V_{\text{slope(C)}}=\frac{U_{\text{ref}}-U_2}{U_{\text{ref}}}\times 100\% \tag{8-4}$$

式中，$V_{\text{slope(L)}}$为感性斜率；$V_{\text{slope(C)}}$为容性斜率。总斜率为$V_{\text{总斜率}}=V_{\text{slope(L)}}+V_{\text{slope(C)}}$。

最大感性输出的电压特性的斜率计算：

$$V_{\text{SLmax(L)}}=\frac{U_{\text{mea}}-U_{\text{ref}}}{U_{\text{ref}}}\times 100\% \tag{8-5}$$

最大容性输出的电压特性的斜率计算：

$$V_{\text{SLmax(C)}}=\frac{U_{\text{ref}}-U_{\text{mea}}}{U_{\text{ref}}}\times 100\% \tag{8-6}$$

式中，$V_{\text{SLmax(C)}}$为斜率百分比值；U_{ref}为参考电压，用基准电压标幺值(p. u.)表示；U_{mea}为链式 STATCOM 最大无功功率输出时被测母线电压，用基准电压标幺值(p. u.)表示。

通过静态实验作出 STATCOM 静止同步补偿系统的斜率特性图。

(3) 无功补偿特性实验。

具有负荷无功补偿功能的链式 STATCOM，该特性通过实验验证，在无功控制模式下，无功功率输出特性的检验可采用改变负荷或者投切电容器、电抗器的方法实现。

2) 动态特性实验

用于电压控制的链式 STATCOM，采用阶跃变化参考电压值 U_{ref} 检验链式 STATCOM 系统的动态特性，在最小短路水平时链式 STATCOM 应不失去稳定，在最大短路水平时应保持良好的响应特性。

用于无功控制的链式 STATCOM，采用阶跃变化的无功值 Q_{ref} 检验其无功响应特性。一般可以采用 0—额定容性无功—0、0—额定感性无功—0、额定感性无功—额定容性无功—额定感性无功的阶跃响应测量链式 STATCOM 的动态响应。

链式 STATCOM 的阶跃响应特性示意图如图 8-23 所示。

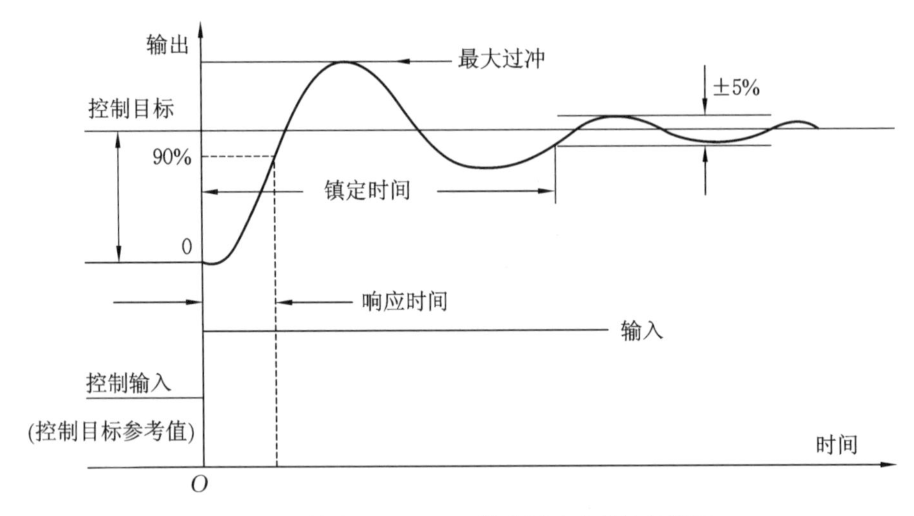

图 8-23 链式 STATCOM 的阶跃响应特性示意图

① 阶跃响应时间。

当输入阶跃控制信号后，链式 STATCOM 输出电气量达到 90% 目标值所用的时间，且期间没有产生过冲。

② 整定时间。

当输入阶跃控制信号后，链式 STATCOM 输出电气量达到并稳定在目标值的±5% 范围内。

通过动态实验作出 STATCOM 静止同步补偿系统的阶跃响应特性图。

8.3 串联型 FACTS 装置

8.3.1 串联型 FACTS 装置特点

电力系统串联补偿就是在传输线上串联接入一定的设备，从而改变线路的静态和动态特性，达到改善电网性能的目的。因为涉及补偿，所以就产生了一个补偿度（K_C）的概念。补偿度 K_C 是电容器容抗 X_C 和线路感抗 X_L 的比值，即 $K_C=X_C/X_L$。$K_C<1$，称为欠补偿；$K_C=1$，称为完全补偿；$K_C>1$，称为过补偿。

通常讲的串联补偿是指在固定串联电容和电感的基础上发展起来的补偿设备，目前主要是串联无功补偿，它们通常不改变线路的电压等级和基本拓扑结构，只是通过设备自身的特性来改善电网的运行特性。串联电容补偿是提高输电系统稳定极限以及经济性的有效手段之一。在输电线路中加入串联电容能够减小线路的电抗，加强两端的电气联系，缩小两端的相角差，从而获得较高的稳定限额，传输较高的功率。据不完全统计，目前世界上 220 kV 及以上电网中投运的串联补偿容量已超过了 70 GMvar。发达国家很早就掌握并在实际运行中推广使用了这项技术，早在 1950 年，世界上第一个 220 kV 串联补偿站就在瑞典投入运行。我国近年来也积极开始了这方面的探索与尝试，并取得了一定的成果。

1. 电力系统中串联补偿与并联补偿的区别

(1) 并联补偿只需要电网提供一个接入节点，而串联补偿则需要电网提供两个接入节点，因此，相对而言串联补偿装置比并联补偿装置的系统接入成本稍高。

(2) 并联补偿可等效为输入电力系统的电流源，而串联补偿可等效为注入电力系统的电压源。

(3) 并联补偿装置与所接入点的短路容量相比通常较小，主要通过注入或者吸收电流来调节系统电压，从而改变电流分布。串联补偿能直接改变线路的等效阻抗或通过插入电压源来改变传输线的电压自然分布特性，从而调节电流分布，对电压和潮流的控制能力较强。

(4) 并联补偿只能控制接入点的电流，电流进入电力系统后的分配由系统决定，而串联补偿可以针对特定用户实现潮流和电压调节。

(5) 并联补偿装置需要承受全部的节点电压，而串联补偿装置则需要承受全部的线路电流。

串联补偿可以改变传输线路的等效阻抗或在线路中串入补偿电压，因此通过串联补偿可以方便地调节系统的有功和无功潮流，从而能有效地控制电力系统的电压水平和功率平衡。

2. 串联补偿装置的主要作用

(1) 提高电力系统的稳定性，增加系统输送能力。串联电容器的容抗抵消掉线路部分感抗，相当于缩短了线路的电气距离，同时使线路两端电压的相角变小，抗干扰力度增大，从而提高了线路输电能力，提高了系统稳定水平。

(2) 改善系统的运行电压和无功平衡条件，在配电网中主要用于补偿线路的感性压降，改善电压质量。串联电容器所产生的无功与通过电容器电流的平方成正比，即串联电容对改善系统运行电压和无功平衡条件具有自适应性。与并联补偿装置相比，若提高线路末端电压，则选用串联电容补偿装置较经济；若提高系统电压水平或减少线路有功损耗，则选用并联电容补偿装置较经济。

(3) 合理分配并联线路或环网中的潮流分布。串联补偿电容相当于缩短了线路的电气距离，在由不同导线截面和不同电压线路经变压器组成的电网中，经优化后可使潮流分布合理，有利于减少线路有功损耗。

(4) 降低网损。由于线路损耗主要由线路电阻造成，在一定情况下，串联电容减小无功电流，抬高运行电压，从而减少网损。

(5) 节省投资。串联补偿技术在远距离、大容量输电中的应用，可减少输电线路回路数，从而节省投资。可控串联补偿除具有固定串联补偿的作用外，还具有快速调节工频等值容抗，可控制线路潮流、阻尼功率摇摆和低频振荡，抑制次同步谐振等特点。

由于串联补偿技术性能优越、投资省、见效快，所以串联补偿技术在电力系统，特别是大容量、远距离输电系统中得到了广泛的应用。但采用串联电容改变了线路原有的参数，使得保护整定工作更加复杂；在线路故障时，串联补偿的瞬间退出或者自动投入，在电路中感应了大量的高频与低频分量，恶化了继电保护装置的工作环境。所以在串联补偿运行中需要注意如下几点。

(1) 对保护测量装置的影响。通常在非串联补偿线路上，电源流出的短路电流落后于电源电势，母线电压与电源电势基本同相。但在串联补偿系统中，如从电源到保护安装处的感抗大于容抗，当靠近串联补偿处发生故障时，将导致加在继电器上的电压相位和电源电势相差180°，保护测量的电压将反向。在串联补偿线路上，以线路始端母线电压为基准，线路短路电流可能超前于电势，相位变化约180°，发生了电流反向。当电源负序阻抗小于电容容抗时，保护测得的负序电流也将反向。

(2) 对距离保护的影响。串联补偿电容的安装位置和补偿度是影响阻抗继电器动作特性的重要因素。串联补偿电容可以安装在线路的两端、中部或者中间变电站的两条母线之间。在我国，通常采用将串联补偿电容安装于线路两端的方式。这样就有可能出现补偿度越大，保护范围越小的情况。

(3) 对高频保护的影响。串联补偿电容对高频保护的影响同样与电容器的安装位置有关，以串联补偿电容安装在线路两端为例：当短路点在线路靠近电容器附近时，由于短路点到保护安装地点之间的阻抗是容性的，接于每相全电流和电压上的功率方向元件将不能动作，所以方向高频保护将拒动。

对接于负序和零序分量上的功率方向元件则不受串联补偿电容的影响而能够正确动作，这是因为从保护安装地点到发电机或变压器中性点之间的阻抗仍是感性的缘故。

对于相差高频保护而言，当电容器的容抗大于系统的总电抗时（一般不会出现此种情况），则一端的短路电流将是超前于电压的，而在故障线路另一端电流仍滞后于电压，此时,保护装置在串联补偿电容未被保护间隙或旁路开关短接的情况下将拒动。

(4) 可能引发次同步谐振。串联在线路中的电容在运行中间可能会引起感应发电机效应,从而引发次同步频率的电气谐振。工况不好时,还可能在轴系固有频率的某种配合下,引发更为严重的机电复合共振。在这种情况下,有可能使发电机组产生远大于机端出口多相短路时的电磁与机械应力,形成对发电机轴系的巨大冲击,加速其寿命损耗,引起疲劳变形,严重时将导致大轴出现裂纹甚至断裂,危及电力系统的安全运行。1970 年 12 月 9 日和 1971 年 10 月 26 日美国加州 Mohave 电厂 790 MW 大型汽轮发电机就先后两次出现了次同步谐振导致机组严重受损的破坏性事故。

(5) 可能引起发电机组的自励磁和系统的铁磁谐振。一般说,串联电容补偿度 K_C 越大,线路等值电抗越小,对提高稳定性越有利,但 K_C 的增大要受到很多条件的限制。如果 K_C 值选择比较大,则由于采用串联电容补偿后发电机外部电路电抗可能呈现容性,发电机送出电容电流要产生助磁的电枢反应,使发电机电势升高。在增大了的发电机电势的作用下,又产生一个更大的充电电流,进而产生更大的助磁电枢反应使发电机电势进一步升高。这个过程将一直持续到发电机的磁路饱和为止,即产生了所谓的"自励磁"现象。

除发电机外,电力系统中还有许多其他的铁芯电感元件,如变压器、互感器、并联电抗器等,大都为非线性元件。串联于输电线路上的补偿电容与这些元件构成许多复杂的振荡回路。如果在某种运行方式下满足一定的条件,则可能激发起持续时间较长的铁磁谐振,引起系统过电压。

(6) 装置本身。电容器是串联补偿装置的主要元件,它的性能及运行的可靠性对串联补偿装置的运行起到关键性的作用。串联补偿所采用的电容器通常有两种:外熔丝电容器与内熔丝电容器。在实际运行中,这两种电容器都暴露出一些缺点。

外熔丝电容器受外部气候条件的影响较大,环境恶劣时熔丝误动作的概率较高,同时由于设备外置,箱体损坏的可能性也比较大,由于熔丝动作而造成的运行中断相对较多,运行维护费用较高。另外,如果发生故障时熔丝的动作时间较长,故障元件的故障点在电流的作用下将不断产生气体,有可能使电容器单元外壳破裂退出运行,使电容器损失的容量增大,其他运行电容器单元上的过电压较高。

内熔丝电容器在电容器单元的端子与其外壳之间故障时,熔丝无法动作,并且电容器元件及电容器单元故障无法直接看到,必须用专用仪器定期测量,维护工作量很大。

MOV 是保护电容的主要元件。由于 MOV 动作无时延,所以无论是区内故障还是区外故障,MOV 吸收能量的速度很快,承受的短路电流也比较大。具有大的能量吸收能力的 MOV 的制造成本比较高,使整套串联补偿装置的投资大大增加,但若采用热容量较小的 MOV,随着电网规模的不断扩大,可能无法满足系统运行的需求,所以需要根据运行系统的实际情况选择合适容量的 MOV。

3. 串联补偿装置的分类

电力系统串联补偿装置按照不同的分类标准有不同的分类。按照所使用的开关器件及其主电路结构的不同,串联补偿装置可分为以下三类。

第一类是机械投切阻抗型串联补偿装置,如传统的断路器投切串联补偿电抗器、电容器等。由于这类串联补偿装置采用机械方式控制,响应速度慢,不能动态和频繁操作,所以又称为固定串联补偿。

第二类是晶闸管投切或控制的阻抗型串联补偿装置，如 TSSC、GCSC、TCSC 等。这类串联补偿装置通过控制电力电子器件的导通和关断能实现动态调节串联阻抗的目的，所以又称为变阻抗型静止串联补偿。

第三类是基于变换器的可控型有源串联补偿装置，如 SSSC 等。由于采用变换器方式，它能在一定程度上独立于线路电流的变化而调节串联补偿电压。

后两类串联补偿装置属于 FACTS 控制器的范围。

按照装置输出功率性质的不同，串联补偿装置可分为有功功率串联补偿装置和无功功率串联补偿装置。TSSC、GCSC、TCSC、SSSC 等都属于无功功率串联补偿装置，如在 SSSC 的直流侧加上一定的储能系统（如超导储能、电池储能等）便可得到有功功率串联补偿装置。

按照并联补偿装置所在系统的不同，串联补偿装置可分为输电系统串联补偿装置和配电系统串联补偿装置。前者的主要目的是增大线路的输送能力、提高系统的稳定性，以及优化潮流、降低线损、支撑电网枢纽点电压等；后者的主要目的是维持末端电压、改善电压质量、保证为用户提供高质量的电能等。

按照串联补偿装置的响应速度，串联补偿装置可分为慢速型、中速型及快速型响应装置；按照串联补偿装置的电压等级，串联补偿装置可分为低压串联补偿装置、中压串联补偿装置和高压串联补偿装置。

8.3.2 可控串联补偿实验

1. TCSC 概述

晶闸管控制串联电容器（TCSC）又称为可控串联补偿，即相对于固定式串联补偿，TCSC 的补偿采用电力电子器件，补偿程度是可控的。TCSC 最早是在 1986 年由 Virhayathil 等人作为一种更快速调节网络阻抗的方法提出来的，其基本接线图如图 8-24 所示。

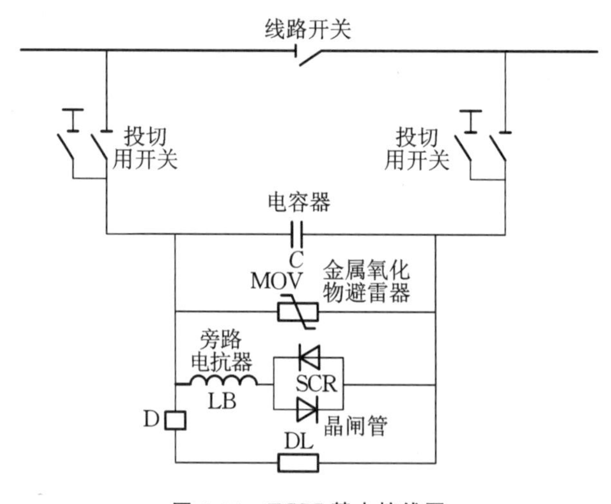

图 8-24 TCSC 基本接线图

可控串联补偿与固定串联补偿类似，主要由电容器、MOV、阻尼电路、线路开关等主要部件组成，不同的是增加了一个与电容器并联回路，它由一对反向并联晶闸管 SCR 和旁路电抗器 LB 串联组成晶闸管控制电抗器（TCR）。反向并联晶闸管 SCR 用于控制旁路电抗器 LB 的导通时间。通过晶闸管不同的触发角来控制通过电抗器回路的电流从而控制总的等值阻抗，实现连续控制线路的补偿度的目的。实际应用中，需要将多个 TCSC 单元串联起来构成一个所需容量的 TCSC 装置。由于增加了调控速度很快的 TCR 并联支路，可控串联补偿通常取消了火花间隙支路。

按照基本阻抗的调节方式，可控串联补偿可以分为以下三种。

（1）晶闸管阻断方式：TCSC 相当于常规串联补偿。

（2）晶闸管切换电抗器方式（旁路方式）：晶闸管恒定导通，电容与电感并联呈小感抗，主要用于绝缘保护和限制故障电流。

（3）晶闸管相控方式（微调控制方式）：通过对触发脉冲的控制，可以平滑调节容抗或感抗。

可控串联补偿相比常规固定串联补偿有以下几个优点。

（1）可阻尼次同步振荡。

（2）可快速、准确地调整控制线路潮流。

（3）可快速改变电抗，阻尼线路功率振荡，提高系统稳定性。

（4）可减小 MOV 容量。

TCSC 在一个工频周期内的工作过程可分为如下几个过程。

（1）TCR 支路断开，线路电流对串联电容器充电。

（2）触发 TCR 支路导通一定时间，对串联电容器放电，使其电压反向。

（3）TCR 支路电流过零而自然断开后，线路电流对串联电容器反向充电。

（4）TCR 支路再次触发导通一定时间，对串联电容器反向放电，使其电压再次反向。

（5）TCR 支路电流过零而自然断开后，线路电流对串联电容器充电。

在上述工作过程中，TCR 支路导通使得 TCSC 形成一个内部 LC 谐振电路进而导致电容电压反向，这个过程在 TCSC 中具有关键作用。TCR 支路导通的时间取决于导通角，同时与 LC 回路的自然振荡频率、导通时的电容电压、线路电流等诸多因素有关。在稳态过程中，TCR 每次导通结束时，都能使电容电压变为导通初始时刻的相反值，而经历一个周期后，电容电压维持不变。但在暂态过渡过程中，TCR 支路的导通角将改变，因而电容电压和电感电流的变化将会变得更加复杂。因此很多研究者对 TCSC 的动态模型进行研究，提出了诸如电路拓扑分析法、时域仿真法、相量动态模型法、频域分析法等多种方法。

串联电容补偿装置的规模主要取决于线路的补偿度和额定电流，规模的选择与系统近期、远期的规划紧密联系，同时这种规划又与串联电容补偿装置的位置有关。一般来说，对有串联补偿的输电系统，补偿度越高则输送能力越大，但补偿度越高，补偿装置的规模越大，意味着投资越大。在实际工作中，通常根据实际的输电任务，在满足稳定性和输电能力要求的同时，考虑装置的经济性。一般补偿度的选择在 20%～50%之间。选择补偿装置额定电流时，主要通过对各种运行方式的潮流和暂态稳定计算，找出各方式下补偿装置可能通过的最大初始电流、暂态摇摆和短时间的过载电流，从而确定串联补偿装置额定电流。一个补偿装置可以集中在一处安装，也可以分散在几处安装，当线路距离较长，补偿度较高时，可将串联电容器分散在线路的几处安装，如将电容器分两处安装且将线路近似等分为三段。集中安装的地点可选择线路两端或线路中间，一般情况下，不将串联补偿安装在电厂侧。

2. TCSC的数学模型

TCSC的数学模型是用来描述其静态和动态特性的信息集合，是分析系统的基本出发点。建立一个实用的能详细反映TCSC特性的数学模型，是TCSC研究的重要课题之一。按照描述对象的不同，TCSC的模型可分为稳态模型与暂态模型。稳态模型有准稳态模型、变阻抗模型等，稳态模型仅考虑输入、输出特性，不考虑系统内部非线性，对电力系统的行为及潮流控制的研究有帮助。而暂态模型分析系统的动态特性和行为，便于暂态过程的仿真，包括时域微分方程模型、拓扑建模模型、采样-数据模型、开关函数模型、动态相量模型等。

(1) 准稳态模型。准稳态模型表达式简单，仅用一个惯性环节来描述TCSC触发控制的延迟和自然响应，不考虑系统内部拓扑结构，简化了TCSC的动态特性。该模型在TCSC控制器的设计中得到了广泛应用，但在处理暂态过程时缺乏精确性。

(2) 变阻抗模型。变阻抗模型采用拉普拉斯变换，分别推导出了瞬时过渡阶段和稳态阶段的TCSC回路中电容器、电抗器、晶闸管元件中电压和电流的数学表达式，可利用傅里叶变换分析导出TCSC的基波阻抗和晶闸管触发角之间的精确数学关系，将TCSC看作一个随晶闸管触发角变化而变化的阻抗。虽然该模型能较精确地计算出TCSC的阻抗，但仍然不能描述TCSC的暂态特性。

(3) 时域微分方程模型。时域微分方程模型是通过电路微分方程来描述TCSC动态特性的模型。由于开关元件的存在，使得该模型具有非线性因素。虽然它有较高的准确性，能够反映TCSC动态特性，但是计算量大，求解过程耗时较长，不利于保护和控制的设计，也不适合用于大型电力系统分析中。

(4) 拓扑建模模型。拓扑建模模型是根据电力电子装置的电路拓扑结构，分别列出基本电路方程，通过各个拓扑间的交替求解，递归得到暂态全过程的数学解析表达式。

基于拓扑分析，电路按晶闸管导通和阻断分成两种拓扑电路，然后通过交替求解一个周期内的电路拓扑，得到一个周期的变化规律，进而用递推的方法找到能描述TCSC暂态全过程的数学解析表达式。通过该模型可了解可控串联补偿的暂态特性和机理，并可为优化TCSC的控制提供模型依据。但是拓扑建模的复杂程度随开关数的增加呈指数级增长，且不易形成模型统一的表达式。

(5) 采样-数据模型。采样-数据模型是基于Poinear映射理论的小信号线性化模型，它建立在动力系统几何理论之上，没有任何近似与假设，分析结果可靠。该模型通过建立TCSC采样-数据模型(一致采样和峰值采样)，根据当前时刻的触发角、电容电压、线路电流值，基于Poinear映射进行线性化，在得到离散的模型后再进行连续化，得到动态解析模型。这种模型将非线性系统对一周期信号的响应进行比较精确的线性化，能反映开关回路在运行点附近干扰的动态特性，但模型的推导十分复杂，计算量大，而且与传统的基于相量的电力系统分析方法兼容性不好。

(6) 开关函数模型。开关函数模型是一种根据电力电子装置的物理特性和主电路拓扑结构，列出基本电路方程，并引入逻辑开关函数理论，通过求解电路约束方程，从而求得描述装置性质或过程的模型。该模型可应用逻辑开关函数理论并结合等效电阻法进行TCSC的动态建模：首先根据晶闸管元件的导通和阻断特性，将晶闸管元件等效为可变的动态等效电阻，将拓扑结构交替变化的两种电路耦合在一起，再利用线性微分方程的经典解法求出自由响应和强迫响应，导出 TCSC 的开关函数模型。该模型可以精确描述 TCSC 动态全过程，但是由于开关函数的存在使得表达式不够简明。

（7）动态相量模型。动态相量模型是基于频率分解的思想，利用傅里叶级数中极少量的系数来近似原始波形，主要利用了傅里叶变换的微分性质和卷积性质，以动态相量系数为状态变量，获得系统化的状态空间模型。该模型具有仿真速度快、精确度高的优点，且表达式简单，易推导。该模型兼有传统稳态模型和时域模型的优点，适合大型电力系统仿真。

3. TCSC 的控制技术

TCSC 控制器硬、软件结构上实施分层处理，便于控制器不同层次之间的功能分工和协调，增强了控制器的灵活性和通用性。TCSC 分层控制结构如图 8-25 所示，即分为底层控制、中层控制、上层控制。

（1）底层控制。底层控制通常称为脉冲控制，主要研究 TCSC 的电路拓扑结构和脉冲控制方法，以控制晶闸管的触发来实现预期的控制目标，其输入信号是中层控制的输出，它是整个 TCSC 分层控制的基础。底层控制中的四种模式的触发方式和切换策略值得探讨。

有些文献通过研究给出一种特殊的触发方式：对晶闸管门极发出持续的高频脉冲序列迫使 TCSC 快速稳定地进入旁路状态，当 TCSC 进入到闭锁模式时，就停止给晶闸管的门极发脉冲，该触发方式不依赖于同步信号，可靠、稳定，对系统的暂态稳定是十分有利的。

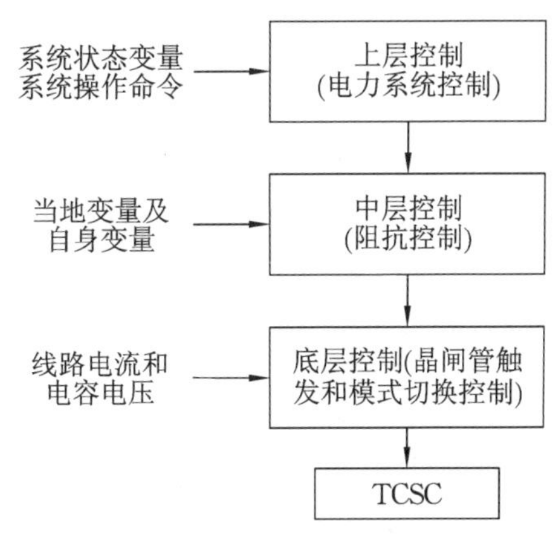

图 8-25 TCSC **分层控制结构**

还有些研究者对底层模式切换进行了研究，认为由容性微调或闭镜模式切换到旁路模式时，采用硬件旁路方法不能完成切换，而采用强制电流同步法可实现顺利切换，采用容许区间触发方法能较好地实现由容性微调或闭锁模式切换到感性微调模式。这种切换策略简单、可靠，能使切换过程平稳、迅速。

另外一些研究者提出在 TCSC 的大部分稳定运行区域，对应于同一触发角，可能存在容性阻抗和感性阻抗两个理论上的稳态解。在实际工程中究竟运行于哪个稳态解，取决于触发调节前 TCSC 的电容电压和线路电流的相位关系。这对工程实际有一定的指导意义。

（2）中层控制。中层控制通常称为阻抗控制，该控制的主要任务是根据系统控制要求的命令阻抗，制定相关的控制策略，使 TCSC 的输出阻抗迅速、准确地跟踪命令阻抗，中层阻抗控制的输入信号是上层控制的输出，它是 TCSC 分层控制中承上启下的环节。阻抗控制可以分为开环控制和闭环控制两种方式：开环控制直接通过查阻抗特性表得到触发脉冲；而闭环控制引入了测量阻抗与命令阻抗之间的误差作为反馈量进行修正，加快了 TCSC 的动态响应过程。

一般情况下，阻抗闭环控制采用 PI 调节就可以达到较好的控制效果，如果在此基础上进行改进，效果更优。可设计 TCSC 的模糊自适应整定 PID 的阻抗控制器，则该方法具有较强的鲁棒性，可提高控制质量。可将免疫反馈运用到控制器中，该方法在响应各种阻抗阶跃命令时具有较小的超调量和较快的响应速度，并能快速消除静差，具有良好的动态性能和静态性能。还可以使用一种实用的积分投切式 PID 阻抗控制方法，该方法在接到阻抗阶跃命令后切除积分环节，而在测量阻抗第一次超越命令阻抗时才投入积分环节，与常规 PID 控制相比，该方法在响应各种阻抗阶跃命令时具有较强的鲁棒性、良好的动态和静态性能。

(3) 上层控制。上层控制通常称为稳定控制，其主要功能是根据不同控制目标(如潮流控制、暂态稳定控制等)，选取合理的控制策略，得到中层控制所需要的阻抗值。上层控制主要通过以下三种途径实现。

① 线性控制。线性控制是控制理论中最为成熟和最为基础的分支，一般以传输函数为基础。线性控制的常用方法有 PID 控制、相位补偿、最优控制、全状态反馈控制等。线性控制通常用于特定的运行工况和运行点，该控制方式简单、实用，并且广泛应用于实际。可利用测试信号法辨识系统的区域间振荡模式和控制器设计所需信息，通过补偿留数相位的方法对控制器参数进行整定，设计鲁棒性较好的控制器。也可采用小干扰法将非线性电力系统在运行点线性化，设计 TCSC 的阻尼控制器。还可运用全状态反馈控制、线性二次型最优控制和输出反馈二次型最优控制三种方法进行极点配置，提高了阻尼系统低频振荡的能力。但是如果线性控制器的运行工况改变，则不能保证控制器的良好性能。

② 非线性控制。非线性控制可以反映电力系统的非线性和不确定性，具有自适应性和鲁棒性。非线性控制的常用方法有反馈线性化、能量函数法、变结构控制理论等。可以通过反馈线性化建立 TCSC 非线性数学模型，将非线性模型映射到线性模型，依据大范围线性化得到非线性控制规律。有些研究则保留了系统的非线性特性，运用自适应增益控制律进行参数的实时估计，设计的控制器具有很强的鲁棒性，能快速抑制振荡，保证系统的暂态稳定性。有些学者将暂态能量函数(TEF)值作为系统稳定的指标，用 TEF 对时间的导数来决定 TCSC 装置在暂态稳定过程中的控制策略，有效地改善系统暂态稳定性并迅速平息后续振荡。但是非线性控制也有缺点，它们的计算量一般很大，并且信号的实时性受到很多限制。

③ 智能控制。智能控制具有智能性、鲁棒性、自适应性和容错能力，能通过自身参数的修正和重构，处理各种不确定性。常用方法有模糊控制、遗传控制和神经网络控制等。通过建立模糊控制器逼近误差和控制器参数之间的线性关系，用 Lyapunov 稳定性理论设计参数的自适应律，得到一种新型的 TCSC 模糊自适应控制器，可以在线调整模糊控制器的全部参数，对系统发电机摇摆具有良好的阻尼作用。有些研究是将有功功率作为控制目标，对可测量信号作反馈线性化，利用改进的神经网络逆推控制策略在大范围内将 TCSC 线性化成一阶积分环节系统，设计的控制器对任意拓扑皆适用。而智能控制的缺点在于知识获取、优化的瓶颈问题以及各种智能控制方法结合的耦合度问题。

4. TCSC 实验

以华中科技大学电力系统动态模拟实验室为例进行说明，2007 年该校电力系老师为动模实验室研制了一套可控串联补偿动模装置，该装置是以广西电网平果站工程为原型进行模拟设计制造。该套可控串联补偿动模装置可将 TCSC 用于进行电力系统潮流调整，阻尼电力系统功率振荡，提高电力系统暂态稳定性，可控串联补偿本体保护配置，可控串联补偿与常规电力系统元件保护配合的实验研究等。

可控串联补偿系统动模装置主要性能如下。

(1) 采用 FSC+TCSC 的电路拓扑。

(2) FSC 及 TCSC 每相均配备了两个开关,可以分开旁路 FSC、TCSC。

(3) 配备了模拟量采集系统、开关量采集系统、触发控制系统及快速响应的保护系统。

(4) FSC 及 TCSC 的电容两端均装设有 TVS,以模拟实际工程中 MOV 对电容的保护作用。

动模串联补偿实验系统采用 FSC+TCSC 的结构,单相串联电容器补偿主电路接线图如图 8-26 所示。

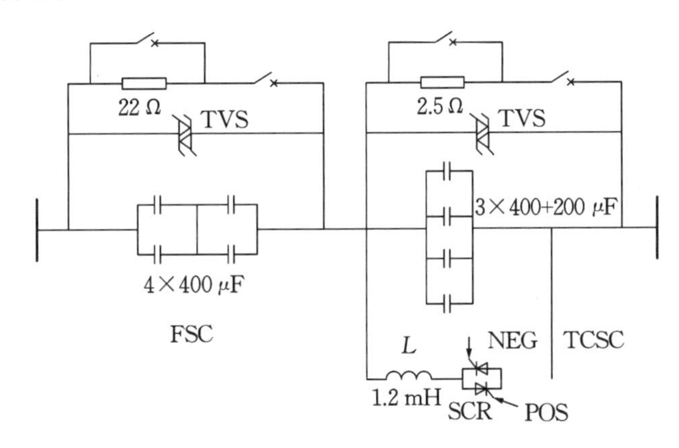

图 8-26 单相串联电容器补偿主电路接线图

可控串联补偿系统动模实验接线图如图 8-27 所示,该实验模型包含 TCSC 装置,实验系统以按照单机经双回线向无穷大电源送电的模型设计,具有如下特点。

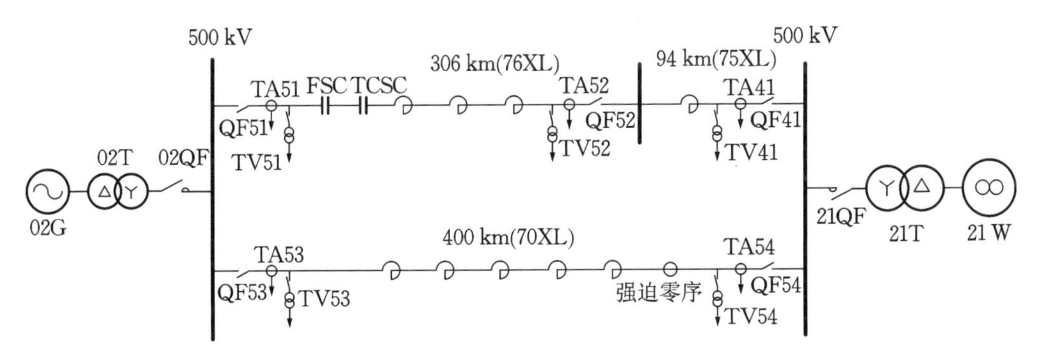

图 8-27 可控串联补偿系统动模实验接线图

(1) 双回输电线路,每回线路长 400 km,每回线路正序阻抗为 22.82 Ω∠85.76°。

(2) 模型系统额定线电压:800 V。

(3) 模型线路额定电流:双回运行时为 5.5 A、单回运行时为 11 A。

(4) 串联补偿装置安装在 500 kV 模拟输电线路的送电侧的一回线路上。

(5) 串联补偿装置包含 FSC+TCSC,其中 FSC 串联补偿度为 35%,可控串联补偿度在 5%~15%范围内可调节。

1) 静态(稳态)性能实验

静态性能实验主要验证 TCSC 的技术性能指标是否满足设计要求。其主要性能指标包括额定工作电压、额定容量、调节范围、系统响应时间等。

(1) 装置稳态工作实验测试。

① 闭合旁路开关时的稳态工作波形。

② 晶闸管旁路导通时的稳态工作波形。

③ 晶闸管阻断时的稳态工作波形。

④ 容性微调区 $X_{tcsc}=1.2$ p. u. 时的工作波形。

⑤ 容性微调区 $X_{tcsc}=2.5$ p. u. 时的工作波形。

(2) 阻抗开环控制实验测试。

① 阻抗命令从 1.2 p. u. 变为 2.5 p. u. 的阻抗波形。

② 阻抗命令从 2.5 p. u. 变为 1.2 p. u. 的阻抗波形。

(3) 定线路电流实验测试。

① 线路电流命令从 4.7 A 变为 5.1 A 线路的电流波形。

② 线路电流命令从 5.1 A 变为 4.7 A 线路的电流波形。

(4) 定输电线路有功功率实验测试。

① 线路有功命令从 2200 W 变为 2080 W 线路的有功功率波形。

② 线路有功命令从 2080 W 变为 2200 W 线路的有功功率波形。

2) 装置动态响应测试实验

装置动态响应测试实验所用的实验接线图同图 8-27。

装置动态响应测试实验包括阻抗阶跃实验、有功功率阶跃实验、线路电流阶跃实验、阻抗调制实验。

3) 阻尼功率振荡实验

TCSC 装置设有阻尼功率振荡的功能,用于在系统发生干扰后抑制可能出现的持续的功率振荡。图 8-28 为振荡实验用的单机对无穷大系统模型,为激发功率振荡,实验时将多段模拟输电线串联构成了较长的输电线路。设置的故障形式为发电机出口变高压侧三相瞬时性短路,短路持续时间 0.1 s。

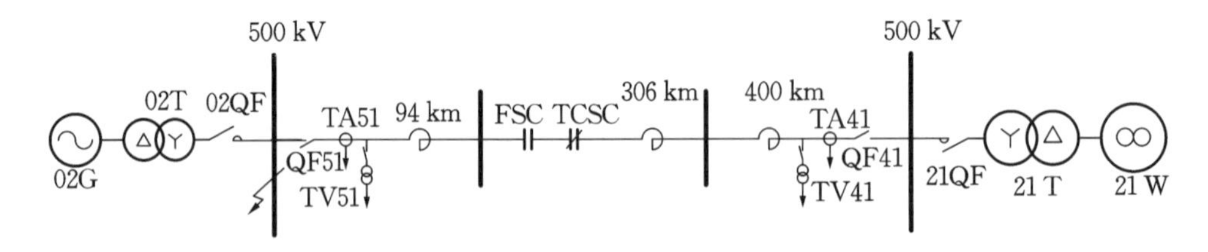

图 8-28 振荡实验用的单机对无穷大系统模型

8.3.3 静止同步串联补偿器

TCSC 与 SVC 的电路结构类似,TCSC 是将晶闸管控制的电抗器串联在线路中,而 SVC 则是将晶闸管控制电抗器并联在母线上。同样,基于 VSC 的 STATCOM 装置如果串联在线路中也是可行的,这就是静止同步串联补偿器(SSSC)。

SSSC 可在同一电容性或电感性范围内与线路电流无关地产生一可控的补偿电压,当直流侧接入电容器时,SSSC 可对线路进行无功补偿;接入储能器后可实现无功和有功补偿;接入直流电源,则可补偿线路电阻(或电抗)性压降。SSSC 可免于谐振,并且能快速地响应控制指令,具有适应单相重合闸时非全相运行状态的能力。FACTS

后来相继出现的统一潮流控制器(UPFC)、相间潮流控制器(IPFC)等,它们的组成部分都包含 SSSC。

SSSC 的实现是基于同步电压源的原理,即它不再利用电容器或电抗器产生或吸收无功功率来实现无功补偿,而是通过产生一个具有可控幅值和相角的同步且近似正弦波的电压源来与系统交换无功功率,实现无功补偿。同时它还可与线路交换有功功率,从而增加线路传输功率的能力,提高可控性。

SSSC 相当于在线路上串联了一个可变阻抗,从外特性上看它与串联电容器(固定式电容器、晶闸管投切串联补偿器、可控串联补偿器)有相似之处,但内在机理却有很大不同。在功角特性方面,串联电容器是容性补偿,只能增加线路的传输功率,而 SSSC 既可以是容性补偿又可以是感性补偿,既能增加线路的传输功率又能减少线路的传输功率。而且当它处于感性补偿时,满足某些条件时还可以实现功率的反向传输。因此,与串联电容器相比,SSSC 有更大的调节范围。此外,串联电容器只能和线路交换无功功率,而 SSSC 还可交换有功功率,从而补偿电阻性压降。

另外从动态系统的稳定性来看,带有有功功率交换的无功补偿可相当于有效的阻尼功率振荡。例如,在发电机加速期间,SSSC 发出无功功率,抬高电压,增大发电机送出的电磁功率,减少加速面积,同时通过吸收有功功率可实现正向阻尼振荡;在发电机减速期间,SSSC 吸收无功功率,降低电压,减少发电机送出的电磁功率,增大减速面积,同时通过发出有功功率,可实现反向阻尼振荡。

由于 SSSC 可以与交流系统交换有功功率,它能比 TCSC 更有效地阻尼振荡。在抑制谐振方面,固定电容器或 TSSC 可能与系统发生次同步谐振(SSR)。TCSC 可以有效地抑制 SSR,而 SSSC 则可避免 SSR。因为理论上 SSSC 只产生同步电压,对其他频率的输出阻抗为零。实际上由于 SSSC 的耦合变压器有漏抗,在线路上会产生电压降,基频产生的电压降可由 SSSC 容性补偿,只保留较小的其他频率的感抗值,因此 SSSC 不会和线路的感抗发生 SSR。另外当线路中串联电容器时,SSSC 还可快速有效地抑制 SSR。可见,SSSC 控制潮流的能力优于串联电容器,尤其在低传输角输电系统中。

SSSC 目前的主要应用是作为 UPFC 的一部分,而作为串联补偿装置,最常用的则是 TCSC。SSSC 和 UPFC 则在 8.4 节进行详细介绍。

8.4　混合型 FACTS 装置

8.4.1　混合型 FACTS 装置的特点

基于变流器的并联型补偿器,如 STATCOM 装置,可以有效地产生无功电流,补偿系统的无功功率,维持节点电压。而基于变流器的串联型补偿器,如 SSSC 装置,则可以有效地补偿输电系统线路的电压,控制线路的潮流。但相比而言,STATCOM 装置对线路电压的补偿能力较弱,而 SSSC 装置对无功电流的补偿能力较弱。针对这种情况,综合两种装置优点的补偿装置,统一潮流控制器(unified power flow controller, UPFC)应运而生。作为新一代 FACTS 控制器的杰出代表,UPFC 具有提高电压质量、提升系统稳定和传输容量,以及优化无功功率配置等功能。

UPFC 装置只能直接控制串联部分所安装的输电线上的潮流,如果要控制不同线路之间的潮流，通常采用线间潮流控制器(interline power flow controller，IPFC)。IPFC是应用电力电子技术的最新发展成果，以及现代控制技术实现对交流多线输电系统的参数，以使网络结构灵活、快速控制。在实际应用中，被用于实现复杂的潮流控制的多线传输系统中，每个传输线路的长度、电压、容量可能大不相同，IPFC的特点就是它的柔性能适应复杂系统进行一系列补偿和潮流控制的要求，能大幅度提高输电线路的输送能力和电力系统的稳定性、可靠性。

IPFC由多个DC/AC换流器组成，换流器的直流侧连接在一起，每个换流器都可以通过连接的线路向直流链路的电容提供有功功率。在这种结构中，每个变流器为连接的线路提供SSSC串联补偿的同时，还可以实现在补偿线路之间传输有功功率，以达到柔性控制电网潮流的目的。

随着FACTS技术的进一步发展，一种新型的源于UPFC但比UPFC功能更强大的FACTS装置——广义统一潮流控制器(generalized unified power flow controller，GUPFC)被提出，并已进入实际使用阶段。GUPFC不仅可控制节点电压，而且可同时控制多条线路或系统中某一子网络的潮流。与UPFC只能控制单条线路的潮流相比，GUPFC显示出更强大的控制能力。

8.4.2　统一潮流控制器

UPFC的概念最初是由美国西屋科技中心的L. Gyugyi等人于1992年提出的，其基本思想是用一种统一的可控装置，在不改变装置硬件及结构的情况下，仅通过控制规律的改变就能分别或同时调节线路的基本参数(电压、阻抗、相角)，实现并联补偿、串联补偿和移相等几种不同的功能。与其他FACTS控制器相比，UPFC具有控制范围大、控制方式灵活、功能多样化等优点，是FACTS控制器中功能最强、最具发展潜力的控制器。

交流输电系统输送功率的表达式为

$$P=\frac{EU}{X_\delta}\sin\delta \tag{8-7}$$

式中，P为交流输电系统输送的有功功率；E为电源电势；U为交流输电系统受端系统电压；X_δ为电源至受端系统的电抗；δ为电源电势E与受端系统电压U的功角。

由此可知，若能灵活、快速控制E、U、δ，就能大大改善线路的输送能力，达到控制输电网性能的目的。UPFC的先进性已不容置疑，但多项控制功能之间的交互影响与协调却一直是实际应用中待以解决的难题。

UPFC是将并联补偿的STATCOM和串联补偿的SSSC组合成的具有一个共同统一的控制系统的新型潮流控制器，它结合了多种FACTS技术的灵活控制手段，通过将换流器产生的交流电压串联接入相应的输电线上，使其幅值和相角均可连续变化，从而控制线路等效阻抗、电压或功角，同时控制输电线路的有功潮流和无功潮流，提高线路输送能力和阻尼系统振荡，它最基本的特点之一是注入系统的无功功率是其本身装置控制和产生的，但注入系统的有功功率必须通过直流回路由并联回路的STATCOM传至串联回路的SSSC，作为UPFC整体，并不大量消耗或提供有功功率。

8.4.3　UPFC工作原理

UPFC原理接线图如图8-29所示。

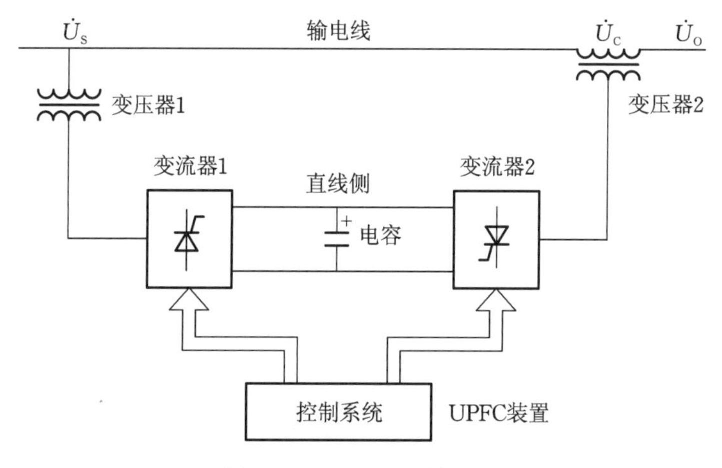

图 8-29 UPFC 原理接线图

由图 8-29 可以看出，UPFC 装置可以看作是由一台 STATCOM 装置与一台 SSSC 装置的直流侧并联构成，如图 8-30 所示。

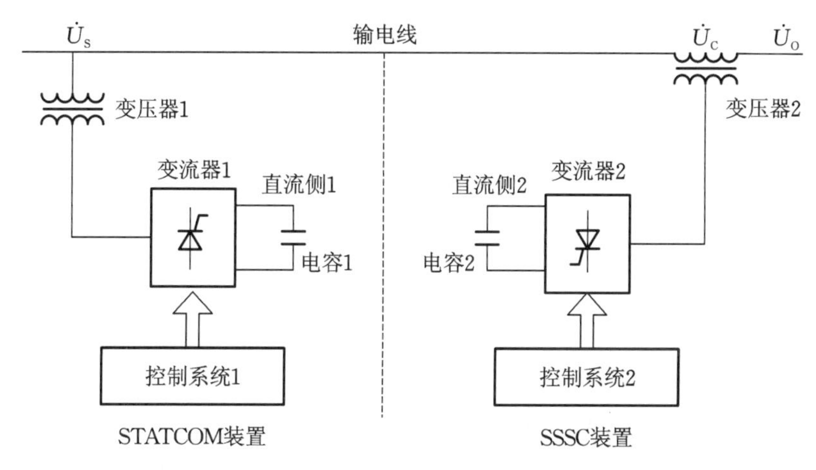

图 8-30 分离的 STATCOM 装置与 SSSC 装置

将 STATCOM 装置的直流侧与 SSSC 装置的直流侧连接起来构成的 UPFC 装置，同时具有 STATCOM 装置和 SSSC 装置的优点，既具有很强的补偿线路电压能力，又具有很强的补偿无功功率能力。而且 UPFC 装置具有 STATCOM 和 SSSC 所不具有的优点，如可以在四个象限运行，即串联部分既可以吸收、发出无功功率，也可以吸收、发出有功功率，而并联部分可以为串联部分的有功功率提供通道，即 UPFC 装置具有吞吐有功功率的能力，因而具有很强的控制线路潮流的能力。

UPFC 主电路结构原理图如图 8-31 所示。

根据图 8-31 的 UPFC 主电路结构原理图，A 为输电线路的首端，其电压为 V_1，经线路电抗 X_L后，在输电线的末端接有负载，V_d为直流母线电压。对于实际的输电系统，负载电流 I_L中既有基波电流 I_{L1}，又可能有谐波电流 I_h；同理，负载端电压 V_L中除了基波电压分量外，也可能含有谐波电压 V_h。由全控型电力半导体器件 GTO(也有使用 IGBT 的)组成的两个三相桥式电压型变换器分别通过并联变压器和串联变压器接入电网，并联变压器的副边绕组并联在电网上，串联变压器的副边绕组串联在电网上，两

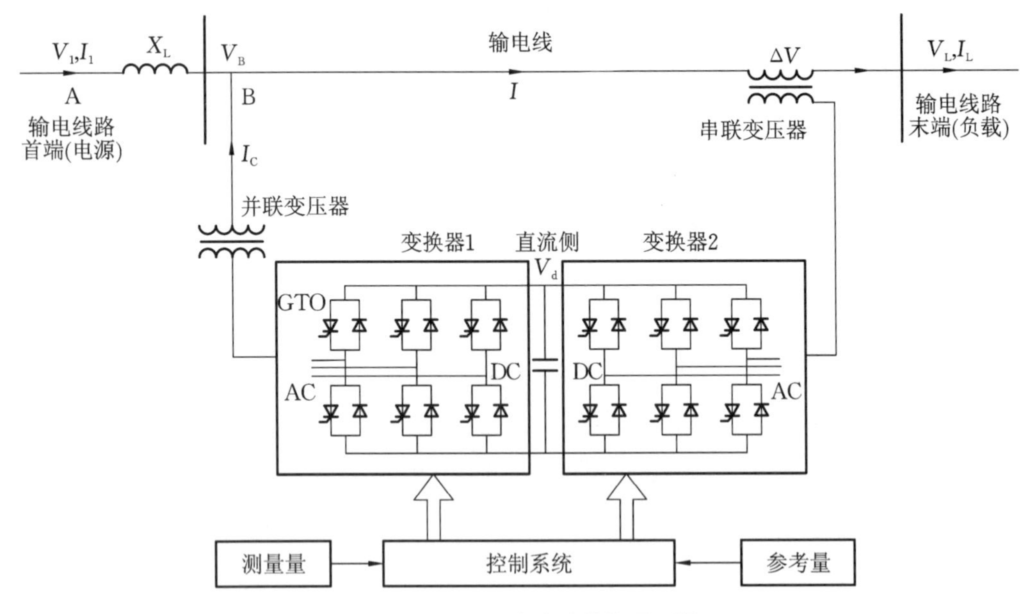

图 8-31 UPFC 主电路结构原理图

个变换器之间是一个大电容 C,电容 C 的作用是在两组变换器实施不同控制策略时进行能量的传递。通过对变换器 1 和变换器 2 的控制,可以实现对负载端基波电压、负载无功功率、输电线路的有功及无功功率的综合控制,同时还可以对谐波电流及谐波电压进行补偿控制。

设串联电压 ΔV 的相角是完全可控的,其幅值为 $0 \sim \Delta V_{\max}$。通过对 ΔV 的大小及相角的适当控制,可以实现以下系统控制目标。

(1) 输出端电压大小的调节及控制。控制系统实现 ΔV 的相角为 0°,幅值在某一个 $\pm \Delta V_L$ 的范围内变化,就可以实现对输出端电压 V_L 幅值的控制。

(2) 输出端电压 V_L 与串联补偿的综合控制。ΔV 的作用相当于减小或增大降落在线路电抗上的压降。引入 ΔV 的作用相当于在线路中增加了一个电抗,从物理意义上讲,该电抗的作用可以理解为对输电线路电抗的补偿。所以,串联电压补偿可以提高控制输电线终端负载电压,增加输电线路传输功率。

(3) 通过相角调整对有功功率进行控制。通过对相角的控制在输出端电压幅值不变的情况下,可以依据相移的变化对有功功率实施控制。此时 UPFC 相当于移相器。

(4) 相角调整、串联补偿和输出终端电压幅值控制,即综合这三种功能,通过对电压和相角的调节进行综合调节。

需注意的是,在对变换器 1 和变换器 2 进行目标控制时,对直流母线电压(电容 C 两端电压)的控制至关重要。只有协调地控制变换器 1 和变换器 2,保持 UPPC 在任意时刻从电网吸收到的有功功率与送出的有功功率基本平衡,才能维持直流母线电压在允许的较小的范围内变化。

系统控制目标既包括对电力系统潮流的控制,也包括对电力系统供电质量的控制。无论采用何种控制方式,从根本上讲必须能够得到对应目标控制方式的指令量,方可实现控制目标。UPFC 的控制策略包括三方面的内容:直流电容端电压的控制策略、并联变换器的控制策略和串联变换器的控制策略。其中直流电容端电压的控制策略由系统的工作状态决定，并由串联变换器的控制策略和并联变换器的控制策略合并构成。

8.4.4　UPFC 工程应用

1998 年世界上首台 UPFC 装置在美国投入运行，该 UPFC 装置总容量为±320 MV·A，由 160 MV·A 的 SSSC 和 160 MV·A 的 STATCOM 组成，安装在美国 AEP 电网的肯塔基州的东部 Big Sandy 到 Inez 的一条 138 kV 线路的 Inez 变电站内，它由西屋电气公司、美国电力科学院及美国电力公司合作研制开发，通过此 UPFC 装置不但解决了电网问题，而且使新建线路的输送能力得到了充分利用，与没有 UPFC 装置相比，输送能力提高了 100 MW，电网功率损耗减少了 24 MW，并且推迟了新架设一条 345 kV 线路的计划。

2015 年 12 月 11 日，在历时近 5 年的技术攻关后，南京 220 kV 西环网统一潮流控制器工程正式投运，可以精准控制南京 220 kV 晓庄站至铁北站双线输送功率，实现预设调控目标 120 MW，解决了南京西环网的潮流不均问题。

该统一潮流控制器装置安装于南京 220 kV 铁北站，工程投资 2.2 亿元，占地约 18 亩，其建设成本仅为增加新的输电走廊投资的五分之一。工程核心设备是 3 个直流侧并联的电压源换流器（VSC），直流侧额定电压±18 kV，额定电流 1.1 kA，容量为 2×60 MV·A（串联侧）+60 MV·A（并联侧）。

该 UPFC 装置由南京南瑞继保电气有限公司制造，采用基于多换流器、可切换的优化双回线路系统结构，3 个换流器互为备用，通过转换刀闸可改变各换流器的交流侧连接方式。能以 UPFC、STATCOM 或 SSSC 等多种方式运行，经济性、灵活性和可靠性高。这是我国首个自主知识产权的 UPFC 工程，也是国际上首个使用模块化多电平换流（MMC）技术的 UPFC 工程。

2017 年 11 月 1 日，全世界首套全户内紧凑型 UPFC——上海蕴藻浜至闸北 220 kV 统一潮流控制器工程正式投运，线路额定电压 220 kV，UPFC 容量为 100 MV·A，也采用 MMC 技术。

苏州南部 500 kV 电网的主要电源为锦苏直流，由于该电源为水电直流，季节性很强：夏季通常满送，冬季送端枯水期送电大幅减少 10%～20%，从而使得苏州南部电网的受进电力规模及潮流分布季节变化较大。

常规加强电网的措施存在停电时间长、投资巨大、工程实施困难等一系列问题，在苏州南部电网加装 500 kV UPFC，可有效解决苏州南部电网直流的送出和消纳问题，且 UPFC 具备动态无功支撑能力，为特高压直流的安全、稳定运行提供保障。

2017 年 12 月 19 日，世界上电压等级最高、容量最大的苏州南部电网 UPFC 工程也正式投运，线路额定电压 500 kV，UPFC 容量为 750 MV·A，同样采用 MMC 技术。在锦屏水电直流落户的苏州南部 500 kV 电网运用 UPFC，可同时充分发挥 UPFC 潮流控制和无功电压支撑两个方面的功能，提高了直流换流站运行可靠性，且增加了电网供电能力及适应性。这标志着全球能源互联网最先进的柔性交流输电技术在江苏率先落地，我国在柔性交流输电技术上走在了世界最前列。

9

柔性直流输电系统实验

柔性直流输电指的是基于电压源换流器(voltage source converter,VSC)的高压直流输电(HVDC),ABB公司称其为 HVDC Light,西门子公司称其为 HVDCPLUS,国际上的通用术语是 VSC-HVDC。这种技术既适合于小容量输电,也适合于大容量输电,更适合于电网之间的异步互连,是输配电技术领域的一项重大突破,对未来电力系统的发展方式产生深远影响。

1990年,加拿大 McGill 大学的 Boon-Teck Ooi 等人首先提出用脉冲宽度调制(PWM)控制的电压源换流器(VSC)进行直流输电。1997年3月,ABB公司进行了首次 VSC-HVDC 的工业实验,即瑞典中部的 Hellsjon 工程(10 kV、150A、3 MW、10 km)。1990年,ABB公司在 Gotland 岛投入了世界上第一个商业化的柔性直流输电工程(80 kV、350 A、50 MW、70 km)。2001年,德国慕尼黑联邦国防军大学的 Rainer Mar Quardr 提出了模块化多电平电压源换流器的概念。2010年11月,世界上第一个基于模块化多电平电压源换流器的柔性直流输电(MMC-HVDC)工程 Trans Bay Cable 工程(±200 kV、1000 A、400 MW、86 km)在美国旧金山投入运行,西门子公司是该工程换流站设备的供应商。

柔性直流输电技术相比于传统直流输电技术,其优势主要表现在:①没有无功补偿问题;②没有换相失败问题;③可以为无源系统供电;④可同时独立调节有功功率和无功功率;⑤谐波水平低;⑥适合构成多端直流系统;⑦占地面积小。

柔性直流输电的主要应用领域包括:①远距离、大容量输电;②异步联网;③海上风电场接入电网;④分布式电源接入电网;⑤向海上或偏远地区供电;⑥构筑城市直流配电网;⑦提高电能质量,向重要负荷供电。

9.1 柔性直流输电原理与应用

柔性直流输电系统的核心是由全控型电力电子器件组成的电压源换流器。柔性直流输电系统中电压源换流器工作在整流或者逆变状态。利用脉宽调制技术对 IGBT 的导通和关断时刻加以控制,就能够通过改变调制信号波的幅值与相位来改变电压源换流器的交流输出电压的幅值与相位,从而控制电压源换流器的运行状态。

9.1.1 电压源换流器原理

柔性直流输电系统由电压源型换流器与直流输电线路构成，图 9-1 所示为单端电压源换流器原理图。柔性直流输电系统的功率可以双向流动，即换流器既可以作为整流站将从交流系统接收的功率通过直流线路输送出去，也可以作为逆变站将通过直流线路输送来的功率送至交流系统中。

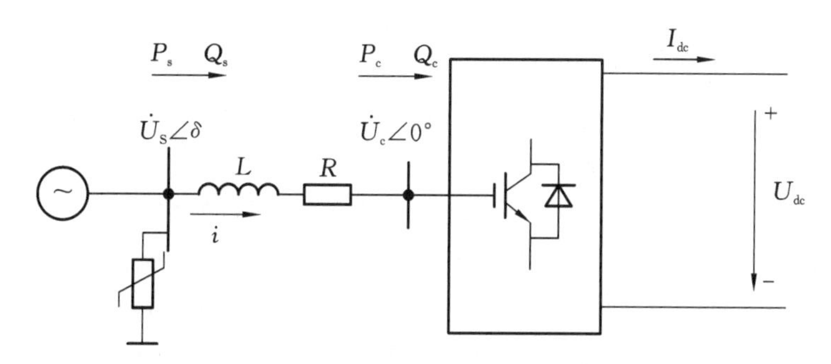

图 9-1 单端电压源换流器原理图

图 9-1 中，L 为换流电抗器的等效电感；R 为换流器和换流电抗器的等效损耗电阻；$\dot{U}_s$ 为交流母线基波电压相量；$\dot{U}_c$ 为换流器输出基波电压相量；δ 为 $\dot{U}_c$ 滞后于 $\dot{U}_s$ 的角度；P_s、Q_s为交流系统向公共连接点处注入的有功功率和无功功率；P_c、Q_c 为换流器从交流系统侧吸收并传送到直流线路的有功功率和无功功率。

对电压源换流器，在稳态分析中普遍采用如下基本假设。

(1) 电压源换流器的三相交流母线电压是对称、平衡的正弦波。

(2) 电压源换流器本身的电气结构是完全对称、平衡的。

(3) 以电压源换流器的额定容量为基值，换流电抗器的标幺值为 0.1～0.2。

忽略换流器与变压器损耗及谐波分量时，交流系统向换流器发出的有功功率和无功功率分别为

$$P_s=\frac{U_sU_c}{X}\sin\delta \tag{9-1}$$

$$Q_s=\frac{U_s(U_s-U_c\cos\delta)}{X} \tag{9-2}$$

$$U_c=\frac{\mu M}{\sqrt{2}}U_{dc} \tag{9-3}$$

式中，μ 为直流电压利用率；X 为换流电抗；U_{dc}为直流电压额定值；M 为调制比；δ 为交流系统基波电压与换流器出口电压的相位差。

对电压源换流器进行调制时，调节 PWM 调制波的相角 δ 和调制比 M 即可实现对有功功率 P_s和无功功率 Q_s的控制，有如下特点。

(1) 当 $\delta>0$，即 $\dot{U}_s$ 超前 $\dot{U}_c$ 时，换流器工作于整流状态，从交流系统吸收有功功率。

(2) 当 $\delta<0$，即 $\dot{U}_s$ 滞后 $\dot{U}_c$ 时，换流器工作于逆变状态，向交流系统注入有功功率。

(3) 当 $\delta=0$ 时，换流器不传输有功功率，工作在 STATCOM 运行模式下。

(4) 当 $U_s-U_c\cos\delta>0$ 时，换流器消耗无功功率。

(5) 当 $U_s - U_c\cos\delta < 0$ 时,换流器发出无功功率。

(6) 当 $U_s - U_c\cos\delta = 0$ 时,电压源换流器工作于单位功率因数状态,只传输有功功率而不发出或消耗无功功率。

9.1.2 控制保护系统分层原则

柔性直流输电控制保护系统与传统直流输电控制保护系统相比,在性能和速度上提出了更高的要求。传统直流输电系统的控制速度一般在毫秒级,而柔性直流输电系统的要求在微秒级,柔性直流输电系统的控制保护策略是近些年国内外研究的热点。

控制保护系统是柔性直流输电系统的核心组成部分,只有对换流器进行良好的控制和保护,才能保证整个柔性直流输电系统安全、稳定运行。为了提高系统运行的可靠性、可用率和安全性,设计控制保护系统时须采用分层结构的思想。

各层设计遵循的原则如下:控制保护指令流从高控制层单向流向低控制层,运行信息流从低控制层单向流向高控制层;同等级层中各控制策略的功能与实现尽可能不相互干扰;为了提高控制保护效率、防止故障的扩大,主要控制保护功能应尽可能分布在较低等级层;控制保护系统中的直接操作设备应配置在最低等级层;任一环节发生故障时,尽可能不影响其他环节的正常运行。

柔性直流输电的控制原理可以理解为根据系统提出的运行要求,产生合适的 PWM 触发脉冲,对换流器开关单元的通断进行控制,获得期望的电压、潮流等运行指标。整个柔性直流输电系统的控制策略可分为三个层次:系统级控制、换流站级控制和换流阀级控制,控制保护系统示意图如图 9-2 所示。

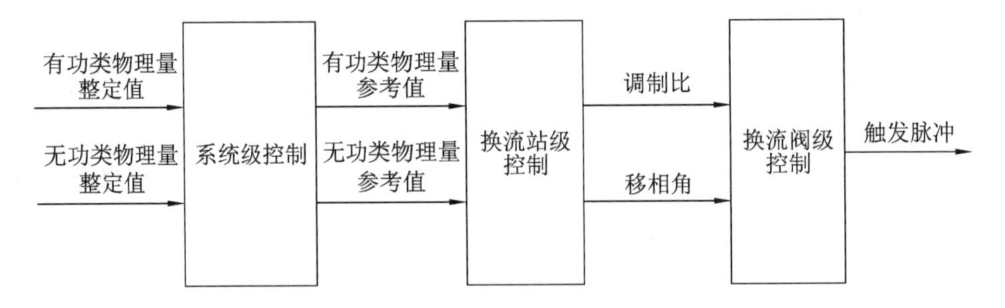

图 9-2 控制保护系统示意图

1. 系统级控制

系统级控制是柔性直流输电控制系统中的最高层控制,保证在不同运行方式和运行点之间平稳切换,接收电力调度中心的有功类物理量整定值和无功类物理量整定值,并得到有功类和无功类物理量参考值作为换流站级控制的输入参考量。

为了保持系统有功平衡和直流电压稳定,柔性直流系统中必须有一个换流器采用定直流电压控制,而其他换流站可以采用定有功功率控制或者定频率控制。两端换流器可以独立选择采用定交流电压控制或者定无功功率控制。

2. 换流站级控制

换流站级控制接收上层系统级输出的参考量,得到正弦脉宽调制信号的调制比和移相角,提供给换流阀级控制的触发脉冲生成环节,完成以下一项或者多项控制任务。

(1) 有功功率控制。

(2) 直流电压控制。

(3) 交流电压控制。

(4) 频率控制。

(5) 换流器变压器分接头调整控制等。

3. 换流阀级控制

换流阀级控制设备根据换流阀级控制器产生的调制比和移相角,选择调制策略产生PWM触发脉冲,控制换流器阀IGBT的导通和关断。调制策略是电压源换流器控制技术的核心。调制策略的选择依赖于电力电子开关器件的特性和电压源换流器的拓扑结构,无论哪种拓扑的电压源换流器都可将直流电压转换成一个基频的交流电压,电压源换流器的基本功能就是控制这个电压的相位和幅值,而改变换流器交流侧的电压幅值和相位就可以控制有功功率和无功功率的传输方向,实现柔性直流输电。

9.1.3　柔性直流输电技术工程应用

1. 美国 Trans Bay Cable 工程

Trans Bay Cable 工程位于美国旧金山,额定电压为±200 kV,额定功率为400 MW,MMC的每个桥臂均采用200个子模块级联构成,MMC直流侧输出电压为400 kV,于2010年11月投入运行。该工程由西门子公司承建,是世界上第一个采用MMC的柔性直流输电系统的工程,对后续MMC-HVDC工程的建设具有很强的示范作用。Trans Bay Cable 工程是海底电缆直流输电工程;送端是Pittsburg换流站,接入230 kV交流电网;受端是Potrero换流站,接入110 kV交流电网;直流电缆长度为86 km。Trans Bay Cable 工程采用伪双极系统接线,连接变压器的网侧绕组采用星形连接,其中性点直接接地;连接变压器的阀侧绕组采用三角形连接,无中性点;直流系统的整流侧和逆变侧接地点都选择在连接变压器的阀侧,采用星形连接电抗器构成辅助接地中性点再经电阻接地。注意此种星形连接电抗器构成辅助接地中性点再经电阻接地的方式,为后续伪双极接线的柔性直流输电系统所广泛采用。

2. 广东南澳柔性直流输电工程

广东南澳柔性直流输电工程是世界上第一个多端柔性直流输电工程,于2013年12月25日正式投入运行。该工程直流系统电压等级为±160 kV,输送容量为200 MW。三端系统的送端换流站是位于南澳岛上的青澳换流站和金牛换流站,受端换流站是位于大陆的塑城换流站。青澳和南亚风电场接入青澳换流站,通过青澳—金牛直流线路汇集到金牛换流站;牛头岭和云澳风电场接入金牛换流站,汇集至金牛换流站的电力通过直流架空线和电缆混合线路送至大陆塑城换流站,待塔屿换流站投产后将扩建成四端柔性直流输电系统。与三端柔性直流系统并列送电的交流电网是110 kV交流电网。南澳三端柔性直流输电系统是伪双极系统,3个换流站都通过连接变压器阀侧的Y绕组中性点经电阻接地。

该示范工程的建设,有利于中国掌握大型风电场柔性直流多端接入技术,优化大规模风电接入电网方式;加强南澳岛近区电网网架,降低大规模风电场接入对南澳岛近区电网造成的影响,保障南澳岛供电安全。

3. 浙江舟山五端柔性直流输电工程

浙江舟山五端柔性直流输电工程于2014年7月投入运行,是当时世界上电压等级最高、端数最多、单端容量最大的多端柔性直流输电工程。该工程直流系统电压等级为±200 kV,包括定海、岱山、衢山、泗礁、洋山5个换流站,总容量为1000 MW。定海和岱山换流站通过220 kV单线分别接入220 kV云顶变和蓬莱变,衢山、泗礁和洋山换流站通过110 kV单线分别接入110 kV大衢变、沈家湾变和嵊泗变。舟山五端柔性直流输电系统是伪双极系统,各换流站的接地方式并不相同。定海和岱山换流站采用星形连接电抗器构成辅助接地中性点。洋山换流站采用连接变压器阀侧Y绕组中性点经电阻接地。衢山和泗礁换流站采用连接变压器阀侧Y绕组中性点经开关和电阻接地,正常运行时开关打开,即衢山和泗礁换流站正常运行时不接地。

4. 法国至西班牙之间的柔性直流联网工程

法国至西班牙之间的柔性直流联网工程是由INELFE公司作为业主主持完成的,INELFE是由法国电网公司(RTE)与西班牙电网公司(REE)专门针对直流联网工程而成立的一个公司,因此法国至西班牙之间的柔性直流联网工程也称为INELFE工程。INELFE工程的两端换流站由西门子公司承建,地下电缆由Prysmian公司制造,2015年10月整个工程投入商业运行。

INELFE工程由两个相同的直流系统并联构成,单个直流系统的额定电压为±320 kV,额定功率为1000 MW,系统总容量为2000 MW。法国侧的换流站在Baixas,西班牙侧的换流站在Santa Llogaia。地下电缆总长64.5 km,其中法国境内26 km,西班牙境内30 km,还有8.5 km电缆处于Pyrenees山的隧道之中。在这8.5 km的隧道中,7.5 km在法国境内,1.0 km在西班牙境内。法国与西班牙之间早先已有4回交流联络线,最大交换容量为1400 MW,INELFE工程投入运行后,可以使法国与西班牙之间的交换容量提升1倍。采用柔性直流技术而不是交流技术或传统直流技术,以加强法国与西班牙之间的电网联系,其主要原因有3个:①柔性直流系统具有良好的动态性能;②需要对潮流进行控制;③法国侧和西班牙侧的短路比都比较小。

INELFE工程的两个直流系统都采用伪双极系统接线,与西门子公司承建的Trans Bay Cable工程是类似的。连接变压器的网侧绕组采用星形连接,其中性点直接接地;连接变压器的阀侧绕组采用三角形连接,无中性点;直流系统的整流侧和逆变侧接地点都选择在连接变压器的阀侧;采用星形连接电抗器构成辅助接地中性点再经电阻接地。

5. 厦门柔性直流输电工程

厦门柔性直流输电工程于2015年12月投入运行,是世界首个采用真双极带金属回线接线方式的柔性直流输电工程,额定电压为±320 kV,额定容量为1000 MW。厦门柔性直流输电工程连接厦门市翔安南部地区彭厝换流站至厦门岛内湖里地区湖边换流站,彭厝换流站到湖边换流站的距离为10.7 km。

6. 鲁西背靠背柔性直流输电工程

云南电网与南方电网主网鲁西背靠背柔性直流输电工程于2016年8月投入运行,鲁西背靠背直流异步联网工程在世界上首次采用大容量柔性直流与常规直流组合模式,柔性直流单元容量达1000 MW、直流电压为±350 kV。其中,工程所需的单相三绕组换流器、柔性直流输电换流阀及阀控、单相双绕组连接变压器以及直流控制保护等换流站主设备均属国内研制。鲁西背靠背柔性直流输电系统也是伪双极系统,两端系统连接变压器采用单相双绕组 Yn/Yn 连接，网侧绕组中性点直接接地，阀侧绕组中性点经电阻接地。该工程建设包括 1000 MW 柔性直流单元和 1000 MW 常规直流单元，最终达到 3000 MW。

随着云南水电的大量开发，南方电网加快了西电东送实施步伐。而东西交流电网送电距离越来越远，交直流混合运行电网结构日趋复杂，发生多回直流同时闭锁或相继闭锁故障的风险加大，对南方电网整体安全、稳定运行造成威胁。将云南电网主网与南方电网主网异步互联，可有效解决交直流功率转移引起的电网安全稳定问题，简化复杂故障下电网安全稳定控制策略，降低大面积停电风险，大幅度提高南方电网主网架的安全可靠性。

9.2　柔性直流输电换流器的基本原理

电压源换流器是柔性直流输电系统的关键设备之一，其交直流系统连接示意图同图 9-1，其中方框所示器件即代表电压源换流器。为了消除换流器的输出谐波，必要时可在输出侧设置滤波设备。电压源换流器的基本开关单元是由 IGBT 和与之反并联的二极管组成。通过控制基本开关单元的通断，电压源换流器可以运行在整流或逆变状态，从而实现交流电整流成高压直流进行远距离的传输，然后再将直流逆变为交流送给受电网络。目前，柔性直流输电工程采用的电压源换流器主要有以下三种：两电平电压源换流器、三电平电压源换流器和模块化多电电压源平换流器。

9.2.1　两电平电压源换流器的拓扑结构

典型的两电平电压源换流器的结构如图 9-3 所示，每相 2 个桥臂，共 6 个桥臂，每个桥臂由 IGBT 和与之反并联的二极管构成。为了提高电压和容量，可以用多个 IGBT 和二极管并联后再串联，串、并联的个数则取决于换流器的电压等级、额定功率，以及电力电子开关器件的通流能力和耐压强度。

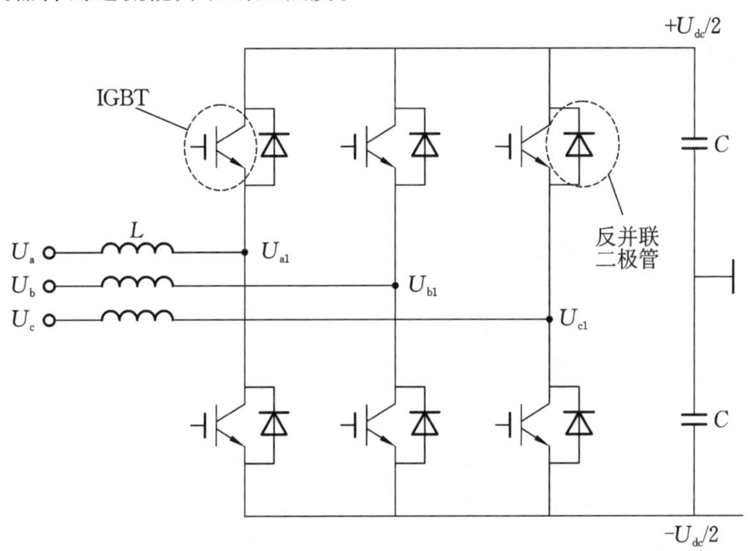

图 9-3　典型的两电平电压源换流器拓扑图

如图 9-3 所示，每相的上、下桥臂 IGBT 轮流导通，当上桥臂导通时，输出直流电压为$+U_{dc}/2$，当下桥臂导通时，输出直流电压为$-U_{dc}/2$，所以两电平电压源换流器各相仅能输出两个电平：$+U_{dc}/2$和$-U_{dc}/2$。通过脉宽调制技术，控制每相输出的电压按照正弦规律变化，且三相之间互差 120°，就可以在交流侧得到三相交流电压。以 A 相U_a为例，输出波形如图 9-4 所示。

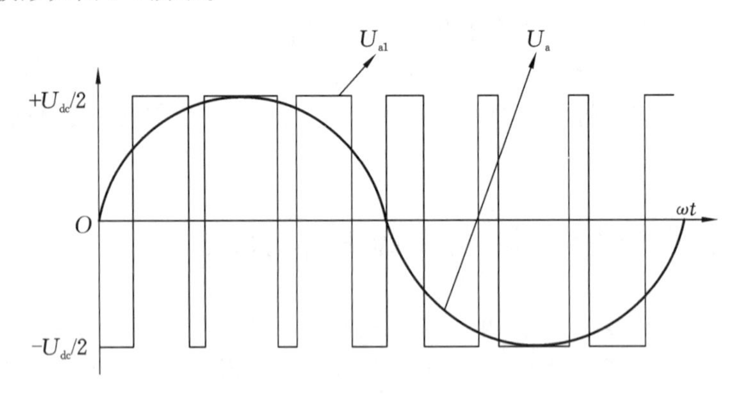

图 9-4　两电平电压源换流器单相波形

由图 9-4 可知，导通和关断上、下桥臂的开关单元，每一相产生一系列等高不等宽的电压脉冲序列，如果电压脉冲序列的宽度按照正弦规律变化，再通过电感电容的滤波环节，每一相就能得到正弦交流电压。

因为开关单元可承受的电压和电流有限，只能通过增加开关单元的串联来提高直流电压，过多的串联会对功率器件的动态均压提出更为苛刻的要求，所以两电平电压源换流器在实现大容量、高电压输电方面存在缺陷。此外，两电平电压源换流器功率器件开关频率较高，导致其开关损耗增大。

电压源换流器的关键是控制开关单元的导通和关断，使得输出的电压为三相交流电压。因此，调制技术决定了电压源换流器的性能。不同的电压源换流器拓扑结构具有不同的调制方式。对于两电平电压源换流器，其调制方式通常有两种：一种是方波调制；另一种是脉宽调制，即 PWM 技术。基于方波调制的两电平电压源换流器电路结构简单，是其他调制方式的基础。PWM 技术是对脉冲的宽度进行调制的技术，即通过对一系列脉冲的宽度进行调制来等效所需要的波形，包括形状和幅值，是目前应用广泛的调制方式。

9.2.2　三电平电压源换流器的拓扑结构

典型的三电平电压源换流器结构包括二极管箝位型、电容箝位型、混合箝位型等。二极管箝位型三电平电压源换流器拓扑图如图 9-5 所示，将两电平电压源换流器上、下桥臂的一部分开关单元用二极管连接起来，这些用于连接上、下桥臂开关单元的二极管称为箝位二极管。这样将同一相桥臂的开关单元分为四组：S_1、S_2、S_3和S_4，三电平电压源换流器单相输出电压状态与波形如图 9-6 所示。

当S_1和S_2对应的 IGBT 全部导通，且S_3和S_4对应的 IGBT 全部关断时，直流输出电压为$+U_{dc}/2$；当S_1和S_2对应的 IGBT 全部关断，且S_3和S_4对应的 IGBT 全部导通时，直流输出电压为$-U_{dc}/2$；当S_1和S_2对应的 IGBT 全部关断，且S_3和S_4对应的 IGBT 全部关断时，直流输出电压为 0。

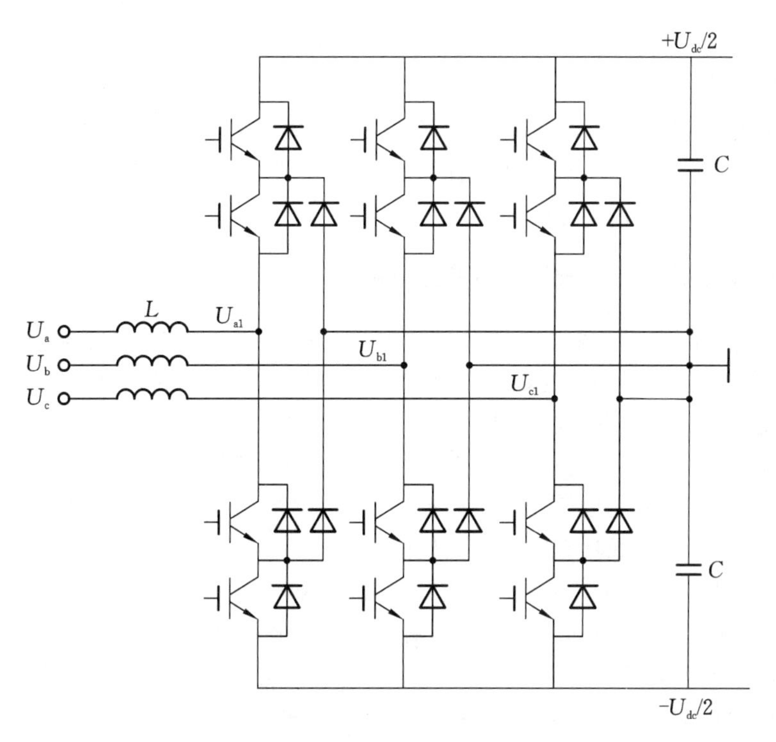

图 9-5 二极管箝位型三电平电压源换流器拓扑图

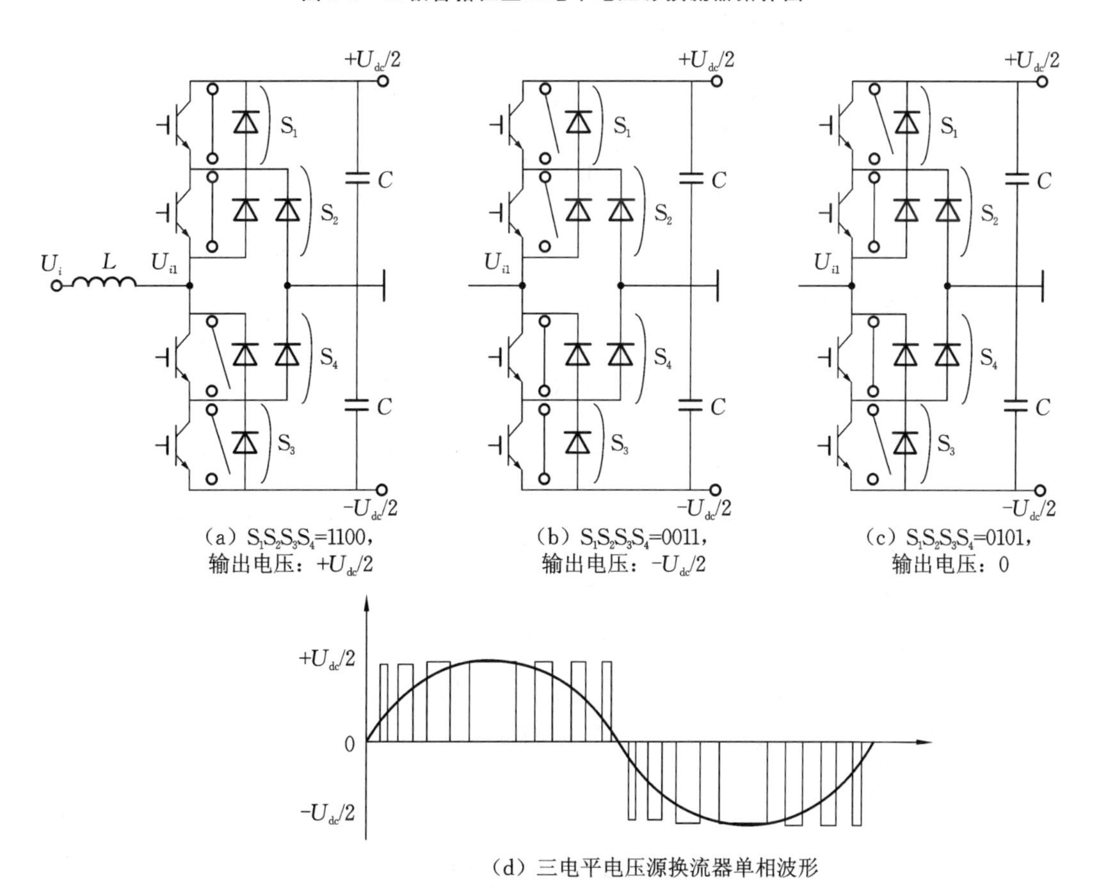

(a) $S_1S_2S_3S_4$=1100，输出电压：$+U_{dc}/2$

(b) $S_1S_2S_3S_4$=0011，输出电压：$-U_{dc}/2$

(c) $S_1S_2S_3S_4$=0101，输出电压：0

(d) 三电平电压源换流器单相波形

图 9-6 三电平电压源换流器单相输出电压状态与波形

因此，该拓扑结构输出了$+U_{dc}/2$，$-U_{dc}/2$和0三种电平，称为三电平换流器。在使用同样的开关单元条件下，三电平电压源换流器的输出电压比两电平电压源换流器的输出电压提高了一倍，提高了电压等级。相较于两电平换流器，三电平换流器所用二极管或电容器件数量较多，对于高压直流输电，三电平换流器也需要采用功率器件串联技术，仍存在动态均压困难等问题。

9.2.3 模块化多电平电压源换流器的拓扑结构

多电平电压源换流器采用的调制方式主要有两大类。一类是基于载波的PWM调制技术，它主要包含三种方式：载波层叠PWM调制方式（传统的箝位型五电平以下的电压源换流器采用的基本调制方式）、载波移相PWM调制方式（H桥级联型多电平电压源换流器采用的调制方式）和叠加零序分量的载波调制方式。另一类是多电平基频开关调制方式，可以运用较低的开关频率得到较高电平的多电平电压输出，减小开关损耗，其在高压大容量领域具有广阔的应用前景。

MMC拓扑结构示意图如图9-7所示，其桥臂由多个子模块和一个桥臂电抗器串联组成。子模块电容电压是构成正弦交流输出电压的最小单元，当级联子模块足够多时，输出的电压波形近似正弦波，可不配置滤波器。桥臂电抗器不仅影响换流站功率传输能力，还可抑制MMC内部环流以及系统故障时的冲击电流。

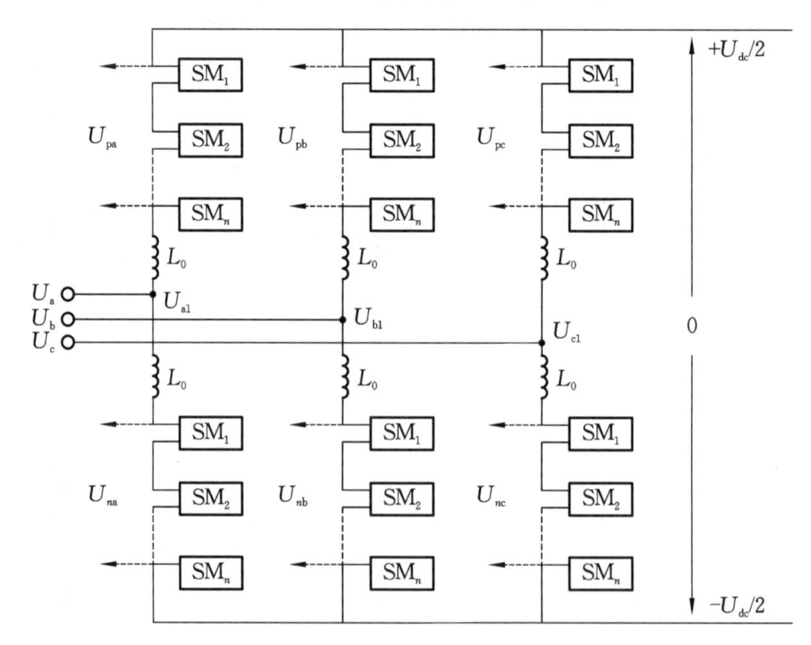

图9-7 MMC拓扑结构示意图

MMC运行时为满足直流侧电压恒定，要求三相投入状态的子模块数目相同且不变。每一相上、下桥臂电压之和应等于直流侧电压，如图9-8所示，忽略桥臂电抗器L_0上的压降，此时有

$$U_{pi}+U_{ni}=U_{dc} \tag{9-4}$$

在不考虑冗余的情况下，通常要求上、下桥臂的子模块投入总数恒定，假设上桥臂投入个数为n_p，下桥臂投入个数为n_n，即各时刻都满足

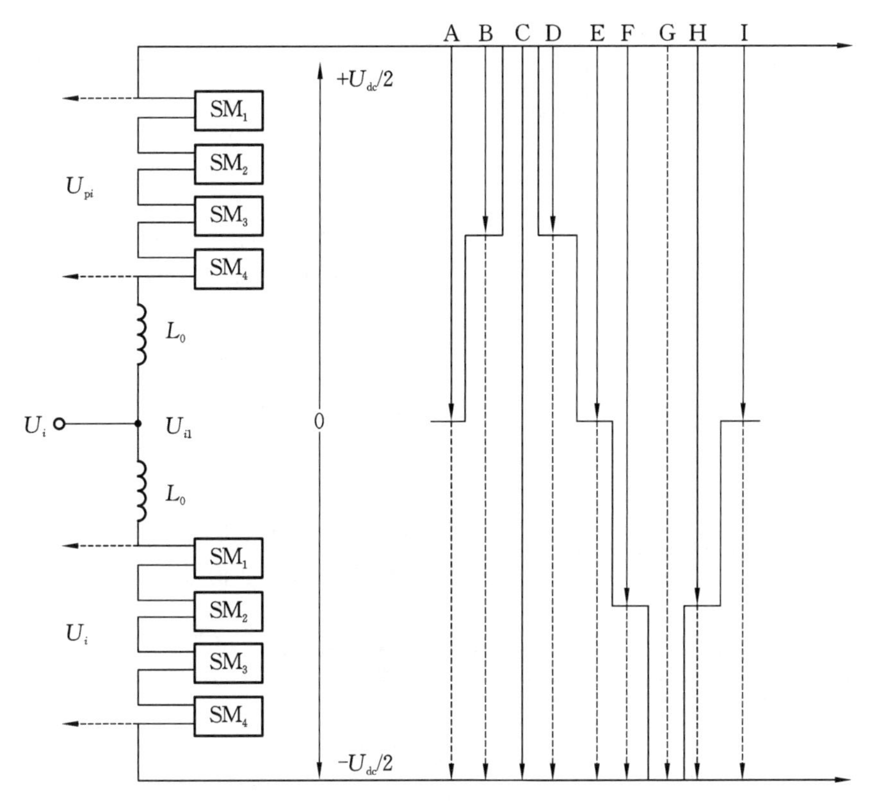

图 9-8 MMC **输出电压波形图**（$i=a、b、c$）

$$n_{pi}+n_{ni}=n_{dc} \tag{9-5}$$

记子模块投入电压为电容电压 U_c，则

$$U_c=\frac{U_{dc}}{N} \tag{9-6}$$

图 9-8 所示为五电平的 MMC。根据图 9-8 和上述公式内容可以得出不同时段的五电平 MMC 输出电压及子模块个数，如表 9-1 所示。

表 9-1 五电平 MMC **输出电压及子模块个数**

时间段	A	B	C	D	E	F	G	H
U_a	0	$U_{dc}/4$	$U_{dc}/2$	$U_{dc}/4$	0	$-U_{dc}/4$	$-U_{dc}/2$	$-U_{dc}/4$
n_{na}	2	1	0	1	2	3	4	3
n_{pa}	2	3	4	3	2	1	0	1
N	4	4	4	4	4	4	4	4

可见，在 MMC 换流器桥臂中，子模块数目越多，输出波形越逼近正弦波，谐波含量越小，应在成本允许的情况下，尽量增加子模块的个数来提高电压的质量；而且，MMC 换流器的开关频率远小于两电平电压源换流器，换流器的损耗也得到了很大程度的改善。

目前，常见的模块化多电平电压源换流器子模块结构主要包括半桥型子模块（half

bridge sub module,HBSM)、全桥型子模块(full bridge sub module,FBSM)、箝位型双子模块(clamp double sub module,CDSM)。下面对三种常见的子模块拓扑结构及工作状态作简要介绍。如未作特殊说明,以后出现的 MMC 均指由半桥型子模块构成的 MMC。

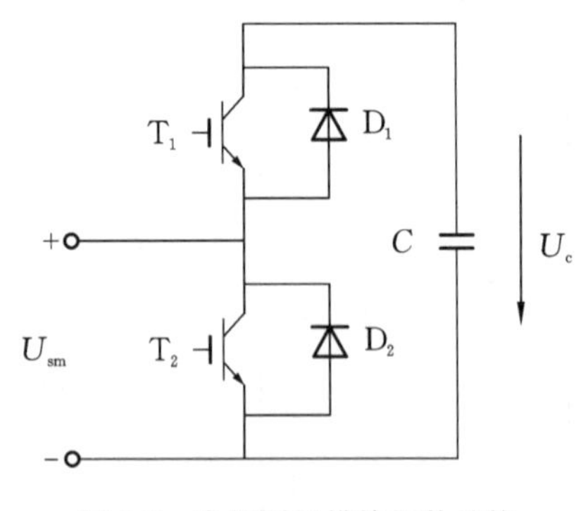

图 9-9 半桥型子模块拓扑结构

1. 半桥型子模块

半桥型子模块的拓扑结构如图 9-9 所示,其中 T_1、T_2 为 IGBT;D_1、D_2 为反并联二极管,C 为子模块直流侧电容,直流侧电容用于支撑 MMC 直流母线电压、抑制电压波动。U_c 为子模块电容额定电压,U_{sm} 为子模块输出电压。

半桥型子模块有三种工作状态:①闭锁,对 T_1 和 T_2 同时施加关断信号;②投入,对 T_1 施加导通信号,对 T_2 施加关断信号;③切除,对 T_1 施加关断信号,对 T_2 施加导通信号。HBSM 工作状态表如表 9-2 所示。

表 9-2 HBSM 工作状态表

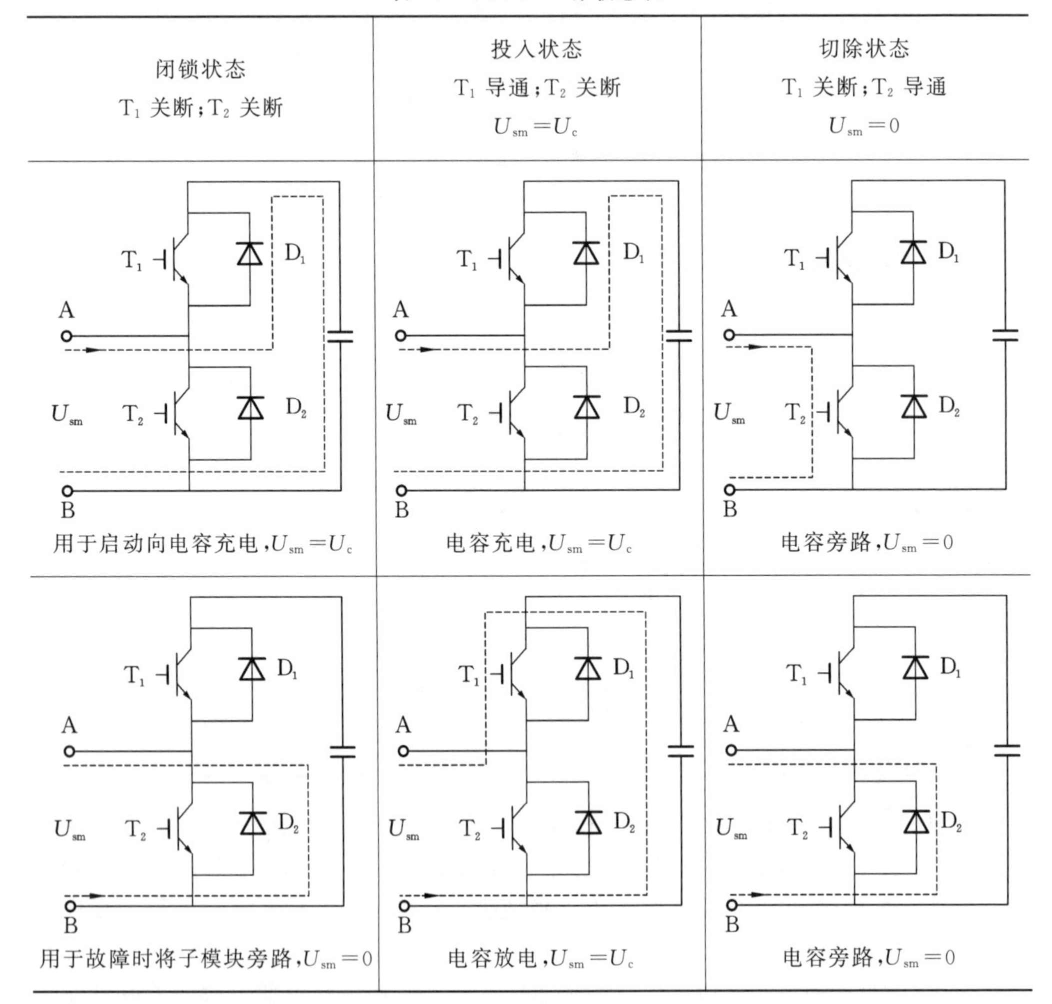

闭锁状态 T_1 关断;T_2 关断	投入状态 T_1 导通;T_2 关断 $U_{sm}=U_c$	切除状态 T_1 关断;T_2 导通 $U_{sm}=0$
用于启动向电容充电,$U_{sm}=U_c$	电容充电,$U_{sm}=U_c$	电容旁路,$U_{sm}=0$
用于故障时将子模块旁路,$U_{sm}=0$	电容放电,$U_{sm}=U_c$	电容旁路,$U_{sm}=0$

当控制模块处于状态①时，T_1 和 T_2 关断。当电流由 A 流向 B 时，D_1 导通，电流向电容 C 充电，此时为 MMC 启动时的子模块电容充电阶段，模块输出电压 $U_{sm}=U_c$；当电流由 B 流向 A 时，D_2 导通，此时电容 C 被旁路，当 MMC 出现故障时可用此状态隔离子模块电容，模块输出电压 $U_{sm}=0$。正常运行时，不能出现状态①的两种情况。

当控制模块处于状态②时，对 T_1 施加导通信号，T_2 关断，D_2 因电压反向也关断。当电流由 A 流向 B 时，虽然 T_1 被施加了导通信号，但由于电压反向，T_1 依然关断，而 D_1 则导通，忽略二极管 D_1 的压降，输出电压 $U_{sm}=U_c$；当电流由 B 流向 A 时，此时 T_1 导通，电容放电，忽略 T_1 的压降，输出电压 $U_{sm}=U_c$。因此，状态②对应于子模块“投入状态”，输出电压 $U_{sm}=U_c$。

当控制模块处于状态③时，T_1 关断，对 T_2 施加导通信号，D_1 因电压反向也关断。当电流由 A 流向 B 时，T_2 导通，而 D_2 则因电压反向关断，输出电压 $U_{sm}=0$；当电流由 B 流向 A 时，T_2 虽被施加导通信号，但因电压反向关断，D_2 则导通，忽略掉 D_2 压降，输出电压 $U_{sm}=0$。因此，状态③对应于子模块“切除状态”，输出电压 $U_{sm}=0$。

2. 全桥型子模块

全桥型子模块的拓扑结构如图 9-10 所示，由 4 个 IGBT、4 个反并联二极管以及 1 个电容器组成。通过控制 IGBT 的导通与关断，可以输出 0、$-U_c$、$+U_c$ 三个电平。其中，C 为子模块直流侧电容，U_c 为子模块电容额定电压，U_{sm} 为子模块输出电压。

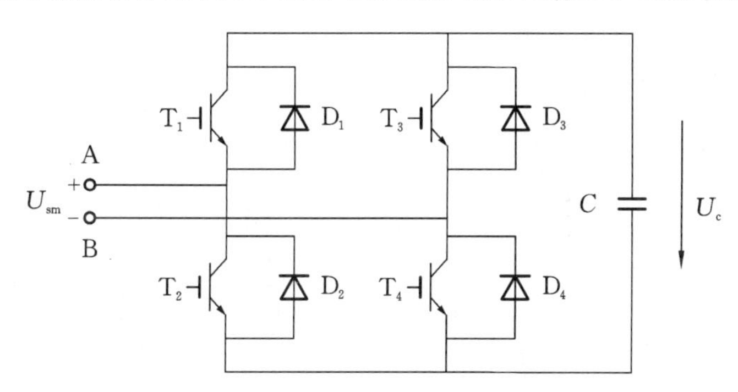

图 9-10　全桥型子模块的拓扑结构

如图 9-11 和表 9-3 所示，FBSM 工作状态主要分为以下四种。

（1）正投入状态，如图 9-11(a)。在此状态时，对 T_1、T_4 施加导通信号，T_2、T_3 关断，D_2、D_3 因电压反向也关断。当电流由 A 流向 B 时，虽然 T_1、T_4 被施加了导通信号，但由于电压反向，T_1、T_4 依然关断，而 D_1、D_4 则导通，忽略二极管 D_1、D_4 的压降，输出电压 $U_{sm}=U_c$；当电流由 B 流向 A 时，T_1、T_4 导通，电容放电，忽略 T_1、T_4 的压降，输出电压 $U_{sm}=U_c$。因此，正投入状态时子模块输出电压 $U_{sm}=U_c$。

（2）负投入状态，如图 9-11(b)。在此状态时，对 T_2、T_3 施加导通信号，T_1、T_4 关断，D_1、D_4 因电压反向也关断。当电流由 A 流向 B 时，T_2、T_3 导通，电容放电，忽略 T_2、T_3 的压降，输出电压 $U_{sm}=-U_c$；当电流由 B 流向 A 时，虽然 T_2、T_3 被施加了导通信号，但由于电压反向，T_2、T_3 依然关断，而 D_2、D_3 则导通，忽略二极管 D_2、D_3 的压降，输出电压 $U_{sm}=-U_c$。因此，负投入状态时子模块输出电压 $U_{sm}=-U_c$。

（3）切除状态，如图 9-11(c)。在此状态时，一方面可以对 T_1、T_3 施加导通信号，T_2、T_4 关断，D_2、D_4 因电压反向也关断。当电流由 A 流向 B 时，D_1、T_3 导通，忽略 D_1、T_3

的压降，输出电压 $U_{sm}=0$；当电流由 B 流向 A 时，T_1、D_3 导通，忽略 T_1、D_3 的压降，输出电压 $U_{sm}=0$。另一方面，可以对 T_2、T_4 施加导通信号，T_1、T_3 关断，D_1、D_3 因电压反向也关断。当电流由 A 流向 B 时，T_2、D_4 导通，忽略 T_2、D_4 的压降，输出电压 $U_{sm}=0$；当电流由 B 流向 A 时，D_2、T_4 导通，忽略 D_2、T_4 的压降，输出电压 $U_{sm}=0$。因此，切除状态时子模块输出电压 $U_{sm}=0$。

(4) 闭锁状态，如图 9-11(d)。在此状态时，T_1、T_2、T_3 和 T_4 全部关断，当电流由 A 流向 B 时，D_1、D_4 导通，此时模块输出电压 $U_{sm}=U_c$；当电流由 B 流向 A 时，D_2、D_3 导通，此时模块输出电压 $U_{sm}=-U_c$。

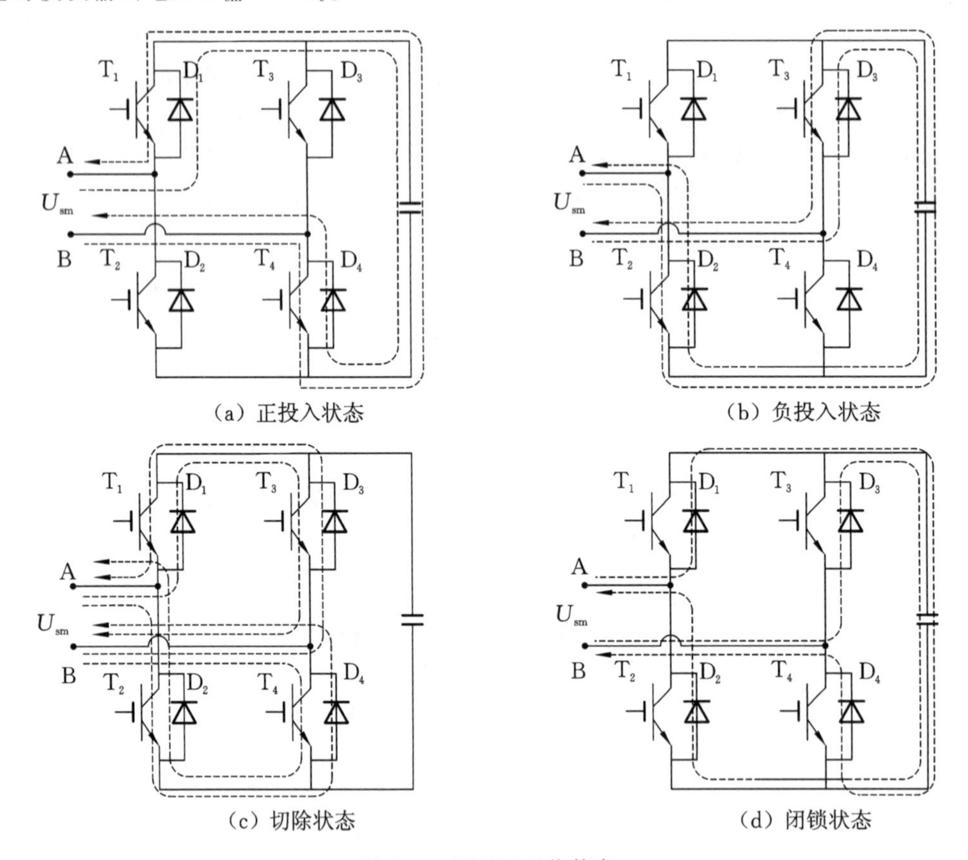

(a) 正投入状态　(b) 负投入状态　(c) 切除状态　(d) 闭锁状态

图 9-11　FBSM 工作状态

表 9-3　FBSM 工作状态

状　　态	电流方向	T_1	T_2	T_3	T_4	U_{sm}
正投入	不定	1	0	0	1	U_c
负投入	不定	0	1	1	0	$-U_c$
切除	不定	1	0	1	0	0
	不定	0	1	0	1	0
闭锁	$I>0$	0	0	0	0	U_c
	$I<0$	0	0	0	0	$-U_c$

3. 箝位型双子模块

箝位型双子模块的拓扑结构如图 9-12 所示，由两个半桥单元经两个箝位二极管 D_6、D_7 和一个带续流二极管 D_5 的引导 IGBT（即 T_5）并联构成的，其中，C 为子模块直流侧电容，U_c 为子模块电容额定电压，U_{sm} 为子模块输出电压。

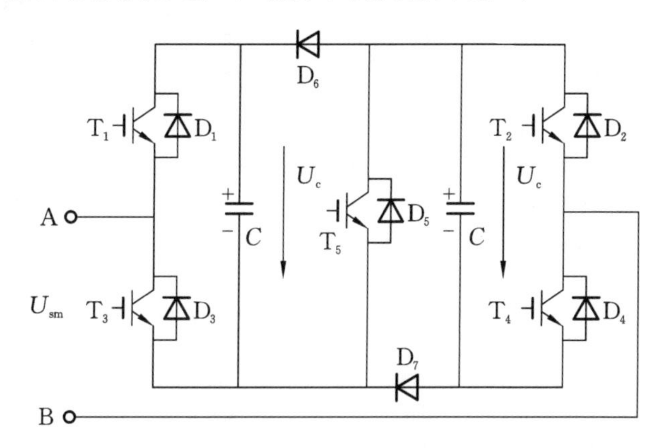

图 9-12 箝位型双子模块的拓扑结构

如表 9-4 所示，CDSM 正常工作模式有 4 种状态，输出电压有 3 种：0、U_c、$2U_c$。

表 9-4 CDSM 工作状态

状 态		电流方向	T_1	T_2	T_3	T_4	T_5	U_{sm}
正常工作模式	状态 1	不定	1	0	0	1	1	$2U_c$
	状态 2	不定	1	1	0	0	1	U_c
	状态 3	不定	0	0	1	1	1	U_c
	状态 4	不定	0	1	1	0	1	0
闭锁状态		$I>0$	0	0	0		0	$2U_c$
		$I<0$	0	0	0		0	$-U_c$

图 9-13 中所示为在正常工作模式下的 4 种 CDSM 工作状态。

当控制模块处于状态 1 时，见图 9-13(a)，T_1 和 T_4 导通，T_5 保持导通，当电流由 A 流向 B 时，电流流经 D_1、C_1、D_5、C_2、D_4，模块输出电压 $U_{sm}=2U_c$；当电流由 B 流向 A 时，电流流经 T_4、C_2、T_5、C_1、T_1，此时模块输出电压 $U_{sm}=2U_c$。

当控制模块处于状态 2 时，见图 9-13(b)，T_1 和 T_2 导通，T_5 保持导通，当电流由 A 流向 B 时，电流流经 D_1、C_1、D_5、T_2，模块输出电压 $U_{sm}=U_c$；当电流由 B 流向 A 时，电流流经 D_2、T_5、C_1、T_1，此时模块输出电压 $U_{sm}=U_c$。

当控制模块处于状态 3 时，见图 9-13(c)，T_3 和 T_4 导通，T_5 保持导通，当电流由 A 流向 B 时，电流流经 T_3、D_5、C_2、D_4，模块输出电压 $U_{sm}=U_c$；当电流由 B 流向 A 时，电流流经 T_4、C_2、T_5、D_3，此时模块输出电压 $U_{sm}=U_c$。

当控制模块处于状态 4 时，见图 9-13(d)，T_2 和 T_3 导通，T_5 保持导通，当电流由 A 流向 B 时，电流流经 T_3、D_5、T_2，模块输出电压 $U_{sm}=0$；当电流由 B 流向 A 时，电流流经 D_2、T_5、D_3，此时模块输出电压 $U_{sm}=0$。

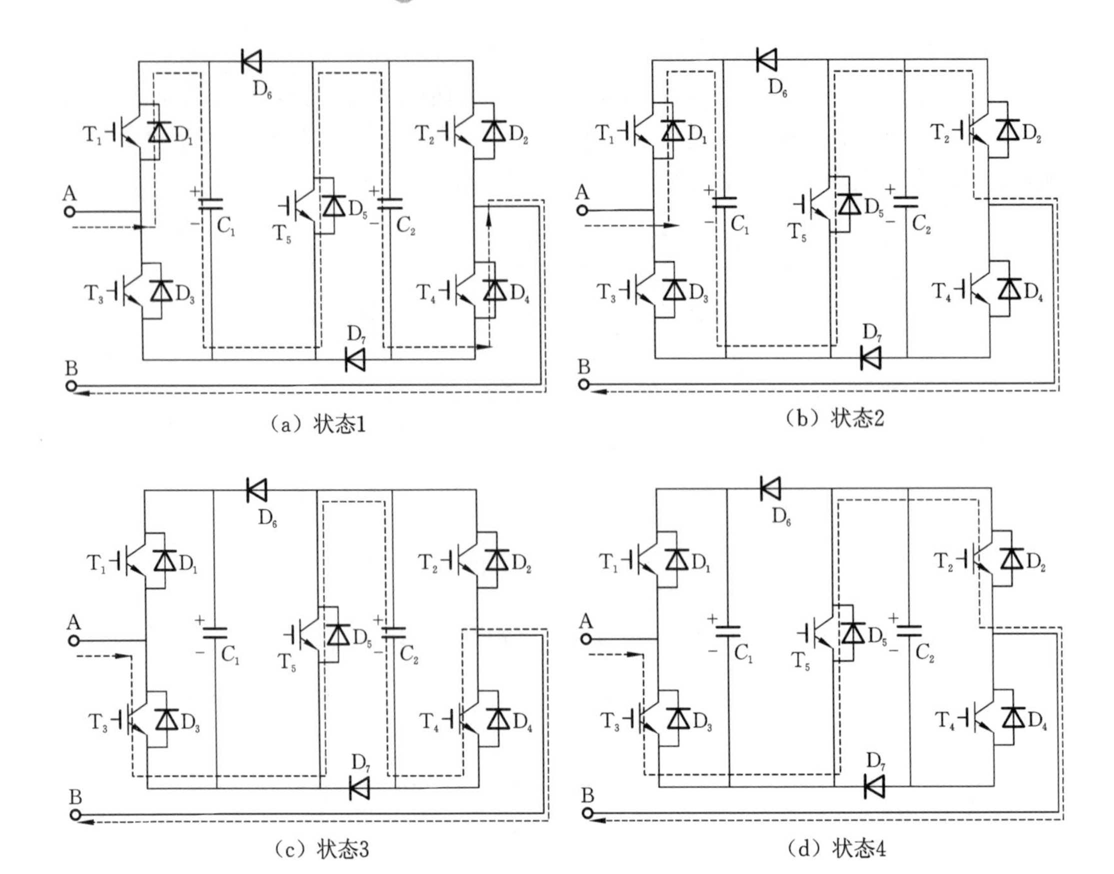

图 9-13 CDSM 工作状态

9.3 柔性直流输电系统组成

在柔性直流输电系统中,整流侧将交流电转换为直流电,逆变侧将直流电转换为交流电。柔性直流输电系统主要由基于全控型电力电子器件的电压源换流器、换流变压器、桥臂电抗器、直流电容器(对于 MMC 柔性直流系统其包含在换流阀模块中)、开关设备、测量装置、控制与保护系统等组成。根据不同的系统结构与工程需要,可能还会包括交/直流滤波器、启动电阻、平波电抗器、直流线路等。

与传统直流输电系统相似,柔性直流输电系统的主要设备均安装在换流站。换流站按运行状态可以分为整流站和逆变站,两者的系统主体结构基本相同。柔性直流输电典型换流站结构图如图 9-14 所示。

9.3.1 换流阀与桥臂电抗器

电压源型换流阀是柔性直流换流站的核心设备,与桥臂电抗器、启动电阻、变压器等设备一起构成换流站的主设备。通过调节换流器出口电压的幅值及出口电压与系统电压之间的相角差,可以独立地控制输出的有功功率和无功功率。在直流系统中一般至少有两个换流阀,通过对两端换流阀进行控制,实现两个交流网络之间的有功功率传输,还可以独立实现两个站各自吸收或者发出无功功率,从而实现对交流系统的无功支撑。

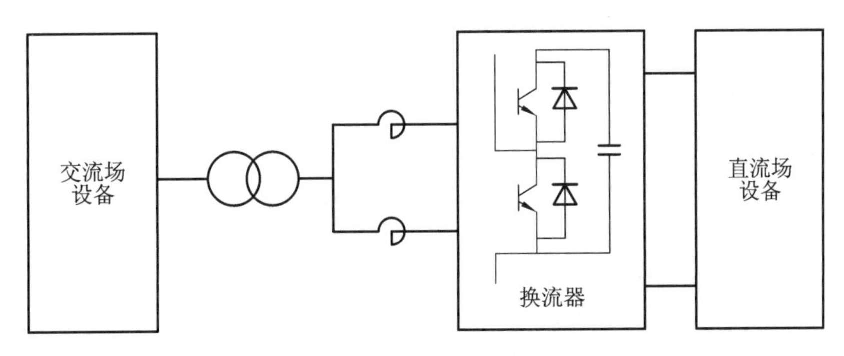

图 9-14 柔性直流输电典型换流站结构图

柔性直流输电主电路有不同的拓扑结构。目前世界上已投入运行的柔性直流输电工程大多采用基于 IGBT 压接技术的两电平换流器或三电平换流器，美国 Trans Bay Cable 工程与上海南汇柔性直流输电工程采用了模块化多电平换流器(MMC)结构，并展现了良好的工程应用潜力，采用 MMC 或类似结构已成为目前工程应用的发展趋势，国内应用较多的是模块化多电平拓扑结构的换流阀。

1. 桥臂电抗器功能

桥臂电抗器是柔性直流换流站的核心设备，其主要功能如下。

(1) 桥臂电抗器能抑制换流阀输出的电流和电压中的谐波量，从而获得期望的基波电流和基波电压，起到滤波的作用。

(2) 在系统正常运行时，由于三相桥臂电压不平衡，桥臂间会产生环流，桥臂电抗器能限制 MMC 三相桥臂之间的环流。

(3) 当系统发生干扰或短路时，可以抑制电流上升率和限制短路电流的峰值。当 MMC 系统中的直流母线(供电侧)发生短路故障时，会产生相当大的短路电流，桥臂电抗器能有效地减小内部或外部故障时的电流上升率。

2. 桥臂电抗器类型

电抗器分为干式和油浸式两种形式。为了减少阀侧通过电抗器传送到系统侧的谐波分量，电抗器上的杂散电容应越小越好。此外，换流阀在开关过程中会产生较大的 du/dt，这会在杂散电容上产生较大的电流脉冲，该脉冲对换流阀的应力较大，因此，桥臂电抗器应优先采用干式空心电抗器。

9.3.2 换流变压器

换流变压器是柔性直流输电系统中的重要设备之一。换流变压器一般选用带有载调压开关的变压器，是换流站与交流系统之间能量交换的纽带。其作用主要是为电压源换流器提供合适的工作电压，保证电压源换流器的有功功率和无功功率输出，主要功能包括以下方面。

(1) 在交流系统和电压源换流站间提供换流电抗的作用。

(2) 变换交流系统的电压，使电压源换流器工作在最佳的电压范围之内。

(3) 实现交直流系统隔离。

1. 换流变压器类型

柔性直流输电系统中使用的换流变压器和普通的电力变压器结构基本相同，可分为三相三绕组式、三相双绕组式、单相双绕组式和单相三绕组式四种。应根据变压器交流侧及直流侧的系统电压要求、变压器的容量、运输条件以及换流站的布置要求等因素全面考虑后，选择变压器的结构形式。

一般可采用普通的单相或三相变压器，如果采用单相变压器，需要三组；如果采用三相变压器，连接交流系统侧的绕组（一次侧）一般采用星形接法，靠近换流器侧的绕组（二次侧）采用三角形接法。这样，变压器绕组中基本不含谐波电流分量和直流电流分量，而且能够防止由调制模式引起的零序分量向交流系统传递。

另外，也可以选择双绕组变压器和三绕组变压器。如果选择三绕组变压器，则其中两个绕组实现电压变换的功能，第三个绕组用来向换流站提供辅助交流电源。

2. 短路阻抗

为了限制阀臂或直流母线短路时的故障电流过大，以免损坏换流阀中的器件，换流变压器应该具有足够大的短路阻抗，但是短路阻抗增加会使换流阀在运行时消耗的无功功率增加，还会导致换流站内部压降的增大，所以短路阻抗也不能太大。一般来说，短路阻抗越大则谐波电流值越小。综合以上要求，选择的换流变压器的短路阻抗一般在10％～20％。

3. 有载调压

为了补偿换流变压器交流网侧系统电压的变化以使换流器调制度保持在一个最佳的范围，要求变压器的变比能够进行一定程度上的调节。可通过调节变压器绕组上的分接头来调节二次侧的基准电压，从而获得最大的有功输送能力和无功输送能力，使换流站能够运行在最优的功率状况下。而远距离输电工程中为了消除直流架空线路由于气象及污秽等原因而造成的绝缘能力降低，有可能采用直流降压运行模式，以保证运行的安全性和经济性。当采用这种运行模式时，换流变压器的有载调压分接开关可设置多个分接头档位，总调压范围往往高达20％～30％。

4. 直流偏磁

系统运行过程中，交直流线路的耦合、各换流阀之间控制信号的误差、接地极电位的升高以及换流变压器交流侧存在的二次谐波等原因都会导致换流变压器阀侧及交流系统侧绕组的电流中产生直流分量，使换流变压器发生直流偏磁现象，这时，换流变压器会发出低频的噪声，温升和损耗也会有所增加。

正常运行下直流偏磁电流相对较小，一般不会对换流变压器的安全运行造成影响，可以不必加以特殊考虑。需要特别关注的是在故障情况下或者单极运行时可能产生较大的直流偏磁。

5. 谐波和噪声

换流变压器在运行中会流过谐波电流，这会导致变压器的损耗增大，还可能使某些金属部件和油箱产生局部过热现象。因此，在变压器制造过程中，对有较强漏磁通过的部件应采用非磁性材料或采取磁屏蔽措施。

铁芯磁伸缩会使变压器发出噪声。由于电压源换流器的谐波次数相对较高，产生的噪声频率也较高，处于听觉较为灵敏的频带，对人影响比较大。因此，必要时应采取一定的隔音措施，如改进变压器油箱和铁芯固定方法的设计，或者采用双重油箱、吸音墙屏蔽等。

9.3.3 启动电阻

MMC 拓扑柔性直流输电系统在启动前需保证每个单元模块能够正常工作，即需要向单元模块充电至其工作电压。通常，在中低压电压源型换流装置应用领域中，可以考虑采用辅助充电电源的他励启动方式来实现。然而，在 MMC 柔性直流输电系统中，单元模块数量过于庞大，这种方式既不现实又不经济。因此，在工程中一般采用自励启动方式，在系统中串联限流电阻，启动过程结束时退出限流电阻以减少损耗。

1. 等效充电机理

MMC 拓扑柔性直流输电系统在系统供电初始时刻，单元模块无工作电压使得 IGBT 无法工作，但是每个单元模块上管 IGBT 所并联的二极管受交流电压作用，可将系统拓扑等效为不控整流充电方式，等效充电分析示意图如图 9-15 所示。

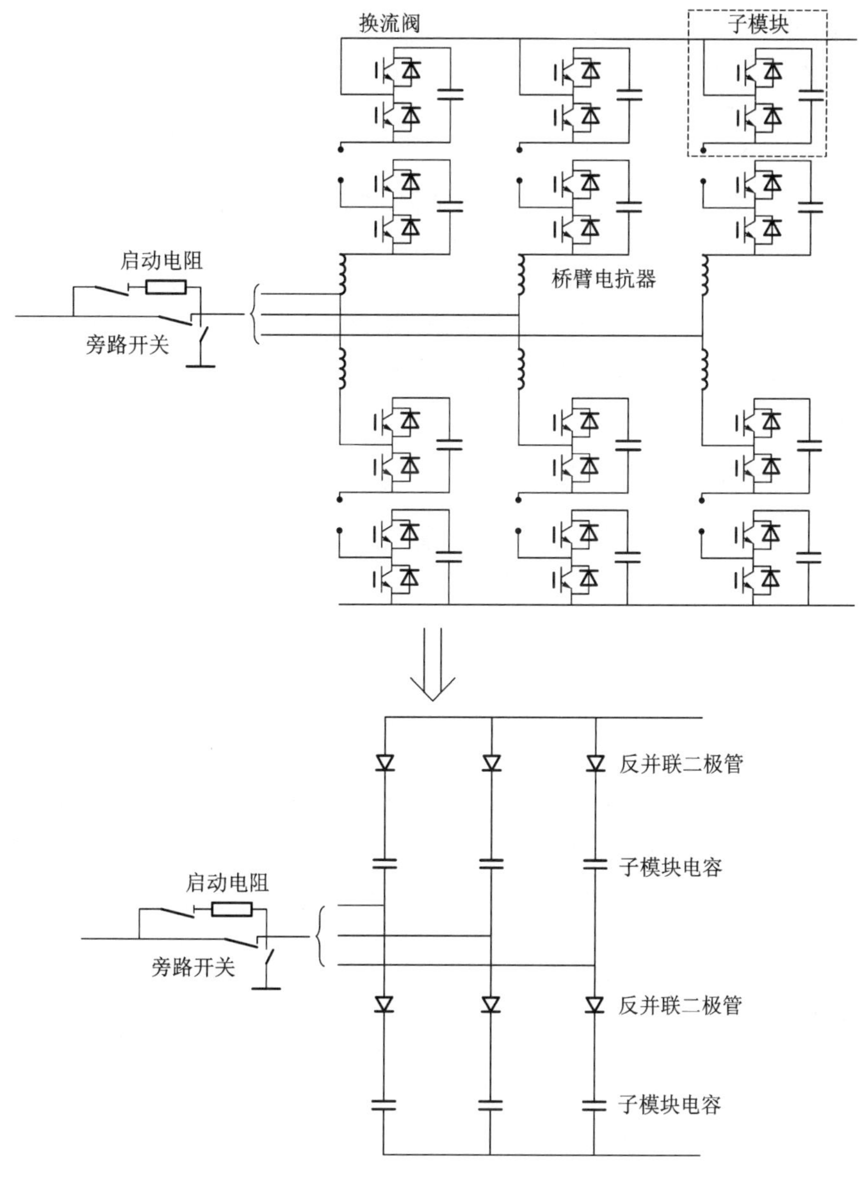

图 9-15 等效充电分析示意图

依据三相不控整流充电分析，两端输出直流电压平均值为 $1.35U_{ac}$，即上、下桥臂每个单元模块电容电压平均值为 $1.35U_{ac}/N$（U_{ac}为阀侧交流线电压，N 为每个桥臂单元模块个数）。由于单元模块内部电源及电路板等器件能量消耗，在充电末期，启动电阻上仍通过较小的电流，若换流器长时间处于不控整流状态而不转入可控状态，启动电阻将持续消耗大量能量，在参数选择中需要注意此种情况。

2. 启动电阻安装位置

启动电阻安装于交流系统侧，其作用为限制交流电网对子模块直流储能电容的充电电流，使换流阀和相关设备免受电流电压冲击，保证设备安全运行。其安装位置有两种选择：换流变压器阀侧和换流变压器网侧。

启动电阻安装于换流变压器网侧，可有效降低空载换流变压器合闸时的冲击电流。若换流变压器阀侧电压相比换流变压器网侧较低，则启动电阻安装于换流变压器阀侧有利于选择较低的电压耐受水平。具体工程可根据实际情况选择适宜的安装位置。例如，在已投入运行的 VSC 工程中，克劳斯桑德工程和莫里整流工程中启动电阻安装于换流变压器网侧，鲁西背靠背直流异步联网工程中启动电阻安装于换流变压器阀侧。

3. 启动电阻性能要求

启动电阻阻值的选择应确保将充电电流限制在可接受的范围之内，启动电阻阻值选择与换流器容量相关。同时，启动电阻冲击能量需满足不同启动方式的要求，需满足一端换流站交流电源对本端换流器单独充电，或根据实际情况，满足一端带多端换流器同时充电的启动电阻的能量消耗。启动电阻仅在系统启动时工作，启动结束后由旁路开关将启动电阻旁路，应充分考虑启动电阻散热等因素，在一次充电结束后应能尽快再次投入使用。

9.3.4 交流场设备

除了启动回路、换流变压器、桥臂电抗器之外，柔性直流输电系统交流场还包括交流开关设备、交流测量装置和交流避雷器等。

1. 交流开关设备

交流开关设备将柔性直流输电换流站与交流系统连接，主要由断路器、隔离开关和接地开关等设备构成，具有转换运行方式、切除故障及隔离检修的作用。

交流开关设备配合柔性直流控制保护系统实现对柔性直流输电换流阀的保护。例如，在半桥拓扑结构柔性直流换流站发生直流极线短路故障时，换流站闭锁后由于功率器件上反并联二极管的续流作用，交流系统与直流线路故障点之间形成短路电流回路，此时需将交流进线断路器分闸断开短路电流，进而实现对换流阀设备保护。

2. 交流测量装置

交流测量装置是保证柔性直流换流站具有可靠的控制调节及保护功能的基础，一般为交流电力系统中的常规设备，但在选用时应注意在柔性直流换流站中的特殊要求。

交流测量装置主要包括交流电流测量装置和交流电压测量装置。其中，交流电流测量装置按其安装位置一般可分为交流母线电流测量装置、换流变压器原边电流测量装置和换流变压器副边电流测量装置。交流电压测量装置也称为交流电压互感器，按照其工作原理可分为电磁式电压互感器、电容式电压互感器和电子式电压互感器。

3. 交流避雷器

交流避雷器用于保护柔性直流换流站交流母线设备，按其安装位置可分为换流变压器线路侧及阀侧交流避雷器。

换流变压器线路侧避雷器需要尽量靠近换流变压器线路侧套管安装，用以限制换流变压器一次侧过电压和二次侧过电压。在选择此避雷器参数时应考虑交流网络中原有的交流避雷器伏安特性曲线，一般换流站出口的交流避雷器保护水平应低于原有交流避雷器的保护水平，以防止由于配合不当而使交流系统原有避雷器过载。

换流变压器阀侧避雷器的作用是限制换流变压器阀侧绕组过电压，安装于换流变压器阀侧或桥臂电抗器阀侧，与直流母线避雷器相配合，保护桥臂电抗器和换流阀。

9.3.5 直流场设备

柔性直流输电系统直流场设备主要包括直流断路器、直流测量装置、直流避雷器，根据不同工程的需要，可能还包括平波电抗器、高频滤波器等其他设备。

1. 直流断路器

近年来，国内可再生能源(如风电)的电力输送需求越来越大，能够实现多电源供电及多落点受电的多端直流输电系统受到了越来越多的关注。值得一提的是，基于电压源换流器技术的两个多端 MMC-HVDC 工程(广东南澳柔性直流输电工程和浙江舟山五端柔性直流输电工程)目前已在国内成功投入运行。然而，当 MMC-HVDC 系统直流侧发生短路故障时，IGBT 模块内的反并联的二极管形成一个不控整流器，短路电流就只能由交流系统限制。由于直流侧电感较小，直流侧电流上升率很高，并且直流电容器的放电效应，会加剧故障电流，在故障情况下换流器处于不可控状态(与传统晶闸管的 HVDC 相反)，只能跳开交流侧断路器。高压直流断路器作为可实现 VSC-HVDC 组网的关键技术之一，是目前柔性直流输电技术的重点研究方向。

在高压工程领域，目前只有转移或开断负载电流的直流断路器，且其开断速度较慢，不能满足柔性直流输电系统的需求。开断短路电流的高压直流断路器根据拓扑结构及开断原理，可分为三大类：机械式直流断路器、固态式直流断路器和基于机械开关与固态开关的混合式直流断路器。

随着电力电子器件的不断发展，固态式直流断路器逐渐兴起。20 世纪 90 年代末，出现了以晶闸管器件作为开关的固态式直流断路器。其后，集成门极换流晶闸管(integrated gate commutated thyrsitor，IGCT)、集成栅极换流可控硅、IGBT 等全控型器件的诞生，使得直流断路器又有了新的发展。

近几年，由固态开关和机械开关并联构成的混合式直流断路器取得了巨大进展。2012 年，ABB 公司提出了基于 IGBT 阀组串联技术与快速机械开关 320 kV 混合式高压直流断路器的拓扑结构，并研制出了 80 kV 单元样机。该样机分别完成了 IGBT 组件的开断实验(峰值电流 9 kA)和混合式直流断路器的开断实验(峰值电流 8.5 kA)。

2017 年 12 月 20 日，南方电网公司联合华中科技大学、思源电气股份有限公司在世界上首次研制出 160 kV 机械式高压直流断路器装备。它基于耦合式高频人工过零技术实现双向直流电流的快速开断，其控制简单、可靠性高，具备 9 kA 电流的双向开断能力，开断时间约为 3.5 ms；在高盐、高湿、强风等复杂户外海岛环境下，占地仅为 34 m^2，其整体技术达到国际领先水平，对我国抢占高端电工装备制造业的制高点具有重要意义。

2. 直流测量装置

除了测量交流侧的电压、电流、功率和频率(或频率偏差)外,为了柔性直流输电系统的调节、控制及保护,通常还需要测量直流侧的电压和电流信号,因此,应在换流站内设置完整的直流测量系统。为保证测量数据的准确、快速及可靠,必要时可考虑设置包括冗余的测量系统。

1) 直流电流测量装置

直流电流测量装置通常采用电磁式或电子式,安装于换流站的阀顶、直流极线、阀底中性母线和接地极引线(如果有)处,其输出信号用于系统的控制和保护。输出电路与被测主回路之间的绝缘强度高、抗电磁干扰能力强、测量精度高、响应迅速等。

电磁式直流电流测量装置也称为电磁式直流电流互感器,在电路上可分为串联型和并联型两种,两种类型直流电流互感器都是以磁放大器原理为基础,其主要组成部分为饱和电抗器、辅助电源、整流电流和负荷电阻等。由于电抗器磁芯采用的是磁化曲线矩形系数高、矫磁力小的材料,当主回路直流电流变化时,将在负荷电阻上得到与一次电流成比例的二次直流信号。电磁式直流测量装置响应速度较快。

电子式直流电流测量装置通常由以下几部分组成。

(1) 高精度分流器,通常为分流电阻或罗夫斯基线圈。

(2) 光电模块(远端模块),其位于高压部分,可实现被测信号的模数转换及数据发送,其电子器件由位于控制室的光电源通过单独的光纤供电。

(3) 信号传输光纤,用来传输光电模块发送的数字信号。

(4) 光接口模块(就地模块),其一般位于控制室,用来接收光纤传输的数字信号,可对信号进行处理并送至相应的控制保护装置。

光电式直流测量装置具有体积小、电子回路简单、抗电磁干扰强及闪络故障概率小等优点,但其响应速度相对较慢。

2) 直流电压测量装置

直流电压测量装置也称为直流电压互感器,按照其工作原理可分为磁放大器型和电阻(阻容)分压器加直流放大器两种。

磁放大器型直流电压互感器是在电磁型直流电压互感器的一次绕组串联一个温度系数很小的、阻值很高的电阻,以减小一次绕组电阻的温度变化对整个一次电流总电阻的影响,使得直流电压互感器一次侧电流和被测的直流电压具有准确的比例关系,还可以减小一次电路的时间常数。

采用电阻(阻容)分压器加直流放大器组成的直流电压测量装置,其原理是采用电阻或阻容构成直流分压回路,将分压器低压侧的电压信号经放大后取得与被测直流电压成比例的电压输出。阻容分压器比电阻分压器的响应速度快。由于直流分压器的高压电阻阻值较大,承受高电压一般采用充油或充气结构。同时,为了避免杂散电容的影响,一般需加装屏蔽环或补偿电容。

3. 直流避雷器

直流避雷器用于抑制柔性直流换流站站内故障工况下出现的直流过电压。直流避雷器运行条件比交流避雷器更为严苛,主要有以下几个方面的原因。

(1) 交流避雷器可利用电流自然过零的时机来切断续流,直流避雷器没有电流过零点可利用,灭弧困难。

(2) 直流输电系统中电容元件比交流系统多,而且在正常运行时均处于充电状态,一旦有一只避雷器动作，容性元件都将通过这一只避雷器放电，所以直流避雷器的通流容量大于交流避雷器。

（3）正常运行承受恒定的直流电压，直流避雷器发热相较于交流避雷器严重。

（4）某些直流避雷器两端均不接地。

（5）直流避雷器外绝缘要求相对较高。

对于直流避雷器的技术要求如下：非线性好、灭弧能力强、通流容量大、结构简单、体积小、耐污能力强。现阶段一般采用金属氧化物避雷器。

4. 其他设备

柔性直流换流站直流场根据需要，可能会出现的其他设备有高频滤波器、直流电抗器等。

高频滤波器用于限制直流输电系统产生的高频谐波，以免高频谐波流入交流和直流系统或线路载波回路。柔性直流输电系统高频滤波器设计与传统直流输电系统高频滤波器基本相同，需先计算出线路上的高频谐波含量，根据谐波频率和容量设计相应的滤波器。

直流电抗器一般用于直流线路为架空线的柔性直流输电系统。其可用于限制直流输电线路上的谐波，也可用于消除直流线路上的谐振，同时在直流线路故障时对短路电流有一定的限制作用，但也会给柔性直流输电系统的动态特性带来一定的影响。一般情况下，柔性直流输电系统所用直流电抗器的电感值比常规直流中的直流电抗器的电感值小。

9.4 模型架构与技术参数

9.4.1 两电平换流站模拟系统

1. 两电平换流器基本功能

（1）容量 10 kW，功率能够双向流动。

（2）变压器一次侧连接模拟交流电网，线电压为 380 V 或者 800 V，二次侧线电压匹配换流器交流侧电压。

（3）变流器直流母线电压为 500～900 V 连续可调。

（4）系统拓扑：采用二电平全桥 VSC 结构。

（5）控制方式：定直流电压、定有功功率、定交流电压、定无功功率。

（6）在特定情况下，如果单独使用，还可作为 STATCOM 运行。

（7）控制器：DSP28335。

（8）控制器采用光纤通信。

（9）保护方式：过压、过流、过温、过载。

两电平换流器拓扑结构如图 9-16 所示。

2. 两电平换流器技术特点

（1）主电路采用美国 TI 公司生产的 DSP 芯片、进口 IGBT 模块、进口机芯驱动保护，控制电路板采用隔离变压器。

（2）采用 SVPWM 脉宽调制技术，纯净正弦波输出，自动与电网同步跟踪，功率因数接近 1，电流谐波含量低，对公共电网无污染、无冲击。

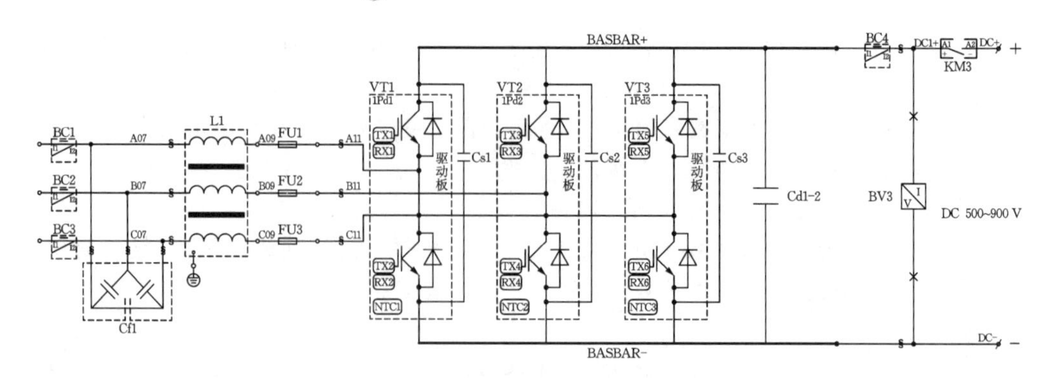

图 9-16 两电平换流器拓扑结构

(3) 逆变并网电流闭环控制,可控、可调。

(4) 直流电压纹波为−2%~2%。

(5) 具有全方位的电源保护方案和完善的自我检测和保护功能,在出现系统故障时停止并网逆变。

(6) 电路结构紧凑,最大效率大于96%。

(7) 不锈钢外壳,防护等级可达到IP21。

(8) RS485,CAN,422通信,上位机监控,实现远程数据采集和监视,提供开放通信协议。

3. 两电平换流器上位机操作界面

(1) 显示换流站控制方式和实验参数信息。

(2) 通过换流站控制机箱遥控回路中的各个接触器。

(3) 设置并下发站控制方式和实验参数信息。

(4) 显示实验装置回路中的各个遥测量。

(5) 巡检站控机箱设备工作状态。

两电平换流器上位机主界面如图9-17所示。

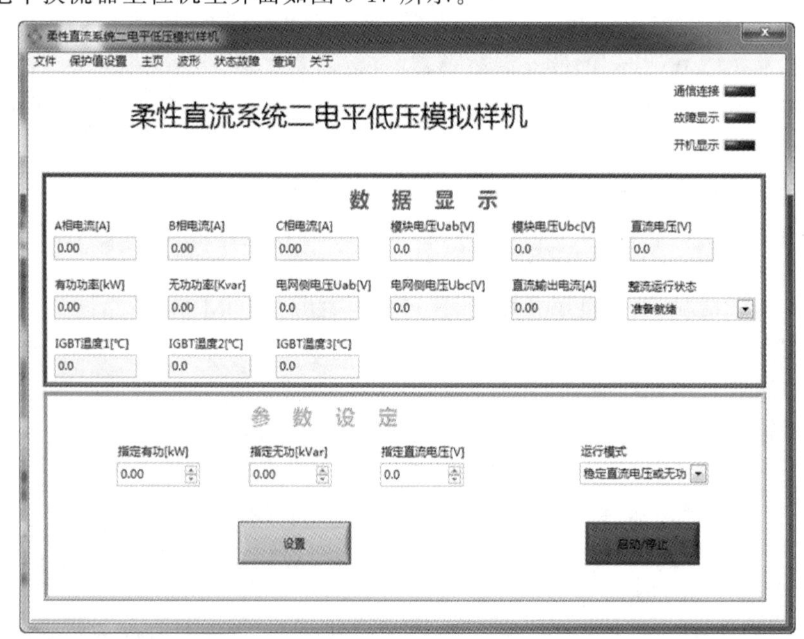

图 9-17 两电平换流器上位机主界面

上位机主界面主要功能如下。

(1) 与下位机设备建立通信连接。

(2) 运行模式选择。

模式1:稳定直流电压或无功;模式2:稳定有功电流;模式3:稳定有功/无功功率。

(3) 启动系统。

(4) 参数设定:指定无功、指定有功、指定直流电压值等。

(5) 模拟量、状态量的实时显示。

模拟量主要包括换流变压器一次侧相电压和线电流、换流变压器二次侧相电压和线电流、桥臂电流、直流电压、直流电流、有功功率、无功功率。

状态量主要包括交流侧开关状态、直流侧开关状态、充电电阻开关状态、解锁和闭锁状态以及系统启动和停止状态。

(6) 断路器、开关远程控制。

包括交流侧开关、直流侧开关、充电电阻开关以及系统跳闸。

9.4.2 三电平换流站模拟系统

1. 三电平换流器基本功能

(1) 容量10 kW;功率能够双向流动。

(2) 变压器一次侧连接模拟交流电网,线电压为380 V或者800 V,二次侧线电压匹配换流器交流侧电压。

(3) 变流器直流母线电压为500～900 V连续可调。

(4) 系统拓扑:采用三电平全桥VSC结构。

(5) 控制方式:定直流电压、定有功功率、定交流电压、定无功功率。

(6) 在特定情况下,如果单独使用,还可作为STATCOM运行。

(7) 控制器:DSP28335。

(8) 控制器采用光纤通信。

(9) 保护方式:过压、过流、过温、过载。

三电平换流器拓扑结构如图9-18所示。

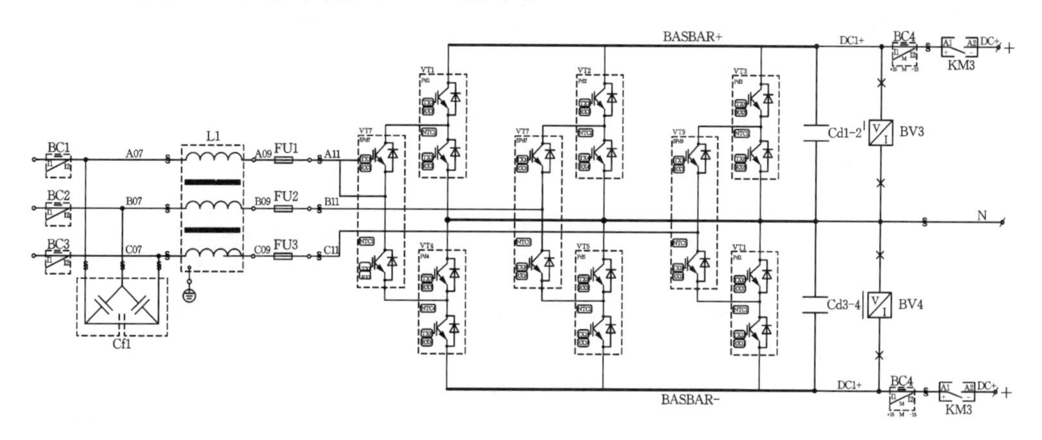

图9-18 三电平换流器拓扑结构

2. 三电平换流器技术特点

(1) 主电路采用美国TI公司生产的DSP芯片、进口IGBT模块、进口机芯驱动保护，控制电路板采用隔离变压器。

（2）采用SVPWM脉宽调制技术，纯净正弦波输出，自动与电网同步跟踪，功率因数接近1，电流谐波含量低，对公共电网无污染，无冲击。

（3）逆变并网电流闭环控制，可控、可调。

（4）直流电压纹波为－2%～2%。

（5）具有全方位的电源保护方案和完善的自我检测和保护功能，在出现系统故障时停止并网逆变。

（6）电路结构紧凑，最大效率大于96%。

（7）不锈钢外壳，防护等级可达到IP21。

（8）RS485，CAN，422通信，上位机监控，实现远程数据采集和监视；提供开放通信协议。

3．三电平换流器上位机操作界面

（1）显示换流站控制方式和实验参数信息。

（2）通过换流站控制机箱遥控回路中的各个接触器。

（3）设置并下发站控制方式和实验参数信息。

（4）显示实验装置回路中的各个遥测量。

（5）巡检站控机箱设备工作状态。

三电平换流器上位机主界面如图9-19所示。

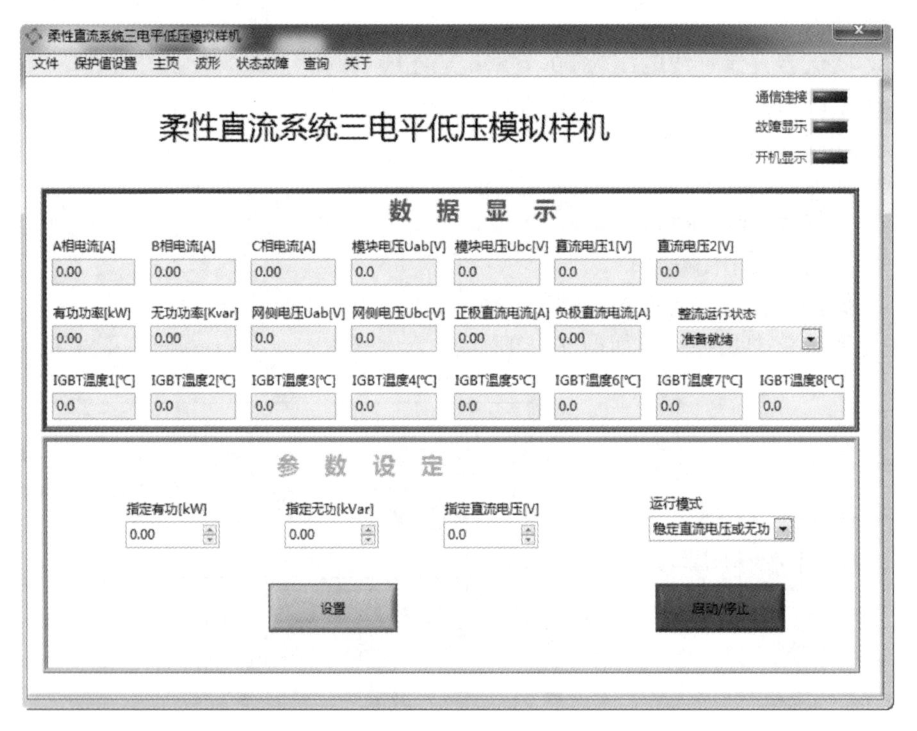

图9-19　三电平换流器上位机主界面

上位机主界面主要功能如下。

（1）与下位机设备建立通信连接。

（2）运行模式选择。

模式1：稳定直流电压或无功；模式2：稳定有功电流；模式3：稳定有功/无功功率。

（3）启动系统。

（4）参数设定：指定无功、指定有功、指定直流电压值等。

（5）模拟量、状态量的实时显示。

模拟量主要包括换流变压器一次侧相电压和线电流、换流变压器二次侧相电压和线电流、桥臂电流、直流电压、直流电流、有功功率、无功功率。

状态量主要包括交流侧开关状态、直流侧开关状态、充电电阻开关状态、解锁和闭锁状态以及系统启动和停止状态。

（6）断路器、开关远程控制。

包括交流侧开关、直流侧开关、充电电阻开关以及系统跳闸。

9.4.3　MMC换流站模拟系统

1. 36电平换流器系统架构

36电平MMC柔性直流换流站动模平台用于模拟36电平半H桥型柔性直流换流站运行及故障状态特性，能够完成柔性直流换流站运行及故障实验项目。该平台拓扑为三相六桥臂，每桥臂36个半H桥型子模块，其中1个子模块处于热备用状态，每桥臂最少工作子模块数量为35个。MMC换流器拓扑结构图如图9-20所示。

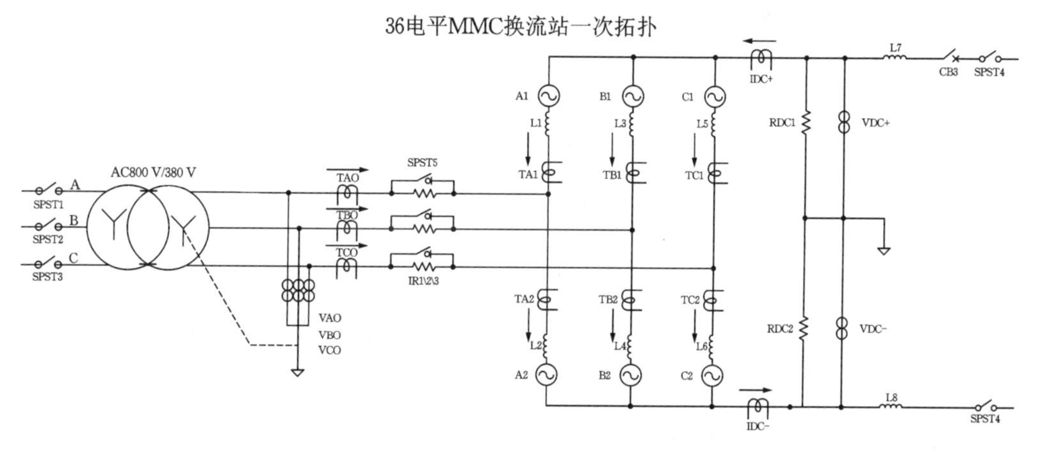

图9-20　MMC换流器拓扑结构图

该36电平MMC柔性直流换流站动模平台由6面屏组成，其中3面屏是分别模拟A/B/C三相的子模块及阀控模拟屏，另外包含采集测量屏、DIDO控制屏、站级控制保护屏。MMC模拟系统的主要功能与参数如表9-5所示。

表9-5　MMC模拟系统的主要功能与参数

序号	名　称	功能与参数
1	换流站容量	10 kV·A（桥臂电流峰值＜15 A）
2	换流站传输效率	＞86％
3	换流站额定交流线电压	800 V
4	换流站直流电压	（500 V，900 V）可调整
5	换流站直流电流	（－20 A，＋20 A）可调整

续表

序号	名　　称	功能与参数
6	换流站控制方式	定直流电压，定有功功率，定无功功率，定交流电压频率控制
7	模拟 MMC 子模块拓扑	标准半桥结构
8	模拟 MMC 子模块额定电压	峰值<50 V
9	模拟 MMC 子模块额定电流	峰值<15 A
10	桥臂子模块总数量	36 个
11	桥臂子模块冗余数量	1 个
12	系统控制周期	100 μs
13	系统控制时延	<50 μs
14	系统采样周期	25 μs
15	系统测量范围	电压(−1200 V，+1200 V)；电流(−25 A，+25 A)
16	系统测量精度	电压：±0.5%；电流：±0.5%
17	直流短路故障分断开关速度	判定时间<1 ms；分断执行时间<3 ms
18	换流站二次设备供电电压	AC 220 V
19	换流站二次设备供电功耗	整体功耗<1500 W
20	稳态运行实验功能	有功传输，无功补偿实验
21	故障运行实验功能	交直流场相间及对地短路实验
22	设备工作环境	室内，温度(0～80 ℃)，湿度(0～75%)

子模块及阀控模拟屏：三面该屏分别模拟柔性直流换流站其中一相的上、下两个桥臂，每个桥臂有 36 个子模块，共 72 个子模块。上桥臂 36 个子模块通过上桥臂 MMC 桥臂级控制机箱将桥臂状态信息汇总并上报给站级数据汇总机箱，同时接收上桥臂子模块投切控制指令，实现相应子模块的投、切功能；下桥臂 36 个子模块通过下桥臂 MMC 桥臂级控制机箱将桥臂状态信息汇总并上报给站级数据汇总机箱，同时接收下桥臂子模块投切控制指令，实现相应子模块的投、切功能。MMC 换流站子模块模拟屏控制结构图如图 9-21 所示。

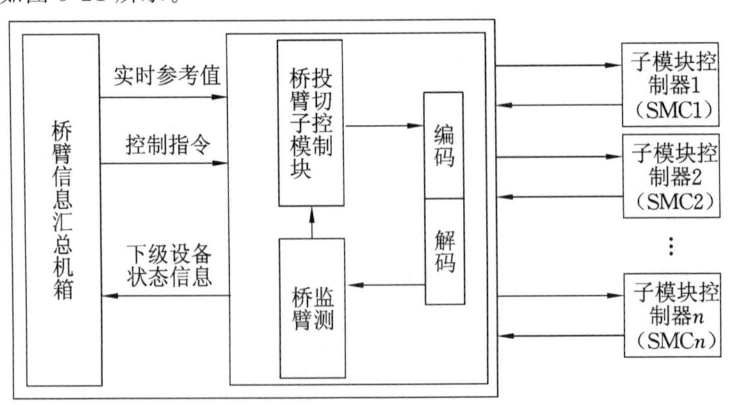

图 9-21　MMC 换流站子模块模拟屏控制结构图

采集测量屏:可同时采集测量接入该屏柜的换流站动模平台一次侧的直流正极母线电压、直流负极母线电压、交流 A 相相电压、交流 B 相相电压、交流 C 相相电压、直流正极母线电流、交流 A 相相电流、交流 B 相相电流、交流 C 相相电流、A 相上桥臂桥臂电流、A 相下桥臂桥臂电流、B 相上桥臂桥臂电流、B 相下桥臂桥臂电流、C 相上桥臂桥臂电流、C 相下桥臂桥臂电流。上述各个被测量模拟量同时在柜内转换为数字量,以编码形式对外通过 10 对光纤,光纤实时传输至其他换流站动模平台控制屏柜。

DIDO 控制屏:该屏整体具备 8 路开关量开入和 8 路开关量开出,具体包括交流进线隔离开关、充电电阻切换开关与快速直流分断开关。交流进线隔离开关的作用是分断交流网与 36 电平柔性直流换流站。充电电阻切换开关的作用是系统启动后通过充电电阻向子模块电容充电,充电 30 s 后,充电电阻切换开关合闸,实现充电电阻的切除。快速直流分断开关的功能是实时接收站级控制设备和站级保护设备的控制保护命令,配合站级控制保护设备完成系统控制保护动作,当出现直流短路故障时,快速直流分断开关动作,切断故障回路,实现柔性直流换流站动模平台支流短路故障保护功能。

站级控制保护屏:站级控制保护屏实时接收交直流场和桥臂上的电压、电流测量量以及下级桥臂汇总控制机箱信息,结合上位机人机接口下发的指令参数,实现柔性直流换流站稳态运行时的定直流电压,定有功、定无功控制算法,输出结果为实时桥臂参考电压,并根据桥臂电流测量量产生 6 桥臂控制信息;通过光纤将控制信息和测量信息下发至桥臂控制设备。站级控制设备实时接收站级保护设备保护命令,配合站级保护设备完成系统保护动作,站级保护设备根据实时接收桥臂网侧电压、电流测量数据,产生柔性直流换流站故障态下保护动作逻辑。上位机人机接口服务器运行人机界面程序,实现柔性直流换流站稳态运行控制方式与参数输入功能,并能存储和显示故障录波数据。MMC 站级控制保护屏结构图如图 9-22 所示。

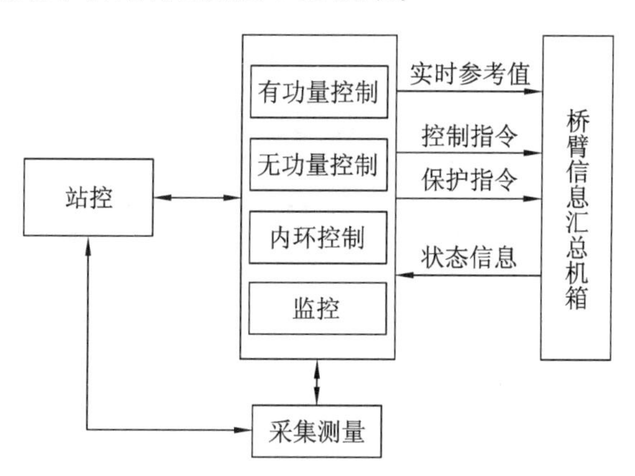

图 9-22　MMC 站级控制保护屏结构图

阀的主要保护功能如下。

(1) 桥臂过流保护。

(2) 直流母线过流保护。

(3) 直流母线过压保护。

(4) 直流母线欠压保护。

(5) 短路保护。

(6) 通信故障保护。

(7) 冗余子模块数超限保护等。

阀的保护功能是阀控设备通过对直流母线电压与电流和桥臂电流等进行采集,判断其是否达到保护整定值,当达到保护整定值后,阀控将下发换流阀闭锁、向上层控制保护系统传送跳闸请求信号等命令来实现换流阀的保护。

子模块自身的主要保护功能如下。

(1) 直流电容过压保护功能:在换流阀启动和运行过程中,当子模块直流电容电压超过平均电压的40%时,子模块将闭锁IGBT触发脉冲。

(2) 直流电容欠压保护功能:子模块在运行过程中(启动和停机状态欠压保护闭锁),直流电容电压达到欠压整定值时,子模块将闭锁IGBT触发脉冲。

(3) IGBT驱动故障保护功能:子模块在运行过程中出现IGBT及驱动板故障时,子模块将闭锁IGBT触发脉冲。

(4) 取能电源故障保护功能:当取能电源输出低于80%额定电压时,子模块在运行过程中将闭锁IGBT触发脉冲。

2. MMC换流站控制系统架构

控制系统是柔性直流动模系统的核心环节。通过采集交/直流系统电压、电流,换流阀内部电压、电流等电气参量,经控制系统实时闭环计算,控制换流阀导通关断以实现定直流电压控制、定系统有功功率控制、定系统无功功率控制、定系统交流电压控制、定系统交流频率控制等不同控制目的。图9-23为MMC控制系统架构图。

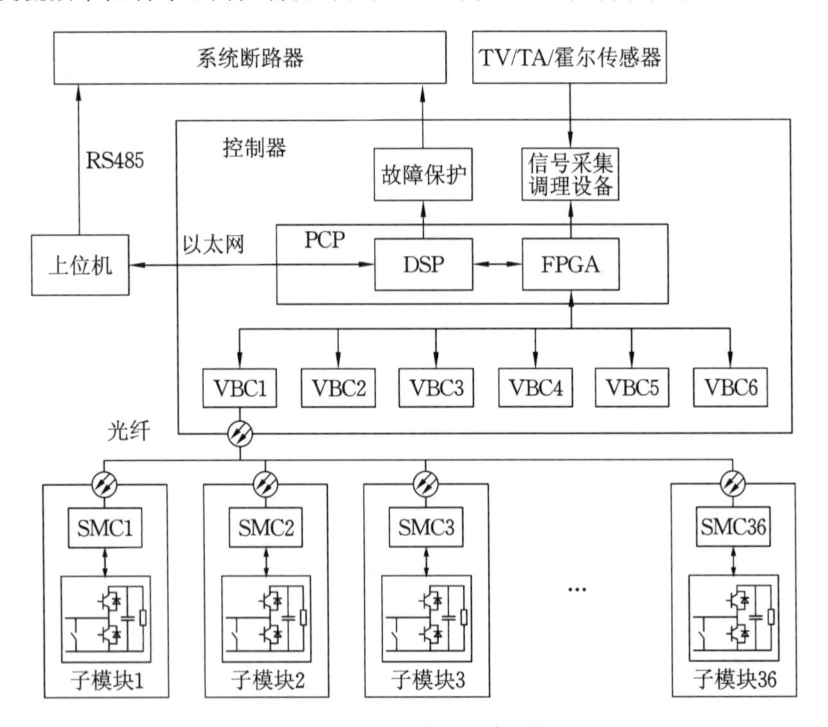

图9-23 MMC控制系统架构图

MMC控制系统分为运行人员控制系统(上位机)、站控制与保护系统(PCP)、阀控制器(VBC)、子模块控制器(SMC)。其中,PCP、VBC与信号采集调理设备构成了

MMC换流站系统的控制器，信号采集设备主要完成电流互感器（TA）与电压互感器（TV）输出信号的调制。

上位机完成一次系统电压、电流信号的显示，产生系统运行有功类、无功类物理量参考值，相当于系统级控制。

PCP接收系统级控制的有功类和无功类物理量参考值，完成一次系统电压、电流信号的采集以及有功量和无功量的控制，产生调制比 M 和移相角 δ，形成正弦电压参考波，相当于站级控制。

VBC与SMC相当于阀级控制。VBC根据站控制器产生的参考波，并结合环流抑制策略及电容电压平衡策略来产生各个子模块所需的触发脉冲。

SMC根据VBC所产生的触发脉冲实现对全控器件的可靠触发与保护。控制系统分层式结构图如图9-24所示。

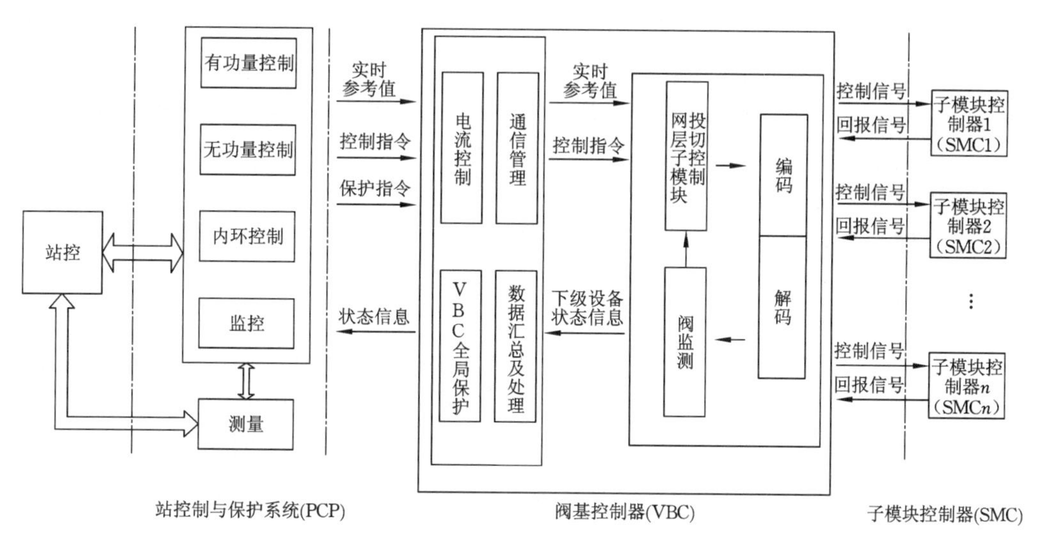

图9-24　控制系统分层式结构图

1）信号采集设备与上位机

信号采集系统的采集量由模拟量和数字量组成。MMC换流站系统需要采集的模拟量为一次系统各个节点的电压、电流瞬时值，包括三级变换：第一级指安装在一次系统中的电压互感器（TV）、电流互感器（TA）和霍尔传感器所完成的测量；第二级指在控制器机箱中进行的信号采集；第三级指由控制器ADC转换板实现的模拟数字转换。

信息采集调理系统采集的模拟量包括换流变压器一次侧相电压和线电流、换流变压器二次侧相电压和线电流、桥臂电流、直流电压、直流电流与各桥臂交流侧出口电压。换流变压器一次侧相电压和线电流的作用包括提供系统运行的参考相位、计算换流站有功功率和无功功率、作为定交流电压控制的输入量以及变压器一次侧保护的测量值四个方面；变压器二次侧相电压和线电流作为变压器二次侧保护的测量值；桥臂电流用于桥臂电流保护与子模块电容电压平衡控制；直流电压瞬时值用于定直流电压控制并作为直流母线电压保护的测量值；直流电流瞬时值作为直流母线电流保护的测量值；各桥臂交流侧出口电压用于观测。

信息采集调理系统采集的数字量为一次回路中各断路器的闭合断开状态。断路器的辅助触点状态由控制器转换成逻辑电平，再将其输入控制芯片即可实现断路器的状态采集。采集断路器状态的目的是确认各断路器的动作状态、监测断路器误动作以及作为控制逻辑输入。

上位机最基本的功能是完成对系统的监控,对系统的监控包括将系统中各个电气量、断路器以及隔离开关的状态快速、准确地显示。显示模拟量包括如前所述的变压器一次与二次侧三相电压/电流、直流线路上的电压/电流以及各个子模块的电容电压等模拟量。显示的数字量包括系统中各个断路器的状态、隔离开关的状态以及故障类型等。

上位机通过两方面实现对系统的控制:一是对系统中的断路器进行合闸与分闸的远程控制;二是在系统运行过程中,上位机能够通过上层界面将所需变量送到底层控制器,能够与下层控制器配合使系统稳定地启动、可靠地运行、正常地停机。

2)站控制和保护系统 PCP

在 MMC 换流站系统中,PCP 的控制算法与实际工程基本相同,为了确保 PCP 的功能满足工程的功能要求,在动模仿真中需要对如下功能进行验证:功率控制指令计算、MMC 电压参考波生成、对测量设备上传状态量的处理、与 VBC 的控制保护逻辑配合、启/停顺序控制、与阀保护的逻辑配合。

PCP 采用 DSP 与 FPGA 作为主控芯片。FPGA 与 DSP 通过控制器背板的总线进行通信。同时为 PCP 设计了控制器局域网络总线、RS232/RS485、以太网等外设接口。根据 FPGA 和 DSP 的不同特点,两者分别负责控制器不同的工作。

DSP 的主要功能如下。

(1)通过以太网通信程序实现与上位机之间的通信。DSP 上传一次系统状态、桥臂信息用于上位机显示,接收由上位机下发的系统运行状态、控制量整定值。

(2)与 FPGA 进行通信。将系统控制量的整定值与系统运行状态发送给 PCP 的 FPGA,DSP 在主程序中通过轮询读取的方式,接收一次系统运行参数、子模块状态信息以及桥臂信息。

(3)处理系统故障。当一次系统出现电气量越限或者控制器通信故障时,系统紧急停机。

FPGA 的主要功能如下。

(1)控制 AD 采样芯片,采集电气量。

(2)对有功类、无功类物理量的测量值与参考值进行比较,PI 控制器采用离散化的增量式 PI 控制算法,可以有效地防止偏差积累,且易于编程实现。正弦电压参考波的调制度 M 和移相角 δ 由 PI 环节限幅后产生。

(3)与 VBC 通信。PCP 的 FPGA 将系统运行状态、正弦电压参考波、系统同步信号与桥臂电流方向等信息发送给 VBC,接收 6 个 VBC 上传的每个子模块电压与工作状态,以及桥臂故障信号。

(4)与 DSP 通信。接收 DSP 下发的系统有功/无功类物理量的整定值与系统运行状态,并将子模块电压值与一次系统运行参数等物理量发送给 DSP。

3)阀控制器 VBC

在 MMC 换流站系统中,VBC 主要实现阀的控制、保护、监测及与外界的通信功能。传统直流输电中的阀基电子设备仅为执行机构,而在 MMC 中,VBC 需要对每个子模块单元进行单独的实时控制,具备了很强的实时协调和控制功能,主要包括以下方面。

(1) 参考波调制:将 PCP 给出的电压参考指令转化为子模块投切命令。

(2) 电压和电流平衡控制:根据桥臂电流和子模块电压的不平衡度对电流内环的输出进行补偿,在参考波的基础上适当调整投切的子模块。

(3) 阀保护:根据子模块回报的状态信息,进行故障判断,根据故障等级进行处理。

(4) 与 PCP 及 SMC 进行实时数据通信。

VBC 与 PCP 的连接主要包括实时参考值下发、实时控制指令、实时保护指令及阀状态信息回报等通道。VBC 与阀上每个子模块连接,下发 VBC 的子模块动作命令,并将子模块自身的电容电压及状态信息回报给 VBC。

4) 子模块控制器 SMC

SMC 完成的功能主要有以下三个方面。

(1) 采集子模块的电容电压和子模块的运行状态,并上传给 VBC。

(2) 接收阀控制器下发的子模块导通信息,相应的子模块投入与切除通过 MOSFET 驱动模块触发相应 IGBT 实现。

(3) SMC 能够将子模块故障信息上传,经过上级控制器的故障保护逻辑判断,会下发旁路故障子模块或者 MMC 动模系统停机命令。当发生一次系统故障时,为避免子模块损坏,SMC 可以迅速闭锁子模块。

3. 故障控制保护策略

MMC 换流站系统故障包括两种类型,一类为一次系统故障,另一类为通信故障。一次系统故障主要包含以下故障。

(1) 换流变压器一次侧过电压与过电流故障。

(2) 换流变压器二次侧过电压与过电流故障。

(3) 桥臂过电流故障。

(4) 直流母线过电压与过电流故障。

(5) 子模块故障,如子模块电容过电压、欠电压,IGBT 温度超限,IGBT 过流故障等。

通信故障包含站控制器与阀控制器通信故障,阀控制器与子模块控制器通信故障等。典型的通信故障为各控制层间接收数据超时、接收数据格式错误与奇偶校验错误等。下面分别详述各类故障的控制保护策略。

1) 一次系统故障

在 PCP 的 DSP 中比较 MMC 换流站系统的交流电气量有效值、直流电气量平均值与设定保护值,实现系统的电气量过限保护,保护功能由 PCP 的 DSP 中断实现,针对电压、电流等电气量超限故障,设置定时器中断程序,在定时器中断程序中,对电气量是否超限进行检测,为了防止保护误动作,在程序中设置电气量连续超过限值两次才触发保护动作的控制逻辑,从而有效降低了系统保护误动率。

SMC 中实时判断是否发生了子模块电容过电压、欠电压,IGBT 温度超限,IGBT 过流等故障,以下详细说明。

传统的过电压检测方法是:通过硬件电路产生基准电压,然后将实时检测的电压与基准电压进行比较,如果超过基准电压,即判定为过电压。欠电压的监测方法与之类似。这种方法虽然操作简单,但是由于过压、欠压监测电路处于强电磁场的环境中,易受到外部的干扰,干扰信号叠加至原信号后,若超出过压、欠压设定阈值,可能引起比较电路判断错误，从而引起保护系统的误动，不利于系统稳定运行。本系统通过硬件模拟电路检测与软件算法控制相结合的方法实现子模块电容过压、欠压的可靠监测。在SMC上设置模拟电路检测子模块电容是否过压或者欠压，为了防止硬件模拟检测电路的误差所带来的过压、欠压误动，在软件上设置了延时上报故障机制，即检测到过压或者欠压达到一定时间后，再向上层控制器VBC上报故障。

以过电压故障为例，当子模块电容电压超出设置的过电压基准电压时，过电压(over voltage，OV)端口输出高电平，此时将OV端口输出信息送至子模块控制器，但子模块控制器不立即上报故障，SMC的控制芯片开始计时，设定延时时长为20 μs，可以避开干扰信号可能造成的比较电路判断错误，从而避免保护系统误动；若实际存在过压故障，须在子模块承受故障的最大允许时间内切除故障。综合考虑以上两点，为了保证保护系统的可靠性及速动性，如果在20 μs之后，故障依然存在，则向上层控制器上报故障。

子模块的过温故障监测主要是指子模块内IGBT器件的过温监测，在正常运行过程中，IGBT由于不断的投切，会产生大量的热量，若不能及时散热，将会导致IGBT温度过高，会对IGBT的正常工作造成严重影响。子模块过温监测通过温控电路实现，温度过高时通过温控开关闭合的方式将故障上报至CPLD。

SMC中IGBT的驱动模块具有过流故障监测能力，发生IGBT过流故障后，IGBT可以被驱动模块迅速闭锁，此后，驱动模块还会将故障上报至CPLD。若某个子模块发生故障，在每个控制周期的初始阶段，故障信息被SMC上传至VBC，VBC判断所有子模块的故障信息，若故障子模块数小于冗余数，则只有故障子模块会被旁路，同一控制周期结束前SMC会收到VBC下发的控制信息；若故障子模块数大于冗余数，VBC作出判断后，向PCP发送停机请求，在收到请求后PCP向VBC下发停机信号，VBC收到停机信号后闭锁所有桥臂上的子模块。计及VBC向PCP发送停机请求的所需时间，下一控制周期内SMC会收到停机信号，在收到停机信号之前SMC使用上周期的控制信号。综上，子模块故障可以在最多两个控制周期内得到处理。

2）通信故障

如前所述，通信故障包括站控制器与阀控制器通信故障，阀控制器与子模块控制器通信故障等。以VBC与SMC间的通信故障为例说明，检测内容包含接收数据格式错误、接收数据超时与奇偶校验错误三种通信故障。SMC接收的数据格式与定义的情况不符合即为接收数据格式错误。在一个控制周期内SMC未收到完整数据的情况即为接收数据超时。SMC对收到的数据进行奇偶校验，如发生错误即为奇偶校验错误。在发生通信故障后，SMC会通过上报故障等方式等待VBC处理故障，在接收错误控制数据的情况下，SMC使用上一控制周期的数据。

通信故障保护需要PCP上的FPGA的配合，FPGA采集所有的通信故障情况，并进行所有通信故障的逻辑或运算，如果出现任意一种故障，则向DSP特定引脚发送低电平信号，监测到低电平信号后DSP进行系统保护动作。

4. MMC换流器上位机操作界面

1）上位机主界面主要功能

(1) 与PCP建立通信连接及启动系统。

(2) 模拟量、状态量的实时显示。

模拟量主要包括换流变压器一次侧相电压和线电流、换流变压器二次侧相电压和线电流、桥臂电流、直流电压、直流电流、有功功率、无功功率。

状态量主要包括交流侧开关状态、直流侧开关状态、充电电阻开关状态、解锁/闭锁状态以及系统启动/停止状态。

（3）断路器、开关远程控制。

包括交流侧开关、直流侧开关、充电电阻开关以及系统跳闸。

（4）运行模式选择。

模式 1：定直流电压/定无功。

模式 2：定有功功率/定无功。

模式 3：定频率/定交流电压。

2）上位机操作说明

MMC 上位机主界面图如图 9-25 所示。

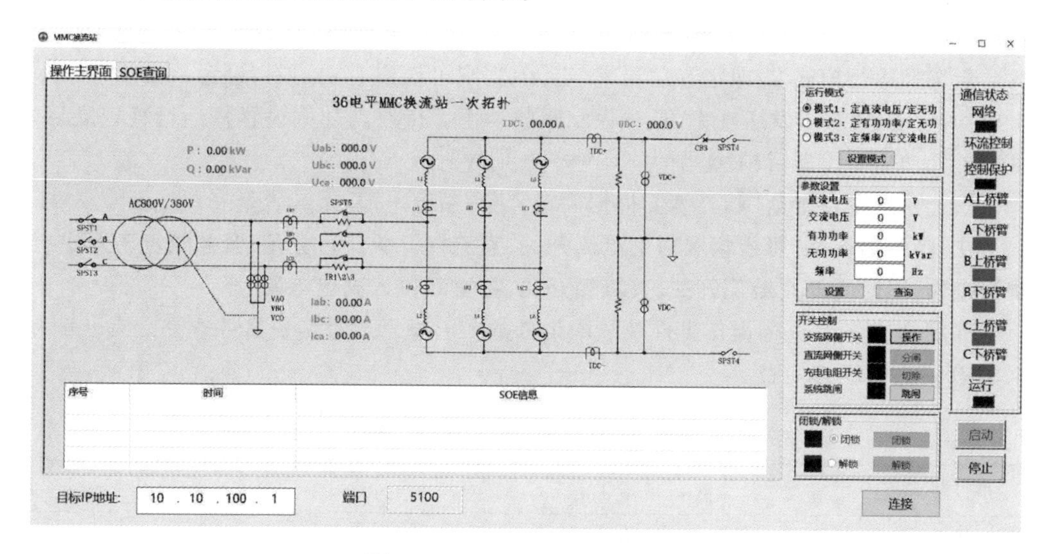

图 9-25 MMC 上位机主界面图

（1）双击桌面图标“MMC 换流站”，打开上位机主界面。

（2）首先按顺序给设备上电，在确认设备已正常上电之后，单击下方“连接”按钮，与设备建立通信连接，连接正常后“网络通信”状态为绿色。注：“网络通信”是指上位机与下级设备之间的网络连接状态。

（3）在网络通信连接正常后，查看其他通信状态是否正常，通信状态正常时状态为绿色。若通信状态不正常，即状态显示为红色，则需重新给设备上电。

（4）在各项通信正常之后，界面会有实时数据刷新，刷新内容主要包括交流 A、B、C 相电压及直流母线电压。确认数据显示正常后，进行 MMC 换流站运行模式选择。单击“设置模式 1”，将运行模式设置为定直流电压/定无功；单击“设置模式 2”，将运行模式设置为定有功功率/定无功；单击“设置模式 3”，将运行模式设置为定频率/定交流电压。

注：双端换流站同时运行，只允许一端定直流电压，不可双端都定直流电压。

（5）若选择运行模式 1，即定直流电压/定无功。单击“启动”按钮，启动成功之后，“运行”状态为绿色。若单击之后“运行”状态未显示为绿色，则在确认通信正常后，重新单击“启动”按钮。

启动 10 s 后，系统解锁(即解锁桥臂子模块)，同时切除充电电阻。启动完成之后，可进行直流电压设定，输入完成单击直流电压设置按钮。

(6) 若选择运行模式 2，即定有功功率/定无功，则需要先将另一端换流站“定直流电压”启动。确认正常后，再单击本端 MMC 换流站上位机界面的“启动”按钮，启动成功后，“运行”状态为绿色。若单击之后“运行”状态未显示为绿色，则在确认通信正常后，重新单击“启动”按钮。

启动 10 s 后，系统解锁(即解锁桥臂子模块)，同时切除充电电阻。

(7) 若选择运行模式 3，即定频率/定交流电压，单击本端 MMC 换流站上位机界面的“启动”按钮，启动成功后，“运行”状态为绿色。若单击之后“运行”状态未显示为绿色，则在确认通信正常后，重新单击“启动”按钮。

启动 10 s 后，系统解锁(即解锁桥臂子模块)，同时切除充电电阻。

(8) 若选择运行模式 1，即定直流电压/定无功，则可设定直流电压，设置范围为 500～900 V；待直流电压设置量运行稳定后，可进行无功功率设置，设置范围为－10～＋10 kVar。

若选择运行模式 2，即定有功功率/定无功，则可设定有功功率，设置范围为－10～＋10 kW。正数表示发送功率，负数表示吸收功率。待有功功率设置量运行稳定之后，可进行无功功率设置，设置范围为－10～＋10 kVar。

以上是理论设置范围，具体要根据额定容量、额定电流、系统容量和阻抗而定。

注：特殊情况下，可视情况对交流侧开关、直流侧开关进行分闸；紧急情况下可进行跳闸操作，同时断开交流侧开关、直流侧开关，并重新投入充电电阻。

SOE 界面主要进行操作事件及故障事件的实时显示以及历史事件查询。表 9-6 为 SOE 查询界面事件列表。

表 9-6 SOE 查询界面事件列表

事件号	事件名称	备注
1	保护投入状态	投入－1；未投入－0
2	设备闭锁状态	闭锁－1；解锁－0
3	跳闸	—
4	A 相上桥臂过流	—
5	A 相下桥臂过流	—
6	B 相上桥臂过流	—
7	B 相下桥臂过流	—
8	C 相上桥臂过流	—
9	C 相下桥臂过流	—
10	A 相上桥臂子模块旁路数过多	—
11	A 相下桥臂子模块旁路数过多	—
12	B 相上桥臂子模块旁路数过多	—
13	B 相下桥臂子模块旁路数过多	—

续表

事件号	事件名称	备注
14	C相上桥臂子模块旁路数过多	—
15	C相下桥臂子模块旁路数过多	—
16	交流A相过压	—
17	交流B相过压	—
18	交流C相过压	—
19	交流A相欠压	—
20	交流B相欠压	—
21	交流C相欠压	—
22	交流A相过流	—
23	交流B相过流	—
24	交流C相过流	—
25	直流母线过压	—
26	直流母线欠压	—
27	直流母线过流	—

3）设备上电及断电顺序

由于MMC换流站控制保护设计的需要，站控、阀控以及桥臂子模块需按顺序逐一上电。站控屏后方已标注“1”“2”“3”“4”四个空开，具体操作如下。

（1）上电阶段：按照“1号MMC站级控制设备及测量设备上电开关”→“2号MMC桥臂级控制设备上电开关”→“3号MC桥臂子模块二次设备上电开关”→“4号MMC交流阀侧隔离开关”顺序逐一投入开关，每步投入间隔2 s。

（2）断电阶段：按照“4号MMC交流阀侧隔离开关”→“3号MC桥臂子模块二次设备上电开关”→“2号MMC桥臂级控制设备上电开关”→“1号MMC站级控制设备及测量设备上电开关”顺序逐一切除开关，每步切除间隔2 s。

注：“1”表示MMC站级控制设备及测量设备上电开关（位于MMC 1号柜）；
“2”表示MMC桥臂级控制设备上电开关（位于MMC 1号柜）；
“3”表示MMC桥臂子模块二次设备上电开关（位于MMC 1号柜）；
“4”表示MMC交流阀侧隔离开关（位于MMC 2号柜）。

9.5 柔性直流输电系统实验

9.5.1 三端柔性直流输电实验模型

1. 实验目的

（1）指导学生掌握全控器件换流技术原理。

（2）使学生深入了解柔性直流输电工作原理。

（3）使学生掌握应用物理实验台进行柔性直流输电运行特性分析、研究的基本方法。

2. 实验模型

三端柔性直流输电实验模型如图 9-26 所示。

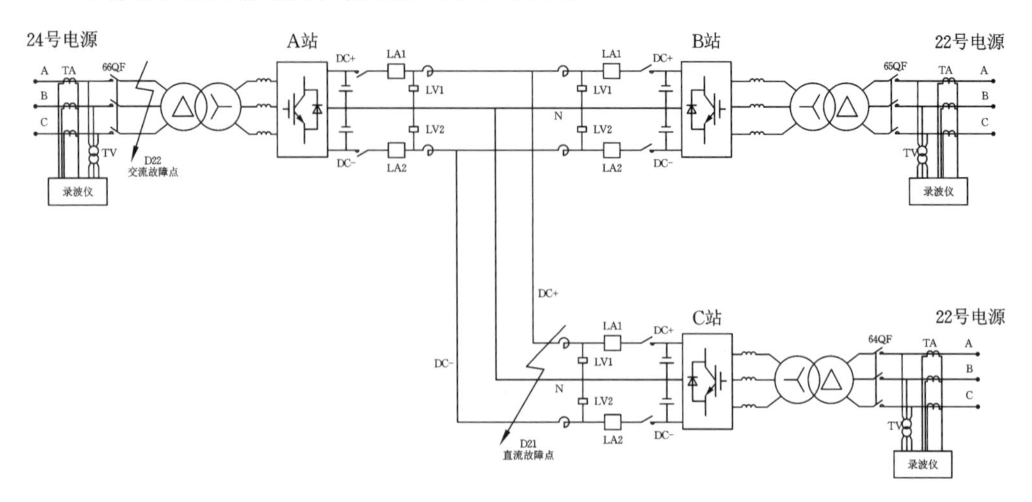

图 9-26 三端柔性直流输电实验模型图

（1）采用 22 号、24 号无穷大电源，电压为 390 V 左右。

（2）A 站、B 站、C 站的三个交流侧分别通过 66QF、65QF、64QF 三个开关，每相均有电流、电压互感器。TA：10 A/5 A；TV：230 V/28.9 V。

（3）直流测量采用霍尔传感器。LA：10 V/4.8 V；LV：1000 V/5 V。

（4）设置了直流故障点 D21、交流故障点 D22。

（5）故障录波仪采集量有：A 站的三相交流电压和电流、A 站的直流电压和正极直流电流；B 站的三相交流电压和电流、B 站的直流电压和正极直流电流；C 站的三相电流（采用钳形表），A 站的正对地、负对地直流电压，正、负极直流电流。

上位机主界面主要功能如下。

（1）与下位机设备建立通信连接。

（2）运行模式选择。

模式 1：定直流电压；模式 2：定有功电流；模式 3：定有功/定无功功率。

（3）启动系统。

（4）参数设定：无功量、有功量、直流电压值设定。

（5）模拟量、状态量的实时显示。

模拟量主要包括换流变压器一次侧相电压和线电流、换流变压器二次侧相电压和线电流、桥臂电流、直流电压、直流电流、有功功率、无功功率。

状态量主要包括交流侧开关状态、直流侧开关状态、充电电阻开关状态、解锁/闭锁状态以及系统启动/停止状态。

三端柔性直流输电系统上位机主界面图如图 9-27 所示。

3. 注意事项

（1）直流输电运行模式下，只有一个站可以定直流电压。

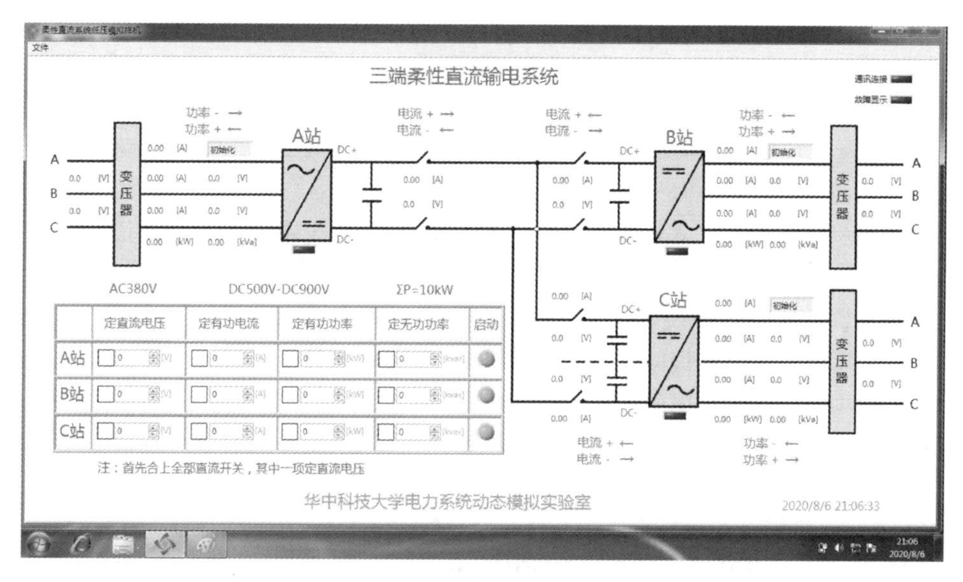

图 9-27 三端柔性直流输电系统上位机主界面图

(2) 直流输电运行模式下,定直流电压站首先启动,运行稳定后再启动其他站。

(3) 二电平换流站或三电平换流站定直流电压时,需先设定直流电压值 500～900 V,再点击“启动”。

(4) 点击各个换流站人机界面“启动”按钮前,必须确认界面上通信指示灯正常。

(5) 点击各个换流站人机界面“启动”按钮,设备启动运行后,不再允许改变换流站控制模式,直到实验结束,设备重新上电。

(6) 如设备发生故障跳闸,记录设备指示灯状态,并查看故障时刻历史事件信息。

9.5.2 柔性直流换流站启动实验

1. 实验方法

1) 柔性直流输电系统换流阀充电实验

该充电实验的目的是检验启动回路及换流阀子模块充电是否正常。实验方法如下。

(1) 闭合连接变压器网侧及阀侧交流断路器,交流系统通过启动电阻对换流阀充电。

(2) 充电结束后,自动旁路启动电阻。

该项实验的实验判据:实验中充电无异常,系统状态稳定,各项检测值确认正确。

2) 系统紧急停运实验

系统紧急停运实验的目的是检验系统在启动或正常运行时紧急停运功能是否正常。

实验方法为:系统处于热备用的条件下,运行方式为 STATCOM 模式,通过交流侧对换流阀不控充电,在系统启动或正常运行时按下“紧急停运”按钮,换流器闭锁,交流断路器能够正确跳闸。

该实验的实验判据:系统紧急停运功能正常,能够正确跳闸,并且系统无其他异常故障报警。

3) 换流站空载升压实验

换流站空载升压实验的目的是检验系统启动控制方式及设备空载运行特性。实验步骤如下。

(1) 交流侧进行不控充电,待电容电压稳定,不控充电结束后,自动闭合旁路电阻开关。

(2) 投入控制器,可控充电至直流额定电压的 0.9 p.u.,达到稳定后上升直流电压至 1.0 p.u.。

(3) 记录变压器一次侧和二次侧电压和电流波形、直流线路电压和电流波形、子模块电容电压波形、桥臂电流波形。

(4) 记录变压器一次侧和二次侧电压和电流值、直流线路电压和电流值、子模块电容电压值、桥臂电流值。

该项实验的实验判据如下。

(1) 交流侧不控充电期间,子模块直流电压差在可接受范围内。

(2) 交流侧切除启动电阻时,系统无过流现象。

(3) 子模块电压达到额定电压。

(4) 实验进行过程中系统无过流、过压现象,子模块无故障,各设备均无异常。

4) 柔性直流输电系统性能实验

该性能实验的主要目的是验证柔性直流输电系统的技术性能指标能否满足设计要求。在通常情况下,当系统电压较低时进行容性无功功率实验,当系统电压较高时进行感性无功功率实验,并在整个实验过程中严密监视设备限值。流变压器的分接位置需按实际负荷计算进行调整。

(1) 定无功功率实验:定无功功率实验的目的是检验柔性直流输电系统在定无功控制调节方式下的无功功率输出能力、电压调节特性以及对系统的影响。

定无功功率实验的内容如下:①设置无功功率目标值(如 0.1 p.u.);②无功功率稳定后,按一定数值(如 0.1 p.u.)进行递增、递减,直至达到额定无功功率。

(2) 定无功功率阶跃实验:①设置无功功率目标值为额定无功功率范围内定值;②无功功率稳定后,设置无功功率阶跃变化值为正、负额定功率,使无功功率递增、递减,测试阶跃响应时间。实验判据为实验中各项检测值正确无误。

5) 定交流电压控制实验

定交流电压控制实验的目的是检验系统的定交流电压控制调节特性,以及定交流电压控制对系统的影响。实验方法如下。

(1) 换流阀启动解锁,控制方式为定交流电压方式,设置控制电压目标值与当前交流系统电压值一致,使换流器输出无功功率接近0 Mvar。

(2) 采用投入换流站电容器组的方式影响系统电压,观察系统电压控制效果。

6) 子模块冗余实验

子模块冗余实验的目的是在柔性直流系统运行过程中,检测各桥臂中的冗余子模块能否正常工作;当故障子模块数超过冗余子模块数时,系统能否触发跳闸。

该项实验的实验方法如下。

(1) 逐个断开子模块与阀控的控制通信线路,如断开光纤连接等,造成正常运行子模块故障。

(2) 逐个断开子模块的控制通信线路,直至旁路模块数超过冗余子模块数。

该项实验的实验判据如下。

(1) 在子模块发生故障的过程中,检测系统是否能保持正常运行状态。

(2) 当故障子模块数大于冗余子模块数时,检测阀控系统能否触发跳闸。

7）控制保护系统冗余切换实验

控制保护系统冗余切换实验的目的是在系统运行过程中，检测控制保护功能能否正常切换至冗余控制保护系统。该项实验的实验方法如下：在换流器A套控制保护系统正常工作过程中，制造控制系统工作故障，如断开光纤连接、断开电源等，造成A套控制保护系统故障。

其实验判据如下：在A套控制保护系统发生故障的情况下，控制保护功能可迅速平滑地切换到作为冗余的B套控制保护系统，切换过程中整个柔性直流输电系统各项监测值正常，系统运行稳定。

8）损耗实验

损耗实验的目的主要是测量换流阀及系统其他设备损耗。该项实验的实验方法如下：换流器以STA TCOM模式运行，输出无功功率目标值一般从0.1 p.u.开始，按0.1 p.u.阶梯递增，每个定值下保持一定时间使系统各项参数稳定，稳定后记录每个定值下的变压器高、低压侧电压及电流，系统输出直流侧电压及电流，阀冷进出水温度，以计算换流阀损耗。实验判据以实测值为准。

2. 部分实验内容

1）柔性直流输电系统换流A站启动实验、停止实验

(1) 定直流电压500 V启动、500～900 V改变定值运行、停机，记录交/直流电压、电流波形。

(2) 定直流电压900 V启动、停机，记录交/直流电压、电流波形。

2）换流A站STATCOM功能实验

(1) 换流A站定直流电压800 V启动，向24号无穷大系统送1～3 kVar无功功率，吸收1～3 kVar无功功率(在A站主页中修改)，记录交/直流电压、电流波形；计算、分析无功波形。

(2) 观察弱系统交流测电压调整实验，记录交/直流电压、电流波形；计算、分析无功功率波形。

9.5.3 柔性直流输电系统稳态实验

1. 实验方法

1）带直流线路充电实验

带直流线路充电实验的目的是检验主回路绝缘耐压水平，包含交流场设备及电压/电流检测回路、换流阀(子模块、绝缘子)、直流场、架空线路、电缆线路等是否高压绝缘良好，以及检验系统带线路充电功能是否正常。

该项实验的实验判据如下：充电过程正常；各级保护无动作，直流电流在正常漏电流范围内；子模块电压平衡，最高电压和最低电压在允许的电压差范围内。

2）带直流线路空载升压实验

带直流线路空载升压实验的目的是检验直流电压控制功能，以及检验换流阀和直流场设备电压耐受能力。实验方法如下：在双端系统处于一端极隔离、另一端极连接的运行方式下，对极连接的一端进行交流侧充电，电压上升至满足解锁要求后进行解锁，解锁完成后电压自动上升至额定值。

实验判据如下：换流站正常解锁，电压上升过程无异常，并且控制保护系统未上报故障告警。

3）双端系统紧急停运实验

双端系统紧急停运实验的目的是检验双端系统紧急停止功能是否正常。实验方法如下：在两站处于热备用的条件下，对两站进行交流侧不控整流充电，待充电完成后，按下“紧急停运”按钮，两站能够按照预定逻辑跳闸。

实验判据如下：在“紧急停运”按钮按下后，两站能够按照预定逻辑跳闸，并且系统无其他异常故障告警。

4）双端系统启动实验

双端系统启动实验的目的是检验双端系统启动是否正常。实验方法如下：在两站处于热备用的条件下，对两站进行交流侧不控整流充电，待充电完成后，对两站进行解锁，解锁后其中一端控制直流电压，使其上升到额定运行电压，另一端设置有功功率为0.1 p.u.，稳定运行1 h。

实验判据如下：控制保护系统未上报告警；两端能够按照预定逻辑进行充电、解锁、电压上升，并能够稳态运行。

5）双端系统功率升降实验

双端系统功率升降实验的目的是检验双端系统带不同负载时的运行情况。实验方法如下：在双端系统稳定运行时，一端控制直流电压，另一端控制输送功率从初始值以一定的阶跃值逐步上升至满功率，每种状态需稳定运行一段时间，输送功率上升到满功率后，系统需维持稳定运行一段时间，观察系统相关设备运行情况；待系统稳定运行后，控制输送功率从满功率以一定的阶跃值逐步下降至零功率，整个过程中需观察输出的有功功率有无异常。

实验判据如下：控制保护系统未上报告警，双端系统运行稳定，双端系统有功功率控制正确。

2. 部分实验内容

1）二端柔性直流输电稳态实验

(1) 换流A站定直流电压800 V启动，换流B站定有功功率1 kW启动，记录波形；换流B站1 kW—4 kW—6 kW—8 kW—3 kW的功率调整，3 kW—停机，记录交/直流电压、电流波形，计算并分析有功、无功波形。

(2) 换流A站定直流电压800 V启动，换流B站定有功功率5 kW启动，记录波形；A站800 V—900 V—700 V—500 V的直流电压调整，B站5 kW—停机，记录交/直流电压、电流波形，计算并分析有功、无功波形。

2）三端柔性直流输电潮流实验

(1) 换流B站定直流电压800 V启动，换流A站定直流电流5 A启动，换流C站定有功功率3 kW启动，记录交/直流电压、电流波形，计算并分析有功、无功波形。

(2) 监视各站的交流侧电压，整定各站的无功功率。

(3) 在适当范围内，进行直流电压、直流电流、有功功率、无功功率的调整。

9.5.4 柔性直流输电系统暂态实验

1. 实验方法

1）双端系统阶跃响应实验

双端系统阶跃响应实验的目的是检验系统功率阶跃响应性能。实验方法如下：双端系统稳定运行时，有功目标值由初始设定值阶跃至目标值，系统稳定后再由目标值下降至初始设定值;改变目标值并多次重复上述实验过程,完成系统阶跃响应实验。

实验判据如下:控制保护系统未上报告警,有功功率能够在预定的时间内阶跃至目标值,实验过程中系统运行稳定,无异常波动。

2) 双端系统功率反转实验

双端系统功率反转实验的目的是检验系统功率反转功能是否正常。实验方法如下:在双端系统稳定运行时,一端有功功率输出且处于设定目标值,之后改变其有功功率为该目标值的负值,观察双端系统有功功率的输出有无异常。

实验判据如下:控制保护系统未上报告警,有功功率控制正确,有功功率反转过程中系统运行稳定,无异常波动。

3) 双端系统直流线路故障实验

双端系统直流线路故障实验的目的是考核在直流线路发生故障时,直流线路保护动作情况,阀控系统及直流控制保护系统处理故障的能力。实验方法如下:在双端系统稳定运行时,双端系统传输有功功率为设定值,对某一极直流线路进行人工短路,观察断路器和换流器的状态。

实验判据如下:交流断路器、换流阀等的保护动作与系统保护策略相符。

4) 系统低电压穿越实验

系统低电压穿越实验的目的是检验在交流电网发生故障后再恢复正常运行时,受端系统的低电压穿越能力。实验方法如下:在一侧换流站的交流电网侧制造电压跌落并恢复至正常运行,观察整个过程中系统交流电压和直流电压的变化过程。

实验判据如下:在实验过程中,直流电压未发生大幅跌落现象,系统运行稳定,控制保护系统正常运行。

2. 部分实验内容

1) 柔性直流输电潮流反转实验

(1) 在二端柔性直流运行下,换流 A 站定直流电压 800 V 启动,换流 B 站定有功功率 4 kW 启动,记录波形;定有功换流站 4 kW—0 kW——4 kW—0 kW—2 kW ——2 kW 的功率调整,监视两站交流电压,记录交/直流电压、电流波形,计算并分析有功、无功波形。

(2) 在三端柔性直流运行下,换流 B 站定直流电压 800 V 启动,换流 C 站定直流电流 3A 运行,换流 A 站定有功功率 4 kW 启动,记录波形;换流 A 站定有功站 4 kW—0 kW— —4 kW—0 kW—2 kW ——2 kW 的功率调整,监视三站交流电压,记录交/直流电压、电流波形,计算并分析有功、无功波形。

2) 柔性直流输电交流侧短路实验

(1) A、B 站二端柔性直流系统某种工况下的交流侧 D22 单相接地、两相故障、两相接地故障、三相故障,记录交/直流电压、电流波形,计算并分析有功、无功波形。

(2) A、B、C 站三端柔性直流系统某种工况下的交流侧 D22 单相接地、两相故障、两相接地故障、三相故障,记录交/直流电压、电流故障波形,计算并分析有功、无功故障波形。

3) 柔性直流输电直流短路实验

(1) 二端柔性直流系统某种工况下的直流侧 D21 正对地通过过渡电阻短路、负对地通过过渡电阻短路、正对负通过过渡电阻短路,记录波形。

(2) 三端柔性直流系统某种工况下的直流侧 D21 正对地通过过渡电阻短路、负对地通过过渡电阻短路、正对负通过过渡电阻短路,记录交/直流电压、电流故障波形,计算并分析有功、无功故障波形。

10

现代配电网自动化系统实验

配电网是作为电力系统的末端直接与用户相连，起分配电能作用的网络，包括 0.4～110 kV 各电压等级的电网。目前，配电网自动化系统建设主要针对中压配电网（一般指 10 kV 或 20 kV 电压等级的电网）。由中国电机工程学会城市供电专业委员会起草的《配电系统自动化规划设计导则》对配电网自动化作了定义：配电网自动化是利用现代计算机技术、自动控制技术、数据通信、数据存储、信息管理技术，将配电网的实时运行、电网结构、设备、用户以及地理图形等信息进行集成，构成完整的自动化系统，实现配电网运行监控及管理的自动化、信息化。其目的是提高供电可靠性，改善供电质量和服务质量，优化电网操作，提高供电企业的经济效益和企业管理水平，使供电企业和用户双方受益，体现企业的社会责任和社会效益。

10.1 配电网自动化概述

10.1.1 配电网自动化概念

配电自动化系统是一项综合了计算机技术、现代通信技术、电力系统理论和自动控制技术的系统，其中涉及一系列相关术语。

1. 配电网自动化系统

(1) 配电自动化（distribution automation，DA）。配电自动化以一次网架和设备为基础，以配电自动化系统为核心，综合利用多种通信方式，实现对配电网（含分布式电源、微电网等）的监测与控制，并通过与相关应用系统的信息集成，实现配电网的科学管理。

(2) 配电自动化系统（distribution automation system，DAS）。实现配电网的运行监视和控制的自动化系统，具备数据采集与监视控制（supervisory control and data acquisition，SCADA）、馈线自动化、电网分析应用及与相关应用系统互连等功能，主要由配电自动化系统主站、配电终端、配电子站（可选）和通信通道等部分组成。

(3) 配电 SCADA（distribution SCADA，DSCADA）。配电是配电自动化主站系统的基本功能。DSCADA 通过人机交互，实现配电网的运行监视和远方控制，为配电网的生产指挥和调度提供服务。

(4) 馈线自动化（feeder automation，FA）。利用自动化装置（系统），监视配电线路（馈线）的运行状况，及时发现线路故障，迅速诊断出故障区域并将故障区域隔离，快速恢复对非故障区域的供电。

(5) 配电自动化主站系统。配电自动化主站系统(即配电主站)是配电自动化系统的核心部分,主要实现配电网数据采集与监控等基本功能和电网拓扑分析应用等扩展功能,并具有与其他应用信息系统进行信息交互的功能,为配电网调度指挥和生产管理提供技术支撑。

(6) 配电终端。配电终端是安装于中压配电网现场的各种远方监测、控制单元的总称,主要包括配电开关监控终端(即馈线终端)、配电变压器监测终端(即配变终端)、开关站和公用及客户配电所的监控终端(即站所终端)等。

(7) 配电子站为优化系统结构层次、提高信息传输效率、便于配电通信系统组网而设置的中间层,实现所辖范围内的信息汇集、处理或配电网区域故障处理、通信监视等功能。

(8) 信息交互。为扩大配电信息覆盖面、满足更多应用功能的需要,配电自动化系统与其他相关应用系统间通过标准接口实现信息交换和数据共享。

(9) 多态模型。针对配电网在不同应用阶段和应用状态下的操作控制需要,建立的多场景配电网模型,一般可以分为实时态、研究态、未来态等。

2. 需求侧管理

配电网自动化系统中,需求侧管理所涉及的内容主要包括负荷控制与管理(load control and management,LCM)和自动抄表(automatic meter reading,AMR)。

LCM 是根据电力系统的负荷特性,以某种方式削减、转移电网负荷高峰期的用电或增加电网负荷低谷期的用电,以达到改变电力需求在时序上的分布,减少日或季节性的电网高峰负荷,以期提高电网运行的可靠性和经济性。对规划中的电网主要是减少新增装机容量和电力建设投资,从而降低预期的供电成本。

AMR 是一种不需要人员到达现场就能完成抄表的新型抄表方式。它是利用公共通信网络、负荷控制信道、低压配电线载波或光纤等通信方式,将电能表的数据自动采集到电能计费管理中心进行处理。它不仅适用于工业用户,也适用于居民用户。应用于远程自动抄表系统的电能表正被推广应用到智能电能表。

目前,LCM 和 AMR 系统合并为电力用户用电信息采集系统,成为营销管理系统的一个组成部分。

3. 配电网地理信息系统

配电网地理信息系统是设备管理(facilities management,FM)、用户信息系统(coustmer information system,CIS)以及停电管理系统(outage management system,OMS)的总称。

FM 将开闭所、配电站、箱式变压器、馈线、变压器、开关、电杆等设备的技术数据反映在地理背景图上。

CIS 对大量用户信息(如用户名称、地址、用电量和负荷、供电优先级、停电记录等)进行管理,便于判断故障影响范围,用电量和负荷可作为网络潮流分析的依据。

OMS 接到停电投诉后,查明故障地点和影响范围,选择合理的操作顺序和路径,并自动将有关处理过程信息转给用户投诉电话应答系统。

将 DSCADA 与地理信息系统结合,可在地理背景图上直观、在线、动态地分析配电网的运行情况。

4. 配电网高级应用系统

配电网高级应用系统包括网络分析和优化(network analysis and optimization, NAO)、调度员培训系统(dispatcher training system, DTS)、生产管理系统(production management system, PMS)等。NAO包括潮流分析和网络拓扑优化,目的在于减少线损、改善电压质量等,此外,还包括降低运行成本、提高供电质量所必需的分析等。DTS指通过用软件对配电网模拟仿真的手段,对调度员进行培训。当DIS的数据来自实时采集时,也可帮助调度员在操作前了解操作的结果,从而提高调度的安全性。PMS包括资源管理应用和生产管理应用。资源管理应用用于配电网网络模型建立和台账管理维护;生产管理应用提供设备资源管理、异动管理、缺陷管理、巡视管理、故障管理、检修和实验管理、实时信息显示等配电网日常生产功能。目前,国家电网公司开展建设的配电网状态检修辅助决策系统也将集成在PMS中。

配电网自动化系统与配电网高级应用系统一起构成配电网管理系统(distribution management system, DMS)。

10.1.2 配电网自动化的意义

配电网自动化系统由于采用了各种配电终端,当配电网发生故障或运行异常时,能迅速隔离故障区段,并及时恢复非故障区段用户的供电,减少停电面积,缩短对用户的停电时间,提高配电网运行的可靠性,减轻运行人员的劳动强度,减少维护费用;由于实现了负荷监控与管理,可以合理控制用电负荷,从而提高了设备的利用率;采用自动抄表计费,可以保证抄表计费的及时性和准确性,提高了企业的经济效益和工作效率,并可为用户提供用电信息服务。

(1) 提高供电可靠性。及时了解配电网的运行状况,在发生故障时迅速进行故障定位,采取有效手段隔离故障以及对非故障区域恢复供电,从而尽可能地缩短停电时间,减少停电面积和停电用户数。

(2) 提高设备利用。基于多分段、多联络和多供备等接线模式,在发生故障时采取模式化故障处理措施,发挥多分段、多联络和多供备等接线模式提高设备利用率的作用。

(3) 经济、优质供电。通过对配电网运行情况的监视,掌握负荷特性和规律,制定科学的配电网重构方案,优化配电网运行方式,达到降低线路损耗和改善供电质量的目的。

(4) 提高配电网应急能力。在因恶劣天气、输电线路故障等造成母线失压而在高压侧不能恢复全部用户供电的情况下,生成负荷批量转移策略,将受影响的负荷通过中压配电网安全地转移到健全的电源点上,从而避免长时间大面积停电。

(5) 通过对配电网运行情况的长期监视和记录,掌握负荷特性和发展趋势,为科学开展配电网规划、建设与改造提供客观依据。

(6) 提高供电企业的现代化管理水平和客户服务质量。

10.1.3 配电网自动化系统的构成及功能

1. 配电网自动化系统的构成

一个典型的配电网自动化系统组成结构图如图10-1所示。配电主站通过基于

IEC 61968 的信息交换总线或综合数据平台与上级调度自动化系统、专变及公变监测系统、居民用电信息采集系统等实时/准实时系统实现快速信息交换和共享；与企业地理信息应用系统、生产管理 PMS、用户信息系统 CIS 管理、企业资源计划 ERP 等管理系统接口，扩展配电管理方面的功能，并具有配电网的高级应用软件，实现配电网的安全、经济运行分析及故障分析功能等。系统中的配电主站是整个配电网自动化系统的监控、管理中心。配电子站是为分布主站功能、优化信息传输及系统结构层次、方便通信系统组网而设置的中间层，实现所管辖范围内的信息汇集与处理、故障处理、通信监视等功能。配电终端是用于中低压配电网的各种远方监测、控制单元及其外围接口电路模块等的统称，主要包括配电开关监控终端(feeder terminal unit，FTU)，配电变压器终端(transformer terminal unit，TTU)，开闭所、公用及用户的配电监控终端(distribution terminal unit，DTU)等。其中，FTU 和 DTU 统称为馈线监控终端。通信网络实现配电网自动化系统与其他系统、配电主站与配电子站、配电主站或配电子站与配电终端之间的双向数据通信。

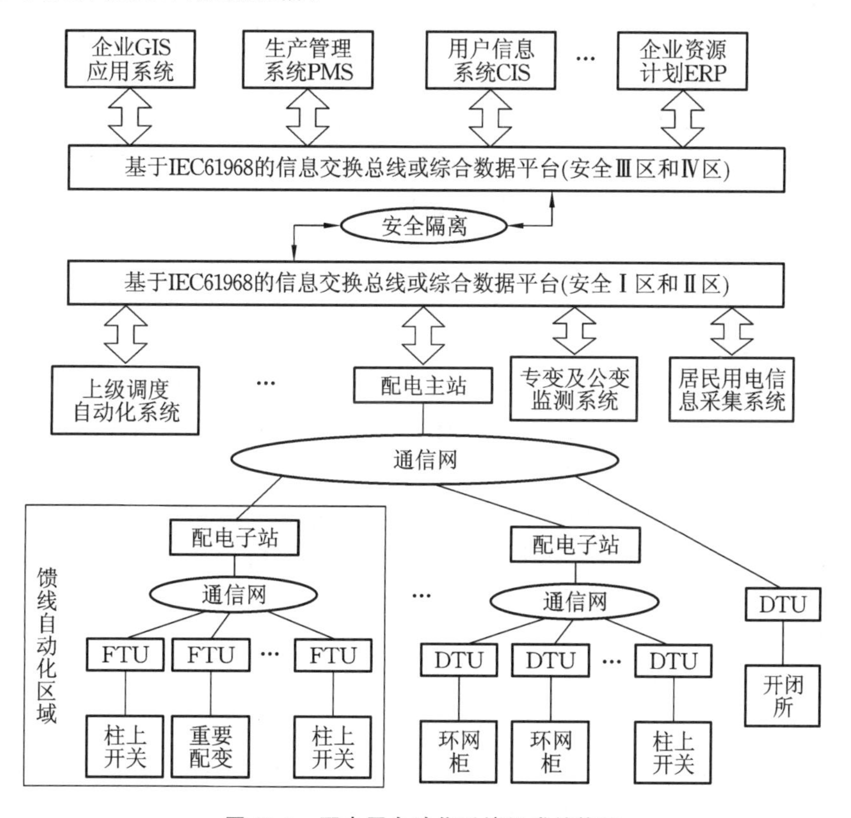

图 10-1 配电网自动化系统组成结构图

2. 配电网自动化系统的功能

配电网自动化系统有三个基本功能：安全监视功能、控制功能、保护功能。

(1) 安全监视功能是指通过采集配电网上的状态量(如开关位置、保护动作情况等)、模拟量(如电压、电流、功率等)和电能量，对配电网的运行状态进行监视。

(2) 控制功能是指在需要的时候，远方控制开关的合闸或跳闸以及电容器的投入或切除，以达到补偿无功、均衡负荷、提高电压质量的目的。

(3) 保护功能是指检测和判断故障区段，隔离故障区段，恢复正常区段的供电。

也可将配电网自动化系统的功能分为相对独立但又有联系的 5 个管理子过程：信息管理、可靠性管理、经济性管理、电压管理和负荷管理。

(1) 信息管理：通过数据库使配电网自动化系统与所采集的信息和控制的对象建立一一对应关系。

(2) 可靠性管理：减少故障对配电网的影响。

(3) 经济性管理：提高配电网的利用率和减少网损。

(4) 电压管理：监测和管理配电网关键处的电压。

(5) 负荷管理：对用户的负荷进行远方控制，通过实行阶梯电价或分时计费达到削峰填谷的目的。

10.1.4 配电网自动化系统的发展历程

欧洲、亚洲与美洲对配电自动化的认识和需求存在很大的差异，因此各国配电自动化发展存在很大差异。我国的配电自动化发展经历了不同的时期，要求也在不断变化，与国际上的发展一直存在不同程度的差异。在智能电网的研究和建设，对配电自动化建设的认识上，各国态度近期基本一致，均高度赞成，对配电自动化的功能和性能提出了更高的要求，希望以此为基础逐步实现智能配电网。虽然社会的、经济的和市场的需求也会有差异，但发达国家和发展中国家对于当前的配电自动化的建设没有异议。

1. 美国配电自动化的发展历程

美国配电自动化的起步是在 20 世纪 70 年代和 80 年代中后期，配电自动化的相关关键技术研究已取得成功，20 世纪 90 年代，美国的配电自动化技术已达相当高的水平，其中代表性的项目为纽约长岛照明公司投运的配电自动化系统，体现了当时这一领域的国际最高水平。1993 年美国纽约长岛照明公司投运的配电自动化系统，建设了包含 850 个终端装置的配电自动化系统，可实现 43 s 内完成故障区间隔离和非故障区间的自动恢复送电。目前以美国电力科学院(EPRI)为代表，提出先进配电自动化技术的研究和构架，除了完成对配电网的基本控制以外，还具备电压与无功控制、潮流分布分析、停电分析与预警、电力设备动态分析等高级应用功能。

2. 英国配电自动化的发展历程

以伦敦电力公司为例，为了提高供电可靠性，减少故障停电时间，1998 年开始建设中压配电网远程控制系统，2002 年完成一期工程，在配电站安装终端 5300 多套，惠及 180 万用户。在配电自动化覆盖区域中的 210 个中压电网故障中，有 110 个在 3 min 内得到了恢复，故障自动恢复率从最初的 25%上升到 75%，平均达到 50%，每百户的平均停电次数与用户平均停电时间都因此得到了明显的改善。

英国是世界上最早进行电力市场化改革的国家，国家电力与燃气监管机构对供电可靠性进行严格的监管，制定了完善的奖励与惩罚措施，为了提高用户的满意度和满足监管指标的考核要求，伦敦电力公司建设了配电自动化，在这种考核体制下的投资经济效益模型核算的结果表明配电自动化系统的投资回报时间为三年。

3. 法国配电自动化的发展历程

法国 1997 年投运的配电 SCADA 系统，全网的 2000 个配电开关全部可以远程遥控,通信方式采用电话线通道、X-25 通信标准,变电站供电区域的全部信息通过变电站RTU 传到调度中心。当 20 kV 馈线发生故障时,在调度中心可以看到故障发生的位置,转移负荷一般 3 min 可以完成。现已实现 SCADA 系统、电压控制、故障定位、自动恢复供电、负荷管理、动态计算、表计控制、质量监视等较全面的控制功能。

4. 日本配电自动化的发展历程

日本 20 世纪 70 年代就开始进行高电压大容量的配电方式,以解决大城市配电问题,并研究、开发了各种就地控制方式和配电线开关的远程监视装置,开发依靠自动化开关相互配合进行配电网自动化的方法;20 世纪 80 年代到现在完成了计算机系统与配电设备配合的配电自动化系统,在主要城市的配电网上投入运行。

到 1986 年,日本 9 个电力公司的 41610 条线路已有 35983 条(约 86.5%)实现了故障后按时限自动顺序送电,其中 2788 条(约 6.7%)实现了配电线开关(指柱上开关)的远方监控,目前配电自动化覆盖率:九州为 80%,福冈为 100%,北海道为 50%,东京为 68.8%。

日本电力公司配电自动化的覆盖面大,系统软件完全一致性高,维护成本低,配电自动化应用的程度高,供电可靠性世界领先,用户年平均停电时间只有几分钟,其中配电自动化系统发挥了重要作用。

5. 韩国配电自动化的发展历程

韩国从 1987 年开始配电自动化的研究,到 1993 年确定基本技术方案,1994 年在汉城江东供电局投入试运行,通信用双绞线,涉及 125 个负荷开关。

2003 年后计划在除汉城外的 7 个大城市建立大型配电自动化系统。截至 2003 年,整个韩国各个地区均实现了配电自动化,18000 台分段开关、联络开关和环网柜等设备实现了配电自动化,占全部开关设备的 22.5%。

韩国配电自动化实施的特点是统一组织、统一实施;实施规模大,系统多以本国实际情况自主开发为主,简单实用、经济可靠。韩国对配电自动化系统初期投资比较少,但坚持长期不断地投入,最终实现配电自动化全覆盖。

6. 我国配电自动化的发展历程

在 20 世纪末到 21 世纪初,我国也曾掀起了一轮配电自动化试点建设的热潮,但是许多早期建设的配电自动化系统没有发挥应有的作用,主要由于存在技术和管理两方面的原因:技术方面的问题主要包括早期技术不够成熟、通信手段落后和早期配电网架存在的缺陷;管理方面的问题主要包括缺乏指导配电自动化规划、设计、建设、运行和维护的标准和规范,后期运行、维护不够等。

经过近十年的探索与实践,我国配电自动化技术已经日趋成熟,通信技术取得了革命性进展,电力企业已经制订了配电自动化设计、建设、运行和维护等一系列标准和规范。随着 2009 年国家电网公司提出建设智能电网的规划目标,配电自动化系统成为智能电网建设的重要组成部分,又迎来了新的一轮建设高潮。截至 2012 年 3 月,厦门、北京、杭州、银川 4 个国家电网公司的第一批配电自动化试点工程已经通过了实用化验收,南京、成都、宁波、天津等 19 个国家电网公司的第二批配电自动化试点工程已经通过了工程验收。随后,配电自动化进入了大规模推广应用时期。

与上一轮配电自动化相比,上述 23 个城市的新一代配电自动化系统无论从可靠性还是先进性上都取得了重大进步。

(1) 编制配电自动化系列标准。

(2) 建立符合 IEC 61968 标准的信息交互总线,与其他信息系统进行统一标准的信息交互。

(3) 具有完备和实用的故障处理应用模块。

(4) 具有可靠的配电自动化终端。

(5) 具有先进的配电自动化通信网络。

近年来,随着 EPON、工业以太网、GPRS、WiMax、电缆屏蔽层载波等通信技术的飞速发展和成熟,在智能电网建设中,它们成为配电自动化系统的主要通信方式。以光纤为传输媒介的 EPON 和工业以太网技术,不仅支持网络通信协议,而且具有完备的自愈性能,可以确保高效、可靠的数据通信;WiMax 和电缆屏蔽层载波技术适合于实现光纤不便于敷设的部分(如直埋电缆等)的数据通信;GPRS 特别适合实现距离较远且分散的两遥终端(如故障指示器等)的数据通信。

EPON、工业以太网、GPRS、WiMax、电缆屏蔽层载波等通信技术的广泛采用,解决了上一轮配电自动化中面临的通信难题,显著提高了配电自动化系统的性能和可靠性,极大地促进了配电自动化系统的实用化水平的提升。

10.1.5 智能配电网与配电网自动化的关系

配电自动化是提高供电可靠性和供电质量、扩大供电能力、实现配电网高效与经济运行的重要手段,也是实现智能电网的重要基础之一。我国以国家电网公司为代表明确提出建设"具有信息化、数字化、自动化、互动化的智能电网",计划到 2020 年全面建成坚强的智能电网。智能电网战略目标的提出给配电自动化注入了新的内涵,也给配电自动化带来了新的生机。

配电自动化是智能配电网的基础,智能配电在自动化系统方面与配电自动化的组成一样,主要由主站系统、通信系统、配电自动化终端等组成,在正常情况下,实现对配电网运行设备的实时数据采集和监控功能;在故障情况下,实现对故障线路的快速定位、隔离、恢复、负荷转移等功能。

智能配电网在自动化方面,将利用传统的配电自动化技术体系,通过应用更先进的配电自动化控制技术、管理自动化技术、用户自动化技术等实现对配电网及设备的智能化和标准化改造与建设;在信息化方面,建立遵循国际标准的信息交互体系架构和信息交互消息模型,实现信息流在配电网的融合、集成,业务流在配电网的贯通,使配电网与电力系统各个环节协调和优化运行,为电力企业提供便捷、高效的管理平台和途径,提高配电网的综合自动化管理水平。

智能配电网与传统的配电自动化相比存在明显差别,从功能来看它是配电自动化发展的高级阶段,从技术支撑来看它面向未来配电网发展需求,从总体来看智能配电网应具备如下基本功能及特征。

(1) 自愈能力。自愈是指智能配电网能够及时检测出已发生或将要发生的故障并进行相应的纠正性操作,使其不影响对用户的正常供电或将其影响降至最小。自愈主要解决供电不间断的问题,是对供电可靠性概念的发展,其内涵要大于供电可靠性。例如,目前的供电可靠性管理不计一些持续时间较短的断电,但这些供电短时中断往往会使一些敏感的高科技设备损坏或长时间停运。

(2) 具有更高的安全性。智能配电网能够很好地抵御战争攻击、恐怖袭击与自然灾害的破坏，避免出现大面积停电；能够将外部破坏限制在一定范围内，保障重要用户的正常供电。

(3) 提供更高的电能质量。智能配电网实时监测并控制电能质量，使电压有效值和波形符合用户的要求，既能够保证用户设备的正常运行又不影响其使用寿命。

(4) 支持分布式电源的大量接入。这是智能配电网区别于传统配电自动化的重要特征。在智能配电网里，不再像传统电网那样，被动地硬性限制分布式电源接入点与容量，而是从有利于可再生能源足额上网、节省整体投资出发，积极地接入分布式电源并发挥其作用。通过保护控制的自适应以及系统接口的标准化，支持分布式电源的即插即用。通过分布式电源的优化调度，实现对各种能源的优化利用。

(5) 支持与用户互动。与用户互动也是智能配电网区别于传统配电网的重要特征之一。主要体现在两个方面：一是应用智能电表，实行分时电价、动态实时电价，让用户自行选择用电时段，在节省电费的同时，可为降低电网高峰负荷作贡献；二是允许并积极创造条件让拥有分布式电源(包括电动车)的用户在用电高峰时向电网送电。

(6) 具有配电网的分析计算。智能配电网全面采集配电网及其设备的实时运行数据以及电能质量干扰、故障停电等数据，通过分析、计算形成辅助决策，并以直观、有效的图形方式为运行人员提供高级的图形界面，使其能够全面掌握电网及其设备的运行状态，克服目前配电网反应速度慢、效率低的问题。对电网运行状态进行在线诊断与风险分析，为运行人员进行调度决策提供技术支持。

(7) 更高的资产利用率。智能配电网可实时监测电网设备温度、绝缘水平、安全裕度等，在保证安全的前提下增加传输功率，提高系统容量利用率；可通过对潮流分布的优化，减少线损，进一步提高运行效率；可在线监测并诊断设计的运行状态，实施状态检修，以延长设备使用寿命。

(8) 配电管理与用电管理的信息化。智能配电网将配电网实时运行，与离线管理数据高度融合、深度集成，实现设备管理、检修管理、停电管理以及用电管理的信息化。

10.2 配电网特殊性与模型元件

配电网的用途是将电能安全、高效地输送到用户，保证用户能得到符合质量要求、可靠的电能。配电网的作用决定了配电网无论是结构还是运行方式都与输电网有较大的区别，配电网采用环形设计、辐射形运行；配电网负荷点多、面广；配电网运行采用中性点非有效接地方式等。

配电网的主网架(或称为主接线)是配电网运行的基础，合理的主接线是能灵活安排运行方式的重要前提。配电网网架的形成，与一个阶段经济的发展状况紧密相关。根据负荷对可靠性、供电质量和区域环境协调等要求的不同，配电网的基本接线方式主要有辐射式、干线式、环式、链式等。

我国的配电网为了保证运行的可靠性，采用非有效接地方式。这种方式给配电网的运行带来了一些特殊问题。

根据配电电压等级不同，配电网划分为高压配电网、中压配电网、低压配电网。高压配电网一般由 35 kV 及以上的线路和变电站组成，中压配电网由 10 kV 或 20 kV 线路、开闭所、箱式变电站、配电变压器、终端变电站等组成，低压配电网由 380 V/220 V 线路和开关设备等组成。

10.2.1　高压配电网常用接线方式

1. 架空线路

1）单侧电源双回路放射式接线

单侧电源双回路放射式接线示意图如图 10-2 所示，为节省占地，可采用同杆双回路供电方式，沿线可支接若干个变电站。

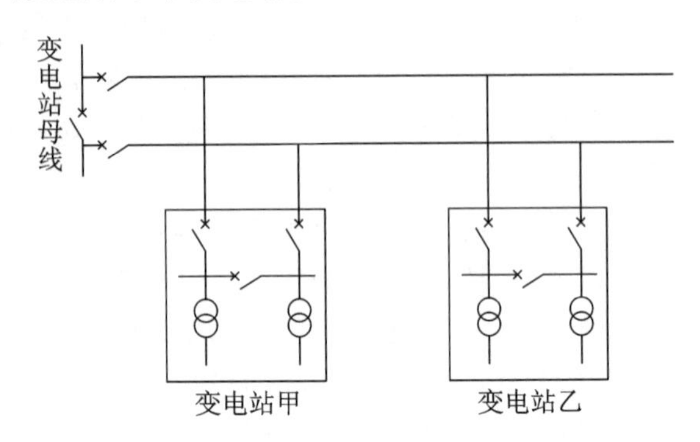

图 10-2　单侧电源双回路放射式接线示意图

2）双侧电源双回路放射式接线

为提高供电可靠性，可采用双侧电源双回路放射式接线（又称对射式接线），其示意图如图 10-3 所示。市区范围内支接变电站数不宜超过三座，当支接三座变电站时宜采用双侧电源三回路放射式接线，其示意图如图 10-4 所示。

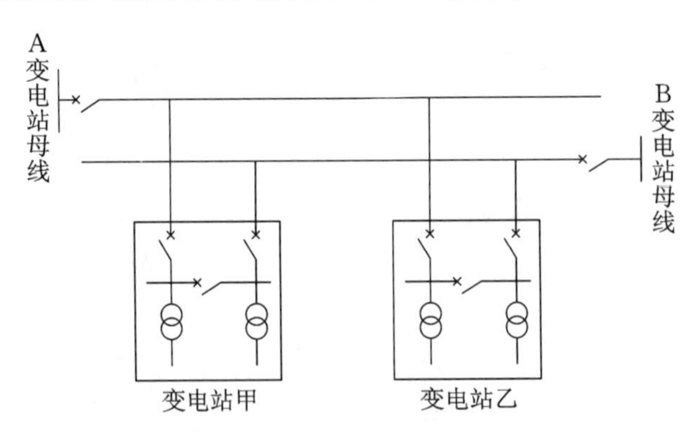

图 10-3　双侧电源双回路放射式接线示意图

2. 电缆线路

1）单侧电源双回路式接线

高压配电线路采用电缆时，由于电缆故障率较低，单侧双路电源可以支接两个变电站，称为单侧电源双回路式接线，其示意图如图 10-5 所示。

2）双侧电源双回路环式接线

支接两个以上变电站时，宜在两侧配置电源和线路分段，其示意图如图 10-6 所示。

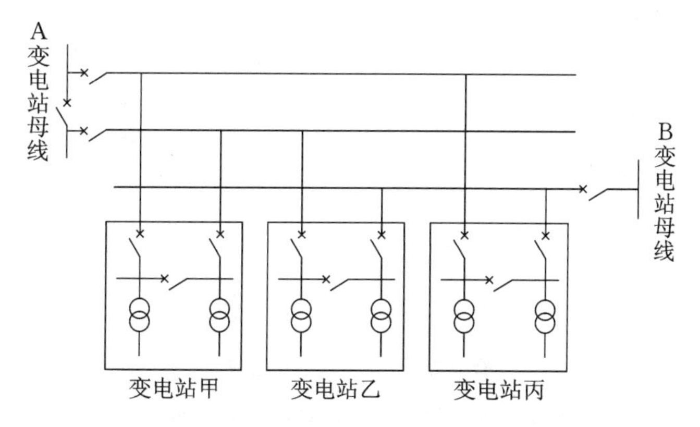

图 10-4 双侧电源三回路放射式接线示意图

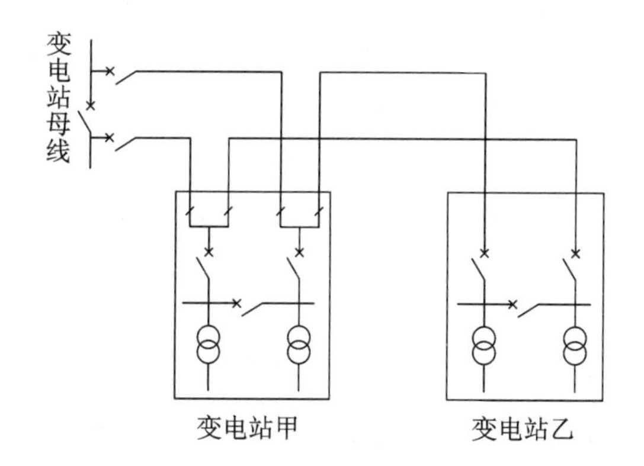

图 10-5 单侧电源双回路式接线示意图

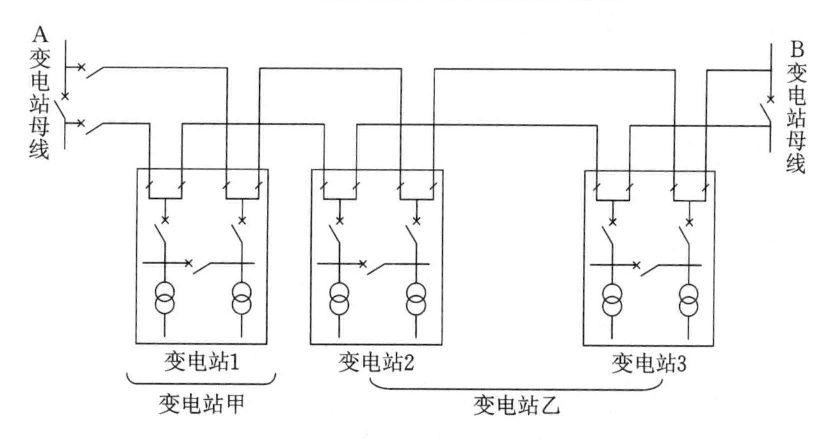

图 10-6 双侧电源双回路环式接线示意图

3）双侧电源双回路链式接线

大城市负荷密度大，供电可靠性要求高，可采用双侧电源双回路链式接线，其示意图如图 10-7 所示。

10.2.2 中压配电网常用接线方式

1. 架空线路

1）辐射式接线

辐射式接线示意图如图 10-8 所示，这种接线方式的线路末端没有其他能够联络的电

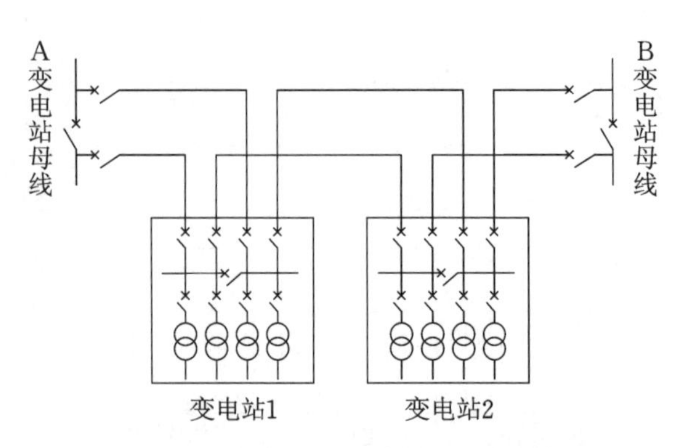

图 10-7 双侧电源双回路链式接线示意图

源，在干线或支线上设置分段开关，每一个分段能给多台终端变电站或柱上变压器供电。干线分段原则是：一般主干线分为 2～3 段，负荷较密集地区每 1 km 分一段，远郊区和农村地区按所接配电变压器容量每 2～3 MV·A 分一段，以缩小事故和检修停电范围。

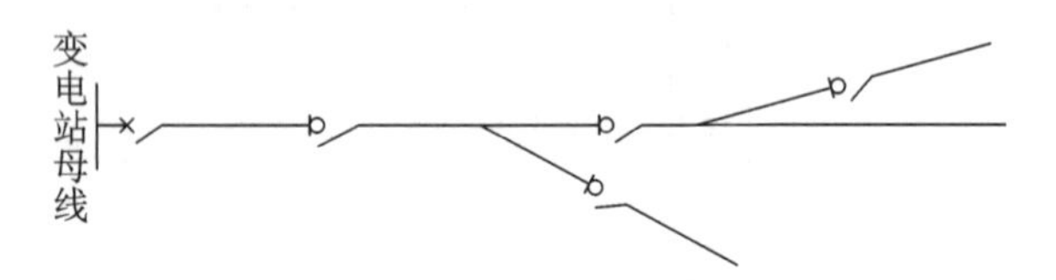

图 10-8 辐射式接线示意图

辐射式接线的特点是结构简单，可根据用户的发展随时扩展，就近接电，投资小，维护方便，但存在供电可靠性和电压质量不高的问题，不能满足 N-1 原则，当线路故障时，部分线路或全线将停电；当电源故障时，将导致整条线路停电。这种接线主要适合于在负荷密度不高、用户分布较分散或供电用户属一般用户的地区，如一般的居民区、小型城市近郊、农村地区。

2）手拉手式接线

手拉手式接线示意图如图 10-9 所示，这种接线方式与辐射式接线的不同点在于每个中压变电站的一回主干线都和另一中压变电站的一回主干线接通，形成一个两端都有电源、环式设计、开式运行的主干线，任何一端都可以供给全线负荷。主干线上有若干分段点，任何一个分段停电时都可以不影响其他分段的用电。因此，配电线路停电检修时，可以分段进行，缩小停电范围，缩短停电时间；中压变电站全停电时，配电线路可以全部改由另一端电源供电。这种接线方式配电线路本身的投资并不一定比普通环式更高，但中压变电站的备用容量要适当增加，以负担其他中压变电站的负荷。

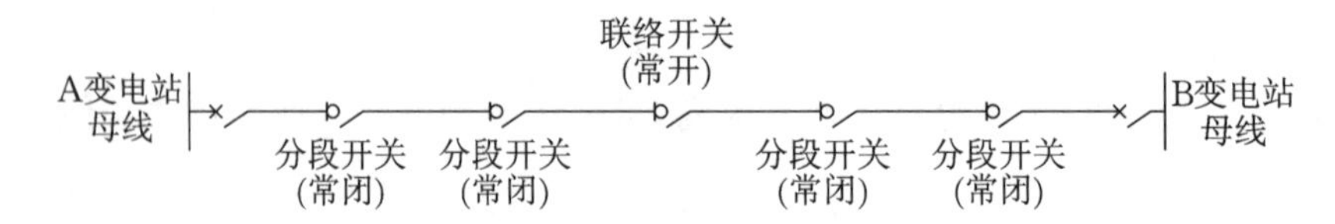

图 10-9 手拉手式接线示意图

手拉手式接线方式的最大优点是可靠性比辐射式接线方式高，接线清晰，运行比较灵活。一条线路出现故障时，仍然能够通过负荷转移，将故障线路隔离，同时使得没有故障的线路继续运行。

3）多分段多联络接线

多分段多联络接线一般采用柱上负荷开关将线路多分段，根据分段数和联络数的不同可分为两分段两联络、三分段三联络、三分段四联络等，三分段三联络接线示意图如图 10-10 所示。

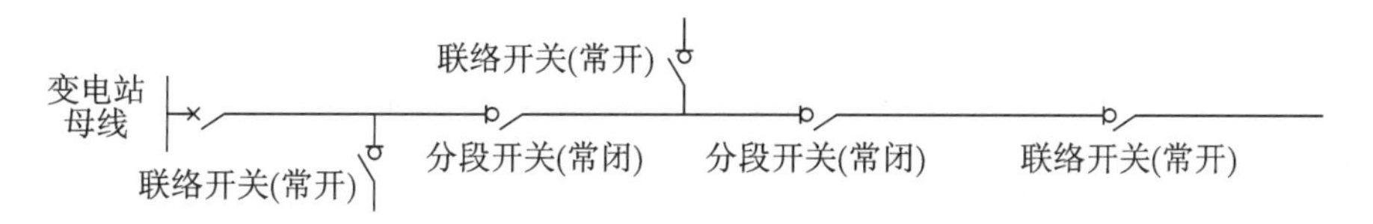

图 10-10　三分段三联络接线示意图

此接线方式的优点是供电可靠性高，经济性好，满足 N-1 安全准则。联络开关数目越多，故障停电和检修时间越少。其缺点是受地理位置、负荷分布的影响，供电区域要达到一定的规模，且造价较高。

2. 电缆线路

1）单侧电源单辐射式接线

单侧电源单辐射式接线示意图如图 10-11 所示。此种接线方式的优点是比较经济，配电线路较短，投资小，新增负荷连接比较方便，但其缺点也很明显，主要是电缆故障多为永久性故障，故障影响时间长，范围较大，供电可靠性较差。当出现线路故障或电源故障时将导致全线停电。单侧电源单辐射式接线不考虑线路的备用容量，每条出线均是满负载运行。

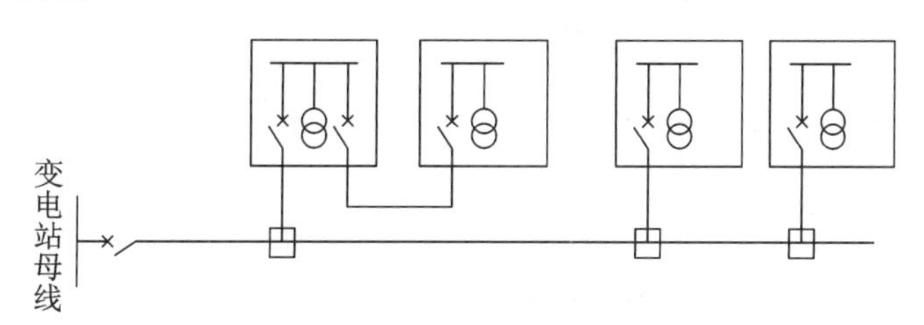

图 10-11　单侧电源单辐射式接线示意图

2）单侧电源双辐射式接线

自一座变电站或开关站的不同中压母线引出线双回线，或自同一供电区域的不同变电站引出双回线，形成单侧电源双辐射式接线，其示意图如图 10-12 所示。此种接线方式可以使客户同时得到两个方向的电源，满足从上一级 10 kV 线路到客户侧 10 kV 配电变压器整个网络的 N-1 要求，供电可靠性很高，适于向对供电可靠性有较高要求的用户供电。

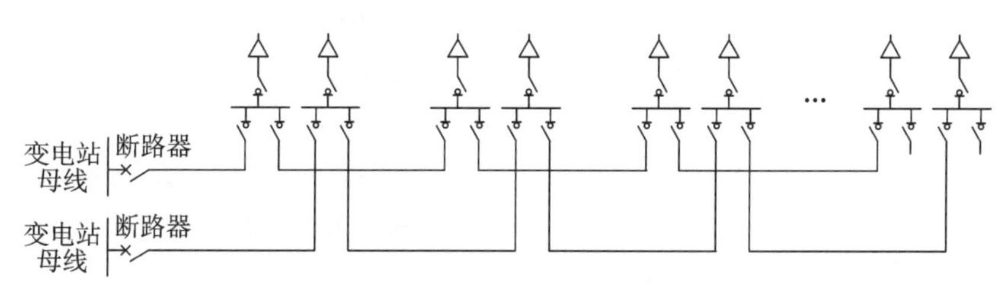

图 10-12　单侧电源双辐射式接线示意图

3）双侧电源单环式接线

双侧电源单环式接线示意图如图 10-13 所示。该接线模式自同一供电区域两座变电站的中压母线或一座变电站中不同中压母线或两座开关站的中压母线馈出单回线路构成环网，开环运行。

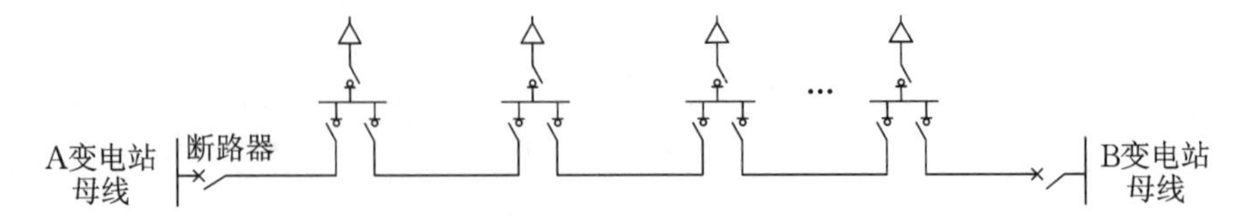

图 10-13 双侧电源单环式接线示意图

4）双侧电源双环式接线

双侧电源双环式接线示意图如图 10-14 所示。该接线模式自同一供电区域的两座变电站的不同中压母线各引出一回线路，构成双环式接线方式。

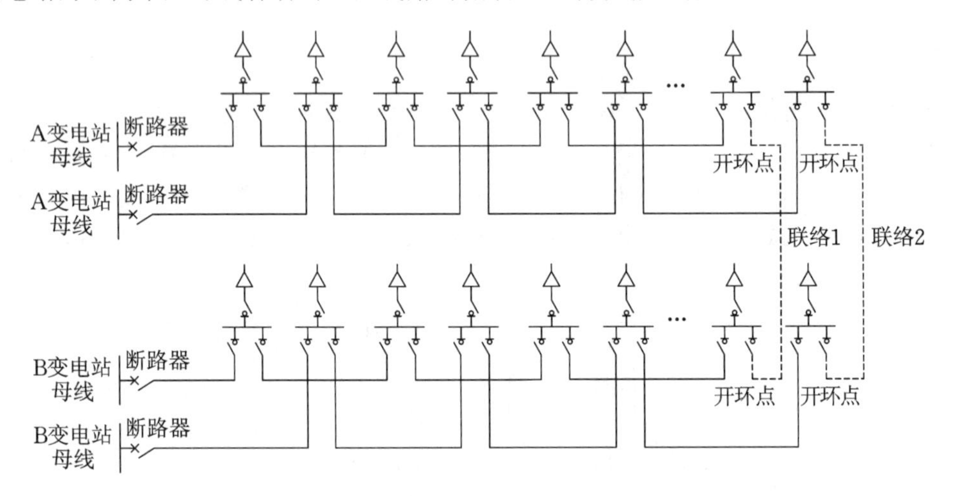

图 10-14 双侧电源双环式接线示意图

5）“N-1”接线

“N-1”接线形式主要有“N-1”主备接线和“N-1”互为备用两种形式。所谓“N-1”主备接线是指 N 条电缆线路连成电缆环网，其中有一条线路作为公共的备用线路，正常时空载运行，其他线路都可以满载运行，若某一条运行线路出现故障，则可以通过线路切换把备用线路投入运行。“N-1”接线的主要形式有“3-1”接线和“4-1”接线，“5-1”及以上接线形式比较复杂，操作烦琐，投资较大，因此一般 N 最大取 5。典型的“3-1”主备接线示意图如图 10-15 所示。

“N-1”主备接线模式的优点是供电可靠性较高，线路的理论利用率也较高。该方式适用于负荷发展已经饱和、网络按最终规模一次规划建成的地区。

“N-1”互为备用接线是指每一条馈线都在线路中间或末端装设开关互相连接。图 10-16 所示为“3-1”互为备用接线示意图，正常情况下，每条馈线的最高负荷可以控制在该电缆安全载流量的 67%。该模式相当于电缆线路的分段联络接线模式，比较适合于架空线路逐渐发展成电缆网的情况。

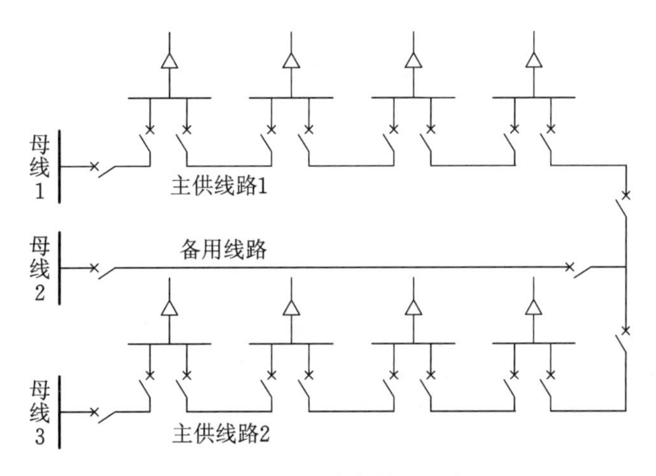

图 10-15　“3-1”主备接线示意图

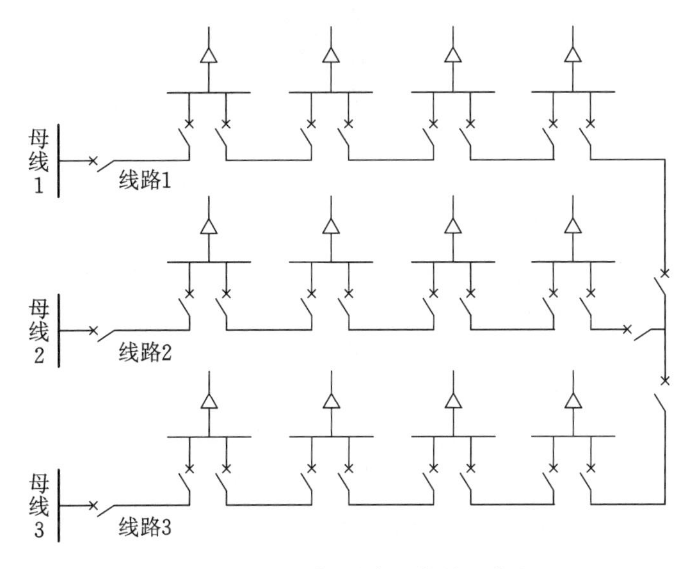

图 10-16　“3-1”互为备用接线示意图

10.2.3　配电网中性点接地方式

配电网中性点与大地间电气连接的方式，称为配电网中性点接地方式。不同中性点接地方式对配电系统绝缘水平、过电压保护的选择、继电保护方式等产生不同的影响。反过来，针对一个具体的配电系统，选择何种接地方式，要综合考虑多种因素，进行安全、技术及经济比较后确定。

由于接地电流值与零序电抗的大小密切相关，因此将零序电抗与正序电抗比值作为接地方式划分的依据。如果一个系统的零序电抗与正序电抗之比不大于 3，且零序电阻与正序电抗之比不大于 1 时，则认为该配电网中性点采用了有效接地方式，否则，称为非有效接地方式。中性点采用有效接地方式和非有效接地方式的配电网，分别称为中性点有效接地配电网和中性点非有效接地配电网。

配电网中性点接地方式与变压器中性点接地方式在概念上有所区别。一个具体的变压器，其中性点采用某一种接地方式，含义是明确的。而对采用某一种接地方式的配电网来说，其中的电气设备可能采用不同的接地方式。例如，中性点直接接地的 110 kV 及以上的高压配电网中，也可能存在中性点不接地的变压器。

1. 中性点有效接地方式

中性点有效接地方式分为中性点直接接地和中性点经小电阻接地两种接地方式。由于当配电网中性点采用有效接地方式时，单相接地的故障电流比较大，习惯上又将其称为大电流接地方式。

1）中性点直接接地方式

中性点直接接地的配电网中发生单相接地故障时，短路电流较大。巨大的短路电流会对电气设备造成危害，干扰邻近的通信线路，可能使电信设备的接地部分产生高电位，以致引发事故；此外，故障点附近容易产生接触电压和跨步电压，可能对人身造成伤害。为避免这些危害，在系统发生单相接地故障时，继电保护装置应立即动作，使断路器跳闸，切除故障线路。

中性点直接接地方式的优点是单相接地故障时非故障相对地电压一般低于正常运行电压的 140%，不会引起过电压；继电保护配置比较容易。其缺点是发生单相接地故障会引起断路器跳闸。实际上电网的绝大部分故障是单相接地故障，其中瞬时性故障又占有很大比例，这些故障都会引起供电中断，影响供电可靠性。

2）中性点经小电阻接地方式

中性点经小电阻接地方式是在中性点与大地之间连接一个电阻，电阻的大小应使流经变压器绕组的故障电流不超过每个绕组的额定值。经小电阻接地的配电系统发生单相接地故障时，非故障相电压可能达到正常值的 3 倍，由于高、中压配电系统的绝缘水平是根据更高的雷电过电压设计的，因而不会对配电系统设备造成危害。

2. 中性点非有效接地方式

中性点非有效接地方式包括中性点不接地、中性点经消弧线圈接地、中性点经大电阻接地三种接地方式。这三种接地方式下发生单相接地故障时，流过故障点的电流很小，因此，被称为小电流接地方式。下面介绍现场常用的中性点不接地和中性点经消弧线圈接地两种接地方式。

1）中性点不接地方式

由于中性点对地绝缘，故障点接地电流主要取决于整个系统对地分布电容。以架空线为主的配电网中，接地电流一般为数安到数十安，在以电缆线路为主的配电网中，接地电流可达到数百安。

中性点不接地方式结构简单，运行方便，不需任何附加设备，若是瞬时性故障，一般能自动熄弧，非故障相电压升高不大，不会破坏系统的对称性，单相接地电流较小，运行中可允许单相接地故障存在一段时间。电力系统安全运行规程规定可继续运行 1～2 h，从而获得排除故障的时间。若是由于雷击引起的绝缘闪络，则绝缘可以自行恢复，相对提高了供电的可靠性。中性点不接地系统的最大优点在于：当线路不太长时能自动消除单相瞬时性接地故障，而不需要跳闸。

中性点不接地方式因其中性点是绝缘的，电网对地电容中存储的能量没有释放通路，在发生弧光接地时，对地电容中的能量不能释放，从而产生弧光接地过电压，其值可达相电压的数倍，对设备绝缘造成威胁。此外，由于电网中存在电容和电感元件，在一定条件下，因倒闸操作或故障，容易引发线性谐振或铁磁谐振，产生较高谐振过电压。

2）中性点经消弧线圈接地方式

中性点经消弧线圈接地方式是将带气隙的可调电抗器接在系统中性点和地之间，当系统发生单相接地故障时，消弧线圈的电感电流能够补偿电网的接地电容电流，使故障点的接地电流变为数值较小的残余电流，残余电流的接地电弧就容易熄灭。由于消弧线圈的作用，当残流过零熄弧后，降低了恢复电压的初速度，延长了故障相电压的恢复时间，并限制了恢复电压的最大值，从而可以避免接地电弧的重燃，达到彻底熄弧的目的。

中性点经消弧线圈接地方式在系统发生单相接地故障时，流过接地点的电流较小，不会立即跳闸，按电力系统安全运行规程规定电网可带故障运行 2 h。中性点经消弧线圈接地方式还具有人身、设备安全性好，电磁兼容性强和运行维护工作量小等一系列优点。

中性点经消弧线圈接地时，根据消弧线圈的电感电流对电容电流补偿程度的不同，可以有完全补偿、欠补偿和过补偿三种补偿方式，其补偿情况表示为

$$v=\frac{I_C-I_L}{I_C} \tag{10-1}$$

式中，v 为消弧线圈的脱谐度；I_C为系统电容电流；I_L为消弧线圈产生的感性电流。

1）完全补偿

完全补偿（$v=0$）就是使消弧线圈产生的感性电流等于系统电容电流，接地点的电流近似为零。从消除故障点电弧，避免电弧重燃出现弧光过电压的角度看，显然这种补偿方式是最好的。在以往的概念中，由于易引起电感和三相对地电容串联谐振，完全补偿是一个禁区，但在自动跟踪补偿系统中允许完全补偿，因为在这种装置中加装了阻尼电阻。

2）欠补偿

欠补偿（$v>0$）指消弧线圈产生的感性电流小于系统电容电流的补偿方式，补偿后接地点的电流仍然是容性的。欠补偿方式在配电网改变运行方式，切除部分线路后易形成完全补偿，因此，这种方式较少采用。

3）过补偿

过补偿（$v<0$）指消弧线圈产生的感性电流大于系统电容电流的补偿方式，补偿后的残余电流是感性的。过补偿运行方式不可能引起系统发生串联谐振，因此，一般配电网运行中都采用过补偿，脱谐度不大于 10％。

我国配电网中压变电站主变压器一般采用 Y/△连接方式，系统中不存在中性点。当系统采用经消弧线圈接地运行方式时，最佳方法是增设接地变压器。接地变压器主绕组连接到接地系统的三相，并引出中性点端子到消弧线圈上。接地变压器可以带有一个低电压的二次绕组，作为变电站辅助电源，消弧补偿装置原理接线图如图 10-17 所示。

接地变压器由 6 个绕组组成，每一铁芯柱上有 2 个绕组，然后反极性串联成曲折形的星形绕组。接地变压器在电网正常运行时有很高的励磁阻抗，在绕组中只流过较小的励磁电流或因中性点电压偏移而引起的持续电流。当系统发生单相接地故障时，接地变压器绕组对正序、负序电流都呈现高阻抗，而对零序电流则呈现低阻抗。阻尼电阻的主要作用是用来限制消弧线圈在调整和正常运行时的谐振过电压，一般是在消弧补偿装置调节电感量和正常运行时起作用。在接地故障发生时，一般将阻尼电阻切除。

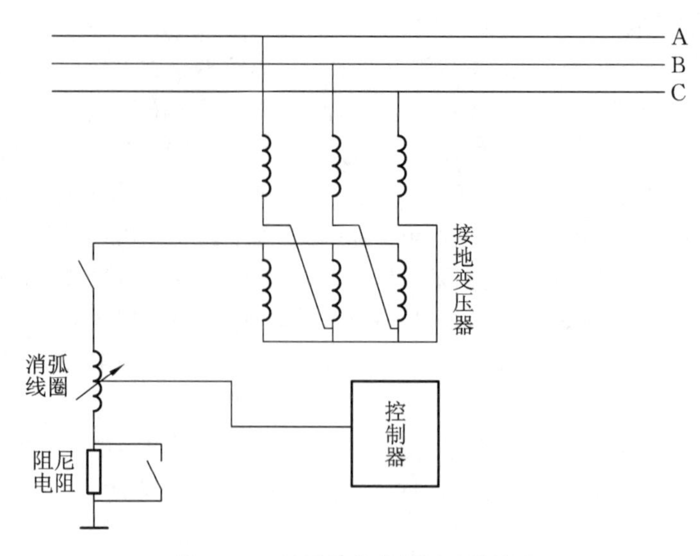

图 10-17 消弧补偿装置原理接线图

控制器对电网的电容电流进行实时在线检测，能根据电网中电容电流的变化自动调整补偿电流，有效地把接地点残流控制在 10 A 以下，记录并打印故障参数，为故障分析提供依据。

3. 中性点接地方式的比较

表 10-1 列出了各种中性点接地方式的优缺点，在选择中性点接地方式时，必须考虑人身安全、供电可靠性、电气设备和线路绝缘水平、继电保护的可靠性、对通信信号的干扰等。

表 10-1 中性点接地方式比较

比较内容 \ 方式	不接地	经电阻接地	经消弧线圈接地	直接接地
非故障相对地电压（相电压的倍数）	$\sqrt{3}$倍以上	$\sqrt{3}$倍以上	过补偿时为$\sqrt{3}$倍以上，欠补偿时有谐振危险	1.3 倍以上
发展为多重故障	线路长，电容电流大，可能性大	较好	可能因串联谐振引起多重故障	少
单相接地电流	小	较大	最小	大
继电保护	较难	较好	困难	可靠
故障时对通信线路的电磁干扰	小	较小	最小	大
供电可靠性	高	较高	高	低
故障电流对人身安全的影响	持续时间长	小	最小	大

4. 配电网中性点运行方式的选择

1）高压配电网

110 V 及以上高压配电网的运行电压本身已经很高，如果采用中性非有效接地方式，单相接地故障时，非故障相过电压较高，对电气设备绝缘的要求大大提高，设备制造成本显著增加，因此，国内外高压配电网一般都采用中性点直接接地方式。高压配电网还有 35 kV、66 kV 两个电压等级，其中性点接地方式的选择原则与中压配电网类似。

2）中压配电网

中压配电网额定运行电压相对较低，单相接地故障过电压的矛盾不像在高压配电网中那样突出，中性点直接接地的优势不明显，难以确定中性点采用有效接地方式或非有效接地方式中的哪一种接地方式更为有利，因此，这两种接地方式在实际工程中都有相当数量的应用。

目前，美国、英国、新加坡等国和我国香港地区的中压配电网中性点一般采用直接接地方式或经小电阻接地方式，德国、法国、日本、俄罗斯等国的中压配电网中性点一般采用非有效接地方式，我国的中压配电网中性点一般采用非有效接地方式。

3）我国配电网常采用的接地方式

(1) 110～220 kV：中性点通常采用有效接地方式，部分变压器中性点可采用不接地方式。

(2) 3～66 kV：中性点通常采用不接地方式或经消弧线圈接地方式，在少数城市和若干工矿企业开始采用小电阻或大电阻接地方式。

根据国家标准 GB 50070—2009《矿山电力设计规范》规定，当单相接地电容电流小于等于 10 A 时，宜采用电源中性点不接地方式，大于 10 A 时，必须采用限制措施。我国电力行业推荐性标准 DL/T 620—1997《交流电气装置的过电压保护和绝缘配合》进行了如下规定。

① 3～10 kV 不直接连接发电机的系统和 35 kV、66 kV 系统，按线路形式和单相接地故障电容电流的给定阈值，不超过阈值时，采用不接地方式，超过阈值采用消弧线圈接地方式。

(a) 3～10 kV 钢筋混凝土或金属杆塔的架空线路构成的系统和所有 35 kV、66 kV 系统，阈值为 10 A。

(b) 3～10 kV 非钢筋混凝土或非金属杆塔的架空线路构成的系统，电压为 3 kV 和 6 kV 时，阈值为 30 A；电压为 10 kV 时，阈值为 20 A。

(c) 3～10 kV 电缆线路构成的系统，阈值为 30 A。

② 电压为 6～35 kV 且主要由电缆线路构成的送、配电系统，在单相接地故障电容电流较大时，可以采用低电阻接地方式，但应考虑供电可靠性的要求、故障时瞬间电压、瞬态电流对电气设备和通信的影响、继电保护方面的技术要求以及本地运行经验等。

③ 6 kV 和 10 kV 配电系统以及单相接地故障电流较小的发电厂用电系统，为了防止谐振、间歇性电弧接地过电压等对设备的损坏，可采用高电阻接地方式。

10.2.4 非有效接地配电网的单相接地故障分析

在非有效接地配电网中发生单相接地故障时，由于其接地电流主要是由电网分布电容引起的，其故障分析有其特殊之处，理论上讲，可以利用不对称分量法求出单相故障电流，但采用下面介绍的分析方法更为简单明了。

1. 中性点不接地配电网的单相接地故障

在图 10-18 所示的中性点不接地系统示意图中，三相对地分布电容相同，均为 C_0。

正常运行情况下，三相电压对称，对地电容电流之和等于零。在发生A相接地故障后，在接地点处A相对地电压变为零，对地电容被短接，电容电流为零，其他两个非故障相（B相和C相）的对地电压升高$\sqrt{3}$倍，对地电容电流也相应增大$\sqrt{3}$倍。单侧电源双辐射式接线示意图如图10-19所示。

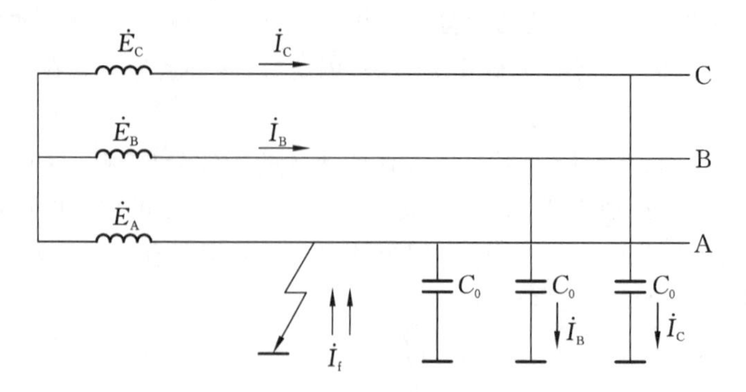

图 10-18 中性点不接地系统示意图

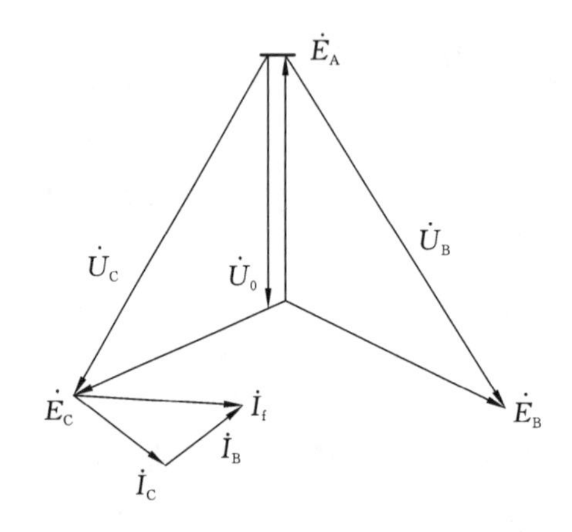

图 10-19 单侧电源双辐射式接线示意图

由于线电压仍然三相对称，三相负荷电流也对称，相对于故障前没有变化，下面只分析对地关系的变化。在A相接地以后，忽略负荷电流和电容电流在线路及电源阻抗上的电压降，在故障点处各相对地的电压为

$$\begin{cases}\dot{U}_A=0\\ \dot{U}_B=\dot{E}_B-\dot{E}_A=\sqrt{3}\dot{E}_A e^{-j150^\circ}\\ \dot{U}_C=\dot{E}_C-\dot{E}_A=\sqrt{3}\dot{E}_A e^{j150^\circ}\end{cases} \tag{10-2}$$

故障点零序电压为

$$\dot{U}_0=\frac{1}{3}(\dot{U}_A+\dot{U}_B+\dot{U}_C)=-\dot{E}_A \tag{10-3}$$

因为全系统A相对地电压均等于零，因而各元件A相对地的电容电流也等于零，此时流过故障点的电流是配电系统中所有非故障相对地的电容电流之和，即

$$\dot{I}_f=\dot{I}_B+\dot{I}_C=j\omega C_0\dot{U}_B+j\omega C_0\dot{U}_C=-3j\omega C_0\dot{E}_A \tag{10-4}$$

下面分析故障线路与非故障线路零序电流之间的关系。若两条线路相对地电容分

别为 $C_{0\text{I}}$、$C_{0\text{II}}$，母线及电源每相对地等效电容为 C_{0S}，设线路Ⅱ的 A 相发生接地故障，其网络接线与零序电流分布图如图 10-20(a)所示。

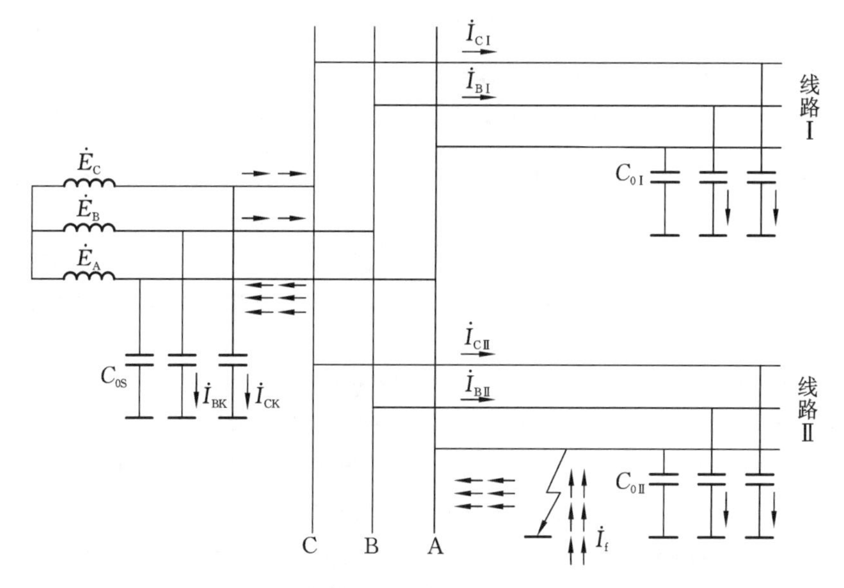

(a) 网络接线与零序电流分布图

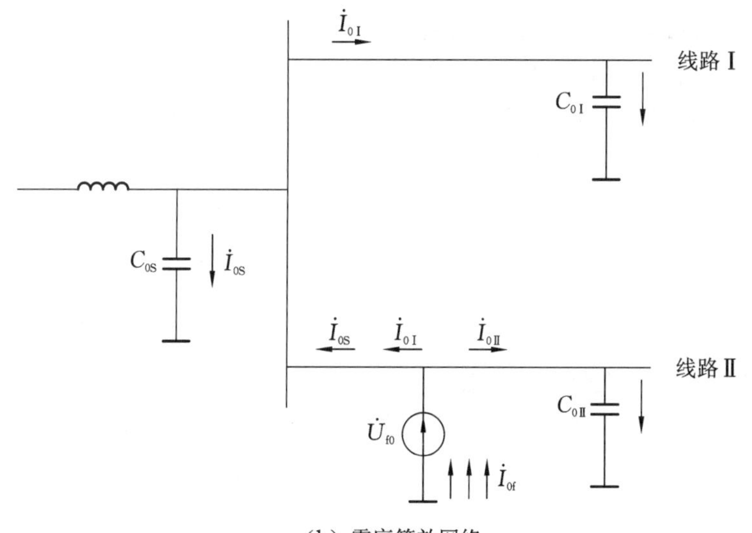

(b) 零序等效网络

图 10-20 中性点不接地配电网单相接地时电流分布与零序等效网络图

非故障线路始端的零序电流为

$$3\dot{I}_{0\text{I}}=\dot{I}_{B\text{I}}+\dot{I}_{C\text{I}}=-3\text{j}\omega C_{0\text{I}}\dot{E}_A \tag{10-5}$$

即非故障线路零序电流为线路本身的对地电容电流，其方向由母线流向线路。

对于故障线路来说，在 B 相与 C 相电流有它本身的电容电流 $\dot{I}_{B\text{II}}$ 和 $\dot{I}_{C\text{II}}$，而 A 相流回的是全系统的 B 相和 C 相对地电流之和，即流过故障点的电流 $\dot{I}_f$。因此，线路始端的零序电流为

$$3\dot{I}_{0\mathrm{II}}=\dot{I}_{\mathrm{AII}}+\dot{I}_{\mathrm{BII}}+\dot{I}_{\mathrm{CII}}=3\mathrm{j}\omega(C_{0\Sigma}-C_{0\mathrm{II}})\dot{E}_{\mathrm{A}} \tag{10-6}$$

式中,$C_{0\Sigma}$为配电系统每相对地电容的总和。

可见,故障线路零序电流数值等于系统中所有非故障元器件(不包括故障线路本身)的对地电容电流之和,其方向由线路流向母线,与非故障线路的零序电流方向相反。

根据以上分析,作出单相接地故障时零序等效网络如图 10-20(b)所示,其中$\dot{U}_{\mathrm{f0}}=-\dot{E}_{\mathrm{A}}$为接地点零序虚拟电压源电压,线路串联零序阻抗远小于对地电容的阻抗,因此忽略不计。

以上有关结论,适用于有多条线路的配电系统。

总结以上分析的结果,可以得出中性点不接地系统发生单相接地故障后零序分量分布的特点如下。

(1) 零序网络由同级电压网络中元器件对地的等效电容构成通路,与中性点直接接地系统由接地的中性点构成通路有极大的不同,网络的零序阻抗很大。

(2) 在发生单相接地时,相当于在故障点产生了一个其值与故障相故障前相电压大小相等、方向相反的零序电压,从而全系统都将出现零序电压。

(3) 在非故障线路中流过的零序电流,其数值等于本身的对地电容电流,电容性无功功率的实际方向为母线流向线路。

(4) 在故障线路中流过的零序电流,其数值为全系统非故障元器件对地电容电流的总和,电容性无功功率的实际方向由线路流向母线。

2. 中性点经消弧线圈接地配电网的单相接地故障

当在中性点接入消弧线圈后,单相接地时的电流分布将发生重大变化。假定在如图 10-21(a)所示的网络中,线路Ⅱ的 A 相发生接地故障,电容电压的大小和分布与不接地系统是一样的,不同之处是在接地点又增加了一个电感电流 $\dot{I}_{\mathrm{L}}$。忽略线圈电阻,在相电压作用下产生的电感电流为

$$\dot{I}_{\mathrm{L}}=\frac{-\dot{E}_{\mathrm{A}}}{X_{\mathrm{L}}}=\mathrm{j}\,\frac{\dot{E}_{\mathrm{A}}}{\omega L} \tag{10-7}$$

式中,L、X_{L}分别是消弧线圈的电感和感抗。

消弧线圈的电感电流经故障点沿故障相返回,因此,从接地点返回的总电流为

$$\dot{I}_{\mathrm{f}}=\dot{I}_{\mathrm{L}}+\dot{I}_{\mathrm{C\Sigma}} \tag{10-8}$$

式中,$\dot{I}_{\mathrm{C\Sigma}}$为全系统的对地电容电流。

由于$\dot{I}_{\mathrm{C\Sigma}}$与$\dot{I}_{\mathrm{L}}$的相位相差 180°,因此$\dot{I}_{\mathrm{f}}$因消弧线圈的补偿而减小。相似地,可以作出它的零序等效网络,如图 10-21(b)所示。

根据对电容电流补偿程度的不同,消弧线圈有完全补偿、欠补偿及过补偿三种补偿方式。

当采用过补偿方式时,接地点残余电流呈感性,故障线路零序电流幅值可能大于非故障线路,二者的方向也可能一致,因此,难以通过比较零序电流的幅值或方向选择故障线路。当采用完全补偿方式时,接地电容电流被电感电流完全抵消掉,流经故障线路和非故障线路的零序电流都是本身的对地电容电流的 1/3,方向都是由母线流向线路,在这种情况下,利用稳态零序电流的大小和方向都无法判断出哪一条线路发生了故障。

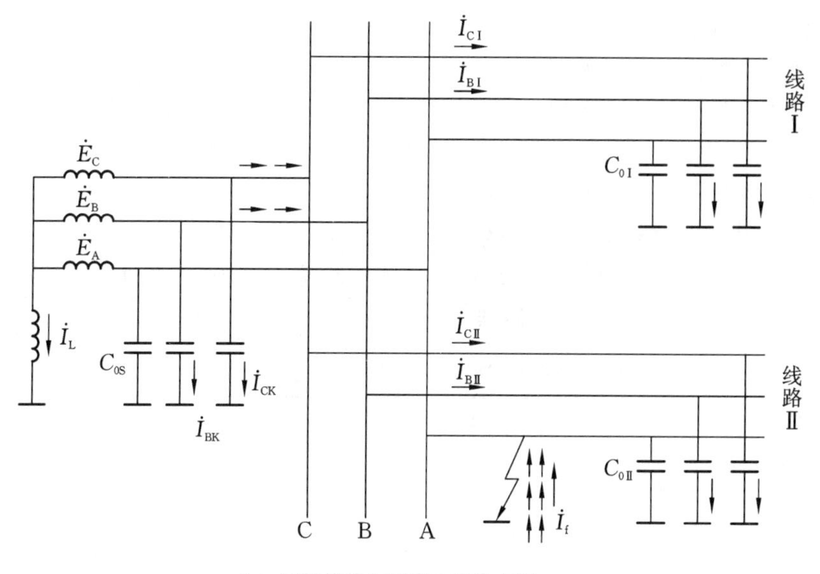

(a) 网络接线与零序电流分布图

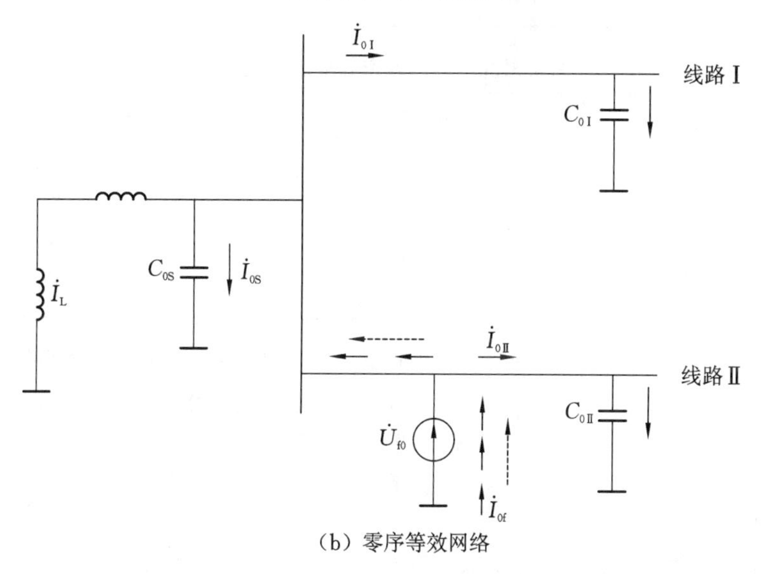

(b) 零序等效网络

图 10-21 中性点经消弧线圈接地配电网单相接地时电流分布与零序等效网络图

10.2.5 配电网的特殊模型元件设计

电力系统动态模拟实验室是根据相似原理建立起来的物理模型，配电系统动态模拟实验平台是在传统电力系统动态模型基础上，凭借模拟无穷大电源、模拟输电线路、模拟变压器、模拟断路器、模拟各种负荷、模拟各种互感器、模拟小电源机组、模拟各类电气回路结构以及模拟硬(软)件匹配而构建的模拟实验系统。配电系统有其特殊性，包含配电网中性点接地方式、配电线路模型、小电源机组模型等。为了方便开展小电流接地选线装置、故障指示器等产品的实验研究，特殊研制了零序电流互感器、升流器、升压器以及弧光接地模拟设备。

1. 中性点接地方式模拟

模型配电系统应能模拟原型系统各种各样的接地方式，并且包含采用接地变等方式。

（1）模拟中性点直接接地系统。

（2）模拟中性点不接地系统。

（3）模拟中性点通过电阻或者消弧线圈等阻抗接地，以及限制接地故障电流的阻抗接地方式，要求电阻值或者消弧线圈补偿度可根据动模实验的需要进行灵活调整。

2. 架空和电缆线路模拟

模拟架空或者电缆线路均由等效链形电路组成，可采用"π"形或"Γ"形电路，其电路参数特性应与相同配电网电压等级的原型线路相符。表 10-2、表 10-3 分别列出原型系统 10 kV、35 kV 架空和电缆线路典型参数。

表 10-2 原型系统 10 kV 架空和电缆线路典型参数

线路参数	钢芯铝绞线	铜芯电缆
导线截面积	240 mm^2	300 mm^2
R_1	0.131 Ω/km	0.0583 Ω/km
X_1	0.357 Ω/km	0.0998 Ω/km
C_0	0.0147 μF/km	0.37 μF/km

表 10-3 原型系统 35 kV 架空和电缆线路典型参数

线路参数	钢芯铝绞线	铜芯电缆
导线截面积	240 mm^2	300 mm^2
R_1	0.131 Ω/km	0.0583 Ω/km
X_1	0.372 Ω/km	0.174 Ω/km
C_0	0.008 μF/km	0.195 μF/km

模型线路参数设计是针对原型系统，根据阻抗模拟比进行计算，要求所有模型线路元件，在通过额定或者故障工频电流时，其电压与所通过的电流值成正比（阻抗值恒定），因此模拟线路电抗器均采用空心线圈绕制方式。

在模拟环形配电网中，要保证各条线路在中性线中所流过的零序电流与三个相合成的零序电流相等。

针对电缆线路模拟，都应装设模拟电容器。而对于架空线路模拟，如果只是进行线路保护实验，可以考虑不装设模拟电容器，但针对故障指示器或者接地选线实验，必须装设模拟电容器。如果具体工程对架空线路、电缆线路或者架空与电缆混合线路有特殊要求时，需要进行专门的模型设计。

3. 小电源机组模拟

随着新能源的高速发展，光伏发电、风力发电、小水电机组等可再生能源均接入配电网系统，模拟小水电机组，其频率应能在 48～52 Hz 范围内调整。模拟小电源机组的容量可根据实际情况按照模拟比选择，一般 10 kV 电压等级在 400 kW～6 MW 范围，35 kV 电压等级在 6 MW～20 MW 范围。在配电系统的动态模型中，要根据整个配电模型的功率模拟比，配置小容量的光伏、风电或者水电机组。

4. 配电变压器模拟

原型配电变压器以两绕组变压器为主，10 kV 配电变压器的短路阻抗为 4%～6%，35 kV 配电变压器的短路阻抗为 6.5%～8%，也有一些特殊变压器的短路阻抗特别大，因此模拟配电变压器短路阻抗要求能在4%～20%范围内调整，模拟变压器最大分接头为±10%UN，建模时要求模拟变压器短路阻抗的标幺值与原型变压器相等。

确定模拟配电变压器的容量非常重要，要根据动模实验室现有各种模型负荷容量、各条模型线路情况，综合考虑配电系统的电流、电压、阻抗模拟比的选择，根据原型配电变压器容量，通过功率模拟比计算模型系统的变压器容量。

为了继电保护实验方便，模拟变压器高压侧和低压侧绕组应有匝间短路设置，匝间短路匝数与总匝数之比应在1%～10%间可选择，并且模拟变压器在空投时其励磁涌流应足够大，三相中最大涌流峰值应不小于4倍额定电流峰值。

5. 接地阻抗模拟

配电网模型能模拟原型系统中各种各样的接地方式，并且包含采用Z形接地方式的模拟，配电系统变压器中性点有直接接地系统、不接地的系统、中性点通过电阻接地系统、中性点通过消弧线圈接地系统等，中性点通过电阻或者消弧线圈接地都是要限制接地故障电流的大小，起到消除接地电弧的作用，因此要求模型电阻值或者消弧线圈补偿度要根据实验要求进行灵活调整。

针对不同研究对象的配电网模型，接地电阻大小或者消弧线圈数值要有很大的调整范围，并且在同一种配电网模型中，也要求有不同数值的选择，如经消弧线圈接地系统，实验要求模拟90%～95%补偿度及105%～110%补偿度的工况。

一般动模实验室中的消弧线圈的阻抗范围在600～2400 Ω之间，因为阻抗值太大无法采用暂态特性好的空心电抗器来模拟(体积庞大、价格昂贵)，而可调铁芯式的电抗器稳定性差，因此采用大气隙铁芯的电抗器来模拟消弧线圈，要求其暂态参数不饱和，并且要有非常多的抽头来满足各种实验的不同要求。

模拟接地电阻可采用阻值可变的双管滑线电阻，双管滑线电阻的优点是2个电阻可以串联使用或并联使用，这样可以大范围适应不同模型需求。

6. 大电流高电压模拟

故障指示器动模实验时需要模型系统提供与原型系统一样的稳态300～600 A大电流、10 kV高电压，动模实验一般是检测自动化装置、继电保护装置等的二次设备，而故障指示器相当于是一次设备，因此在动模实验室对故障指示器进行实验时，要采用特殊研制的升流器和升压器。图10-22为模拟三相电缆升流器实验接线图。

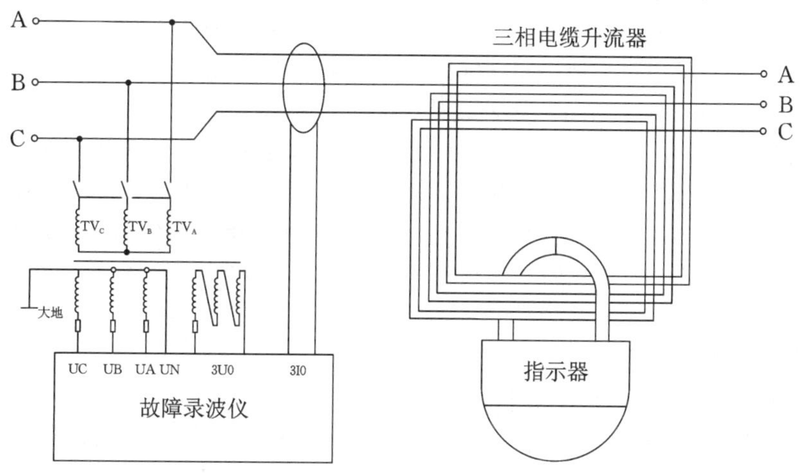

图10-22 模拟三相电缆升流器实验接线图

动模实验室的升流器是将模型线路电流值，升到与实际系统中的原型线路电流值相等，确保故障指示器通过升流器以后所感应的稳态、暂态电流与原型系统中所感应的稳态、暂态电流的特性一致。国内动模实验室模型的一次额定电流值一般是 10～20 A，而故障指示器像钳形表一样是通过磁钳卡在导线上来感应导线电流，因此将线径一致的导线环绕 30 匝，钳在上面的故障指示器感应的导线电流就是额定电流 10～20 A 的 30 倍，即 300～600 A 电流值。图 10-23 所示的故障指示器是钳在 30 匝的架空线路升流器上，如果需要不同的额定值，可以采用不同匝数的升流器，安装时注意电流的方向。

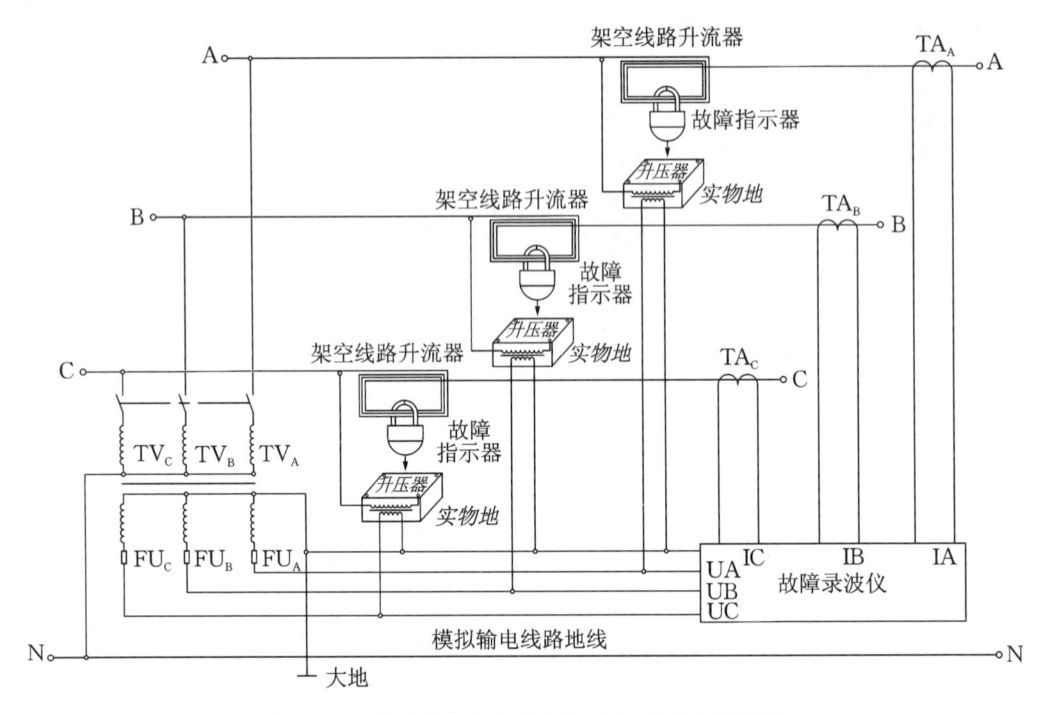

图 10-23　模拟架空线路升流器、升压器实验接线图

动模实验室的升压器是将动态模拟线路的相对地电压值，升到与原型系统中各相线路对地电压值相似，确保故障指示器对升压器极板所感应的稳态、暂态电压与原型系统中所感应的稳态、暂态电压特性一致。国内动模实验室模型的一次额定线电压值一般是 800～1200 V，即额定相电压是 462～693 V（对应的 TV 为 462～693 V/57.7 V），而故障指示器检测的是所挂导线对大地之间电压的感应电压，针对 10 kV 架空线路，每相故障指示器所感应的额定电压是 5.77 kV，因此设计一个容量 10 V·A、变比为 57.7 V/5770 V 的升压器，图 10-23 所示的升压器原方绕组接 TV 副方，升压器副方绕组一端连接模型的一次导线、另一端连接升压器顶部的金属极板（实物地），故障指示器下端对着升压器的金属极板，额定时感应到 5.77 kV 电压，如果模拟不同电压等级的线路，可以采用不同变比的升压器，同时也要注意同名端的极性。图 10-23 为模拟架空线路升流器、升压器实验接线图。

7. 零序电流互感器

模型电流与原型电流是按照电流模拟比来设计的，当原型配电系统运行在中性点不接地或者经消弧线圈接地方式下，单相接地故障所产生的零序电流很小，如果采用传统穿心式零序电流互感器在动模实验室进行测量，故障电流只有几毫安或者更小，即使是采用最小变比的零序电流互感器，也无法启动继电保护装置和故障录波装置，不能开展配电系统动态模拟实验研究，因此要特殊研制一种零序电流互感器，其实验接线图如图 10-24 所示。

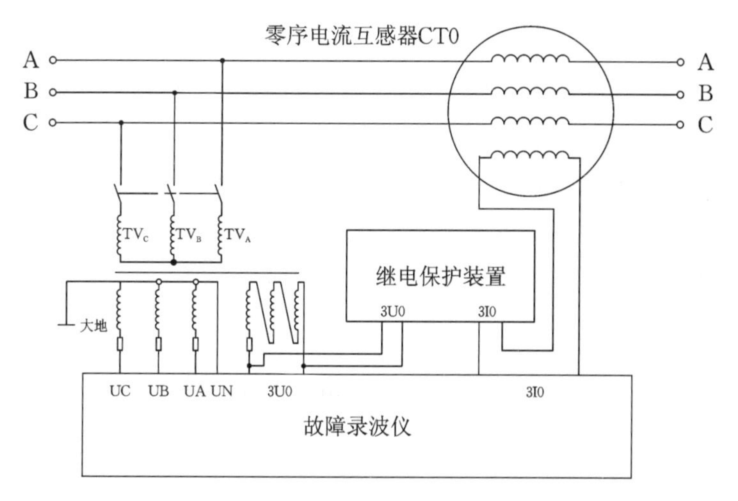

图 10-24　零序电流互感器实验接线图

磁平衡法绕线式零序电流互感器是将三相线路和副方绕组绕在同一个环形铁芯上，原方绕组为三个相线路并绕，副方绕组为零序电流互感器的二次输出，可以接保护装置和故障录波仪，可以根据要求调整原副方匝数比，使单相接地故障所产生的零序电流在 0.1～10 A 范围，从而通过磁平衡原理提高零序电流互感器的二次电流值、负载能力和测量精度，满足继电保护装置和故障录波装置的测量要求，是开展配电网故障实验研究的一个重要检测方法。

8. 弧光接地模拟

弧光接地过程是一个非常复杂的放电过程，因为是绝缘缓慢击穿，常常表现出一种间歇性弧光，弧光接地是配电网中常见的单相接地故障现象，但在动模实验室进行弧光接地故障的模拟是一个难点，要想到达弧光长度和时间的可调、可控，精确模拟出弧光接地时线路电压、电流的暂态过程，目前还达不到这个要求，这里只能介绍一种简单、粗犷的模拟方法。

在物理模拟系统中，通过运动控制单元实现合理的碳棒间隙，从而产生稳定性的电弧接地。在模拟系统中串联燃弧装置，通过逻辑控制单元使系统发生单相接地，令运动控制单元工作，拉开电弧间隙，使其产生稳定性的弧光接地，模拟实际配电网中的弧光接地故障。

10.3　配电网馈线自动化实验

随着对供电可靠性与电网运行效率的要求的不断提高，配电自动化（distribution automation，DA）正在世界范围内获得了越来越广泛的应用。同时分布式电源大量接入，配电网功率双向流动，传统的仅仅依靠人工调度的“盲管”方式已根本无法适应配电网运行控制与管理的要求，进一步增加了建设配电自动化系统的紧迫性。目前 DA 技术日趋成熟，作为智能电网建设的一个主要内容，受到了业界的广泛关注并在世界范围内获得了应用。但总体来看，与输电网相比，配电网自动化水平还比较低，馈线自动化率还比较小，还有很大的发展空间。随着对供电可靠性要求的不断提高以及分布式电源的大量接入，建设DA系统势在必行，DA被认为是一个主要的电力投资热点。各国建设DA系统的主要目的是及时定位故障点并隔离故障，提高供电可靠性。

10.3.1 馈线自动化的基本功能

馈线自动化是配电自动化系统的核心组成部分，其可在配电网正常运行时监视馈线运行状态，实现配电网的优化运行和故障预防，在馈线发生故障时，又可通过获取故障信息，自动判别和隔离故障，并实现非故障区的恢复供电，是提高供电质量和可靠性，减少配电网运行与检修费用的重要手段。

馈线自动化的基本功能如下。

(1) 对输电线的状态、电流和电压进行实时、正常的远程监测。

(2) 对输电线开关进行远程控制。在这种情形下，通过这种操作能平衡负荷和损耗。

(3) 停电时获取故障记录。

(4) 非故障区恢复，隔离故障和恢复供电。

馈线自动化有两种典型的模式。一种是基于配电网自动化设备相互配合的模式，另一种是基于FTU和通信网络的模式。

1. 基于配电网自动化设备相互配合实现的馈线自动化

基于配电网自动化设备相互配合的馈线自动化不具备通信功能，需要配电网自动化设备的配合方式进行整定，有以下三种技术可以实现这一功能。

(1) 通过重合器与重合器相互配合实现配电网自动化。重合器是一种开关设备，它的功能是对线路实现控制和保护。它能根据设置的次序进行开断和闭合，并能保持闭合或复位。

如果通过重合器的电流超过设定值，重合器将切断对该馈线的供电，根据之前的设定值相继进行若干次的重合、开断操作。如果重合操作成功，重合器停止操作，随后重合器将恢复原始的工作状态；否则重合器将保持分断状态并且只能手动合闸。所以，通过重合器可以避免瞬时故障。

(2) 通过重合器和电压-时间分断器相互配合的模式实现配电网自动化。发生故障时重合器将切断对该馈线的供电，电压下降分断器依次处于分断状态。故障时，重合器依次断开，经过整定后，重合器将重合闸，随后分断器也将按设定好的顺序重合。当位于故障点的分断器重合时，重合瞬间故障点电压又瞬时降为零电位，重合器将再次断开，这时位于故障点的分断器将保持断开状态。所以，在第二次重合过程中故障恢复被隔离。最后，在第三次重合操作中将对非故障区实现恢复供电。

(3) 通过重合器和过流脉冲计数分断器相互配合的模式实现配电网自动化。这种配合方式中，发生故障时重合器将切断对馈线的供电，但分断器还是保持闭合状态。此时有故障电流流过的分断器将启动它的计数器，而无电流通过的分断器将断开并保持此状态。所以，故障恢复通过分断器被隔离起来。最后，重合器将再次闭合，从而无故障恢复供电。

2. 基于FTU和通信网络的馈线自动化

FTU是该馈线自动化的重要组成部分，其主要实现的功能如下。

(1) 遥信功能。FTU能采集有关远程开关信息、通信情况和供电存储量的信息。

因为 FTU 具有故障检测和恢复功能，所以 FTU 还能采集馈线上的故障信息。

（2）遥测功能。FTU 在正常情况下和开关断开瞬间均能采集电流信息。正常情况下，馈线上的电流信息有助于实现配电网最优化控制。出现故障时，馈线电流信息有利于实现故障定位和故障隔离。

（3）遥控功能。FTU 能够接收远程指令，远程控制开关的断开或闭合。

（4）遥调功能。FTU 能够接收定时校正命令，调节定时器与控制中心同步。

（5）SOE（事件次序）功能。FTU 能够记录事件发生的时间和次序。

（6）故障信息记录功能。FTU 能够记录故障时的最大电流和故障前的平均电流（时间通常是 1 min）。

（7）定值远程设置和召唤功能。因为 FTU 的设定需随着配电网的运行模式而进行更新，所以 FTU 需接收来自控制中心的指令，设置定值，并使控制中心具有召唤 FTU 当前整定值的功能。

（8）自检和自恢复功能。FTU 能在发生故障时自检和发出警报，并且它还能在程序进入死循环时通过 WDT（看门狗定时器）进行自恢复。

（9）远程控制闭锁和手动操作功能。这些功能应用于配电线路检查中。

（10）电能值的数据采集功能。这是一个可选的功能，此功能中 FTU 能作为电能表来使用。

10.3.2 馈线自动化实验模型

（1）馈线自动化实验模型可分为全电缆线路、全架空线路、电缆和架空混合线路三种实验模型，全电缆线路实验模型接线图如图 10-25 所示，全架空线路实验模型接线图如图 10-26 所示，电缆和架空混合线路实验模型接线图如图 10-27 所示，可以进行主干线、分支线、分界点等馈线自动化装置的实验。图中各开关可根据实验需要设置为断路器或者负荷开关，联络开关在实验中一般默认为常开，无穷大系统模拟短路容量为 30～300 MV・A；模拟馈线长度为 0～30 km；模拟负荷容量为 0～10 MV・A。

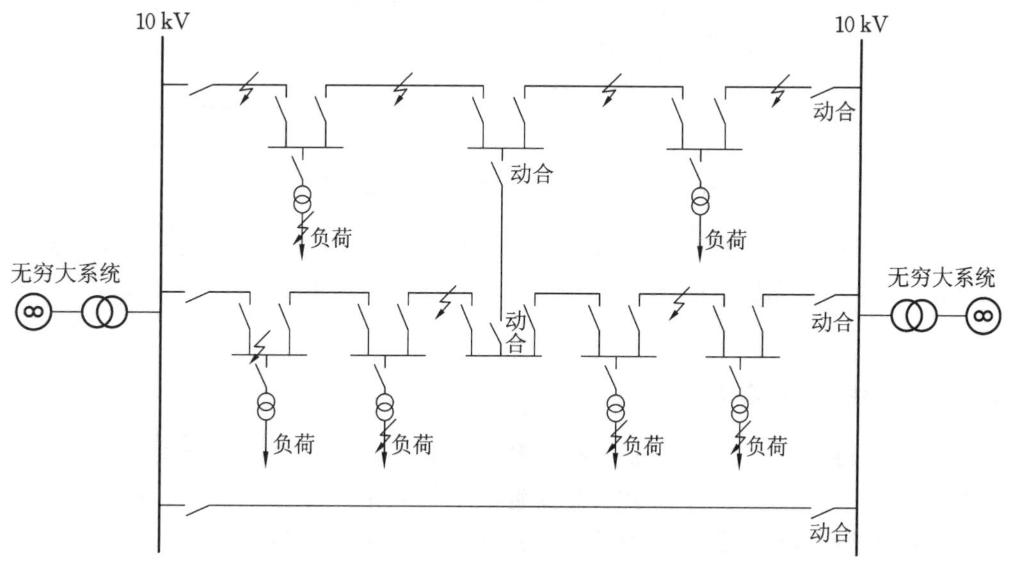

图 10-25 全电缆线路实验模型接线图

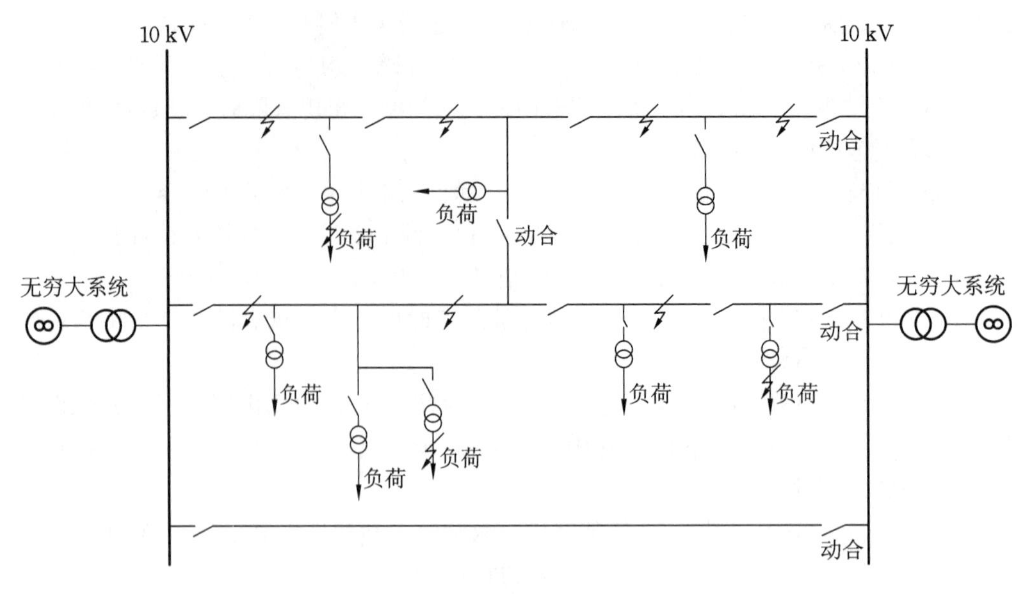

图 10-26 全架空线路实验模型接线图

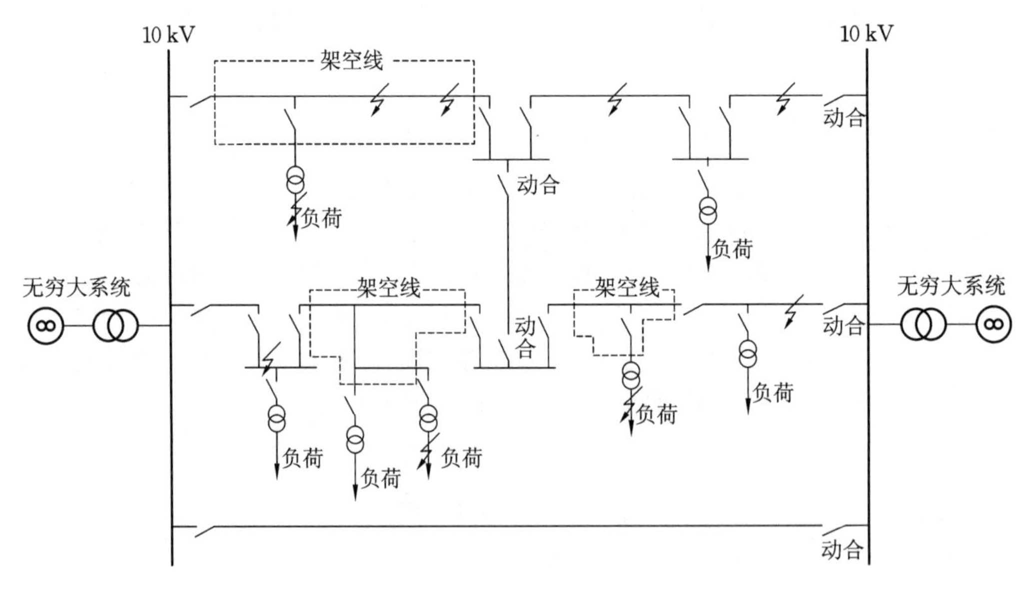

图 10-27 电缆和架空混合线路实验模型接线图

(2) 母线电源侧采用无穷大系统，其中母线电源侧变压器模型通过长距离线路模型或直接与无穷大系统相连，该变压器模型低压侧可实现不接地、经消弧线圈或电阻接地。

10.3.3 馈线自动化实验内容

在动模实验平台，馈线自动化实验模型中接入实际的馈线自动化装置(FTU/DTU/TTU)，模拟系统正常运行时，装置能实时监测、采集数据、传输信息等，通过遥控开关的断开或闭合实现配电网运行方式的优化。模拟系统发生故障时，自动化装置能够准确判断故障区，迅速隔离故障区，恢复非故障区正常供电。

1. 模拟金属性故障实验

(1) 分别模拟瞬时性单相接地、两相短路接地、两相相间短路、三相短路以及三相短路接地故障。

(2) 分别模拟永久性单相接地、两相短路接地、两相相间短路、三相短路以及三相短路接地故障。

(3) 分别模拟在线路轻载、中载、满载情况下(1)和(2)中所述的各种短路故障实验。

2. 模拟发展性故障实验

(1) 模拟在某回线路发生短路故障期间,其余线路也发生短路故障,故障可为瞬时性或永久性这两种情况下不同故障的组合。

(2) 模拟在线路发生单相接地故障时,在同一故障点经过不同时间发展为两相短路接地故障或三相短路接地故障。

(3) 模拟在线路发生单相接地故障时,在不同故障点经过不同时间发展为两相短路接地故障或三相短路接地故障。

3. 模拟经过渡电阻故障实验

模拟经过渡电阻发生单相接地故障、两相短路接地、两相相间短路、三相短路和三相短路接地故障,过渡电阻可以调整。相间故障经最大电阻短路时,故障点相间剩余电压应不大于额定电压的5%。

4. 模拟故障定位实验

分别模拟在线路前段、中段、末段或分支线或分界点处发生不同类型故障情况下,馈线自动化设备经过不同时间实现故障定位。

5. 模拟故障隔离实验

分别模拟在线路前段、中段、末段或分支线或分界点处发生不同类型故障情况下,馈线自动化设备经过不同时间实现故障隔离。

6. 模拟非故障区恢复供电实验

分别模拟在线路前段、中段、末段或分支线或分界点处发生不同类型故障情况下,馈线自动化设备实现非故障区恢复供电,其实现方式可采用就地分布式和主站集中式中的任意一种或者两种相互配合。

10.4 小电流接地系统单相接地故障选线实验

电力系统实际运行中约95%以上的停电事故发生在配电网,其中70%的事故由单相接地或母线故障引发。接地故障发生后极易产生弧光接地,引发两点或多点短路,导致全系统过电压,损坏设备,影响系统安全运行,甚至造成严重的停电事故。因此,系统发生单相接地故障后,能否迅速、准确地选出接地故障线路,并动作于信号或跳闸,对保障电力系统的安全运行至关重要,非有效接地电网故障选线也是我国在建和改建的配电系统亟待解决的重要课题。

中性点非有效接地系统发生单相接地故障时,由于接地残流小,故障特征不明显,且受负荷谐波干扰及选线方法自身局限性等因素制约,现有故障选线方法正确率不高。

因此,如何迅速、准确地实现故障选线是国际电力领域一大尚未彻底解决的难题。中性点非有效接地系统的单相接地故障选线技术是电力系统领域中备受关注的研究方向之一。

10.4.1 故障选线基本原理和方法

一般配电系统电压等级为 6 ～ 66 kV,网络结构复杂,线路分支多,中性点接地方式多样,相对于传统的输电网故障定位技术,配电网故障自动定位技术的概念更为宽泛,实现上也更为复杂。

故障选线的研究重点是小电流接地配电网发生单相接地故障时故障线路的识别和判断,此时故障电流微弱,经消弧线圈接地方式更是如此。为了确定故障线路,传统的方法是通过检测母线上零序电压的数值来判断是否发生单相接地故障,若发生接地故障,则采用人工逐条线路拉闸的方式选线,此种方法会使正常线路瞬间停电,易产生操作过电压和谐振过电压,且增加了事故的危险性和设备的负担,严重限制了小电流接地方式,特别是经消弧线圈接地方式的应用与发展。因此,长期以来,国内外学者对故障自动选线装置开展了大量的研究工作,提出了多种不同原理的故障选线方法。这些方法按照其利用信息的不同大致分为两类:一类是基于外加注入信号的故障选线方法;另一类是基于故障电气量变化特征的故障选线方法,其又可分为基于故障稳态分量的故障选线方法、基于故障暂态分量的故障选线方法和综合选线方法。

1. 基于外加注入信号的故障选线方法

基于外加注入信号的故障选线方法主要有 S 信号注入法和脉冲注入法等。S 信号注入法的原理是通过母线电压互感器向接地线的接地相注入 S 信号电流,其频率处于 n 次谐波与 $n+1$ 次谐波的频率之间,一般选择 220 Hz,然后利用专用的信号电流探测器查找故障线路。脉冲注入法的原理与 S 信号注入法相似,但其注入信号是周期间歇性的,频率更低且可控。总体而言,基于外加注入信号的故障选线方法需配置专用的注入信号源和辅助检测装置,投资成本高,且注入信号的强度受电压互感器容量限制,同时选线可靠性受导线分布电容、接地电阻等因素的影响较大,如果接地点存在间歇性电弧,注入的信号在线路中将不连续且信号特征将被破坏,给检测带来困难。

2. 基于故障电气量变化特征的故障选线方法

1) 基于故障稳态分量的故障选线方法

基于故障稳态分量的故障选线方法有零序电流幅值法、零序电流比相法、零序电流群体比幅和比相法、零序无功功率方向法、最大 $I\sin\phi$ 或 $\Delta(I\sin\phi)$法。

上述方法只适用于中性点不接地系统,对于中性点经消弧线圈接地系统则存在适用性问题。为克服此缺点,提出了零序电流有功分量或有功功率法、DESIR 法、5 次谐波法、各次谐波综合法、零序导纳法、残流增量法、负序电流法等。

总体而言,基于故障稳态分量的故障选线方法存在的主要问题是,当故障点电弧不稳定,特别在间歇性接地故障时,由于没有稳定的稳态信息,选线可靠性不高。此外,当采用消弧线圈接地方式时,经补偿后的稳态故障电流值很小,难以满足实际应用要求。

2) 基于故障暂态分量的故障选线方法

基于故障暂态分量的故障选线方法可以克服基于稳态分量的故障选线方法的灵敏度低、受消弧线圈影响大、间歇性接地故障时可靠性差等缺点,该方法的实施关键是暂态特征分量的提取和选线判据的建立。目前基于故障暂态分量的故障选线方法主要有以下两种。

（1）首半波法。利用接地故障暂态电流与暂态电压首半波相位相反的特点进行故障选线，为提高可靠性，通常分析暂态量在一定频段（即所选频带内）的相频特性，此时极性相反的特性将保持一段更长的时间。

（2）小波法。利用合适的小波和小波基对暂态零序电流进行小波变换，根据故障线路上暂态电流某分量的幅值包络线高于健全线路的幅值包络线，且二者极性相反的关系等特征选择故障线路。

由于暂态信号受过渡电阻、故障时刻等多种因素影响，暂态信号呈现出随机性、局部性和非平稳性特点，有可能出现暂态过程不明显的情况，此时基于故障暂态分量的故障选线方法的可靠性与灵敏性将会受到一定的影响。

3）综合选线方法

综合选线方法同时利用故障稳态和暂态信息进行故障选线，主要有如下方法。

（1）能量法。定义线路零序电压与零序电流乘积的积分为能量函数，则故障前所有线路的能量为零，故障后故障线路的能量恒小于零，健全线路的能量恒大于零，且故障线路能量幅值等于所有健全线路能量幅值和消弧线圈能量幅值之和，据此可选出故障线路。由于故障电流中有功分量所占比例较小，且积分函数易累积一些固定误差，限制了其检测灵敏度的提高。

（2）基于信息融合技术的选线方法。小电流接地系统单相接地故障情况复杂，单一的选线判据往往不能覆盖所有的接地工况。此种方法多运用智能控制理论来构造每种选线方法的适用域，以实现多种选线方法的综合和判据最优化。

10.4.2　接地选线实验模型

小电流接地系统单相接地故障选线装置用于中性点不接地系统、经消弧线圈或电阻接地系统，在各种运行工况下系统发生单相接地故障时，能够识别故障线路并不受线路形式（架空线路、电缆线路或架空电缆混合线路）的影响。

（1）实验模型适用于 10 kV 电压等级，66 kV、35 kV、20 kV 电压等级参照执行。

（2）模型系统采用图 10-28 的接线方式，其中 L1～L7、L9 为架空线路，L8、L10 为电缆线路。L1 为 50 km 线路，L2、L3 为 20 km 线路，L4、L5、L8、L10 为 10 km 线路，L7、L9 为 5 km 线路，L6 为 2 km 线路。

（3）实验模型能够模拟中性点不接地系统、经消弧线圈接地、经电阻接地等各种接地方式，可以灵活配置成架空线路、电缆线路以及架空电缆线路混合。

（4）模拟单相接地时，过渡电阻值应为 0～20 kΩ。

10.4.3　接地选线实验内容

在动模实验平台接地选线实验模型中接入实际的小电流接地系统单相接地故障选线装置，分别在中性点不接地系统、经消弧线圈或电阻接地系统中，模拟各种运行工况下系统发生单相接地故障时，故障选线装置是否能够识别故障线路并不受线路形式（架空线路、电缆线路或架空电缆混合线路）的影响。

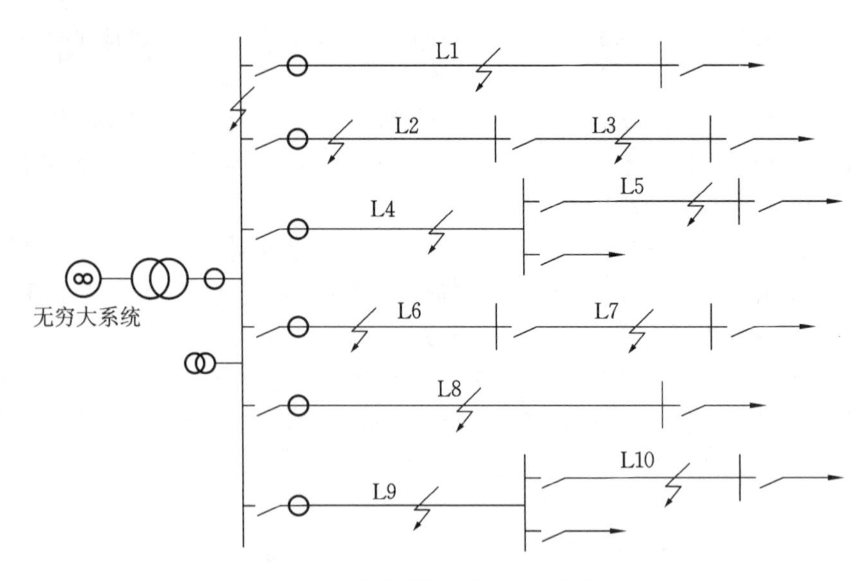

图 10-28 小电流接地故障实验模型接线图

（1）中性点不接地系统。

① 在各个故障点分别模拟各种金属性单相接地故障，包含间歇性故障。

② 在各个故障点分别模拟各种经过渡电阻单相接地故障。

③ 某一个故障点发生单相接地故障经不同时间发展成另一个故障点同名单相接地故障。

（2）中性点经消弧线圈接地系统，测试项目如下。

① 对 90%～95%补偿度及 105%～110%补偿度工况，在各个故障点分别模拟各种金属性单相接地故障，包含间歇性故障。

② 对 90%～95%补偿度及 105%～110%补偿度工况，在各个故障点分别模拟各种经过渡电阻单相接地故障。

③ 对 90%～95%补偿度及 105%～110%补偿度工况，某一个故障点发生单相接地故障经不同时间发展成另一个故障点同名单相接地故障。

（3）中性点经电阻接地系统。

① 在各个故障点分别模拟各种金属性单相接地故障，包含间歇性故障。

② 在各个故障点分别模拟各种经过渡电阻单相接地故障。

③ 某一个故障点发生单相接地故障经不同时间发展成另一个故障点同名单相接地故障。

10.5 配电网故障指示器实验

故障指示器用于故障发生后快速定位故障区段，它实时检测线路的电气量，通过一定的故障判别算法，当故障发生时发出警示。为了能够快速定位故障地点，往往人为地将配电网分成多个区段，当某一区段发生故障时，该区段及该区段至电源侧所安装的故障指示器均会发生报警信号。故障指示器可配置的远程通信方式分别为光纤通信、GPRS 技术、3G/4G 宽带技术和 ZigBee 技术。

10.5.1 故障指示器基本原理

国内市场上销售使用的故障指示器种类繁多，型号复杂，根据故障指示器单相接地检测原理，故障指示器可分为三种类型：外施信号型、暂态特征型和暂态滤波型。

1. 故障指示器分类

1）外施信号型故障指示器

外施信号型故障指示器需要增加信号注入设备，在变电站或线路上安装专用的单相接地故障检测外施信号发生装置。发生单相接地故障时，根据零序电压和相电压变化，外施信号发生装置自动投入，连续产生不少于 4 组工频电流特征信号序列，叠加到故障回路负荷电流上，故障指示器通过检测电流特征信号判断接地故障，并就地指示。这种指示器通过在单相接地故障发生时刻人为增大接地电流，提高故障指示器的判断能力，但会增加系统的复杂性和安全隐患，在实际应用中已经很少使用。

2）暂态特征型故障指示器

在发生单相接地故障时，故障相电压会突然降低，线路的分布电容对地放电；非故障相电压突然升高，线路分布电容开始充电。因此，单相接地故障在出现故障过程中具有显著的故障特征量。

暂态特征型故障指示器采用突变量法检测短路故障，暂态综合判据法就是通过检测多种故障特征量来判断是否发生了单相接地故障，实现线路短路和接地故障就地判断。由于需要快速、准确地捕捉暂态量，暂态算法对于终端设备的处理能力有较高要求，而且各暂态算法的单相接地故障准确率不同，受限于终端处理能力，目前使用暂态算法的单相接地故障判断准确率较低。

3）暂态录波型故障指示器

暂态录波型故障指示器也称为智能型故障指示器，由采集单元、汇集单元和主站系统构成。采集单元采集故障特征数据等信息，并将采集到的信息上传至汇集单元；汇集单元接收、处理采集单元上传的数据信息，并与主站系统进行通信。指示器在线路状态发生异常改变时触发录波并上传至主站系统，主站系统通过录波数据分析实现故障区段定位。

2. 故障判别方法

配电网的线路故障主要是相间短路和单相接地短路两种。配电网线路发生相间短路故障时，线路电流会发生较大变化，可以较为简便地区分。而配电网发生单相接地故障后，如何快速判断和定位，是故障指示器一直以来没有解决好的问题。

根据不同的原理，单相故障判别方法有很多种，但无法实现准确定位的原因主要有以下两点。

（1）一些故障判别算法是建立在可以准确获取线路电压、电流信息的前提下的，而对于故障指示器而言，难以配合其在每个线路上都安装电压传感器等设备。

（2）一些算法过于理想化，对硬件设备要求高，如谐波分量法、信号注入法等。

因此，上述这些检测原理的指示器在实际中并未得到广泛应用。经调查，实际应用的故障指示器的算法主要为暂态综合判据法和信号源注入法。

暂态综合判据法是通过检测多种故障特征量来判断是否发生了单相接地。接地故障指示器检测的暂态信息特征包括：故障相电压降低、暂态电容电流突变、接地瞬间出现高次谐波信号、接地瞬间暂态电容电流和相电压有固定的相位关系等。

信号源注入法是在发生单相接地故障后，由信号源装置主动向系统发送信号，安装在故障通道上的单相接地故障指示器接收到这一特殊信号后，作出报警指示来检测单相接地故障。

3. 故障定位的难点

配电网故障定位一直是亟待解决的难题，且近年来分布式电源（DG）的接入和配电网架的日趋复杂化，使得故障定位的难度越来越大，目前基于故障指示器的故障定位难点如下。

（1）环网供电的故障定位。随着社会经济的发展，为了保证重要负荷的可靠供电，线路常采用闭环的供电方式。故障点不同，接收到的故障电流方向不一样，难以形成有效的判据，无法实现准确、快速定位。

（2）含分布式电源接入配电网的故障定位。分布式电源的大量接入，使得配电网的网架发生变化，与传统配电网单一电源供电的方式存在较大差异。而分布式电源具有波动性和随机性，造成线路中的保护装置无法整定；发生故障后，故障电流的方向也不确定，所以含有分布式电源的配电网，很难实现故障的快速定位与切除。

随着智能配电自动化的发展，要求实现故障的自动定位、隔离，非故障区段的供电恢复。集成新技术的智能型故障指示器是故障指示器技术的发展方向。

当线路发生接地故障后，检测到故障的故障指示器动作，并且将故障信息传递到通信终端，然后再以无线的方式传送到主站系统，主站系统对接收到的数据信息进行处理，对动作的故障指示器的地址信息进行纠错、校正，最终通过拓扑分析和计算的方法定位故障位置。

10.5.2 故障指示器实验模型

故障指示器装置由采集单元、汇集单元两部分组成，在实现配电线路短路故障和接地故障的远程或就地指示的基础上，采集线路电流、电压及故障电流波形等数据，并可进行时钟同步和远程维护的故障监测报警装置，按照适用线路类型分为架空型与电缆型两类；按照信息传输方式分为远传型与就地型两类；按照采集信号类型分为电流型和电压型两类；按照技术原理分为外施信号型、暂态特征型、暂态录波型和稳态特征型四类。

（1）故障指示器实验模型可分为全电缆线路、全架空线路和电缆架空混合线路三种方案，故障指示器实验模型接线图如图 10-29 所示，实验模型能够模拟 10 kV 线路感应电场和不小于 610 A 的线路电流，进行主干馈线、边界馈线下故障指示器装置性能实验。

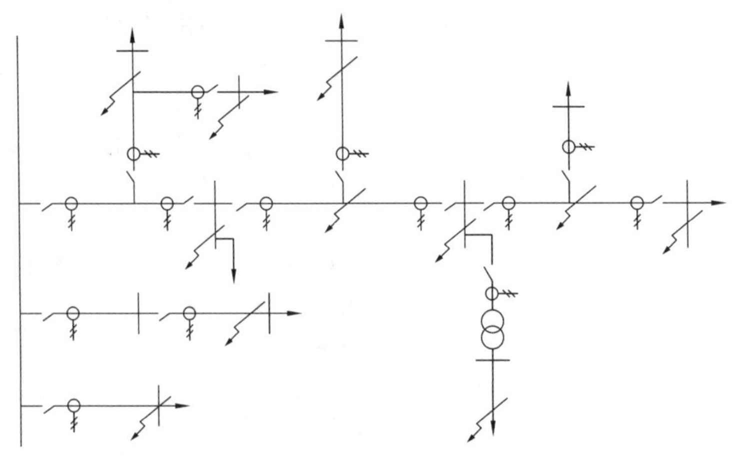

图 10-29 故障指示器实验模型接线图

(2) 故障指示器实验模型根据故障指示器装置要求能够模拟中性点不接地、中性点经消弧线圈接地、中性点经电阻接地等各种接地方式,可以灵活配置成架空线路、电缆线路以及架空和电缆混合线路。

(3) 模拟单相接地时,过渡电阻值应为 0～20 kΩ。

(4) 故障指示器实验应能模拟金属性故障、发展性故障、经过渡电阻短路故障、线路突合负载涌流、非故障相重合闸涌流、负荷瞬时突变、人工投切大负荷、空载合闸励磁涌流、最小不动作电流等。

(5) 外施信号发生装置根据待测故障指示器实验需求投入。

10.5.3 故障指示器实验内容

在动模实验平台将故障指示器通过特制的升压器和升流器接入配电网故障指示器实验模型中,分别模拟金属性故障、发展性故障、经过渡电阻短路故障、线路突合负载涌流、非故障相重合闸涌流、负荷瞬时突变、人工投切大负荷、空载合闸励磁涌流、最小不动作电流等实验。观察记录故障指示器是否正确动作。

1. 模拟金属性故障实验

(1) 分别模拟瞬时性单相接地、两相短路接地、两相相间短路、三相短路以及三相短路接地故障。

(2) 分别模拟永久性单相接地、两相短路接地、两相相间短路、三相短路以及三相短路接地故障。

2. 模拟发展性故障实验

(1) 模拟在某线路发生短路故障期间,其余线路也发生短路故障,故障可为瞬时性或永久性两种情况下的不同故障组合。

(2) 模拟在线路发生单相接地故障时,在同一故障点经过不同时间发展为两相短路接地故障或三相接地故障。

(3) 模拟在线路发生单相接地故障时,在不同故障点经过不同时间发展为两相短路接地故障或三相接地故障。

3. 模拟经过渡电阻短路故障实验

模拟经过渡电阻发生单相接地、两相短路接地、两相相间短路、三相短路和三相短路接地故障,过渡电阻可以调整。相间故障经最大电阻短路时,故障点相间剩余电压应不大于额定电压的 5%。

4. 模拟线路突合负载涌流实验

模拟线路空载和正常运行下突合负载涌流。

5. 模拟非故障相重合闸涌流实验

模拟线路发生单相或相间故障,故障切除后非故障相重合闸涌流。

6. 模拟负荷瞬时突变实验

模拟线路正常运行时,负荷突变,一定时间后恢复正常运行。

7. 模拟人工投切大负荷实验

模拟线路正常运行时,人工投入大负荷,一定时间后切除大负荷。

8. 模拟空载合闸励磁涌流实验

模拟线路空载时,投入系统侧变压器。

9. 模拟最小不动作电流实验

模拟线路正常运行持续 15 s,增大负荷,一定时间后线路电流降为 0。

10.6 智能变电站母线保护实验

智能变电站是智能电网的重要组成部分。智能电网是有机融合了信息、数字、通信等多种前沿技术的输配电系统,其发展目标是建设节能、环保、高效、可常、稳定的现代化电网。美国对智能电网的研究起步较早,目前多个国家和地区针对该目标启动了一系列研究。从研究现状和产业化进程来看,各个国家和地区的侧重点不完全相同:美国侧重于推广信息化、新能源、新材料和新元件,并已将其应用在需求侧管理、配电网重构、分布式发电管理等方面;欧洲侧重于推广分布式发电,如微电网组网及运行、分布式发电控制、需求侧管理等;我国的研究起步相对较晚,是从大电网和中低压电网两个角度同时切入。智能电网的建设和发展是一个多学科交叉的新学术领域,目前完全成熟并产业化的成果相对较少,智能变电站更是如此,尚处于试点、需要不断研究和发展的阶段。

10.6.1 智能变电站特点和数字测试仪功能

1. 智能变电站的技术特点

智能变电站是智能电网运行与控制的关键,作为衔接智能电网发、输、变、配、用电和调度等环节的关键,智能变电站是智能电网中变换电压、接收和分配电能、控制电力流向和调整电压的重要环节,是智能电网“电力流、信息流、业务流”三流汇集的焦点,对建设坚强、智能电网具有极为重要的作用。实际上,智能变电站应该是在变电站自动化系统的基础上发展的,如果变电站还没有全面实现自动化,就谈不上智能化了。只有在自动化的基础上发展智能化,才可能建设智能变电站。因此,深入了解变电站自动化系统的技术和基本原理是很重要的。况且,变电站自动化的程度是随科学技术的发展而不断发展的,只有高度的自动化才可能发展智能化。更广义地说,智能化是自动化的发展,是自动化的高级阶段。

智能变电站必须具备以下条件。

(1) 要有智能化的一、二次设备。一次设备方面,关键是电子式互感器的应用和断路器智能接口技术的应用。

(2) 系统结构要按照 IEC 61850 标准构建站控层、间隔层、过程层三层结构。

(3) 各层次的智能电子设备 IED 必须采用 IEC 61850 标准定义的数据建模,遵守通信服务协议,满足互操作性要求。

(4) 采用高速工业以太网通信网络。

(5) 必须具有智能化的高级应用软件。

智能变电站的技术特点是:采用先进、可靠、集成、低碳、环保的智能设备,以全站信息数字化、通信平台网络化、信息共享标准化为基本要求,自动完成信息采集、测量、控制、保护、计量和监测等基本功能,并可根据需要支持电网实时自动控制、智能调节、在线分析决策、协同互动等高级功能。因此,建设智能变电站是多学科、多专业共同努力的系统工程,是一项艰巨的任务,也是可持续发展的方向。作为核心的自动化系统,其内涵、技术是不断发展的。

2. 智能变电站与传统变电站的区别

智能变电站具有信息数字化、规约统一化、操作及告警智能化、运行状态可视化等技术特点。与传统变电站相比，智能变电站在二次系统方面有了质的变化，信息数字化使得变电站的保护测控模式发生了巨大变化，二次系统的电流、电压不再是传统意义上的电流、电压，而是以一种编码形式体现出来的弱信号，一次设备的状态及控制信息也由电量转换为了数字量，大量的二次电缆被数量不多的光缆所代替。

通信规约统一化则是智能变电站最重要的内核，即 IEC 61850 规约的使用，该规约可实现不同厂家设备间的无缝通信，即设备的互操作性。顺序控制操作及告警系统是智能变电站特有的高级运用功能，也是建立在信息数字化及规约统一化的基础上，这些功能使变电站的倒闸操作等行为程序化，极大地减少了运行操作人员的操作时间，为整个电网负荷调整带来了很大的好处。

一次设备的运行可视化，即运行状态的在线监测系统，改变了传统变电站定期检修的方式，在线监测系统通过监测的设备信息，并结合专家诊断，系统智能判断一次设备是否需要检修或是否需要更换，改变了智能变电站定期检修的方式，因此避免了不必要的停电检修，提高了电网的使用效率。如果说特高压电网是智能电网的骨架，智能变电站则是智能电网的神经元，两者有机的结合使得智能电网具有真正意义上的智能，即坚强、自愈、互动、可实现各种清洁能源的即插即用方式等。

智能变电站二次系统信息由模拟量向数字量的转变导致了变电站二次系统的设计、调试、运行管理、维护的巨大变革。图纸不再是变电站二次系统调试最重要的资料，取而代之的是全站的二次系统配置文件，智能变电站二次系统的所有调试工作都围绕该配置文件展开。

3. DM5000E 手持光数字测试仪

智能变电站数据从源头实现数字化，真正实现了信息集成、网络通信及数据共享。智能变电站中电压、电流在采集模块中进行 AD 采样，通过光纤将采集量传送至合并单元(MU)，合并单元将合并后的信号按 IEC 61850-9-1/2、IEC 60044-8 规约传送至光数字继电保护装置。此外，智能变电站采用 GOOSE 报文通过网络传输开关量信号，通过智能终端操作断路器，对断路器进行跳合闸操作。

智能变电站二次设备网络化的特点使得智能变电站调试设备具备多功能化、轻型化的能力，特别是可以手持式调试设备，携带方便，测试简便、快捷，满足移动检修要求，可广泛适用于 35 kV 及以上电压等级的智能变电站的安装调试、日常运行维护、故障检修、技能培训等多种场合。

1) 功能特点

手持光数字测试仪体积小、重量轻，携带方便，内置锂电池供电，测试时不需要外接电源，使用方便；满足移动检修要求，功能丰富、智能化程度高、测试配置方便，能大大提高智能变电站现场测试效率，减轻测试人员劳动强度；能够对智能变电站/数字化变电站的合并单元、保护装置、智能终端等 IED 设备进行快捷测试、遥信/遥测对点、光纤链路检查等，能应用于智能变电站的系统联调、安装调试、故障检修；能应用于 IEC 61850 体系检测及人员相关技能培训。其功能特点如下。

(1) 电压、电流。

支持给保护、测控、计量等装置施加电压、电流，测试保护/测控 IED 报文解析、通道配置、通信配置是否正确，适用于现场调试、系统联调、故障检修。

（2）SMV 报文接收监测。

SMV 报文接收监测能实现对波形的有效值、序量、功率、谐波、丢帧统计、离散度等进行分析。可进行保护、MU 零漂、交流量精度检查；可对 MU 输出报文格式、MU 延时、MU 守时、MU 输出 SMV 报文时间均匀性，以及 MU 输出 SMV 报文是否存在丢帧、失步、品质位异常等进行检查。

（3）GOOSE 报文接收监测。

监测 GOOSE 通道实时变位、变位列表，可用于 GOOSE 发送机制测试，保护装置、智能终端检修压板投入检查，保护装置 GOOSE 输出虚端子检查。

（4）核相测试。

支持电压、电流通道相位与相序核对，不同合并单元、变压器各侧电压、电流核相。用于测试存在并列可能的两路电源核对相序、相位，线路送点对端带电时核相，或进行电压、电流相位比对。

（5）极性测试。

支持经合并单元进行常规电磁式、光电式、电子式电流互感器极性测试，可测量保护绕组与测量绕组极性。

（6）保护功能测试。

支持专用继电保护功能测试，具有距离保护、零序过流、零序方向、主变差动、主变零序、母线差动、过激磁、反时限、低压减载、低频减载、整组测试等功能模块，满足变电站现场及实验室环境下保护调试、定检及保护特性测试的需求。

（7）网络压力测试。

支持压力数据流及电网业务数据流的混合输出，实现网络压力条件下保护动作特性的测试。主要用于对 IED 设备进行全面的网络压力测试，验证 IED 设备的网络性能是否满足电网安全稳定运行的要求。

（8）SCD 可视化。

将全站配置文件进行图形化显示，可对 SCD 文件信息以全部、保护、合并单元、智能终端、其他五种类型显示。用于检查 SCD 配置文件是否正确，协助修改、完善 SCD 配置文件。

（9）PCAP 解析/录波分析。

可以对 PCAP 文件/COMTRADE 文件进行离线分析，支持 SMV/GOOSE 报文的波形显示与分析（放大/缩小/全景显示）。

（10）GOOOSE 排查。

接收所有 GOOSE 报文变位信号，显示通道描述、值变化及变位时间，支持现场 GOOSE 信号排查功能，可接入网络，实现实验时排查误变位、漏变位的 GOOSE 信号或控制块。

（11）时钟模拟。

支持发送正向 IRIG-B 码、反向 IRIG-B 码、正向 PPS 码、反向 PPS 码，可用于给 IED 授时，在没有对时信号时，实现一台设备测试 MU 传输延时。

（12）串接侦听。

串接于待测信号发送端和接收端之间，选择待测 SMV、GOOSE 信号进行同步对比分析，检查品质位、检修位、同步位、采样率、MU 延时等信息。在某些不确定场合，验证合并信号、继电保护测试仪输出报文格式和信号是否正确，接线是否正确，可串接于

MU 与保护，保护与智能终端之间，进行信号同步对比分析。

（13）智能终端。

测试智能终端的响应时间，支持智能终端硬接点转 GOOSE 报文、GOOSE 报文转硬接点，以及跳合闸 GOOSE 报文转开关位置的变化、GOOSE 报文的响应时间测试。

（14）光功率。

以太网口的光发送及接收功率测试，可用于光纤链路检查，在光纤链路的发送端接收、校验有无信号，在光纤链路的接收端发送相应的 SMV 或 GOOSE 信号，测量光信号光功率，定位光纤链路故障。可实现保护/测控至 MU，保护/测控至智能终端，MU 至交换机，交换机至网络记录分析装置的光纤链路检查。

（15）整组测试。

模拟电力系统中各种简单的单相接地、两相相间、两相接地和三相短路故障，包括瞬时性、永久性以及转换性故障，模拟传动开关跳闸、重合等全过程，主要用于测试距离、零序等保护的整组特性。

2）软件主界面

由武汉凯默电气有限公司生产的 DM5000E 手持光数字测试仪是基于 IEC 61850 标准开发的，支持智能变电站常用的 LC、ST 接口，支持 SMV、GOOSE 发送测试及接收监测，可应用于智能变电站/数字化变电站合并单元、保护、测控、计量、智能终端等 IED 设备的简捷测试、遥信/遥测对点、光纤链路检查，以及智能变电站系统联调、安装调试、故障检修、IEC 61850 体系及相关技能培训。DM5000E 手持光数字测试仪操作软件主界面如图 10-30 所示。

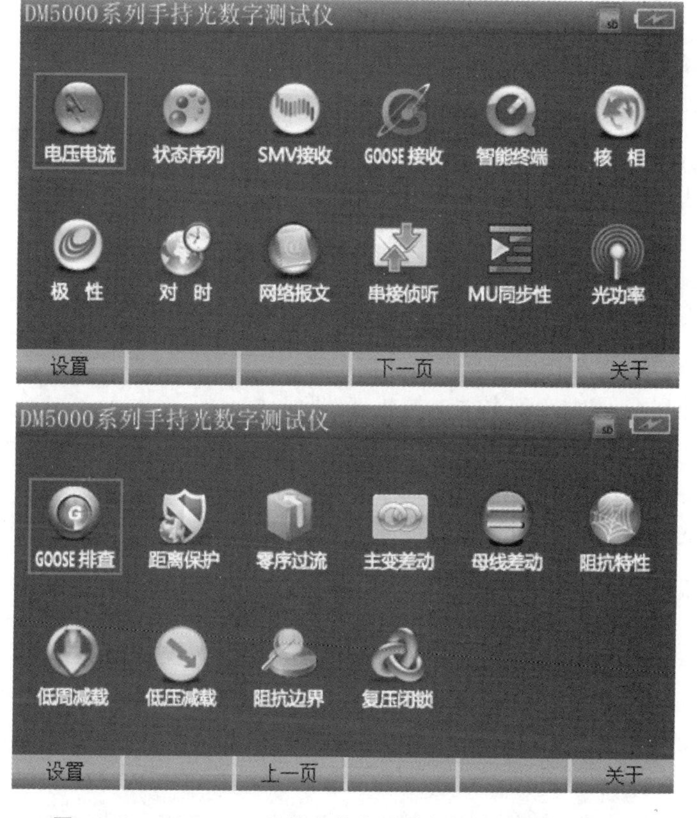

图 10-30 DM5000E 手持光数字测试仪操作软件主界面图

3）手持式调试设备性能指标

（1）电源。

内置锂电池供电。

电源适配器交流电压：额定电压 220 V；电源范围：80～265 V。

频率：50 Hz，允许偏差－2%～＋2%。

功耗：整机功耗≤3 W。

（2）主要性能指标要求。

① SMV 采样值报文发送时间均匀性优于 100 ns。

② 30～70 Hz 范围内，采样值 SMV 电压在 $0.01U_e \sim 2U_e$ 范围内，测量精度优于 0.05%，相位精度优于 0.01°；采样值 SMV 电流在 $0.01I_e \sim 40I_e$ 范围内，测量精度优于 0.05%，相位精度优于 0.01°；频率测量精度内优于 0.002 Hz。

③ 对 GOOSE 事件的分辨率＜1 ms。

④ 串接侦听后 SMV、GOOSE 的附加延时小于 1 μs。

⑤ 采用 IRIG-B 码（DC）或 PPS 对时，对时误差不大于 1 μs。

⑥ 动态画面响应时间＜1 s。

⑦ 遥测信息响应时间＜1 s。

⑧ 遥信变化响应时间＜1 s。

⑨ 充满电后，正常工作时间不小于 9 h。

（3）环境参数。

正常工作温度：－5 ℃～45 ℃。

极限工作温度：－10 ℃～50 ℃。

储存及运输：－25 ℃～70 ℃。

相对湿度：5%～95%。

大气压力：80～110 kPa。

（4）光纤接口特性。

光纤参数：多模光纤，LC/ST 接口。

发送功率：大于等于－15 dbm。

接收灵敏度：小于等于－30 dbm。

（5）电磁兼容。

GB/T 17626.2—2006 静电放电抗扰度：Ⅲ级。

GB/T 17626.3—2006 射频电磁场辐射抗扰度：Ⅲ级。

IEC 61000-4-18—2011 阻尼振荡波抗扰度：Ⅲ级。

GB/T 17626.4—2008 电快速瞬变脉冲群抗扰度：Ⅲ级。

10.6.2 母差保护原理与保护装置

任何一座变电站的母线保护都是最重要的装置，如果保护误动，则可能导致整个变电站失电，更可能由于负荷的突然减少而影响整个电网系统的运行。如果母线保护拒动，则会导致故障扩大，影响其他相连变电站的运行。因此，智能变电站的母线保护装置的调试非常重要，本节将以许继电气股份有限公司生产的 WMH-800BG 母线保护为例，对智能变电站母线保护装置的调试进行信息介绍。实验过程中使用的仪器设备为武汉凯默电气有限公司生产的DM5000E手持光数字测试仪。

1. 母差保护基本原理

1）比率制动母差保护原理

母线差动保护由分相式比率差动元件构成。

（1）启动元件。

① 电流工频变化量元件。当制动电流工频变化量大于门槛（由浮动门槛和固定门槛构成）时，电流工频变化量元件动作，其判据为

$$\Delta si > \Delta ST_{\mathrm{T}} + 0.5I_{\mathrm{N}}$$

式中，Δsi 为制动电流工频变化量瞬时值；$0.5\ I_{\mathrm{N}}$ 为固定门槛；ΔST_{T} 是浮动门槛，随着变化量输出变化而逐步自动调整。

② 差流元件。当任一相差动电流大于差流启动值时，差流元件动作，其判据为

$$I_{\mathrm{d}} > I_{\mathrm{cdzd}}$$

式中，I_{d} 为大差动相电流；I_{cdzd} 为差动电流启动定值。

母线差动保护电流工频变化量元件或差流元件启动后展宽500 ms。

（2）常规比率差动元件。

$$\begin{cases} \left| \sum_{j=1}^{m} I_j \right| > I_{\mathrm{cdzd}} \\ \left| \sum_{j=1}^{m} I_j \right| < K \sum_{j=1}^{m} \left| I_j \right| \end{cases}$$

式中，K 为比率制动系数；I_j 为第 j 个连接元件的电流；I_{cdzd} 为差动电流启动定值。

比率差动动作特性曲线如图10-31所示。

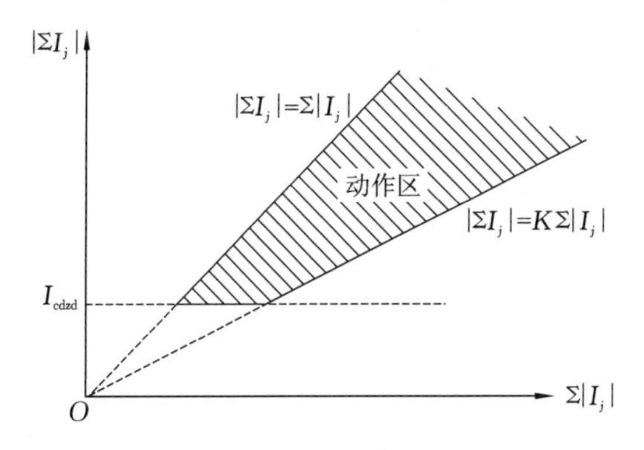

图10-31 比率差动动作特性曲线

2）大差后备保护

大差连续动作达到大差后备保护延时150 ms时，若此前无小差动作，则跳开母线上无隔离刀闸辅助触点位置的支路和母联；若此前有任一母线差动动作，则仅跳无位置支路，出口经任一母线复合电压闭锁。大差后备保护主要有以下两个作用。

（1）母线故障差动保护动作跳闸后，如果故障母线上还连有无隔离刀闸辅助触点位置的电源支路（故障前可能电流很小，方式识别元件不能正确识别到该支路的状态），则可通过大差后备保护来切除。对于一些新建变电站，平常可能负荷很小，电源支路也可能很少，当此电源支路无刀闸位置时，如果母线出现故障，小差可能不动作，这时就可

以通过大差后备保护将故障切除。

(2) 充电时母联死区故障示意图如图 10-32 所示，当由Ⅰ母线通过母联断路器向Ⅱ母线充电时，若死区位置存在故障点，则保护根据手合开入接点及母联断路器位置状态判别出充电过程。充电过程闭锁差动保护。

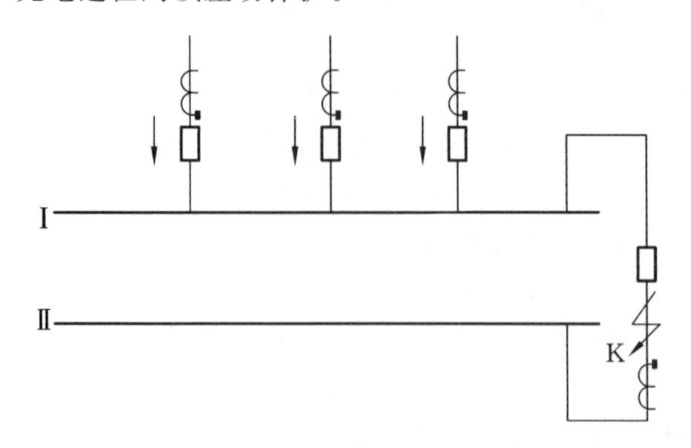

图 10-32 充电时母联死区故障示意图

3) 母联(分段)死区保护

在双母线接线或者单母线分段接线中，如果母联断路器两侧各装设一组 CT，并且交叉接线，则不需要死区保护。如果母联断路器仅一侧装设 CT，如图 10-32 所示，则需要配置死区保护。

两段母线并列运行时，K 点发生故障，对Ⅱ母线差动来说为外部故障，Ⅱ母线差动不动作；对Ⅰ母线差动来说为内部故障，Ⅰ母线差动动作，跳开Ⅰ母线上的连接元件及母联断路器。但此时故障不能切除，针对这种情况，采用Ⅰ母线差动动作，经 150 ms 延时后检测母联断路器位置，若母联处于跳位(跳位确认 150 ms)，并且母联电流大于死区门槛 $0.2I_n$，母联电流不再计算入差动保护，从而破坏Ⅱ母线电流平衡，使Ⅱ母线差动动作，最终切除故障。

2. WMH-800BG1 母线保护装置

WMH-800BG 系列是专门针对智能变电站生产的母线保护装置，满足 Q/GD W 441—2010《智能变电站继电保护技术规范》以及 Q/CSG 11006—2009《数字化变电站技术规范》等标准的技术规范要求。所有保护装置按照 Q/GD W396—2010《IEC 61850 工程继电保护应用模型》规范进行保护逻辑建模。

WMH-800BG 系列装置为微机实现的数字化母线保护装置，适用于 750 kV 及以下各种电压等级、各种主接线方式的母线，作为发电厂、变电站母线的成套保护装置。该母线保护装置满足“直采、直跳”接口要求，也支持 SMV 过程层网络接收及 GOOSE 网络跳闸模式。模拟量采用 FT3 格式或 IEC 61850-9-2 点对点接入，开关量采用 GOOSE 接入。装置遵循 Q/GDW175—2008《变压器、高压并联电抗器和母线保护及辅助装置标准化设计规范》标准，功能配置接口以及保护定值(报告格式)均按照此标准进行设计，其中 WMH-800BG1 主要应用 220 kV 及以下电压等级的各种主接线形式，允许连接支路数最大为 24 个(含母联及分段元件)，过程层 SMV 采用 IEC 61850-9-2 点对点接入方式。

WMH-800BG1 母线保护装置的主要保护功能如下。

(1) 分相式常规比率制动差动保护。

(2) 分相式突变量比率制动差动保护。

(3) 大差后备保护。

(4) 母线保护复合电压闭锁。

(5) 母联死区保护。

(6) 母联失灵保护。

(7) 断路器失灵保护。

(8) 失灵保护复合电压闭锁。

(9) TA 异常告警。

(10) TA 断线闭锁及告警。

(11) TV 断线告警。

(12) 母线运行方式自动识别。

(13) SV 信号及通道状态检测(链路状态、同步状态、接收不匹配)。

(14) GOOSE 信号及通道状态(链路状态、接收不匹配)。

WMH-800BG1 母线保护装置通过过程层接口插件(NPI 插件)作为保护装置的过程层以太网接口单元,主要完成保护装置与过程层合并单元的通信,通过多模光纤接收来自合并单元的交流量数字信号,即 IEC 61850-9-2 的 SV,经过预处理后与保护主 CPU 通信。

WMH-800BG1 母线保护装置对于母线上各元件的过程层信号(GOOSE、SV)的连接口定义在软件中已经固定,工程使用时仅需要根据实际连接元件的个数在典型硬件配置方案中进行选择即可。选型时应注意:①根据实际工程的 SCD 文件可以直接生成符合装置软件默认设置的 NPI 配置文件;②软件默认隔离开关位置通过直采光口获取,如实际工程通过 GOOSE 组网口获取,需要在工具自动生成配置文件中手动修改。

目前 WMH-800BG1 母线保护装置为主从 NPI 级联方式,实现多间隔点对点方式,可根据工程规模配置 NPI 插件,其中要求一块 NPI 插件为主 NPI 插件,其他插件为从 NPI 插件,主、从 NPI 插件之间通过级联光纤实现数据的接收和转发,具体功能如下。

(1) 主 NPI 功能。与 CPU 通信(接收及转发从 NPI 的 SV 和 GOOSE,接收一组 SV),接收间隔层 GOOSE,GOOSE 跳闸出口,转发 GOOSE 跳闸。

(2) 从 NPI 功能。接收 SV,抽取为 24 点并将抽取之后的数据发送给主 NPl。

WMH-800BG1 母线保护装置的机箱包含主机箱和子单元。主机箱完成保护功能和通信功能,子单元完成数据采集及转发功能。

10.6.3 智能站母线保护装置测试实验

1. 保护设置

根据一次系统主接线,选择将支路 4(1 号主变)和支路 6(1 号进线)挂在Ⅰ母线上,在保护装置内将“差动保护”的软压板和控制字置“1”,将 4 支路和 6 支路的 SV 软压板置“1”,并将刀闸位置“强制”,其他压板全置“0”。

2. 接线方式

光口 1 接母线保护装置的“1 号主变合并单元 A”直采口。

光口 2 接母线保护装置的“1 号进线合并单元 A”直采口。

光口 3 接母线保护装置的组网口。

3. 测试仪导入 IED 参数

(1) 导入母差保护,选择作为“被测对象”导入。

(2) 在“SMV 发送设置”界面,勾选“1 号主变合并单元 A”和“1 号进线合并单元

A”，分别将其设置为“光口 1”和“光口 2”，如图 10-33 所示。

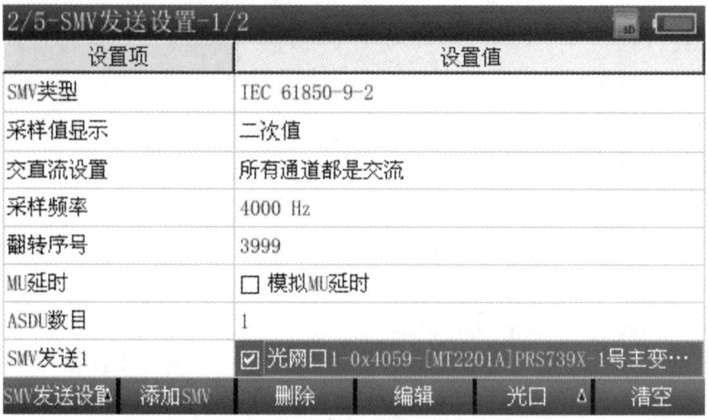

2/5-SMV发送设置-1/2

设置项	设置值
SMV类型	IEC 61850-9-2
采样值显示	二次值
交直流设置	所有通道都是交流
采样频率	4000 Hz
翻转序号	3999
MU延时	☐ 模拟MU延时
ASDU数目	1
SMV发送1	☑ 光网口1-0x4059-[MT2201A]PRS739X-1号主变…

SMV发送设置　添加SMV　删除　编辑　光口　清空

图 10-33　“SMV 发送设置”界面

（3）点击“编辑”，并按“控/通”，将两组 SMV 控制分别映射至第一组和第二组电流，并修改其变比，如图 10-34 所示。

SMV发送通道参数-1/3

通道名	类型	相别	一次额定值	二次额定值	映射
逻辑接点0额定延时	时间	—	----	----	750 us
保护电流A相保护A…	电流	A相	2500.000 A	5.000 A	Ia1
保护电流A相保护A…	电流	A相	2500.000 A	5.000 A	Ia1
保护电流B相保护B…	电流	B相	2500.000 A	5.000 A	Ib1
保护电流B相保护B…	电流	B相	2500.000 A	5.000 A	Ib1
保护电流C相保护C…	电流	C相	2500.000 A	5.000 A	Ic1
保护电流C相保护C…	电流	C相	2500.000 A	5.000 A	Ic1
计量电流A相计量A…	电流	A相	2500.000 A	5.000 A	Ia1

控　通　添加　删除　清除映射

（a）1号主变合并单元A

SMV发送通道参数-1/3

通道名	类型	相别	一次额定值	二次额定值	映射
逻辑接点0额定延时	时间	—	----	----	750 us
保护电流A相保护A…	电流	A相	2500.000 A	5.000 A	Ia2
保护电流A相保护A…	电流	A相	2500.000 A	5.000 A	Ia2
保护电流B相保护B…	电流	B相	2500.000 A	5.000 A	Ib2
保护电流B相保护B…	电流	B相	2500.000 A	5.000 A	Ib2
保护电流C相保护C…	电流	C相	2500.000 A	5.000 A	Ic2
保护电流C相保护C…	电流	C相	2500.000 A	5.000 A	Ic2
计量电流A相计量A…	电流	A相	2500.000 A	5.000 A	Ia2

控　通　添加　删除　清除映射

（b）1号进线合并单元A

图 10-34　SMV 参数修改界面

（4）在“GOOSE 接收通道选择”界面，按“通道列表”将间隔 4（1 号主变合并单元 A）和间隔 6（1 号进线合并单元 A）分别映射至 DI1 和 DI2，如图 10-35 所示。

GOOSE接收通道选择-2/6

序号	通道描述	类型	映射
9	出口(3#)	单点	----
10	间隔4 跳闸出口出口(4#)	单点	DI1
11	间隔5 跳闸出口出口(5#)	单点	----
12	间隔6 跳闸出口出口(6#)	单点	DI2
13	间隔7 跳闸出口出口(7#)	单点	----
14	间隔8 跳闸出口出口(8#)	单点	----
15	间隔9 跳闸出口出口(9#)	单点	----
16	间隔10 跳闸出口出口(10#)	单点	----

图 10-35　GOOSE 通道映射界面

4. 状态设置

进入“状态序列”模块，添加两组状态：正常态和故障态，如图 10-36 所示。

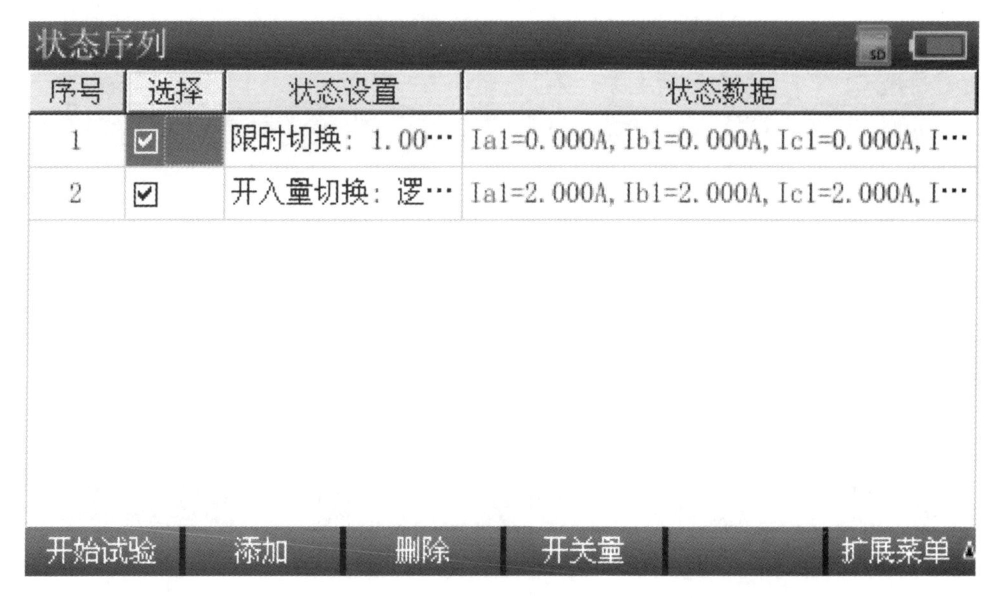

图 10-36 添加状态界面

第一组状态，时间切换，延时 1000 ms。状态 1 设置和状态 1 数据界面如图 10-37 所示。

状态1设置-2/2

设置项	设置值
GOOSE置检修	☐
状态切换	限时切换
状态时间	1000 ms

数据 设置 上一状态 下一状态 通道映射

（a）状态1设置

状态1数据-1/2

通道	幅值	相角	频率
Ua1	57.735V	0.000°	50.000Hz
Ub1	57.735V	-120.000°	50.000Hz
Uc1	57.735V	120.000°	50.000Hz
Ux1	57.735V	0.000°	50.000Hz
Ia1	0.000A	0.000°	50.000Hz
Ib1	0.000A	-120.000°	50.000Hz
Ic1	0.000A	120.000°	50.000Hz
Ia2	0.000A	0.000°	50.000Hz

数据 设置 上一状态 下一状态 通道映射 故障计算 谐波设置

（b）状态1数据

图 10-37 状态 1 设置和状态 1 数据界面

第二组状态，开入切换。状态 2 设置和状态 2 数据界面如图 10-38 所示。

状态2设置-2/3

设置项	设置值
GOOSE置检修	☐
状态切换	开入量切换
开入量切换	逻辑或
	☑ 开入1-0x0052-间隔4 跳闸出口出口(4#)
	☑ 开入2-0x0052-间隔6 跳闸出口出口(6#)
	☐ 开入3-未映射
	☐ 开入4-未映射
	☐ 开入5-未映射

数据 设置 上一状态 下一状态 通道映射

（a）状态2设置

状态2数据-1/2

通道	幅值	相角	频率
Ua1	57.735V	0.000°	50.000Hz
Ub1	57.735V	-120.000°	50.000Hz
Uc1	57.735V	120.000°	50.000Hz
Ux1	57.735V	0.000°	50.000Hz
Ia1	2.000A	0.000°	50.000Hz
Ib1	2.000A	-120.000°	50.000Hz
Ic1	2.000A	120.000°	50.000Hz
Ia2	3.000A	0.000°	50.000Hz

数据 设置 上一状态 下一状态 通道映射 故障计算 谐波设置

（b）状态2数据

图 10-38 状态 2 设置和状态 2 数据界面

5. 实验测试结果

开入量(支路 4 和支路 6 开入跳闸)动作,实验测试结果界面如图 10-39 所示。

开入量动作-1/2

开入量	变位次数	变位1(ms)	变位2(ms)	变位3(ms)
DI1	1	12.9		
DI2	1	12.9		
DI3	0			
DI4	0			
DI5	0			
DI6	0			
DI7	0			
DI8	0			

图 10-39 实验测试结果界面

附录A　PA904多功能电力系统动态功角测量装置及应用

功角是电力系统稳定运行研究的重要参数，发电机功角是发电机电势和机端电压之间的相角差，是研究电力系统稳定运行的重要参数，它不仅可以表征同步发电机的运行状态，也可以用来判别电力网络是否安全、稳定运行。发电机功角监测不仅是电力系统案例分析和电网三大动态稳定分析的重要的数据来源，也是目前电力大数据全景实时分析系统的重要组成部分。功角测量是现代电力系统综合实验教学中重要的测量参数之一，因此在实验中实时、准确测量发电机动态功角对学生进一步加深理论知识大有裨益。

A.1　键相脉冲法工作原理

发电机转轴键相脉冲信号可用于发电机转速监测，在发电机转子转到固定位置时，发出一定幅度的脉冲。键相脉冲信号一般为每极1个脉冲或每极60个脉冲。基于转轴键相脉冲信号测量发电机初相角和发电机功角的转轴键相脉冲直接法原理图如附图A-1所示。

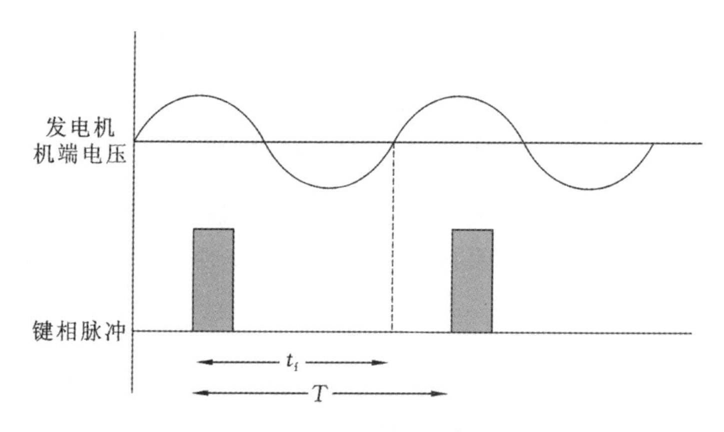

附图 A-1　转轴键相脉冲直接法原理图

采用转轴键相脉冲直接测量发电机转子位置，来等效发电机内电势的相角，但转子机械安装位置(机械角)与发电机空载内电势相角φ_ε之间存在一定的夹角，称为发电机初相角θ_0。

设发电机转轴键相脉冲信号为每极1个脉冲，把键相脉冲上升时刻定义为0时刻，把从0时刻起至发电机机端电压第一次正向过零时刻定义为t_f，则可得到键相脉冲与发电机机端电压过零点相角：

$$\psi_f=(t_f/T)360° \tag{A-1}$$

式中，t_f为键相脉冲信号与发电机机端电压过零点的时长。

在发电机理想空载状态下，由于负载电流为0，此时机端电压与内电势同相位，即$\theta_0=\psi_f$。发电机并网后的功角计算公式为

$$\delta_f=\psi_f-\theta_0 \tag{A-2}$$

当对一个复杂电力系统进行研究时，还可同时监测发电机相对其他n路母线电压的功角，键相脉冲与母线电压过零点相角为

$$\psi_n=(t_n/T)360^\circ \tag{A-3}$$

式中，t_n为键相脉冲信号与其他n路母线电压过零点的时长。

发电机经变压器对其他母线电压的功角为

$$\delta_n=\psi_n-\theta_T \tag{A-4}$$

A.2　装置特点与性能指标

该装置测量精度高，在系统失稳工况下仍具有较高的准确度，并具备多种信号输入、输出端口，兼容多种类型传感器信号，动态功角测量装置界面如附图A-2所示，人机接口友善，操作方便、直观。测量装置除上述优点外还具备以下多种功能。

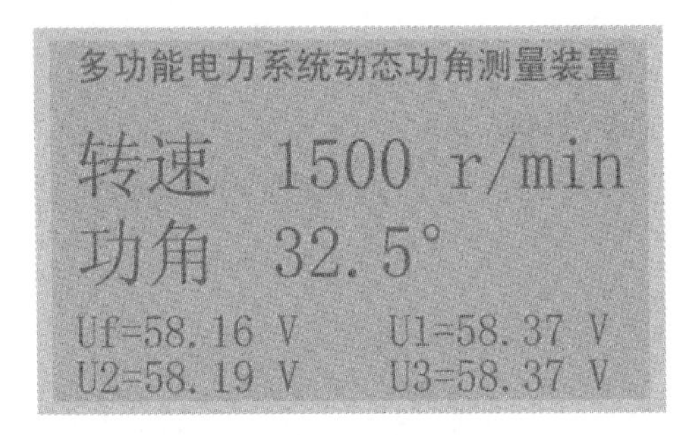

附图 A-2　动态功角测量装置界面

（1）实时监测发电机功角、转速，定子电压、电流，实时模拟量输出功角和转速的波形。

（2）实时监测发电机负序电流、有功功率、无功功率、功率因数等参量。

（3）实时监测发电机对无穷大系统的功角或者输电线路首末端之间的功角，并能模拟量输出该波形。

（4）功角或转速采用±10 V的模拟电压信号输出，可以接入现场DCS或其他数据采集或波形记录装置，便于后期分析、研究。

1. 仪器可监测显示参数

（1）发电机转速n(r/min)。

（2）电压U_f、U_1、U_2、U_3的有效值。

（3）发电机初相角θ_0、发变组初相角θ_T。

（4）参考电压U_f实时相角Ψ_f。

（5）参考电压U_1实时相角Ψ_1、参考电压U_2实时相角Ψ_2、参考电压U_3实时相角Ψ_3。

（6）参考电压U_f实时功角δ_f。

（7）参考电压U_1实时功角δ_1、参考电压U_2实时功角δ_2、参考电压U_3实时功角δ_3。

(8) 功角差 δ_{c_1}、δ_{c_2}。

(9) 发电机机端电流 I(A)、发电机机端电压频率 f(Hz)、发电机机端并网开关位置信号。

2. 技术指标

(1) 交流电压输入范围:0～110 V,测量误差<0.2%。

(2) 交流电流输入范围:0～6 A,测量误差<0.2%。

(3) 频率测量范围:35～60 Hz,测量误差<0.01 Hz。

(4) 功角测量范围:0°～360°,测量误差<0.1°。

(5) 模拟量输出范围:−10～+10 V,输出误差<0.01 V。

(6) 功角测量有效电压输入范围:20～110 V。

A.3　信号输入与输出

1. 测速信号输入

无源测速传感器CS1传感器信号。由于测速齿轮分60齿/极和1齿/极两种规格,对应装置分两个端口输入。

2. 交流电压输入

支持4路电压 U_f、U_1、U_2、U_3 输入,可计算4路功角。电压输入有效范围为20～110 V。发电机机端电压 U_f 支持频率测量。

3. 并网判断信号

(1) 开入1路,用于接入并网点开关的合位信号。

(2) 电流1路,用于接入并网点开关的电流量。

(3) 仪器本身面板的按钮。

以上三种信号任一条件满足,装置均判断为发电机并网。

4. 测速信号光耦输出

现场测速传感器可能与其他设备仪器共用,本仪器在接收到无源传感器信号进行处理后,进行光耦隔离输出。测速齿轮60齿/极的测速脉冲已经进行分频处理。

5. 模拟电压输出

模拟量输出两路,范围−10～10 V。规定额定转速对应9 V。规定±180°(可设定1～9的系数)对应±9 V。不同仪器的内阻不一样,所以实验前需要校准。

A.4　基本操作与使用

PA904多功能电力系统功角动态测量装置如附图A-3所示,该装置采用分辨率为240×160白色背光的LCD显示器,其对比度在出厂前已经由厂家调节到最佳状态(常温20 ℃)。为了延长液晶显示屏的使用寿命,PA904都配有屏幕保护方案,在用户最后一次按键操作数分钟(可设置,最大3600 s)后,装置将自动关闭液晶背光,按任意键,背光电源打开。在装置有故障、告警或自检出错信号时,背光电源将自动打开。

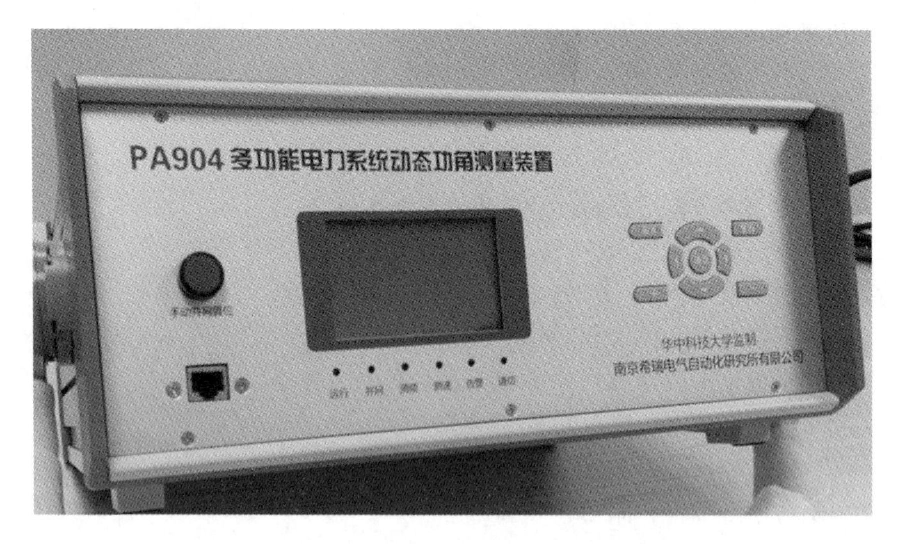

附图 A-3　PA904 多功能电力系统功角动态测量装置

1. 高亮度 LED 发光指示灯

PA904 装置设计了 6 个高亮度的 LED 发光指示灯，具体功能分别如下。

运行：装置运行指示灯。运行正常时闪烁，停止或非正常运行时长亮或熄灭。

并网：装置并网指示灯。发电机解列时，熄灭；发电机并网时，灯亮。

测频：机端电压测频脉冲；指示机端电压测频状态。

测速：测速脉冲信号指示灯；指示测速信号状态。

告警：告警信号指示灯。

通信：装置以太网通信指示灯。装置发送数据时闪烁，停止或不与本装置地址通信时熄灭。

2. 面板操作按键

“确认”键：确认或保存当前修改或执行当前选择。

“取消”键：退出或取消当前操作，返回到上一级操作。

“＋”“－”键：对数值进行加、减操作或对选项进行切换操作。

“▲”“▼”“◀”“▶”键：进行上、下、左、右移位选择。

A.5　设置及运行

1. 接线

(1) 根据实际发电机，在 P3 端子选择 1 齿/极、60 齿/极相对应的输入端子。60 齿/极时选择 P3.2 和 P3.4 端子。1 齿/极时选择 P3.3 和 P3.4 端子。

(2) 在后面板找到香蕉插座并标志为 U_{f^*} 和 U_f，接入发电机机端电压，其他 U_1、U_2、U_3 参考电压根据需求接入。为保证测量的正确性，U_f、U_1、U_2、U_3 必须同相、同极性。

(3) 并网信号至少选择 1 种，即仪器前面板的手动置合位按钮、后面板并网开入信号、后面板电流 I。

(4) 模拟量两路输出,可接入到故障录波仪或示波器观测。接入后进入 S6-1 菜单进行校准。功角与模拟电压信号的幅值关系需要在 S6-2 进行设置。

(5) 装置电源接入交流 220 V。

(6) 检查无误后,打开装置电源,仪器上电。

2. 参数设置

(1) 在 S2-1 菜单进行发电机极对数、功角差一、功角差二、变压器高低压接线方式的设置。发电机极对数、变压器高低压接线方式均影响测量的正确性,务必正确设置。

(2) 在 S6-1 菜单进行模拟量一、模拟量二的校准以及模拟量放大倍数的调整。在 S6-2 菜单对模拟量放大倍数进行设置。功角±180°/放大倍数(可设定 1～9 的系数)对应±9 V。

(3) 在模拟量对应关系里设置模拟量一、模拟量二的对应的转速、功角关系。

(4) 主界面显示系统功角需要选择对应参考电压,进入菜单进行设置。

3. 发电机开机检查

(1) 启动发电机,验证仪器显示速度是否正确。

(2) 检查采集机端电压、频率是否正确。

(3) 检查实时相角 Ψ_f、Ψ_1、Ψ_2、Ψ_3 是否正确。

(4) 发电机并网。面板并网指示灯由灭变亮,代表装置判断发电机并网。如采用电流判据,$I>0.1$ A 时判为并网。

(5) 发电机并网前,发电机初相角 θ_0、发变组初相角 θ_T 均为零。发电机并网后,检查发电机初相角 θ_0、发变组初相角 θ_T 是否正确,θ_0 为并网时刻时的 Ψ_f。θ_T 与 θ_0 存在转角关系,与菜单设置的变压器高低压接线方式设置相关。y/d-11 时,$\theta_T=\theta_0+30°$。

(6) 检查实时功角 δ_f、δ_1、δ_2、δ_3 是否正确。发电机并网但功率接近零时,δ_f、δ_1、δ_2、δ_3 接近零。

A.6　实验教学中的应用

在《电力系统分析》理论教学中,讲授了发电机功角特性以及对电力系统稳定影响的作用。功角是系统稳定判据计算中的一个重要参量,学生可通过电力系统综合实验教学环节对其进行进一步验证与巩固,在加深知识理解的过程中,也可进行创新性研究。

附图 A-4 为电力系统稳定分析动模实验模型,该模型充分考虑了原型系统复杂的网架结构,接口可以与新能源发电系统相连。基于该模型可以开展系统负荷随机性干扰、潮流改变、无功补偿、故障分析等电力系统暂态、稳态实验研究。

在该实验模型中,动态功角测量装置不仅可以实时精确测量发电机对机端的功角,还可以实时同步测量当前发电机对母线 M、N、H、K、E 等之间的功角,且可以根据教学或研究的需要调整相对测量点。

系统小干扰工况下功角摇摆波形如附图 A-5 所示,在母联 QF47 断开运行的工况下,02G 模拟发电机经 15XL、23XL、24XL、25XL、16XL、17XL、18XL 双回线路与模拟无穷大系统 21 W 相连接,02G 模拟发电机发出 60％负载,断路器 QF33 断开 700 ms 后重合,装置记录了发电机对无穷大系统功角发生大的摇摆,最后趋于稳定的波形。

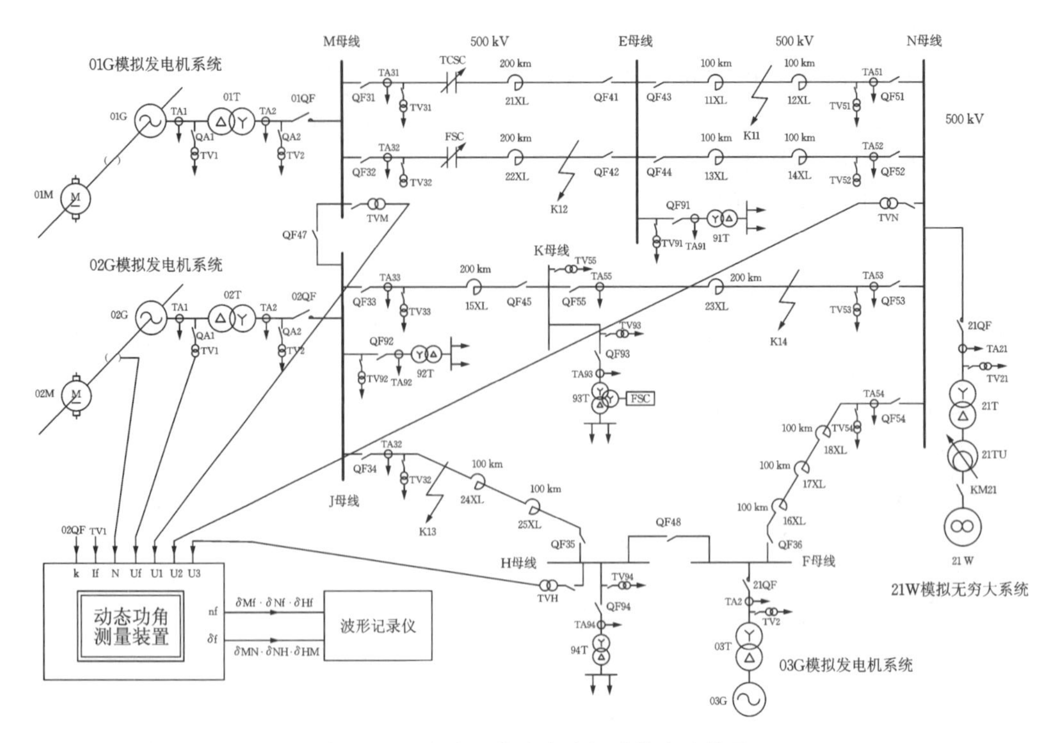

附图 A-4 电力系统稳定分析动模实验模型

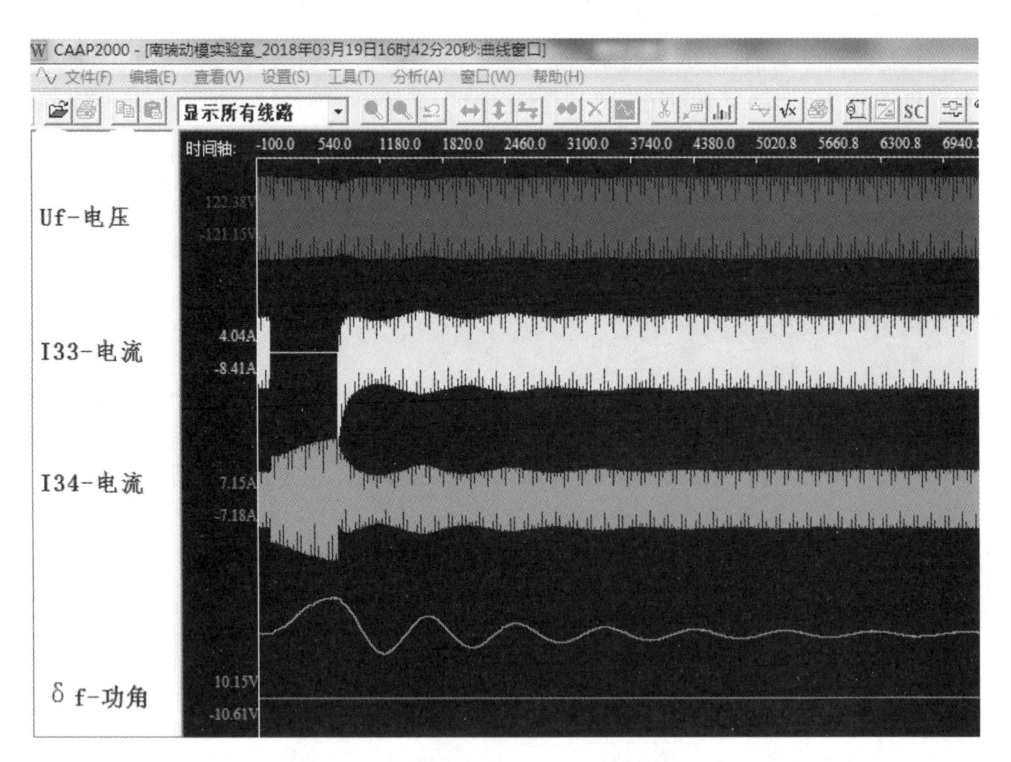

附图 A-5 系统小干扰工况下功角摇摆波形

系统大干扰工况下失步振荡波形如附图 A-6 所示，运行方式同上，02G 模拟发电机发出 80%负载，K13 点发生 319 ms 三相故障，致使发电机对无穷大系统失去稳定，功角大幅振荡，直至失步解列。装置记录了这一过程的发电机功角、发电机对系统 N 母线的功角动态变化波形。

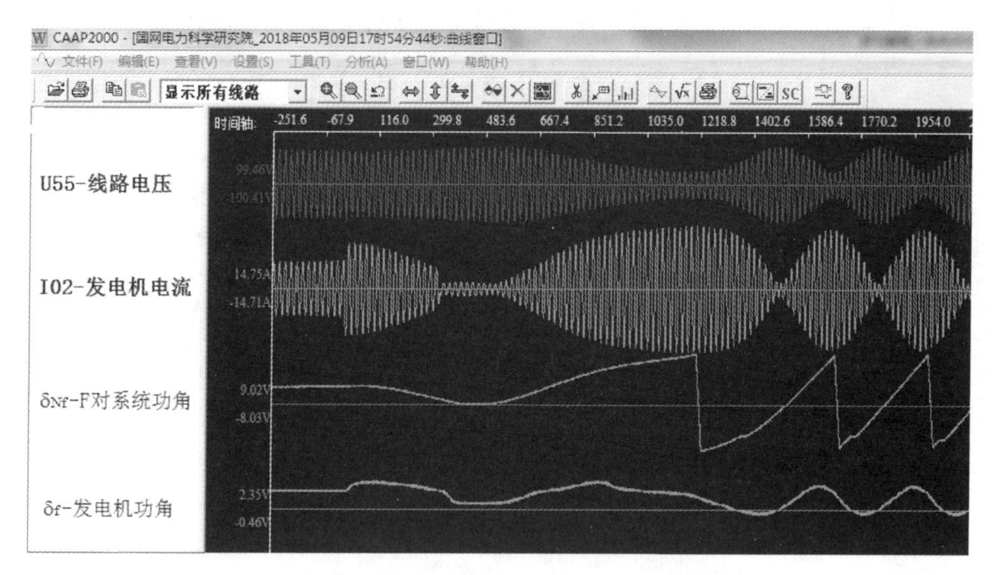

附图 A-6　系统大干扰工况下失步振荡波形

多功能电力系统动态功角测量装置采用转子位置测量法对发电机转速、功角以及各种线路功角进行动态测量，可同时计算四路功角，并将其结果以模拟信号方式输出至波形记录仪中，也可以采用以太网通信方式用 MODBUS 协议与计算机通信，方便了后期的分析、研究，也为复杂系统的功角特性研究提供检测功角。该装置能够满足复杂多变的实验室环境要求，满足各种教学和科研的需要，在实际教学应用中取得了良好的教学效果。

附录 B　TGS 模拟原动机及调速系统仿真器的参数整定

TGS 模拟原动机及调速系统仿真器由功率单元和控制单元共同构成,可以实现汽轮机特性、柴油机特性或水轮机特性及其调速器特性的模拟。主要仿真环节如下:汽轮机蒸汽容积惯性、原动机特性以及汽轮机机械液压式调速器等环节;柴油机的执行机构、原动机特性及柴油机调速器等环节;水轮机的水锤效应、原动机特性及水轮机机械液压调速器等环节。

该仿真器适用于各种规格的模拟发电机的原动机控制,能依据汽轮机、水轮机、柴油机的原动机数学模型模拟出原动机特性;能依据汽轮机、水轮机、柴油机的调速系统的数学模拟仿真出调速系统特性。

B.1　模拟原动机及调速系统仿真器的构成及功能

模拟原动机及调速系统仿真器主要由微机主板、功率放大板、控制电源板、显示板和总线底板构成。模拟原动机的直流电动机采用他励方式,励磁绕组由整流变压器经三相不可控整流桥供电,其电枢绕组由整流变压器经三相全控整流桥供电。

该仿真器的操作面板由测量仪表、信号指示灯和操作按钮等组成。控制屏的“操作电源”总开关放在屏面上,它是一个空气开关,负责提供屏内操作回路电源和仿真器的工作电源。

测量表计:直流电动机电枢电压表、直流电动机电枢电流表、直流电动机励磁电压表、直流电动机励磁电流表,负责测量直流电动机的电枢绕组、励磁绕组的电压、电流。

合闸按钮:按“合闸”按钮,按钮上红色“合闸”指示灯亮。绿色的“跳闸”指示灯灭。一方面原动机的励磁整流变压器电源得电,原动机就有励磁电流,励磁电压表计、励磁电流表计均有指示;另一方面整流变压器带电,并给晶闸管整流桥加上三相交流电源。

跳闸按钮:按“跳闸”按钮,按钮上红色“合闸”指示灯灭,绿色的“跳闸”指示灯亮,切除供给晶闸管整流桥的三相交流电源,发电机机组停止运转。

过流信号灯:当直流电动机电枢电流超过设定值时,仿真器发出过流报警信号,其红色的“过流信号”指示灯亮且有报警铃声。该信号同时切除供给晶闸管整流桥的三相交流电源。按“信号复归”按钮可消除过流报警指示灯和铃声,不清除过流信号则不能再次开机。如发生这种情况应查明过流原因后再开机。

过速信号灯:当直流电动机转速超过设定值时,仿真器发出过速报警信号,其红色的“过速信号”指示灯亮且有报警铃声,该信号同时切除供给晶闸管整流桥的三相交流电流。按“信号复归”按钮可清除过速报警指示灯和铃声,不清除过速信号不能再次开机。如发生这种情况应查明过速原因后再开机。

另外，仿真器自检到“失磁故障”时，也利用过流、过速信号切除供给晶闸管整流桥的三相交流电源。

信号复归按钮：用以清除过流和过速报警指示灯和铃声。仿真器内设有多种保护措施，作用于声光报警和跳开开关。

过速保护：当发电机频率大于60 Hz时，仿真器报警并自动跳开开关。

过流保护：当电枢电流大于电流电动机额定电枢电流时，仿真器报警并自动跳开开关。

失磁保护：当励磁电流小于0.6倍电动机额定励磁电流时，仿真器报警并自动跳开开关。

仿真器内部故障包括微机系统异常、稳压电源异常等。

B.2　模拟原动机及调速系统仿真器的显示及面板操作

该仿真器有6位LED数码显示器，主要用于显示直流调速系统的运行状态、各种主要实测电量值和仿真器的仿真控制参数。

1. 指示灯

该仿真器上电后，只要微机系统运行正常，“电源正常”和“微机正常”指示灯就亮。如果该灯熄，表明微机系统有故障。

(1) 电源正常：仿真控制器内部有+5 V、±15 V、+24 V、GND四组电源，外部有一组24 V、COM电源；各路稳压电源正常，指示灯亮，任一路稳压电源失去和欠压，指示灯熄。

(2) 汽轮机、水轮机和调速器退出：表示仿真器的当前工作方式，仿真器指示灯亮(☼)熄(⊗)状态与工作方式的对应关系如附表B-1所示。

附表B-1　仿真器指示灯亮(☼)熄(⊗)状态与工作方式的对应关系

汽轮机	水轮机	调速器退出	工作方式
☼	⊗	⊗	汽轮机带调速器
⊗	☼	⊗	水轮机带调速器
☼	⊗	☼	汽轮机不带调速器
⊗	☼	☼	水轮机不带调速器
⊗	⊗	⊗	其他非模拟工作方式

(3) 并网：“并网”指示灯亮表示同步发电机出口断路器合上。

(4) 过速信号、过流信号和失磁信号：该仿真器具有异常保护功能，当同步发电机组过速、电枢电流过流或励磁电流过小时，将自动跳开电枢回路的动力电源开关。“过速信号”“过流信号”和“失磁信号”指示灯分别表示保护动作跳开开关的原因。

(5) 增速和减速：当操作“增速”或“减速”按钮时，相应的指示灯亮表示操作有效。

同步发电机组未并网运行时，操作“增速”或“减速”按钮可以调节发电机组的转速；同步发电机组并网运行时，操作“增速”或“减速”按钮可以调节发电机输出的有功功率。

(6) 开机和停机：“开机”指示灯亮表示微机已处于开机状态，允许调节转速或者负荷，“停机”指示灯亮表示允许启动机组或者停止已运行的机组。

2. 通信接口

仿真器设有一个标准通信接口，该接口形式为DB9(阳)，用于与PC交换信息。通信标准可以采用RS232或半双工的RS485，具体选择方法一定要对应“TGS-03A CPU板”(微机主板)上跨接器JP2、JP3的短接点，通信方式选择如附表B-2所示。

附表 B-2 通信方式选择

JP2	JP3	说明
1-2:ON	1-2:ON	RS485 方式
2-3:ON	2-3:ON	RS232 方式

3. 面板按钮

面板按钮共设有9个操作按钮，每个按钮都自带指示灯。

(1) “开/停机”按钮：按下锁定，停机(按钮指示灯亮)；松开弹起，开机(按钮指示灯灭)。

(2) “增速”和“减速”按钮：调节转速或调节原动机输出的有功功率。

(3) “方式选择”和“方式确认”按钮：用以设定仿真控制器的仿真工作方式。

(4) “▲”和“▼”按钮：“▲”表示显示上一单元或增量加1，“▼”表示显示下一单元或减量减1，用以切换显示仿真控制系统不同的状态量或在线修改参数的大小。

(5) “参数选择”和“参数设置”按钮：用以显示和修改整定仿真控制参数。

4. 手动控制方式及其调节电位器

手动控制方式是指退出仿真器，而只采用电流环控制电路来手动调速，此时用该电位器来调节电枢电流给定值，借以调节机组转速或输出功率。

手动方式与微机方式切换由“TGS-03A SD”功率放大板上4位琴键拔码开关控制，手动方式与微机方式切换如附表B-3所示。

附表 B-3 手动方式与微机方式切换

手动方式	1、2 位:OFF	3、4 位:ON
微机方式	2、3、4 位:OFF	1 位:ON

5. 运行状态显示

仿真控制器可以显示机组的运行状态量和调速器的运行状态量，按显示切换的两个按钮“▲”和“▼”，可以顺序和反序循环切换显示。原动机及调速系统仿真器运行状态显示如附表B-4所示。

附表 B-4　原动机及调速系统仿真器运行状态显示

状态符号	单　　位	状态名称
F	Hz	发电机频率
Fb	Hz	发电机频率基准值
Fg	Hz	发电机频率给定值
IL	A(有名值)	电动机励磁电流
UA	V(有名值)	电动机电枢电压
IA	A(有名值)	电动机电枢电流
Ig	A(有名值)	电动机电枢电流给定值
Dd	°(电角度)	单机-无穷大系统功角
Pg	—	标幺值,输出有功功率给定值
Hg	—	标幺值,开度给定值

B.3　模拟原动机及调速系统仿真器的参数整定

1. 工作方法选择及切换

该仿真器共有8种工作方式可供选择,如附表B-5所示。

附表 B-5　仿真器工作方式选择

工作方式代码	显示代码	工作方式	备　　注
0	000000	水轮机带调速器	—
1	111111	汽轮机带调速器	—
2	222222	单纯调速器	简单速度外环+电流内环(没有油动机、汽容、水锤)模拟
3	333333	水轮机不带调速器	—
4	444444	汽轮机不带调速器	—
5	555555	恒功率	—
6	666666	恒电枢电流	—
7	777777	恒控制角	—

工作方式切换可在机组开机之前进行,也可在开机运行中进行,切换无扰动。

操作方法如下。

第一步:按“方式选择”按钮选择新工作方式代码。

第二步:按“方式确认”键,切换到新工作方式,并被保存,停电后再上电,工作方式不变。

2. 仿真控制参数整定

该仿真器可以在线显示和整定控制参数,仿真器控制参数如附表B-6所示。

附表 B-6 仿真器控制参数

参数序号	显示状态	意　　义
1	CS0F—A	默认参数 [File →RAM]
2	CS1A—E	固化参数 [RAM →EEPROM]
3	CS2E—A	刷新参数 [EEPROM →RAM]
4	CS3d—D	功角校零
5	HPF ×××	单纯调速器比例放大系数
6	KIF ×××	仿真调速器放大系数
7	KDF ×××	单纯调速器微分系数
8	HF×××	调差系数(%)
9	7Q×××	汽轮机汽容时间常数(s)
10	7H×××	水轮机水锤时间常数(s)
11	7A×××	软反馈时间常数(s)
12	HA×××	软反馈放大倍数
13	EF×××	失灵区(%)
14	75 ×××	油动机时间常数(s)
15	HN××××	模型负荷额定开度
16	H0××××	模型空载额定开度

启用默认参数、刷新参数和功角校零的方法，与固化参数的方法相似，只是相应的显示状态不同而已。默认参数是指启用系统内部默认参数，主要在更换 EEPROM 芯片后使用。刷新参数是指将固化在 EEPROM 中的参数调出到 RAM 中使用。功角校零是指当同步发电机按准同期并网后未加负荷，但功角显示值偏离零值较大时，需要予以校零。

按下“参数设置”按钮并锁定，则按“▲”“▼”按钮可以对当前显示的控制参数进行加/减 1 修改。

参数修改方法如下。

第一步：选定需要修改的参数，按“参数选择”按钮，将需要整定的控制参数显示在显示器上。

第二步：按下“参数设置”按钮并锁定。

第三步：按一次“▲”或“▼”按钮，则该参数的数值加 1 或减 1，调到所需数值为止。若需要大幅度修改参数，可以连续按住“▲”或“▼”按钮不放，将快速增或减参数；如果显示的数值超出允许的最大值或最小值，将自动闭锁修改。

第四步：如果希望下次开机仍用此参数，则需要将当前参数固化到 EEPROM 中去。固化方法是：按“参数选择”按钮，将显示状态切换到“CS1A－E”，在“参数设置”按钮保持锁定的状态下，同时按“▲”和“▼”按钮，即可完成固化。如果不需要固化参数，直接跳过此步。

第五步：将“参数设置”按钮松开弹起。

3. 标幺基准值的整定

在仿真器内部各环节均采用标幺值表示，其基准值随所需模拟对象的容量而变，基准值的确定步骤如下。

第一步：确定模型同步发电机的额定有功功率。

第二步：自动开机，并升至额定转速。

第三步：同步发电机准同期并网后，手动增加发电机发出的有功功率，直至额定值。

第四步：按显示切换按钮，查看并记录开度给定值 Hg 的大小。

第五步：将 Hg 的数值通过参数修改存入参数 HN 中，则仿真立即按新整定的基准值运行。

4. 红外测速装置的灵敏度调整

当模拟发电机组的速度测量采用红外测速装置时，在发电机与原动机转轴上按发电机的极对数，对称涂上白色油漆，若 2 对极则相距 180°涂色带，若 3 对极则相距 120°涂色带，然后在机座上安装测速支架。

安装在原动机与同步发电机转轴之间的红外测速装置，在首次投运时需要调整红外检测的灵敏度，该装置外面可以看到 3 组红外发射接收管、1 个 LED 指示灯和 1 个多圈电位器。

电机极对数、红外测速油漆色带与 TGS 型原动机及调速系统仿真器配合方法：“TGS DISP”显示板上有一个代号为 SW1 的两位微动拨码开关，该拨码开关主要用于红外测速与电机极对数匹配选择，极对数选择对应表如附表 B-7 所示。

附表 B-7　极对数选择对应表

$N=2$ 对极电机	1、2 均为 OFF
$N=3$ 对极电机	1 为 ON，2 为 OFF
未用	1 为 OFF，2 为 ON
未用	1 为 ON，2 为 ON

红外测速的原理如下：利用转轴的 N 条对称的带状白色油漆（宽约 2 cm，要求边缘尽量整齐）对红外线的强反射进行转速检测。当红外发射管发出的红外线每次经过白色油漆处时，红外接收管就能接收到较强的反射红外线，并发出信号，LED 指示灯亮。当转轴旋转时，即形成一系列方波信号，LED 指示灯跟着亮和灭，仿真器根据该信号测量转速。

安装红外测速支架时，红外测速装置离转轴约 5 cm，转轴上涂白色油漆处，用砂纸适当打磨，以增加反射对比度。顺时针或逆时针旋转电位器（顺时针灵敏度增加）使灵敏度适当。其原则是：手动旋转转轴，转轴上的白色油漆每次对准测速装置时，LED 指示灯只亮一次，无闪烁或不亮的情况。在低速时，例如停机时，观察仿真器测量的转速应无跳变现象。需要注意的是，在机组运转时避免用强光照射红外测速装置。

附录C　微机励磁调节器及负阻器的参数整定

微机励磁调节器及负阻器是为了满足电力系统动模实验室教学与科研的特殊需要而专门设计的，已在全国动模实验室广泛使用。动模实验室中的模拟发电机组配备负电阻器可以灵活调整模型机组励磁绕组的时间常数，以达到真实模拟的目的。

微机励磁调节器及负阻器由功率单元和控制单元共同构成，其励磁方式可选择微机他励、微机自并励、励磁机自励、励磁机他励和外接励磁机五种方式。

微机励磁调节器控制方式可选择恒 U_F、恒 I_L、恒 α、外接 D_K、外接 U_K 和外接 PSS 等。设有定子过电压保护和励磁电流反时限延时过励限制、最大励磁电流瞬时限制等安全保护措施，控制参数可在线修改、在线固化，灵活、方便，能最大限度地满足教学与科研灵活多变的需要。

C.1　微机励磁调节器及负阻器的构成及功能

微机励磁调节器及负阻器的操作面板由励磁屏面板、微机励磁调节器面板和负阻器面板三部分组成。

励磁屏面板包括测量仪表、励磁屏电源总开关，以及若干操作按钮和指示灯等。

1. 测量仪表

(1) 发电机机端电压表：接在模拟发电机出口 TV 二次侧，用以测量、监视发电机机端电压。

(2) 发电机转子电压表：直接并联在模拟发电机励磁绕组上，用以测量、监视发电机转子电压。

(3) 发电机励磁电压表：直接跨接在发电机励磁绕组的一端和负阻器的一端，用以测量、监视发电机励磁电压。

(4) 发电机励磁电流表：直接串联在发电机励磁回路中，用以测量、监视发电机励磁电流。

2. 操作按钮

操作按钮共有两只。

(1) 磁场开关"合闸"按钮：负责磁场开关的合闸，按"合闸"后其上的红色指示灯亮，"跳闸"按钮上的绿灯灭。

(2) 磁场开关"跳闸"按钮：负责磁场开关的跳闸，按"跳闸"后其上的绿色指示灯亮，"合闸"按钮上的红灯灭。

3. 励磁方式开关

励磁方式开关共有五个位置，分别是微机他励、微机自并励、励磁机他励、励磁机自励和励磁外接。

(1) 微机他励：同步发电机的励磁电源，由市电 380 V 电源通过励磁变压器经晶闸管整流桥整流后提供，励磁电流的大小由微机励磁调节器控制。

(2) 微机自并励：同步发电机的励磁电源，由发电机自身通过机端励磁变压器经晶闸管整流桥整流后提供，励磁电流的大小由微机励磁调节器控制。

(3) 励磁机他励：同步发电机的励磁电源，由市电 380 V 电源通过励磁变压器经晶闸管整流桥整流后提供给励磁机的转子回路，励磁电流的大小由微机励磁调节器控制。

(4) 励磁机自励：同步发电机的励磁电流，由发电机自身通过机端励磁变压器经晶闸管整流桥整流后提供给励磁机的转子回路，励磁电流的大小由微机励磁调节器控制。

(5) 励磁外接：从本励磁调节器中退出，让用户外加励磁，经负阻器后提供给发电机转子励磁。

4. 励磁调节器控制方式

恒 U_F 方式：维持发电机机端电压 U_F 在给定水平上；在恒 U_F 方式下起励，起励后的发电机电压为额定电压或跟踪母线电压。实验状态下以恒 U_F 方式起励，发电机电压给定值可在 20%～130%范围内任意整定。注意，实验状态起励只在调试实验时使用。

恒 I_L 方式：维持发电机励磁电流 I_L 在给定水平上；在恒 I_L 方式下起励，起励后的发电机励磁电流为额定励磁电流的 10%左右。

恒 Q 方式：维持发电机输出无功功率在给定水平上。注意，恒 Q 方式只适合发电机并网运行工况，当发电机空载或小网负荷运行时，发电机输出无功功率的大小不取决于发电机，而取决于负荷，所以恒 Q 方式非法，应禁止使用。

恒 $\cos\varphi$ 方式：维持发电机运行的功率因数在给定水平上。注意，恒 $\cos\varphi$ 方式只适合发电机并网运行工况，当发电机空载或小网负荷运行时，发电机的功率因数不取决于发电机，而取决于负荷，所以恒 $\cos\varphi$ 方式非法，应禁止使用。

恒 α 方式：在他励励磁方式运行或静态调试时，WL-04A 还提供恒 α 控制方式，用作恒 α 开环调试手段。此种方式主要用来进行机组的短路试验。在恒 α 调节方式下，调节器自动维持可控硅触发角为给定值。在此方式下，可控硅触发角的输出角度不受其他采样信号影响。当发电机未并网且发电机已经建压成功时，切换至恒控制角将导致灭磁。

发电机正常运行以恒 U_F 方式作为基本方式，恒 I_L 方式作为恒 U_F 方式的备用。

恒 U_F 和恒 I_L 方式适用于发电机单机运行或并网运行，也适用于自并励和他励励磁方式；恒 α 方式只适用于他励励磁方式，而恒 Q 和恒 $\cos\varphi$ 方式只适用于并网运行状态。五种控制方式的优先级安排由高到低为恒 I_L、恒 α、恒 Q、恒 $\cos\varphi$、恒 U_F。恒 I_L、恒 Q、恒 $\cos\varphi$ 有对应的方式按钮。

在过励限制动作或调变断线或整流功率柜故障等工况下，调节器将自动转为恒 I_L 控制方式。

5. 励磁调节器的限制与保护

发电机定子过电压限制功能：防止发电机定子电压过高引起定子绝缘损坏和发电机定子绕组过热。出厂整定值的范围被限制在正常运行时发电机电压 U_{FN} 的 1.20 倍以下。

发电机定子过电压保护功能：当发电机电压超过 1.26 倍 U_{FN}、严重威胁发电机安全运行时，过电压保护立即动作，跳开发电机灭磁开关 FMK，实现紧急灭磁。

最大励磁电流瞬时限制功能：用以限制发电机励磁电流的顶值，防止励磁电流超出设计允许的强励倍数，避免励磁功率单元以及发电机转子绕组超出允许极限值而损坏。最大励磁电流瞬时限制设定的限制值可按电厂要求或国家标准在额定励磁电流的 1.6～3.0 倍之间整定。

反时限延时过励限制功能：为防止发电机转子绕组因长时间过电流而过热，本限制器提供反时限限制特性，即按发电机转子容许发热极限曲线对发电机转子电流进行限制。反时限延时限制曲线可按电厂要求整定。

并网运行最小励磁电流限制功能：可在一定程度上限制无功功率过度进相，提高并列运行的稳定性。

低励限制：发电机并网运行时，无功功率不允许过度进相，否则会引起发电机定子绕组端部发热，降低并网运行的稳定性，甚至失去同步，无论是对发电机还是电力系统都有害。

励磁调节器的低励限制功能限制发电机进相运行的下限，低励限制线通常在 PQ 平面以一直线方程表示：

$$Q_{MIN}=AP+B$$

直线方程的斜率 A 和截距 B 可根据用户要求实时整定。

出厂整定为：$P=0$ 时，$Q_{MIN}=-Q_N/2$；$P=P_N$ 时，$Q_{MIN}=-Q_N/4$。

6. 励磁变压器电压比调节

励磁变压器电压比调节由自耦调压器选择，不同励磁方式、不同负阻补偿度需要的晶闸管整流桥交流输入电压的差异很大，为了满足各种运行工况的运行要求，将励磁变压器特别设计为自耦调压器加隔离变压器。实验人员在调节自耦调压器时必须特别小心谨慎，一定要根据励磁方式以及负阻补偿度选择对应的调压器位置，并且不得在机组运转状态带负荷切换励磁方式开关。闭环实验时，适当调整负阻补偿度或自耦调压器输出电压原则上是允许的，但必须以小步长微调，并且注意密切观察调整效果，如发现异常，则应立即恢复到原来的正常位置。

C.2 微机励磁调节器操作面板

微机励磁调节器操作面板包括 8 位 LED 数码显示器，若干指示灯、按钮、串行通信接口等。

1. LED 数码显示器

(1) 显示同步发电机励磁控制系统状态量：发电机机端电压、发电机输出有功功率和无功功率、发电机励磁电压和励磁电流、发电机频率、励磁调节器输出触发延迟角等。

(2) 查询、修改励磁调节器的控制参数：PID 反馈系数、控制参数、励磁限制整定值等。

2. 指示灯

面板指示灯共 36 只，分电源指示灯、脉冲指示灯、工作状态指示灯、异常指示灯四类。

1）电源指示灯

+5 V、±12 V、+24 V 等四路微机励磁调节器工作电源指示灯，当工作电源电压正常时，指示灯亮。

2）脉冲指示灯

励磁调节器输出的触发脉冲指示灯：+A、−C、+B、−A、+C、−B 等六路脉冲指示灯，当调节器输出触发脉冲且脉冲正常时，指示灯亮。

3）工作状态指示灯

(1) 励磁方式指示灯。

励磁机：用同轴直/交流励磁机励磁时，将励磁方式开关切换到励磁机他励或自励，此时“励磁机”灯亮，微机励磁调节器再依据他励或自励进行相应控制。

他励：分“微机”和“励磁机”两种励磁调节器工作。该指示灯与“励磁机”灯配合区分。

自励：分“微机”和“励磁机”两种励磁调节器工作。

与他励不同的是，选择自励时，励磁变压器一次侧输入电压不再是 380 V，而是根据不同模拟情况有所改变，必要时应相应调节自耦变压器的二次侧输出以提高输出电压。

(2) 开关状态指示灯。

磁场开关：磁场开关合上时指示灯亮，跳开时指示灯熄。

助磁开关：自并励励磁方式下，发电机起励时，励磁调节器自动投入初始励磁时指示灯亮，退出助磁时指示灯熄。

并网运行：发电机合上并网断路器时指示灯亮，跳开时指示灯熄。

(3) 调节器运行方式指示灯。

PSS：外接 PSS 控制信号，电压范围 0～10 V（由通信接口 DB9 的 1、8 输入）。

U_K：外接控制电压 U_K，由 CPU 的 A/D 采样输入，电压范围 0～5 V（由通信接口 DB9 的 1、7 输入）或 0～10 V（由通信接口 DB9 的 1、6 输入），线性移相，移相范围0～180°。

D_K：外接控制数值 D_K，由串口输入，波特率为 4800，偶校验，8 位数据位，1 位停止位，线性移相，数据范围为 0～7500，对应移相角 0～180°。

恒 $\cos\varphi$：指示灯亮表示励磁调节器按恒 $\cos\varphi$ 方式运行，维持发电机功率因素在给定水平上。

恒 Q：指示灯亮表示励磁调节器按恒 Q 方式运行，维持发电机无功功率在给定水平上。

恒 α：指示灯亮表示励磁调节器按恒 α 方式（开环）运行，只在他励方式下有效，自并励励磁方式不允许开环运行，所以自并励励磁方式下，恒 α 方式被闭锁，且在他励方式转自并励时，如果原来是恒 α 方式也会自动转为恒 I_L 方式。

恒 U_F：指示灯亮表示励磁调节器按恒 U_F 方式运行，维持发电机机端电压在给定水平上。

恒 I_L：指示灯亮表示励磁调节器按恒 I_L 方式运行，维持发电机励磁电流在给定水平上。

(4) 运行状态指示灯。

进相运行:无功功率为负值(即进相运行)时指示灯亮,为正值时(即迟相运行)指示灯熄。

母线无压:系统电压小于 70%额定电压或无电压时指示灯亮,大于 70%时指示灯熄。

灭磁:按“灭磁”按钮或发电机频率低于 43 Hz 时指示灯亮,发电机并网带负荷时“灭磁”被闭锁,“灭磁”指示灯熄。

增磁:按“增磁”按钮时指示灯亮,松开指示灯熄。

减磁:按“减磁”按钮时指示灯亮,松开指示灯熄。

参数设置:修改控制器参数时,按“参数设置”按钮一次指示灯亮,表示已进入参数设置状态,再按一次指示灯熄,表示退出参数设置状态。

4) 异常指示灯

同步异常:励磁调节器工作在自并励方式时,同时采用励磁变压器和发电机电压互感器作为触发同步信号,当两路同步信号均正常时指示灯熄,任一路断线时指示灯亮,他励运行时指示灯熄。

定子过电压:发电机机端 TV 电压大于额定电压的 1.26 倍(100×1.26 V=126 V)时,过电压保护动作,跳开磁场开关,同时“定子过压”指示灯亮。

微机正常:指示灯闪烁表示微机励磁调节器运行正常,常亮或常熄表示微机励磁调节器异常。

调变断线:励磁调节器同时引入两路发电机机端电压互感器,分别称为调变电压 U_{F1} 和仪变电压 U_{F2}(调变和仪变分别对应发电厂励磁调节器专用电压互感器和测量仪表用电压互感器),发电机电压由下式决定:

$$U_F=\mathrm{MAX}\{U_{F1},U_{F2}\}$$

当两路电压相差 10%时,表示电压互感器发生断线故障,如调变电压小于仪变电压 10%,调变断线,指示灯亮。

仪变断线:当仪变电压小于调变电压 10%时,仪变断线,指示灯亮。

功柜故障:全控桥故障时,指示灯亮。

3. 操作按钮和电源开关

电源开关:船形开关主要负责微机励磁调节器供电电源控制。

参数选择:用以查询控制参数的当前数值和选择需要修改的控制参数,重复按下此按钮,则循环显示控制参数。

参数设置:正常工作状态(非参数设置状态)下,增量显示和减量显示按钮用以顺序和逆序召唤显示励磁控制系统状态变量,按“参数设置”按钮后,“参数设置”指示灯亮,此时增量显示按钮和减量显示按钮用作增加和减小由“参数选择”按钮选中的参数数值。

“▲”显示和“▼”显示:用以顺序或逆序召唤显示励磁控制系统状态变量,在参数设置状态(此时“参数设置”指示灯亮),用来增加或减小选中的参数数值。

PSS:按下“自锁”按钮且“PSS”指示灯亮,表示投入电力系统稳定器功能。

方式选择：用以选择恒 $\cos\varphi$、恒 Q、恒 α、恒 U_F、恒 I_L 等五种运行方式，选中但未确认之前，对应的运行方式灯闪亮。每按一次，方式预选灯循环一位。

方式确认：用以确认被选中的运行方式，确认后选中的运行方式灯常亮，原来运行方式灯熄灭；但在自并励励磁方式下，选恒 α 方式不合法，调节器自动转为恒 I_L 方式。

恒 I_L：强制选择恒 I_L 运行方式。

增磁：发电机并网前，增磁则提高发电机电压，并网后，增磁则增加发电机输出的无功功率。

减磁：发电机并网前，减磁则降低发电机电压，并网后，减磁则减少发电机输出的无功功率。

灭磁：在发电机空载运行状态下，按一次灭磁按钮，则控制发电机执行逆变灭磁命令，但发电机并网带负荷后灭磁无效；发电机在未起励建压时，按"灭磁"按钮则执行起励建压命令。

复位：手动强迫复位 CPU，主要用作励磁调节器检修与调试，正常运行时不用。

4. RS232 标准通信接口

与 PC 交换信息以及外接控制数值 D_K、外接控制电压 U_K、外接 PSS 控制等。通信接口 DB9(阳性)串行口各引脚定义如附表 C-1 所示。

附表 C-1　通信接口 DB9(阳性)串行口各引脚定义

引　脚　号	定　　义
2、4	RXD
3	TXD
1、5、9	GND
6	U_{K2}(10 V)
7	U_{K1}(5 V)
8	PSS

C.3　负阻器的校零与负电阻整定

1. 负阻器操作面板

负阻器操作面板上设有 3 个开关、5 个插孔、2 只调整多圈电位器和 2 块测量仪表。

(1) 电源开关：负阻器工作电源开关，当负阻器工作于调零、整定与补偿状态时必须打开电源开关。当负阻器退出工作时，切断电源开关。

(2) 正常/实验转换开关：用于切换同步电机励磁回路的励磁电源。置"正常"位置时，由可控整流桥或直流励磁机或交流励磁机和不可控整流桥提供同步电机的励磁电源；置"实验"位置时，由外接实验电源提供同步发电机的励磁电源。进行负阻器特性测试时，一般需要外接实验电源，此时转换开关置"实验"位置。励磁系统正常补偿运行时，则应置"正常"位置。

(3) 负阻器工作状态转换开关：有"退出""整定""调零"和"补偿"四个状态可供切换，负阻器投入补偿运行前，必须首先进行调零及负电阻阻值整定，然后再转入"补偿"

位置。“负阻器工作状态转换开关”切换到“退出”位置时，负阻器两端短接直通，负电阻值等于零，此时“电源开关”应关闭(处于“OFF”位置)。

(4) 负阻电流表：流过负阻器的工作电流。

(5) 负阻电压表：负阻器两端的电压。

电压、电流满足关系：电压/电流＝负电阻。

(6) 外部实验电源接入插孔：此插孔有“＋”“－”两个，提供外部电源接入端口，注意正、负极性，不可弄反。

(7) 负阻器电流电压录波插孔：此插孔有 3 个，U_+ 与 R_f 提供负阻电流测量断口，一般短接直通，需要时可串入电流表或故障录波仪；R_f 与 R_0 提供负阻器两端电压的测点，需要时可并接电压表或故障录波仪。

(8) 调零电位器：负阻器调零。

(9) 整定电位器：负阻器的负电阻整定。

(10) 电压设定：工作电压的计算公式为

$$(负阻器最大输出电压+15\ \mathrm{V})=(负电阻阻值\times强励电流+15\ \mathrm{V})$$

工作电压由负阻器变压器的输出绕组整定。

2. 负阻器整定

用负阻器作时间常数补偿前，应首先经过调零和负阻整定，然后才能保证得到所需的负阻特性。负阻器工作于“调零”“整定”与“补偿”位置时，应打开工作电源开关。

(1) 负电阻调零方法：工作状态转换开关置“调零”位置，调节“调零”电位器，测量负阻器两端电压(R_1 与 R_0 间电压)，使电压数值恰为最小值(约为 0.5 V)。

(2) 负电阻整定方法：正常/实验转换开关置“实验”位置，外接实验电源注意正、负极性，接入“＋”“－”插孔，工作状态转换开关置“整定”位置，调节外加实验电源的电压由零逐渐增加，读取负阻器两端电压与流过负阻器的电流，并计算出负电阻值(负阻器两端电压/流过负阻器的电流)，调节负阻器使“比值”等于所需数值即可。建议外接实验电源容量为 30 V/3 A，在流过负阻器的电流等于 1 A 时，负阻器两端的电压数值就等于负电阻的阻值。

(3) 补偿后的时间常数与负电阻的整定值间的关系：在实际应用中，需要的负电阻的原始计算数据及计算公式为

$$负电阻=R_0\left(1-\frac{T_0}{T_1}\right)$$

式中，T_1 为原型时间常数，由原型机组厂家提供或通过实测获得；T_0 为模型机组未补偿时的时间常数，由动模实验室提供或通过实测获得；R_0 为模型机组直流电阻，由动模实验室提供或通过实测获得。

(4) 负阻器退出运行：负阻器工作状态转换开关置“退出”位置，“正常/实验转换开关”置“正常”位置，“电源开关”关闭(处于“OFF”位置)。

C.4 微机励磁调节器控制参数整定

1. 微机励磁调节器控制参数及其显示符号

微机励磁调节器的控制参数主要有恒 U_F 控制的 PID 参数、恒 I_L 控制的 PID 参数、

调差系数 K_Q、励磁电流过励限制启动值 GL_{IL} 等，如附表 C-2 所示。

附表 C-2 微机励磁调节器的控制参数

控制参数	显示符号	含　义	典型数值	调整范围
K_{PU}	HPU	电压偏差比例放大系数	50	0～150
K_{IU}	HIU	电压偏差积分放大系数	3	0～7
K_{DU}	HdU	电压偏差微分放大系数	25	0～100
K_{PI}	HPI	电流偏差比例放大系数	75	0～200
K_{II}	HII	电流偏差积分放大系数	3	0～7
K_{DI}	HdI	电流偏差微分放大系数	35	0～150
K_Q	Hq	无功调差系数	160	0～255
GL_{IL}	GLIL	励磁电流过励限制启动值	495	400～600

2. 参数整定的步骤

(1) 按“参数选择”按钮选择所需修改的参数。

(2) 按“参数设置”按钮进入参数设置状态，此时“参数设置”灯亮。

(3) 若增加参数值，则按“▲”按钮(上三角按钮)，若减小参数值，则按“▼”按钮(下三角按钮)；通常，按一次，参数增/减 1，若需大幅度增/减，可按住按钮不放，连续增/减。

(4) 修改完毕，按一次“参数设置”按钮，退出参数设置状态，此时“参数设置”灯熄。

3. 参数的固化

修改后的参数如果不固化到 EEPROM 中去，则在掉电之后丢失。如果需要保存，则需要进行固化操作。固化操作步骤如下。

(1) 按“参数选择”按钮选择功能序号 2，显示“CS1A—E”，表示预选中参数固化功能。

(2) 按“参数设置”按钮进入参数设置状态，“参数设置”指示灯亮。

(3) 同时按下“▲”按钮和“▼”按钮，则完成参数固化过程。

4. 控制方式选择

选择参数：按“参数选择”按钮，显示“FSZ＝0”。

按“参数设置”按钮，进入参数整定状态，此时“参数设置”指示灯亮。

按参数修改“▲”“▼”按钮，方式字以 0、1、2 循环，0 表示恒 I_L 方式，1 表示恒 U_F 方式，2 表示恒 α 方式。

预选的控制方式为指示灯闪烁，退出参数整定状态后延时 5 s 即自动认可。

附录 D　HMP 合闸角控制装置及应用

不同时刻电力系统发生故障或者投切变压器，系统表现出的物理现象和产生的动态波形是完全不同的，产生的特征值是继电保护装置和自动化设备动作和控制的重要依据。具有多路参考电压的 HMP—2010/2011 合闸角程序控制器，能够对开关跳合闸角度进行精确控制，对电力系统的短路时刻、变压器励磁涌流实验角度和转换性故障的转换时间等精确控制，能在动态模拟实验室再现实际电力系统各种故障波形，能开展 0°～360°不同时刻的故障实验和故障波形分析。

D.1　合闸角控制装置主要功能

合闸角控制器作为动模实验系统的短路故障控制设备，可以控制故障断路器在 0°～360°任意相位下合闸，用来模拟不同相位下发生故障对系统产生的影响。装置模拟周期性故障时，既可以模拟单次故障，也可以模拟周期性故障，并且在模拟周期性故障时，合闸角度可以固定不变，也可以设定参数使合闸角度有规律地递增或递减。

装置外壳为铝合金，半宽 4U 机箱，面板采用 3.5 寸彩色液晶(简称 MMI 板)插件，其他插件由背面拔插，依次是交流板插件、CPU 插件、开入插件、继电器板插件及电源板插件。装置整体嵌入式安装采用后接线方式。合闸角控制器面板图如附图 D-1 所示。

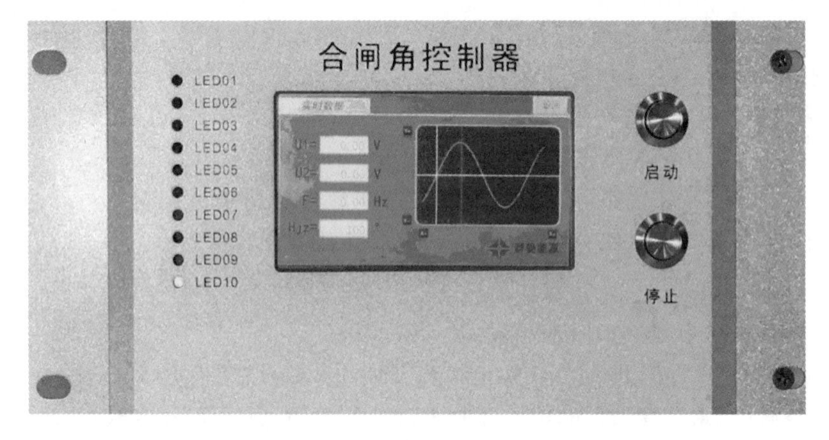

附图 D-1　合闸角控制器面板图

(1) 装置的合闸参考电压有两路，来自双端电源，可根据现场实际需要，选择 U_1 和 U_2 中任意一路。

(2) 装置可采集两路参考电压的幅值、频率。

(3) 装置具有 10 路出口，每路出口可独立配置，最大可以同时控制 10 个外部断路器，每路出口可以通过“出口配置”进行投退，其中 1～4 出口配置了大功率联动无触点输出接口。

(4) 合闸角 θ 可以由用户现场设定，设定范围 0°～360°。

(5) 出口脉宽 t_m 可以设定，设定范围 5～5000 ms，每一路的出口延时可以自由设定，通过“出口脉宽”参数设置，可以设定每个出口的闭合时间。

(6) 控制方式可以选择为单步模式和循环模式，在单步模式下，装置仅仅在设定的合闸角动作一次，当设置为循环模式时，装置将在一次动作后，自动在设定的合闸角基础上，增加“自动增角”的角度，并在经过“间隔时间”的延时后，再次判断出口，如此循环直到执行完 360°的角度。

(7) 装置设置两个按键，一个启动按键，一个停止按键。按启动按键后，装置开始按照设定的单步模式或循环模式开始工作。如果按停止按键，装置收到停止命令，则立即进行复归，结束所有逻辑判断。

(8) 装置考虑了现场外部断路器的固有动作延时，通过设置“导前角”参数进行补偿。

(9) 装置带两路开关量输入，用于外部空节点来控制装置启动和停止。

(10) 装置带通信接口，通信协议必须支持 MODBUS、101 或 104 规约。

(11) 装置自带显示功能，用于显示实时参数和工作状态，用户可以通过显示接口来配置工作方式和参数。

D.2　控制原理与技术参数

本装置的合闸参考电压可根据现场实际需要，选择 U_1 和 U_2 中任意一路。

合闸角可以由用户现场设定，控制方式可以选择为单步模式和循环模式。在单步模式下，装置仅仅在设定的合闸角动作一次，当设置为循环模式时，装置将在一次动作后，自动在设定的合闸角基础上，增加“自动增角”的角度，并在经过“间隔时间”的延时后，再次进行判断出口，如此循环，直到执行完 360°的角度。

如果装置收到停止命令，则立即进行复归，结束所有逻辑判断。装置一共配置了 10 路出口，最大可以同时控制 10 个外部断路器，每路出口可以通过“出口配置”进行投退，每一路的出口延时可以自由设定，通过“出口脉宽”参数设置，可以设定每个出口的闭合时间。装置考虑了现场外部断路器的固有动作延时，可以通过设置“导前角”参数进行补偿。

设置完成后，启动“合闸”按钮，即可进行保护实验，并可通过录波装置实测每路合闸的角度控制效果是否与设定一致。

1. 交流电压回路过载能力

交流电压回路：1.2 倍额定电压，长期运行。

2. 接点容量

所有出口采用电子元器件，无触点输出：1～8 输出 0.2 A，24 V DC；9～10 输出 10 A，220 V DC。

3. 测量系统及遥信精度

(1) 各模拟量的测量误差不超过±0.5%。

(2) 开关量分辨率不大于 1 ms。

(3) 频率测量误差不大于±0.01 Hz。

(4) 输出延时不小于 1 ms。

D.3 系统测试与应用

首先针对合闸角程序控制器进行参数设置，可以选择定延时控制和定合闸角度控制。当选择定延时控制时，系统触发后将以出口 1 为参考，按照每个通道设定的出口延时和出口脉宽进行出口，主要用于系统故障持续时间及转换性故障的转换时间的精确控制。当选择定合闸角度控制时，首先要将参考电压信号、开关位置的反馈信号、交流控制电源电压信号、主回路的电压信号等接入合闸角控制器中，然后对参数进行整定。合闸角度的整定原理示意图如附图 D-2 所示，在系统第一次启动后程序会自动检测开关的动作时间 T_y，延时时间 T 则根据整定的合闸角度进行自动矫正，T 是一个变化的量。合闸角开入量去抖动延时为 1 ms，出口脉宽 T_m 默认值为 100 ms；增角在 0°～360°范围可以设置；循环间隔时间为 100 周波(2000 ms)；在循环模式下，只需要触发一次即可，装置第一次会以设定的起始合闸角度进行合闸，第二次以起始合闸角度加上单次增角进行合闸，以此类推，每次合闸都在前次合闸角的基础上增加增角，直到最终合闸角度大于 360°为止。

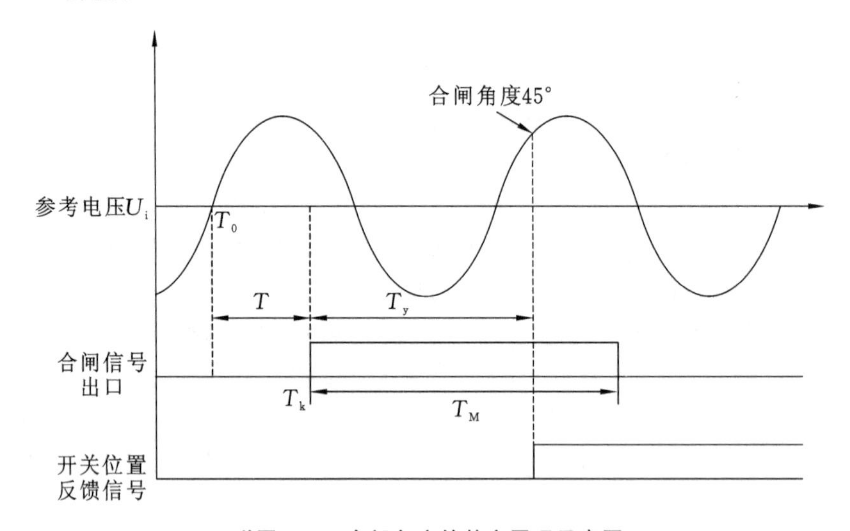

附图 D-2 合闸角度的整定原理示意图

实验结果表明，合闸角控制器可以在 0°～360°范围内精确控制开关的合闸角度，合闸角度误差小于 0.9°(0.05 ms)，从发出合闸命令起到匹配整定的合闸角度并出口，动作时间小于等于 40 ms；针对组合开关进行测试，因受开关磁铁剩磁和机械阻力等因素的影响，开关跳合闸时间有一定的离散性，开关的动作误差在 0.1 ms 内。

附录 E SW903 弧光及开关分合闸精确控制装置与测试

在电力系统动态模拟实验室，为了实现电力系统状态的灵活、准确、快速的设定，检测和控制，弧光模拟和开关分合闸控制及短路实验控制的精确成为动模系统控制水平的关键。如变压器励磁涌流模拟，励磁涌流幅值大小和动态特性与开关合闸时刻的电源波形合闸角度有关，也与变压器剩磁有关，而变压器剩磁与上次开关跳开时刻的失电波形角度有关，因此要控制励磁涌流发生时机和幅值大小，就需要开关分合闸精确控制装置。在动模实验系统中，检验变压器差动保护的动作正确与否以及研究如何消除励磁涌流的其他不利影响都具有现实意义。

E.1 控制装置的主要功能

在电力系统动态模拟系统中，开关包括短路开关、普通开关两种类型。短路开关、普通开关的配合，可实现短路后开关跳闸、开关重合及合闸于故障线路及区内外故障的转化等复故障实验的控制。

SW903 弧光及开关分合闸精确控制装置具备 2 组弧光模拟器、2 组短路开关组（每组包括 1 个短路开关、4 个选相开关）、3 组普通开关（第一组具备分合闸角度的控制功能）。

弧光模拟器的精确控制包括石墨动触头位置初始化、弧光放电过程精确控制。

短路开关的精确控制包括短路角度、短路时刻、短路时长、短路类型、选相开关的闭合时刻及间歇性故障的时间间隔控制。

普通开关的精确控制包括分闸角度、合闸角度、分闸时刻、合闸时刻及脉冲宽度控制。

（1）4 路参考电压大范围输入。

AC10～230 V 的大范围输入，兼容动模系统常用低电压等级。在系统振荡、短路等复杂工况时，也可正常工作。

（2）参考电压等待期。

在进行模拟主变压器高压侧出线故障切除后重合闸成功及重合在永久性故障后加速跳闸的等相似实验时，故障切除后参考电压出现。为实现故障消失后很短时间内的角度控制功能，预留参考电压等待期。装置在到达控制时间后，等待参考电压一段时间（短路开关等待 100 ms，普通开关等待 400 ms），等待期间参考电压出现，仍执行合闸角度的精确控制，如等待期间无参考电压出现，开关控制则继续按照时序实施，短路开关将执行结束操作。

（3）开关动作时间和参考电压相位补偿参数设置。

开关动作时间和参考电压相位补偿参数设置：对确定的开关，开关动作时间只需设置一次；使用不同参考电压，需设置相应相位补偿参数；发电机不并网运行的频率偏移等参考点频率偏移工况时，依然能确保角度控制精度。

(4) 面板设置快捷按键及状态指示灯。

21个快捷按键快速设置精确角、二次故障、选相开关、普通开关的分合等,并配套相应指示灯,方便快捷设置以及理解设置状态。

(5) 压板及启动按钮。

面板设置短路开关一、短路开关二、普通开关、启动的红色带灯按钮,方便设置每组开关的投入、退出状态。

(6) 故障类型可自动步进。

故障类型自动步进功能简化了实验人员的操作,可设定为有N故障系统(适用于星形接线)、无N故障系统(适用于三角形接线)的故障类型自动步进方式。

① 有N故障系统故障类型步进顺序。

按照动模标准的描述:单相接地、两相短路接地、两相相间短路、三相短路和三相短路接地故障。

② 无N故障系统故障类型步进顺序。

按照动模标准的描述:两相相间短路、三相短路。

每测试完一项,故障类型自动步进至下一种故障类型。

(7) 短路角度累进。

短路角度累进投入、退出功能,步进角度设置范围为0°~360°。装置根据步进角度计算后,自动修正至0°~360°。液晶实时显示实际预设值。

(8) 角度跟随故障类型。

角度跟随故障类型投入、退出功能,故障类型和参考电压关系如附表E-1所示。

附表 E-1 故障类型和参考电压关系

故障类型	参考电压
AN	U_A
BN	U_B
CN	U_C
ABN	U_A-U_B
BCN	U_B-U_C
CAN	U_C-U_A
AB	U_A-U_B
BC	U_B-U_C
CA	U_C-U_A
ABC	U_A
ABCN	U_A

(9) 普通开关控制分单节点、双节点模式。

根据开关控制原理的不同,普通开关控制分为单节点和双节点控制模式。

单节点开关控制:用一个继电器控制开关的分、合闸,可以通过继电器直接控制接触器或断路器。

双节点开关控制：用两个继电器输出脉冲分别控制开关的分、合闸，脉宽时间可设定。

(10) 按下启动按钮可反悔。

启动操作：按下启动按钮 100 ms 后，松开启动按钮，方可启动装置的开关控制。

反悔操作：在按下启动按钮后，如需要反悔操作(停止操作)，不松开启动按钮，取消短路开关一、短路开关二、普通开关的投入按钮即可，也可关闭电源。

(11) 定速巡航功能。

在实验或研究时，可能需要频繁按启动按钮，为确定间隔、简化测试流程等，使用定速巡航的批处理功能。定速巡航：按照可设定的时间间隔，触发启动按钮，可设定动作次数及时间间隔(0～99.99 s)，通过密码启动，通过按键(上或下方向键)快速中断。

E.2　操作面板与技术参数

1. 操作面板

SW903 弧光及开关分合闸精确控制装置的操作面板设计简洁明了、布局合理，符合人机工程设计要求，如附图 E-1 所示。

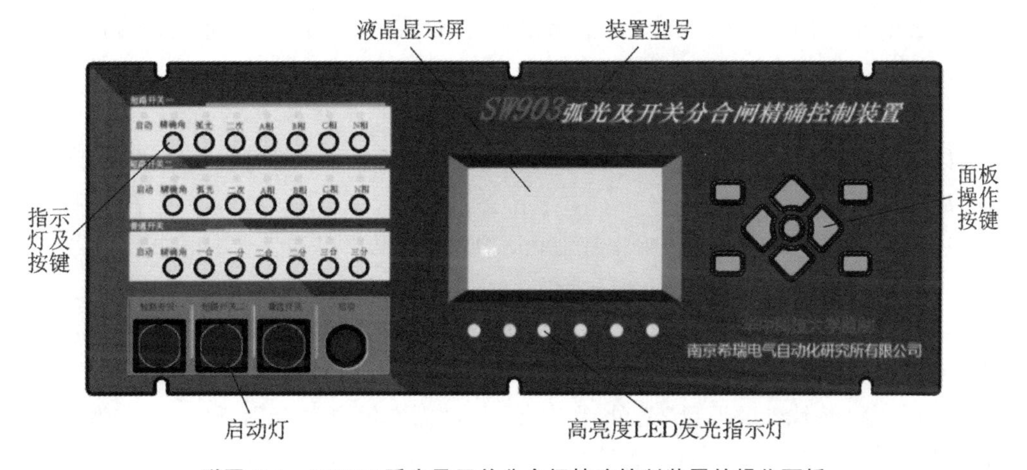

附图 E-1　SW903 弧光及开关分合闸精确控制装置的操作面板

(1) 装置型号为 SW903。

(2) 液晶显示屏(分辨率为 240×160 高亮)。

(3) 高亮度 LED 发光指示灯分别是运行、U_1、U_2、U_3、U_4、通信指示灯。参考电压对应指示灯。

(4) 面板操作按键(上、下、左、右、确认、取消、＋、－)。

(5) 短路开关一、短路开关二、普通开关的控制压板的指示灯及按键：指示灯亮表示压板投入、指示灯熄表示压板退出，使用对应按键进行状态切换。精确角模式选中下，如相应参考电压不存在，则闪烁指示灯。

(6) 短路开关一、短路开关二、普通开关控制启动后，相应启动灯亮。短路开关一、短路开关二、普通开关的控制预选按钮，按下后选定。当启动按钮按下大于 100 ms 后松开时，启动相应预选的开关控制。

2. 技术参数

(1) 频率有效测量范围:25～60 Hz。

45～55 Hz 时测量误差:0.01 Hz。

(2) 有效电压输入范围:10～230 V。

(3) 角度控制误差 0.9°(控制角度时间误差 0.05 ms,即 50 Hz 时,角度误差 0.9°)。

(4) 继电器时序控制误差 1 ms。角度控制模式下,角度优先;为满足角度控制精度,调整控制时序,采取计时至分合闸时刻,捕捉分合角度进行控制。

(5) 以太网通信,MODBUS 协议。

(6) 触点容量:允许通过电流不大于 5 A。

E.3 参数设置及测试

测试固态继电器延长时间,装置采用短路开关,既采用固态继电器(短路开关),又采用电磁继电器(选相开关)。在普通开关的控制电路中,开关一需要角度的精确控制,所以也采用固态继电器,开关二、三采用电磁继电器。

为了减少固态继电器和电磁继电器动作时间的差异,需要在控制固态继电器时,增加固态继电器的闭合延时。进入“系统参数设置”菜单进行“固态继电器合闸延时”设置。

1. 短路开关的参数设置

以“短路开关一”为例,把短路开关、A 选相开关(任意一相即可,以 A 相为例)节点接入故障录波。

提示:ZH-3 故障录波最大采用率 10000 Hz,测量结果误差为 0.1 ms。示波器测量误差一般小于 0.001 ms,精度更高。为了提高测量的精度以及测量的快捷性,建议部分指标采用示波器(电压探头两个、电流探头一个)测试。如果使用示波器,建议把开关信号的分、断转换为电平信号的高、低。测试方法参照使用故障录波的过程,不再赘述。

(1) 进入“系统参数设置”菜单,在菜单中将“固态继电器合闸延时”设定为 0 ms。进入“短路开关一”菜单:设置短路第一次时刻 0.200 s,短路第一次时长 0.100 s。设置 A 相选相时刻 0.200 s。

(2) 参照 SW903 弧光及开关分合闸精确控制装置的面板布局图,在面板指示灯及按键区通过按键选择“短路开关一”AN 故障,精确模式退出。

(3) 在面板启动灯区按下“短路开关一”按钮。

(4) 上述工作准备就绪,在面板启动灯区找到“启动”按钮,启动测试。多测试几次,测算平均值,可提高精度。

(5) 根据实测结果在“系统参数设置”菜单进行“固态继电器合闸延时”的设定。

(6) 验证工作。在面板启动灯区找到“启动”按钮,启动测试。

以下参数需要对短路开关一、短路开关二分别设置。以下仅以短路开关一为例。测试时,智能选相参数均需设定为退出状态。

1) 短路时长校正

动模系统使用接触器进行短路实验,由于短路接触器的合闸延时与分闸延时不一致，导致实际短路时长与控制短路继电器闭合的时长不一致。在实际设计时，短路继电器闭合延时进行特殊处理，不矫正前，继电器实际出口时间70 ms左右。短路时长延长定值参考值：10 ms。测试步骤如下。

（1）搭建动模系统，可进行短路实验，并把有故障特征的电压、电流接入故障录波。

（2）在短路开关一第三菜单中，把短路时长延长设置为0 ms。

（3）在短路开关一第一菜单中，把短路第一次时长延长设置为0.1 s。

（4）参照面板布局图，在面板指示灯及按键区通过按键选择短路开关一AN故障。在面板启动灯区按下"短路开关一"按钮。

（5）上述工作准备就绪，在面板启动灯区找到"启动"按钮，启动测试。多测试几次，测算平均值。

根据实测结果在短路开关一第三菜单中进行"短路时长延长"的设定，并进行验证。

2）短路开关合闸时间

精确控制短路开关的合闸角度，此合闸时间即为短路开关控制时的导前时间。

（1）测量接线不变。

（2）增加短路开关二短路节点接入故障录波的开入。

（3）在短路开关一第一菜单中，分别把短路第一次时刻设置为1.000 s，短路第一次时长设置为0.100 s，A相短路时刻设置为0.100 s，B相短路时刻设置为0.200 s，C相短路时刻设置为0.200 s。

（4）参照面板布局图，在面板指示灯及按键区通过按键选择短路开关一ABC故障。

（5）在面板启动灯区按下"短路开关一""短路开关二"按钮。

（6）在面板启动灯区找到"启动"按钮，启动测试。

根据实测结果在"短路开关一"第三菜单中进行"短路开关合闸时间"的设定，并进行验证。

3）选相开关合闸时间

精确控制选相开关的合闸时刻，此合闸时间即为选相开关控制时的导前时间。

（1）测量接线不变。

（2）在短路开关一第一菜单中，分别把短路第一次时刻设置为1.000 s，短路第一次时长设置为0.200 s，A相选相时刻设置为1.100 s，B相选相时刻设置为0.200 s，C相选相时刻设置为0.200 s。

（3）参照面板布局图，在面板指示灯及按键区通过按键选择短路开关一ABC故障。

（4）在面板启动灯区按下"短路开关一"按钮。

（5）在面板启动灯区找到"启动"按钮，启动测试。

根据实测结果在短路开关一第四菜单中进行"选相开关合闸时间"的设定，并进行验证。

4）参考电压相位补偿

选择不同通道的参考电压，与用仪器观测的电压会出现相位差，为了观测的方便需要参数来校准。本仪器具备角度跟随故障的功能，为保证此功能在打开或关闭时，相位关系均符合预期，建议使用 ABC(或 AN、ABCN)故障类型。

调整选择参考电压通道时，需要调整此参数。

2. 测试过程

(1) 测量接线不变。

(2) 增加参考电压 U_1，接入 SW903 及故障录波，为提高测试精度，建议选择 100 V 交流电压。

(3) 为得到更高的精度，可把参考电压、短路电流接入示波器观测。

(4) 在短路开关一第一菜单中，分别把短路第一次时刻设置为 1.000 s，短路第一次时长设置为 0.100 s，A 相短路时刻设置为 0.100 s，B 相短路时刻设置为 0.200 s，C 相短路时刻设置为 0.200 s。参考电压选择 U_1。

(5) 参照面板布局图，在面板指示灯及按键区通过按键选择短路开关一 ABC 故障。精确模式投入。

(6) 在短路开关一第一菜单，把短路发生时刻角度设置为 0°。

(7) 在面板启动灯区按下"短路开关一"按钮。

(8) 在面板启动灯区找到"启动"按钮，启动测试。

根据实测结果在短路开关一第四菜单菜单进行"参考电压相位补偿"的设定，并进行验证。

至此，短路开关一和现场需要匹配的参数已经测试、设定完毕。可按照相同流程进行短路开关二的设置，其他开关测试以此类推。

E.4 弧光模拟器

随着越来越多配电线路的电缆化，接地电容电流也随之加大，弧光接地一旦产生，无法自动熄灭，会产生很高的间歇性弧光过电压，危害电器设备的绝缘安全，在电缆线路中往往会发展为相间短路，甚至造成"火烧连营"的恶劣后果。

1) 弧光放电发生的机理

当两电极间电压升高时，电极最近处空气中的正、负离子被电场加速，并在移动过程中与其他空气分子碰撞产生新的离子，这种离子大量增加的现象称为电离。当空气被电离时，温度随之急剧上升产生电弧，这种放电称为弧光放电。

2) 空气放电型弧光模拟器

此模拟器放电通过控制两个石墨触头距离实现，通过步进电机调节两触头距离直至弧光产生，保持达到设定时间后，石墨动触头再按照设定时间返回。

3) 弧光放电装置组成

弧光放电装置由 ARC901 弧光模拟器及监测装置和 SW903 弧光及开关分合闸精确控制装置共同构成。

ARC901 弧光模拟器及监测装置包括石墨动触头(含电机及驱动器)、石墨静触头、压力传感器、压力数显表、电流互感器、监测装置，如附图 E-2 所示。

石墨静触头经绝缘子与压力传感器连接。压力数显表采集显示压力传感器所承受的压力，压力达到设定值时，发出弧光出现信号。就地监测装置采集弧光放电回路电流，电流达到定值时，发出信号。石墨动触头由步进电机驱动，移动步长为 0.001 mm。

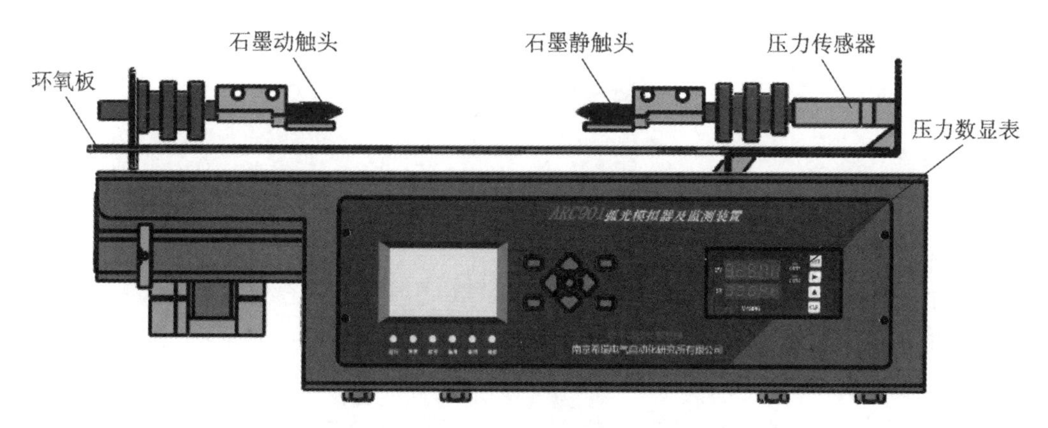

附图 E-2　ARC901弧光模拟器及监测装置

4）参数设定

为精确控制弧光的整个过程，需要设定以下参数。

（1）弧光持续时间，即期望弧光开始时刻至结束时刻的总时长。

（2）石墨动触头移动时刻。短路开关、普通开关以及弧光模拟装置均由SW903弧光及开关分合闸精确控制装置统一控制。短路开关、普通开关以及弧光模拟装置的动作行为同一时刻触发。石墨动触头移动时刻设定后，弧光的模拟过程可与短路开关、普通开关联动进行复合性实验。

（3）石墨动触头初始位置，即石墨动触头移动时刻前，石墨动触头预先到达的预先准备初始位置。此位置应接近放电间隙为宜。

（4）石墨动触头过调距离，即当监测弧光电流后，仍继续接近石墨静触头的设定距离。可模拟石墨动触头放电直至接触的过程。

（5）石墨动触头回调步长，即石墨动触头回调的时间步长。模拟弧光出现后，按照设定的步长增大两个触头距离，直至弧光消失。

5）弧光模拟实现过程

（1）石墨动触头位置初始化。弧光控制压板投入后，首先探测两个触头的相对零位置，然后控制两个触头相对距离达到预设位置。预设位置为石墨动触头初始设定位置与10 mm安全裕度之和。

（2）弧光放电控制过程。

① 启动弧光实验后，石墨动触头快速前进10 mm，到达石墨动触头初始设定位置。

② 按照10 ms时间步长前进，前进过程中如就地监测装置未监测弧光放电电流，而压力传感器到达设定值，石墨动触头返回预设位置。

③ 石墨动触头在前进过程中，如果就地控制装置监测到弧光放电电流，弧光持续时间计时器就开始计时。

④ 石墨动触头继续步进直至达到石墨动触头过调距离的设定值。

⑤ 弧光持续时间计时器到达设定值时，石墨动触头按照设定的回调时间步长返回，石墨动触头返回至预设位置，准备下次实验。

⑥ 在运行过程中，弧光控制压板可设置为退出，石墨动触头立即返回初始状态。

参考文献

[1] 张凤鸽,杨德先,易长松.电力系统动态模拟技术[M].北京:机械工业出版社,2014.

[2] 何仰赞,温增银.电力系统分析[M].2版.武汉:华中科技大学出版社,2002.

[3] 陆继明,毛承雄,范澍,等.同步发电机微机励磁控制[M].北京:中国电力出版社,2006.

[4] 吴希再,熊信银,张国强.电力工程[M].武汉:华中科技大学出版社,2001.

[5] 杨德先,陆继明.电力系统综合实验——原理与指导[M].2版.北京:机械工业出版社,2010.

[6] 陈德树.电力系统继电保护研究——文集[M].武汉:华中科技大学出版社,2011.

[7] 袁荣湘.电力系统仿真技术与实验[M].北京:中国电力出版社,2011.

[8] 刘健,刘东,张小庆,等.配电自动化系统测试技术[M].北京:中国水利水电出版社,2015.

[9] 耿建风.柔性交流输电系统应用技术[M].北京:中国电力出版社,2011.

[10] 郭谋发.配电网自动化技术[M].2版.北京:机械工业出版社,2018.

[11] 高亮,罗萍萍,陆芬娟.微机继电保护装置实验指导[M].北京:中国电力出版社,2014.

[12] 汤涌,印永华.电力系统多尺度仿真与试验技术[M].北京:中国电力出版社,2013.

[13] 温步瀛.电力工程基础[M].北京:中国电力出版社,2006.

[14] 周孝信,田芳,李亚楼,等.电力系统并行计算与数字仿真[M].北京:清华大学出版社,2014.

[15] 熊信银,张步涵.电气工程基础[M].武汉:华中科技大学出版社,2005.

[16] 董张卓,王清亮,黄国兵.配电网和配电自动化系统[M].北京:机械工业出版社,2016.

[17] 徐政,等.柔性直流输电系统[M].2版.北京 :机械工业出版社, 2017.

[18] 苟锐锋.柔性直流输电及其试验测试技术[M].北京 :科学出版社, 2017.

[19] 刘健,沈兵兵,赵江河,等.现代配电自动化系统[M].北京:中国水利水电出版社,2013.

[20] 赵成勇.柔性直流输电建模和仿真技术[M].北京 :中国电力出版社, 2014.

[21] PRS-785微机发变组成套保护装置技术说明书.长园深瑞继保自动化有限公司,2014.

[22] PRS-785整机现场调试大纲.长园深瑞继保自动化有限公司长园,2010.

[23] PRS-702超高压线路成套保护装置技术说明(Ver 3.00).长园深瑞继保自动化有限公司,2010.

[24] PRS-778 微机变压器成套保护装置技术说明. 长园深瑞继保自动化有限公司,2010.
[25] ONLLY-A 系列用户使用手册(V8.64 版). 广州昂立(ONLLY)电气公司,2013.
[26] 继保之星继电保护测试系统使用说明书. 武汉市豪迈电力自动化技术有限责任公司,2017.
[27] 张凤鸽,杨德先,程利军,等. 配电系统动态模型设计与应用[J]. 电力系统自动化,2018,42(19):177-186.
[28] 唐金锐,杨晨,程利军. 配电网馈线零序电流随过补偿度动态调节的变化特性分析[J]. 电力系统自动化,2017,41(13):125-132.
[29] 钱珞江,叶飞,钟启迪. 数字-物理模型互联方法及混合仿真系统稳定性研究[J]. 电力自动化设备,2008(09):45-48.
[30] 丛晶,宋坤,鲁海威,等. 新能源电力系统中的储能技术研究综述[J]. 电工电能新技术,2014,33(03):53-59.
[31] 郑珞琳,张小飞,高铁峰. 基于信息物理融合系统的智能变电站信息网络安全防护研究综述[J]. 智能电网,2017,5(09):841-848.
[32] 唐金锐,尹项根,张哲,等. 配电网故障自动定位技术研究综述[J]. 电力自动化设备,2013,33(05):7-13.
[33] 孟明,陈世超,赵树军,等. 新能源微电网研究综述[J]. 现代电力,2017,34(01):1-7.
[34] 徐殿国,张书鑫,李彬彬. 电力系统柔性一次设备及其关键技术:应用与展望[J]. 电力系统自动化,2018,42(07):2-22.
[35] 寇磊. 静止无功补偿器的装备研制与工程应用[D]. 湖南大学,2013.
[36] 中国国家标准化管理委员会. GB/T26864—2011 电力系统继电保护产品动模实验[S]. 北京:中国标准出版社,2011.
[37] 中国电机工程学会. T/CSEE 0027—2017 配电系统继电保护及自动化产品动模试验技术规范[S]. 北京:中国电力出版社,2017.
[38] 中华人民共和国国家质量监督检验检疫总局,中国国家标准化管理委员会. 中华人民共和国国家标准 GB/T 20298—2006 静止无功补偿装置(SVC)功能特性[S]. 北京:中国标准出版社,2006.
[39] 国家能源局. 中华人民共和国电力行业标准 DL/T 1215.4—2013. 链式静止同步补偿器 第 4 部分:现场试验[S]. 北京:中国电力出版社,2013.